L'Érosion
entre Société, Climat et Paléoenvironnement

ISBN – 2-84516-195-6
ISSN – 1629-7091

L'Érosion
entre Société, Climat et Paléoenvironnement

Table ronde en l'honneur
du Professeur René NEBOIT-GUILHOT
Clermont-Ferrand, 25-26-27 mars 2004

Sous la direction
de Philippe Allée et Laurent Lespez

GEOLAB – UMR 6042-CNRS

Presses Universitaires Blaise-Pascal
Collection « Nature et Sociétés »

Sommaire

Atelier 1. Du processus naturel à l'archivage sédimentaire : des enregistrements difficiles à décrypter

Communications thématiques

Session Posters. Chronologie, méthodes de datation, traceurs

Session Posters. Géomorphologie, sédimentologie, paléopédologie

Session Posters. Milieux karstiques

Session Posters. Analyses multi-paramètres

Atelier 2. Les dialectiques Homme-Climat : une perception multiple selon les acteurs scientifiques, les échelles d'études et les contextes morphoclimatiques

Communications thématiques

Atelier 3.
Acquis et perspectives géomorphologiques et géoarchéologiques dans le monde méditerranéen

Communications thématiques

Session Posters. La discontinuité des enregistrements sédimentaires et leur signification sur la rive nord du monde méditerranéen

Session Posters. La discontinuité des enregistrements sédimentaires et leur signification sur la rive sud du monde méditerranéen

Session Posters. Approches géoarchéologiques

Session Posters. Dynamiques littorales

Avant-Propos

PHILIPPE ALLÉE, LAURENT LESPEZ

Pour saluer la carrière de chercheur de René Neboit-Guilhot, aujourd'hui professeur émérite à l'Université de Clermont-Ferrand, nous avons choisi de nous réunir autour de lui, et de discuter tous ensemble, géographes, paléo-environnementalistes, historiens et archéologues. De quoi ? De quelques-uns des thèmes qui, depuis plus de trente ans, ont été au cœur de ses préoccupations de géomorphologue : l'interprétation des archives alluviales comme indicateurs des rythmes d'érosion et d'alluvionnement au cours de l'Holocène, le rôle respectif de l'homme ou du climat dans le fonctionnement des systèmes fluviaux, les dynamiques historiques sur les rives du bassin méditerranéen… Cette table ronde, organisée en l'honneur de René Neboit-Guilhot par le laboratoire GEOLAB UMR 6042-CNRS, a réuni, du 25 au 27 mars 2004, près de cent cinquante chercheurs et enseignants-chercheurs à la Maison de la Recherche de l'Université Blaise-Pascal de Clermont-Ferrand.

Cet ouvrage constitue les actes de la table ronde et regroupe cinquante-six contributions présentées oralement durant ces journées. Son plan est fidèle à la manifestation scientifique, organisée en trois ateliers de travail. Chacune des trois parties est ainsi composée de quelques communications thématiques de synthèse et d'articles plus courts, exposant des études de cas présentées durant le colloque sous forme de posters.

Atelier 1. Du processus naturel à l'archivage sédimentaire : des enregistrements difficiles à décrypter

Le premier atelier est consacré aux difficultés méthodologiques posées par le déchiffrage des archives sédimentaires. Il insiste sur la diversité des milieux enregistreurs : sols, tourbières, systèmes fluviaux, systèmes karstiques… Si certains milieux sont des indicateurs synthétiques des dynamiques hydro-sédimentaires, d'autres sont plus spécifiques et enregistrent plutôt des signaux climatiques ou botaniques. Il aborde également la diversité des méthodes d'analyses (l'intérêt et les limites des marqueurs sédimentaires et biologiques), ainsi que les problèmes posés par la lecture du temps (avantages et limites de nouveaux chronomètres : spéléothèmes, lichénométrie, scories…). Il est composé, pour l'essentiel, de recherches menées en Europe de l'Ouest et dans le monde méditerranéen, mais s'appuie également sur des travaux conduits en Chine et en Amérique centrale et du Sud.

Atelier 2.
Les dialectiques Homme-Climat : une perception multiple selon les acteurs scientifiques, les échelles d'études et les contextes morphoclimatiques

Les combinaisons et les interférences entre forçage climatique et forçage anthropique sont une des thématiques les plus passionnantes mais également une des plus difficiles à résoudre dans l'étude des paléodynamiques environnementales holocènes. Les articles réunis dans cette deuxième partie mettent en exergue la multiplicité des modèles proposés par les auteurs selon :

- leur culture scientifique et l'appareil conceptuel et méthodologique dont ils disposent ;
- les échelles spatiales (depuis la géoarchéologie du champ jusqu'à la dynamique des grands systèmes fluviaux) et temporelles choisies (de l'ensemble de l'Holocène aux Temps modernes et à la période contemporaine) ;
- les contextes morphoclimatiques régionaux abordés (quelques exemples tropicaux s'ajoutent aux études ouest-européennes et méditerranéennes).

Atelier 3.
Acquis et perspectives géomorphologiques et géoarchéologiques dans le monde méditerranéen

L'objectif du troisième et dernier atelier était de faire le point sur les recherches géoarchéologiques entreprises depuis quelques décennies sur le pourtour du monde méditerranéen, ainsi que sur les nouvelles perspectives de recherche. Il en résulte une série d'articles présentant la diversité des systèmes morphogéniques holocènes et historiques sur les rives septentrionale et méridionale de la mer Méditerranée : France du Sud, péninsules italienne et balkanique, Asie Mineure et Levant, Afrique du Nord.

L'itinéraire scientifique de René Neboit-Guilhot

YANNICK LAGEAT[1]

Depuis que, sous la bienveillante autorité d'André Fel et des regrettés Max Derruau et Pierre Estienne, entre les années 1960 et les années 1980, ses effectifs enseignants se sont progressivement étoffés, l'Institut de Géographie de Clermont-Ferrand a toujours réuni deux communautés de provenances diverses qui, quarante années après, animent les axes de recherche du CERAMAC (EA) et de GEOLAB (UMR 6042-CNRS) : l'une, formée sur place, rassemble traditionnellement les ruralistes ; l'autre a toujours été constituée de géomorphologues « extérieurs »[2]. La trajectoire de René Neboit-Guilhot n'en est pas moins originale : il n'aurait pu que passer en Auvergne et ne l'a pas quittée, de 1965, quand il y fut recruté comme assistant stagiaire, à 2002, quand, professeur de classe exceptionnelle, il fit valoir ses droits à la retraite.

C'est à l'École Normale Supérieure de Saint-Cloud qu'il devint géographe, après quelques hésitations dont son goût très modéré pour le latin lui permit de triompher en le détournant de l'histoire ancienne et médiévale. Son condisciple, et même cothurne, Jean-Claude Boyer témoigne qu'il y manifesta très tôt une grande sûreté de jugement géomorphologique : « Dans les excursions que nous faisions avec Birot, il était quasiment le seul à s'y retrouver dans les failles exhumées, révélées et autres... »[3]. Avantage qui n'était pas mince pour la préparation de l'Agrégation puisque, dans son compte rendu de l'épreuve d'explica-

1. Professeur à l'Université de Bretagne Occidentale (yannick.lageat@univ-brest.fr).

2. Cette règle singulière dans le « paysage universitaire français » ne souffre aucune exception puisque Bernard Valadas et Jean-Jacques Barathon, étudiants à Clermont-Ferrand, y ont certes enseigné, mais après avoir débuté leur carrière sous d'autres cieux, et ne l'y ont pas terminée... La présence de la géographie physique est désormais assurée par Marie-Françoise André, Jean-Claude Thouret, Jean-Luc Peiry, Emmanuelle Defive et Samuel Étienne, tous géomorphologues originaires d'autres universités, comme avant eux Alain Godard, Yvette Veyret ou le signataire de ses lignes...

3. Message électronique du 10 mars 2004.

tion de cartes, une des deux épreuves orales du premier degré, Pierre Birot s'étonnait que « les escarpements de faille fussent particulièrement négligés ou mal interprétés : on confond trop souvent escarpements de ligne de faille et escarpements originels ayant plus ou moins reculé » ! Deuxième à l'issue des épreuves orales du second degré du concours de 1962, que le président du jury Pierre George jugea de qualité[4], René Neboit se vit donc proposer un poste à Clermont-Ferrand après l'accomplissement de ses obligations militaires.

Il y fut retenu non seulement par la proximité de sa résidence forézienne, mais surtout, au début de son séjour, par l'élégante libéralité de Max Derruau qui l'autorisa à mener son travail de thèse sous la direction de Pierre Birot[5]. Ce dernier dispersait alors ses élèves dans le nord du bassin méditerranéen dont les orientations scientifiques de René Neboit ne l'ont plus guère éloigné depuis. Il lui consacrera en 1990, après un quart de siècle de fréquentation assidue, un bel article de synthèse intitulé « Les contraintes physiques et la fragilité du milieu méditerranéen »[6], dans lequel il rappelle que la « Méditerranée n'a pas été un paradis gratuitement offert à la délectation des hommes », selon la formule de Fernand Braudel[7]. De fait, ce n'est pas le tableau qu'a brossé le *confinato* Carlo Levi des « terres désolées de Lucanie » où il fut assigné à résidence en 1935 et 1936 ! René Neboit ne s'est pas arrêté à Eboli, mais du moins était-il assuré de ne pas être encombré par une surabondante bibliographie en abordant une terre que « nul n'a touchée autrement qu'en conquérant, en ennemi ou en visiteur indifférent »[8]...

Il ne fut pas en apparence le mieux apanagé des disciples de Pierre Birot, en raison de la modestie des volumes de relief et de la pauvreté des jalons morphologiques de ces contrées ingrates, mais il a su pratiquer la « sérendipité », cet art, identifié outre-Manche dès le XVIIIe siècle par Horatio Walpole et récemment importé par les directeurs de ressources humaines, qui consiste à trouver ce qu'on n'a pas cherché... Les études conjointes de la Lucanie orientale et des Pouilles ne relevaient pas de la « nécessité logique » invoquée dans l'intro-

4. « Le concours de 1962 a été un bon concours. Le jury a la satisfaction d'avoir pu proposer au ministre une liste correspondant aux besoins de personnel qui lui avaient été signalés, tout en gardant au titre d'agrégé son prestige » (rapport sur le concours de 1962 dans *Historiens et Géographes*).
5. *Plateaux et collines de Lucanie orientale et des Pouilles. Étude morphologique*, Lille, 1975, 715 p.
6. « Les contraintes physiques et la fragilité du milieu méditerranéen », *Annales de Géographie*, nº 551, 1990, p. 1-20.
7. *La Méditerranée, l'espace et l'histoire*, Paris, Arts et Métiers graphiques, 1977, 226 p.
8. *Le Christ s'est arrêté à Eboli*, Paris, NRF-Gallimard, 1948, 246 p.

duction de la thèse, et il est révélateur que l'une succède à l'autre... Ici, entre le Tavoliere de Foggia et le Tavoliere de Lecce, de monotones plateaux calcaires ne proposent qu'un misérable exokarst et n'offrent pas depuis leur émersion au Crétacé le moindre élément de datation au point que l'auteur s'interroge : « On ignore ce qui s'est passé, et même s'il s'est passé quelque chose pendant tout le Tertiaire » ! Là, d'épaisses formations plio-quaternaires d'une grande homogénéité lithologique se sont accumulées dans la « fosse bradanique » d'avant-pays dont l'émersion est bien tardive. D'un côté donc une histoire longue qui s'est révélée désespérément pauvre en héritages, et, de l'autre, un relief jeune intégralement post-calabrien élaboré dans un énorme volume de marnes tendres à partir de la topographie « la plus simple et la plus régulière qui se puisse imaginer », une surface de régression marine assimilable à la *coastal plain* davisienne...

Le meilleur profit a été tiré du remarquable emboîtement de terrasses alluviales qui enregistre un creusement par étapes, tandis que l'exceptionnelle ampleur de l'étagement des terrasses littorales du golfe de Tarente matérialisait la permanence du soulèvement. René Neboit s'autorisa même des interprétations hardies à une époque où la biostasie interglaciaire était présumée favoriser le creusement et où le recours aux hauts niveaux eustatiques n'était pas abandonné. Mais les produits du volcanisme, notamment ceux de Vulture, ne fournissant alors que de maigres jalons, la rareté des éléments de datation ne l'a pas autorisé à aller plus avant dans la restitution de la chronologie. Du moins, l'âge post-würmien de la très basse terrasse était-il avéré, « confirmant qu'en Lucanie, l'érosion bouscule quelque peu les schémas classiques », mais le temps des abondantes trouvailles archéologiques viendra après la soutenance de la thèse de doctorat d'État le 10 décembre 1974 devant l'Université de Paris IV.

Cet adoubement, devant un prestigieux jury présidé par Jean Demangeot et composé de Pierre Birot, Roger Coque, Max Derruau et Pierre Rognon, ne fut pas d'évidence une redoutable épreuve : il suffit pour s'en convaincre de constater que la version reproduite par l'atelier de Lille III ne diffère typographiquement du tapuscrit initial que par 5 pages sur 715. Le débat, bien mineur au regard de l'ampleur des problématiques abordées, ne porta que sur le processus de fragmentation mécanique responsable de la production des brèches de pente et de la régularisation des versants calcaires des Murge. L'auteur s'était postérieurement montré disposé à nuancer ses propres réserves sur la faible efficacité morphogénique des périodes froides, mais en limitant l'intervention de la cryoclastie au seul Riss[9]... Son intérêt était désormais ailleurs : il se portait sur les modifications historiques des paysages liées à la sociabilisation de l'espace nord-méditerranéen. Certes, le Sud italien y occupe une position marginale (« On n'est pas encore dans le domaine aride, on n'est plus tout à fait dans le domaine tempéré »), mais le pourtour ionien appartient au territoire de la Grande-Grèce. Les recherches de René Neboit vont s'orienter selon trois axes qui se succéderont sans rupture, se relayant, en quelque sorte, en biseau...

Le premier concerne l'évolution des paysages sur la rive septentrionale du *Mare Nostrum* depuis la fin de la dernière glaciation. Claudio Vita Finzi (1969) avait attiré l'attention sur les terrasses très récentes des fleuves méditerranéens envisagées comme le signe tangible de changements climatiques à l'époque historique[10]. Or, les plus beaux ensembles d'échelle régionale se localisent en Lucanie et, plus précisément, le long des cours de trois fleuves ioniens, le Bradano, le Basento et le Cavone, et il revient à Bernard Kayser, dans sa thèse secondaire[11], le mérite d'avoir démontré, grâce aux jalons chronologiques précis que fournissent les alluvions bourrées de tessons, l'extrême jeunesse de ces remblaiements postérieurement réentaillés[12]. La recherche a été approfondie grâce à des collaborations multiples, avec des géomorphologues appartenant au Laboratoire de géographie physique de Paris, puis de Meudon[13], comme avec des spécialistes de l'histoire du monde grec ou hellénisé de l'époque minoenne au haut Moyen

9. « Problèmes posés par l'évolution des versants calcaires des Murge (Pouilles, Italie du Sud-Est) », *Actes du Symposium sur les versants en pays méditerranéens, Aix-en-Provence, 1975*, CEGERM, 1976, vol. V, p. 29-33.

10. *The Mediterranean valleys. Geological changes in historical times*, Cambridge, Cambridge University Press, 1969, 140 p.

11. *Recherches sur les sols et l'érosion en Italie méridionale*, Paris, Sedes, 128 p.

12. Les tessons attribués aux Ve et IVe siècles av. J.-C. donnaient à penser que ces remblaiements dataient pour l'essentiel d'avant la Grande-Grèce, mais les découvertes effectuées par R. Neboit pendant l'été 1977 ont remis en cause cette hypothèse haute (*Méditerranée*, 1977, n° 4, p. 39-50). L'âge de leur mise en place a été progressivement affiné dans deux publications ultérieures du *Bulletin de l'Association de Géographes Français* (1980, n° 466, p. 21-26 ; et 1984, n° 499, p. 5-13).

13. Ont été étroitement associés à cette réorientation des « méditerranéistes » vers le temps court, et au passage d'une recherche individualiste à un travail collectif, Bernard Bousquet, Jean-Jacques Dufaure et Lucien Faugères. C'est en 1977 qu'a été créée au sein du Laboratoire une équipe de « Géomorphologie historique et climatique » dont l'effort s'est prolongé une bonne dizaine d'années puisque de nouvelles pièces étaient versées au dossier lors de la *table ronde* de Poitiers des 4 et 5 décembre 1987 intitulée « Géomorphologie et dynamique des bassins versants élémentaires en régions méditerranéennes » (« Données naturelles et données historiques comme facteurs d'évolution des bassins fluviaux en Italie du Sud [Capitanate et Lucanie orientale] », *Études Méditerranéennes*, 1988, fasc. 12, p. 279-295).

Âge[14]. La démonstration était apportée d'une corrélation entre le déroulement de la morphogenèse et l'histoire régionale, précisément en raison des décalages qui s'observent d'une région à l'autre : l'absence de synchronisme, par exemple entre l'Italie du Sud et la Sicile d'une part et l'Élide de l'autre, en dépit de l'ubiquité du remblaiement, grève d'une lourde hypothèque l'interprétation climatique, mais peut-on faire l'économie de cette dernière pour rendre compte de la tendance tout aussi générale à la reprise du creusement linéaire[15] ? Ce fécond courant de recherche nourrira la troisième partie de l'*Hommage à Pierre Birot*, magistrale synthèse consacrée à *La mobilité des paysages méditerranéens*[16].

Le deuxième axe de recherche, qui prolonge naturellement le premier, concerne le dosage des facteurs de la morphogenèse dès lors que la mise en valeur de la planète l'a soustraite au contrôle exclusif des agents naturels[17]. L'homme ne fait-il qu'accélérer la morphogenèse ou en modifie-t-il radicalement le cours ? On reconnaît là les termes d'un débat inspiré par l'exemple oranien où Jean Pouquet et Maurice Benchétrit parvinrent à des conclusions antinomiques : doit-on privilégier les dérivations climatiques ou les ruptures sociopolitiques dans l'emballement de la morphogenèse ? Cette interrogation a inspiré un article de référence qui soulève la question de la part relative des facteurs naturels et humains lorsque l'homme dispose d'un pouvoir d'intervention sur le maillon faible de la chaîne des causalités qu'est la couverture végétale[18]. Cet article porte en germes, jusque dans les titres de ses parties, l'essai sur *L'homme et l'érosion*, sous-titré *L'érosion des sols dans le monde*, dont la première édition de 1983, rapi-

14. Ce fructueux rapprochement a permis la tenue de la séance de l'Association de Géographes Français du 14 janvier 1984 sur « Les sociétés antiques et le milieu naturel » qui a abordé deux thèmes pluridisciplinaires : le rapport des Anciens avec l'espace géographique et leur attitude vis-à-vis des séismes.

15. L'explication proposée par C. Vita Finzi faisait intervenir une phase froide et humide correspondant au Petit Âge Glaciaire, mais, dans un compte rendu de son essai, P. Birot (1971), prenant acte que « le problème essentiel [était] plutôt de comprendre la phase de creusement qui a succédé [au] remblaiement », suggérait de ne « pas exclure *a priori* une explication entièrement différente de l'incision, c'est-à-dire une tectonique historique ».

16. *Revue géographique des Pyrénées et du Sud-Ouest*, Travaux II, Toulouse, 1985, 388 p., 80 fig., 5 tab.

17. Dans un article de *Géomorphologie* (1999, nº 2, p. 159-172), R. Neboit manifeste sa préférence pour le « concept d'érosion accélérée » parmi les trois expressions concurrentes qui servent à désigner les manifestations de la morphogenèse historique en opposition à l'érosion géologique : en effet, celui d'érosion « anthropique » se borne à désigner la responsabilité des sociétés, tandis que celui d'érosion « des sols » se révèle trop restrictif et réducteur puisqu'il ne suggère aucune autre modalité d'action que l'ablation superficielle.

18. « Les facteurs naturels et les facteurs humains de la morphogenèse. Essai de mise au point », *Annales de Géographie*, 1979, nº 490, p. 649-670.

dement épuisée, fut substantiellement étoffée en 1991[19]. Il s'agit certes d'une mise au point sur les modalités diverses de l'érosion des sols, anthropique ou accélérée, mais surtout d'une réflexion sur les causes de sa diffusion présente et passée à travers le monde, puisque ni les systèmes d'exploitation les plus intensifs de la zone tempérée, ni les formes les moins productives de l'agriculture tropicale ne lui échappent[20]. Le 25e Congrès International de Géographie de Paris consacrera la reconnaissance académique de ce courant de recherches en retenant « L'homme agent de l'évolution du milieu physique » comme un de ses trois thèmes de géographie physique aux côtés de préoccupations plus traditionnelles : « processus et mesure de l'érosion » et « évolution récente des climats ». René Neboit en fut un des deux rapporteurs. Il constatait qu'arrivait en tête des sujets abordés « l'étude des rapports entre l'homme et le déroulement de la morphogenèse » et que les Français plaçaient plus encore que les étrangers la géomorphologie au centre du débat. Il concluait qu'on pouvait « y voir la confirmation de la place privilégiée que la géomorphologie conserve en France, en même temps que l'indication du renouvellement des thèmes de recherches qui s'est affirmé dans les années soixante-dix ».

La troisième orientation de recherche fut esquissée dès 1982 dans un article de *Historiens et Géographes*[21] où, prenant acte de la montée des préoccupations et des revendications relatives à l'environnement, René Neboit distinguera les deux types de contraintes que rencontre l'Homme confronté à la Nature :

- les contraintes directes dont les dérèglements n'incombent pas aux sociétés et qui sont, en quelque sorte, consubstantielles du milieu naturel[22] ;
- les contraintes de rétroaction qui sont révélées par la mise en œuvre des moyens destinés à assurer l'utilisation de l'espace et de ses ressources.

---

19. Association des Publications de la Faculté des Lettres et Sciences Humaines de Clermont-Ferrand, nouvelle série, fasc. 34, 270 p.

20. Démarche comparative qui met en évidence l'absence de proportionnalité entre la pression de l'homme sur le milieu et le déroulement de l'érosion : « Si l'excès d'hommes et le manque de terres sont générateurs d'une accélération de la morphogenèse, la situation inverse ne constitue pas un gage de stabilité », comme le montre l'exemple de l'agriculture « minière » des nouvelles colonies de peuplement et, notamment, des fronts pionniers du blé et du café. De fait, la Grande-Grèce fit figure en son temps de pays neuf…

21. « La sensibilité des milieux naturels », *Historiens et Géographes*, 1982, no 290, p. 1157-1163.

22. Tel est le cas en Basilicate, terre à haut risque en matière de mouvements de terrain, où l'indice de « franosité » trahit l'inégale susceptibilité des faciès lithologiques à l'instabilité des pentes (*Bulletin de l'Association de Géographes Français*, 1990, no 2, p. 123-131).

« C'est tout naturellement, écrira-t-il, qu'un nombre croissant de géomorphologues français se sont intéressés à l'étude des aléas naturels dans la mesure où ils sont pour la plupart des processus morphogéniques, et, lorsqu'ils ne le sont pas, leurs conséquences sont morphologiques ». Le champ de l'investigation a été ultérieurement élargi aux risques planétaires dont l'éventualité, si elle n'est pas attestée par les faits, est du moins prédite par les modèles[23]. Un autre ouvrage verra le jour, codirigé par Lucette Davy, *Les Français dans leur environnement*, qui parut en 1996[24], préparé sous l'égide du Comité National de Géographie et constituant l'apport de la communauté française au congrès de l'Union Géographique Internationale qui se tint à La Haye en août 1996 sur le thème « L'Homme, la terre, les eaux ». Furent consensuellement réunies les contributions de trente-quatre collègues représentatifs des divers courants de la discipline qui ont su démontrer que la géographie était partie prenante dans les débats sur l'environnement en raison même de son statut particulier qui lui permet d'être présente sur les deux versants d'une problématique naturaliste et environnementale.

Quelque évident que paraisse aujourd'hui l'impact des sociétés sur la Nature, la géographie universitaire française n'en a que fort tardivement reconnu la réalité. « Faute de ne pouvoir faire comme si l'Homme n'existait pas », a-t-on pu écrire, il a fallu faire sa place à cet intrus[25]. En ayant très tôt acquis la conviction, René Neboit a fortement contribué, sans ostentation mais avec fermeté, à cette évolution de la discipline au cours des trois dernières décennies. Cet *aggiornamento* a permis que le spatialisme dominant n'éloignât pas définitivement la géographie de l'étude des rapports des sociétés à leur milieu. Elle a sans doute toujours, sinon plus que jamais, son mot à dire dans ce débat renouvelé, et le succès de la *table ronde* organisée en l'honneur de René Neboit-Guilhot en apporte une éclatante démonstration.

---

23. « Sociétés et risques naturels. De la gestion du risque à la mythologie », *Bulletin de l'Association de Géographes Français*, 1991, n° 3, p. 253-260.

24. *Les Français dans leur environnement*. Paris, Nathan Éd., 1996, 382 p.

25. Répondant à distance à une observation amusée de Jean Demangeot (« Il faut bien reconnaître que nos vieux maîtres raisonnaient comme si les hommes n'avaient pas modifié leur cadre naturel »), René Neboit ne fut pas en peine de justifier le rapprochement sur le temps court de la géomorphologie avec la géographie humaine et l'histoire par le fait que, « sur les dix derniers millénaires, elle ne peut pas faire comme si les hommes n'existaient pas ».

Atelier 1

Du processus naturel à l'archivage sédimentaire : des enregistrements difficiles à décrypter

Communications thématiques

Le paléoenvironnement, le géographe et la complexité

JEAN-PAUL BRAVARD[1]

En une trentaine d'années, mais on pourrait remonter à des travaux du XIXe siècle qui portaient déjà sur l'Holocène pour trouver les origines intellectuelles des démarches associant les découvertes archéologiques à l'évolution du milieu de leur découverte, les études portant sur le paléoenvironnement ont réalisé des progrès décisifs dans leurs méthodes et les techniques de décryptage des enregistrements sédimentaires. Progressivement, des disciplines nouvelles ont été intégrées dans une approche qui se fait de plus en plus interdisciplinaire. Il n'est pas sans intérêt de tenter de dégager quelles ont été les principales étapes du progrès scientifique qui ont jalonné la période, et notamment de rappeler quels ont été les apports des géographes pionniers en la matière. Il résulte de cet effort collectif une précision accrue dans la lecture du temps et des rythmes enregistrés dans les sédiments. Cette dynamique de la recherche interpelle la géographie physique qui est concurrencée par les géosciences et qui l'est également sur le terrain des concepts liant nature et société.

1. Les Alpes et la Méditerranée, aux origines du discours géographique sur l'érosion « accélérée » et la crise morphogénique

Les origines intellectuelles de l'implication des géographes dans l'étude des paléoenvironnements sont sans doute parmi les plus anciennes si l'on considère l'histoire des disciplines scientifiques aujourd'hui inscrites dans ce champ de la recherche. Cette recherche des interrelations entre la nature et les sociétés est d'abord le fruit d'un doute scientifique : face au discours accusateur des forestiers vis-à-vis de l'action contemporaine des paysans sur les versants montagnards (Mougin, 1914), une partie des géographes grenoblois a pris la défense de ces derniers et s'est préparée à la prise en compte de la variabilité climatique et de la profondeur historique dans l'interprétation des faits d'érosion (Lenoble, 1923). La « controverse alpine », qui a fait rage dans les années 1920-1930, a sensibilisé les géographes français à l'incorporation des concepts de durée et de

1. Université Lumière-Lyon II, IUF, UMR 5600-CNRS.

variabilité dans leur approche de l'environnement (Neboit, 1983 ; Dufaure *et al.*, 1984).

En Méditerranée, le débat a été lancé par le tenant de l'hypothèse climatique, C. Vita Finzi (1969), pour qui les « Older » et « Younger Fills » matérialisaient l'existence de deux crises érosives majeures, la dernière incorporant les preuves de son âge historique ; le supposé synchronisme des remplissages valait preuve de la prééminence du facteur climatique sur les causalités sociétales. L'explication anthropique a en revanche tenté le groupe de chercheurs que l'on peut qualifier d'École française dans les années 1970. Le « remblaiement post-antique » de vallées grecques est expliqué par les défrichements romains et par l'extension des pâturages (Dufaure, 1976). Les fluctuations démographiques et les dégradations périodiques de la biocénose jouent un rôle efficace à partir du VIIe millénaire (Bousquet et Péchoux, 1980). Ces positions rejoignent celles de K. Butzer qui a un temps privilégié l'hypothèse climatique, comme celles de Wagstaff (1981). C'est dans ce contexte qu'il convient de replacer l'originalité des apports de René Neboit. Ce dernier démontre que les remplissages des vallées du Basento et du Cavone, en Lucanie sont dus à l'érosion « accélérée » à partir du Ve siècle av. J-C. Les questions essentielles, qui sont toujours d'actualité dans la communauté des spécialistes du paléoenvironnement, sont posées dans ces travaux.

- La signification des limons qui remplissent les fonds de vallées est-elle climatique ou parfois liée à la sismicité ? Quels étaient les effets du « franchissement de seuils d'action » susceptibles d'amplifier les effets de changements minimes sur des pentes sensibles (Neboit, 1980) ?
- Comment se faisaient les couplages versants-lits fluviaux ?
- Quel fut l'effet des crises politiques et économiques de l'Antiquité sur la tenue des versants et l'érosion des sols ?

Ces conceptions nouvelles, qui tranchent avec celles des recherches précédentes par leur complexité, sont en partie le reflet de préoccupations contemporaines. Les années 1950-60, qui furent celles de la décolonisation des territoires français du Maghreb, sont celles d'une prise de conscience morale, et pour les géographes d'une compréhension de ce que furent les effets du processus de colonisation sur les sociétés et les paysages. Le refoulement dans la montagne des populations indigènes, étudié par Benchetrit (1955), sert de modèle *in vivo* transposable aux siècles passés. En Lucanie, la pression enregistrée sur le milieu naturel de l'Antiquité fut celle des indigènes de l'intérieur et des Grecs du littoral : « On est conduit à envisager que l'occupation de la *chora*, qui aurait nécessité des luttes contre les indigènes, a entraîné leur refoulement dans l'intérieur et provoqué la surexploitation et la dégradation d'un milieu montueux, selon le schéma que la colonisation a maintes fois vérifié » (Neboit, 1980 : 25). Le raisonnement s'inscrit dans la démarche de l'époque qui fait siens les concepts d'érosion « accélérée » (Pouquet, 1952). Comment aussi ne pas voir dans cette orientation historisante des géomorphologues de l'École de P. Birot, l'influence d'une formation historique classique qui les fait glisser vers de nouveaux champs de la recherche où la dimension culturelle prend progressivement le pas sur la géomorphologie traditionnelle ? Le Maître n'avait-il pas lui-même un temps quitté la géomorphologie structurale et le Quaternaire pour aider à l'interprétation d'un site grec ?

Dans les Alpes occidentales, M. Jorda (1980) associe facteurs climatiques et anthropiques à l'échelle de l'Holocène. Sous sa plume, émerge progressivement l'idée que le Premier Holocène fut sous l'influence climatique dominante alors que le Second voit triompher le poids des facteurs anthropiques sur un milieu très fragilisé ; ce principe se retrouve chez Bousquet et Péchoux (1988) qui proposent notamment, comme limites chronologiques en Égée et Anatolie, le VIIe millénaire (mise en place de l'œkoumène) et l'Âge du Bronze (déclenchement des alluvionnements massifs). Les années 1980 s'achèvent sur un consensus équilibré qui révèle les doutes des chercheurs faute de preuves décisives. En Élide, Dufaure et Fouache (1988) réhabilitent le facteur climatique tout en restant fidèles à l'hypothèse de « la ruine rapide des normes culturelles antiques » ; le sentiment est le même chez Genre (1988) pour qui, en Eubée, « l'insuffisante connaissance des oscillations climatiques pendant les temps historiques peut nous amener à exagérer le facteur anthropique ». Comme le soulignent Neboit *et al.* (1988) à propos du Capitanate et de la Lucanie, l'érosion anthropique « a apporté des perturbations, mais... les grandes tendances de la morphogenèse fluviale resteraient sous le contrôle du climat et de ses fluctuations » ; la notion de crise sous contrôle anthropique, brève et intense, se substitue dès lors à la simple notion de causalité anthropique.

En somme, ces recherches péri-méditerranéennes présentent des traits communs qui font leur originalité et fondent leur caractère novateur :

- un positionnement culturaliste ouvert au dialogue avec l'archéologie ;
- le choix de milieux de piémonts et versants, à stratigraphies visibles ;
- une grande familiarité avec les concepts modernes de crise, de biorhexistasie, d'érosion accélérée ;
- un accord sur les deux Holocènes, le premier sous contrôle climatique, le second sous contrôle à dominante anthropique.

Il existe donc bien un héritage méditerranéen dans la façon dont les géomorphologues français ont pris en considération l'histoire de l'environnement holocène.

2. Le renouvellement méthodologique et technique des années 1970-90

L'un des grands mérites de l'approche géomorphologique, réorientée vers l'interprétation des dynamiques holocènes, a été de s'inscrire dans le cadre des bassins versants, en parallèle aux démarches qui ont été celles de la « catchment archaeology » anglo-saxonne. Cette façon de prendre en compte à la fois l'espace et le temps a indéniablement favorisé le rapprochement interdisciplinaire entre la géographie physique et l'archéologie dans une commune conception systémique des liens entre sites et paysages.

Dans le même temps, d'autres disciplines, relevant de la biologie et des sciences de la terre, que l'on a convenu depuis de rassembler sous l'étiquette de « géosciences », ont fourni un considérable effort méthodologique et technique pour décrypter les archives du sol et en extraire des informations nouvelles sur les paléoenvironnements holocènes ; notons que la démarche avait déjà été largement engagée pour la période pléistocène. Pour illustrer ces approfondissements, on a fait le choix de relever, au fur et à mesure de leur introduction, quelques-uns des principaux apports scientifiques issus des différentes communautés du paléoenvironnement, tels qu'ils ont été publiés dans la principale revue française dans ce champ de la recherche, le *Bulletin de l'Association Française d'Étude du Quaternaire* devenu la revue *Quaternaire* en 1990 ; cette recension rapide et donc partielle n'exclut pas d'autres travaux marquants publiés dans d'autres revues ou ouvrages. Le classement suivant peut être proposé.

2.1. Les facteurs environnementaux externes : la végétation comme descripteur de paysages

Les charbons de bois souvent bien conservés dans les sédiments, les macrorestes végétaux et les pollens archivés dans les milieux humides permettent de reconstituer, au moins de manière partielle, les caractères du paysage végétal qui renseigne sur son degré d'ouverture et influe lui-même sur les conditions de la stabilité des versants. La végétation est certes un indicateur des conditions climatiques générales, mais, dans les milieux anthropisés, elle est un facteur environnemental externe qui joue un rôle dans le fonctionnement des systèmes érosifs.

Spécialiste de l'anthracologie, J.-L. Vernet (1974) met ainsi en évidence des phases d'évolution de la végétation dans la région de Savone (Ligurie) et les lie à celle du climat et de l'anthropisation : à partir du Chalcolithique, les chênes à feuillage caduc reculent devant le chêne vert favorisé par les défrichements. Les palynologues A.-V. Munaut et E. Gilot (1977), travaillant sur des tourbières littorales, proposent des avancées et reculs du trait de côte sur les 5 000 dernières années dans les marais de la Canche ; ils montrent que les phases de recul, le relief dunaire et la podzolisation des sols sont sous contrôle anthropique et climatique. La paléobotanique a progressivement évolué vers l'archéobotanique qui se focalise sur les sédiments archéologiques et l'intégration du facteur humain dans ses démarches (Leroyer *et al.*, 1999).

2.2. Les descripteurs des conditions de milieu et de fonctionnement

Il existe aujourd'hui de nombreuses méthodes indirectes pour décrire le fonctionnement écologique et les processus fonctionnels au sein de milieux divers.

Par exemple, en utilisant les tests de diatomées qui ont la propriété d'être des marqueurs de la salinité, M.-F. Huault (1985) a reconstitué les variations de l'environnement du Marais Vernier lors de la montée holocène du niveau marin. La salinité des sols augmente lors des phases transgressives de l'Atlantique et du Subboréal, ce qui permet de les isoler et d'apporter des éléments nouveaux à la connaissance des niveaux marins.

En milieu alluvial, C. Amoros et J.-P. Bravard (1985) utilisent l'image CM pour la caractérisation des processus de dépôt alluvial dans une plaine inondée. Cette méthode sédimentologique, issue de la prospection pétrolière, permet de différencier les types de courants responsables d'un dépôt dans un chenal et, par extension, les types de dépôts de crue à la surface d'une plaine alluviale. La méthode CM, appliquée aux environnements holocènes, mise au point à Lyon, a été appliquée à d'autres systèmes fluviaux que le Rhône. Dans la plaine de l'Isère à Grenoble, J.-L. Peiry (1994) utilise l'analyse multivariée et l'image CM pour la reconstitution des processus de dépôt et la discrimination d'unités stratigraphiques dans un remblaiement de bras mort connu par sondage.

2.3. Les marqueurs de variations climatiques

La plupart des types d'environnements se révèlent porteurs d'informations sur le changement climatique, de manière plus ou moins directe il est vrai.

A. Loebell (1980) reconstitue les variations climatiques à partir de la sédimentologie des dépôts clastiques du remplissage de trois grottes du Jura méridional. Cette méthode, déjà éprouvée pour la période pléistocène, est indicatrice de conditions d'humidité ou de sécheresse. Dans la même filiation, J.-Y. Perrette *et al.* (2002) démontrent la fluctuation des précipitations sur le Vercors au cours du Petit Âge Glaciaire par une étude d'indicateurs originaux (la réflectance et la fluoresence) extraits de coupes de stalagmites. Les fluctuations lacustres enregistrent les bilans hydrologiques à l'échelle des bassins versants. Dès 1980, M. Magny (1980) reconstitue les premières fluctuations de niveaux lacustres dans le Jura et les corrèle avec des *proxy-data* sous contrôle climatique, comme les avancées et reculs glaciaires. Pour leur part, A. Fehri *et al.* (1982) montrent que les variations de la courbe isotopique de ^{18}O dans une tourbière du Limousin reflètent l'évolution climatique holocène ; ces résultats sont bien corrélés avec ceux de l'analyse palynologique. V. Fedoroff et C. Redondo (1979) étudient la micromorphologie de sols fersiallitiques lessivés du plateau de Valensole. La pédogenèse ne permet pas de différencier des sols pré-holocènes entre eux ni de les dater, mais la méthode va connaître un grand succès une fois appliquée aux sols holocènes. « Dans les années 80, on commence à prendre en compte l'interaction entre processus sédimentaires et pédogenèse, et la valeur climatique des signatures enregistrées dans les paléosols (Berger *et al.*, 1999).

2.4. L'analyse de marqueurs de crises et ruptures morphoclimatiques dans les bassins versants

Le concept de métamorphose fluviale, défini par S.A. Schumm (1977) puis adapté par L. Starkel (1983) à l'Europe, a connu de nombreux exemples d'application dans les vallées françaises. Les traces de paléoformes renseignent sur l'occurrence de changements majeurs intégrant une certaine durée dans le comportement des cours d'eau, en réponse à des combinaisons de facteurs jouant à l'échelle des bassins versants. Elles ne peuvent cependant pas enregistrer et exprimer la totalité des processus.

Citons, parmi les techniques complémentaires, celles qui utilisent des troncs subfossiles, lesquels permettent des datations dendrochronologiques très précises. K. Striedter (1988) détermine l'existence de périodes de forte activité fluviale à partir de l'agglomération de troncs subfossiles, les *rannen*, découverts dans les nappes alluviales de la plaine d'Alsace. Dans des vallons marneux du bassin de la Durance, C. Miramont (1998) date des crises morpho-sédimentaires qui ont permis la fossilisation de boisements de pins au Boréal. En milieu urbain, la conservation et la datation peuvent être remarquables. Les sites archéologiques de plaine alluviale de Lyon à l'époque gallo-romaine démontrent l'occurrence de crues répétées avec une précision inférieure à la dizaine d'années (P.-G. Salvador *et al.*, 2002).

2.5. Vers une spatialisation accrue

La question de l'origine des flux sédimentaires est l'un des moyens de spatialiser les observations faites *in situ*, une des préoccupations principales étant le changement d'échelle. Sur le Rhône aval, G. Arnaud-Fassetta et M. Provansal (1999) déterminent l'origine des sédiments de crue à différentes époques du Petit Âge Glaciaire et lient intensité des crues et granulométrie. Dans la Plaine de la Citelle (Vaucluse), J.-F. Berger (2002) croise une série d'indicateurs (carbonates, travertins, mollusques, glauconie, nodules d'oxydes, charbons...) pour définir l'intensité relative de flux liquides et solides à l'échelle de petits bassins versants dans un cadre chronostratigraphique extrêmement précis. À une échelle plus petite, P. Allée (2003) spatialise de façon diachronique le comportement morphosédimentaire de vallons dans des massifs anciens de la France océanique et méditerranéenne. Dans le Bassin parisien, J.-F. Pastre *et al.* (1997) proposent une interprétation des enregistrements sédimentaires et écologiques des fonds de vallées à la lumière d'hypothèses climatiques et anthropiques.

De manière croissante, l'étude du paléoenvironnement est couplée aux travaux de l'archéologie préventive qui fournit des moyens importants et une couverture spatiale essentielle à la compréhension des processus à une échelle moyenne. La géoarchéologie croise les cartes diachroniques d'occupation du sol, les cartes de potentiel agrologique, les cartes de processus de versants. Les SIG jouent un rôle croissant dans le traitement des informations spatialisées issues des différentes disciplines, permettant de modéliser « les aspects naturels et sociaux de la dynamique paysagère ». Ainsi, l'archéologie et les géosciences se rapprochent-elles lentement mais sûrement : « Nous abandonnons l'étude du temps et celle de l'espace, pour aborder l'étude de l'espace-temps », combinant ainsi les démarches de l'histoire (peu concernée par les dynamiques spatiales) et de la géographie (qui aborde rarement toutes les temporalités), comme le souligne S. van der Leeuw (1999).

3. *Vieilles questions ouvertes et nouvelles questions pour la géographie*

Les développements qui précèdent, très succincts eu égard à l'ampleur des thématiques de recherche qui ont été ouvertes par des disciplines au spectre très éclaté et du très large éventail des méthodes et des techniques utilisées, montrent qu'un nouveau champ transdisciplinaire s'est constitué en une trentaine d'années. Le fait que ces approches, individualisées et dispersées à l'origine, aient convergé vers un objet commun, souligne s'il en était besoin la force du mouvement. En réplique aux reconstitutions naturalistes, l'archéologie des périodes récentes évolue elle-même vers la représentation du paysage, car l'ordre de l'historien reste tributaire de la source écrite (Burnouf, 2003). Ce faisant, l'histoire et l'archéologie évoluent dans le sens d'un dialogue renforcé avec les disciplines naturalistes.

L'entreprise de rejet de la géographie physique hors du champ d'une géographie qui n'aurait plus eu d'avenir qu'en tant que discipline sociale se paye cher aujourd'hui, dans cette période de recomposition transdisciplinaire des sciences, dans la mesure où le déséquipement de maints laboratoires et le déficit de recrutement de jeunes chercheurs pèsent sur les capacités d'intervention. Le caractère novateur et la qualité des concepts mis en avant par les pionniers qu'ont été les géomorphologues « méditerranéens » méritaient mieux que le désintérêt ou l'opprobre qui a un peu trop facilement concerné l'ensemble des géographes physiciens ; certes il fallait évoluer, mais ignorer sciemment ou par simple manque de curiosité intellectuelle un pan de la discipline aussi en phase avec l'évolution de la science fut une faute intellectuelle. Dans ces conditions, la géographie, « sœur » traditionnelle de la discipline historique (et de l'archéologie par extension), peut-elle conserver le bénéfice d'un dialogue qui fut naguère privilégié ? Les choses ont bien évolué en 30 ans. Toutes les disciplines de la géoarchéologie ou du paléoenvironnement, une fois devenues adultes, ont engagé le dialogue d'égal à égal avec l'archéologie et l'histoire. Le temps est loin où la géomorphologie historique posait seule les bonnes questions sur des territoires méditerranéens pétris d'histoire. La concurrence sur les idées est rude. Alors la géographie peut-elle maintenir ou regagner ses positions perdues ? Sans doute, si elle préserve et cultive aussi sa composante culturelle, et pas seulement sa technicité, si elle accepte d'être irriguée par les concepts de la géoarchéologie au carrefour de l'archéologie, de l'anthropologie et des autres spécialités naturalistes. Par ailleurs, la géographie de l'histoire des paysages ne doit-elle pas s'investir plus fortement dans la période charnière qu'est le XIXe siècle? Il y a beaucoup à apprendre dans le croisement des textes, de la géomorphologie de terrain et des méthodes modernes de laboratoire sur une période où l'on peut avoir un relatif accès aux pratiques de la société sur les territoires. Il ne fait pas de doute que des modèles de fonctionnement peuvent être élaborés, qui soient transposables sans trop de risque aux siècles plus reculés.

Ceci étant, la technicité et la complexification croissantes des recherches portant sur le paléoenvironnement posent une question difficile qui est celle de l'avenir de cette branche de la géographie : celle-ci peut-elle exister en dehors de la communauté des géosciences, vocable qui souligne le rattachement dominant des disciplines dont on a présenté quelques acquis, aux sciences de la terre ou aux sciences biologiques, voire chimiques ? Cet état de fait pose, selon nous, une série de questions importantes :

1. Pour s'adapter aux évolutions en cours, qui semblent inéluctables, la géographie physique doit-elle elle-même devenir une géoscience, au risque de l'hyper-spécialistion, ou doit-elle s'associer à des laboratoires scientifiques bien dotés, au risque cette fois d'y perdre une partie de son autonomie ou sa marge d'initiative ? L'observation des pratiques montre que les deux modes de fonctionnement coexistent dans le paysage français, mais l'on ne peut durablement et sans risques compter sur l'hospitalité d'autres disciplines.
2. La spatialisation et le recours aux concepts de la morphodynamique actuelle ont-ils un intérêt pour la pratique de la géoarchéologie par les géographes ? Sans doute, car ils permettent d'élargir utilement les recherches effectuées à l'échelle des sites et d'investir dans la recherche sur les paléoprocessus à la lumière des connaissances sur les processus contemporains, tout en se défiant bien entendu du danger de l'actualisme (Bravard, 2002). En d'autres termes, la spécialisation précoce de géographes paléoenvironnementalistes est loin d'être une nécessité, bien au contraire.

On le voit, la situation est délicate. La communauté des géographes tout entière doit se persuader que la capacité de certaines de ses composantes à engager des dialogues scientifiques fructueux doit être encouragée. Si l'avenir de la géographie est encore d'être une discipline-carrefour, il n'est pas plus beau champ d'expérimentation que celui de l'environnement de sociétés du passé qui donne la clé de questions très contemporaines.

Références

ALLÉE P., 2003. *Dynamiques hydrosédimentaires actuelles et holocènes dans les systèmes fluviaux de moyenne montagne (Limousin, hautes Cévennes, Maures)*, mémoire d'HDR, vol. 2, Univ. Limoges, 451 p.

AMOROS C. et BRAVARD J.-P., 1985. L'intégration du temps dans les recherches méthodologiques appliquées à la gestion écologique des vallées fluviales. L'exemple des écosystèmes aquatiques abandonnés pour les fleuves. *Revue Française des Sciences de l'Eau*, 4, 349-364.

ARNAUD-FASSETTA G. et PROVANSAL M., 1999. High frequency variation of water flux and sediment discharge during the Little Ice Age (1586-1725 AD) in the Rhône Delta (Mediterranean France). Relationship to the catchment basin. *Hydrobiologia*, 410, 241-250.

BENCHETRIT M., 1955. Le problème de l'érosion des sols en montagne et le cas du tell algérien. *Rev. Géogr. Alpine*, XLIII, 605-640.

BERGER J.-F., 2002. Paléodynamique fluviale, climat, action humaine et évolution des paysages du bassin versant de la Citelle (moyenne vallée du Rhône, Drôme) au cours de l'Atlantique ancien (8000-6000 BP) à partir de l'étude de la séquence alluviale de l'Espeluche-Lalo. *In* : BRAVARD J.-P. et MAGNY M. (éd.), *Les Fleuves ont une histoire. Paléoenvironnement des rivières et des lacs français depuis 15 000 ans*, Paris, Errance, 223-238.

BERGER J.-F., BROCHIER J.-L., BRAVARD J.-P., 1999. La géoarchéologie. *Les Nouvelles de l'Archéologie*, 78, 8-12.

BOUSQUET B., PÉCHOUX P.-Y., 1980. Géomorphologie, archéologie, histoire dans le bassin oriental de la Méditerranée : principes, méthodes, résultats préliminaires. *Méditerranée*, 1, 33-45.

BRAVARD J.-P., 2002. La morphodynamique fluviale, entre la géoarchéologie et la gestion des hydrosystèmes contemporains. *Bull. Ass. Géogr. Fr.*, 1, 27-42.

BURNOUF J., 2003. La nature des médiévistes. *Études Rurales*, juil-déc., 215-226.

DUFAURE J.-J., 1976. La terrasse holocène d'Olympie et ses équivalents méditerranéens. *Bull. Ass. Géogr. Fr.*, 433, 85-94.

DUFAURE J.J. et coll., 1984. *La mobilité des paysages méditerranéens.* Toulouse, *Rev. Géogr. Pyr. et Sud-Ouest*, Trav. II, 387 p.

DUFAURE J.-J., FOUACHE É., 1988. La variabilité des crises d'âge historique le long des vallées d'Élide (Ouest du Péloponnèse). Géomorphologie et dynamique des bassins versants élémentaires en régions méditerranéennes, Poitiers. *CIEM*, 12, 259-278.

FÉDOROFF M. et REDONDO C., 1979. Contribution de la micromorphologie à l'étude des paléosols du plateau de Riez-Valensole et des vallées de la Bléone et de la Durance. *Bull. Ass. Fr. Étude Quaternaire*, 3, 127-137.

FEHRI A., GEGOUT P., ROGNON P., 1982. Premiers résultats paléoclimatologiques fournis par l'analyse de l'oxygène 18 dans la matière organique des tourbes. *Bull. Ass. Fr. Étude Quaternaire*, 1, 47-51.

GENRE C., 1988. Les alluvionnements historiques en Eubée, Grèce. Caractères principaux, chronologie, signification. Géomorphologie et dynamique des bassins versants élémentaires en régions méditerranéennes, Poitiers. *CIEM*, 12, 229-257.

HUAULT M.-F., 1985. Apport des Diatomées à la reconstitution des paléoenvironnements : l'exemple du Marais Vernier lors de la transgression flandrienne. *Bull. Ass. Fr. Étude Quaternaire*, 4, 209-218.

JORDA M., 1980. Morphogenèse et évolution des paysages dans les Alpes de Haute-Provence depuis le Tardiglaciaire. Facteurs naturels et facteurs anthropiques. *Bull. Ass. Géogr. Fr.*, 472, 295-304.

LENOBLE F., 1923. La légende du déboisement des Alpes. *Rev. Géogr. Alpine*, 5-116.

LEROYER C., MARINVAL P., PERNAUD J.-M. et coll., 1999. l'archéobotanique : évolution et tendances. *Les Nouvelles de l'Archéologie*, 78, 13-15.

LOEBELL A., 1980. Les quinze derniers millénaires en Jura méridional. Études sédimentologiques de trois sites. *Bull. Ass. Fr. Étude Quaternaire*, 3, 143-153.

MAGNY M., 1980. Fluctuations lacustres et paléoclimatologie postglaciaire. *Bull. Ass. Fr. Étude Quaternaire*, 1-2, 57-60.

MIRAMONT C., 1998. *Morphogenèse, activité érosive et détritisme alluvial holocène dans le bassin de la moyenne Durance (Alpes Françaises du Sud)*, thèse de Géographie, Université de Provence, 287 p.

MOUGIN P., 1914. *Les torrents de la Savoie*, Société Naturelle de Savoie, Grenoble, éd. Grands Établissements de l'Imprimerie Générale, 1 251 p.

MUNAUT A.-V., GILOT E., 1977. Recherches palynologiques et datations ^{14}C dans les régions côtières du Nord de la France. I. Phases transgressives et stabilisations dunaires flandriennes dans l'estuaire de la Canche (Pas-de-Calais). *Bull. Ass. Géogr. Fr.*, 3, 17-25.

NEBOIT R., 1977. Un exemple de morphogenèse accélérée dans l'Antiquité : les vallées du Basento et du Cavone en Lucanie (Italie). *Méditerranée*, 4, 39-50.

NEBOIT R., 1980. Morphogenèse et occupation humaine dans l'Antiquité. *Bull. Ass. Géogr. Fr.*, 466, 21-27.

NEBOIT R., 1983. *L'Homme et l'érosion*. Clermont-Ferrand, Fac. Lettres et Sc. Hum., Université Blaise Pascal, Nlle Sér., 17, 184 p.

NEBOIT R., BOUSQUET B., DUFAURE J.-J., 1988. Données naturelles et données historiques comme facteurs d'évolution des bassins fluviaux en Italie du Sud (Capitanate et Lucanie Orientale). *Études Méditerranéennes*, Poitiers, 12, 279-295.

PASTRE J.-F., FONTUGNE M., KUZUCUOGLU C., LEROYER C., LIMONDIN-LOZOUET N., TALON M., TISNÉRAT N., 1997. L'évolution tardi- et postglaciaire des lits fluviaux au nord-est de Paris (France). Relations avec les données paléoenvironnementales et l'impact anthropique sur les versants. *Géomorphologie : relief, processus, environnement*, 4, 291-312.

PEIRY J.-L., 1994. Application de l'analyse statistique multivariée et de l'image CM des dépôts fluviatiles à la reconstitution des paléoenvironnements fluviaux. L'exemple d'un bras mort du Rhône en amont de Lyon. *Quaternaire*, vol. 5, 2, 59-67.

PÉRETTE J.-Y., DELANNOY J.-J., DESTOMBES J.-L., 2002. Les stalagmites et leurs enregistrements de l'évolution de l'excédent hydrique. Application au massif du Vercors. *In* : BRAVARD J.-P. et MAGNY M. (éds.), *Les Fleuves ont une histoire. Paléoenvironnement des rivières et des lacs français depuis 15 000 ans*, Paris, Errance, 195-204.

POUQUET J., 1952. *Les Monts du Tessala. Essai morphogénétique*, thèse Lettres, Paris, Sedes, 346 p.

SALVADOR P.-G., VÉROT-BOURRELY A., BRAVARD J.-P., FRANC O., MACÉ S., 2002. Les crues du Rhône à l'époque gallo-romaine dans la région lyonnaise. *In* : BRAVARD J.-P. et MAGNY M. (éds.), *Les paléoenvironnements fluviatiles et lacustres en France depuis 15 000 ans*, Paris, Errance, 215-221.

SCHUMM S.A., 1977. *The Fluvial System*, New York, Wiley-Interscience Publ., 338 p.

STARKEL L., 1983. The reflection of hydrological changes in the fluvial environment of the temperate zone during the last 15,000 years. *In* : Gregory K. (ed.), *Background to Palaeohydrology*, J. Wiley et S. Ltd, 213-235.

STRIEDTER K., 1988. Le Rhin en Alsace du Nord au Subboréal. Genèse d'une terrasse fluviatile holocène et son importance pour la mise en valeur de la vallée. *Bull. Ass. Géogr. Fr.*, 1, 5-10.

VAN DER LEEUW S., 1999. La contribution de l'archéologie à l'étude géographique des sociétés anciennes. *Les Nouvelles de l'Archéologie*, 78, 6-8.

VERNET J.-L., 1974. Précisions sur l'évolution de la végétation depuis le Tardiglaciaire dans la région méditerranéenne, d'après les charbons de bois de l'Arma du Nasino (Savone-Italie). *Bull. Ass. Géogr. Fr.*, 2, 65-72.

VITA FINZI C., 1969. *The Mediterranean Valleys*, Cambridge, 140 p.

WAGSTAFF J.M., 1981. Buried assumptions: some problems in the interprétations of the « Younger Fill » raised by recent data from Greece. *Journal of Arch. Sc.*, 8, 247-264.

Alloformations alluviales, morphodynamique fluviale et paléohydrologie

GILLES ARNAUD-FASSETTA[1]

Introduction

Les études de géomorphologie fluviale représentent une part non négligeable des parutions dans les revues scientifiques de haut rang. Pour la seule année 2003, elles ont constitué en moyenne 17 % des parutions, dans onze des revues internationales que consultent régulièrement les géomorphologues et dans lesquelles ils publient (**fig. 1**).

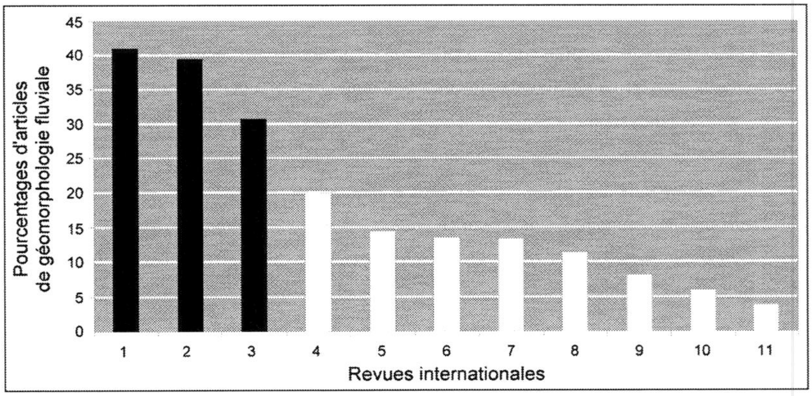

Fig. 1. Pourcentages d'articles de géomorphologie fluviale parus en 2003 dans onze revues internationales (nombre total d'articles consultés : 1222).
(1) *Geomorphology* (Elsevier) ; **(2)** *Earth Surface Processes and Landforms* (Wiley) ; **(3)** *River Research and Applications* (Wiley) ; **(4)** *Geografisca Annaler A – Physical Geography* (Blackwell) ; **(5)** *Quaternary Sciences Review* (Elsevier) ; **(6)** *Journal of Quaternary Science* (Wiley) ; **(7)** *Quaternary International* (Elsevier) ; **(8)** *Catena* (Elsevier) ; **(9)** *Quaternary Research* (Elsevier) ; **(10)** *The Holocene* (Arnold) ; **(11)** *Palaeogeography, Palaeoclimatology, Palaeoecology* (Elsevier).

1. Université Denis-Diderot (Paris VII), UFR GHSS (CC 7001) (UMR 8586-CNRS PRODIG), 2, place Jussieu, 75251 Paris cedex 05 (fassetta@paris7.jussieu.fr).

Les processus sur le temps court (10^{-1} à 10^{2} ans) ont été les thèmes les plus couramment abordés, au détriment des modélisations paléohydrauliques et paléohydrologiques à l'échelle du Quaternaire ancien ou récent. Cette disparité se vérifie lorsque l'on observe les écarts de pourcentages entre les revues : celles à forte connotation « paléoenvironnements quaternaires » n'ont pas publié plus de 10 % des articles de géomorphologie fluviale alors que celles davantage axées sur les hydrosystèmes et/ou sur les processus en ont produit plus de 30 %. Globalement, le fait que la géomorphologie fluviale apparaisse sous-représentée dans les revues publiant sur le Quaternaire peut s'expliquer par plusieurs facteurs : la durée et le coût plus élevés des études paléoenvironnementales, les sollicitations toujours croissantes des chercheurs sur le thème du risque (présent) et/ou de la gestion environnementale, la concurrence avec d'autres disciplines dès lors que l'on aborde la question de la variabilité à long terme du climat et de l'hydrologie.

L'étude paléo-hydro-géomorphologique d'un bassin fluvial a généralement pour fonctions de comprendre les rythmes d'évolution du système « bassin versant → vallée → plaine alluviale → cours d'eau » et les processus associés, de préciser la part respective des facteurs naturels (structure, climat, niveau de base) et humains (occupation, usages et exploitation des sols, aménagements hydrauliques) qui sous-tendent cette évolution et de caractériser le risque hydrologique. Les données physiques de base sont communément les « alloformations » (formations allogènes) et les formes fluviales, intégrées ou non dans des « modélisations » paléohydrologiques et paléohydrauliques. Utilisant des bases de données à plus ou moins fortes discontinuités spatiales et/ou chronologiques (ce qui est moins le cas pour les varves lacustres), ces modélisations permettent bien souvent de prolonger les études paléoenvironnementales ou hydro-géomorphologiques « classiques », et ont toute leur place dans les grandes thématiques de recherche actuelles (« changement climatique », « interactions nature/sociétés », « développement durable », etc.).

L'objectif de cet article est de faire le bilan sur les diverses méthodes de reconstitution des flux liquides et solides dans les bassins versants. Après avoir précisé la signification hydro-dynamique des alloformations et des formes fluviales, des extraits d'études conduites en domaine méditerranéen et un exemple himalayen serviront à étayer la présentation de quelques méthodes visant à retracer la variabilité des flux de matières liquides et solides dans les fleuves et les rivières.

1. Alloformations et formes fluviales : leur signification hydrodynamique

L'histoire d'une vallée, ou celle du cours d'eau qui la draine, passent nécessairement par des phases de stabilité et d'instabilité hydro-géomorphologique, comme en témoignent par exemple les systèmes de terrasse (**photo 1**). Ces phases expriment des tendances ou un comportement épisodique, attribués à des forçages internes/externes à l'hydrosystème. Dans les montagnes (sub-) méditerranéennes et sur leur piémont, les études hydro-géomorphologiques insistent sur le rôle des crues basse-fréquence/haute-magnitude, comme éléments majeurs du façonnement des plaines alluviales et du calibrage des lits fluviaux (Arnaud-Fassetta *et al.*, 1993, 2002 ; Arnaud-Fassetta et Fort, 2004).

Photo 1. Système de terrasses alluviales dans la vallée de la Seti Khola, bassin intra-montagnard de Pokhara, Himalaya du Népal, sud de la chaîne des Annapurnas (Fort, 1987, annoté).
Il y a environ 450 ans, l'éboulement catastrophique d'une partie de la paroi (roches et glaces) du flanc ouest de l'Annapurna IV engendra une mégalave torrentielle (4 km^3), aboutissant au remblaiement brutal de l'ensemble du bassin de Pokhara par des débris graveleux calcaires à matrice limoneuse. Cette alloformation s'emboîte dans les niveaux de terrasses T_1 et T_2 plus anciens, au matériel induré. Depuis, l'incision rapide (10-20 cm/an) du plancher alluvial par la Seti Khola, confortée par la « fraîcheur » des formes de tressage observées au toit de T_3, a favorisé l'évacuation de près de 50 % du dépôt originel et sa dissection en plusieurs niveaux de terrasses désappariées (ici au nombre de cinq, de T_3 à T_7). Le remblaiement du fond de vallée puis son creusement et la mise en place de terrasses étagées dans le dépôt précédent se sont donc produits en moins de cinq siècles. Aujourd'hui, la Seti Khola développe un style en tresses caractéristique, 80 m en contrebas de la terrasse T_3.

Dans la plaine alluviale, la dynamique (10^2 à 10^4 années) est perçue à travers les caractéristiques morpho-pédo-sédimentaires des alloformations (Autin, 1992) et l'ajustement des « variables internes » (W, d, ratio W/d, λ, s) aux fluctuations des deux « variables externes » (Schumm, 1977 ; Starkel, 1983) que sont le débit liquide (Q_l) et la charge sédimentaire (Q_s), complétées éventuellement par l'action de la tectonique (Schumm *et al.*, 2000), de l'eustatisme (Schumm, 1993) et de l'Homme (Herget, 1998). Si la variabilité de Q_l relève fondamentalement du paramètre hydroclimatique et, plus précisément, des précipitations, l'abondance de Q_s dépend avant tout de la capacité de transport du cours d'eau et de la fourniture sédimentaire du bassin versant, autrement dit des « effets de l'érosion » (Neboit, 1991 ; Jorda et Provansal, 1996). Dans tous les cas, les reconstitutions de Q_l et Q_s s'appuient sur des fonctions intégrant les données morphosédimentaires et hydrauliques.

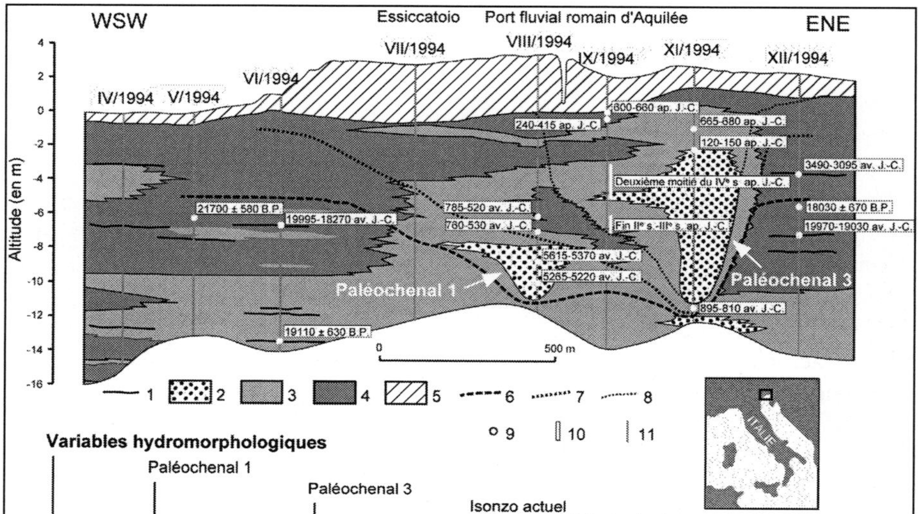

Variables hydromorphologiques

	Paléochenal 1	Paléochenal 3	Isonzo actuel (17 km en amont de l'embouchure)
d	1,5	2,0	3,6
W	420	423	287
s	0,0025	0,0025	0,0020
A	539	1058	802
P	313	589	291
R	1,72	1,80	2,76
n	0,03	0,03	0,03
D_{50}	50	49	51
D_{84}	100	102	99
D_{90}	122	117	120
U	2,4	2,9	3,5
Q	1201	2441	2227
ω	130	201	258
ω_c	7	8	8
τ_o	63	66	81
τ_c	6	6	6

d : profondeur moyenne (en m) ; W : largeur (en m) ; s : pente de la ligne d'eau (en m/m) ; A : section mouillée (en m²) ; P : périmètre mouillé (en m) ; R : rayon hydraulique (en m) ; n : coefficient de rugosité (adimensionnel ; Strickler, 1923 ; Limerinos, 1970 ; Chow, 1959) ; D_{50} : médiane granulométrique (en mm) ; D_{84} : taille du grain pour lequel 84 % des particules sont plus fines (en mm) ; D_{90} : décile supérieur (en mm) ; U : vitesse d'écoulement (en m/s ; Manning, 1891 ; Rickenmann, 1991 ; Koulinski, 1994) ; Q : débit de pointe (en m³/s ; Morisawa, 1985 ; Rotnicki, 1991); ω : puissance spécifique (en W/m² ; Bagnold, 1966 ; Bagnold, 1980) ; ω_c : puissance spécifique critique (en W/m²; Bagnold, 1980 ; Costa, 1983) ; τ_o : force tractrice globale (en N/m² ; Du Boys, 1879) ; τ_c : force tractrice critique (en N/m² ; Lane, 1953 ; Costa, 1983).

Fig. 2. Coupe stratigraphique WSW-ENE effectuée sur le site archéologique d'Aquilée (patrimoine de l'UNESCO), plaine côtière du Frioul, Italie du Nord (Arnaud-Fassetta *et al.*, 2003, modifié).

(1) tourbe ; **(2)** graviers ; **(3)** sables ; **(4)** pélites ; **(5)** matériel remanié ; **(6)** plancher alluvial *post* 18030 ± 670 BP ; **(7)** plancher alluvial *post* 3490-3095 av. J.-C. ; **(8)** plancher alluvial *post* 785-520 av. J.-C. ; **(9)** date ^{14}C (cal.) ; **(10)** date archéologique ; **(11)** carotte SARA (année 1994).

Le remblaiement alluvial révèle la présence de trois paléochenaux emboîtés, mis en place entre 5615 av. J.-C. et 150 ap. J.-C. Les caractéristiques géométriques du paléochenal 3, le plus récent, permettent de le comparer à l'actuel Isonzo en aval de la confluence avec le Torre, dont le style fluvial s'apparente à du tressage. Les calculs hydrauliques, celui de la puissance spécifique (ω) en particulier, confirment cette hypothèse. Ils attestent l'existence, au début de l'Antiquité, d'une plaine alluviale à chenaux multiples, sur laquelle la migration des drains est rendue possible par la progradation des bancs de chenal, dans un contexte d'excédent de charge favorisant l'exhaussement du plancher alluvial.

2. Reconstitution de Q_l

De façon générale, les interprétations paléohydrologiques et paléohydrauliques découlent de trois approches possibles, basées sur le régime hydrologique, le critère de compétence ou l'altitude des dépôts fins d'inondation.

*2.1. Approche basée sur le régime hydrologique (***fig. 2***)*

Dérivée du terme *regime-based* proposé par Dury (1985), cette méthode intègre la morphologie du chenal, les caractéristiques sédimentologiques du matériel de fond et les conditions d'écoulement. L'objectif est d'estimer les débits haute-fréquence comme le débit à pleins bords (Q_{lb}), et d'établir ainsi un terme de comparaison qui soit utile au suivi de la dynamique d'un (ou plusieurs) cours d'eau. C'est dans cette perspective qu'une étude paléohydrologique a été conduite sur le site du port fluvial romain d'Aquilée en Italie du Nord, montrant tout l'intérêt de définir les caractéristiques hydrauliques des chenaux fluviatiles actuels, afin de pouvoir ensuite les comparer avec celles de leurs analogues anciens.

*2.2. Approche basée sur le critère de compétence (***fig. 3***)*

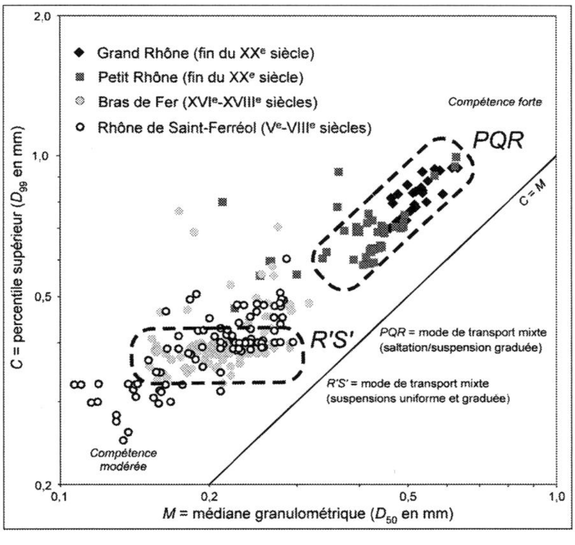

Fig. 3. Évolution historique de la compétence moyenne (D_{50}) et maximale (D_{99}) du Bas-Rhône (plaine deltaïque), déduite de l'analyse sédimentologique des remblaiements alluviaux de quatre bras fluviaux (voir fig. 5 pour leur localisation) : le Rhône de Saint-Ferréol (Arnaud-Fassetta, 2000), le Bras de Fer (Arnaud-Fassetta et Provansal, 1999), le Grand Rhône et le Petit Rhône (Arnaud-Fassetta *et al.*, 2003). On notera l'augmentation croissante de la compétence du Rhône deltaïque depuis l'Antiquité.

Également connue sous le terme *flow-competence criteria* (Maizels, 1983), elle met en relation la taille des sédiments transportés par un cours d'eau avec les conditions hydrauliques locales. L'utilisation de l'image CM de Passega (1957), en corrélant sur un diagramme binaire à ordonnées logarithmiques la compétence moyenne (D_{50}) et la compétence maximale (D_{99}), a montré toute sa pertinence pour discriminer, sur la base des différents modes de transport sédimentaire, les milieux de sédimentation fluviatiles dans la haute vallée du Rhône (Bravard et Peiry, 1999). Dans l'aire deltaïque, l'image CM a servi de support pour retracer l'évolution historique de la compétence du fleuve.

2.3. Approche basée sur l'altitude des dépôts fins d'inondation

Formalisée par les travaux de Patton *et al.* (1979), elle prend en compte l'altitude des dépôts fins d'inondation (*slack-water deposits*) conservés dans les sections en gorge à fond rocheux (*i.e.*, considéré comme relativement stable à l'échelle de plusieurs dizaines voire centaines d'années), afin de restituer les hauteurs d'eau et les débits de pointe de certaines crues. Cette méthode a été testée dans la section en gorge de la haute vallée du Guil à Château-Queyras (**fig. 4**). Là, la photo-interprétation et la datation des alloformations alluviales déposées en bordure du chenal ont permis d'estimer plusieurs variables hydrauliques [débit de pointe (Q), puissance spécifique (ω), force tractrice (τ_o)], et ce pour des événements hydrologiques de récurrence variable, depuis les hautes eaux ordinaires (mai 2003) jusqu'aux crues Q_{30} (juin 2000 ; Arnaud-Fassetta *et al.*, 2005) et $>Q_{100}$ (juin 1957).

3. Reconstitution de Qs

3.1 Capacité de transport

Concernant la capacité de transport du chenal fluvial, elle varie en fonction de la fourniture sédimentaire, de la taille du matériel et de la puissance spécifique. Dans le delta du Rhône, la relation entre la puissance fluviale unitaire (ω) et la capacité de transport (I_b) a été quantifiée en utilisant l'équation de Bagnold (1980), permettant ainsi de montrer les effets des aménagements sur le fonctionnement hydro-sédimentaire du système fluvial depuis la fin du Petit Âge Glaciaire (**fig. 5**).

3.2. Origine de la fourniture sédimentaire

La question de l'origine des sédiments de rivière peut être abordée par le biais des traceurs, dont le choix dépend du pas de temps étudié. Sur le temps court (Temps modernes), l'utilisation des rejets d'industries métallurgiques a montré toute son utilité (Houbrechts et Petit, 2003). Sur le temps moyen (Holocène), suivre l'origine des alluvions déposées par le Rhône à l'apex de son delta (**fig. 6**). Le suivi à moyen terme des flux polliniques dans la plaine d'inondation peut être également utlisé pour identifier les apports proximaux ou distaux (Arnaud-Fassetta *et al.*, 2000).

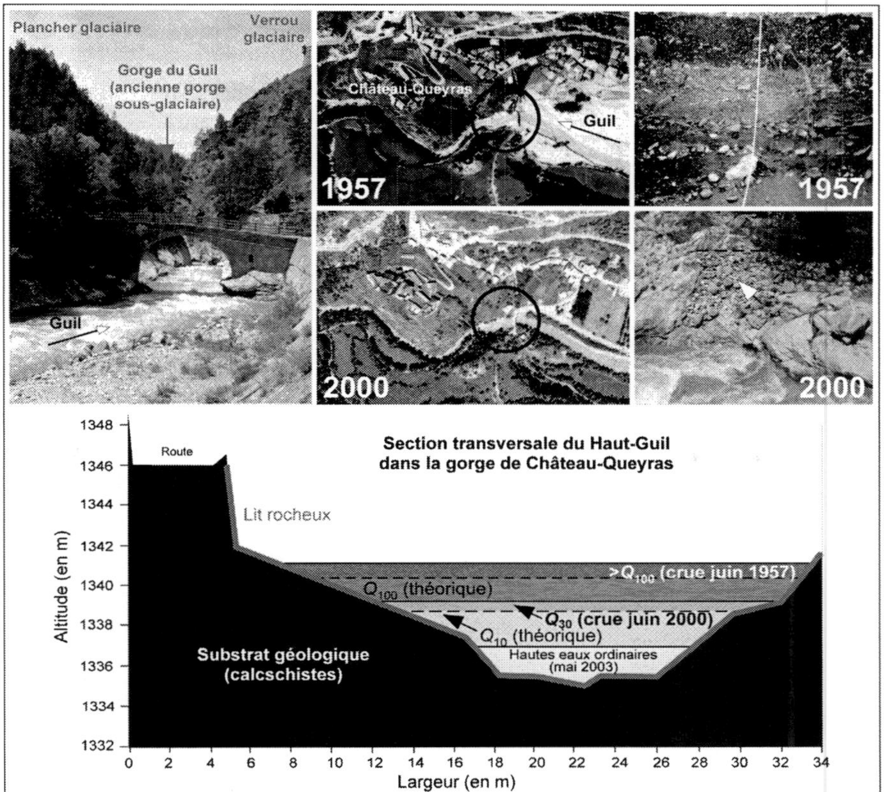

	d	W	S	A	P	R	n	U	Q	ω	τ_o
>Q_{100} (crue juin 1957)	3,45	26,58	0,02	96,00	30,72	3,13	0,06	5,1	490	4494	880
Q_{100} (théorique)	3,28	24,40	0,02	78,05	28,05	2,78	0,06	4,7	365	3573	764
Q_{30} (crue juin 2000)	2,63	20,37	0,02	49,99	23,14	2,16	0,06	3,8	190	2199	579
Q_{10} (théorique)	2,39	16,79	0,02	37,82	19,49	1,94	0,06	3,5	131	1759	506
Hautes eaux (mai 2003)	1,47	10,88	0,02	15,70	12,45	1,26	0,07	2,4	38	770	320

d : profondeur moyenne (en m) ; W : largeur (en m) ; S : pente (en m/m) ; A : section mouillée (en m^2) ; P : périmètre mouillé (en m) ; R : rayon hydraulique (en m) ; n : coefficient de rugosité (adimensionnel ; Jarrett, 1984) ; U : vitesse d'écoulement (en m/s ; Manning, 1889) ; Q : débit de pointe (en m^3/s ; Morisawa, 1985) ; ω : puissance spécifique (en W/m^2 ; Bagnold, 1980) ; τ_o: force tractrice unitaire (en N/m^2 ; Du Boys, 1879)

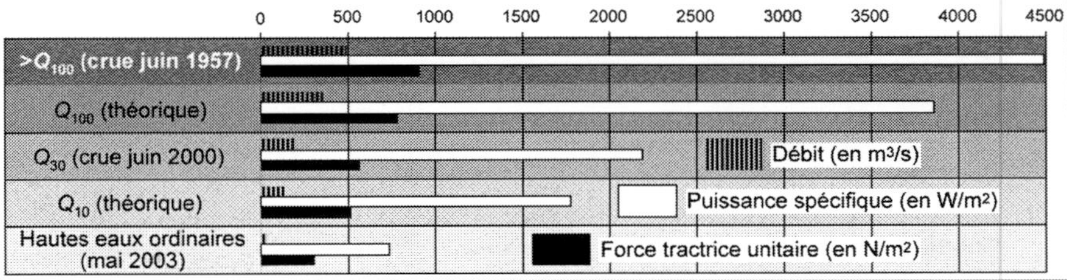

Fig. 4. Reconstitution hydraulique dans le Haut-Guil (Alpes du Sud), basée sur la prise en compte de l'altitude des dépôts de crue dans la section en gorge de Château-Queyras. Plusieurs valeurs de puissance spécifique (ω) et de force tractrice (τ_o) sont proposées en fonction de la fréquence de retour des événements hydrologiques (photos de gauche et de droite : université Paris VII ; photos du centre : IGN).

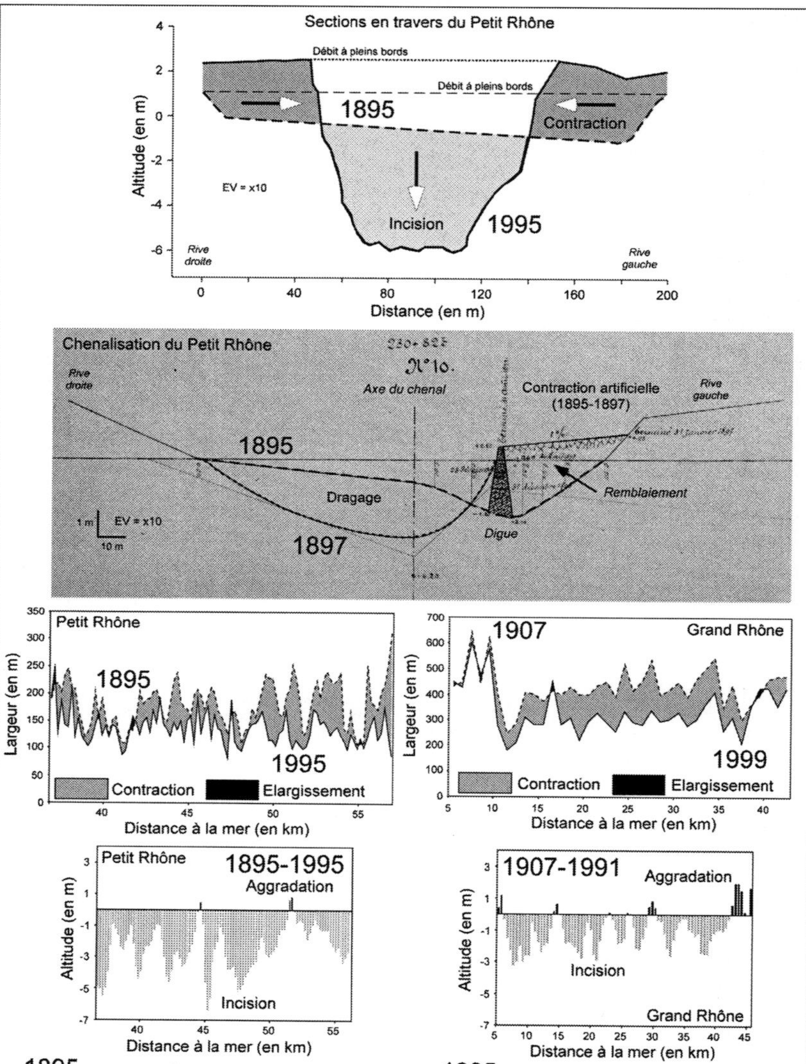

1895				Petit Rhône
ω	*d*	D_{50}	$ω_c$	I_b
0.55	2.70	0.30	0.01	**0.024**
0.55	2.70	0.40	0.01	**0.020**
0.55	2.70	0.50	0.02	**0.018**
0.55	2.70	6.39	0.55	0.000

1995				Petit Rhône
ω	*d*	D_{50}	$ω_c$	I_b
3.77	6.80	0.30	0.01	**0.234**
3.77	6.80	0.40	0.01	**0.202**
3.77	6.80	0.50	0.02	**0.181**
3.77	6.80	23.82	3.77	0.000

ω : puissance spécifique (en W/m²; Bagnold, 1966) ; *d* : profondeur moyenne (en m) ; D_{50} : médiane granulométrique (en mm) ; $ω_c$: puissance spécifique critique (en W/m²; Bagnold, 1980) ; I_b : capacité de transport (Bagnold, 1980 ; en kg m^{-1} s^{-1}).

Fig. 5. Évolution récente de la capacité de transport potentielle (matériel de fond) du Rhône deltaïque (Arnaud-Fassetta, 2003, modifié).

Calculée à partir de la fonction de Bagnold (1980), la capacité de transport potentielle (I_b) a fortement augmenté entre 1895 et 1995, en réponse aux travaux de chenalisation conduits sur le fleuve à la fin du XIXe siècle.

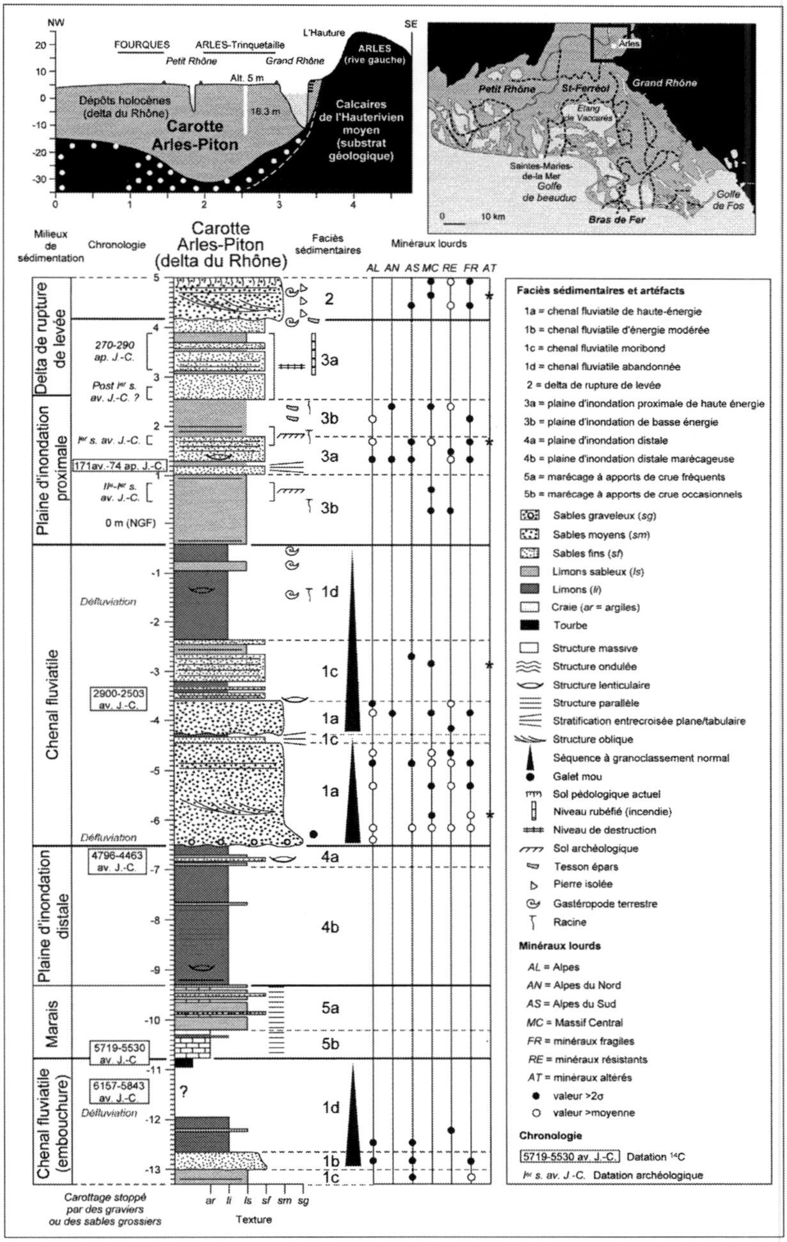

Fig. 6. Origine des alluvions déposées à l'apex du delta du Rhône au cours de l'Holocène, dérivée de l'analyse des minéraux lourds de la carotte Arles-Piton (Arnaud-Fassetta, 2004, modifié).

Au cours des huit derniers millénaires, les sédiments déposés en tête de l'aire deltaïque proviennent avant tout du Massif central (52 %) et secondairement des Alpes du Sud (36 %) ou du Nord (12 %).

Conclusion

L'utilisation des données morphosédimentaires, intégrées ou non dans les modèles (paléo-)hydrauliques, ne va pas sans poser certains problèmes, inhérents au fait que les alloformations alluviales, dans bien des cas très discontinues, n'archivent qu'une partie de l'histoire d'un cours d'eau et de sa vallée et que les fonctionnements morphodynamiques sont distincts et les temps de réponse le plus souvent différés au sein d'un même bassin versant, etc. En substance, les alloformations alluviales, contrairement aux séries lacustres ou marines profondes et aux carottes glaciaires, ne sont certainement pas les supports les mieux adaptés, pour qui s'intéresse aux fluctuations paléoclimatiques des quinze derniers millénaires. En revanche, elles apportent une information directe (donc précieuse) sur les processus d'érosion et les rythmes auxquels se façonnent les reliefs, sur les modalités de transit des débris dans les bassins versants et sur les liens (risque) entre la dynamique fluviale (aléa) et les sociétés (vulnérabilité).

Références

ARNAUD-FASSETTA G., 2000. *Quatre mille ans d'histoire hydrologique dans le delta du Rhône. De l'Âge du Bronze au siècle du nucléaire. Grafigéo*, 11, Coll. « Mémoires et documents de l'UMR PRODIG », Paris, 229 p.

ARNAUD-FASSETTA G., 2003. River channel changes in the Rhône Delta (France) since the end of the Little Ice Age: geomorphological adjustment to hydroclimatic change and natural resource management. *Catena*, 51, 141-172.

ARNAUD-FASSETTA G., 2004. The upper Rhône Delta sedimentary record in the « Arles-Piton » core: analysis of delta-plain subenvironments, avulsion frequency, aggradation rate and origin of sediment yield. *Geografiska Annaler A – Physical Geography*, 86, 4, 367-383.

ARNAUD-FASSETTA G., BALLAIS J.-L., BEGUIN E., JORDA M., MEFFRE J.-C., PROVANSAL M., RODITIS J.-C., SUANEZ S., 1993. La crue de l'Ouvèze à Vaison-la-Romaine (22 septembre 1992). Ses effets morphodynamiques, sa place dans le fonctionnement d'un géosystème anthropisé. *Revue de géomorphologie dynamique*, 62, 2, 33-48.

ARNAUD-FASSETTA G., PROVANSAL M., 1999. High frequency variations of water flux and sediment discharge during the Little Ice Age (1586-1725 AD) in the Rhône Delta (Mediterranean France). Relationship to the catchment basin. *Hydrobiologia*, 410, 241-250.

ARNAUD-FASSETTA G., DE BEAULIEU J.-L., SUC J.-P., PROVANSAL M., WILLIAMSON D., LEVEAU P., ALOÏSI J.-C., GADEL F., GIRESSE P., ÉVIN J., DUZER D., 2000. Evidence for an early landuse in the Rhône Delta (Mediterranean France) as recorded by late Holocene fluvial paleoenvironments (1640-100 BC). *Geodinamica Acta*, 13, 377-389.

ARNAUD-FASSETTA G., BELTRANDO G., FORT M., PLET A., ANDRÉ G., CLÉMENT D., DAGAN M., MÉRING C., QUISSERNE D., RYCX Y., 2002. La catastrophe hydrologique de novembre 1999 dans le bassin versant de l'Argent Double (Aude, France) : de l'aléa pluviométrique à la gestion des risques pluviaux et fluviaux. *Géomorphologie : relief, processus, environnement*, 1, 17-34.

ARNAUD-FASSETTA G., CARRÉ M.-B., MAROCCO R., MASELLI-SCOTTI F., PUGLIESE N., ZACCARIA C., BANDELLI A., BRESSON V., MANZONI G., MONTENEGRO M.E., MORHANGE C., PIPAN M., PRIZZON A., SICHÉ I., 2003. The site of Aquileia (northeastern Italy): example of fluvial geoarchaeology in a Mediterranean coastal plain. *Géomorphologie : relief, processus, environnement*, 4, 223-241.

ARNAUD-FASSETTA G., QUISSERNE D., ANTONELLI C., 2003. Downstream grain-size distribution of surficial bed material and its hydro-geomorphological significance in a large and regulated river: the Rhône River in its delta area (France). *Géomorphologie : relief, processus, environnement*, 1, 33-50.

ARNAUD-FASSETTA G., FORT M., 2004. La part respective des facteurs hydroclimatiques et anthropiques dans l'évolution récente (1956-2000) de la bande active du Haut-Guil, Queyras, Alpes françaises du Sud. *Méditerranée*, 1-2, 143-156.

ARNAUD-FASSETTA G., COSSART E., FORT M., 2005. Hydro-geomorphic hazards and impact of man-made structures during the catastrophic flood of June 2000 in the Upper Guil catchment (Queyras, French Alps). *Geomorphology*, 66, 41-67.

AUTIN W.J., 1992. Use of alloformations for definition of Holocene meander bels in the middle Amite River, southeastern Louisiana. *Geological Society of America Bulletin*, 104, 233-241.

BAGNOLD R.A., 1966. An approach to the sediment transport problem from general physics. *U.S. Geol. Surv. Prof. Pap.*, 422, 1-37.

BAGNOLD R.A., 1980. An empirical correlation of bedload transport rates in flumes and natural rivers. *Proceedings of the Royal Society*, 372A, 453-473.

BRAVARD J.-P., PEIRY J.-L., 1999. The CM image as a tool for the classification of alluvial units and floodplains along the river continuum. *In* : MARRIOTT S., ALEXANDER J., HEY R. (eds.), *Floodplains: Interdisciplinary Approaches*, Geological Society, London, Special Publication 163, 259-268.

CHOW V.T., 1959. *Open Channel Hydraulics*, McGraw-Hill, New York, 680 p.

COSTA J.E., 1983. Paleohydraulic reconstruction of flash-flood peaks from boulder deposits in the Colorado Front Range. *Geological Society of America Bulletin*, 94, 986-1004.

DU BOYS M.P., 1879. Études du régime du Rhône et de l'action exercée par les eaux sur un lit à fond de graviers indéfiniment affouillable. *Annales des Ponts et Chaussées*, 5, 18, 141-195.

DURY G.H., 1985. Attainable standards of accuracy in the retrodiction of palaeodischarge from channel dimensions. *Earth Surface Processes and Landforms*, 10, 205-213.

FORT M., 1987. Sporadic morphogenesis in a continental subduction setting: an example from the Annapurna Range, Nepal Himalaya. *Z. Geomorph. N. F.*, 63, 9-36.

HERGET J., 1998. Anthropogenic influence on the development of the Holocene terraces of the River Lippe, Germany. *In* : BENITO G., BAKER V.R., GREGORY K.J. (eds.), *Palaeohydrology and Environmental Change*, Wiley, Chichester, 167-179.

HOUBRECHTS G., PETIT F., 2003. Utilisation des scories métallurgiques en dynamique fluviale : détermination de la compétence effective des rivières et estimation des vitesses de progression de leur charge de fond. *Géomorphologie : relief, processus, environnement*, 1, 3-12.

JORDA M., PROVANSAL M., 1996. Impact de l'anthropisation et du climat sur le détritisme en France du Sud-Est (Alpes du Sud et Provence). *Bulletin de la Société Géologique de France*, 167, 159-168.

LANE E.W., 1953. Progress report on studies on the design of stable channels of the Bureau of Reclamation. *Proceedings of the American Society of Civil Engineers*, 120, 2776, 1234-1260.

LIMERINOS J.T., 1970. Determination of the Manning coefficient from measured bed roughness in natural channels. *U.S. Geological Survey Water Supply Paper*, 1898-B, 47 p.

MAIZELS J.K., 1983. Palaeovelocity and palaeodischarge determination for coarse gravel deposits. *In* : GREGORY K.J. (ed.), *Background to Palaeohydrology, a Perspective*, Wiley, Chichester, 101-139.

MANNING R., 1891. On the flow of water in open channels and pipes. *Transactions of the Institution of Civil Engineers of Ireland.*

MORISAWA M., 1985. *Rivers: Form and Process*, London, Longman.

NEBOIT R., 1991. *L'Homme et l'érosion. L'érosion des sols dans le monde.* Publications de la Faculté des Lettres et Sciences Humaines de l'Université Blaise-Pascal, Nlle série, fasc. 34, Presses de l'APFLC, Clermont-Ferrand, 2e éd., 270 p.

PASSEGA R., 1957. Texture as characteristic of clastic deposition. *American Association of Petroleum Geologists Bulletin*, 41, 1952-1964.

PATTON P.C., KOCHEL R.C., BAKER V.R., 1979. Slack water deposits: a geomorphic technique for the interpretation of fluvial paleohydrology. *In* : RHODES D.D., WILLIAMS G. (eds.), *Adjustments to the Fluvial System*, Kendall-Hunt Pub. Co., Dubuque, Iowa, 225-252.

RICKENMANN D., 1991. Bedload transport and hyperconcentrated flow at steep slopes. *In* : ARMANINI A., SILVIO G.D. (eds.), *Fluvial Hydraulics of Mountain Regions*, Springer-Verlag, New York, 429-441.

ROTNICKI K., 1991. Retroduction of palaeodischarges of meandering and sinuous alluvial rivers and its palaeohydroclimatic implications. *In* : STARKEL L., GREGORY K.J., THORNES J.B., (eds.), *Temperate Palaeohydrology*, Wiley, Chichester, 431-471.

SCHUMM S.A., 1977. *The Fluvial System.* Wiley, New York, 338 p.

SCHUMM S.A. 1993. *River response to baselevel change: implications for sequence stratigraphy. The Journal of Geology*, 101, 279-294.

SCHUMM S.A., DUMONT J.-F., HOLBROOK J.M., 2000. *Active tectonics and alluvial rivers*, Cambridge, Cambridge University Press, 276 p.

STARKEL L. 1983. The reflection of hydrologic changes in the fluvial environment of the temperate zone during the last 15000 years. *In* : GREGORY K.J. (ed.), *Background to the Palaeohydrology, a Perspective*, Wiley, Chichester, 213-235.

STRICKLER A., 1923. *Beitrage zur Frage der Geschwindigheitsformel und der Rauhigkeitszahlen für Strome, Kanale und Geschlossene Leitungen*, Mitteilungen des Eidgenossischer Amtes für Wasserwirtschaft, Bern, Switzerland, 16 p.

Apports récents de la paléopédologie à la définition des phases de stabilité des pédopaysages holocènes nord-méditerranéens

JEAN-FRANÇOIS BERGER[1]

Introduction

L'étude des archives sédimentaires qui témoignent de la stabilité paysagère (les paléosols) est encore peu développée. Les sols enterrés sont pourtant fréquents dans les enregistrements sédimentaires, mais leur reconnaissance est délicate sur le terrain et nécessite souvent des analyses complémentaires en laboratoire. À l'échelle de l'Holocène, leur durée se révèle être plus longue que celle des processus morphosédimentaires (Berger, 2003). L'absence de prise en compte de ces paléosols et de leur mémoire environnementale élimine donc des pans entiers de l'histoire des paysages (Fedoroff, 1986). Cette sous-utilisation de la paléopédologie handicape également les corrélations des dynamiques pédologiques à l'échelle continentale. L'étude de longues séquences continentales témoignant de l'alternance entre processus d'accrétion sédimentaire et d'évolution pédologique est également extrêmement rare. Elle a surtout été développée en contexte loessique pléistocène. Les principales étapes de l'histoire de la paléopédologie ainsi qu'un inventaire complet et une critique de ses outils et de la terminologie utilisée ont été abondamment synthétisés et commentés par Langhor et Sanders (1984), Fedoroff (1986) et Fedoroff et Courty (2002).

Dans la moyenne vallée du Rhône, une étude détaillée et systématique de sols alluviaux peu évolués et monophasés (fluviosols cumuliques), disposés entre des nappes alluviales témoignant d'une prédominance des processus hydrosédimentaires et chronologiquement bien documentés par des niveaux archéologiques ou des dates radiocarbone effectuées en série, a permis d'établir une chronostratigraphie régionale continue pour la période holocène. Les processus pédologiques élémentaires qui les caractérisent ont été identifiés et inventoriés aux échelles microscopiques sous un microscope pétrographique. L'objet de cet

1. UMR 6130 CEPAM, Valbonne-Sophia-Antipolis (Berger@cepam.CNRS.fr).

article est (1) de présenter les principaux apports de la paléopédologie, (2) de montrer sa complémentarité avec la géomorphologie et (3) de discuter de son potentiel pour reconstituer les paléoclimats, (4) de caractériser l'impact anthropique sur les sols et (5) les variations du potentiel agrologique pour les sociétés humaines.

1. Les pédogenèses holocènes et leur signification géomorphologique et environnementale

Le sol est un système réactif aux changements climatiques et aux activités humaines, contrôlé par l'interaction des processus qui se déroulent à l'interface de la lithosphère, de la biosphère et de l'atmosphère (Fedoroff et Courty, 2002). Les agents atmosphériques et l'activité biologique transforment les matériaux géologiques superficiels et aboutissent à la différentiation d'un profil pédologique, subdivisé en horizons. Cette horizonation est rarement conservée dans son intégralité, à cause des processus géomorphologiques (érosion) ou anthropique (homogénéisation des horizons supérieurs dans l'horizon cultural). De plus elle n'est pas toujours évidente à cerner, notamment à l'Holocène dans les secteurs à sédimentation active où les processus d'accrétion réguliers empêchent son développement continu « théorique » (prédominance de sols cumuliques peu évolués). Les critères à prendre en compte diffèrent alors de ceux définis dans les manuels de pédologie. Ils sont nettement plus discrets… et la plupart du temps uniquement identifiables aux échelles microscopiques. Fedoroff et Courty (2002) ont ainsi introduit la notion de « formation pédosédimentaire » pour associer dans un même continuum les processus dépositionnels et pédologiques.

Les recherches pour identifier un type de sol « zonal » dans le monde méditerranéen (le sol rouge méditerranéen) sont anciennes et reposent avant tout sur des perceptions fixistes de l'évolution de ses dynamiques environnementales et de son climat (Boulaine, 1984). Si à l'échelle du temps long, la tendance est à la fersiallitisation (lessivage et coloration intense des matériaux), les processus qui guident l'orientation de la pédogenèse selon des échelles de temps courtes à l'échelle géologique (un à plusieurs siècles) sont variables et sous le contrôle d'oscillations de la circulation atmosphérique dans l'hémisphère nord et d'évènements écologiques abrupts (incendies, mises en culture). Cette perception des temporalités du système pédologique postglaciaire modifie la vision classique de l'approche paléopédologique et nécessite la mise au point d'une démarche spécifique reposant sur la notion de sols cumuliques, orientée sur les secteurs à sédimentation active, qui enregistrent chaque fluctuation hydrosédimentaire ou éolienne sous forme d'un ensemble de traits monophasés (Courty, 1994 ; Berger 2003) (**fig. 1**).

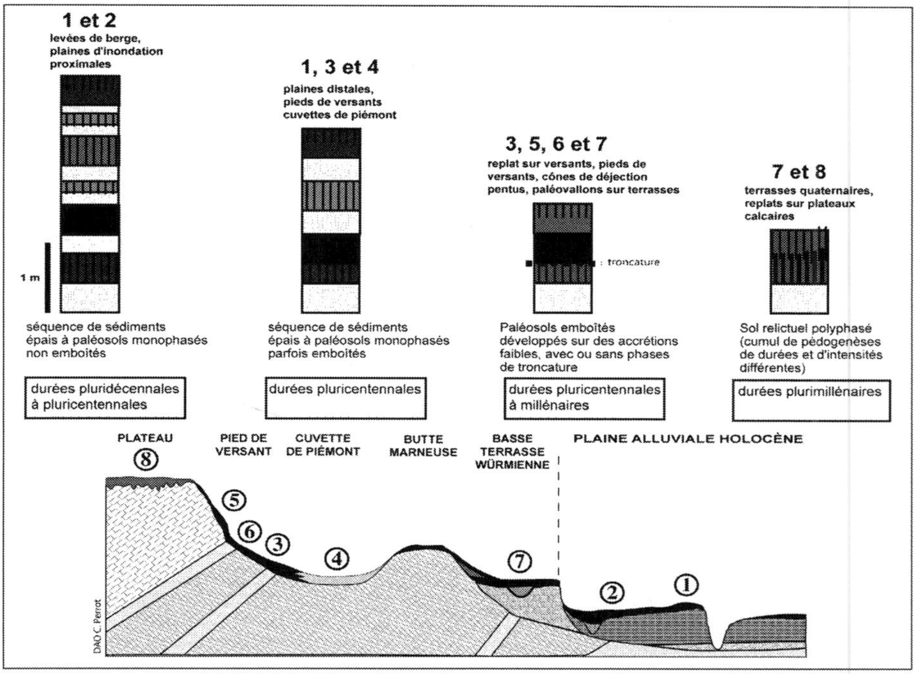

Fig. 1. Position et validité des enregistrements paléopédologiques au sein des unités paysagères rhodaniennes.

2. Caractérisation de l'évolution pédologique : un inventaire des traits pédologiques élémentaires

L'ensemble de ces traits, parfois nommé mémoire du sol (Fédoroff et Courty, 2002) est identifié sur les lames minces fabriquées à partir d'échantillons non perturbés. Leur interprétation et leur hiérarchisation permettent d'établir une chronologie évènementielle des processus pédologiques actifs au moment du fonctionnement de ces sols, aujourd'hui enterrés.

À l'échelle séculaire à pluriséculaire, la maturation pédologique des sédiments est essentiellement sous la dépendance de l'activité biologique et de la redistribution des carbonates, des oxydes et hydroxydes de fer et de manganèse. Ces traits ne sont pas toujours clairement identifiables sur le terrain (à l'exception d'horizons carbonatés). Les sols apparaissent souvent faiblement exprimés et ne présentent qu'exceptionnellement une horizonation nette sur le substrat. Dans les zones à sédimentation active, la pédogenèse n'approfondit que rarement son profil en raison du frein lié aux apports cycliques ou continus de nouveaux matériaux sédimentaires ou aux troncatures alluviales. Les transformations chimiques des minéraux silicatés ne se produisent pas dans ces conditions.

Dans ces contextes particuliers, seule la comparaison des traits pédologiques élémentaires reconnus dans ces différents sols jeunes permet alors de dégager la tendance pédologique propre à chaque phase pédosédimentaire reconnue (Courty, 1990). Ainsi, de par leur faible degré d'évolution, la majorité des paléosols postglaciaires identifiés se rattachent génétiquement à la famille des sols calcimagnésiques. Cependant au cours de l'Holocène ancien-moyen, des pédogenèses présentant des traits proches des sols isohumiques ou lessivés ont été repérés du fait que les conditions de stabilisation des géosystèmes se sont avérées alors plus longues qu'au cours de l'Holocène récent (Berger, 2003).

Pour tenter d'évaluer la durée de la pédogenèse de façon relative, des critères diagnostiques plutôt empiriques sont employés tels l'horizonation pédologique (quasi absente à l'Holocène), la coloration du sédiment (brunification, rubéfaction…), la structuration, la décarbonatation, la redistribution verticale des argiles ou des carbonates de calcium qui sont quelques-uns des critères d'identification des paléosols. Des données sur l'existence de redistributions verticales des argiles ou des carbonates peuvent être apportées par des analyses physicochimiques simples. Les critères micromorphologiques peuvent témoigner d'une évolution pédologique mono- ou polyphasée en l'absence de critères diagnostiques de terrain (Fedoroff et Courty, 2002). On sait qu'une hydromorphie secondaire peut par exemple éliminer une bonne partie de l'agrégation originale du paléosol et modifier sa couleur d'origine (par deferrisation et/ou oxydation). Les descriptions aux échelles microscopiques complètent plus sûrement le diagnostic par l'inventaire de traits d'évolution comme :

- le degré d'homogénéisation et d'organisation du matériau-mère par la faune et la flore du sol (le rôle des lombriciens est particulièrement important sous nos latitudes tempérées à subtropicale humide), la forme évoluée de cet état étant une pédoplasmation avancée avec bioturbation totale et une tendance à la striation réticulée de la matrice fine du sol (**fig. 2a**) ;
- l'enracinement (visible par la forme et la densité de la porosité canaliculaire du sol) (**fig. 2b**) ;
- le développement du complexe organo-minéral responsable de l'agrégation du sol (**fig. 2c**) ;
- l'imprégnation de la matrice par la matière organique et/ou les sesquioxydes ;
- la densité d'écofacts comme les biosphéroïdes sécrétés par les lombricidés (**fig. 2d**) ou les coquilles de gastéropodes – les biosphéroïdes sont aujourd'hui un marqueur pédologique essentiel en sédimentologie fluviale (Bruneton, 1999 ; Arnaud-Fassetta et Landuré, 2003) ;
- la formation d'un horizon calcique en profondeur (**fig. 2e**), mais ce dernier marqueur doit faire l'objet d'une attention toute particulière quant à sa genèse car le degré de développement des carbonatations secondaires ne semble pas toujours être une fonction directe du temps. Ainsi la formation de nodules fortement cimentés peut se produire en moins d'un siècle dans des conditions particulièrement favorables comme des canaux d'irrigation régulièrement en eau (Courty, 1990 ; Berger, en cours).

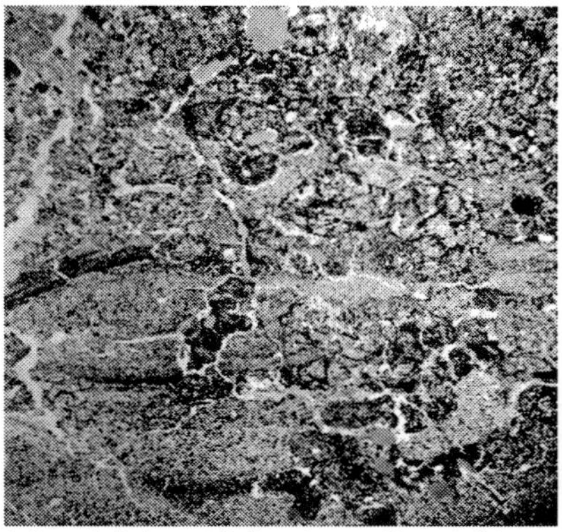

2a. Homogénéisation partielle d'une séquence sédimentaire litée par une activité lombricienne développée depuis le haut

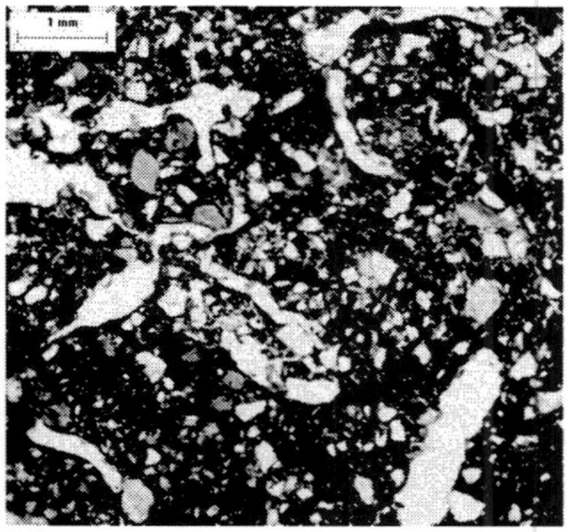

2b. Réseau racinaire en chenaux avec débris racinaires humifiés résiduels

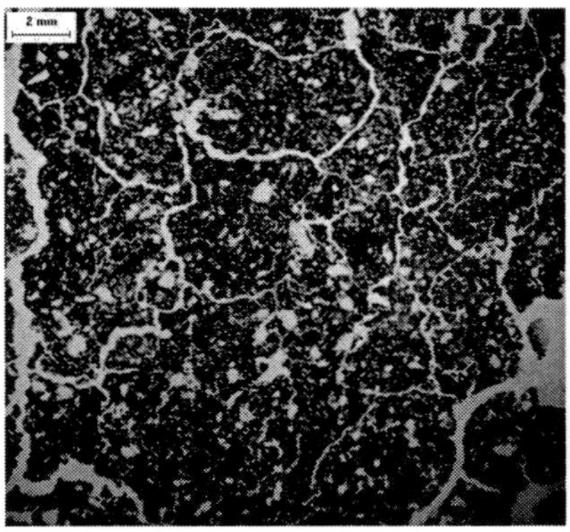

2c. Microstructure granulaire d'origine excrémentale (lombricidés), délimitée par un réseau fissural interagrégats

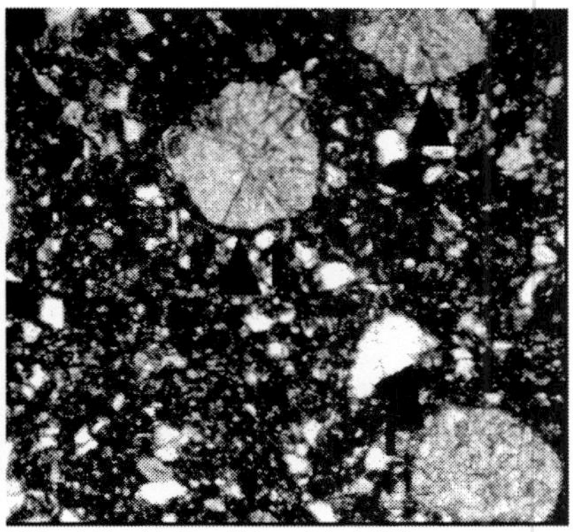

2d. Vues de biosphéroïdes calcitiques de lombricidés en coupe

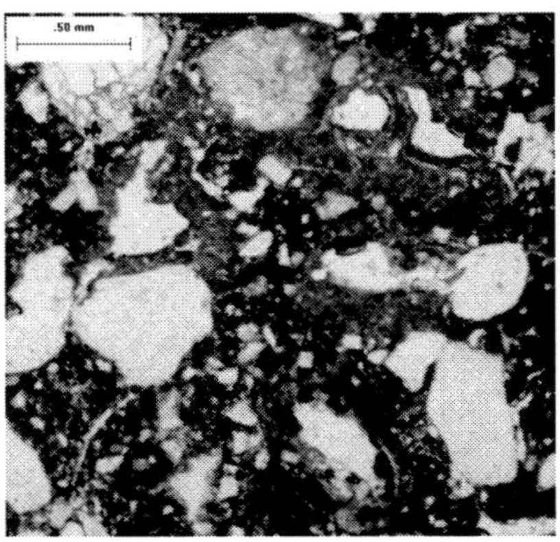

2e. Horizon calcique avec fort développement d'hyporevêtements micritiques

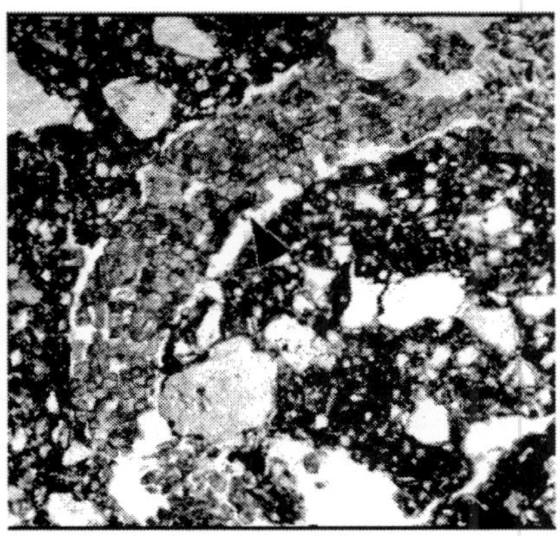

2f. Assemblage de cellules racinaires calcitfiés dans un chenal par pseudomorphose

Fig. 2 (a-f). Photos de traits pédologiques indiquant les actions de la faune du sol, l'évolution hydrique, l'état de surface et quelques traits carbonatés secondaires des paléosols holocènes.

La durée de la pédogenèse est plus sûrement documentée par l'insertion des paléosols entre des horizons archéologiques ou par le recours à des dates radiocarbone réalisées sur des charbons de bois ou sur les fractions humiques du matériau pédologique (cf. § 4/5).

3. Intérêt de la paléopédologie pour la reconstitution de la géodynamique de surface, l'archéologie et la paléoclimatologie

La reconstitution des couvertures pédologiques anciennes est importante à plus d'un titre, notamment pour connaître :

- les périodes de stabilité des milieux fluviaux et colluviaux (Berger, 2003) ;
- la caractérisation des pédoclimats, par l'intermédiaire du régime des précipitations, qui détermine en grande partie le régime hydrique du sol (Courty, 1994 ; Berger et Brochier, *sous presse*) ;
- la durée de la pédogenèse et son rapport avec l'accrétion sédimentaire. Après chaque épisode de sédimentation dans les plaines alluviales, la différenciation de la couverture pédologique repart d'un état initial brut. Elle peut affecter en partie ou en totalité l'unité sédimentaire mise en place, voire gagner en profondeur dans les horizons sous-jacents quand les dépôts ne sont pas suffisamment épais (effets cumulés) (Courty, 1994 ; Berger, 2003) ;
- les états de surface des sols et le type de couverture végétale associé (sols nus de type labours ou post-incendies, prairies [humide ou sèche], forêts [de feuillus ou de conifères], marécages...). Ces informations peuvent être déduites des traits texturaux présents dans les paléosols (Fedoroff et Courty, 2002), des types de porosité et de micro-agrégation (Berger et Brochier, *sous presse*), ou encore des assemblages phytolithiques (Berger, 2003) ;
- les potentiels agrologiques (indices de fertilité, contraintes hydrologiques...) disponibles pour les groupes culturels qui se sont succédés dans la région d'étude (Berger, 1997). Les tenants de la *New Archaeology* anglo-saxonne ont négligé durant de longues années la capacité de transformation des pédopaysages sous l'effet des variables climatiques et anthropiques et ont ainsi créé des modèles d'exploitation archéologiques totalement erronés (Higgs et Vita Finzi, 1972) ;
- les modes agropastoraux et leur impact sur le fonctionnement hydrique des sols, perçus à travers l'évolution structurale des horizons cultivés fossiles (dégradation plus ou moins forte), les traces d'amendements, les nettoyages à feu courant (Macphail *et al.*, 1990 ; Berger, 2003) ;
- les dynamiques écologiques naturelles (ou agropastorales) comme les feux qui modifient les états de surface du sol et leur fonctionnement et accélèrent le ruissellement et l'érosion par l'ablation du couvert végétal et la production de substances hydrophobes. Elles sont identifiables par la préservation dans le sédiment de fragments de sols brûlés, de résidus carbonisés macro- à microscopiques, de résidus siliceux d'origine végétale (phytolithes) parfois déformés par la chaleur, de revêtements argileux poussiéreux chargés en suies et plus rarement de cendres végétales (Fedoroff et Courty, 2002 ; Berger et Thiébault, 2002).

Lorsque les processus pédologiques se généralisent depuis l'amont jusqu'à l'aval des bassins versants, ils témoignent de leur stabilité au moins momentanée et d'une réduction importante des transferts solides dans les cours d'eau (§ 4/5). Malheureusement dans le domaine méditerranéen, particulièrement sensible à l'érosion, les témoins de ces anciennes pédogenèses sont souvent relictuels et parfois identifiés sous forme de racines de sols ou en position secondaire sous forme d'agrégats piégés dans des creux topographiques ou des structures en creux d'origine anthropique. Dans ces contextes, ils sont considérés comme hérités d'un fonctionnement pédologique antérieur (Berger, 2003). Leur identification en lame mince peut être corroborée par l'utilisation combinée de la susceptibilité magnétique, outil récent mettant particulièrement bien en évidence l'origine pédologique des dépôts résultant de l'érosion.

Description de quelques traits pédoclimatiques représentatifs de fonctionnements paysagers anciens

Les processus interprétés à partir des traits micromorphologiques identifiés dans les paléosols ou les sols actuels sont étroitement associés à des paramètres climatiques (pluviométrie, température, évapotranspiration), végétaux (structure et type d'association végétale), lithologiques et anthropiques (histoire agraire) propres à la moyenne vallée du Rhône. Ils ne peuvent donc pas être extrapolés à d'autres régions du globe caractérisées par d'autres fonctionnements pédo-sédimentaires. De même, certains traits identifiés dans les paléosols ont été produits par des processus climatiques aujourd'hui non fonctionnels, qui permettent d'envisager l'existence de fluctuations climatiques au cours d'un passé récent.

Le degré d'hydromorphie d'un paléosol renseigne soit sur l'existence d'une nappe perchée, soit sur la remontée du plancher et de l'aquifère fluvial en contexte de plaine alluviale. Dans le second cas, l'information peut avoir une portée régionale car elle est en étroite relation avec l'évolution morphosédimentaire du système fluvial. Aux échelles microscopiques, la saturation en eau du sol laisse des traces spécifiques telles les intercalations argileuses ; elle modifie (ou génère) la forme de la porosité (fermée ou non) et sa densité, l'effondrement de la structure originelle (massivité) (**fig. 2j**), l'état et les formes de concentration des sesquioxydes, la réduction de l'activité biologique… (Fedoroff et Courty, 2002 ; Berger, 2003). L'orientation ou striation de la fraction argileuse dans le plasma (autour des grains du squelette, de la porosité) ou en périphérie des surfaces d'agrégats pédologiques renseigne sur des cycles d'humectation-dessication répétés (comportement de type vertisolique) (**fig. 2k**).

Les pluies concentrées tombant à la surface d'un sol non protégé provoquent la formation de traits texturaux spécifiques, en surface et en profondeur dans la porosité grossière du sol. Des pertes de fraction fine par des illuviations importantes sont identifiées dans l'horizon supérieur. La répétition de l'effet « splash » des gouttes de pluies induit la formation de croûtes superficielles souvent litées et/ou granoclassées et de croûtes internes composées de matériaux relativement grossiers et peu triés (Fedoroff et Courty, 2002). On retrouve souvent les croûtes sédimentaires superficielles sous la forme de fragments intégrés dans la masse basale des paléosols ou de colluvions (**fig. 2l**). Elles correspondent, lorsque l'action humaine n'est pas impliquée, à l'action de phénomènes naturels comme les incendies ou une aridification climatique qui provoquent la disparition plus ou moins durable du couvert végétal protecteur. Ces traits sont communs dans les sols cultivés de façon intensive, à partir de la fin du Néolithique. Ils se généralisent dans la région rhodanienne à partir de l'Antiquité romaine, lorsque se fixent durablement les terroirs cultivés, puis à la fin du Moyen Âge et à la période moderne, en relation avec les principales phases de décapage du couvert pédologique (Berger, 2003).

L'existence de périodes marquées par un déficit hydrique, associé à une forte évapotranspiration et à une modification du régime thermique local se traduit par une accumulation de carbonates de calcium secondaires dans les sols rhodaniens. La distribution de ces horizons d'accumulation de calcaire est identifiée sous formes de concentrations diffuses à discontinues (revêtements et hyporevêtements micritiques, cellules racinaires calcifiées, amas friables ou nodules) (**fig. 2e-f-g**) ; elle est rarement continue (encroûtements) aux échelles de temps qui nous intéressent à l'exception de la période 8500-7500 BP qui correspond à des épisodes de sécheresse prolongés, favorisés par le maximum d'insolation solaire qui caractérise l'Holocène ancien. Au cours de cette période, les carbonatations sparitiques issues de nappes sub-affleurantes forment des horizons proches d'un pétrocalcique (K), mais elles sont générées par des processus différents, liées à une évaporation rapide d'eaux ayant acquis une forte teneur en carbone inorganique total dissous (CITD) et entraînant une cimentation rapide par des carbonates de calcium qui colmatent en priorité la porosité du sol (Courty, 1990 ; Verrechia, 2002) (**fig. 2h-i**). De telles concentrations sont interprétées en termes d'assèchement du climat (Beckse-Daek *et al.*, 1997).

La dynamique des carbonates secondaires dans les sols, étudiée selon un gradient sud-nord entre le littoral languedocien (43°N) et le haut Rhône (45,5°N), indique des périodes synchrones d'accumulation des carbonates sous différentes formes (Berger, 2003 ; Berger et Brochier, *sous presse*), ou au contraire leur lixiviation. Ces processus peuvent être directement interprétés en termes d'évolution des conditions d'évaporation et d'évapotranspiration dans les plaines alluviales, donc de bilan hydrique. Aujourd'hui comme au cours de la seconde moitié du Petit Âge de Glace (XVIe-XIXe siècles), l'accumulation des carbonates secondaires n'est pas un processus actif en haute et en moyenne vallée du Rhône. Les sols sont régulièrement percolés (drainage positif), la dissolution domine et la solution du sol est régulièrement renouvelée par des écoulements internes vers le substratum et les lits fluviaux. Les carbonatations sont observées régulièrement dans les régions à régime méditerranéen, à saison chaude et sèche prolongée comme dans le nord-est de l'Espagne (Herrero et Porta, 1987).

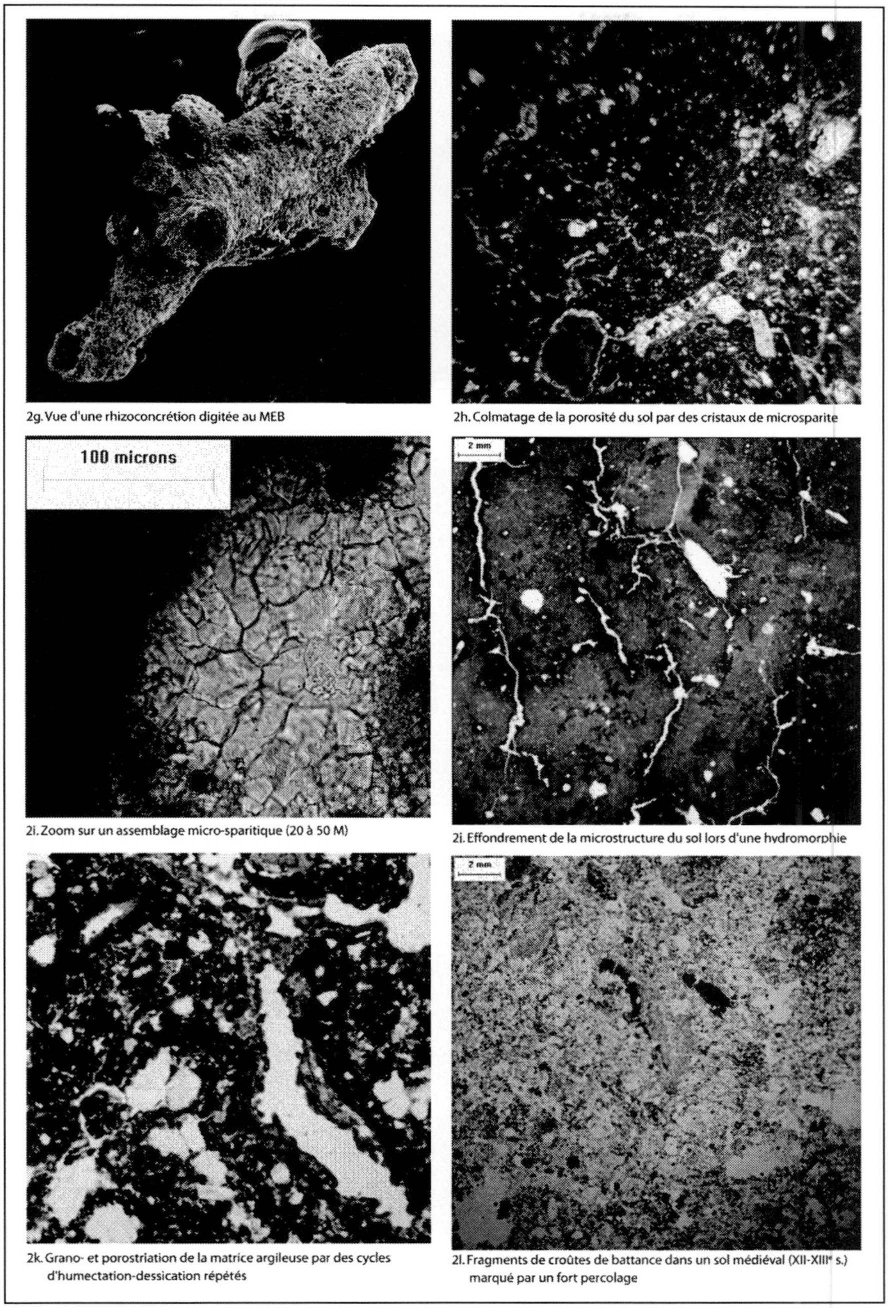

2g. Vue d'une rhizoconcrétion digitée au MEB

2h. Colmatage de la porosité du sol par des cristaux de microsparite

2i. Zoom sur un assemblage micro-sparitique (20 à 50 M)

2j. Effondrement de la microstructure du sol lors d'une hydromorphie

2k. Grano- et porostriation de la matrice argileuse par des cycles d'humectation-dessication répétés

2l. Fragments de croûtes de battance dans un sol médiéval (XII-XIIIe s.) marqué par un fort percolage

Fig. 2 (g-l). Photos de traits pédologiques indiquant les actions de la faune du sol, l'évolution hydrique, l'état de surface et quelques traits carbonatés secondaires des paléosols holocènes.

4. Érosion, sédimentation et pédogenèse : mise en perspective historique

La focalisation sur les processus fluviaux et colluviaux a conduit d'une part à une sur-représentation des phases érosives et à une sous-représentation des périodes de stabilité pédopaysagères depuis 10 000 ans. Par exemple, dans la plupart des synthèses géomorphologiques, les paléosols disparaissent des enregistrements sédimentaires à partir des périodes historiques, alors qu'ils sont souvent évoqués et datés dans les phases antérieures (Jorda *et al.*, 2002 ; Bruneton *et al.*, 2002). Ces résultats laissent à penser que les deux ou trois derniers millénaires sont marqués uniquement par les processus d'érosion/alluvionnement. Pourtant des études menées dans les milieux fluviaux mentionnent des périodes de rémission des crues, d'encaissement des cours d'eau, comme au cours du Bronze ancien ou du Moyen Âge classique (Bravard *et al.*, 1997 ; Fassetta et Landuré, 2003 ; Macklin et Levin, 2003). L'impact d'une emprise croissante des sociétés sur l'environnement à partir des Âges des métaux n'est pas étranger à cette schématisation… mais un certain désintérêt ou une plus grande difficulté à déceler des pédogenèses moins développées, car plus diluées dans des séquences de plus en plus dilatées à partir du Ier Âge du Fer, est aussi un argument explicatif de cette sous-représentation chronique de ces sols holocènes récents.

Des études parfois trop ponctuelles, de séquences géologiques peu représentatives, conduisent également à négliger les phases de stabilité pédopaysagères. L'observation quasi continue des formations holocènes sur le tracé du TGV-Méditerranée sur près de 100 km, notamment lors du recoupement transversal de larges cônes de déjection, montre la pertinence de ces suivis géo-archéologiques. Elle illustre l'inégal enregistrement des évènements hydro- et pédosédimentaires dans l'espace fluvial, comme résultante de la mobilité des lits fluviaux et des processus d'érosion post-dépositionnels (Berger et Brochier, en cours). Le cumul de la durée moyenne des pédogenèses observées dans les milieux à sédimentation active à l'Holocène en moyenne vallée du Rhône, portant sur un échantillon de plus de 300 coupes géologiques réparties dans une dizaine de bassins versants pré-alpins ou de l'avant-pays rhodanien, indique une durée au moins égale sinon supérieure aux phases d'érosion/alluvionnement. Si les plus longues durées de pédogenèse apparaissent dans l'Holocène ancien et moyen (Berger, 2003), elles ne sont pas pour autant absentes de l'Holocène récent. Leur durée est par contre systématiquement raccourcie, car l'alternance avec des phases d'érosion/sédimentation s'accélère.

Aujourd'hui, compte tenu des nouveaux enjeux dictés par l'avancée des connaissances sur les climats et les environnements anciens à l'échelle planétaire (changement climatique global) et d'une nécessité accrue de comprendre les relations sociétés-milieu dans la longue durée (programmes PEVS, Éclipse), le rôle des petites fluctuations du régime hydroclimatique et/ou thermique décelées dans les milieux pédosédimentaires est apparu parfois déterminant pour expliquer entre autres des évolutions culturelles (Tinner *et al.*, 2003 ; Magny, 2004). Non seulement l'effort a porté sur l'affinement de la résolution chronologique des fluctuations identifiées, mais également sur la recherche de leurs cycles, voire de leurs périodicités (crues, incendies...), pouvant être rapportés au fonctionnement atmosphérique de l'hémisphère nord et à l'ensemble du système qui l'influence (soleil, océan...). Il ne s'agit plus de rechercher les périodes de rémission des processus d'accrétion sédimentaires, mais de déterminer l'orientation des processus pédologiques, qui nous renseigne à la fois sur le type de couverture végétale, les actions humaines et sur les processus pédoclimatiques actifs, en relation directe avec le fonctionnement hydrique des sols et les bilans hydriques régionaux.

Les études se concentrent ainsi sur les formations alluviales, particulièrement dilatées et d'aspect souvent homogène. Leur intérêt principal est d'enregistrer de courtes périodes d'altération, de l'ordre de quelques décennies à quelques siècles (cf. les sols enterrés simples, in Courty, 1994) (**fig. 1** : ① et ②), pouvant être mis en relation avec l'évolution des sociétés et les cycles climatiques identifiés par ailleurs dans les océans, les glaces ou les lacs. Un travail de typologie de ces paléosols monophasés est en cours d'achèvement dans la vallée du Rhône (Berger et Brochier, en cours). Il montre des tendances pédogénétiques polycycliques et polyphasées illustrant la variété des conditions pédoclimatiques holocènes. Une période a été choisie pour illustrer ces avancées dans le domaine paléopédologique : le petit optimum de l'an Mil.

5. Étude de cas : le sol médiéval

À la suite des dérèglements hydrologiques qui caractérisent l'extrême fin de l'Antiquité et le début du Moyen Âge entre la fin du Vᵉ et le IXᵉ siècle (Provansal *et al.*, 1999 ; Fassetta et Landuré, 2003), une longue période de stabilité lui succède jusqu'au début des premières manifestations morphosédimentaires du Petit Âge de Glace vers les XIVᵉ-XVᵉ siècles (Bravard, 1989). Si cette période de quatre siècles couvrant la seconde partie du haut Moyen Âge et le Moyen Âge classique est peu documentée dans les archives fluviales (Bravard *et al.*, 1997), c'est qu'elle correspond à la plus longue phase d'évolution pédologique de l'Holocène récent, associée à une phase d'encaissement des systèmes fluviaux (Berger, 2003 ; Berger et Brochier, à paraître). Un horizon brun à gris, souvent foncé et structuré, présentant les caractéristiques d'un paléosol a été observé de façon régulière au-dessus des niveaux antiques depuis la plaine de Valence jusqu'à celle d'Orange. Ces découvertes systématiques apportent des arguments permettant d'évoquer un phénomène extensif de grande ampleur, touchant l'ensemble des géosystèmes médio-rhodaniens (Berger et Brochier, *sous presse*). Cet horizon est marqué par une évolution pédologique modérée, pourtant visible dès les études de terrain. Il présente une structure souvent grenue, voire polyédrique, parfois massive et une coloration brun olive claire (2,5 Y 5/6 à

5/4) dans les secteurs bien drainés comme les pieds de versant, les cônes torrentiels ou les terrasses pléistocènes. Il montre une tendance affirmée à la structuration prismatique dans les bas-fonds et une coloration plus sombre variant du brun foncé (10 YR 4/3 à 3/3) au gris brun foncé (2,5 Y 4/2 à 3/2) (**photo 1**). On observe parfois des carbonatations secondaires décrites sous forme de petits filaments blanchâtres pulvérulents (type pseudomycéliums). Ses caractères micromorphologiques ont été décrits en détail dans Berger et Brochier (*sous presse*). Un ensemble conséquent de datations a été effectué pour évaluer son âge, depuis des lits de charbons, des sols archéologiques ou des structures agraires situés immédiatement sous le paléosol ou dans la partie inférieure de son horizon structural jusqu'aux lits de charbons ou aux horizons archéologiques situés en surface permettant de dater sa dernière période de fonctionnement. Un troisième type de dates a été effectué sur du sédiment en vrac prélevé dans son horizon structural attribuant un âge moyen à la pédogenèse grâce à la datation du temps moyen de résidence de la matière organique du sol (Berger et Fontugne, en cours).

Photo 1. Fluviosol cumulique médiéval gris foncé à structure prismatique dans la plaine d'Orange (Caderousse).

Sa localisation est pour le moment limitée au grand Sud-Est de la France, de Perpignan à Lyon. Des paléosols pouvant être rattachés à cet épisode sont ainsi décrits en Languedoc, dans la moyenne vallée de l'Hérault (Devillers et Provansal, 2004), dans le delta du Lez et celui du Vidourle (Blanchemanche *et al.*, 2003), dans le nord de l'Isère (Berger, 2003). Les terres noires ou *dark earth* si caractéristiques des sites urbains et péri-urbains médiévaux du nord-ouest de l'Europe (MacPhail, 1981) pourraient se rattacher génétiquement à ce long épisode de stabilité géomorphologique, propice à l'enrichissement en matière organique d'origines anthropique et naturelle, de type *plaggen* (Berger et Brochier, *sous presse*).

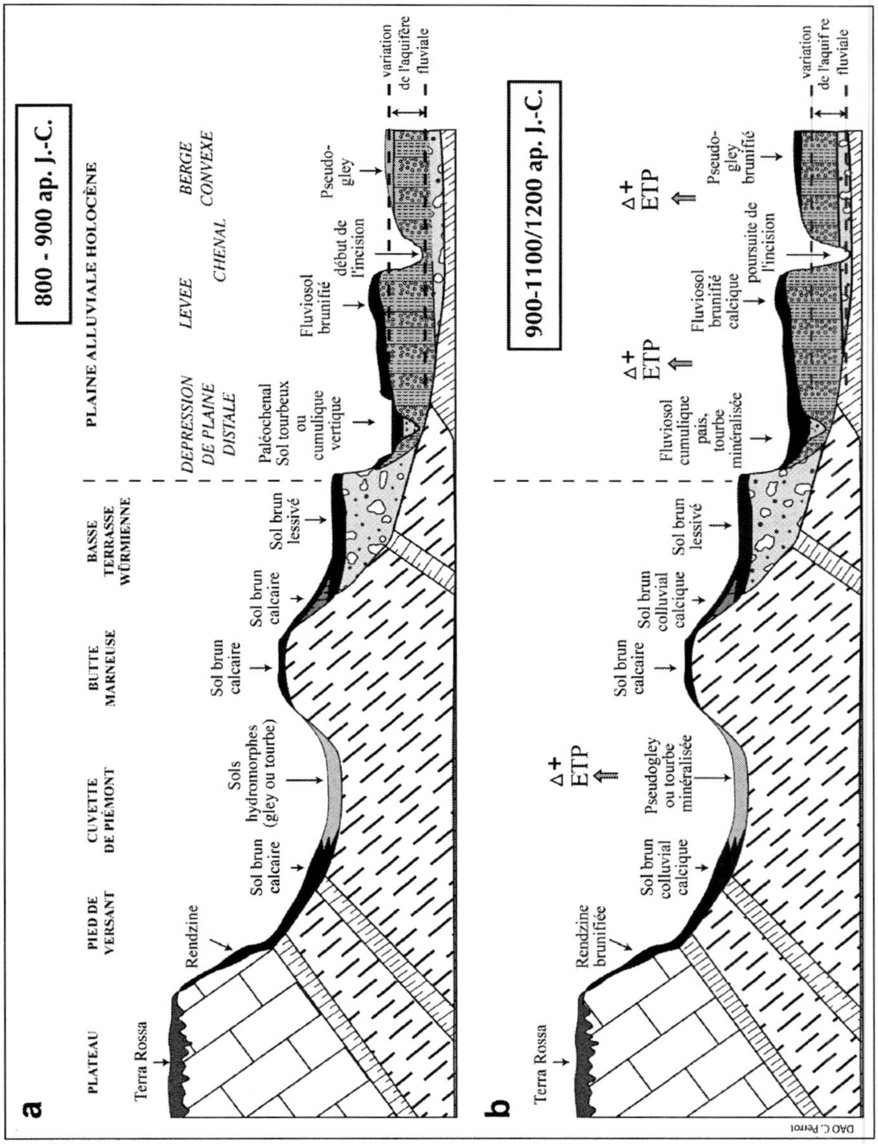

Fig. 3. Chaîne de sol en moyenne vallée du Rhône entre 800 et 1200 ap. J.-C. (Moyen Âge).
La couverture pédologique évolue en fonction de la dynamique fluviale.

Jusqu'aux VIIIe et/ou IXe siècles la couverture pédologique est caractérisée par un bilan hydrique fortement positif, favorable dans les points bas du paysage au développement de tourbe (**fig. 3a**). Des conditions de nouveau plus chaudes et sèches se mettent en place autour de 900 ap. J.-C. (Berger et Brochier, *sous presse*), et cela jusqu'au XIIe siècle. Du fait de l'abaissement des nappes, associée à l'incision des lits fluviaux (déficit de la charge solide), la couverture pédologique dont la formation a débuté dès la fin du VIIIe siècle, apparaît alors très attractive dans les basses plaines fluviales, d'autant plus que son drainage se fait naturellement et qu'elle présente une bonne qualité agrologique (**fig. 3b**). Ce sol a donc effectivement pu permettre à partir du Xe siècle de bonnes récoltes de céréales, favorisées par la chaleur et quelques pluies d'été (Berger et Brochier, *sous presse*). Ces conditions ont été discutées par Colardelle et Verdel (1993) comme pouvant être à l'origine des développements socio-économiques reconnus à l'an Mil. L'ensemble des marqueurs hydrologiques et climatiques de l'hémisphère nord indique alors une période climatique favorable (Groove, 1988 ; Bravard *et al.*, 1997).

Conclusion

Comme l'ont écrit récemment Fedoroff et Courty (2002), l'interprétation des profils, même complexes, s'appuie trop souvent encore sur les seuls processus pédologiques, sans prendre en compte l'influence des apports sédimentaires. Le postulat d'un développement linéaire avec le temps reste largement accepté et plus grave encore la majorité des interprétations se réfèrent à des analogues modernes, réfutant ainsi l'éventualité que des conditions climatiques et environnementales différentes de l'actuel aient pu exister dans le passé.

Le choix des supports d'étude est particulièrement important. Les sols reliques qui compriment l'information environnementale et climatique sont à éviter. Les sols cumuliques des pieds de versant ou des fonds de vallées alluviales sont nettement plus attractifs lorsque les conditions de préservation sont favorables. Les phases d'évolution rapides des processus pédosédimentaires peuvent être alors corrélées avec les événements climatiques abrupts identifiés dans les fonds océaniques, les remplissages lacustres ou le domaine glaciaire et être mis en relation avec l'histoire des sociétés. Ces sols facilitent de plus les corrélations entre unités stratigraphiques et l'établissement de chronostratigraphies régionales. L'apparition cyclique des horizons carbonatés dans les paléosols monophasés de l'Holocène du nord-ouest de la Méditerranée est un marqueur pédologique fiable pour discuter des fluctuations du climat méditerranéen au cours des derniers millénaires.

Références

ARNAUD-FASSETTA G., LANDURÉ C., 2003. Hydroclimatic hazards, vulnerability of societies and fluvial risk in the Rhone delta (Mediterranean France) from the Greek period to the early Middle Ages. *In* : FOUACHE É. (ed.), *The Mediterranean World Environment and History*, Paris, Elsevier, 51-76.

BECKSE DEAK J., LANGHOR R. et VERRECHIA E.P., 1997. Small scale secondary Ca Co3 accumulations in selected sections of the European loess belt. Morphological forms and potential for palaeoenvironmental reconstruction. *Geoderma*, 76, 221-252.

BERGER J.-F., 1997. Géoarchéologie du bassin valdainais (Drôme). *In* : BRAVARD J.-P. et PRESTREAU M. (dir.), *Dynamique du paysage : entretiens de géoarchéologie, Actes de la table ronde, Lyon, 17-18 novembre 1995, DARA*, 15, 104-128.

BERGER J.-F., 2003. La « dégradation des sols » à l'Holocène dans la moyenne vallée du Rhône : contextes morphoclimatique, paléobotanique et culturel, chap. 3 : « Les facteurs de l'érosion : modes d'analyse et conceptualisation des processus » ; chap. 4 : « Les étapes de la morphogenèse holocène dans le sud de la France ». *In* : VAN DER LEEUW S., FAVORY F. et FICHES J.-L. (dir.), *Archéologie et systèmes socio-environnementaux. Études multiscalaires sur la vallée du Rhône dans le programme Archaeomedes*, CNRS Éd., CRA 27, Sophia-Antipolis, 43-161.

BERGER J.-F., THIÉBAULT S., 2002. Study and Significance of charcoals as indicator of ancient Fires: taphonomy, palaeocology and application to the Middle Rhône Valley (France). *In* : THIÉBAULT S. (ed.), *Methodological Approaches, Palaeoecological Results and Wood Uses, Proceedings of the Second international Meeting of Anthracology, Paris, september 2000*, Oxford, Archaeopress, *BAR International Series* 1063, 25-41.

BERGER J.-F., BROCHIER J.-L. (dir.), en préparation. *Histoire des paysages et du climat de la fin des temps glaciaires à nos jours en moyenne vallée du Rhône d'après les données des travaux archéologiques du TGV-Méditerranée.*

BERGER J.-F., BROCHIER J.-L., *sous presse.* Les apports de la géoarchéologie à la connaissance des paysages et des climats de l'époque médiévale en moyenne vallée du Rhône. *In* : MAUFRAS O. (éd.), *Habitats, nécropoles et paysages dans la moyenne et basse vallée du Rhône (VIIe-XVe s.) : contributions des travaux archéologiques sur le tracé du TGV Méditerranée à l'étude des sociétés rurales médiévales,* Documents d'Archéologie Française, Paris, Éditions de la Maison des Sciences de l'Homme, 49 p.

BLANCHEMANCHE P., BERGER J.-F., CHABAL L., JORDA C., JUNG C., RAYNAUD C., 2003. Le littoral languedocien durant l'Holocène : milieu et peuplement entre Lez et Vidourle (Hérault, Gard). *In* : MUXART T. *et al.* (éds.), *Des milieux et des hommes : fragments d'histoire croisés*, Elsevier, coll. « Environnement », 79-92.

BOULAINE J., 1984. Les sols du monde méditerranéen, livre jubilaire du cinquantenaire de l'AFES, 97-109.

BRAVARD J.-P., VEROT-BOURRELY A., FRANC O., en coll. avec ARLAUD C., 1997. Paléodynamique du site fluvial de Lyon depuis le Tardiglaciaire. *In* : BRAVARD J.-P., PRESTREAU M. (dir.), *Dynamique du paysage : entretiens de géoarchéologie, Actes de la table ronde, Lyon, 17 et 18 novembre 1995, DARA*, 15, 177-201.

BRAVARD J.-P., 1989. La métamorphose des rivières des Alpes françaises à la fin du Moyen Âge et à l'époque moderne. *Bulletin de la Société géographique de Lyon*, 4, 191-196.

BRUNETON H., 1999. *Évolution Holocène d'un hydrosystème nord-méditerranéen et de son environnement géomorphologie. Les plaines d'Arles à l'interface entre le massif des Alpilles et le Rhône*, thèse de Géographie physique, Université d'Aix-Marseille I, 363 p.

BRUNETON H., PROVANSAL M., DEVILLERS B., JORDA C., OLLIVIER V., MIRAMONT C., BLANCHEMANCHE P., BERGER J.-F. et LEVEAU P., 2002. Relations entre paléohydrologie et morphogenèse holocène des petits et moyens bassins versants en basse Provence et Languedoc oriental. *In* : BRAVARD J.-P. et MAGNY M. (dir.), *Les fleuves ont une histoire. Paléoenvironnement des rivières et des lacs français depuis 15 000 ans*, Paris, Errance, 259-267.

COLARDELLE M., VERDEL E. (dir.), 1993. *Les habitats du lac de Paladru (Isère) dans leur environnement. La formation d'un terroir au XIe siècle*, Paris, Éd. MSH, *DAF*, 40, 416 p.

COURTY M.-A., 1990. *Environnements géologiques dans le nord-ouest de l'Inde. Contraintes géodynamiques au peuplement humain protohistorique,* doctorat ès sciences, Université de Bordeaux I, inédit, 328 p.

COURTY M.-A., 1994. Le cadre paléogéographique des occupations humaines dans le bassin du haut-Khabur (Syrie du Nord-Est). Premiers résultats, *Paléorient*, 20 (1), 21-59.

DEVILLERS B., PROVANSAL M., 2003. La morphogenèse d'un géosystème cultivé depuis le Néolithique récent : les petits bassins versants de la moyenne vallée de l'Hérault (France). *Géomorphologie : relief, processus, environnement*, n° 2, 83-98.

FEDOROFF N., 1986. Un plaidoyer en faveur de la paléopédologie. *Bull. Assoc. franç. Quaternaire*, 195-204.

FEDOROFF N., COURTY M.-A., 2002. Paléosols et sols reliques. *In* : MISKOVSKY J.-C. (éd.), *Géologie de la Préhistoire*, Paris, Géopré, 277-316.

GROOVE J.-M., 1988. *The Little Ice Age*, Londres, Methuen, 498 p.

HERRERO J., PORTA J., 1987. Gypsiferous Soils in the North-East of Spain. *In* : FEDOROFF N., BRESSON L.M. et COURTY M.-A. (eds.), *Soil Micromorphology. Proc. VIIth Int. Working Meeting on Soil Micromorphology*, Paris, July 1985, *AFES*, Paris, 187-192.

HIGGS E.S., VITA FINZI C., 1972. Prehistoric economies: a territorial approach. *In* : HIGGS E.S. (ed.), *Papers in economic prehistory*, Cambridge University Press, 27-36.

JORDA M., MIRAMONT C., ROSIQUE T., SIVAN O., 2002. Évolution de l'hydrosystème durancien (Alpes du Sud, France) depuis la fin du Pléniglaciaire supérieur. *In* : BRAVARD J.-P. et MAGNY M. (dir.), *Les fleuves ont une histoire. Paléoenvironnement des rivières et des lacs français depuis 15 000 ans,* Paris, Errance, 239-250.

LANGHOR R., SANDERS J., 1984. Apport de la pédologie à la reconstitution du paléoenvironnement en Belgique au Quaternaire. *In* : CAHEN D. et HAESAERTS P. (éds.), *Peuples chasseurs de la Belgique préhistorique dans leur cadre naturel*, Bruxelles, chap. IV, 41-53.

MACKLIN M., LEWIN J., 2003. River sediments, great floods and centennial-scale Holocene climate change, *Journ. of Quat. Science*, 18 (2), 101-105.

MACPHAIL R.I., 1981. Soil and botanical stufies of « Dark Earth ». *In* : JONES M. et DIMBLEBY G. (eds.), *The environment of man: the Iron Age to the Anglo-Saxon Period*, *B.A.R.* 87, Oxford, 309-331.

MACPHAIL R.I., COURTY M.-A., GEBHARDT A., 1990. Soil micromorphological evidence of early agriculture in North West Europe. *World Archaeology*, 22, 53-69.

MAGNY M., 2004. Holocene climate variability as reflected by mid-European lake-level fluctuations and its probable impact on prehistoric human settlements. *Quat. International*, 113, 65-79.

PROVANSAL M., BERGER J.-F., BRAVARD J.-P., SALVADOR P.-G, ARNAUD-FASSETTA G., BRUNETON H., VEROT-BOURRELY, A., 1999. Le régime du Rhône et les mutations des environnements fluviaux du lac de Genève à la mer. *Gallia*, 56, 13-32.

SEHGAL J.-L., STOOPS G., 1972. Pedogenic calcic accumulation in arid and semi-arid regions of the Indo-gangetic alluvial plain of the erstwhile Punjab (India). Their morphology and origin. *Geoderma*, 8, 59-72.

TINNER W., LOTTER A., AMMANN B., CONEDERA M., HUBSCHMID P., VAN LEEUWEN J. et WEHRLI M., 2003. Climatic change and contemporaneous land-use phases north and south of the Alps 2300 BC to 800 AD. *Quaternary Science Reviews,* 22 (14), 1447-1460.

VERRECHIA E.P., 2002. Géodynamique du carbonate de calcium à la surface des continents. *In* : MISKOVSKY J.-C. (éd.), *Géologie de la Préhistoire*, Paris, Géopré, 233-258.

L'anthropisation du paysage végétal d'après les données polliniques : l'exemple des fonds de vallées du Bassin parisien

CHANTAL LEROYER[1], GISÈLE ALLENET[2]

Introduction

Avec l'essor de l'archéologie préventive, le Bassin parisien a connu, depuis quelques années, un développement conséquent des études paléoenvironnementales (Krier *et al.*, 1996 ; Leroyer *et al.*, 1997 ; Pastre *et al.*, 1997 ; 2001 ; 2002 ; 2003). Ces travaux pluridisciplinaires incluent de nombreuses études palynologiques (**fig. 1**), qui ont autorisé une synthèse sur les transformations du paysage végétal sous les influences du climat et/ou de l'homme durant le Tardi- et Postglaciaire (Leroyer, 1997).

Les grandes étapes de l'histoire de la végétation régionale ont d'abord été définies. Ce préalable est, en effet, indispensable à tout travail sur l'anthropisation du milieu puisque la reconnaissance de bien des activités humaines repose sur l'opposition de certaines courbes polliniques à la dynamique végétale naturelle. La zonation du Bassin parisien s'appuie sur près de 1 500 spectres polliniques ; ce cadre de référence, étayé par de nombreuses datations, propose une subdivision de l'Holocène en sept palynozones (**fig. 2**). Sur cette base, peut ensuite être appréhendée l'évolution de l'impact anthropique.

Avant d'aborder l'exposé de nos résultats, nous développerons l'aspect méthodologique du sujet avec le rappel de deux points ; les marqueurs utilisés et le protocole d'échantillonnage. Nous illustrerons ensuite notre propos par la présentation de l'évolution globale de l'anthropisation puis par deux exemples précis : le Néolithique et l'Âge du Fer.

---

1. PACEA/UMR 5199, Centre National de Préhistoire, 38 rue du 26e R.I., 24000 Périgueux (chantal.leroyer@culture.gouv.fr).
2. INRAP, Centre National de Préhistoire, 38 rue du 26e R.I., 24000 Périgueux (gisele.allenet@culture.gouv.fr).

1. Méthodologie

1.1. Les marqueurs d'anthropisation

Les activités humaines (défrichements, pastoralisme, agriculture) sont appréhendées par un faisceau d'indices polliniques (Behre, 1986). L'ouverture du milieu est bien documentée par les variations des ligneux si l'attention est portée autant au taux global des pollens d'arbres qu'aux différentes essences (Aaby, 1986 ; Jalut, 1991 ; Richard, 1995...). Si une chute de tous les pollens arboréens indique indéniablement une large déforestation, des défrichements peuvent être mis en évidence par des fluctuations négatives (*Quercus, Fagus, Alnus*) ou positives (*Betula, Corylus*) de certains taxons en opposition à la dynamique régionale de la végétation. On peut ainsi percevoir l'exploitation préférentielle d'une formation végétale, l'utilisation d'une essence voire sa préservation (Leroyer, 1997). Des indications complémentaires sur l'ouverture du milieu sont également fournies par les variations de certaines herbacées (Poacées, Cypéracées...) et des fougères. Les activités agricoles sont principalement mises en évidence par les cortèges herbacés avec l'apparition ou l'essor de plantes cultivées, messicoles (liées aux moissons), nitrophiles ou rudérales ; ils permettent parfois de caractériser les pratiques et de les différencier (Behre, 1981 ; Richard et Gery, 1993...).

La reconnaissance d'une phase d'anthropisation implique un enregistrement simultané des différents marqueurs avec des indications d'activités agropastorales, des fluctuations des arbres (ensemble des pollens arboréens comme de certaines essences) et des herbacées de prairies. Le fondement de ces manifestations est vérifié par des modifications des sommes de base lors de l'établissement des fréquences relatives (afin d'éliminer l'impact édaphique) et par une approche en concentrations absolues.

1.2. Implantation des séquences et protocole d'échantillonnage

Outre ces clés d'interprétation, les recherches sur l'anthropisation du milieu nécessitent un protocole d'échantillonnage, adapté au potentiel de la région. Tout d'abord, les données doivent être acquises dans des milieux propices à une bonne conservation des stocks polliniques, soit des formations organiques et humides. En plaine, ces contextes favorables à la discipline se trouvent en fonds de vallées, secteurs clés qui ont toujours été fréquentés par les hommes et permettent de hiérarchiser les informations (Leroyer, 1989). En effet, les données palynologiques gagnent, à la fois, à s'intégrer dans une dynamique générale et à présenter un état ponctuel du paysage en fonction de l'occupation du sol (Leroyer, 1997). Pour satisfaire à ces impératifs, l'échantillonnage a été établi, dans le Bassin parisien, selon un double transect (**fig. 1**).

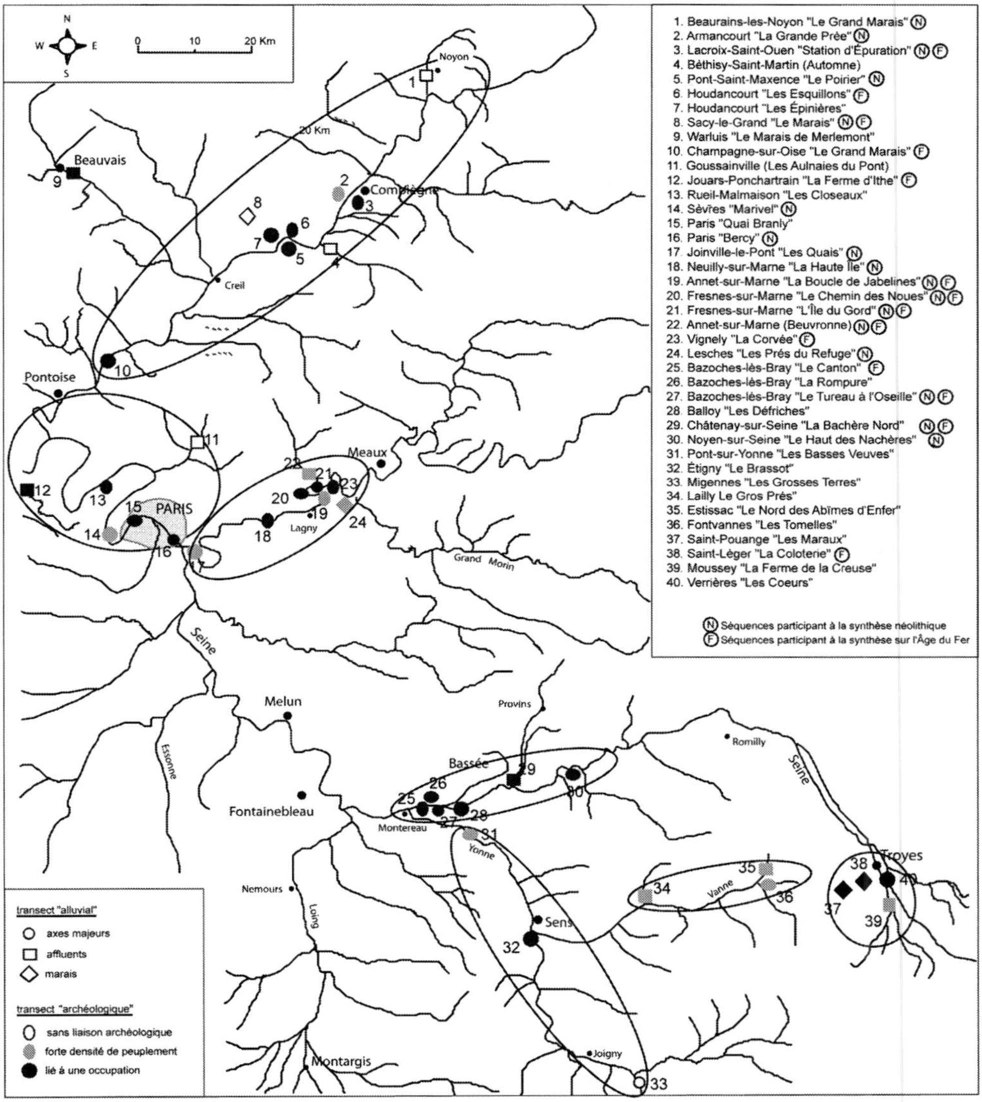

Fig. 1. Localisation des séquences polliniques du Bassin parisien.

L'un revêt un caractère plutôt géomorphologique ; il vise à évaluer l'impact alluvial dans la sédimentation pollinique. Différents bassins alluviaux sont concernés avec des études effectuées sur les axes majeurs, sur leurs affluents et sur des marais qui leur sont associés.

L'autre privilégie le contexte archéologique : outre la variabilité selon les périodes des densités de peuplement dans les différents bassins alluviaux, les analyses présentent une relation plus ou moins forte avec les occupations. Ainsi, ont été sélectionnés des carottages de référence réalisés dans des zones *a priori* peu peuplées, des séquences situées dans des zones de forte implantation humaine et des profils associés à des installations. Si la morphologie du fond de vallée s'y prête, on peut alors réaliser plusieurs profils qui s'éloignent progressivement de l'habitat (Leroyer, 1998).

Par cette double démarche, les impératifs sont satisfaits puisque l'on dispose de longues séquences de référence conjointement à des profils plus courts mais dilatés et associés à des occupations. Seul ce protocole complet permet de réellement appréhender l'impact anthropique selon les périodes (Leroyer, 1997).

2. Les résultats

2.1. Évolution générale de l'anthropisation

En parallèle à l'établissement de l'histoire de la végétation a été proposée une évolution globale de l'anthropisation sur la base des résultats obtenus dans les longues séquences (**fig. 2**). Ce diagramme spécifique regroupe les céréales, les autres plantes cultivées (*Cannabis, Linum*), et les rudérales (*Plantago lanceolata, Plantago major/media, Rumex, Artemisia, Polygonum*, Urticacées, Chenopodiacées, Rubiacées, Caryophyllacées, Brassicacées, Cichorioidées, Astéracées). Plusieurs phases d'augmentation des activités agropastorales et de l'ouverture du milieu sont ainsi reconnues. Jusqu'au Néolithique récent/final, les cultures ne sont pas enregistrées en continu : l'anthropisation du milieu ne progresse pas avec une intensité régulière. À la fin des temps néolithiques et durant l'Âge du Bronze, les activités agropastorales sont toujours perçues et ce, dans toutes les séquences. À partir de l'Âge du Fer, les marqueurs d'anthropisation augmentent considérablement avec une hausse des indices d'agriculture et une ouverture plus marquée du paysage (Leroyer, 1997).

2.2. L'impact anthropique durant le Mésolithique récent et le Néolithique

L'appréciation de l'évolution de l'anthropisation durant le Mésolithique et le Néolithique est largement documentée puisqu'elle repose sur l'analyse de 27 séquences, bénéficiant de 43 datations. Les profils étudiés proviennent de 13 stations, réparties sur différents bassins alluviaux (**fig. 3a**). La synthèse des travaux polliniques permet de souligner de nombreux points de convergence mais aussi de divergence par rapport aux schémas proposés à partir des sources archéologiques.

Une légère anthropisation du milieu est perceptible avant le Néolithique. Elle est surtout reconnue dans le contexte exceptionnel du site mésolithique de Noyen-sur-Seine mais est aussi discernable dans d'autres séquences. Les données polliniques évoquent une relative stabilité de ces chasseurs-cueilleurs qui évolueraient dans un territoire assez restreint pour le marquer de leurs activités régulières et entraîner une rudéralisation de la végétation (Leroyer, 1997) :

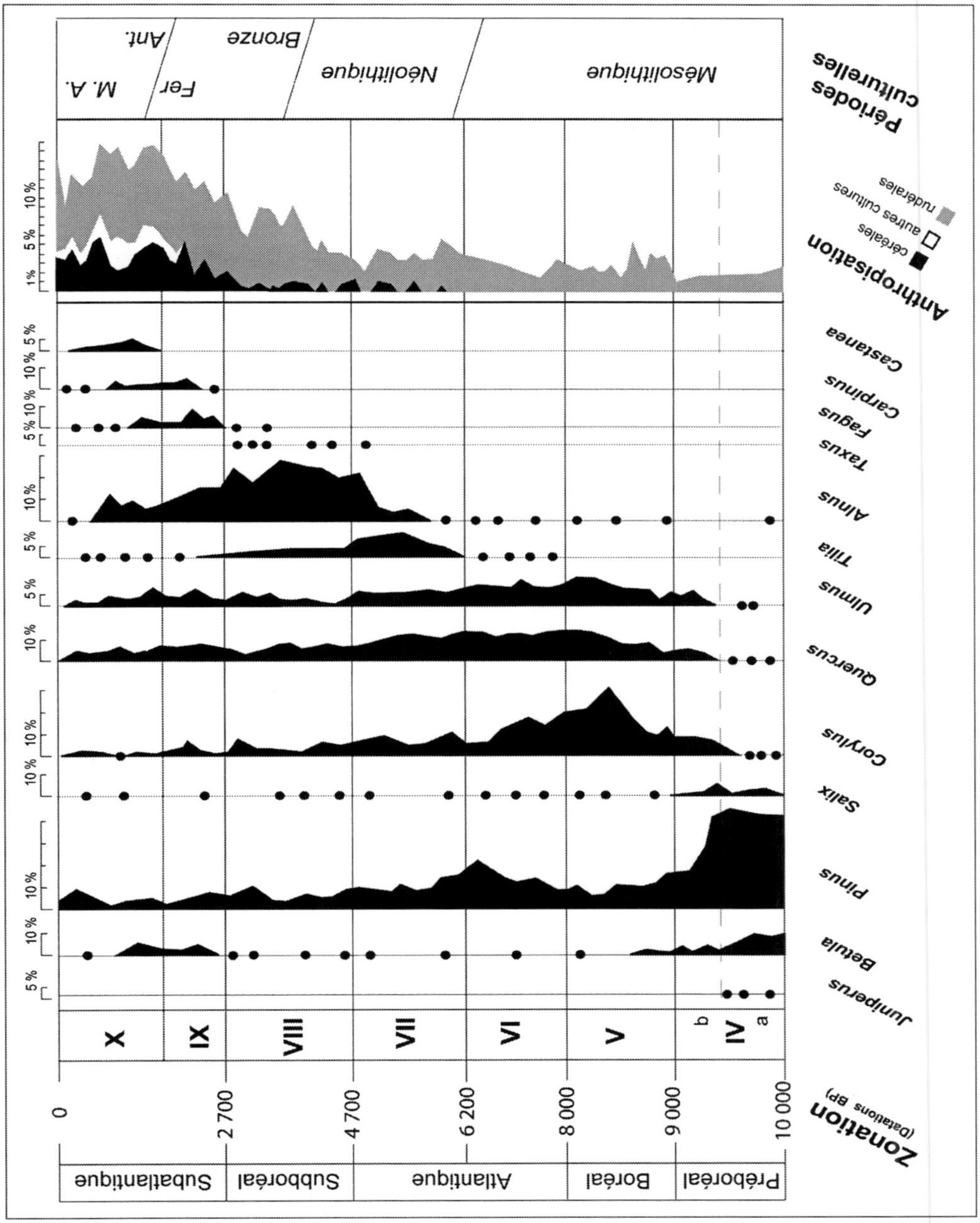

Fig. 2. Schéma synthétique de l'histoire de la végétation holocène et de l'évolution des indices polliniques d'anthropisation dans le Bassin parisien.

interprétation palynologique confortée par la découverte à Noyen-sur-Seine d'un équipement spécialisé qui suggère une stabilisation dans la vallée (Mordant et Mordant, 1992). En revanche, l'enregistrement d'activités agropastorales au début du VIe millénaire ne trouve aucun écho dans les sources archéologiques et pose le problème fondamental de l'identification de leurs auteurs (Leroyer, 2004).

Les études palynologiques témoignent d'une influence assez faible des groupes du Néolithique ancien. L'anthropisation du milieu n'est perçue que lorsque les séquences bénéficient d'un fort contexte archéologique. Ainsi le profil de Pont-Saint-Maxence relate clairement les trois occupations des lieux tandis que les sites des « Boucles de Jabelines » transcrivent le fort peuplement V.S.G. du bassin aval de la Marne. En revanche, la vallée de la Seine dont l'occupation durant le Néolithique ancien est moins développée, apparaît très peu anthropisée (Leroyer, 1997 ; *sous presse* a).

Alors que les sources archéologiques attribuent au Néolithique moyen une exploitation accrue du milieu naturel (Constantin *et al.*, 1997), aucune accentuation notable de l'impact anthropique n'est perçue durant ces périodes. L'enregistrement des activités reste assujetti à la densité du peuplement et à la liaison avec des occupations (Leroyer, 1998). Ainsi, une hausse des activités agropastorales se manifeste durant le Néolithique moyen en Bassée alors qu'un retrait de l'anthropisation se marque clairement dans les Boucles de Jabelines en accord avec la proximité des sources archéologiques (Leroyer, *sous presse* a).

Le passage aux phases récente et finale du Néolithique témoigne, en revanche, d'une intensification des pratiques agricoles (Leroyer, 2003). Malgré la relation moins forte des séquences avec des occupations, la présence de céréales et un cortège rudéral assez conséquent sont presque systématiquement enregistrés. Bien que difficile à appréhender à cause du filtre constitué par l'implantation des aulnaies dans les fonds de vallées, l'impact sur le milieu forestier y apparaît aussi plus conséquent. Ces enregistrements se trouvent confortés par les données morphostratigraphiques qui situent à cette période la déstabilisation des versants (Pastre *et al.*, 1997 ; 2002).

2.3. L'impact des populations de l'Âge du Fer

Durant l'Âge du Fer, la tendance est à une accentuation de l'ouverture du milieu et à une augmentation des activités agricoles (Leroyer, 1997). Toutefois, cette évolution n'est pas aussi « linéaire » que ne le laissent penser les longues séquences peu dilatées comme celle de Fresnes-sur-Marne (**fig. 3b**). Les analyses de séquences plus dilatées montrent qu'une même station peut connaître une pression anthropique plus ou moins marquée en fonction des occupations et que des zones forestières peuvent subsister à cette époque (Leroyer, *sous presse* b).

Ainsi, à Bazoches « Le Canton » (vallée de la Seine), trois phases d'anthropisation, interrompues par deux périodes de déprise, sont reconnues. La première

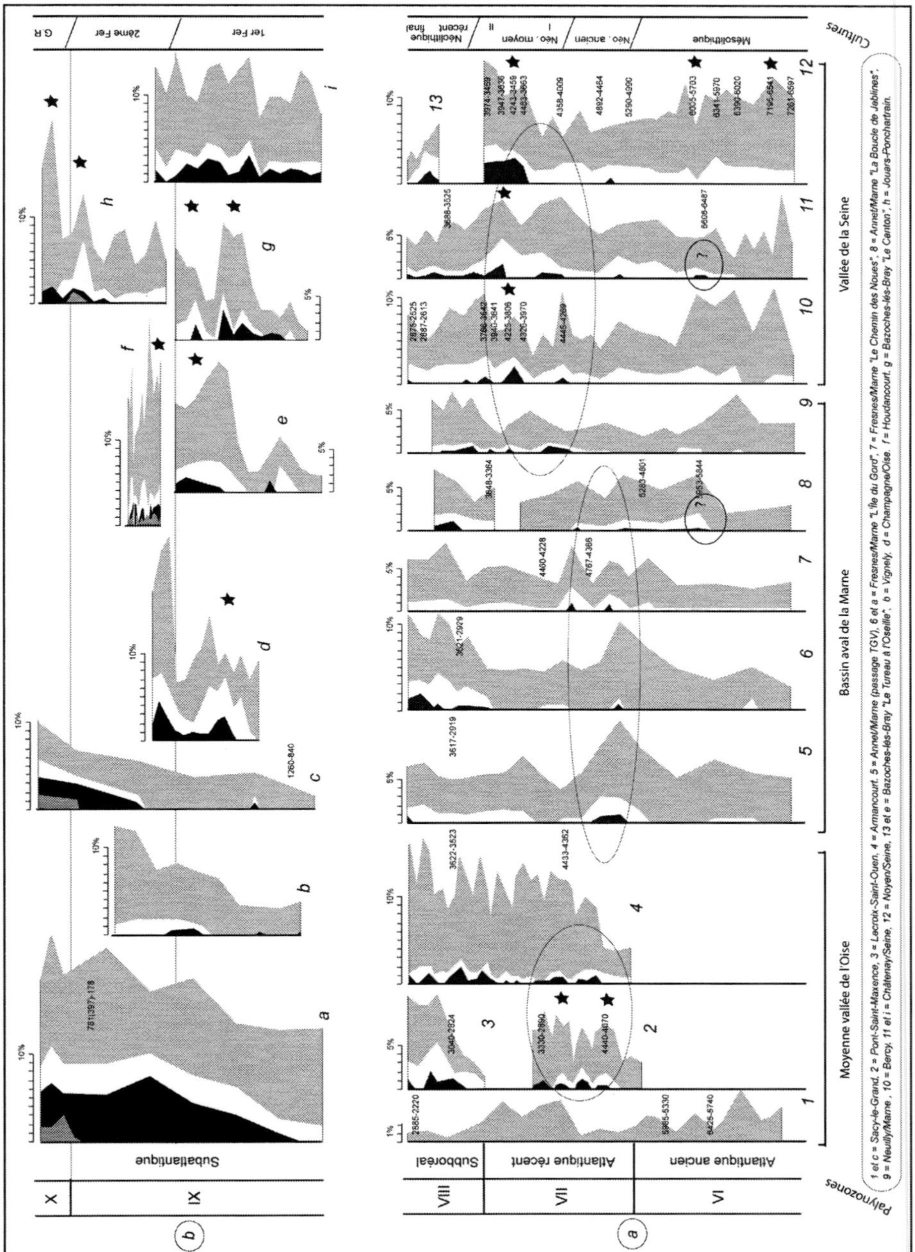

Fig. 3. Évolution des marqueurs d'activités agropastorales dans différents secteurs alluviaux du Bassin parisien. **(a)** durant le Mésolithique et le Néolithique (7 000 à 2 500 av. J.-C) ; **(b)** durant l'Âge du Fer.

illustre l'installation du Bronze final, repérée sur une butte de graviers avoisinante, la seconde correspond à l'occupation des lieux durant le Hallstatt ancien tandis que la dernière relate l'aménagement des berges, avec la construction des passerelles durant le Hallstatt final. De même, à Houdancourt « Les Esquillons » (vallée de l'Oise), deux phases de défrichements et d'activités agricoles bien différenciées sont séparées par une période de déprise partielle qui permet une reconquête forestière. La première, qui se marque très fortement, est attribuée à l'occupation du site durant La Tène ancienne. L'implantation de l'habitat et d'un système de ponts sur les chenaux entraîne un défrichement massif de l'aulnaie et l'exploitation de la chênaie-hêtraie tandis que sont largement développées les activités agropastorales.

Enfin, durant tout l'Âge du Fer, les marais de Sacy (Oise) semblent, au regard de l'étude palynologique, très peu exploités et un massif forestier encore assez dense y perdure (Leroyer, *sous presse* b).

Conclusion

L'élaboration d'une synthèse régionale sur l'anthropisation du milieu nécessite donc un certain nombre de démarches. Celles-ci résident tout d'abord dans un choix raisonné des séquences à étudier pour répondre au mieux à la problématique. L'exemple du Bassin parisien souligne l'importance de travailler sur différents bassins alluviaux, avec des séquences plus ou moins dilatées et ayant un lien variable avec les occupations humaines. Trop d'erreurs d'interprétation sont inhérentes à une documentation insuffisamment variée et abondante. Un très large corpus de données avec une hiérarchisation des informations est indispensable pour pouvoir réellement appréhender l'impact anthropique selon les périodes ; le contexte archéologique doit vraiment être intégré à la réflexion. Bien que ce ne fut pas le propos de cet exposé, les recherches palynologiques gagnent à être menées avec toute la rigueur méthodologique actuellement en vigueur et à être intégrées à une démarche pluridisciplinaire. Enfin une meilleure appréciation de la pression anthropique peut être envisagée avec le recours à des analyses complémentaires sur les microfossiles non polliniques présents sur les lames : ils permettent une perception accrue des brûlis et de certaines activités pastorales.

Références

AABY B., 1986. Trees as anthropogenic indicators in regional pollen diagrams from eastern Denmark. *In* : BEHRE K.-E. (ed.), *Anthropogenic Indicators in Pollen Diagrams*, 73-93.

BEHRE K.-E., 1981. The interpretation of anthropogenic indicators in pollen diagrams, *Pollen et spores*, 23, 2, 225-245.

BEHRE K.-E. (ed.), 1986. *Anthropogenic Indicators in Pollen Diagrams*, A.A. Balkema Publishers, 232 p.

CONSTANTIN C., MORDANT D. et SIMONIN D. (dir.), 1997. *La Culture de Cerny, Nouvelle économie, nouvelle société au Néolithique, actes du 6e colloque international de Nemours 9-11 mai 1994*, Mémoires du Musée de Préhistoire d'Île-de-France, 6, Nemours, APRAIF, 740 p.

JALUT G., 1991. Le pollen traducteur du paysage agraire. *In* : GUILAINE J. (dir.), *Pour une archéologie agraire*, Paris, A. Colin, 345-368.

KRIER V., LEROYER C., LIMONDIN N. et RODRIGUEZ P., 1996. Synthèse sur l'évolution du système fluvial de la Seine entre Montereau et Troyes du Tardiglaciaire au Postglaciaire. *In* : *La Bourgogne entre les bassins rhénans, rhodanien et parisien : carrefour ou frontière ? (actes du XVIIIe Colloque interrégional sur le Néolithique)*, Dijon, 1991. *Revue Archéologique de l'Est*, 14e suppl., 339-344.

LEROYER C., 1989. Palynologie en milieu alluvial. *In : Archéologie et carrières*, Séminaire *Archéologie et carrières de granulats*, Saint-Pierre-les-Nemours, 26-27 mai 1988, Institut du Patrimoine, 65-67.

LEROYER C., 1997. *Homme, climat, végétation au Tardi- et Postglaciaire dans le Bassin parisien : apport de l'étude palynologique des fonds de vallées*, thèse Paris I Panthéon-Sorbonne, 786 p.

LEROYER C., 1998. Évolution de la végétation et emprise de l'Homme sur le milieu à Bercy (Paris, France). *In : Le Néolithique du Centre-Ouest de la France, actes du XXIe colloque interrégional sur le Néolithique*, Poitiers, 1994, 407-407.

LEROYER C., 2003. Environnement végétal des structures funéraires et anthropisation du milieu durant le Néolithique récent/final dans le Bassin parisien. *In : Sans dessus-dessous - La recherche du sens en préhistoire*, *Revue Archéologique de Picardie*, n.s. 21, 83-92.

LEROYER C., 2004. L'anthropisation du Bassin parisien du VIIe au IVe millénaire d'après les analyses polliniques de fonds de vallées : mise en évidence d'activités agropastorales très précoces. *In* : RICHARD H. (dir.), *Néolithisation précoce. Première trace d'anthropisation du couvert végétal à partir des données polliniques*, Collection Annales littéraires, série « Environnement, Sociétés et Archéologie », no 7, Presses Universitaires de Franche-Comté, Besançon, 11-27.

LEROYER C., *sous presse* a. L'impact sur le milieu végétal des groupes néolithiques du Bassin parisien. Évolution et approche territoriale d'après les données polliniques. *Actes du 25e colloque interrégional sur le Néolithique*, Dijon, 2001.

LEROYER C., *sous presse* b. Le paysage et l'exploitation du milieu durant La Tène dans la moyenne vallée de l'Oise. *In* : MALRAIN F. et PINARD E. (dir.), *La Tène dans l'Oise, DAF*.

LEROYER C., PASTRE J.-F., FONTUGNE M., LIMONDIN-LOZOUET N., 1997. Le Tardiglaciaire et le début de l'Holocène dans le bassin aval de la Marne (Seine-et-Marne, France) : chronostratigraphie et environnement des occupations humaines. *In* : *Actes du 119e Congrès national des sociétés historiques et scientifiques*, Amiens, octobre 1984, 151-164.

MORDANT D. et MORDANT C., 1992. Noyen-sur-Seine: a mesolithic waterside settlement. *In* : *The Wetland revolution in Prehistory*, Bryony Coles (ed.), The prehistoric society-warp, 55-64.

PASTRE J.-F., FONTUGNE M., KUZUCUOGLU C., LEROYER C., LIMONDIN N., TALON M., TISNERAT N., 1997. L'évolution Tardi- et Postglaciaire des lits fluviaux au nord-est de Paris (France) - Relation avec les données paléoenvironnementales et l'impact anthropique sur les versants. *Géomorphologie : relief, processus, environnement*, 4, 291-312.

PASTRE J.-F., LIMONDIN-LOZOUET N., GEBHARDT A., LEROYER C., FONTUGNE M., KRIER V., 2001. Lateglacial and Holocene fluvial records from the central part of the Paris basin (France). *In*: MADDY D., MACKLIN M.G., WOODWARD J.C. (eds.), *River Basin Sediment Systems: Archives of Environmental Change*, Balkema, 357-373.

PASTRE J.-F., LEROYER C, LIMONDIN-LOZOUET N., FONTUGNE M., HATTÉ Ch., KRIER V., KUNESCH S. et SAAD M.C., 2002. L'Holocène du Bassin parisien : variations environnementales et réponses géoécologiques des fonds de vallées. *In* : *Équilibres et ruptures dans les écosystèmes durant les vingt derniers millénaires, actes du colloque international de Besançon, septembre*

2000., Besançon, Presses Universitaires de Franche-Comté, Annales Littéraires 730, Série « Environnement, sociétés et archéologie 3 », 61-71.

PASTRE J.-F., LEROYER C., LIMONDIN-LOZOUET N., ANTOINE P., GAUTHIER A., ORTH P., 2003. Quinze mille ans d'environnement dans le Bassin parisien (France) : mémoires sédimentaires des fonds de vallées. *In* : *Des milieux et des Hommes : fragments d'histoires croisées*, Elsevier éd., 29-41.

RICHARD H., 1995. Analyse de l'anthropisation du milieu à partir de quelques exemples de variations de pollens d'arbres et d'arbustes. *In* : *L'Homme et la dégradation de l'environnement, actes des XVe Rencontres internationales d'archéologie et d'histoire d'Antibes, 20-22 octobre 1994*, Juan-les-Pins, *APDCA*, 143-159.

RICHARD H. et GERY S., 1993. Variations in pollen proportions of *Plantago lanceolata* and *P. Major/media* at a Neolithic lake dwelling, Lake Chalain, France. *Vegetation History and Archaeobotany*, 2, 79-88.

Variabilité de l'impact climatique sur les biocénoses de milieux fluviaux à la transition Tardiglaciaire/Holocène dans le nord de la France

NICOLE LIMONDIN-LOZOUET[1], AGNÈS GAUTHIER[1], PIERRE ANTOINE[1], ANNE BRIDAULT[2], CHRISTINE CHAUSSÉ[3], CHANTAL LEROYER[4], ANDRÉ-VALENTIN MUNAUT[5], PAUL ORTH[1], JEAN-FRANÇOIS PASTRE[1], PHILIPPE PONEL[6]

Introduction

Les nombreuses études menées ces dernières années dans les fonds de vallées de la moitié Nord de la France sur les séquences Tardiglaciaire/début Holocène ont permis d'établir un référentiel des changements paléoenvironnementaux en réponse aux fluctuations climatiques qui caractérisent cette période (Antoine *et al.*, 2000 ; 2002 ; 2003 ; Limondin-Lozouet *et al.*, 2002 ; Pastre *et al.*, 2000 ; 2001 ; 2002 ; 2003). Les résultats sont issus d'une approche pluridisciplinaire qui, outre les données morphosédimentaires et chronologiques, s'appuie sur des analyses polliniques, malacologiques, entomologiques et mammologiques. Celles-ci ont montré que les enregistreurs biologiques réagissent de manière différente aux changements climatiques. Cette variabilité est liée à plusieurs

1. Laboratoire de Géographie Physique UMR 8591-CNRS, 1, Place A. Briand, F-92195 Meudon cedex (limondin@CNRS-bellevue.fr ; agnes.gauthier@CNRS-bellevue.fr ; pastre@CNRS-bellevue.fr.).

2. Maison de l'Archéologie et de l'Ethnologie, UMR 7041, 21 allée de l'Université, F-92023 Nanterre cedex (bridault@mae.u-paris10.fr).

3. Unité Stratigraphie et Paléoenvironnements quaternaires, ESA 8018-CNRS, Université des Sciences et Technologies de Lille, Bât. de Géographie, av. P. Langevin, F-59655 Villeneuve d'Ascq cedex (Christine.Chausse@ed.univ-lille1.fr).

4. Centre National de Préhistoire, UMR 5808-CNRS, 38 rue du 26e R.I., F-24000 Périgueux, (chantal.leroyer@culture.gouv.fr).

5. Laboratoire de Palynologie et Dendrochronologie, 5 Place Croix-du-Sud, Université de Louvain-la-Neuve, B-3411 Louvain-la-Neuve.

6. IMEP (UMR 6116-CNRS) Europôle Méditerranéen de l'Arbois, Pavillon Villemin, BP 80, F-13545 Aix en Provence cedex 04 (philippe.ponel@univ.u-3mrs.fr).

causes telles que la rapidité de réaction des organismes aux oscillations climatiques, leur capacité d'adaptation à des changements environnementaux ou encore la différence d'échelle d'observation du paysage représentée par chaque communauté. Les conditions morphosédimentaires, qui régissent directement la conservation des communautés biologiques, font également partie des critères de première importance à considérer pour analyser correctement la qualité et la quantité des informations recueillies.

Le but de cet article est d'illustrer les différences des réponses des bio-indicateurs à travers plusieurs exemples et de présenter les stratégies méthodologiques les mieux adaptées à l'exploitation et à la gestion de cette variabilité. Ainsi sont obtenues des reconstitutions paléoenvironnementales les plus complètes possibles qui permettent d'établir un référentiel régional.

1. Variations des réponses des communautés biologiques aux fluctuations climatiques

Trois causes principales de variabilité dans les réponses des biocénoses aux fluctuations climatiques du Tardiglaciaire/début Holocène directement liées aux caractères écologiques des différents indicateurs peuvent être identifiées.

L'une de ces causes se rapporte au temps nécessaire à chaque communauté pour réagir aux changements de climat. Si la réponse des bio-indicateurs à une phase froide marquée telle que le Dryas récent est synchrone il n'en va pas de même pour les péjorations de courte durée ni pour les périodes de réchauffement. Ainsi, l'amélioration climatique du début du Bølling qui se marque par une incision importante des vallées (Antoine *et al.*, 2003 ; Pastre *et al.*, 2003) a un effet diachronique sur les différentes communautés biologiques. Dès la base des premiers remplissages de chenaux, vers 12500/12400 BP, les cortèges entomologiques enregistrent des conditions climatiques similaires à l'actuel avec des valeurs de moyenne estivale de l'ordre de 15 à 16°C (Limondin-Lozouet *et al.*, 2002). En revanche l'enrichissement des malacocénoses et l'évolution des cortèges polliniques qui correspondent à la recolonisation des paysages steppiques par des boisements clairs n'interviennent qu'au sommet des premières unités organiques vers 12300/12200 BP (Limondin-Lozouet, 2002 ; Pastre *et al.*, 2000). La réponse de la grande faune à ce réchauffement climatique apparaît elle aussi retardée avec le remplacement du renne par le cerf seulement peu avant 12000 BP (Limondin-Lozouet *et al.*, 2002). En fait la dynamique d'expansion du couvert végétal est lente. Le décalage dans le développement de la végétation est donc également répercuté par toutes les communautés animales qui lui sont étroitement inféodées. Les entomofaunes qui permettent de confirmer l'occurrence du réchauffement sont, elles, composées d'espèces carnivores capables de coloniser rapidement des milieux très dénudés (Elias, 1994). Cette réactivité plus rapide des coléoptères à la remontée brusque des températures a également été mise en évidence au début de l'Holocène sur le site de

Holywell Coombe dans le sud-ouest de la Grande-Bretagne (Preece et Bridgland, 1998 ; 1999).

Autre exemple de variabilité du temps de réponse des communautés biologiques aux oscillations climatiques, les péjorations de courte durée se marquent de manière plus ou moins prononcée (Limondin-Lozouet *et al.*, 2002). Au début du Tardiglaciaire, alors que la reconquête végétale est encore fragile, l'impact du Dryas moyen se traduit par un net recul des taxons arboréens pionniers et une augmentation des herbacées, en particulier *Artemisia*, tandis que dans les communautés malacologiques apparaissent plusieurs espèces de répartition moderne boréo-alpine (Limondin-Lozouet et Antoine, 2001). En revanche l'oscillation intra-Allerød, qui intervient dans un contexte environnemental beaucoup plus stable, ne parvient pas à freiner de manière notable la dynamique d'expansion des taxons arboréens ni à provoquer le retour des malacofaunes nordiques. En l'état actuel des données l'enregistrement de cet évènement climatique reste rare et se marque surtout par un apport détritique (Antoine, 1997a et b).

Une deuxième cause possible de variabilité des réponses biologiques aux fluctuations du climat dépend de la valence écologique ou capacité d'adaptation des organismes. En effet les reconstitutions paléoenvironnementales à partir des approches naturalistes sont basées sur une démarche actualiste. Cependant les périodes de transition climatique telles que le Tardiglaciaire ont généré des environnements originaux pour lesquels il n'existe pas d'analogues actuels, comme par exemple les milieux steppiques sous conditions climatiques tempérées du début Bølling. Face à ces situations particulières certaines espèces ont adapté leur comportement. Le cas du cerf constitue un bon exemple, les études isotopiques de collagène osseux (Bocherens *et al.*, 2000) ont en effet montré que cette espèce, traditionnellement considérée comme représentative d'un milieu fermé par référence à ses habitudes écologiques durant le Postglaciaire, avait au Tardiglaciaire colonisé des espaces très ouverts. De tels cas illustrent l'importance des remises en question méthodologiques pour l'interprétation paléoenvironnementale des données.

Enfin, une troisième cause de variabilité des réponses des biocénoses est liée à la différence d'échelle spatiale représentée par chaque communauté biologique. Selon le groupe fossile considéré la perception du paysage est différente en terme de spatialité. Pour un échantillon pris au même endroit, les mollusques qui se déplacent sur de faibles distances au cours de leur existence, renvoient une image environnementale très locale de l'ordre de quelques mètres ; les insectes qui comportent de nombreuses espèces volantes, couvrent une surface un peu plus importante, tandis que les pollens, dont la majorité sont dispersés par le vent, rendent compte d'un paysage beaucoup plus vaste (**fig. 1**).

Cette variation de l'échelle d'observation peut conduire à des perceptions différentes du paysage si l'on ne considère qu'une seule source d'information. Ainsi pour l'oscillation d'Allerød, les premières reconstitutions, basées sur les données polliniques, indiquaient le développement dans les vallées de peuplements de bouleaux suivi, pendant la deuxième partie de cette période, par l'installation de pinèdes (Munaut, 1998 ; Emontspohl et Vermeersch, 1991 ; Pastre *et al.*, 2000). Les cortèges malacologiques quant à eux sont représentatifs de milieux ouverts et indiquent une régression de la couverture végétale au sol durant la seconde partie de la chronozone (Limondin-Lozouet, 1998 ; Limondin-Lozouet et Antoine, 2001). Deux causes non exclusives avaient été invoquées pour expliquer cette apparente contradiction, d'une part des humus insuffisamment développés pour permettre l'installation de malacofaunes forestières, d'autre part un décalage entre les recolonisations végétale et malacologique. Plus récemment, les recherches entomologiques ont permis de proposer une nouvelle interprétation. Elles font en effet état de la prédominance de biotopes découverts où les seuls ligneux présents sont le saule et le peuplier (Limondin-Lozouet *et al.*, 2002). Enfin, les résultats des analyses isotopiques des ossements de grands mammifères révèlent aussi l'ouverture des milieux durant cette période (Bocherens *et al.*, 2000).

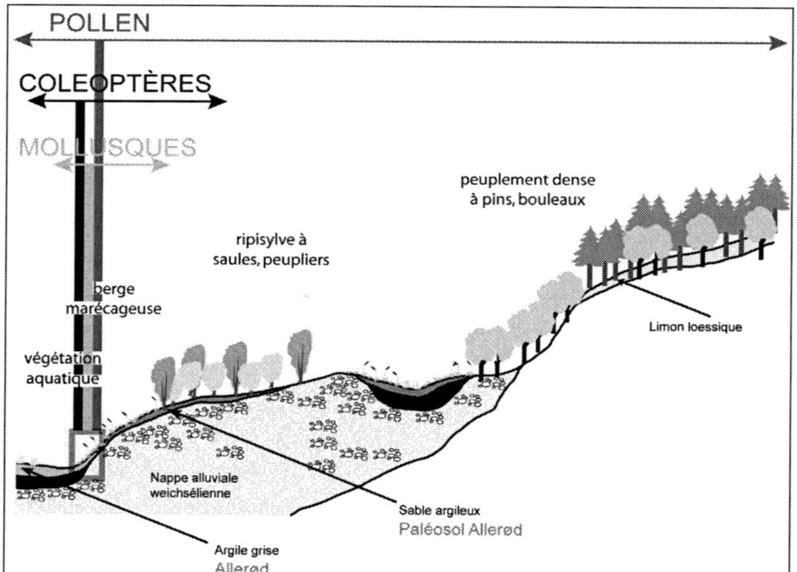

Fig. 1. Représentation schématique de l'échelle environnementale des différents bio-indicateurs.

Le croisement des résultats issus de plusieurs disciplines permet d'affiner la répartition spatiale des éléments du paysage. Ainsi dans l'exemple de l'Allerød les couvertures de pins et de bouleaux, qui ne sont perçues que par les cortèges polliniques, ne s'étendent probablement pas au-delà des versants et des bords de la vallée tandis que les zones les plus basses sont définies par les assemblages malacologiques, les entomofaunes et les peuplements de mammifères comme des milieux ouverts. La présence de certaines espèces particulières de coléoptères rend cependant compte de l'installation éparse des saules et des peupliers.

Si l'on pouvait supposer dès le départ l'implantation des pinèdes vers les versants en raison de la forte capacité de dispersion du pollen de pins, en revanche la présence du bouleau en fond de vallée à proximité des sites humides étudiés paraissait vraisemblable. Les résultats des analyses entomologiques et du collagène osseux renforcent dans le cas présent l'interprétation déduite des malacofaunes sur le caractère très ouvert des abords immédiats des gisements. Le croisement de ces différentes échelles d'observation conduit à proposer l'installation des couvertures de bouleaux et pins sur les bords de la vallée et les versants tandis que le fond de vallée apparaît dominé par des milieux ouverts avec une ripisylve à saules et peupliers.

2. Gestion et exploitation de la variabilité des réponses

Le constat sur la variabilité des biocénoses en réponse aux oscillations climatiques du Tardiglaciaire et du début de l'Holocène a conduit vers une stratégie méthodologique basée sur la multiplicité des études et des disciplines.

La multiplication des séries d'échantillonnages s'est exercée au niveau intra-sites et inter-sites. À l'échelle d'un gisement l'étude de plusieurs colonnes de prélèvements permet de s'affranchir des problèmes de conservation différentielle des bio-enregistreurs et de variabilité stratigraphique. Il n'est pas rare en effet de rencontrer sur les sites de fonds de vallées des structures à chenaux multiples dont les remplissages peuvent présenter des différences notables en terme de représentativité stratigraphique et en terme de variations latérales d'environnement (passage de milieu de berge à des lits marécageux ou des cours actifs). Le site de Conty dans la vallée de la Selle est une bonne illustration de ce cas de figure : un tariérage systématique tous les 20 m a permis de restituer la paléotopographie composée de trois chenaux tardiglaciaires et d'un paléolit holocène (Antoine, 1997a et b). De comblements et de profondeurs différentes ils ont fait l'objet de diverses séries d'échantillonnages qui ont abouti à une restitution détaillée des successions paléoenvironnementales et permis de remédier aux problèmes de conservation différentielle affectant selon les cas les peuplements malacologiques et entomologiques (Limondin-Lozouet et Antoine, 2001 ; Limondin-Lozouet *et al.*, 2002).

À l'échelle régionale la multiplication des sites d'études est le moyen de différencier les enregistrements liés à des conditions locales des effets plus globaux imputables aux phénomènes climatiques. En outre diversifier les disciplines autorise, comme il a été vu précédemment, l'obtention de restitutions paléoenvironnementales plus précises mais est également important car certaines informations ne sont données que par une seule discipline. Par exemple, les estimations de températures du Tardiglaciaire de France septentrionale sont actuellement dues uniquement aux études entomologiques (Limondin-Lozouet *et al.*, 2002) ou encore la bipartition climatique du Dryas récent n'est perçue que par l'évolution des communautés malacologiques (Limondin-Lozouet et Antoine,

2001 ; Limondin-Lozouet, 2002). Pour ces raisons il est essentiel de disposer d'un référentiel de qualité pour chaque groupe fossile considéré. Néanmoins les conditions idéales de conservation des bio-enregistreurs n'étant pas équivalentes, seule la multiplication des sites peut permettre de disposer d'une base de données optimale (**fig. 2**). La multiplication n'empêche cependant pas la sélectivité et il est clair que privilégier l'étude de séquences contenant plusieurs bio-enregistreurs constitue la meilleure garantie pour opérer des comparaisons directes, à haute résolution. À ce titre la confrontation des données issues des analyses malacologiques et palynologiques sur le site de Compans illustre bien la complémentarité des approches naturalistes (**fig. 3**). L'adéquation des limites de biozones des deux disciplines confirme les différentes étapes de l'évolution environnementale du site. La base de la séquence est plus favorable à la conservation des pollens qui montrent la présence d'une végétation herbacée très clairsemée. La densification du couvert végétal herbacé enregistrée dans la seconde zone pollinique est corroborée par l'augmentation des effectifs malacologiques signalant une stabilisation des conditions environnementales. Les deux enregistreurs s'accordent pour attribuer ces dépôts à la fin du Pléniglaciaire. Par la suite, les données polliniques et malacologiques provenant du paléosol organique sont peu caractéristiques, celui-ci est daté de 11410 ± 140 BP et attribué à l'Allerød. Dans les dépôts

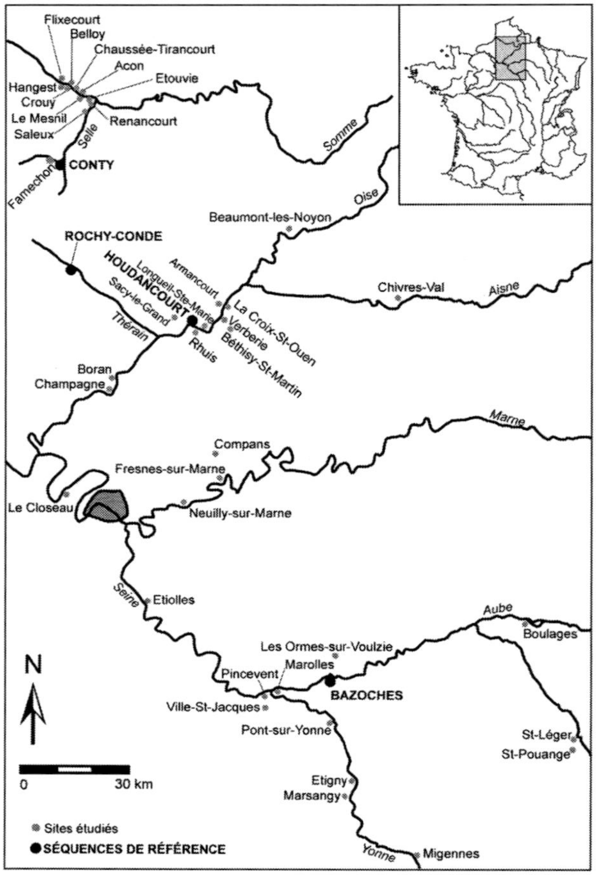

Fig. 2. Carte de répartition des sites étudiés dans les vallées du Nord de la France pour l'établissement du référentiel régional des variations environnementales en réponse aux oscillations climatiques à la charnière Tardiglaciaire/début Holocène.

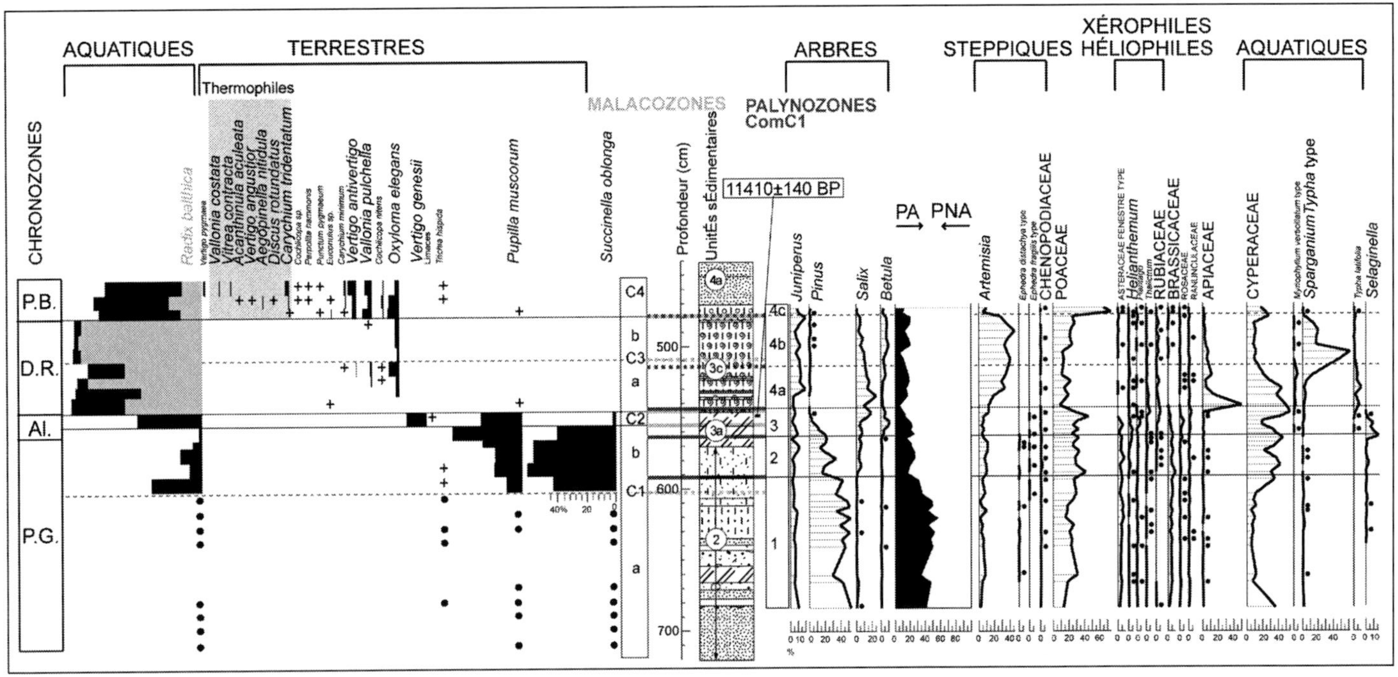

Fig. 3. Diagrammes malacologique et palynologique de la séquence de Compans dans la vallée de la Biberonne (bassin de la Marne).
Les données des deux disciplines s'accordent sur la biozonation qui marque le rythme d'évolution environnementale du gisement et se complètent pour l'attribution chronologique des évènements. Ainsi l'impact du Dryas récent est bien mis en évidence par l'expansion d'*Artemisia* tandis que le réchauffement holocène se traduit surtout par l'occurrence de plusieurs gastéropodes thermophiles. Chronozones : P.G. Pléniglaciaire ; Al. Allerød ; D.R. Dryas récent ; P.B. Préboréal.

suivants, les malacofaunes sont essentiellement aquatiques et donc peu représentatives des conditions climatiques alors que les spectres polliniques témoignent du développement régional d'une formation steppique à *Artemisia* et Poaceae dominantes, correspondant à l'un des meilleurs enregistrements polliniques du Dryas récent pour la moitié Nord de la France. En revanche, la dernière zone pollinique indique un changement environnemental mais est difficile à interpréter en terme de végétation, alors que le développement des effectifs et la présence de taxons thermophiles dans les malacofaunes autorisent sans aucun doute le positionnement de cette partie de la séquence au Préboréal.

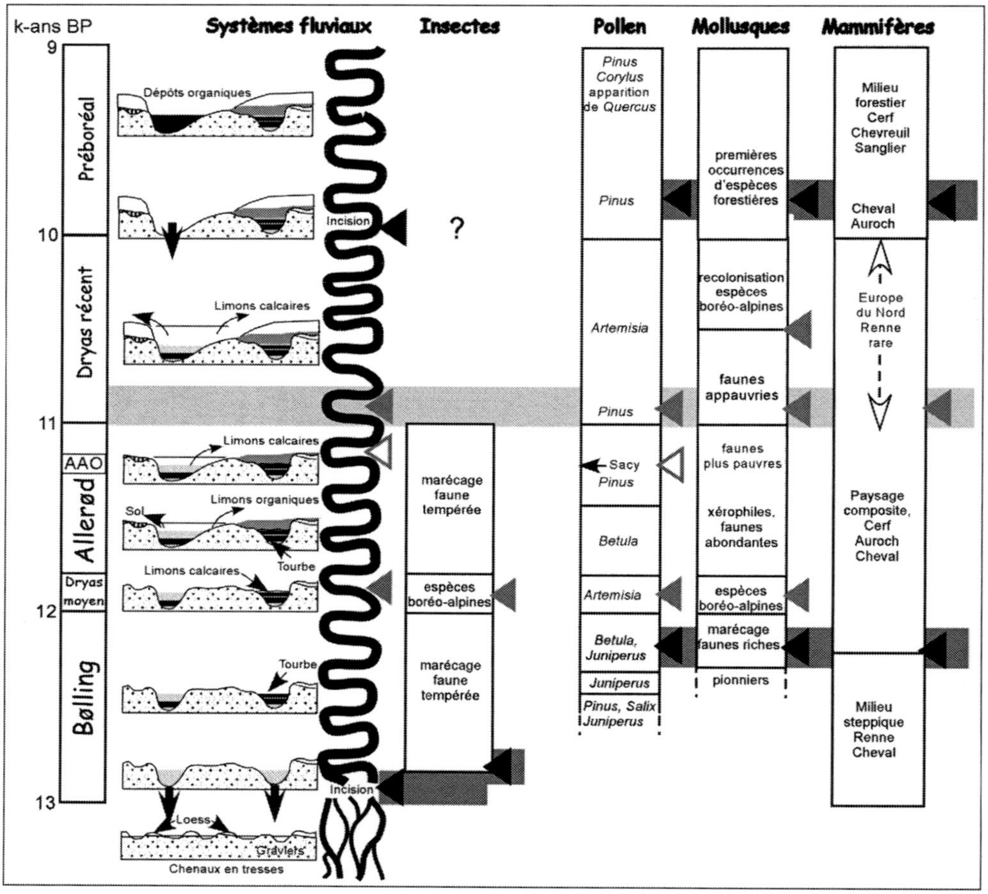

Fig. 4. Bilan régional de fonctionnement des vallées et d'évolution environnementale en France septentrionale pendant le Tardiglaciaire et au début de l'Holocène.
La confrontation des différentes disciplines permet de mettre en valeur l'impact synchronisé de certains phénomènes (péjorations du Dryas moyen et du Dryas récent) ou d'illustrer les variations enregistrées par les biocénoses (perception « décalée » du réchauffement Bølling, enregistrements hétérogènes de l'oscillation intra-Allerød et de la bipartition du Dryas récent).

Conclusion

Au terme d'une quinzaine d'années d'études la restitution des milieux fluviaux du Tardiglaciaire et du début de l'Holocène dans la moitié Nord de la France apparaît bien avancée. Basé sur de multiples analyses et sur une approche disciplinaire diversifiée, un bilan régional de l'impact des oscillations climatiques peut être proposé (**fig. 4**). Il en ressort que la remontée rapide des températures au début du Bølling qui provoque le changement de style fluvial est confirmé par les communautés de coléoptères mais n'influe qu'à retardement sur le développement de la couverture végétale et les peuplements animaux qui lui sont inféodés. À l'inverse la péjoration importante du Dryas récent freine de manière synchrone toutes les communautés biologiques. Les pulsations froides de courte durée ont un effet variable selon leur position dans le cycle de développement des communautés biologiques. En début d'expansion elles produisent un effet notable marqué dans la végétation par le recul des taxons arboréens pionniers et dans les malacofaunes par l'occurrence d'espèces froides, par contre lorsque l'évènement froid survient en phase d'équilibre des biocénoses il est alors peu perceptible.

Ce schéma régional est bien sûr perfectible, certains référentiels, tels que celui des entomofaunes par exemple, sont encore très partiels. Il serait souhaitable également de compléter les données issues de la malacologie sur le Dryas récent par d'autres approches, et de documenter avec plus de précision l'enregistrement des phases froides de courte durée. Quoiqu'il en soit les résultats déjà obtenus dans les vallées du Nord de la France mettent en évidence que les meilleures stratégies d'études doivent s'appuyer sur la multiplicité des observations et des approches disciplinaires tout en privilégiant les séquences les plus dilatées à multiples bio-enregistreurs.

Références

ANTOINE P. 1997a. Modifications des systèmes fluviatiles à la transition Pléniglaciaire-Tardiglaciaire et à l'Holocène : l'exemple du bassin de la Somme (Nord de la France). *Géographie physique et Quaternaire*, 51, 93-106.

ANTOINE P. 1997b. Évolution Tardiglaciaire et début Holocène des vallées de la France septentrionale : nouveaux résultats. *Compte rendus de l'Académie des Sciences*, Paris, 325, 35-42.

ANTOINE P., FAGNART J.-P., LIMONDIN-LOZOUET N., MUNAUT A.-V., 2000. Le Tardiglaciaire du bassin de la Somme, éléments de synthèse et nouvelles données. *Quaternaire*, 11 (2), 85-98.

ANTOINE P., MUNAUT A.-V., LIMONDIN-LOZOUET N., PONEL P., FAGNART J.-P., 2002. Réponse des milieux de fonds de vallées aux variations climatiques (Tardiglaciaire et début Holocène), d'après les données du bassin de la Selle (Nord de la France). Processus et bilans sédimentaires. *In* : BRAVARD J.-P. et MAGNY M. (dir.), *Les Fleuves ont une histoire, Paléoenvironnement des rivières et des lacs français depuis 15 000 ans*, Paris, Errance, 15-27.

ANTOINE P., MUNAUT A.-V. LIMONDIN-LOZOUET N., PONEL P., DUPÉRON J. et M., 2003. Modification of fluvial systems in relation to climatic modifications during the Lateglacial and early Holocene in the Somme Basin (Northern France). *Quaternary Sciences Reviews*, 22, 2061-2076.

BOCHERENS H., BRIDAULT A., DRUCKER D., TRESSET A., BEMILLI C., BODU P., 2000. Régimes alimentaires et environnements à partir des signatures isotopiques des ossements, du Magdalénien au Néolithique moyen dans le Bassin parisien. Communication orale Colloque de Besançon *Équilibres et ruptures dans les écosystèmes durant les vingt derniers millénaires* (18-22/09/2000).

ELIAS S.A., 1994. *Quaternary insects and their environments*, Washington/London, Smithsonian I.P., 284 p.

EMONTSPOHL A.F., VERMEERSCH D., 1991. Premier exemple d'une succession Bølling-Dryas II-Allerød en Picardie (Famechon, Somme). *Quaternaire*, 2 (1), 17-25.

LIMONDIN-LOZOUET N., 1998. Successions malacologiques du Tardiglaciaire weichsélien : corrélations entre séries du nord de la France et du Sud-Est de la Grande-Bretagne. *Quaternaire*, 9, 217-225.

LIMONDIN-LOZOUET N., 2002. Impact des oscillations climatiques du Tardiglaciaire sur l'évolution des malacofaunes de fonds de vallées en Europe du Nord-Ouest. *In* : RICHARD H. et VIGNOT A. (dir.), *Équilibres et Ruptures des écosystèmes durant les 20 derniers millénaires en Europe de l'Ouest, Actes du Colloque international de Besançon, septembre 2000*, PU Franc-Comtoises, Annales Littéraires 730, Série « Environnement, sociétés et archéologie », 3, 45-51.

LIMONDIN-LOZOUET N., ANTOINE P., 2001. Palaeoenvironmental changes inferred from malacofaunas in the Lateglacial and Early Holocene fluvial sequence at Conty (Northern France). *Boreas*, 30, 148-164.

LIMONDIN-LOZOUET N., BRIDAULT A., LEROYER C., PONEL P., ANTOINE P., CHAUSSÉ C., MUNAUT A.-V., PASTRE J.-F., 2002. Évolution des écosystèmes de fonds de vallées en France septentrionale au cours du Tardiglaciaire : l'apport des indicateurs biologiques. *In* : BRAVARD J.-P. et MAGNY M. (dir.), *Les Fleuves ont une histoire, Paléoenvironnement des rivières et des lacs français depuis 15 000 ans*, Paris, Errance, 45-62.

MUNAUT A.-V., 1998. Synthèse de l'évolution de la végétation au Tardiglaciaire et à l'Holocène. *In* : ANTOINE P. (dir.), *Le Quaternaire de la vallée de la Somme et du littoral picard*, Livret-Guide de l'excursion de l'AFEQ, 84-87.

PASTRE J.-F., LEROYER C., LIMONDIN-LOZOUET N., CHAUSSÉ C., FONTUGNE M., GEBHARDT A., HATTÉ C., KRIER V., 2000. Le Tardiglaciaire des fonds de vallées du Bassin parisien (France). *Quaternaire*, 11 (2), 107-122.

PASTRE J.-F., LIMONDIN-LOZOUET N., GEBHARDT A., LEROYER C., FONTUGNE M., KRIER V., 2001. Lateglacial and Holocene fluvial records from the central part of the Paris basin (France). *In* : MADDY D., MACKLIN M.G. et WOODWARD J.C. (eds.), *River Basin Sediment Systems: Archives of Environmental Change*, Balkema, Lisse, 357-373.

PASTRE J.-F., LEROYER C. LIMONDIN-LOZOUET N., ORTH P., CHAUSSÉ C., FONTUGNE M., GAUTHIER A., KUNESCH S., LE JEUNE Y., SAAD M.C., 2002. Variations paléoenvironnementales et paléohydrologiques durant les 15 derniers millénaires : les réponses morpho-sédimentaires des vallées du Bassin parisien (France). *In* : BRAVARD J.-P. et MAGNY M. (dir.), *Les Fleuves ont une histoire, Paléoenvironnement des rivières et des lacs français depuis 15 000 ans*, Paris, Errance, 29-44.

PASTRE J.-F., LIMONDIN-LOZOUET N., LEROYER C., PONEL P., FONTUGNE M., 2003. River system evolution and environmental changes during the Lateglacial in the Paris Basin (France). *Quaternary Sciences Reviews*, 22, 2177-2188.

PREECE R.C., BRIDGLAND D.R., 1998. *Late Quaternary environmental change in North-west Europe: excavations at Holywell Coombe, South-East England*, London, Chapman et Hall, 422 p.

PREECE R.C., BRIDGLAND D.R., 1999. Holywell Coombe, Folkestone: a 13,000 year history of an English Chalkland Valley. *Quaternary Science Reviews*, 18, 1075-1125.

Atelier 1

Session posters

La lichénométrie, un outil efficace pour l'étude de l'évolution historique des bassins versants en milieu torrentiel méditerranéen

FRÉDÉRIC GOB[1], JEAN-PAUL BRAVARD[2],
NICOLAS JACOB[3], FRANÇOIS PETIT[1]

La montagne méditerranéenne connaît depuis longtemps une activité humaine très développée qui a laissé des traces importantes dans le paysage (culture en terrasse, aménagement des plaines alluviales, etc.) et qui a joué un rôle parfois considérable dans la dynamique érosive ou anti-érosive des versants. Par ailleurs, sa position charnière entre les régions au climat tempéré d'Europe et plus aride d'Afrique la rend particulièrement sensible aux fluctuations climatiques ; ce qui donne à penser que les bassins versants de cette région ont connu une histoire sensiblement différente de celle des bassins du reste de l'Europe. Alors que l'impact de cette évolution climatique en Méditerranée a très peu été étudié, plusieurs études ont montré que la péjoration climatique du Petit Âge Glaciaire avait induit une métamorphose des lits fluviaux des Alpes du Nord. Les rivières alpestres auraient connu, à cette époque, une aggradation parfois importante et une évolution du méandrage au tressage (Bravard, 1989 ; Peiry, 1989 ; Salvador, 1991).

Cette étude tente de mettre en évidence l'efficacité de la technique lichénométrique pour l'étude de l'évolution sédimentaire d'un bassin versant de montagne méditerranéenne en s'appuyant sur les premiers résultats obtenus dans plusieurs vallées cristallines méditerranéennes. La lichénométrie a été appliquée sur la haute Ardèche et le Fango (Haute-Corse). C'est une méthode de datation encore très peu utilisée en milieux fluviatiles. Elle peut cependant se révéler particulièrement intéressante lorsqu'on aborde ce genre de problématique. Gob *et al.* (2003) ont, par exemple, montré une incision de la Figarella (Haute-Corse) de plus de 3 m depuis le milieu du Petit Âge Glaciaire.

1. Université de Liège, Département de Géographie, Bât. B 11, Allée du 6 août, 4000 Liège, Belgique (frederic.gob@cemagref.fr ; Francois.Petit@ulg.ac.be ; http://www.labhgf.ulg.ac.be).
2. Université Lumière, UMR 5600, 69676 Bron cedex ; et Institut de France (Jean-Paul.Bravard@wanadoo.fr).
3. Université Lumière, Lyon II, UMR 5600, 69676 Bron cedex, France (nc_jacob@yahoo.com).

1. La lichénométrie

La lichénométrie est une méthode de datation qui, depuis les années 1950, a principalement été utilisée en glaciologie. Elle se fonde sur l'hypothèse que le plus grand lichen présent sur un substrat est le plus vieux et que si le taux de croissance des lichens d'une espèce donnée est connu, l'âge du plus grand lichen permettra de déterminer depuis quand le substrat a été dégagé ou n'a plus été mis en mouvement (Grove, 1988). Cette technique n'a, jusqu'à présent, été utilisée que très rarement pour les études fluviatiles alors qu'elle présente un réel potentiel pour l'étude des rivières à blocs, à lit rocheux ou à lit caillouteux (Gregory, 1976 ; Macklin *et al.*, 1992 ; Gob *et al.*, 2003 ; Jacob, 2003). Les populations de lichens qui s'installent sur les dépôts et sur les blocs sont directement liées aux événements de crues qui animent et façonnent les lits des cours d'eau. Lorsque les crues mobilisent la charge de fond, les lichens présents sur celle-ci sont détruits par les chocs que subissent les blocs en mouvement. Après la crue, une nouvelle génération de lichens peut alors coloniser le support nouvellement mis à nu. La mise en évidence et la datation des différentes générations permettent dès lors de lier la mise en place des dépôts/des blocs avec les événements de crue qui ont animé le cours d'eau.

Les lichens présents sur les dépôts dans le lit des rivières se révèlent être d'excellents marqueurs de crues et la lichénométrie, un moyen efficace d'évaluer la dynamique récente et passée de la rivière. Mais la lichénométrie permet également la datation de la mise en terrasse des lambeaux de nappe alluviale qui bordent les rivières. Alors que la majorité des techniques traditionnelles permettent de dater la mise en place de ces nappes, l'âge des lichens présents sur le replat et le flanc des basses terrasses fournit une date pour le début de l'incision dans la nappe. En effet, lorsque le lit de la rivière s'enfonce dans le plancher alluvial, les dépôts latéraux ne peuvent plus être remaniés par les crues. Dès lors la végétation et, *a fortiori*, les lichens peuvent s'y installer. Leur datation donne l'âge du début de l'incision ou du moins indique depuis quand ce dépôt n'a plus été perturbé par une crue. Les datations sont possibles sur plusieurs centaines, voire milliers d'années ; cette technique est ainsi particulièrement intéressante pour mettre en évidence les mutations qu'ont connues les bassins durant toute la période historique et notamment durant le Petit Âge Glaciaire.

Les espèces de lichens utilisées en lichénométrie sont des espèces crustacées qui croissent de façon circulaire et qui ont une vitesse de croissance très lente (entre 0,1 et 0,3 mm par an). Leur âge peut être déterminé en mesurant leur diamètre et en le comparant à la courbe de croissance de l'espèce considérée. Celle-ci est fonction de l'environnement direct du lichen (humidité, exposition, température, nature du substrat, etc.) et varie donc avec les régions étudiées. Les courbes de croissance sont généralement obtenues de façon indirecte, en mesurant un grand nombre de lichens sur des supports artificiels d'âge connu, comme des pierres tombales ou des ponts (Jacob *et al.*, 2002).

Nous avons travaillé avec *Rhizocarpon geographicum l.s.*, une espèce de lichen très utilisée par les géomorphologues pour son caractère très commun et sa détermination aisée. La **fig. 1** propose les courbes de croissance de *Rhizocarpon geographicum l.s.* pour la Corse, les Cévennes, la Haute-Loire, l'Ardenne et la Normandie. Les deux premières de ces courbes ont été décrites en détail par Jacob *et al.* (2002). On voit sur cette figure que la croissance dans les régions plus océaniques est plus rapide qu'en domaine méditerranéen (grâce à une plus grande disponibilité en eau). Bien que plus lente qu'en Ardenne et en Normandie, la croissance en Méditerranée reste cependant beaucoup plus rapide que dans les milieux polaires. Dans les régions tempérées et méditerranéennes, étant donné la taille atteinte par les thalles très âgés, la méthode n'est applicable que pour les quelques derniers siècles ; voire au maximum mille à deux mille ans.

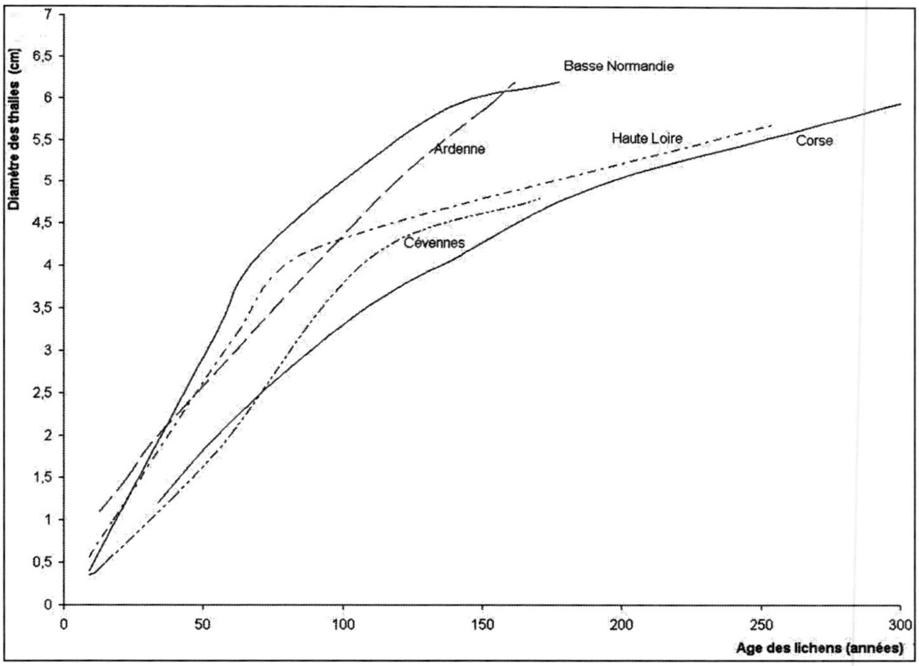

Fig. 1. Courbes de croissance de *Rhizocarpon geographicum* pour la Corse, les Cévennes, la Haute-Loire, la Basse-Normandie et l'Ardenne.

Les courbes ont été dressées pour des substrats cristallins à l'exception de la courbe de l'Ardenne pour laquelle les mesures ont été réalisées sur des substrats métamorphiques.

2. Résultats

En fonction des caractéristiques des rivières étudiées, les lichens peuvent être mesurés sur différents supports. Comme nous l'avons décrit plus tôt, le cas le plus simple est la mise en terrasse des dépôts ; les mesures étant, dans ce cas, effectuées sur les basses terrasses. Mais d'autres situations peuvent également se présenter : si le fond de vallée est marqué par la présence de roche en place, les lichens qui la colonisent peuvent eux aussi apporter un grand nombre d'informations quant à l'évolution qu'aurait connue la rivière. Les résultats présentés ci-après sont pour l'instant provisoires mais permettent de mettre en évidence plusieurs applications de la technique.

Les mesures de *Rhizocarpon geographicum* sur le plancher alluvial de la haute Ardèche cristalline indiquent par exemple que la rivière s'est incisée de 4 m depuis 350 ans (**fig. 2**). En effet, le plancher alluvial, aujourd'hui occupé par des prairies ou par des forêts alluviales, se compose de blocs émergeant d'une matrice sableuse. Ces blocs peuvent être submergés par les crues les plus importantes mais ils ne sont plus mis en mouvement. Ils portent des thalles qui ont un diamètre atteignant 6,5 cm, c'est-à-dire qu'ils sont en place depuis 350 ans. Cette incision serait contemporaine du Petit Âge Glaciaire.

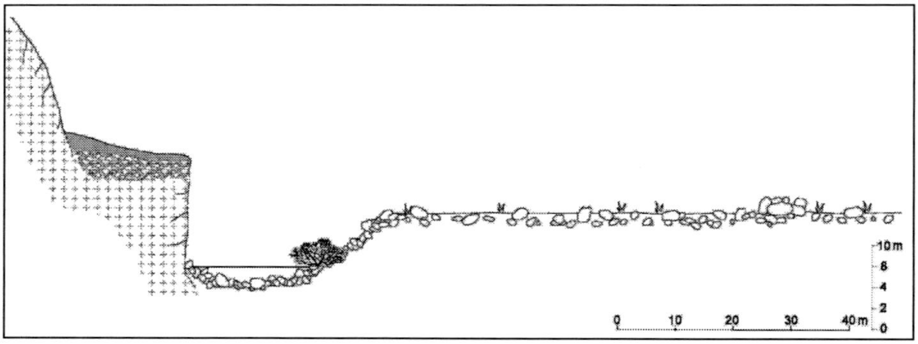

Fig. 2. Coupe transversale de l'Ardèche.
La rivière a incisé le plancher alluvial de plus de 4 m. Les lichens présents sur les blocs de la plaine alluviale indiquent que cette incision a débuté il y a 350 ans.

Lorsqu'on s'intéresse aux affleurements de granite que l'on trouve dans le lit de l'Ardèche (non présents sur la fig. 2) on voit que ceux-ci portent, en position d'abri (non exposés à l'abrasion), des lichens jusqu'à un niveau très proche du niveau d'étiage. Entre 1 et 2 m, les plus gros lichens mesurés ont un diamètre de 4,5 cm ce qui indique que la roche en place affleure depuis environ 150 ans. L'absence de lichens plus vieux incite à croire qu'une nappe alluviale recouvrait le fond du lit et que cette nappe alluviale s'est fait éroder il y a 150 ans. En considérant les lichens présents sur la basse terrasse (ce qui nous donne le début de l'incision) et ceux sur la roche en place dans le fond du lit (ce qui donne la fin de l'incision) on peut donc penser que la rivière s'est incisée dans la nappe alluviale durant les 200 dernières années du Petit Âge Glaciaire.

Le Fango est un fleuve de Haute-Corse qui s'écoule des plus hauts sommets (> 2 500 m) pour se jeter dans la mer après moins de 25 km. La partie la plus aval de son cours est remarquable car la rivière s'enfonce dans d'étroites gorges formées au sein du plancher alluvial de la vallée. Les parois verticales de cet *inner channel* peuvent atteindre 10 m de hauteur et la largeur du chenal ne dépasse jamais 15 m. Les gorges sont surmontées par des terrasses fluviatiles dont la puissance est comprise entre 1,5 et 2,5 m.

Rhizocarpon geographicum a été mesuré sur ces parois rocheuses. On constate que la taille des lichens croît lorsqu'on s'élève le long des parois. Ceci indique soit une incision de la rivière par dégagement d'une nappe alluviale, la vitesse d'érosion de la roche en place n'étant nullement compatible avec l'échelle de temps couverte par les datations lichénométriques, soit la décroissance de l'importance des crues. En effet, en crue la charge en suspension gradée érode la surface des parois rocheuses et détruit les lichens.

Conclusion

Au travers de ces deux exemples, nous avons montré qu'il existe une grande corrélation entre les populations lichéniques qui occupent les fonds de vallées et l'évolution hydrosédimentaire des rivières. La lichénométrie est dès lors un outil particulièrement efficace pour cerner l'évolution historique des bassins, particulièrement en milieu torrentiel méditerranéen. Cette technique supporte malgré tout quelques contraintes qui limitent le champ d'application de la méthode. Les caractéristiques écologiques des lichens et les principes mêmes de la lichénométrie restreignent son utilisation à l'étude des hydrosystèmes à blocs et à lit rocheux. De nombreuses précautions méthodologiques doivent être prises lors de l'application de la méthode afin de limiter le risque d'erreur engendré par la présence de coalescences ou de facteurs limitant la croissance, tels une pollution localisée ou des feux de forêts ; dans ce second exemple, le rôle des incendies serait assez limité étant donné la proximité de la rivière et le caractère « passant » de l'incendie (Sérusiaux, communication orale).

Remerciements

Cette étude a bénéficié du support du « Programme Tournesol », accords bilatéraux entre la Communauté française de Belgique et le ministère français des Affaires Étrangères, et Frédéric Gob est titulaire d'une Bourse du FRIA de la Communauté française de Belgique.

Références

BRAVARD J.-P., 1989. La métamorphose des Alpes françaises à la fin du Moyen Âge et à l'époque moderne. *Bulletin de la Société Géographique de Liège*, 25, 145-157.

GOB F., PETIT F., BRAVARD J.-P., OZER A., GOB A., 2003. Lichenometric application to historical and subrecent dynamics and sediment transport of a Corsican stream (Figarella River, France). *Quaternary Science Reviews*, 22, 2111-2124.

GREGORY K.J., 1976. Lichens and the determination of river channel capacity. *Earth Surface Processes and landforms*, 1, 273-285.

GROVE J.M., 1988. *The Little Ice Age*, Londres, Methuen, 498 p.

JACOB N., GOB F., PETIT F., BRAVARD J.-P., 2002. Croissance du lichen *Rhizocarpon geographicum l.s.* sur le pourtour nord-occidental de la Méditerranée, Cévennes, Corses et Pyrénées orientales : observation en vue d'une application à l'étude des lits rocheux et caillouteux. *Géomorphologie*, 4, 283-296.

JACOB N., 2003. *Les vallées en gorges de la Cévenne vivaraise. Montagne de sable et château d'eau*, thèse de Géographie et Aménagement, Paris IV, Sorbonne, 459 p.

MACKLIN M., RUMSBY B., HEAP T., 1992. Flood alluviation and entrenchment: Holocene valley-floor development and transformation in the British uplands. *Geological Society of America Bulletin*, 104, 631-643.

PEIRY J.-L., 1989. L'utilisation du cadastre sarde de 1730 pour l'étude des rivières savoyardes : l'exemple de la vallée de l'Arve (Haute-Savoie). *Revue de Géographie de Lyon*, 64 (4), 97-203.

SALVADOR P.-G., 1991. *Le thème de la métamorphose fluviale dans les plaines alluviales du Rhône et de l'Isère-Bassin de Malville et Ombilic de Moirans (Isère, France)*, thèse de Géographie et Aménagement, Lyon III, 498 p.

Utilisation des microscories métallurgiques comme traceur de la sédimentation dans les plaines alluviales des rivières ardennaises

GEOFFREY HOUBRECHTS[1], FRANÇOIS PETIT[1]

Introduction

Dès la fin du XIVe siècle, les sidérurgistes wallons installèrent leurs fourneaux et leurs forges d'affinage le long des cours d'eau ardennais afin d'utiliser l'énergie hydraulique pour actionner les soufflets et les marteaux des forges. Ces établissements produisaient de grandes quantités de scories (**photo 1**) qui étaient entassées sur les plaines alluviales à proximité des rivières. Par conséquent, certaines d'entre elles ont pu être emportées lors de crues débordantes ou lors de l'érosion des crassiers, par déplacement latéral de la rivière. Les sources historiques nous apprennent également que des scories étaient quelquefois rejetées volontairement dans les rivières par les métallurgistes. Ces scories sont facilement reconnaissables avec un binoculaire car elles présentent des couleurs caractéristiques (vert, gris, bleu...), ainsi que des cassures conchoïdales. Elles sont recouvertes par de nombreuses vacuoles et possèdent des traces d'écoulement formés lors de la solidification du laitier.

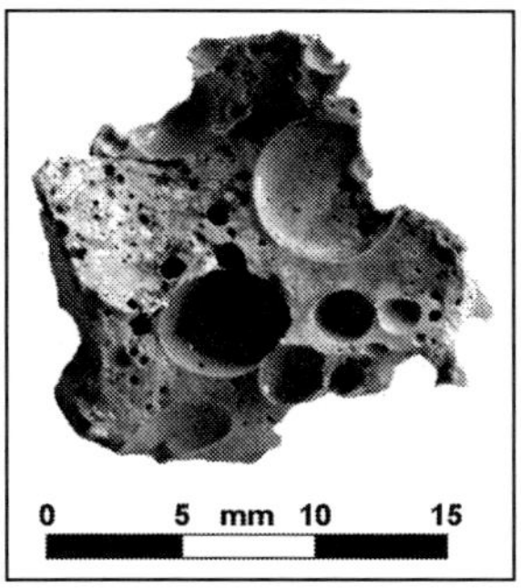

Photo 1. Scorie vitreuse de haut-fourneau.

D'autre part, des sphérules (**photo 2**) étaient produites dans les forges, lors de l'affinage de la fonte. Ces sphérules étaient évacuées avec les fumées par les cheminées, transportées par le vent, et finalement retombaient sur les plaines

1. Université de Liège, Département de Géographie, Laboratoire d'Hydrographie et de Géomorphologie fluviatile, Allée du 6 août, Bât. B 11, 4000 Sart-Tilman – Belgique (G.Houbrechts@ulg.ac.be ; FrancoisPetit@ulg.ac.be ; http://labhgf.ulg.ac.be).

alluviales (Henrottay, 1973). Par conséquent, la taille de ces sphérules ainsi que la contamination diminuent en fonction de la distance par rapport à la forge (Richardeau, 1977). Dans certaines vallées encaissées d'Ardenne, le rayon de retombée de ces scories est de 10 km autour du point d'émission. De plus, dans notre étude, nous devons considérer que des sphérules retombées en plaine alluviale peuvent être remobilisées par les rivières et être transportées beaucoup plus loin (Houbrechts et Petit, 2003).

Photo 2. Sphérules magnétiques.

D'autres résidus de la métallurgie, tels que les battitures, peuvent être utilisés comme traceur. Toutefois ces battitures ou « plaquettes » sont assez difficiles à distinguer des éléments magnétiques d'origine naturelle présents dans les alluvions. Nous avons donc décidé de ne pas nous baser sur leur présence pour dater nos échantillons.

Après avoir daté l'apparition des différents sites sidérurgiques dans une vallée, les microscories peuvent être utilisées comme marqueur stratigraphique pour l'étude de l'évolution récente des plaines alluviales (taux de sédimentation, mobilité latérale, variation de niveaux de cailloutis, modification de la granulométrie des dépôts).

1. Méthodologie

La méthodologie que nous avons développée fait suite aux travaux d'Henrottay (1973) et de Sluse (1996) mais a été largement affinée. Elle a été élaborée, dans un premier temps, sur la base de prélèvements réalisés dans des berges érodées. En effet, cette technique permet de prélever des échantillons en place sans risque de contamination, de visualiser les alternances de dépôts de granulométrie différente et de repérer sur le terrain la présence ou l'absence de scories dans les lentilles constituées d'éléments grossiers.

Après avoir prélevé dans les coupes, nous avons compté le nombre de microscories vitreuses ainsi que le nombre de grains « naturels » dans les classes granulométriques les plus grossières de chaque échantillon (les valeurs limites de ces classes sont indiquées entre parenthèses sur les graphiques [**fig. 1** et **2**] et sont exprimées en microns). Finalement, étant donné que le nombre de grains comptés varie d'un échantillon à l'autre, nous avons calculé les écarts-types pour chaque prélèvement.

Dans certaines coupes, nous avons également étudié les concentrations en sphérules d'origine métallurgique. Malgré leur petite taille (généralement comprise entre 20 et 600 μm), il est possible de séparer facilement ces éléments des alluvions naturelles avec un aimant à main. Nous avons ensuite compté, pour chaque échantillon, le nombre de billes dans quelques grammes de fraction granulométrique 212-63 µm ou 595-212 µm (en fonction de la proximité du sondage par rapport à la forge). Nous avons ensuite standardisé nos résultats pour faciliter les comparaisons entre les différentes mesures.

2. Résultats

Après avoir sélectionné plusieurs rivières dont les plaines alluviales étaient fortement « contaminées » par les scories, nous avons mesuré, dans une trentaine de coupes, les concentrations en microscories vitreuses. D'une manière générale, les profils peuvent être regroupés en deux catégories : d'une part, les profils dont les alluvions contiennent des scories uniquement dans leur partie supérieure (**fig. 1**), d'autre part les profils dont les alluvions contiennent des scories sur toute la hauteur, depuis le cailloutis de base jusqu'en surface (**fig. 2**).

2.1. Taux de sédimentation par débordement

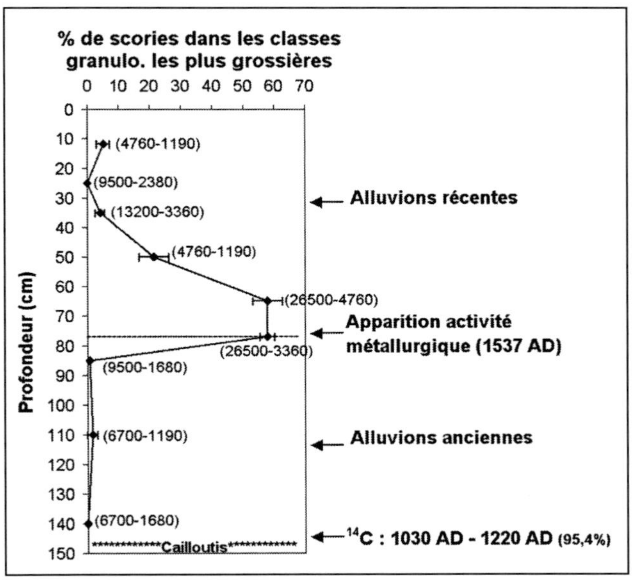

Fig. 1. Concentration en scories dans une berge érodée de la Chavanne (bassin de l'Amblève).

Les taux de sédimentation récente par débordement sont relativement difficiles à estimer par les méthodes de datation traditionnelles. Néanmoins, sur la base des premières études d'Henrottay (1973) et de Sluse (1996), il ressort que les microscories constituent un excellent traceur pour déterminer l'épaisseur de sédiments mis en place depuis l'apparition de la métallurgie le long des cours d'eau.

Ainsi, dans cette coupe (**fig. 1**), nous pouvons distinguer deux périodes de sédimentation grâce aux microscories vitreuses. Le niveau de plaine alluviale correspondant à l'apparition de l'activité sidérurgique (1537) se marque très nettement (77 cm sous la surface actuelle). On observe également que la concentration diminue à partir de 65 cm de profondeur jusqu'en surface. Les concentrations de certains échantillons proches de la surface tendent même vers zéro pour cent. La contamination actuelle des alluvions par les scories provient uniquement des remaniements des dépôts anciens situés en amont.

Par ailleurs, la présence de quelques scories isolées à la base de la coupe résulte de la bioturbation après la mise en place des sédiments.

Une datation ^{14}C a été réalisée sur un tronc d'aulne prélevé à la base de la coupe, au contact du cailloutis (1030 AD-1220 AD / Poz-2743).

Nous disposons donc de toutes les données nécessaires pour comparer les taux de sédimentation de deux périodes différentes. Ainsi avant l'apparition de l'activité métallurgique (1537) le taux de sédimentation est compris entre 14,4 et 23 cm/siècle (en fonction de la fourchette d'incertitude de la datation ^{14}C calibrée), tandis qu'après 1537, ce taux est de 16,5 cm/siècle. Il n'y a donc pas de différence significative entre les taux de sédimentation de ces deux périodes. Par conséquent, il apparaît que les défrichements du Moyen Âge ont fourni autant de sédiments fins que l'exploitation forestière liée à la sidérurgie. Étant donné la forte pression anthropique dans le bassin versant, il est difficile de déterminer si le Petit Âge Glaciaire a eu une influence sur la sédimentation en plaine alluviale.

D'autre part, environ 1 km en aval, deux datations ^{14}C ont été réalisées sur de la matière organique prélevée dans une berge, sous un cône de déjection. Elles indiquent que le taux de sédimentation à l'Âge du Bronze, avant les défrichements, était compris entre 2,8 et 4,8 cm/siècle. Il ressort donc que le taux de sédimentation en condition naturelle est largement inférieur à celui du dernier millénaire.

2.2. Mobilité latérale

La mobilité latérale récente est généralement appréhendée par la comparaison de cartes anciennes. Toutefois, la faible précision de ces cartes ne permet pas de tirer des conclusions sur des modifications de tracés pour des rivières de dimension modeste (déplacements latéraux, recoupements de méandres, modifications de sinuosité, etc.). D'autre part, il n'existe pas de cartes suffisamment précises, même pour l'étude de rivières importantes, antérieures au XVIIIe siècle.

Dans ce sondage (**fig. 2**), réalisé sur la Lembrée (affluent de l'Ourthe), il apparaît clairement que les concentrations en scories vitreuses sont très importantes depuis la base de la coupe (contact avec le cailloutis) jusqu'au sommet.

Nous pouvons donc affirmer que ces sédiments se sont mis en place après l'apparition de l'activité métallurgique.

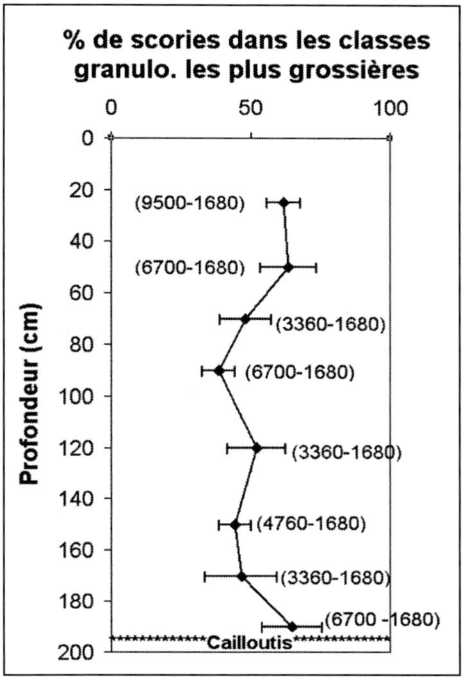

Fig. 2. Concentration en scories dans une berge érodée de la Lembrée (bassin de l'Ourthe).

L'absence de dépôts « anciens » montre que la rivière a balayé cet endroit, par glissement latéral, au moins une fois, depuis l'apparition de l'activité métallurgique.

Pour déterminer l'espace de mobilité récente d'un cours d'eau, nous devons réaliser plusieurs sondages le long d'un profil perpendiculaire à la rivière. Un profil réalisé sur l'Aisne (affluent de l'Ourthe) a montré que la mobilité latérale depuis l'apparition de l'activité métallurgique (vers 1400) était comprise entre 19 et 24 m (**fig. 3**). D'après ce profil, il apparaît également que le niveau du lit mineur n'a pas évolué depuis cette période. Enfin, dans ce secteur de plaine alluviale, le taux de sédimentation récent par débordement est d'environ 16,5cm/siècle.

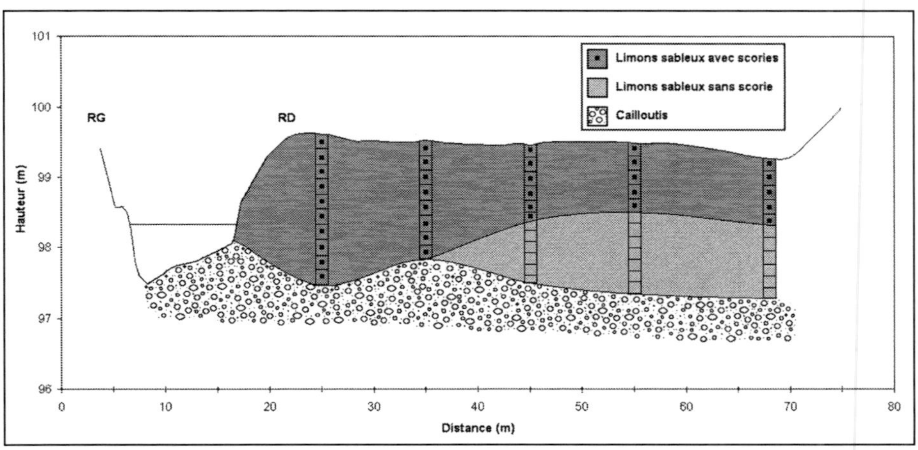

Fig. 3. Coupe transversale de la plaine alluviale de l'Aisne (bassin de l'Ourthe) montrant l'importance de la mobilité latérale et de la sédimentation par débordement depuis 1400.

Conclusion

L'utilisation des microscories comme marqueur stratigraphique a été testée avec succès dans plusieurs plaines alluviales. Grâce à cette technique, il a été possible de repérer les sédiments mis en place après l'apparition de l'activité sidérurgique (entre le XVe et XIXe siècle) et donc de déterminer des taux de sédimentation récents et de cerner, pour les derniers siècles, la mobilité latérale des cours d'eau. Ces données sont particulièrement rares étant donné l'imprécision des anciennes cartes et des méthodes de datation pour cette période. Finalement, l'analyse des concentrations en scories nous a permis d'identifier les échantillons contaminés par la bioturbation.

Remerciements

Pour cette étude, Geoffrey Houbrechts bénéficie d'une bourse de doctorat octroyée par le FRIA.

Références

HENROTTAY J., 1973. La sédimentation de quelques rivières belges au cours des sept derniers siècles. *Bulletin de la Société Géographique de Liège*, 9, 101-115.

HOUBRECHTS G., PETIT F., 2003. Utilisation des scories métallurgiques en dynamique fluviale : détermination de la compétence effective des rivières et estimation des vitesses de progression de leur charge de fond. *Géomorphologie*, 1, 3-12.

RICHARDEAU C., 1977. Distribution de sphérules magnétiques provenant de la sidérurgie liégeoise. *Bulletin de la Société Géographique de Liège*, 13, 155-165.

SLUSE P., 1996. *Évolution de la Rulles, de la Semois et de la Mellier au cours des cinq derniers siècles grâce aux résidus métallurgiques de l'industrie du fer et par l'étude des cartes anciennes*, mémoire de Licence en Sciences géographiques, Université de Liège, inédit, 206 p.

Diversité des enregistrements tardiglaciaires et holocènes dans la vallée de la Deûle (59, Nord)

LAURENT DESCHODT[1], PIERRE-GIL SALVADOR[2]

Dans le nord de la France, la connaissance des enregistrements sédimentaires des fonds de vallées est encore peu étendue, par comparaison avec les régions voisines. Depuis une quinzaine d'années, de nombreuses études paléoenvironnementales ont permis de préciser à l'échelle régionale l'évolution des fonds de vallées du Bassin parisien (Pastre *et al.*, 2002) et du bassin versant de la Somme (Antoine, 1997). On retrouve leur équivalent plus au nord avec les travaux réalisés dans les bassins versants de l'Escaut et de Rhin-Meuse par les équipes belges et néerlandaises. La première étude synthétique des remplissages tardiglaciaires et holocènes du nord de la France a été proposée par Sommé (1977). Des études plus ponctuelles existent, comme celle de Fourier (1992) sur les formations superficielles du bassin de la Scarpe, ou encore les travaux menés à l'occasion de prospections archéologiques dans le bassin de l'Escaut par Deschodt (2002). L'ensemble de ces données met en évidence la spécificité et la diversité des enregistrements sédimentaires dans les fonds de vallées de cette région. L'objectif de cette courte présentation est ainsi d'illustrer cette originalité, à partir de l'exemple de deux études engagées dans le bassin versant de la Deûle.

1. Cadre géographique

La région du Nord oppose schématiquement un haut-pays qui forme une écharpe de relief culminant autour de 180-200 m d'altitude, depuis le Boulonnais jusqu'au Hainaut et un bas-pays, se développant en dessous de 80 m d'altitude de la mer du Nord à l'Escaut (**fig. 1**). Le haut-pays constitue globalement une ligne de partage des eaux entre le réseau de la Somme et l'ensemble des

1. INRAP Nord-Picardie, 518 rue Saint-Fuscien, 80000 Amiens (ldeschodt@nordnet.fr).
2. Université Lille 1. UFR de Géographie. UMR 8141 « Géographie des Milieux Anthropisés », Av. Paul Langevin, 59655 Villeuneuve d'Ascq cedex (pierre-gil.salvador@univ-lille1.fr).

bassins qui drainent le bas-pays, l'Aa, l'Yser, la Lys, l'Escaut et la Sambre. Le réseau hydrographique du bas-pays est formé essentiellement de petites rivières coulant sur des pentes très faibles, inférieures à 0,1 % dès que l'on quitte les versants du haut-pays. Leur débit est limité et souvent artificialisé aujourd'hui. Ces cours d'eau drainent cependant des vallées de largeur très variable, pour constituer parfois de vastes plaines humides, telles les plaines de la Lys (20 km de large) ou de la Scarpe (6 à 15 km de large). Sommé (1977) a déjà souligné cette distorsion dans le calibrage des vallées qui s'explique par un dispositif hérité de l'histoire tectonique. Un des faits majeurs de l'histoire paléogéographique de la région est le dépôt en masse de limons éoliens hérités des phases froides du Quaternaire. La couverture loessique a recouvert une partie de la région au Pléistocène supérieur. Elle est à l'origine d'un empâtement généralisé des reliefs et s'est superposée dans les fonds de vallées aux dépôts fluviatiles antérieurs. L'épaisseur cumulée des sédiments fluviatiles et loessiques peut ainsi dépasser 20 m.

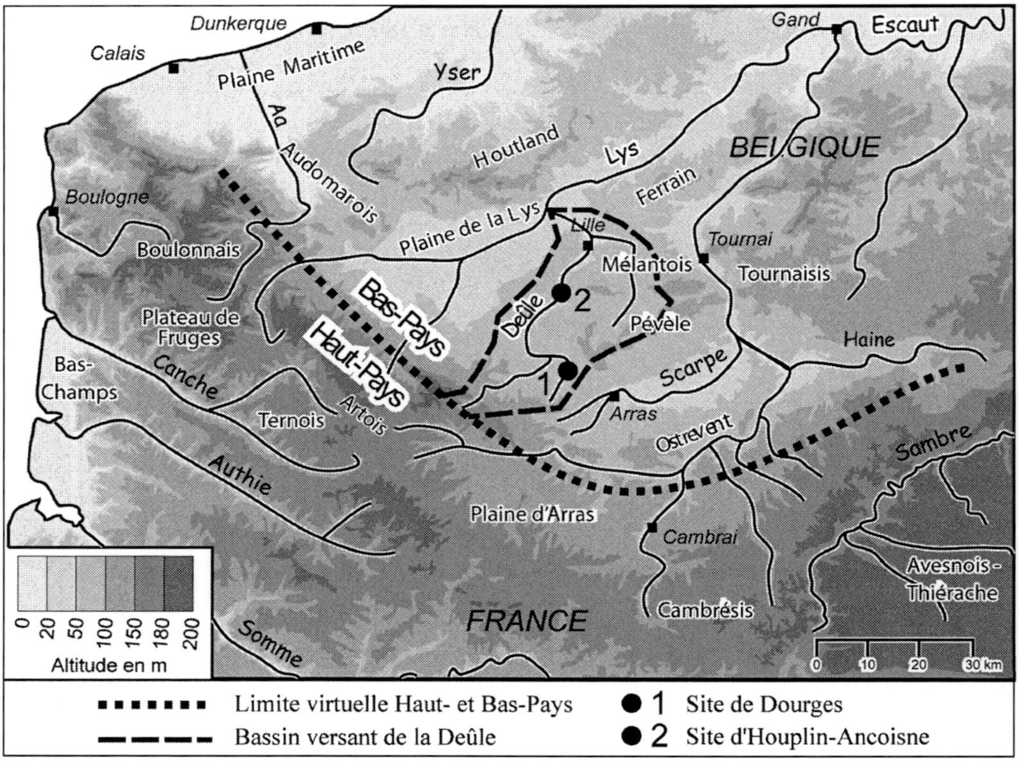

Fig. 1. Localisation des sites d'étude.

2. Les sites d'étude

Les deux études de cas sont localisées dans le bassin versant de la Deûle, une rivière caractéristique du bas-pays. Affluent de la Lys et longue de 86 km, la Deûle draine un bassin versant de 900 km². Elle prend sa source à 100 m d'altitude sur les contreforts du Bas-Artois et conflue avec la Lys à 15 m d'altitude. Le module de la rivière à la station d'Haubourdin, juste à l'amont de Lille, est de 5 m³/s (période 1963-2003).

2.1. Le site de Dourges

La fouille d'un gisement du Paléolithique supérieur à Dourges a mis en évidence des tourbes et des tufs calcaires datés du Bølling et de l'Allerød, sur une épaisseur totale de plus d'un mètre (**fig. 2**). La fouille à la pelle mécanique de la formation tardiglaciaire a mis en évidence sa genèse au sein d'une dépression fermée lors d'épisodes lacustres (Teheux et Deschodt, 2000). La majeure partie de la sédimentation se produit au cours du Bølling, avec un premier niveau tourbeux suivi d'une précipitation de tuf calcaire. Le plan d'eau a alors une très grande extension. Il s'assèche au Dryas moyen, ce qui se traduit sur la coupe par un discret hiatus entre deux unités de limons calcaires datés respectivement du Bølling et de l'Allerød. Au cours de l'Allerød une tourbe se forme dans le centre de la dépression, passant latéralement à un limon tourbeux. Ce dispositif indique des fluctuations du plan d'eau, dont seule la partie centrale est pérenne. Après un nouveau hiatus attribuable à l'Allerød Cold Period, un horizon tourbeux,

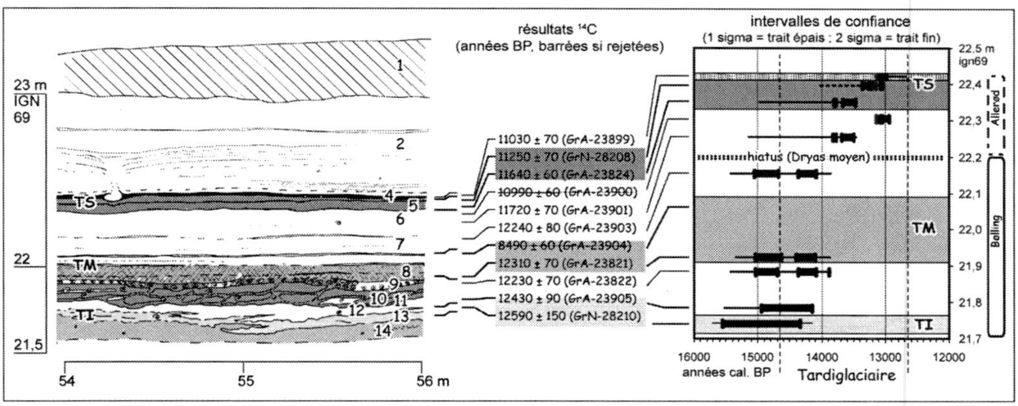

Fig. 2. Site de Dourges : détail de la coupe et position des datations radiocarbones.
(TS) tourbe supérieure ; **(TM)** tourbe médiane ; **(TI)** tourbe inférieure ; **(1)** labours ; **(2)** limon gris colluvié ; **(4)** horizon tourbeux noir ; **(5)** tourbe brune ; **(6)** limon tuffacé, malacofaune et ichtyofaune ; **(7)** limon tuffacé très calcaire, malacofaune et ichtyofaune ; **(8)** horizon tourbeux ; **(9)** tuf calcaire lité à abondante malacofaune, composante organique déformée par des figures de charge ; **(10)** limon tuffacé ; **(11)** tuf calcaire ; **(12)** limon tuffacé ; **(13)** horizon tourbeux inférieur avec malacofaunes et restes de feuilles ; **(14)** limon loessique gleyifié (faciès de fond de vallée à gravier de craie épars).

mince mais très étendu et régulier, indique la disparition définitive du plan d'eau. Des phénomènes érosifs très localisés, solifluxion ou démantèlement fluviatile de l'horizon noir, sont attribués au Dryas récent. La sédimentation ultérieure se produit sous la forme de colluvions limoneuses.

2.2. Le site d'Houplin-Ancoisne

Il se situe quelques kilomètres plus en aval et recoupe en transect l'ancien lit mineur historique de la Deûle, sur la commune d'Houplin-Ancoisne (**fig. 3**). La stratigraphie révèle un chenal tardiglaciaire dont le remblaiement est bien conservé. La nappe tardiglaciaire s'emboîte dans les alluvions pléistocènes antérieures et a été préservée de l'incision du début de l'Holocène par un léger déplacement du chenal. Le colmatage du paléochenal débute précocement au Bølling sous la forme d'un limon plastique lité (13), auquel succède un limon organo-minéral également lité (12), riche en malacofaunes et attribué à l'Allerød. L'ensemble est scellé par un dépôt limoneux du Dryas récent, qui correspond dans un premier temps au fonctionnement du chenal (9). La partie supérieure de la séquence (8-5) est originale, dans la mesure où elle se dépose

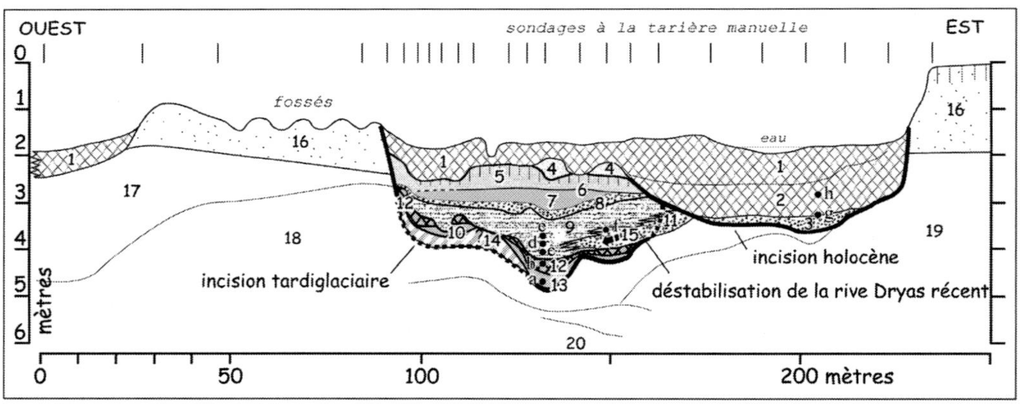

Fig. 3. Site d'Houplin-Ancoisne : coupe stratigraphique à travers l'ancien lit de la Deûle.
Chenal holocène : **(1)** limon gris très organique ; **(2)** limon brun tourbeux avec faciès lité et malacofaunes abondantes ; **(3)** sable lité gris avec craie et malacofaunes brisées ; **(4)** limon argileux ocre. **Chenal tardiglaciaire** : **(5)** limon bleu calcaire avec sol ; **(6)** limite érosive avec un lit de graviers de craie non usés ; **(7)** limon gris calcaire ; **(8)** limon sableux à graviers ; **(9)** limon et limon sableux lité avec malacofaunes et débris végétaux ; **(10)** limon plastique verdâtre ; **(11)** sable limoneux calcaire gris, lité, avec bois flottés ; **(12)** limon organique lité, malacofaunes, macrorestes végétaux, passant latéralement à une tourbe franche ; **(13)** limon et limon sableux lité, malacofaunes et restes végétaux ; **(14)** série hétérogène, sablo-graveleux, avec passages de limon plastique ; **(15)** graviers de craie sans matrice. **Pléistocène éolien** : **(16)** limon loessique non calcaire avec développement d'un sol brun. **Pléistocène fluviatile** : **(17)** lits fins et réguliers de limon et de sable ; **(18)** gravier de craie roulé avec litages ; **(19)** série très hétérogène avec limon, sable, gravier. **Substrat** : **(20)** craie fragmentée en place.
Datations radiocarbones : **(a)** 12560 ± 100 BP (GrA-23294) ; **(b)** 10080 ± 60 BP (GrA-23291) ; **(c)** 10410 ± 60 BP (GrA-23290) ; **(d)** 10530 ± 60 BP (GrA-23289) ; **(e)** 10570 ± 60 BP (GrA-23287) ; **(f)** 10190 ± 60 BP (GrA-23284) ; **(g)** 8380 ± 50 BP (GrA-23190) ; **(h)** 3590 ± 40 BP (GrA-23286).

en un temps très court, apparemment dans des conditions de sécheresse marquée. Large d'environ 50 m, le chenal holocène s'incise de 2 à 3 m dans les nappes pléistocènes. Il recoupe partiellement le chenal tardiglaciaire et engendre un niveau de basse terrasse. Le comblement holocène est représenté par un complexe limono-tourbeux dont la puissance n'excède guère 3 m. Les faciès tourbeux se positionnent dans la partie inférieure du complexe (2) à partir du Boréal. Ils contiennent des intercalations de lits limoneux ou sableux. Ces niveaux tourbeux débordent du lit mineur et s'étendent aux points bas du fond de vallée. La fin des dépôts est classiquement associée à des limons d'inondation qui présentent un caractère moins organique (Deschodt *et al.*, 2004).

Conclusion

Ces deux exemples, représentatifs des enregistrements sédimentaires des fonds de vallées du nord de la France, permettent d'insister sur trois points.

a. Le fort potentiel d'enregistrement de ces vallées. Leur morphologie et leur hydrographie, bien différentes de celles des régions limitrophes, favorisent la sédimentation et la dispersion des écoulements. Au cours du Pléistocène, le potentiel de conservation des nappes alluviales est renforcé par une tendance générale au remblaiement des vallées et par l'envahissement loessique. L'individualisation des cours d'eau holocènes est caractérisée par une incision modérée dans les nappes pléistocènes et un remblaiement à dominante organique, qui se généralise à partir du Boréal. Cette phase de dépôts organo-minérale illustre la faible contribution hydro-sédimentaire des bassins versants du bas-pays sur l'ensemble de la période.

b. La complexité des enregistrements sédimentaires. On est en présence de stratigraphies complexes où la vallée holocène est en partie colmatée par les accumulations loessiques qui peuvent recouvrir des formations fluviatiles weichséliennes plus anciennes (nombreux hiatus, proximité des faciès, interventions de processus éoliens). On soulignera également certaines difficultés d'observation, dues à la largeur des vallées, à la profondeur souvent importante des dépôts (prédominance des processus d'accumulation), la faible pertinence de la morphologie dans la détection des limites de dépôt, et, pour les périodes historiques, le caractère ancien et intense de l'artificialisation du réseau hydrographique.

c. La diversité des enregistrements observés au sein d'une même vallée. Ce tronçon de vallée de quelques kilomètres de longueur, soumis aux mêmes conditions bioclimatiques, juxtapose des enregistrements tardiglaciaires lacustres et fluviatiles où les bilans et les vitesses de sédimentation sont différents au cours de la même période. Cette diversité s'explique en partie par l'importance des héritages pléistocènes, à savoir le rôle joué par l'accumulation des loess conjugué à l'insuffisance des écoulements susceptibles de les dégager. Cette désorganisation du réseau hydrographique justifie la présence de secteurs mal drainés favorables à une dynamique lacustre.

Références

ANTOINE P., 1997. Évolution tardiglaciaire et début holocène des vallées de la France septentrionale : nouveaux résultats. *Compte rendus de l'Académie des Sciences de Paris, Sciences de la Terre et des planètes*, 325, 35-42.

DESCHODT L., 2002. Une phase de sédimentation alluviale au Préboréal initial dans la vallée de l'Escaut (nord de la France). *Quaternaire*, 13 (2), 149-152.

DESCHODT L., SALVADOR P.-G., BOULEN M., 2004. Formations sédimentaires et évolution de la vallée de la Deûle depuis le Pléniglaciaire supérieur à Houplin-Ancoisne (Nord de la France). *Quaternaire*, 15 (3), 269-284.

FOURRIER H., 1992. Données nouvelles sur les formations superficielles de la plaine de la Scarpe et de ses bordures (Nord de la France). *Hommes et Terres du Nord*, 1992 (4), 206-216.

PASTRE J.-F., LEROYER C., LIMONDIN-LOZOUET N., ORTH P., CHAUSSÉ C., FONTUGNE M., GAUTHIER A., KUNESCH S., LE JEUNE Y., SAAD M.-C., 2002. Variations paléoenvironnementales et paléohydrologiques durant les 15 derniers millénaires : les réponses morphosédimentaires des vallées du Bassin parisien (France). *In* : BRAVARD J.-P. et MAGNY M. (dir.), *Histoire des rivières et des lacs de Lascaux à nos jours*. Paris, Errance, 29-44.

SOMMÉ J., 1977. *Les plaines du Nord de la France et leur bordure. Étude géomorphologique*, thèse d'État, Université de Paris I, 1975, Paris, Champion, 2 vol., 1-810, 185 fig.

TEHEUX E., DESCHODT L., 2000. *Dourges, plate-forme multimodale. Rapport des évaluations paléolithiques à Hénin-Beaumont. Sites 62427025 et 62427027AH*, rapport non publié, SRA, AFAN, 13 p.

L'archivage pédologique des évolutions paléoenvironnementales. Intérêt, spécificités, risques de biais (cas des chaumes vosgiennes)

Stéphanie GOEPP[1], Dominique SCHWARTZ[1], Bernard GUILLET[2], Michel THINON[3]

Les dynamiques spatiotemporelles des paysages des Hautes-Chaumes vosgiennes ont été reconstituées sur la base de plusieurs marqueurs. L'identification des phytolithes (particules siliceuses microscopiques), des charbons de bois conservés dans les sols, et l'analyse biochimique des matières organiques des sols (MOS) constituent trois exemples illustrant les spécificités et les difficultés qui résultent de l'interprétation de ces marqueurs pédologiques, sur le Falimont (1 306 m) et sur le Rossberg (1 191 m). Les stations Fali 1, Fali 2 et Ross 1 sont situées dans des prairies sommitales. La végétation est composée de graminées (*Nardus stricta*, *Festuca rubra*...), et de dicotylédones basses (*Pulsatilla alpina*, *Anemone pulsatilla*, *Vaccinium myrtillus*, *Calluna vulgaris*...). La station Ross 3 correspond à une forêt mixte (hêtraie-sapinière).

Les sols des stations Fali 1 et 2 sont des rankers cryptopodzoliques sur arènes granitiques. Ils sont caractérisés par des horizons A_0A_1 (0-5/6 cm), A_h très épais (5/6-40 cm), puis S_{alh} (40-60 cm) peu épais et passant progressivement à une arène granitique (C) à partir de 60 cm. Les sols du Rossberg sont des sols bruns ocreux développés sur roches volcano-sédimentaires. Sous une litière de moins d'un cm d'épaisseur, on observe des horizons A_{11} (0-10/15 cm), A_{12} (10/15-25 cm), un horizon de transition A_1S (25-40 cm), un horizon Sal (40-80 cm) et enfin C (à plus de 80 cm).

1. ULP, Faculté de Géographie et d'Aménagement, 3 rue de l'Argonne, 67083 Strasbourg cedex (stephanie.goepp@lorraine.u-strasbg.fr ; schwartz@equinoxe.u-strasbg.fr).

2. Anciennement CNRS Orléans (UMR 6531), 93 allée des Pépinières, 45160 Olivet.

3. IMEP, Institut Méditerranéen d'Écologie et de Paléoécologie, UMR 6116-CNRS, av. Escadrille Normandie-Niémen, Boite 451, 13397 Marseille cedex.

1. Distribution des âges des charbons de bois dans les sols

Les sols sont des systèmes ouverts dans lesquels les charbons sont intégrés par différents processus après le passage des feux. Leur intérêt réside dans la reconstitution des végétation passées et de leurs dynamiques (Carcaillet et Thinon, 1996). En général, ils ne sont pas stratifiés contrairement aux charbons d'origine sédimentaire (Carcaillet, 2001a). Les principaux processus qui peuvent jouer sur cette répartition aléatoire sont le brassage biologique, les chablis et les processus de colluvionnement (Carcaillet, 2001b). Nous retrouvons ce fait sur le Rossberg : la datation ^{14}C-AMS de 7 charbons de bois bien identifiés au niveau spécifique (**tab. 1**) montre qu'ils sont dispersés aléatoirement dans le sol (**fig. 1**), semble-t-il principalement en raison d'un important brassage biologique.

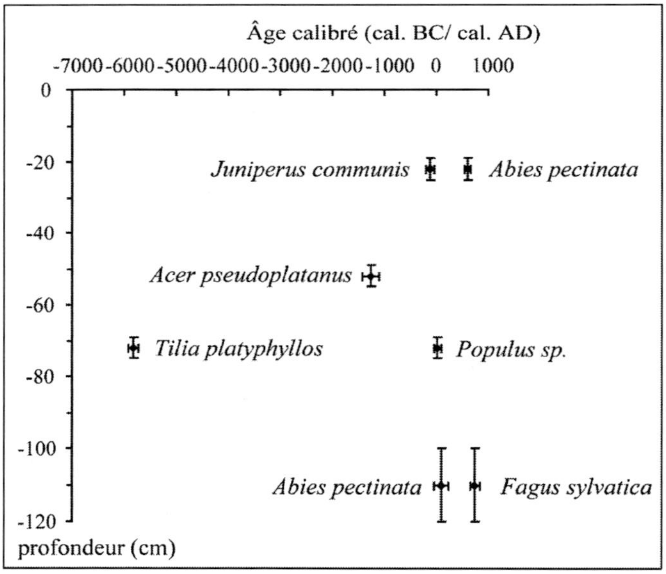

Fig. 1. Répartition des âges ^{14}C (cal. BP) de charbons de bois déterminés en fonction de la profondeur (Rossberg 2).

Référence	Profondeur (cm)	Âge ^{14}C (AMS)	Âge calibré cal. BC/cal. AD	Période	Espèce
UtC 11538	100-120	1301 ± 45 BP	650-830 cal AD	haut Moyen Âge	*Fagus silvatica*
UtC 11527	20-25	1494 ± 30 BP	530-650 cal AD	haut Moyen Âge	*Abies pectinata*
UtC 11531	100-120	1930 ± 60 BP	50 cal BC - 240 cal AD	Gallo-romain	*Abies pectinata*
UtC 11529	70-75	1968 ± 32 BP	50 cal BC - 90 cal AD	Gallo-romain	*Populus sp.*
UtC 11539	20-25	2113 ± 35 BP	210-40 cal BC	2e Âge du Fer	*Juniperus communis*
UtC 11528	50-55	3030 ± 60 BP	1430-1110 cal BC	Bronze final	*Acer pseudoplatanus*
UtC 11530	70-75	6970 ± 60 BP	5930-5720 cal BC	Néolithique initial	*Tilia platyphyllos*

Tableau 1. Déterminations et datations de charbons de bois.

La présence *circa* 210-40 cal. BC du genévrier commun (**fig. 1** et **tab. 1**), espèce caractéristique dans les Vosges des pâturages en voie de fermeture, atteste de l'existence d'espaces ouverts depuis au moins cette date, alors que les estimations les plus hautes les dataient jusqu'à présent du VIIIe siècle AD (Boyé, 1903 ; Garnier, 2004).

L'origine anthropique de la plupart des feux nous semble d'autant plus probable que dans les Vosges, les conditions climatiques très humides même en été, qui ont été à quelques nuances près les conditions qui ont régné pendant tout l'Holocène supérieur, ne favorisent pas la propagation d'incendies naturels tels que ceux qui pourraient suivre des coups de foudre. Même pendant la canicule de l'été 2003, aucun incendie naturel n'a été à déplorer dans l'ensemble du massif vosgien. Sur 7 dates, cinq se répartissent sur environ 1 000 ans entre le 2e Âge du Fer, la période gallo-romaine et le haut Moyen Âge, époques pendant lesquelles l'anthropisation du milieu naturel a été de surcroît forte. Les 2 autres dates (tilleul daté de 5930-5720 cal. BC et érable à 1430-1110 cal. BC) sont plus anciennes et isolées. L'origine anthropique ou naturelle de ces derniers feux est difficile à établir.

2. Distribution bi-compartimentale de la matière organique dans les sols

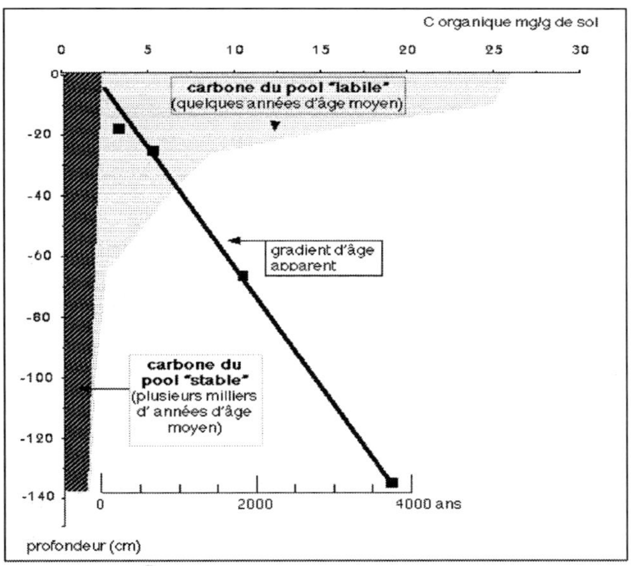

Fig. 2. Distribution bi-compartimentale et gradient d'âge des MOS en fonction de la profondeur.

L'augmentation des âges apparents des matières organiques des sols (MOS) avec la profondeur (**fig. 2**) est classique (Balesdent et Guillet, 1982 ; Mariotti, 1991 ; Schwartz *et al.*, 1992), mais il s'agit d'une simple convergence avec les phénomènes stratigraphiques. Les datations ne donnent pas des âges absolus, mais mesurent le temps moyen de résidence (TMR) des MOS. En fait, le gradient s'explique par la prédominance des fractions jeunes des MO dans les horizons de surface, et par celle des fractions réfractaires à la minéralisation, d'âge moyen pluri-millénaire, en profondeur (**fig. 2**). Ce mode de répartition est purement lié à l'activité biologique du sol. Contrairement aux sédiments, l'âge des MOS n'augmente pas avec le temps, puisqu'il résulte d'un équilibre entre les entrées (apports de matière organique fraîche) et sorties annuelles. Sa mesure ne date pas le sol, mais permet de comparer la vitesse de remplacement des composés organiques du sol et d'en déduire des intensités d'activité biologique.

Le gradient d'âge plus élevé sur Fali 1 que sur Ross 1 permet d'en déduire que l'activité biologique est plus importante sur le Rossberg que sur le Falimont. On peut également en déduire, en relation avec les caractères des monomères de la lignine, que la durée totale d'occupation par des prairies sur le Rossberg a été plus courte que sur le Falimont (**fig. 3**). En effet, alors que le renouvellement des matières organiques est plus lent sur le Falimont, le signal des monomères de la lignine y est plus résolument graminéen.

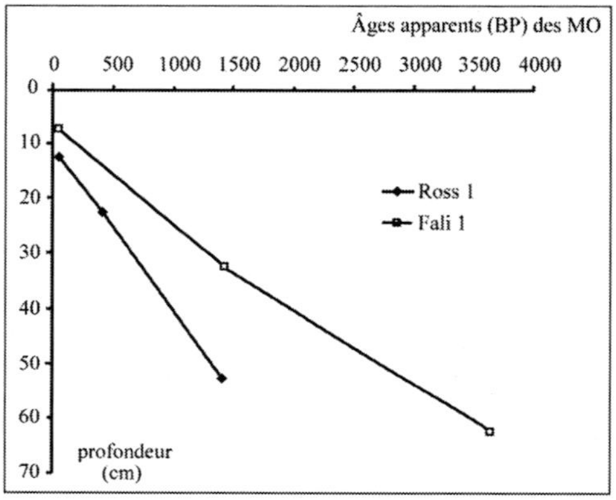

Fig. 3. Âge des MOS avec la profondeur (Rossberg 1 et Falimont 1).

3. Distribution des phytolithes dans les sols

Les phytolithes sont des particules microscopiques siliceuses d'opale hydratée, d'origine biogène, qui sont aussi bien conservés en milieux anaérobies qu'en milieux oxydants, donc notamment dans les sols. Leur analyse permet des reconstitutions paléoenvironnementales si leur répartition et leur comportement dans les sols sont connus. L'analyse doit donc tenir compte de certaines spécificités, telles que la productivité différentielle en phytolithes selon les espèces (apports) (Wilding et Drees, 1968 ; 1971), leur dissolution sélective, qui dépend de leurs caractéristiques intrinsèques (Bartoli, 1981), les processus de migration mécaniques (translocation liée à la bioturbation) (Alexandre *et al.*, 1997), les évolutions passées des écosystèmes.

Dans les faits, on observe une diminution des quantités de phytolithes avec la profondeur dans les sols. Celles-ci sont très étroitement corrélées à celles du carbone organique (**fig. 4a** et **4b**). Ceci suggère que les processus de diffusion sont très proches, entraînant comme pour la matière organique (**fig. 2**) un gradient d'âge moyen des phytolithes croissant avec la profondeur (Alexandre *et al.*, 1997). Il convient d'en tenir compte dans les interprétations paléoenvironnementales tirées de l'analyse des phytolithes. Une simple interprétation de type stratigraphique n'est pas adaptée à l'étude des phytolithes des sols, et constituerait un biais.

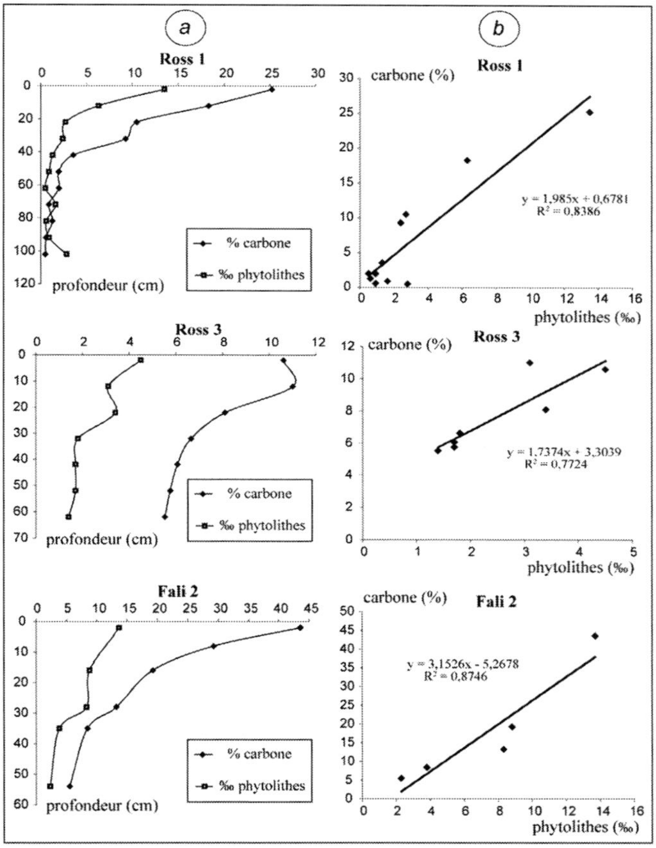

Fig. 4. Distribution des quantités de carbone (% du poids de sol < 2 mm) et de phytolithes (‰ du poids de sol < 2 mm) avec la profondeur, dans trois profils de sols (4a). Droite de corrélation entre les quantités de carbone et de phytolithes, équation de droite et coefficient de corrélation (4b).

4. Discussion et conclusion

Les archives pédologiques analysées ici (charbons de bois, phytolithes, constituants biochimiques des MOS) constituent des signaux autochtones ou quasi autochtones de l'évolution des végétations, de l'évolution des paysages et de leur occupation/utilisation. Elles diffèrent en cela des mêmes marqueurs sédimentaires, dont la provenance peut être lointaine, en raison des transports qui précèdent leurs dépôts. Ce point est intéressant dès lors que l'on s'intéresse à l'évolution des paysages aux échelles locales ou sous-régionales. En revanche se posent avec acuité des problèmes spécifiques aux sols, deux en particulier. En premier lieu, celui du renouvellement partiel des archives par apport régulier de matériaux récents et par disparition sélective de constituants plus anciens (renouvellement des matières organiques, et sans doute des phytolithes). En second lieu, certaines des archives pédologiques s'accumulent tout en se mélangeant par bioturbation ou d'autres processus (colluvionnement, chablis...). C'est le cas des charbons de bois.

Une bonne compréhension des modes d'apport, des processus de conservation et de dissolution de ces archives dans les sols est donc un préalable à une bonne interprétation paléoenvironnementale des marqueurs étudiés. La connaissance de ces mécanismes pédologiques est nécessaire pour appréhender les particularités du déroulement du temps dans les sols. Le manque de connaissances de ces processus risque d'introduire des erreurs et biais majeurs en termes de reconstitutions chronologiques.

Références

ALEXANDRE A., MEUNIER J.-D., COLIN F. et KOUD J.-M., 1997. Plant impact on the biogeochemical cycle of silicon and related weathering processes. *Geochimica et cosmochimica Acta* 61, 3, 677-682.

BALESDENT J. et GUILLET B., 1982. Les datations par le ^{14}C des matières organiques des sols. Contribution à l'étude de l'humification et du renouvellement des substances humiques. *Science du sol,* 20, 2, 93-112.

BARTOLI F., 1981. *Le cycle biogéochimique du silicium sur roche acide. Application à deux systèmes forestiers tempérés (Vosges)*, thèse de Doctorat, Université de Nancy I, 187 p.

BOYÉ P., 1903. *Les Hautes-Chaumes des Vosges. Étude de géographie et d'économie historiques*, Paris-Nancy, Éd. Berger-Levrault, 432 p.

CARCAILLET C., 2001a. Are Holocene wood-charcoal fragments stratified in alpine and subalpine soils? Evidence from the Alps based on AMS ^{14}C dates. *The Holocene*, 11, 2, 231-242.

CARCAILLET C., 2001b. Soils particules reworking evidences by AMS ^{14}C dating of charcoal. *C.R. Acad. Sc. Paris, Sc. de la Terre et des Planètes, Géosc. de Surface,* 332, 21-28.

CARCAILLET C., THINON M., 1996. Pedoanthracological contribution to the study of the evolution of the upper treeline in the Maurienne Valley (North French Alps): methodology and preliminary data. *Review of Paleaeobotany and Palynology*, 91, 399-416.

GARNIER E., 2004. *Terre de conquêtes. Les forêts vosgiennes sous l'Ancien Régime*, Paris, Fayard, 620 p.

MARIOTTI A., 1991. Le carbone 13 en abondance naturelle, traceur de la dynamique de la matière organique des sols et de l'évolution des paléoenvironnements continentaux. *Cahier ORSTOM, sér. Pédol.*, XXVI, 4, 299-313.

SCHWARTZ D., MARIOTTI A., TROUVÉ C., VAN DEN BORG K. et GUILLET B., 1992. Étude des profils isotopiques ^{13}C et ^{14}C d'un sol ferrallitique sableux littoral congolais. Implications sur la dynamique de la matière organique et l'histoire de la végétation. *C.R. Adac. Sci. Paris,* 315, sér. II, 1411-1417.

WILDING L.P., DREES L.R., 1968. Biogenic opal in soils as an index of vegetative history in the prairie peninsula. *In* : BERGSTROM R.E. (ed.), *The Quaternary of Illinois*, Univ. of Illinois, College of Agr., Spec. Publ., 14, 96-103.

WILDING L.P., DREES L.R., 1971. Biogenic opal in Ohio soils. *Soil Sci. Soc. Amer. Proc.,* 35, 1004-1010.

Pour une archéologie du discours géomorphologique

Christian GIUSTI[1]

Au cours des années 1960, deux essais posèrent les bases d'une refondation de l'histoire des sciences : *The Structure of Scientific Revolutions*, centré sur la notion de paradigme (Kuhn, 1962), et *L'archéologie du savoir*, une étude de l'émergence des discours scientifiques : « *la* médecine, ou *l*'économie politique, ou *la* biologie » (Foucault, 1969). Aujourd'hui, c'est plutôt le versant social de la recherche qui fait l'objet du questionnement (Latour, 1989 ; 2001).

Comment fait-on de la géomorphologie ? Les rapports de l'homme et de l'érosion étant l'un des problèmes de fond de la science des reliefs et les dynamiques hydriques tenant une place centrale dans l'érosion anthropique, il a paru légitime de s'interroger sur la diversité des pratiques de la géomorphologie, ne serait-ce que pour souligner l'originalité et la spécificité des récents acquis géomorphologiques et géoarchéologiques obtenus dans le monde méditerranéen.

D'où ces quelques rapides propos en forme de clin d'œil « épistémologique », comme un sondage fait à travers l'épaisse stratification des discours de « *la* » géomorphologie. Mais, ici, quel point de vue adopter ?

1. Analyse récurrentielle, épistémologie, archéologie

Une première approche serait celle de *l'analyse récurrentielle*, une histoire écrite et réécrite par chaque génération *de l'intérieur même* d'une discipline déjà constituée, déjà formalisée, avec le risque de produire un discours « à la whig » (Gould, 1990 : 20-21), lequel consiste à « juger les figures du passé à la part qu'elles ont prises dans la diffusion de ce qui est devenu, à nos yeux, la lumière » (il s'agit du processus de « cumul linéaire des vérités » décrit par Foucault, encore dit « orthogenèse de la raison », Foucault, 1969 : 245).

1. Université de Picardie Jules Verne, Département de Géographie, Campus Chemin du Thil, 80025 Amiens cedex 1 ; Géolab UMR 6042-CNRS, Clermont-Ferrand – *Médi-Terra*, Université de Perpignan (christian.giusti@u-picardie.fr).

Une deuxième approche, celle de *l'histoire sous l'angle de l'épistémologie*, serait de comprendre comment un concept chargé de métaphores ou de contenus imaginaires « s'est purifié et a pu prendre statut et fonction de concept scientifique », autrement dit, de chercher à savoir comment « une science s'est établie par-dessus et contre un niveau préscientifique qui à la fois la préparait et lui résistait à l'avance » (Foucault, 1969 : 248).

Une troisième approche, celle de *l'histoire sous l'angle de l'archéologie*, englobe toutes « les pratiques discursives dans la mesure où elles donnent lieu à un savoir, et où ce savoir prend le statut et le rôle de science » (Foucault, 1969 : 249). Par exemple, concernant l'hydraulique fluviale et l'érosion torrentielle, le discours de l'ingénieur des Ponts et Chaussées (Surell, 1841 ; 1870-72) n'est pas celui de l'ingénieur des Eaux et Forêts (Demontzey, 1882 ; 1894), ni le discours du géologue naturaliste (Haug, 1907) celui du géographe géomorphologue (de Martonne, 1909). En la matière, L. Lebart (1997) puis B. Coutancier et G. Brugnot (2004) ont fort justement attiré l'attention sur les photographies des Eaux et Forêts, une archive située comme hors champ selon les critères de l'épistémologie classique, donc encore non exploitée en géomorphologie.

Si les discours sur les volumes, les formes, et les modelés du relief – qui relèvent eux-mêmes de la « géohistoire » *sensu* Rudwick (1997) – ont fait l'objet d'analyses récurrentielles étoffées (Chorley *et al.*, 1964 ; 1973 ; Tinkler, 1985 ; Beckinsale *et al.*, 1991), plus rares sont les histoires de la géomorphologie sous l'angle de l'épistémologie, sinon de l'archéologie.

2. Henri Baulig épistémologiste

Examinons « *La philosophie géomorphologique de James Hutton et John Playfair* » (Baulig, 1950 : 1-11). Dans ce texte, le discours est tantôt celui du géographe-épistémologiste, tantôt celui du géomorphologue-praticien récapitulant au milieu du XXe siècle les « positivités » (les acquis) de la géomorphologie telle qu'elle s'est faite jusqu'alors.

L'exposé des doctrines de Hutton (1785, 1795) et de Playfair (1802) puis leur mise en perspective vis-à-vis des grandes pensées naturalistes des XVIIIe et XIXe siècles sont un modèle d'érudition et de concision, l'une des plus simples et des meilleures introductions qui soit à l'histoire de la science des reliefs sous l'angle de l'épistémologie. Mais, quand Henri Baulig déplore l'oubli du livre de Playfair et évoque sa redécouverte tardive, le discours ressort d'un autre registre, celui du géomorphologue qui, par l'analyse rétrospective, dresse l'inventaire des étapes jalonnant l'édification d'*une* vérité :

> « En réalité, le livre de Playfair est bien une œuvre originale, d'où la pensée de Hutton sort singulièrement élucidée et enrichie, en particulier pour ce qui concerne la géomorphologie. [...] Cependant, l'ouvrage, quoique cité incidemment, est resté longtemps à peu près incompris, et la saine doctrine n'a été retrouvée que dans le dernier tiers du XIXe siècle.

> [...] Nous y trouverons non seulement un progrès marqué sur les idées alors courantes, mais encore, sur plusieurs points, un commencement absolu » (Baulig, 1950 : 2, 5).

L'idée, ici, est bien celle d'une parenthèse, d'une éclipse entre le début et la fin du XIXe siècle, depuis les *Illustrations of the Huttonian Theory of the Earth* (Playfair, 1802) jusqu'aux travaux de l'école américaine (Powell, 1875 ; Gilbert, 1877), d'une pause dans l'édification d'*un* savoir. Notons que, dans la seconde moitié du XXe siècle, ce savoir lié à la dynamique fluviale stadiaire sera estampillé « géomorphologie classique », par opposition aux travaux relevant du nouveau paradigme climatique zonal, labélisés « géomorphologie dynamique ».

L'approche récursive choisie par Baulig est légitime, parfaitement fondée du point de vue de l'analyse récurrentielle, de la récapitulation des positivités au sens de Foucault : « saine doctrine » (en regard du diluvianisme), « progrès marqué » (par rapport à la théorie des vallées-fractures), « commencement absolu » (de l'étude du relief des interfluves).

3. De l'épistémologie à l'archéologie

Cependant, il est possible d'interpréter autrement l'oubli momentané des *Illustrations* playfairiennes en partant du fait – bien connu de Baulig lui-même (1950 : 43-77) – que, depuis longtemps, des esprits curieux ont cherché à savoir pourquoi il existe *toujours* des montagnes quand depuis *toujours* les fleuves charrient sans cesse leur charge vers les mers et l'océan.

Par parenthèse, remarquons que « toujours », avant et après le XIXe siècle, ne renvoie ni au même horizon chronologique, ni aux mêmes durées : quatre à cinq millénaires à l'époque des Lumières contre quatre à cinq milliards d'années aujourd'hui.

Depuis l'illustre Léonard, depuis Guglielmini et les hydrauliciens lombards des XVIIe et XVIIIe siècles, depuis Riquet, Gautier, Boulanger, Desmarest, Buffon, du Buat, Fabre, il existe une géomorphologie des ingénieurs, *de tradition fluvialiste*, qui traite du profil en long et de la dynamique des cours d'eau, de l'aménagement des berges, de la construction et de l'entretien des digues, des levées. Si le livre de Playfair marque donc bien, dans une optique récurrentielle ou épistémologique, un « commencement », en revanche, dans une optique archéologique, les *Illustrations* seraient plutôt un point d'orgue : l'*aboutissement* d'une période de trois siècles consacrée à l'étude des fleuves et des rivières, le *passage* vers une géomorphologie des formes sculptées par les eaux vives, l'*amorce* d'une théorie générale de l'origine fluviale des vallées.

Quelle réponse donner, dans cette perspective archéologique, à la question des causes de l'oubli des *Illustrations*, traduites en français dès 1815 ? La lignée fluvialiste se maintient tout au long du XIXe siècle avec les travaux de Chézy, Girard, Prony, Cunit, Dausse, dans le domaine de l'hydraulique fluviale (Picon,

1992 ; Bravard *et al.*, 2000 ; Cosandey *et al.*, 2000). Mais les effets de l'érosion fluviale sur le façonnement de la surface terrestre, ou action morphogénétique des eaux courantes, ne sont plus guère abordés que par un Jukes ou un Ramsay, un Surell ou un Demontzey, alors que les théories des vallées-fractures, du diluvianisme ou de l'origine marine des vallées fluviales restent à la mode, défendues par les savants les plus en vue : Deluc, Cuvier, Buckland, Sedgwick, Élie de Beaumont, Belgrand, et même Lyell (Baulig, 1950 : 8-9). En réalité, la grande affaire du XIXe siècle est l'essor de la science géologique, toute accaparée par les travaux de cartographie, par le développement des mines et des carrières, par le déchiffrage du temps profond, par le problème de la formation des chaînes de montagne (et notamment des Alpes). En France, les géologues délaissent l'approche fluvialiste pour bâtir une explication du relief tenant compte de la nature et de la disposition des masses minérales (Giusti, 2002). D'où le fait que, au sein de la géomorphologie des ingénieurs, la *lignée structurale* autour du corps des Mines vienne concurrencer la *lignée fluvialiste*, marginalisée malgré les efforts d'un Surell (corps des Ponts et Chaussées), d'un Fabre ou d'un Demontzey (corps des Eaux et Forêts). C'est pourquoi les *Illustrations of the Huttonian Theory* ne seront pas redécouvertes avant l'essor des travaux américains et de la théorie davisienne du cycle d'érosion. Nous avons suggéré (Giusti, 2002 : 225-227 et 465-466) l'expression *syndrome de Playfair* pour caractériser cette situation où la production de compétences neuves entraîne l'amnésie corrélative des compétences antérieures.

La consultation de l'archive montre que dans le développement de la science des reliefs, il n'y a pas de « marche triomphale sur la voie du progrès », mais juxtaposition et pluralité des discours. La géomorphologie ne commence à émerger comme science qu'entre la fin du XVIIIe siècle, où l'essai d'un Giraud-Soulavie (1781) indique que le *seuil d'épistémologisation* a été atteint, et le début du XXe siècle, quand la formulation du deuxième état de la théorie du cycle d'érosion (Davis, 1912) puis les premiers essais de calibrage chronologique du temps profond (Barrell, 1917) signent le franchissement du *seuil de formalisation* (Foucault, 1969 : 243-247).

Il semble qu'*en tant que système complet de variations conceptuelles* (Gould, 1997), la géomorphologie ne dépende pas d'un modèle unilinéaire mais plutôt d'un modèle buissonnant, multilinéaire, compris entre une limite minimale qui serait l'absence de savoirs sur les reliefs autres que vernaculaires, et une limite maximale définie par le niveau supérieur de compétence tour à tour atteint par les diverses « traditions » de la géomorphologie. Lorsqu'un courant donné touche un mur de compétence, en apparence infranchissable, situation que nous proposons d'appeler « épuisement momentané du paradigme », alors passe (ou repasse) au premier plan de l'activité scientifique un autre courant de recherche. Par exemple, la nouvelle géomorphologie structurale est un cas actuel d'élargissement et d'approfondissement d'une tradition deux fois séculaire. Dans d'autres cas, l'innovation intervient par l'hybridation des champs disciplinaires : géoarchéologie, archéogéographie.

Dans le domaine de la géomorphologie fluviale, objet du poster présenté, les textes et illustrations de J.-L. Giraud-Soulavie sur *le méandre de l'Ardèche à la Tour de Salavas* dans le tome I de l'*Histoire naturelle de la France méridionale* (1780-1784), de G. Fabre sur *les restes romains de Lanuéjols* (1893), de W. Kilian sur « les *formes élémentaires d'érosion par les eaux courantes* » au ravin de Théus dans les Hautes-Alpes ou d'E. de Martonne sur « les *formes dues à l'érosion organisée des eaux courantes* » dans l'étendue du Plateau cévenol entre Borne et Allier (*in* : Brunhes *et al.*, 1911), témoignent de la pluralité des discours de la géomorphologie, et en légitiment l'archéologie. L'analyse des transformations du lit mineur de l'Ardèche et la mise en relation des formes en V, des dépôts alluviaux et des formations volcaniques du Coiron permettent à Soulavie (1781) d'établir une chronologie relative (les « époques ») et de raconter la première géohistoire. Le témoignage de Fabre est celui de l'ingénieur forestier confronté aux effets de la torrentialité, en même temps qu'un essai d'utilisation des vestiges archéologiques pour tenter de reconstituer les alternances alluvionnement – creusement selon les modifications du couvert végétal : en effet, depuis la fin du IIIe siècle de notre ère, ce monument romain haut de 6 m a été enfoui et exhumé à plusieurs reprises. Enfin, à l'orée du XXe siècle s'opère la double dichotomie institutionnelle et scientifique entre les géologues qui, tel Kilian, insistent sur la dynamique des processus d'érosion torrentielle, modèle-réduit des bassins versants de grande dimension, et les géographes qui, tel de Martonne, traitent de la dynamique propre des reliefs en pointant l'autonomie de certaines formes vis-à-vis du donné structural et en refusant le confort du réductionnisme.

Remerciements

Cet essai a bénéficié de discussions avec mon collègue de philosophie, Hervé Miclot.

Références

BARRELL J., 1917. Rhythms and the measurement of geological time. *Bulletin Geol. Society of America*, 28, 745-904.

BAULIG H., 1950. *Essais de Géomorphologie.* Publ. Fac. Lettres Univ. Strasbourg, 114 ; Paris, Les Belles Lettres, X + 162 p.

BECKINSALE R.P. et CHORLEY R.J., 1991. *The History of the Study of Landforms… 3. Historical and Regional Geomorphology, 1890-1950.* Londres, Methuen, 496 p.

BRAVARD J.-P. et PETIT F., 2000. *Les cours d'eau. Dynamique du système fluvial*, Paris, Colin, 222 p.

BRUNHES J., CHAIX E. et MARTONNE E. DE, 1911. *Atlas photographique des formes du relief terrestre*, Genève, Boissonnas.

CHORLEY R.J., DUNN A.J. et BECKINSALE R.P., 1964. *The History of the Study of Landforms or the Development of Geomorphology. 1. Geomorphology before Davis*, Londres, Methuen, 678 p.

CHORLEY R.J., BECKINSALE R.P. et DUNN A.J., 1973. *The History of the Study of Landforms… 2. The life and work of William Morris Davis*, Londres, Methuen, 874 p.

COSANDEY C. et ROBINSON M., 2000. *Hydrologie continentale*, Paris, Colin, 360 p.

COUTANCIER B. et BRUGNOT G., 2004. *Restaurer la montagne. Photographies des Eaux et Forêt du XIXe siècle*, Paris, Somogy, 188 p.

DAVIS W.M., 1912. *Die Erklärende Beschreibung der Landformen* (trad. A. RÜHL), Leipzig, Teubner, 565 p.

DEMONTZEY P., 1882. *Traité pratique du reboisement et du gazonnement des montagnes*, Paris, Rothschild, XXXI + 528 p.

DEMONTZEY P., 1894. *L'extinction des torrents en France par le reboisement*, Paris, Impr. Nat., XI + 452 p.

FABRE G., 1893. Compte rendu de l'excursion du samedi 23 septembre à Lanuéjols. *Bulletin Société Géol. France*, III, 21, 631-640.

FOUCAULT M., 1969. *L'archéologie du savoir*, Paris, Gallimard, 279 p.

GILBERT G.K., 1877. *Report on the geology of the Henry Mountains*, Washington, Department of the Interior, USGS Rocky Mountain Region, 160 p.

GIRAUD-SOULAVIE J.-L., 1781. *Chronologie physique des éruptions des volcans éteints de la France méridionale…*, Paris, Quillau, Mérigot, Belin, 202 p. (extrait de l'*Histoire naturelle de la France méridionale…*, 1780-1784, Nîmes, Imp. de Besle, 7 vol.).

GIUSTI C., 2002. *Le Sud du Massif Central (France). Implications morphogénétiques de l'activation d'une marge passive. Approche épistémologique et naturaliste*, Université de Perpignan, 2 vol., 563 p.

GOULD S.J., 1990. *Aux racines du Temps. Mythe et métaphore dans la découverte du Temps géologique*, Paris, Grasset, 346 p.

GOULD S.J., 1997. *L'éventail du vivant. Le mythe du progrès*, Paris, Seuil, 308 p.

HAUG É., 1907. *Traité de géologie. Les phénomènes géologiques*, Paris, A. Colin, 538 p.

HUTTON J., 1795. *Theory of the Earth, with Proofs and Illustrations*, Edinburgh, W. Creech, 2 vol., 620 et 567 p. (Abstract read upon 1785, *Transactions of the Royal Society of Edinburgh*, 1788).

KUHN T.S., 1962. *The Structure of Scientific Revolutions*, Chicago, The University of Chicago Press (3e éd., 1996, 212 p.).

LATOUR B., 1989. *La science en action*, Paris, La Découverte, 664 p.

LATOUR B., 2001. *Le métier de chercheur : regard d'un anthropologue*, Paris, INRA, 106 p.

LEBART L., 1997. La « restauration » des montagnes. Les photographies de l'Administration des forêts dans la seconde moitié du XIXe siècle. *Études photographiques*, 3, 81-100.

MARTONNE E. DE, 1909. *Traité de géographie physique*, Paris, A. Colin, 910 p.

PICON A., 1992. *L'invention de l'ingénieur moderne. L'École des Ponts et Chaussées (1747-1851)*, Paris, Presses de l'ENPC, 768 p.

PLAYFAIR J., 1802. *Illustrations of the Huttonian Theory of the Earth*, Edinburgh, W. Creech, 528 p.

POWELL J.W., 1875. *Exploration of the Colorado river of the West and its tributaries*, Washington, 291 p. (voir : On the physical features of the Valley of the Colorado, 149-214).

RUDWICK M.J.S., 1997. Smith, Cuvier et Brongniart et la reconstitution de la géohistoire. *In* : GOHAU G. (ed.), *De la Géologie à son histoire*, Paris, CTHS, 119-128.

SURELL A., 1841. *Étude sur les torrents des Hautes-Alpes*, Paris, Impr. royale, XIX + 280 p. (2e éd., t. I, 1870, 317 p. ; t. II par E. CÉZANNE, 1872, 386 p.).

TINKLER K.J., 1985. *A Short History of Geomorphology*, Barnes et Noble, 317 p.

Archéologie préventive et paléoenvironnements : la séquence de référence comme outil de l'approche interdisciplinaire

CHRISTOPHE JORDA[1]

Introduction

Depuis une dizaine d'années de nombreux programmes de recherche se sont développés en Languedoc oriental sur des thématiques géoarchéologiques[2]. Deux objectifs majeurs sont sous-tendus par ces études, le premier s'intéressant à l'évolution paléogéographique et paléoenvironnementale du littoral et le second répondant à des questionnements traitant plus spécifiquement des relations entre sociétés et milieux (Berger *et al.*, 1999 ; Blanchemanche *et al.*, 2003 ; Jorda, 2004). Dans les vallées du Lez et du Vidourle (**fig. 1**), de nombreux sites d'études donnent une vision large des environnements holocènes en plaine alluviale (Daveau *et al.*, 2004 ; Jorda et Maufras, 2004 ; Loison *et al.*, à paraître). L'étude géomorphologique propose un cadre morpho-paysager, exploitable par l'archéologie comme les disciplines du paléoenvironnement et qui permet l'articulation des approches interdisciplinaires.

---

1. INRAP - UMR 5140, Lattes (24) (Christophe.jorda@inrap.fr).

2. - 2003/2005 Programme ECLIPSE : « Programme DYLIT : Dynamiques littorales, climat et sociétés entre Aude et Petit-Rhône (Languedoc) depuis 8 000 ans, d'après des sources bio-physiques et textuelles : Milieu et peuplement entre Lez et Vidourle » (Coord. Ph. Blanchemanche et L. Chabal, CNRS).
   - 2002/2004 PCR : « Les comptoirs littoraux du Languedoc » (Coord. R. Roure et M. Py, CNRS).
   - 2002/2004 PCR : « Occupation du sol et paléoenvironnement de la région nîmoise » (Coord. J.-Y. Breuil, INRAP).
   - 2000/2003 Programme CNRS : Programme Environnement, Vie et Sociétés : « Le littoral languedocien durant l'Holocène : milieu et peuplement entre Lez et Vidourle » (Coord. Ph. Blanchemanche, CNRS).
   - 2000/2002 PCR : « Occupation du sol et paléoenvironnement de la région nîmoise » (Coord. L. Sauvage, INRAP).
   - 1998/2000 PCR : « La vallée du Vidourle : géoarchéologie d'un paysage méditerranéen » (Coord. Cl. Raynaud, CNRS).

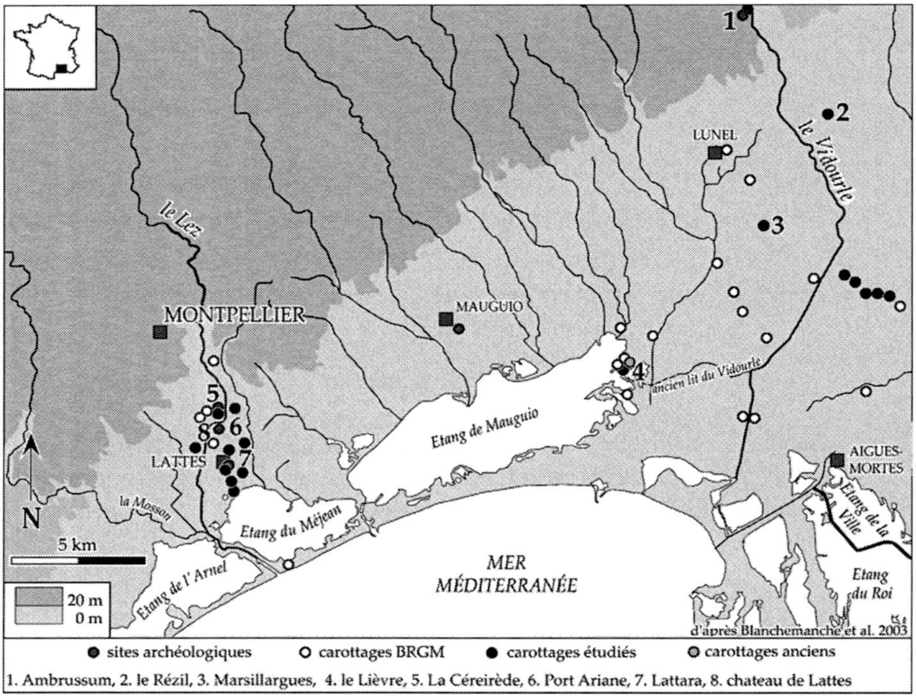

Fig. 1. Le Languedoc oriental : localisation des sites géoarchéologiques.

1. Séquence de référence et politique d'échantillonnage

L'archéologie préventive investit des terrains vastes pendant de courtes périodes et l'utilisation de moyens mécaniques conséquents est une nécessité (**photo 1**). Pour les géomorphologues, habitués le plus souvent à travailler à partir de coupes naturelles ou de carottages implantés *a priori*, une nouvelle approche est mise au point en collaboration avec les autres disciplines. Elle s'appuie sur la définition d'une séquence de référence – ou échantillon de référence –, utilisée comme telle par les disciplines paléoenvironnementales et servant au développement de thématiques interdisciplinaires.

Dans un premier temps, les observations et descriptions sont multipliées afin d'individualiser les séquences homogènes et *a contrario* les signaux perturbateurs (**photo 2**). Le milieu de sédimentation est observé et décrypté dès la phase terrain sur l'ensemble de l'espace disponible. Il s'agit surtout de dissocier les événements dits locaux de ceux, plus globaux, illustrant le fonctionnement hydrosédimentaire de la plaine, comme la géométrie des dépôts, la granulométrie des sédiments, les altérations pédologiques, les troncatures, les ruptures, les continuités sédimentaires, les emboîtements ou successions normales.

Photo 1. La fouille de Port-Ariane (Lattes, 34) en 1999 : un laboratoire de 3,5 ha.

Photo 2. Variations latérales et perturbations anthropiques dans la sédimentation deltaïque du Lez (Lattes, 34).

Dans un second temps, la séquence de référence peut alors être étudiée par les différentes disciplines du paléoenvironnement. Les rythmes de la morphogenèse ainsi identifiés conduisent à un échantillonnage cohérent, associé aux stratigraphies. Il ne s'agit pas de multiplier les analyses paléoenvironnementales sur une colonne stratigraphique pour comprendre le milieu de sédimentation, les chercheurs maîtrisant les limites spatiales et le contexte de prélèvement des échantillons (**fig. 2**).

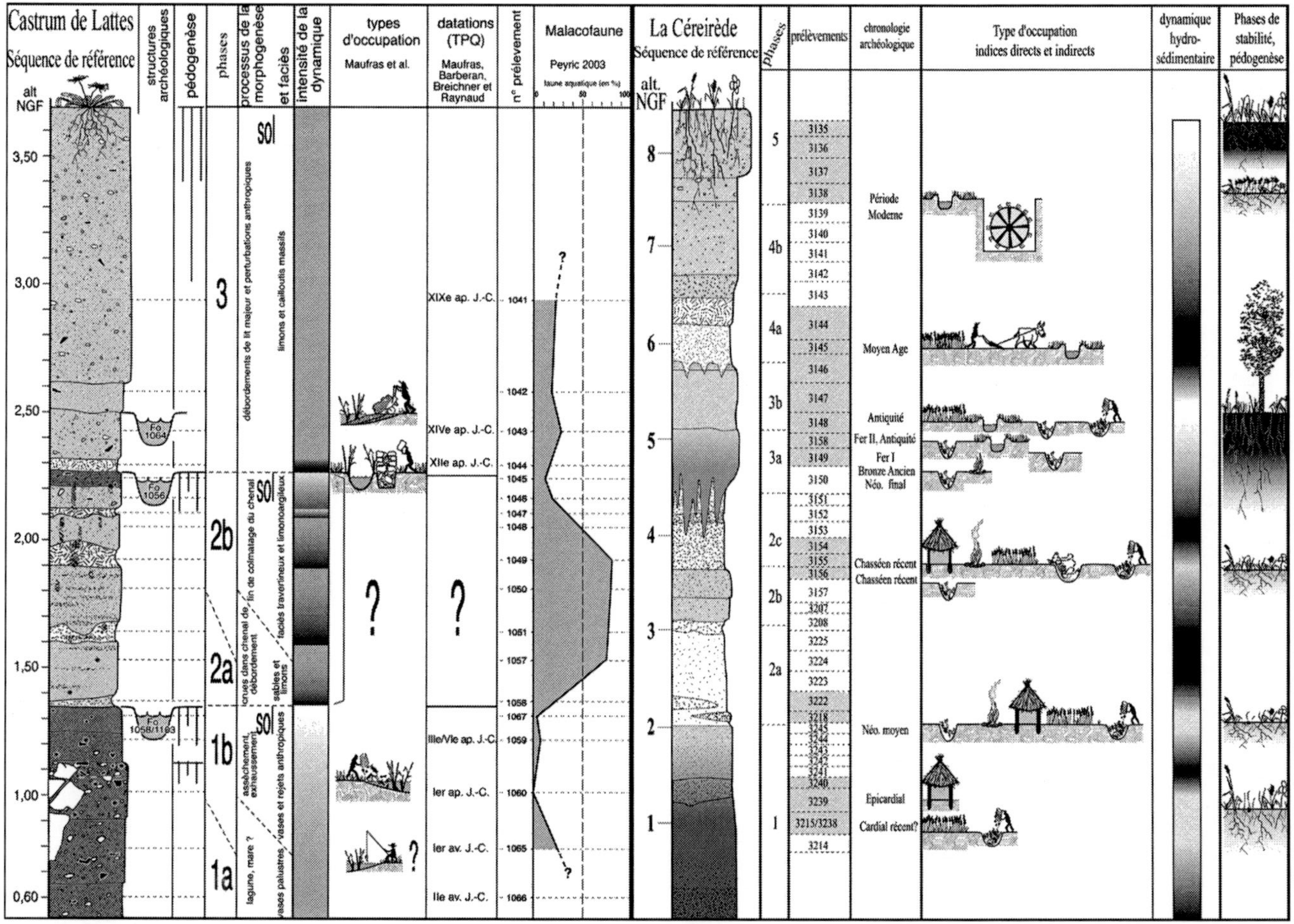

Fig. 2. Construction de la séquence de référence et échantillonnages paléoenvironnementaux : les sites du Castrum et de La Céreirède, à Lattes (34).

2. *Interdisciplinarité et spatialisation des données*

Le développement de cette approche interdisciplinaire, ainsi que la méthode mise au point, s'apparentent à une approche extensive des événements morpho-paysagers et aboutissent à une spatialisation des données. Les espaces géographiques et paléogéographiques sont clairement circonscrits et autorisent une vision à haute résolution spatiotemporelle qui, en retour, conduit à évaluer la nature et la place des différents acteurs de l'environnement.

L'échelle d'observation de chaque discipline est reconsidérée à travers la séquence de référence qui permet d'étendre ou au contraire de limiter le champ

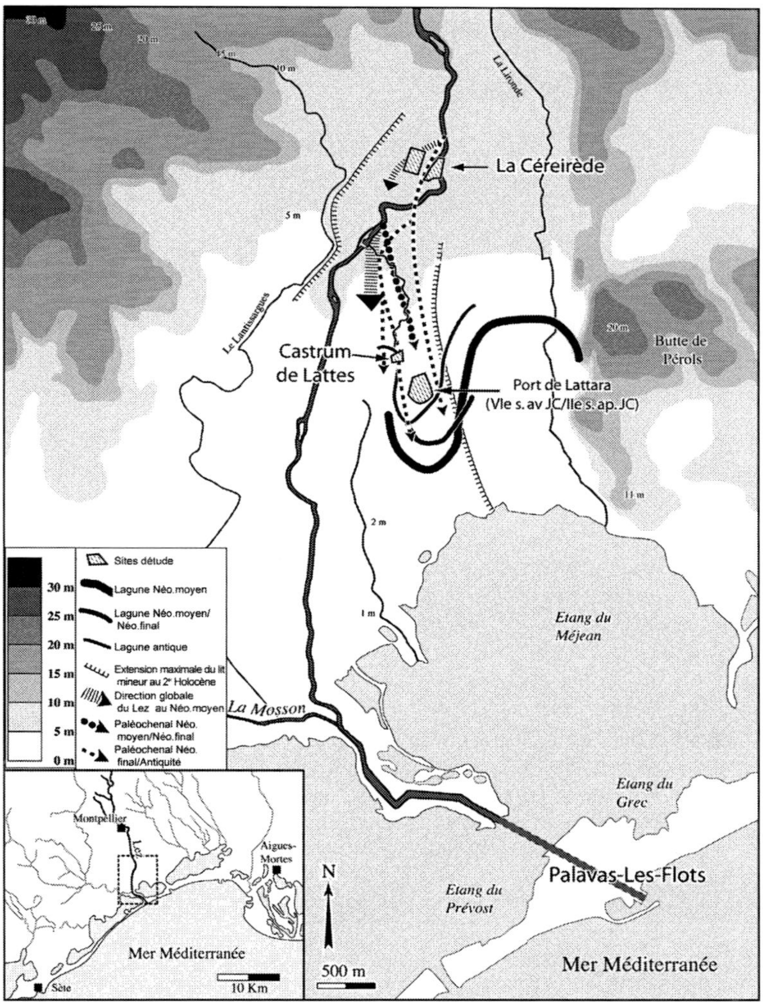

Fig. 3. De la séquence de référence à la spatialisation des données géo-archéologiques : la plaine de Lattes (34).

d'interprétation. Si la malacologie offre un regard très précis sur la structure de la végétation, elle ne permet pas d'identifier les essences. À l'inverse, l'anthracologie autorise une restitution assez précise des taxons représentés, mais pas de leur densité ou de leur répartition. La pédologie et la micromorphologie apportent des indications sur les conditions édaphiques et sur le degré de stabilité hydrosédimentaire d'un site. La carpologie, la phytolithologie ou l'entomologie permettent de préciser l'évolution du paysage, mais restent majoritairement centrées autour des questionnements archéologiques. Les éléments de réflexion et d'interprétation apportés par ces différentes disciplines sont largement complémentaires, mais demeurent limités par des fenêtres d'observation relativement restreintes. *A contrario*, les observations géomorphologiques embrassent un paysage large, celui du bassin versant. Elles donnent un cadre général à la réflexion et apportent une perception claire de la morphogenèse, mais elles répondent mal à des phénomènes très locaux et ne permettent pas d'appréhender le milieu végétal.

Leur intérêt majeur est qu'elles proposent une spatialisation des formes du relief, c'est-à-dire des échantillons traités par les disciplines impliquées (**fig. 2** et **3**).

Le cadre paléogéographique établi par la géomorphologie permet l'expression spatiale des informations paléoenvironnementales et archéologiques, à partir de la séquence de référence. Elle autorise surtout chaque chercheur à s'inscrire dans un cadre qui dépasse largement les limites traditionnelles de son domaine (Walliser, 2001). La construction du discours interdisciplinaire s'appuie alors sur la mise en place d'un langage commun entre les disciplines résultant de la confrontation des raisonnements et plus uniquement des conclusions.

Références

BERGER J.-F., BOISSEAU F., CHABAL L., GAZENBEEK M., FICHES J.-L., JORDA C., LOPEZ-SAEZ A., RAYNAUD C., 1999. *La vallée du Vidourle : géoarchéologie d'un paysage méditerranéen. In* : RAYNAUD C. (coord.), *Rapport du P.C.R.*, SRA, Montpellier, 38 p.

BLANCHEMANCHE P., BERGER J.-F., CHABAL L., JORDA C., JUNG C., RAYNAUD C., 2003. *Le littoral languedocien durant l'Holocène : milieu et peuplement entre Lez et Vidourle (Hérault, Gard). In* : MUXART T., VIVIEN F.-D., VILLALBA B., BURNOUF J. (dir.), *Des milieux et des hommes : fragments d'histoires croisées*, Paris, Elsevier, 79-90.

DAVEAU I., JORDA C., JUNG C., CONCHE F., COYE N. et coll., 2004. *Occupation et utilisation d'une zone humide lors des six derniers millénaires à Lattes, Hérault*, D.f.S., SRA, Montpellier, 640 p.

JORDA C., 2004. *Paléogéographie et géoarchéologie de la plaine littorale de Montpellier. In* : VIAL J. (dir.), *CAG 34/3 Le Montpelliérais*, Paris, Académie des Inscriptions et Belles Lettres, 50-55.

JORDA C., MAUFRAS O., BARBERAN S., BREICHNER H., FABRE L., MICHEL D., PEYRIC D., 2004. *Lotissement des quatre saisons à Lattes (Hérault). La frange orientale du castrum de Lattes : de l'espace lagunaire antique puis alluvial à la fortification médiévale du site*, D.f.S., SRA Montpellier, 92 p.

LOISON G., JORDA C., BEL V., CONCHE F. et coll., à paraître. *Station d'épuration de Montpellier à la Céreirède : 8 000 ans d'histoire de l'occupation humaine en zone deltaïque à Lattes (Hérault).*

WALLISER B., 2001. *Quelle interdisciplinarité ?*, lettre du département Sciences de l'Homme et des Sociétés, 61, Paris, CNRS Éd., 4-7.

Détermination des potentialités d'archivage sédimentaire dans les systèmes fluviaux de montagne : approche morphologique. L'exemple de la Gresse (Isère, France)

ESTELLE PLOYON[1, 2]

1. La problématique des cours d'eau de montagne.

Un profond renouveau de la dynamique fluviale a été observé en France depuis environ deux décennies. Celui-ci s'exprime avant tout en terme de concepts utilisés (système et hydrosystème fluviaux notamment) et de méthodes d'investigation. Il en ait résulté un regain d'intérêt pour l'étude des milieux fluviaux, lequel s'est d'abord focalisé sur les cours d'eau de plaine. Les différents enjeux économiques afférents à ces milieux, sont, semble-t-il, pour beaucoup dans cette attention toute particulière. Ainsi, le fonctionnement de ces environnements est de mieux en mieux connu. L'étude des plaines alluviales, lesquelles ont une propension à stocker la charge sédimentaire en transit, permet notamment de reconstituer au moins partiellement les dynamiques hydro-sédimentaires qui ont autrefois prévalu. En revanche, les milieux fluviaux de montagne ont jusqu'alors été peu étudiés. Leurs intérêts commencent néanmoins à poindre, d'autant qu'il existe des disparités significatives entre les systèmes fluviaux de montagne et ceux de plaines. Ces différences doivent être reconnues (Gomi *et al.*, 2002). Les cours d'eau de montagne sont en effet des systèmes à fort potentiel énergétique, possédant de nombreux contrôles structuraux et sont souvent confinés dans des vallées encaissées. Leurs particularités résident avant tout dans ce confinement, lequel induit une intime relation entre le chenal et les versants (Grant et Swanson, 1995 ; Harvey, 2001). Dès lors, le système fluvial de montagne fonctionne sous le double jeu des processus flu-

1. Laboratoire de Géographie Physique, UMR 6042-CNRS, Maison de la Recherche, Université Blaise Pascal, 4, rue Ledru, 63057 Clermont-Ferrand cedex 1.

2. Laboratoire EDYTEM, UMR 5204-CNRS - CISM, Université de Savoie, 73376 Le Bourget-du-Lac cedex (Estelle.Ployon@univ-savoie.fr).

viaux et de versants (Swanson *et al.*, 1985 ; Whiting et Bradley, 1993 ; Wohl, 2000). De plus, en terme de dynamique hydrosédimentaire, le processus fluvial dominant est le transit amont-aval. En effet, les fonds de vallées étant étroits, ils sont peu propices aux dépôts sédimentaires. Ces caractéristiques identifiées, il s'agit alors de s'interroger sur la capacité des cours d'eau de montagne à enregistrer les dynamiques hydro-sédimentaires. Plus exactement, il s'agit d'aborder la question des potentialités d'archivage sédimentaire dans des cours d'eau qui sont *a priori* des milieux faiblement enregistreurs.

Il est proposé, ici, d'aborder cette question selon une approche morphologique. Celle-ci est basée sur la forme des vallées comme indicateur de confinement. Cette approche est certes réductrice car les potentialités d'archivage ne sont pas sous l'influence exclusive des contacts versant-chenal, mais elle présente un intérêt indéniable dans la détermination des zones où le stockage sédimentaire est possible à proximité immédiate du lit fluvial. Dès lors, cela nous renseigne de manière indirecte sur les processus fluviaux en jeu et leurs prédominances relatives. Nous proposons de présenter cette approche à partir de l'étude du bassin versant de la Gresse, Isère, France.

2. Site d'étude et méthodes : approche morphologique du bassin versant de la Gresse.

La Gresse, affluent d'importance du Drac, draine la bordure orientale du massif préalpin du Vercors. Ce cours d'eau d'une longueur de 33 km se situe dans le département de l'Isère et possède un bassin versant qui s'étend sur 157 km^2 (**fig. 1**). La valeur de son ratio de relief est de 0.3, ce qui classe la Gresse dans les cours d'eau de montagne tels que définis par E. Wohl (2000) qui fixe une valeur minimale de 0.02.

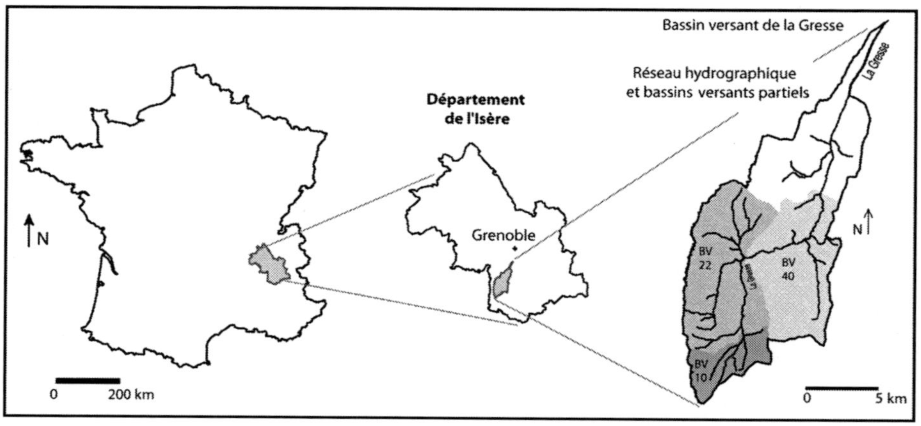

Fig. 1. Localisation du bassin versant de la Gresse.

L'amplitude de relief de 2 070 m suggère que le bassin de la Gresse possède un potentiel énergétique non négligeable. De plus, la courbe hypsométrique réalisée sur la totalité du bassin montre que nous avons affaire à un bassin versant relativement bien disséqué et où les fonds de vallées ont un faible potentiel de stockage sédimentaire (**fig. 2a**). Ce dernier point convient néanmoins d'être nuancé, au regard des courbes hypsométriques élaborées en différents points du bassin versant le long de l'axe principal de la Gresse (**fig. 2b**). En effet, les bassins versants partiels ne présentent pas tous des formes similaires. Ainsi, selon l'échelle d'observation, les caractéristiques de forme du bassin permettent ou ne permettent pas de percevoir des zones enregistreuses.

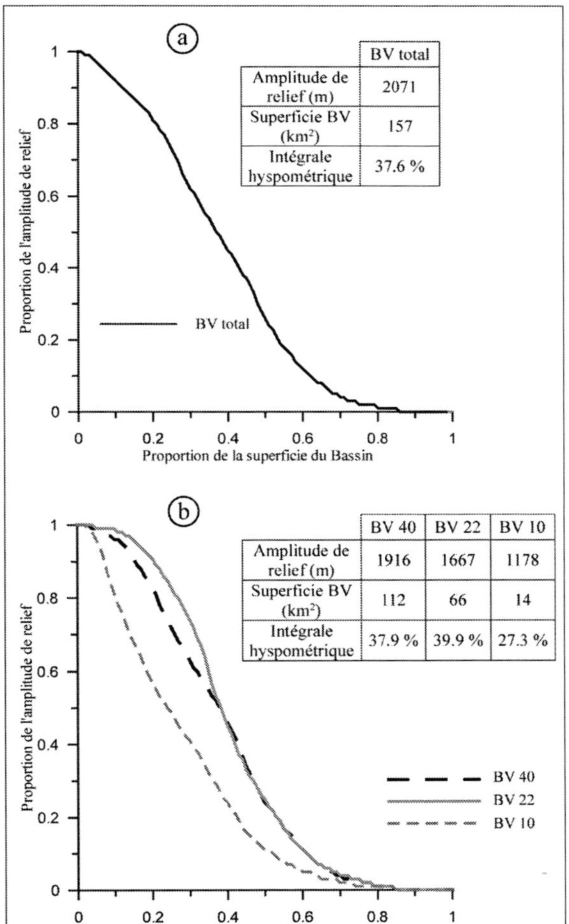

	BV total
Amplitude de relief (m)	2071
Superficie BV (km²)	157
Intégrale hyspométrique	37.6 %

	BV 40	BV 22	BV 10
Amplitude de relief (m)	1916	1667	1178
Superficie BV (km²)	112	66	14
Intégrale hyspométrique	37.9 %	39.9 %	27.3 %

Fig. 2. Courbes hypsométriques.
(a) bassin versant total ; **(b)** bassins versants partiels.

Nous voulons insister sur le fait que l'approche globale masque une certaine variabilité au sein du bassin, alors que c'est cette variabilité intra-bassin qui nous intéresse. C'est en effet à cette échelle que l'on peut étudier les espaces directement connectés à l'axe fluvial. Une étude des versants à proximité immédiate du chenal principal de la Gresse a donc été entreprise. Un modèle numérique de terrain (MNT) a été réalisé à partir de la carte topographique IGN au 1/20 000e (ancienne série). Une extraction de profils en travers tous les 50 m selon l'axe longitudinal a été réalisée. Chaque profil ainsi extrait s'étend sur 250 m de part et d'autre du chenal selon un pas de 10 m (**fig. 3**).

Plusieurs traitements ont ensuite été menés sur ces profils en travers de vallée, de manière à approfondir notre analyse des potentialités d'archivage en zone de montagne. Dans un premier temps, chaque profil a été traité de manière relative à l'altitude du chenal, pour s'affranchir de la variation longitudinale du relief global, laquelle masque pour partie la morphologie latérale.

Dans un second temps, des traitements sur les pentes des versants jouxtant le chenal ont été effectués. Notre choix a été de travailler sur la pente globale de chaque versant afin d'appréhender leur stabilité potentielle. Les pentes locales étant fort variables, cela nous a conduit à faire une modélisation de la pente selon une régression linéaire forcée, passant par le talweg (**fig. 4**).

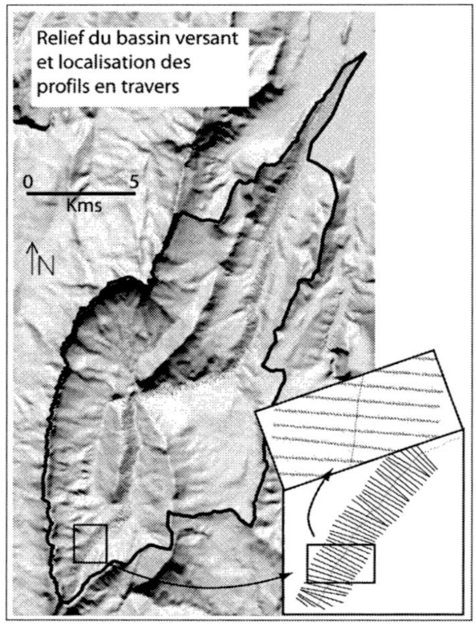

Fig. 3. Extraction de profil en travers de vallée à partir du MNT.

En utilisant ensuite une formule de stabilité des pentes, aussi appelée *factor of safety* (FS) (Whiting et Bradley, 1993) et qui peut s'écrire $FS = 1 / 5\tan\theta$ (avec θ l'angle de la pente), nous avons pu réaliser une carte de la stabilité potentielle des versants (**fig. 5**). Cette potentialité de stabilité est intéressante puisqu'elle renseigne sur les contraintes

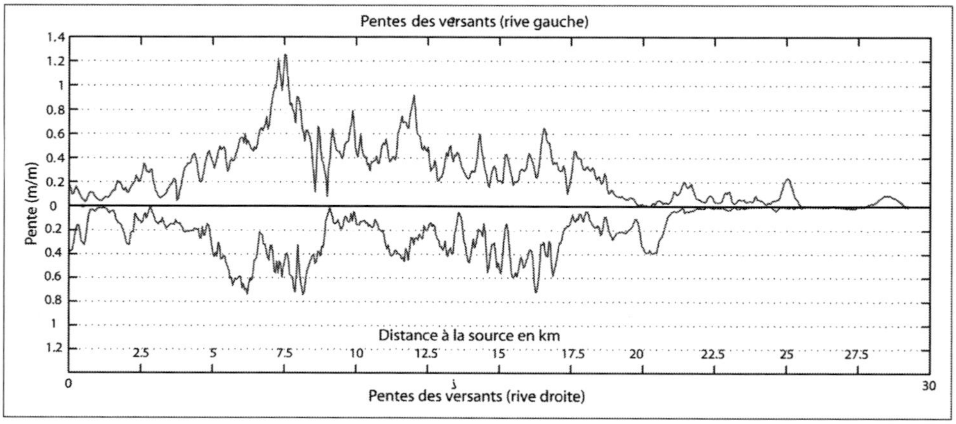

Fig. 4. Pentes modélisées des versants, de part et d'autre du chenal de la Gresse.

exercées sur le chenal et dès lors, de manière indirecte, sur les potentialités d'archivage. En effet, les dépôts sédimentaires d'origine fluviatiles ne peuvent se produire que dans des zones non soumises à des apports sédimentaires de versant ou dans des zones où les contacts versants-chenal sont plus ténus.

3. Les spécificités théoriques de l'archivage dans les cours d'eau de montagne : intérêts et limites

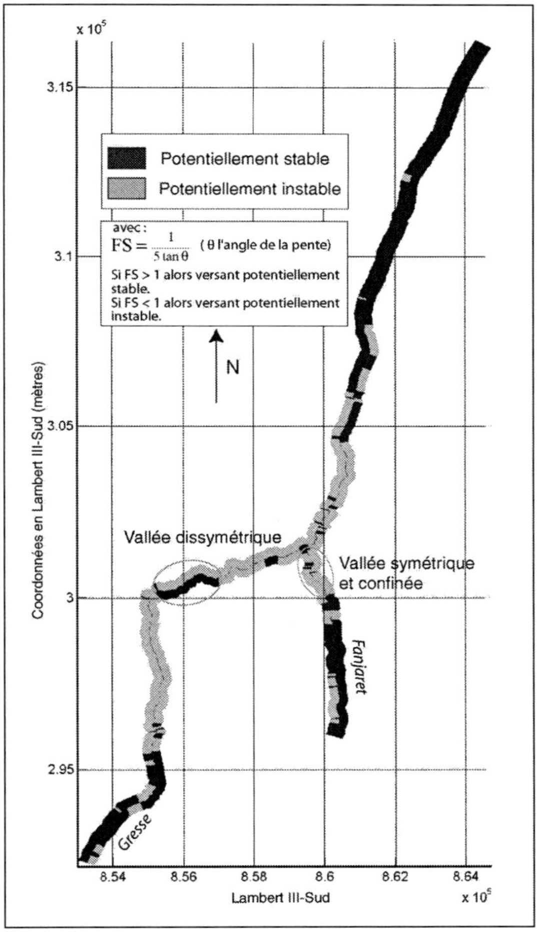

Fig. 5. Stabilité potentielle des versants le long de la Gresse et d'un affluent ; le Fanjaret (analyse effectuée sur la totalité du bassin versant).

Les différents traitements menés sur les profils en travers de vallée montrent qu'il existe une très forte variabilité spatiale de la forme de vallée. De grandes zones se distinguent très nettement, notamment en amont et en aval du bassin versant. En ces lieux, la vallée est largement ouverte ce qui suppose des possibilités de dépôt, d'autant que ces zones sont potentiellement stables.

Par delà cet aspect global, il apparaît qu'à certains endroits le chenal est isolé des versants, ce qui laisse également des opportunités de dépôt sédimentaire à proximité immédiate du chenal. De micro-plaines alluviales peuvent alors se développer. Certes, elles sont extrêmement fragmentées dans l'espace et comportent sans doute une information lacunaire du fait de leurs faibles extensions, mais celles-ci présentent néanmoins un intérêt certain. En effet, leur position en tête de réseau hydrographique est ici essentielle. L'archivage qui s'y réalise présente la particularité d'enregistrer des changements hydro-sédimentaires susceptibles de se propager vers l'aval, à plus ou moins long terme. Ainsi, les micro-plaines alluviales de montagne peuvent être alors perçues comme des indicateurs précoces de changement. Leur étude, bien que difficile à conduire en raison de contraintes de terrain, semble être une voie à explorer de manière plus approfondie.

La présente étude met également en évidence un point important qui mérite d'être souligné ici.

Il apparaît que les processus de substitution de charge observés sur les rivières alluviales (Tricart et Vogt, 1967) ont leurs équivalents dans les cours d'eau de montagne. Néanmoins, dans le cas des rivières alluviales les zones de substitution sont mobiles, tandis que dans les cours d'eau de montagne leurs localisations sont contraintes par la géométrie de la vallée. Ainsi la position des zones d'accumulation et de transfert est fixée durablement.

Références

GOMI T., SIDLE R.C., RICHARDSON J.S., 2002. Understanding processes and Downstream Linkages of Headwater Systems. *Bioscience*, 52, 10, 905-916.

GRANT G.E., SWANSON F.J., 1995. Morphology and processes of valley floors in mountain streams, Western Cascades, Oregon. *In* : WILCOCK P.R. (ed.), *Natural and anthropogenic influences in fluvial geomorpholog.,* Geophysical Monograph 89. American Geophysical Union, Washington, 83-101.

HARVEY A.M., 2001. Coupling between hillslopes and channels in upland fluvial systems: implications for landscape sensitivity, illustrated from the Howgill Fells, northwest England. *Catena*, 42, 225-250.

SWANSON F.J., GRAHAM R.L., GRANT G.E., 1985. Some effects of slope movements on river channels. *International Symposium on Erosion, Flow Debris and Disaster Prevention*, Tsukuba, Japan, 273-278.

TRICART J., VOGT H., 1967. Quelques aspects du transport des alluvions grossières et du façonnement des lits fluviaux. *Geografiska Annaler*, 49 A, 2-4, 351-366.

WHITING P.J., BRADLEY J.B., 1993. A process-based classification system for headwater streams. *Earth Surface Processes and Landforms*, 18, 603-612.

WOHL E., 2000. *Mountain rivers*, Washington, American Geophysical Union, 320 p.

Dynamiques fluvio-palustres en Petite Camargue à l'Holocène
Premiers résultats sur le chenal de crevasse des Tourradons

TONY REY[1], DAVID LEFEVRE[1],
JOËL ANDRÉ[2], SERGE D. MULLER[3]

Introduction

Dans la partie occidentale du delta rhodanien (Petite Camargue), le bras des Tourradons longe le sud des étangs du Scamandre et du Charnier (**fig. 1**). Les divagations du fleuve ont été restreintes au nord par le talus méridional des Costières et au sud par le large cordon littoral fossile de Sylveréal. La réalisation de plusieurs sondages a permis de mettre en évidence la superposition de différents paléoenvironnements sédimentaires : des faciès lagunaires initiaux entrecoupés par une phase tourbeuse, des faciès de fond de chenal, des dépôts fluviaux, des faciès palustres, le tout surmonté par des dépôts de plaine d'inondation.

Le travail présenté a pour objectif de reconstituer l'histoire hydrologique et sédimentaire du domaine fluvio-palustre du Rhône des Tourradons en caractérisant sa paléogéographie et en s'appuyant sur un calage chronologique à partir des datations radiocarbones.

1. Cadre général

La zone étudiée (**fig. 2**) est localisée sur le paléochenal rhodanien des Tourradons. La mise en place de cette crevasse fluviale à partir d'une levée ouverte pendant une crue du Rhône restait assez mal connue et jusqu'à présent, seule

1. Archéologie des Sociétés Méditerranéennes, UMR 5140-CNRS, Université Paul Valéry-Montpellier III (reytony1@hotmail.com ; David.lefevre@univ-montp3.fr).
2. Laboratoire de Biologie CNRS, Université Paul Valéry-Montpellier III (Joel.andre@univ-montp3.fr).
3. Institut des Sciences de l'Évolution de Montpellier, UMR 5554-CNRS, Université Paul Valéry-Montpellier II (muller@isem.univ-montp2.fr).

une datation relative pouvait être faite (L'Homer, 1987). Son fonctionnement serait postérieur à 6500 BP, date de l'édification du cordon littoral sableux de Sylveréal. Plusieurs sites archéologiques, dont le comptoir protohistorique d'Espeyran (Barruol et Py, 1978) et le site archéologique de la Fosse daté entre le Ier siècle av./Ier siècle ap. J.-C. (Jéolas, 1975), attestent de son activité au cours de l'Antiquité. La fermeture de cette branche du Rhône semble réalisée dans la seconde moitié du IXe siècle, où la dérivation du bras de Saint-Gilles vers le cours de Peccaïs le coupe de toute source amont (L'Homer, 1993). Dès lors, au Moyen Âge, les communications entre les ports de Saint-Gilles, d'Aigues-Mortes et de Montpellier se font essentiellement par cabotage à travers les roubines et les étangs (Cabot, 1991).

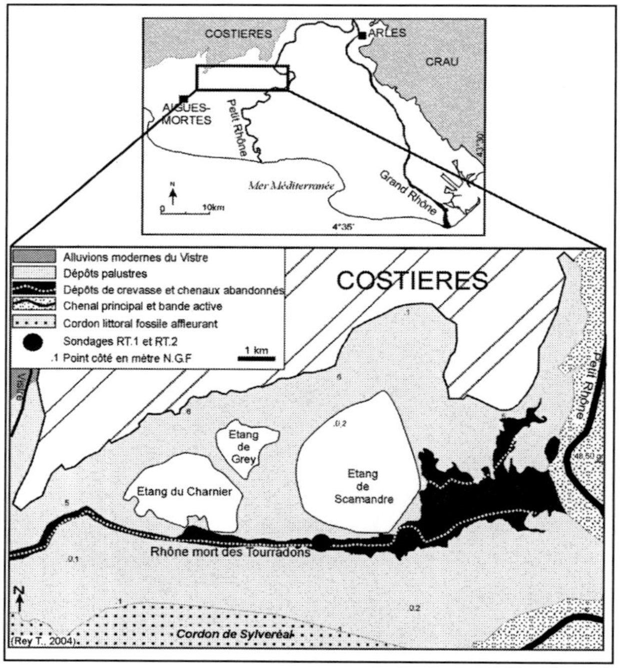

Fig. 1. Localisation de la zone d'étude.

2. Méthodologie

Deux sondages compris entre 6 m et 9 m de profondeur ont été réalisés au carottier russe dans le paléochenal des Tourradons.

L'interprétation paléodynamique repose sur l'interprétation stratigraphique, sur l'utilisation d'indices granulométriques classiques et sur l'image CM – rapport entre la compétence maximale C et moyenne M du flux liquide – (Passega, 1957 ; Arnaud-Fassetta, 1998). L'environnement de dépôt a été précisé par une étude malacologique qualitative et le contexte biologique par une étude palynologique. Les datations ont été réalisées au Laboratoire de Radiocarbone de Gliwice sur charbons de bois et sédiments tourbeux. Les âges BP ont été étalonnés à l'aide du logiciel Calib 4.4 (McCormac *et al.*, 2002). Une date a été rejetée pour son incohérence avec les autres données (**tab. 1**).

N° de sondage	Prof. (m.NGF)	N° de laboratoire	Âge ^{14}C (BP)	Âge étalonné (cal BC/AD)	Intervalle de confiance étalonné	Nature du sédiment	Méthode	Matériel daté
RT1.200	-0,6	GdA-331	1770 ± 35	260/420 AD	2 sigma	Argileux	AMS	Bois
RT1.315	-2,5	GdA-332	6440 ± 70	5480/5320 BC	1 sigma	Limon-argileux	AMS	Bois
RT1.435	-3,35	GdA-365	4240 ± 40	2920/2680 BC	2 sigma	Limon-sableux	AMS	Charbons
RT1.750	-6,5	GdA-15610	6195 ± 115	5460/4810 BC	2 sigma	Tourbeux	Conventionnelle	Matière organique

Tableau 1. Récapitulatif des datations ^{14}C obtenues sur le site des Tourradons.

3. Résultats

3.1. Sédimentologie et malacologie (fig. 2)

Système lagunaire

Un système lagunaire eurytherme et euryhalin (espèces aquatiques de milieu saumâtre) se développe sur une épaisseur de 4 m. Il est entrecoupé par des dépôts organiques d'environ 15 cm d'épaisseur datés entre 5460/4810 BC au sommet. Suite à cette phase organique, le milieu redevient lagunaire et perdure jusqu'à la mise en place d'une crevasse fluviale.

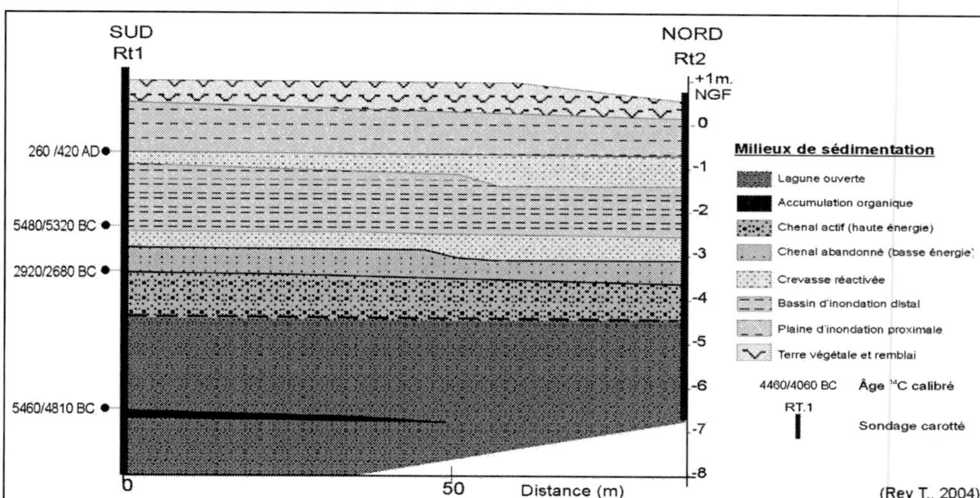

Fig. 2. Remplissage sédimentaire du chenal des Tourradons.

Système fluvial

1. Un chenal de crevasse, dit des Tourradons, se met en place sur les sables limoneux de la lagune eurytherme et euryhaline. Les sables fins de la base du fond de chenal de basse énergie débutent la phase de remblaiement. Caractérisé vers 2920/2680 BC par des sables de chenal de haute énergie, il est abandonné peu après cette date.
2. Le paléochenal des Tourradons est rempli par des courants tractifs peu énergiques, correspondant à une succession d'environnements fluviaux à ambiance palustre (faune de milieu doux à saumâtre) recouverts par des faciès limono-argileux caractéristiques de milieux marécageux d'eau douce (espèces à affinités dulçaquicoles et palustres). Vers 260/420 AD, une plaine d'inondation proximale se met en place et est parfois réactivée par le développement de crevasses et/ou par le remaniement de dépôts sablo-limoneux de berges. Ces derniers sont surmontés par des dépôts limoneux de marais.

*3.2. Analyse palynologique (***fig. 3***)*

Une analyse palynologique a été réalisée sur 2 m de sédiments associés aux milieux fluviaux de basse énergie (374-194 cm), couvrant approximativement une période comprise entre 3 000 av. J.-C. et 420 ap. J.-C. Les résultats obtenus mettent en avant un changement important de la végétation locale :

- Zone 1.a : la phase initiale d'eau libre est caractérisée par la présence d'une algue verte planctonique du genre *Pediastrum*. Le bras mort fluvial demeure en eau pendant son colmatage.
- Zone 1.b : le chenal abandonné est assimilé à un étang bordé d'arbres et d'héliophytes.
- Zone 2 : la tranche d'eau dans le bras mort fluvial diminue, un marécage associé à une roselière se développe.

Les formations riveraines, dominées par *Alnus* (très probablement *Alnus glutinosa*) comprenaient également *Fraxinus*, *Populus*, *Salix* et *Ulmus*. La régression de cette ripisylve correspond à l'envahissement du site par une roselière (Poaceae, Cyperaceae) et à une expansion aux alentours des steppes halophiles à Chenopodiaceae (sansouires). L'ensemble de ces modifications pourrait être lié à la disparition du Rhône des Tourradons dont le remblaiement est postérieur à 2920/2680 BC.

Conclusion

L'approche pluridisciplinaire nous éclaire sur l'histoire paléoenvironnementale du chenal de crevasse des Tourradons dont le fonctionnement est attesté dès le IIIe millénaire avant notre ère. Une datation par le radiocarbone[14] révèle un remblaiement du chenal quasi terminal à l'Antiquité, pourtant des indices archéologiques, non loin de cet axe, semblaient être en relation avec ce système fluvial. Par ailleurs, plusieurs documents médiévaux attestent l'existence d'une

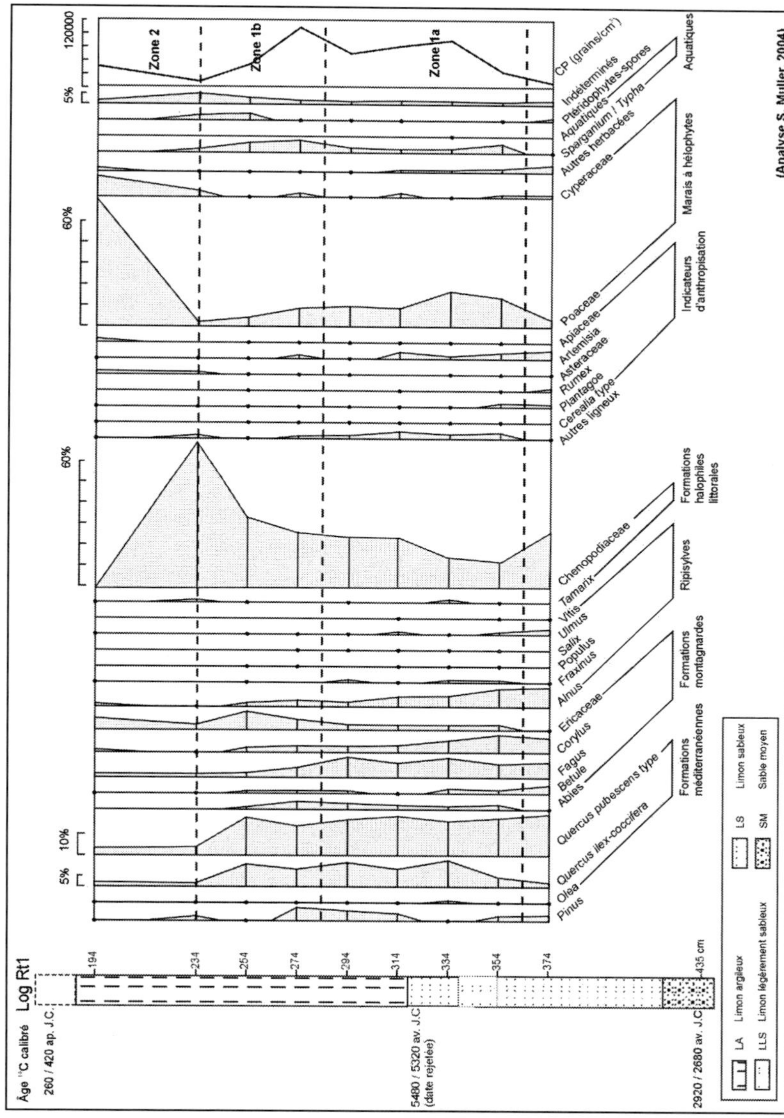

Fig. 3. Diagramme pollinique du remplissage sédimentaire du Rhône des Tourradons.

navigation à l'intérieur du littoral. Cet axe fluvial, au tracé est-ouest, avait un intérêt stratégique certain qui a très probablement motivé le maintien d'une hauteur d'eau (à partir d'une prise d'eau sur le Petit Rhône) suffisamment élevée pour garantir une navigation dans ces zones fluvio-palustres. Enfin, l'existence de périodes de réactivations de la crevasse fluviale a vraisemblablement permis de maintenir le chenal abandonné en eau pendant toute la durée de son colmatage. Cette situation aurait également contribué à pérenniser le tracé fluvial en surface

Ce cours du Rhône doit vraisemblablement être perçu comme une branche secondaire, au débit et à la compétence réduits. Le ratio largeur/épaisseur semble indiquer un style fluvial anastomosé caractérisé par des conditions d'écoulement de faible énergie et une sédimentation lente à l'intérieur du chenal (Berendsen et Stouthamer, 2000). L'épaisseur du remblaiement est contrôlée par la profondeur initiale du chenal. Dans le cas présent, le remplissage sédimentaire n'atteint que cinq mètres d'épaisseur ce qui semble indiquer une plus petite dimension de ce système fluvial et confirme l'hypothèse de Russel (1942) qui ne voyait en ce cours qu'une crevasse fluviale du Rhône.

Cette étude s'ajoute aux travaux réalisés sur les systèmes fluvio-deltaïques rhodanien à l'Holocène (Arnaud-Fassetta, 2003 ; 2004 ; Provansal *et al.*, 2003) et apporte de nouveaux éléments sur l'évolution paléogéographique de la plaine deltaïque de Petite Camargue.

Références

ARNAUD-FASSETTA G., 1998. *Dynamiques fluviales holocènes dans le delta du Rhône*, thèse nouveau régime de Géographie Physique, Aix-Marseille I, 329 p.

ARNAUD-FASSETTA G., 2003. River Channel changes in the Rhone Delya (France) since the end of the Little Ice Age: geomorphological adjustement to hydrodynamic change and natural resource management. *Catena*, 51, 141-172.

ARNAUD-FASSETTA G., 2004. The upper Rhône delta sedimentary record in the Arles-Piton core : analysis of delta-plain subenvironments, avulsion frequency, aggradation rate and origin of sediment field. *Geografiska Annaler*, 86 A (4), 367-383.

BARRUOL G. et PY M., 1978. Recherches récentes sur la ville antique d'Espeyran, à Saint-Gilles-du-Gard. *Revue archéologique de la Narbonnaise*, 11, 19-100.

BERENDSEN H.J.A. et STOUTHAMER E., 2000. Late Weichselian and Holocene palaeogeography of the Rhône-Meuse delta, The Netherlands. *Palaeogeography, Palaeoclimatology, Palaeoecology*, 161, 311-335.

CABOT J., 1991. *Anciens ports et moulins de Petite Camargue « Aspects d'une civilisation de l'eau*, Nîmes, Les presses du Languedoc, 123 p.

JÉOLAS R., 1975. À propos d'un gisement de poteries gallo-romaines dans les marais de la Fosse, Commune de Saint-Gilles-du-Gard, Association d'Histoire, d'Archéologie et de Sauvegarde, Rapport, 11 p.

L'Homer A., 1987. *Notice explicative, Carte géologique. France (1/50000), feuille Arles (992).* BRGM, Orléans, 72 p.

L'HOMER A., 1993. *Notice explicative, Carte géologique. France (1/50000), feuille Grau du Roi (1017)*, Orléans, BRGM, 93 p.

MCCORMAC F.G., REIMER P.J., HOGG A.G., HIGHAM T.F.G., BAILLE M.G.L., PALMER J. et STUIVER M., 2002. Calibration of the radiocarbon time scale for the southern hemisphere: AD 1850-950, *Radiocarbon*, 44 (3), 641-651.

PASSEGA R., 1957. Texture as characteristics of clastic deposition. *American Association Petrol. Geol. Bull.*, 41 (9), 1952-1964.

PROVANSAL M., VELLA C., ARNAUD-FASSETTA G., SABATIER F. et MAILLET G., 2003. Role of fluvial sediment inputs in the mobility of the Rhône delta coast (France). *Géomorphologie : relief ; processus, environnement*, 4, 271-282.

RUSSEL R.J., 1942. Geomorphology of the Rhône delta. *Ann. Ass. Amer. Geogr.*, 32 (2), 149-254.

Spécificités et intérêts des remplissages alluviaux endokarstiques : exemple des grottes de Pierre-la-Treiche (Lorraine, France)

BENOÎT LOSSON[1], JEANNINE CORBONNOIS[1], JACQUELINE ARGANT[2], PHILIPPE AUDRA[3], JACQUES BRULHET[4], EDWIGE PONS-BRANCHU[4 et 5], Yves QUINIF[6], Pierre ROCHETTE[5]

De nombreuses études ont déjà mis en évidence la richesse du domaine karstique, et notamment des remplissages souterrains, en terme d'informations paléogéographiques. Les comblements endokarstiques présentés dans cet article se sont mis en place dans des conditions morpho-fluviatiles particulières. Les événements principaux, à l'origine de ce contexte fluvio-karstique spécifique, sont décryptés par une approche sédimentologique, couplée à des analyses pluridisciplinaires.

1. Le site d'étude et son karst sous-fluvial

Au centre de la Lorraine, la Moselle traverse par des vallées encaissées le plateau de Haye, revers calcaire de la cuesta de Moselle (**fig. 1**). À flanc de versants s'ouvrent des réseaux karstiques désactivés, dans le substratum bajocien, notamment dans le secteur de Pierre-la-Treiche (**fig. 2**). Ces grottes ont été créées en liaison avec l'évolution fluviatile de la Moselle, dans un contexte hydrographique particulier de capture (**fig. 1**) : la Haute Moselle s'écoulait par le passé

1. Centre d'Études Géographiques de l'Université de Metz (CEGUM), Île du Saulcy, BP 30309, F-57006 Metz cedex 1 (losson@univ-metz.fr ; jcorbonnois@wanadoo.fr).
2. Association de Recherche Paléoécologique en Archéologie (ARPA), UFR des Sciences de la Terre, Université Claude Bernard Lyon 1, 27-43 bd du 11 novembre 1918, F-69622 Villeurbanne.
3. Université de Nice Sophia-Antipolis, 98 bd Édouard Herriot, BP 20, F-06204 Nice cedex 3.
4. Agence nationale pour la gestion des déchets radioactifs (ANDRA), Parc de la Croix-Blanche, 1-7 rue Jean Monnet, F-92298 Châtenay-Malabry cedex.
5. Centre Européen de Recherche et d'Enseignement des Géosciences de l'Environnement (CEREGE), Université d'Aix-Marseille 3, Europôle de l'Arbois, BP 80, F-13545 Aix-en-Provence cedex 4.
6. Centre d'Études et de Recherches Appliquées au Karst (CERAK), Faculté Polytechnique Mons, rue de Houdain 9, B-7000 Mons.

dans le Val de l'Âne à l'ouest de Toul et était un affluent de la Meuse, avant son détournement vers le bassin versant déprimé de la Meurthe (Harmand *et al.*, 1995).

Des études morphosédimentaires ont permis de déterminer les conditions et les modalités spéléogénétiques (Losson, 2003). On a affaire à un karst sous-fluvial, fortement comblé de sédiments meubles, dont la plus grande proportion est directement issue de la Moselle (**fig. 3**).

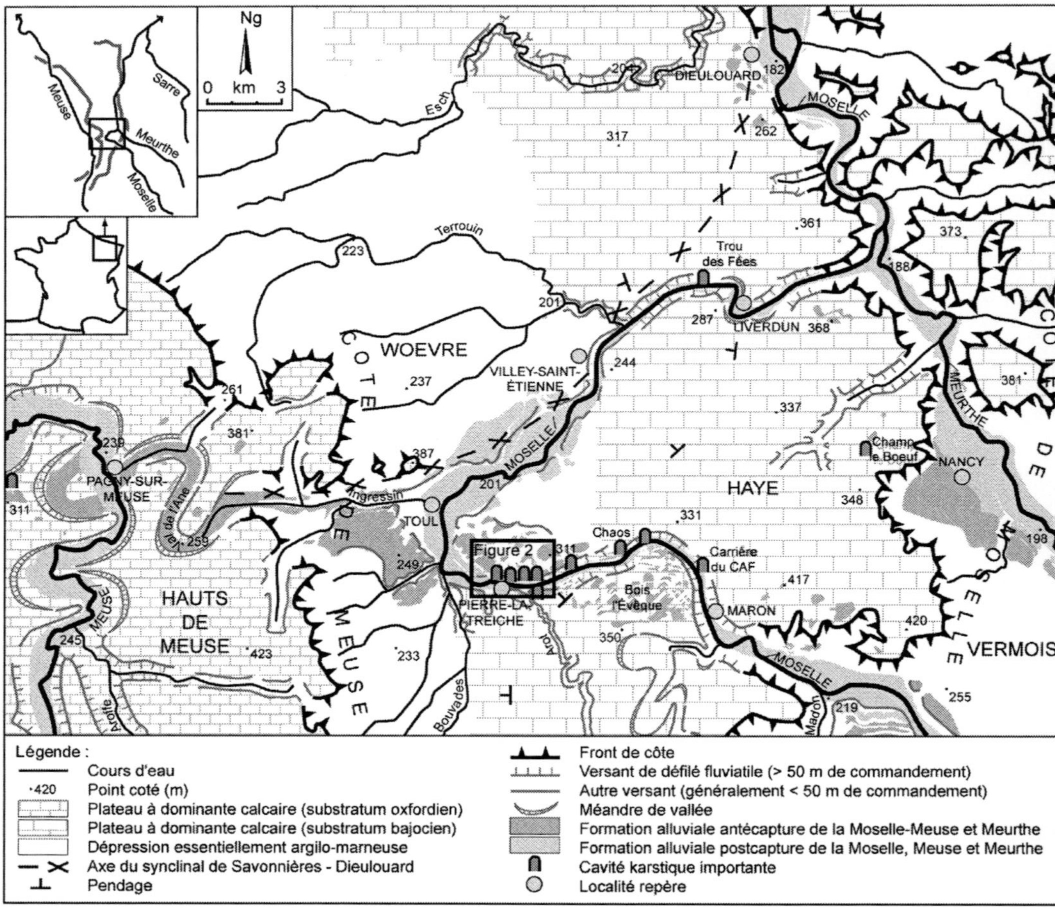

Fig. 1. Carte géomorphologique simplifiée du site de la capture de la Moselle.

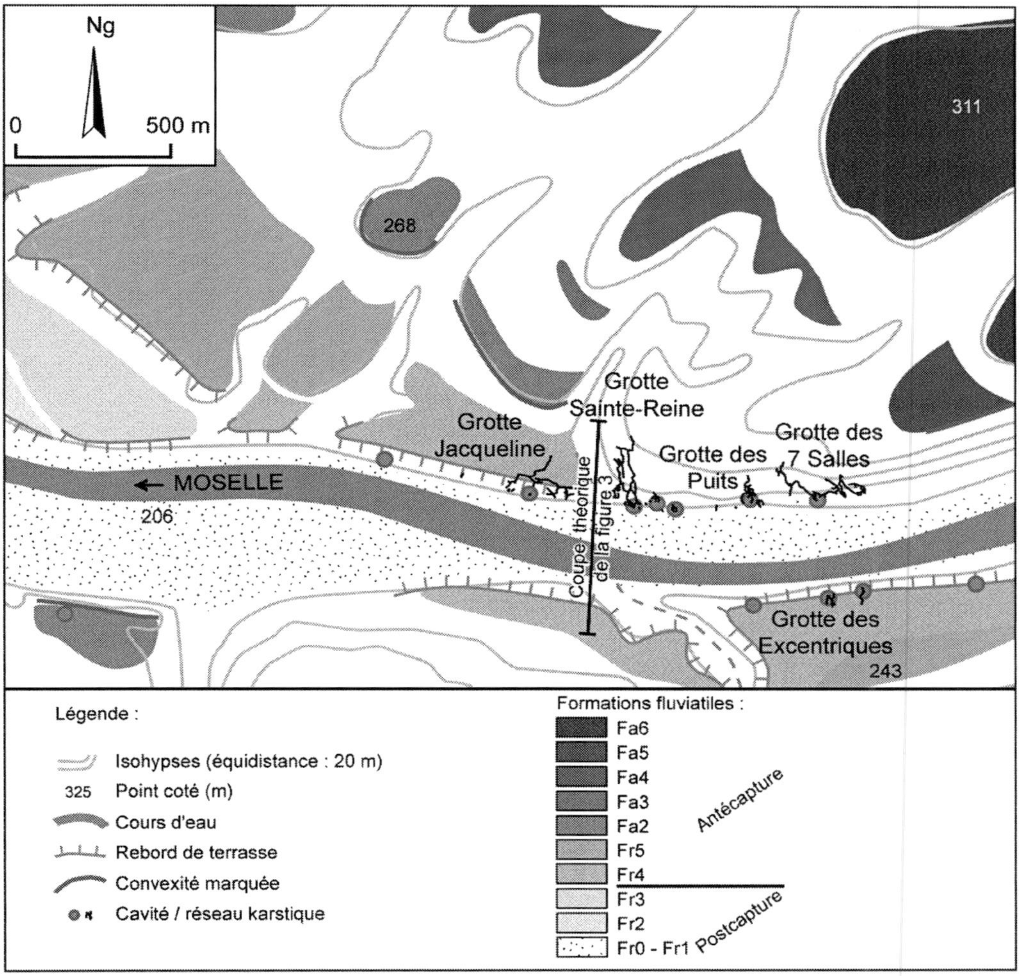

Fig. 2. Carte morphosédimentaire du secteur de Pierre-la-Treiche.

2. Les remplissages alluviaux endokarstiques : caractéristiques de la sédimentation

Les remplissages hypogés, essentiellement constitués d'alluvions d'origine vosgienne, montrent une dynamique sédimentaire d'introduction verticale des matériaux sous terre, par des « puits-cheminées », et de redistribution subhorizontale dans les galeries. L'étude spécifique des cavernes de rive droite de la vallée à Pierre-la-Treiche a permis de déceler également des remblaiements effectués par des écoulements libres et une décroissance générale de la granularité vers l'intérieur du massif.

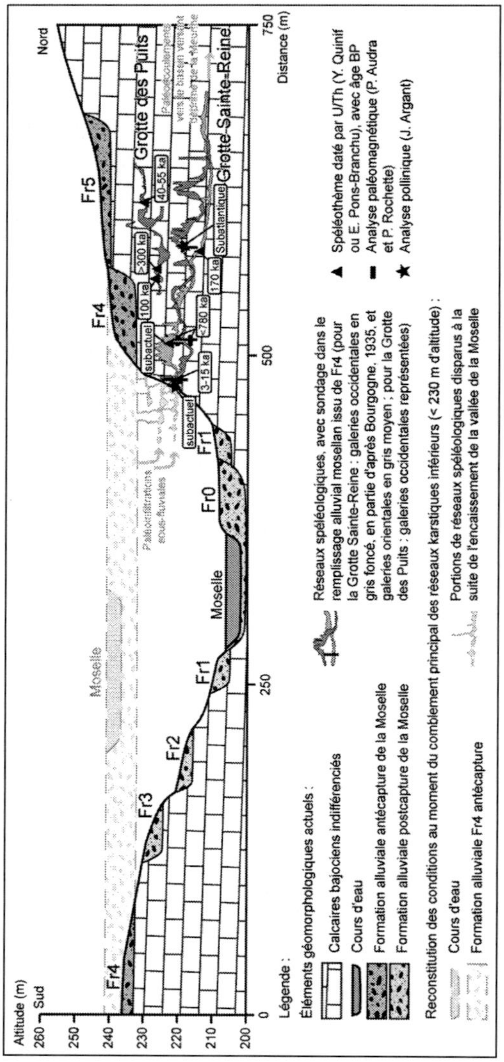

Fig. 3. Coupe transversale synthétique de la vallée de la Moselle à Pierre-la-Treiche. Localisation altitudinale de quelques réseaux karstiques et des unités fluviatiles récentes de la Moselle, et représentation d'une période de comblement karstique (paléogéomorphologie au moment de Fr4).

Cette organisation globale des comblements souterrains cache des caractéristiques stratigraphiques et faciologiques très variables et complexes, dans l'ensemble des réseaux (**fig. 4**). Celles-ci sont liées à une interférence de facteurs.

- Climatiques, vraisemblablement inscrits dans les grandes modifications de texture (séries). En effet, l'étude des remplissages de la Grotte Sainte-Reine a permis d'identifier dans l'ensemble des galeries, des successions sédimentaires stratigraphiques identiques. Un phénomène général peut être invoqué pour expliquer cette homogénéité au sein d'un même réseau karstique.
- Hydrodynamiques externes (corrélatifs de la Moselle) : ces facteurs se traduisent par des variations stratigraphiques secondaires des textures (différentes séquences sédimentaires déterminées à l'intérieur de chacune des séries).
- Spéléomorphologiques : les dimensions des vides, et les divers obstacles rocheux, ont agi sur les variations sédimentologiques longitudinales, qui sont localement très rapides.
- Karstogénétiques : bouleversements syn- et/ou postsédimentaires des structures, par phénomènes de soutirage.

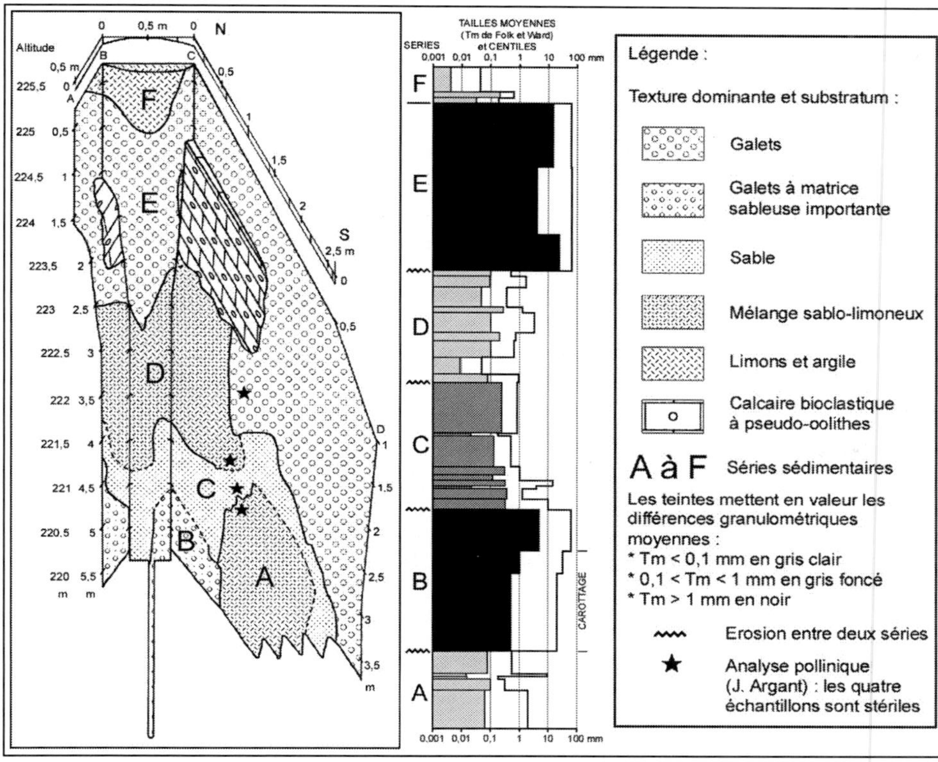

Fig. 4. Exemple de remplissage de la Grotte Sainte-Reine à Pierre-la-Treiche.
Représentation 3D simplifiée du sondage de l'Entrée E, avec données texturales.

3. Les spécificités et la mise en valeur de ces remplissages souterrains

Les multiples facteurs du comblement endokarstique ne facilitent pas la lecture des archives sédimentaires. En revanche, dans une zone d'entrée du système karstique, telle qu'on l'a déterminée, le milieu souterrain a conservé un enregistrement fin des modifications environnementales externes, surtout fluviatiles, en liaison avec le climat. Ainsi, des conditions hydrologiques mosellanes variables ont-elles été identifiées : alimentations faibles de période froide ou tempérée, ou importantes de période froide, selon les séries sédimentaires. Ces conditions dépendent de l'englacement des Vosges et du climat périglaciaire lorrain.

En outre, le domaine hypogé permet l'utilisation de méthodes de datations variées, absolues et indirectes. Des datations U/Th de concrétions situées au-dessus des remplissages meubles, et des analyses paléomagnétiques des matériaux détritiques eux-mêmes, ont fourni un calage chronologique pour la mise en place des alluvions souterraines (cf. **fig. 3** ; Losson et Quinif, 2001 ; Pons-Branchu, 2001 ; Losson, 2003) :

- comme l'ont révélé trois mesures à polarité magnétique normale, et conformément au contexte géomorphologique, la sédimentation dans les grottes de Pierre-la-Treiche s'est produite lors de la période Brunhes, c'est-à-dire il y a moins de 780 ka BP ;
- l'âge minimum des alluvions est donné par un plancher stalagmitique qui les recouvre, plus vieux que 300 ka BP (d'après les datations U/Th).

Ces informations chronologiques s'appliquent également à l'équivalent épigé des alluvions souterraines : c'est par exemple le cas de la formation Fr4 dont l'accumulation s'est réalisée au cours du Pléistocène moyen, entre 300 et 780 ka BP.

Les sédiments endokarstiques d'origine mosellane se sont malheureusement avérés stériles d'un point de vue pollinique. En revanche, les limons argileux recouvrant les alluvions, accumulés après la désactivation hydrologique des galeries, ont livré des grains de pollen d'âge holocène (probablement subatlantique et subactuel, au vu des spectres polliniques comprenant des grains de plantes cultivées dans un échantillon et de *Tilia* en grande quantité dans un autre).

Conclusion

Les réseaux karstiques de la vallée de la Moselle recèlent donc d'importants remplissages alluviaux, témoins de paléoécoulements souterrains de grande ampleur à travers le plateau de Haye. Ces comblements constituent en outre d'exceptionnels éléments de reconstitution du fonctionnement hydrodynamique qui s'est produit entre les domaines fluvial et hypogé au cours du Pléistocène moyen dans le secteur de Pierre-la-Treiche. L'accumulation des alluvions dans les grottes s'intègre dans une histoire morphoclimatique régionale, que des relations d'interdépendance avec les autres composantes du milieu ont contribué à démontrer.

Références

BOURGOGNE J., 1935. Trous de Sainte-Reine ; la galerie de l'ouest. *Revue de la Section vosgienne du CAF*, Nancy, nouvelle série, 10, 69-79.

HARMAND D., WEISROCK A., GAMEZ P., LE ROUX J., OCCHIETTI S., DESHAIES M., BONNEFONT J.-C., SARY M., 1995. Nouvelles données relatives à la capture de la Moselle. *Revue géographique de l'Est*, Nancy, XXXV, 3-4, 321-343.

LOSSON B., 2003. *Karstification et capture de la Moselle (Lorraine, France) : vers une identification des interactions*, thèse de Doctorat, Université de Metz, 3 vol., 825 p.

LOSSON B., QUINIF Y., 2001. La capture de la Moselle : nouvelles données chronologiques par datations U/Th sur spéléothèmes. *Karstologia*, FFS, AFK, Paris, Bordeaux, 37, 29-40.

PONS-BRANCHU E., 2001. *Datation haute résolution de spéléothèmes (230Th/234U et 226Ra/238U). Application aux reconstitutions environnementales autour des sites du Gard et de Meuse/Haute-Marne.* ANDRA - CEREGE - GdR FORPRO (collection « les Rapports »), Châtenay-Malabry, thèse de Doctorat, Université d'Aix-Marseille III, 224 p.

Les stalagmites : des archives karstiques multi-paramètres continentales et continues

YVES PERRETTE[1], JEAN-JACQUES DELANNOY[2]

Introduction et objectifs

Parmi les archives naturelles continentales, les stalagmites sont étudiées pour différentes raisons :

- par leur fonctionnement rythmé (lamines de croissance), ainsi que grâce aux datations U/Th, elles constituent des archives très fiables du point de vue chronologique ;
- leur croissance engendre un enregistrement qui combine des indicateurs climatiques avec des indicateurs bio-pédologiques, voire des indicateurs de l'activité humaine ;
- leur localisation au sein des systèmes karstiques permet d'envisager leur étude sous de nombreuses latitudes et longitudes. De plus, leur position hypogée les préserve des érosions de surface.

La chronoréférence, l'enregistrement multi-paramètres et la continuité et préservation du dépôt justifient l'intérêt actuel porté par la communauté scientifique à ces sédiments carbonatés. Mais ces trois points induisent chacun des questionnements liés à la lecture de ces archives, à la reproductibilité et la représentativité des observations réalisées dans les stalagmites. Notamment, les stalagmites intéressantes pour l'étude des évolutions environnementales récentes sont parfois polluées par du détritisme qui rend délicate toute étude géochimique du couple U/Th. De plus, en fonction de son alimentation hydrologique/hydrogéologique, une stalagmite peut être performante pour la lecture des évolutions climatiques alors qu'une autre (peut-être située à quelques mètres de la première) sera performante pour l'étude des évolutions de l'environnement bio-pédologique. Enfin, la continuité/discontinuité des enregistrements stalagmitiques doit être discutée dans le cadre du fonctionnement global du karst.

---

1. EDYTEM, FRE 2641-CNRS, Campus Scientifique, Savoie Technolac, F-73376 Le Bourget-du-Lac cedex (Yves.Perrette@univ-savoie.fr).
2. GDR 440-CNRS : Dépôts rythmés karstiques, R. Maire.

L'objectif de cet article n'est pas de présenter les résultats obtenus à partir de l'étude d'une stalagmite, mais plutôt de discuter les différentes étapes de l'enregistrement/lecture des archives stalagmitiques. Nous présentons tout d'abord le rôle de filtre joué par le système karstique dans l'enregistrement stalagmitique. Les différentes fonctions de filtre du karst sont ensuite discutées dans le cadre de la géomorphologie des karsts. Cela permet notamment de comprendre l'hétérogénéité des enregistrements stalagmitiques. Enfin, nous présentons l'intérêt d'une approche multi-paramètres pour l'étude des enregistrements stalagmitiques récents.

1. Le karst : un filtre variable à l'enregistrement stalagmitique

La croissance des stalagmites est induite par le flux de carbonates dans les massifs karstiques. La **fig. 1** rappelle les principaux éléments intervenant dans ce processus. L'eau de précipitation se charge en dioxyde de carbone lors de son passage dans le sol (pression partielle en CO_2 – pCO_2 – élevée). Lors de son transit au sein de la masse calcaire, cette solution agressive s'équilibre par la dissolution des carbonates de la roche en place. Lorsque cette eau proche de l'équilibre pénètre dans un vide karstique à faible pCO_2 (par rapport à celle du sol) un dégazage du dioxyde de carbone se produit. La solution devient alors sursaturée voire hypersaturée en calcium et précipite en formant des stalactites, stalagmites ou autres dépôts carbonatés (spéléothèmes).

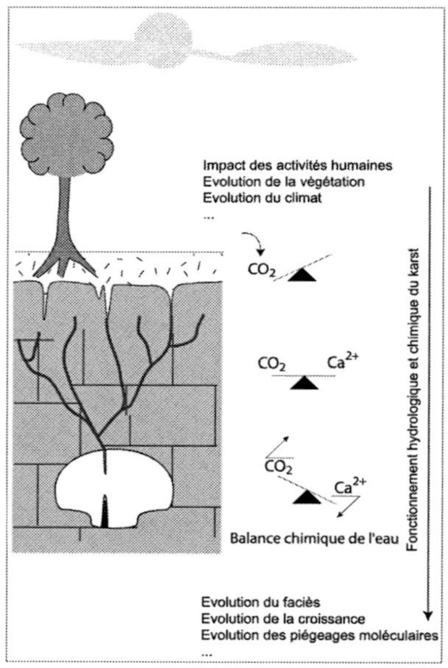

Fig. 1. La croissance des stalagmites.

Ce processus simplifié suffit à poser les principaux éléments intervenant dans l'enregistrement stalagmitique, et donc potentiellement dans le filtrage des évolutions de la précipitation. D'amont en aval on distingue :

- la couverture végétale, biologique et pédologique.
  - Par la production de CO_2, elle « encode » les variables pédoclimatiques (T° du site et humidité) dans l'efficacité de la dissolution/précipitation des carbonates.
  - Par l'évapotranspiration, elle filtre et tamponne directement les écoulements mais peut également avoir un rôle plus complexe (non linéaire) notamment au travers des effets des phénomènes de saturation des sols ou d'interception végétale des précipitations.
- Le système karstique filtre les écoulements avec un fonctionnement de type tampon non continu, voire avec des phénomènes d'intégration révélés par le

caractère antipersistant des séries hydrologiques mesurées sous les stalactites. Insistons ici sur la complexité de ce fonctionnement qui, linéaire dans une grande gamme de débits, apparaît non-linéaire dans les événements extrêmes (approche hydromécanique des écoulements). Le rôle joué par le système karstique dépend également des données géologiques (lithologies et contraintes mécaniques exercées sur le massif), et géomorphologiques du site (pédogenèse, morphogenèse notamment).

- Le site de concrétionnement intervient essentiellement dans des termes d'amplification ou d'atténuation des évolutions observées. En général, on considère que ce caractère est stationnaire pour une concrétion donnée. Il est néanmoins toujours important de le considérer pour comparer les enregistrements stalagmitiques entre eux.

Chacun de ces « biais » à l'enregistrement stalagmitique peut être étudié indépendamment. Certains relèvent plutôt de la pédologie, de l'hydrogéologie. Nous développons ci-après l'apport de la géomorphologie à la description du filtre karstique.

2. *Apport de la géomorphologie à la lecture des enregistrements stalagmitiques*

Le processus de dissolution guide la karstification. Il est contrôlé par une relation d'amplification entre les écoulements et la dissolution (rétroaction positive). En fonction des différents lieux de l'écoulement, les formes issues de la karstification sont plus ou moins propices au développement des stalagmites. Le **tableau 1** présente les grands ensembles de karstification et leur implication sur le drainage et l'enregistrement stalagmitique. En positionnant les concrétions dans leur contexte géomorphologique, on appréhende donc en partie leur fonctionnement hydrologique et ainsi, pour partie, le type de filtrage qu'exerce le karst.

Ainsi, dans un massif karstique, généralement polyphasé, le choix de la station de prélèvement est déterminé par le type d'enregistrement attendu. Un enregistrement paléoclimatique continu sera plutôt recherché dans les paléodrains horizontaux alors qu'un enregistrement récent à objectif paléoenvironnemental voire anthropique, sera plutôt recherché à proximité des failles, des entrées de grottes ou de tout transit vertical rapide. L'apport de la géomorphologie est donc essentiel dans la mesure où cette approche permet d'une part de limiter l'incertitude liée au prélèvement et d'autre part de conforter les interprétations issues des archives stalagmitiques.

Si l'approche géomorphologique permet d'apprécier la fonction différenciée de filtre joué par le karst dans l'archivage stalagmitique, il est plus difficile de démêler l'écheveau des paramètres environnementaux intervenants dans la croissance des stalagmites. Pour parvenir à décrypter cet enregistrement environnemental, les stalagmites sont étudiées dans une approche multi-paramètres. Nous présentons la méthodologie développée dans le cadre du laboratoire EDYTEM et du GDR 440 (Dépôts rythmés karstiques).

Traits karstogéniques	Représentation de la zone	Caractère de l'alimentation des stalagmites	Archives environnementales stalagmitiques
Zone d'infiltration (épikarst et zone capacitive) ; zone contrôlée par la structure, altération horizontale ou verticale de la roche	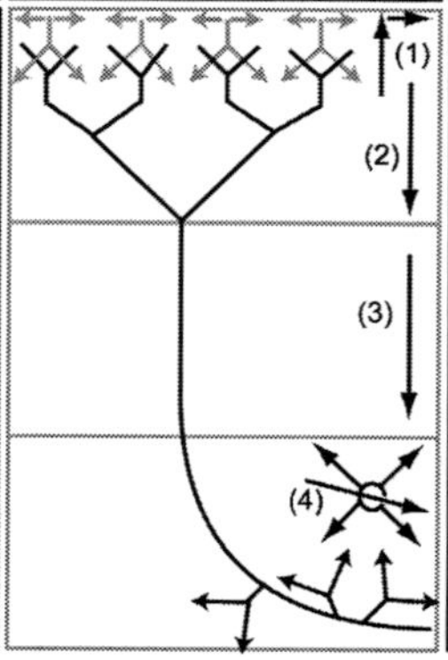	Drainage hiérarchisé et/ou déterminé par la structure	Enregistrement local en général filtrage important des particules (sols) déplacées dans le karst
Zone de transfert vertical (puits) ; déterminé par une grande dissipation d'énergie, déterminée par les paramètres externes du système		Zone de transfert, écoulement rapide et connecté à la surface ou à de paléodrains	Enregistrement particulaire important, fonctionnement complexe souvent contrasté (régime hydrologique)
Zone saturée (drains) : forçage horizontal et anisotropique de la karstification, contrôlé par le niveau de base		Zone de dissipation (systèmes annexes), cette zone concentre des écoulements ne provenant pas directement de la surface (zone capacitive porosité)	Enregistrement filtré et tamponné, sensible aux ralentissements du débit, fonctionnement simple, enregistrement continu et lent

Tableau 1. Karstification et enregistrement stalagmitique.

3. *Approche multi-paramètres pour la lecture des enregistrements stalagmitiques*

La lecture des évolutions environnementales est établie par le croisement de différentes méthodes. Par exemple, dans le domaine de la géochimie, l'étude des covariations des isotopes ^{13}C et ^{18}O permet d'inférer sur l'incidence des conditions aérologiques (évaporation par exemple) lors de la précipitation de la calcite (Hendy, 1971). Le rapport des concentrations Mg/Ca permet d'évaluer les temps de transit de l'eau d'alimentation des stalagmites dans le massif karstique (Fairchild *et al.*, 2000). En complément de ces méthodes ponctuelles et destructrices, nous avons développé des méthodes d'imagerie spectroscopique basées sur les propriétés de fluorescence de la matière organique piégée dans la calcite et sur la réflectance de la calcite (associée à la structure cristalline). Ces méthodes ont été développées dans le cadre du GDR 440 (dépôts rythmés karstiques) en collaboration avec le laboratoire de physique de Lille (Phlam, UMR 8523).

Comme les méthodes géochimiques, les méthodes d'imagerie spectroscopiques permettent de différencier les paramètres environnementaux et climatiques archivés dans les stalagmites. Notamment, nous avons montré, pour une stalagmite massive de Coufin (**fig. 2**), que la réflectance est un indicateur de l'excédent hydrique (Perrette *et al.*, 2000). Cette relation établie par l'étude spectroscopique multi-paramètres de la stalagmite (spectres d'émission de fluorescence, spectres raman de la calcite, du manganèse) est établie pour d'autres échantillons avec le rapport Mg/Ca notamment (Roberts *et al.*, 1998).

Il a également été établi par de nombreux auteurs (Shopov *et al.*, 1994 ; Van Beynen *et al.*, 2001 ; White, 1981) que l'intensité de l'émission de fluorescence des stalagmites en réponse à une excitation dans l'UV est liée à la quantité de matière organique – MO – piégée dans la stalagmite. Cette mesure du flux de MO est bien entendue associée au régime hydrologique/géologique de la stalagmite, mais également aux rythmes bio-pédologiques. Pour compléter ces mesures quantitatives (quantité d'eau ou de MO), basé sur l'indice E4/E6 des pédologues (Chen *et al.*, 1977), nous avons développé un indice de fluorescence qui donne une information qualitative sur le type de MO piégée dans la stalagmite (Perrette *et al.*, 2005). Ce caractère, associé au degré de dégradation/condensation de la MO, peut être directement associé, dans le cas des stalagmites, aux grands types du couvert végétal (couverture résineuse, caducifoliée ou pelouses). L'exemple de la **fig. 2** montre l'intérêt du croisement de ces différents indicateurs.

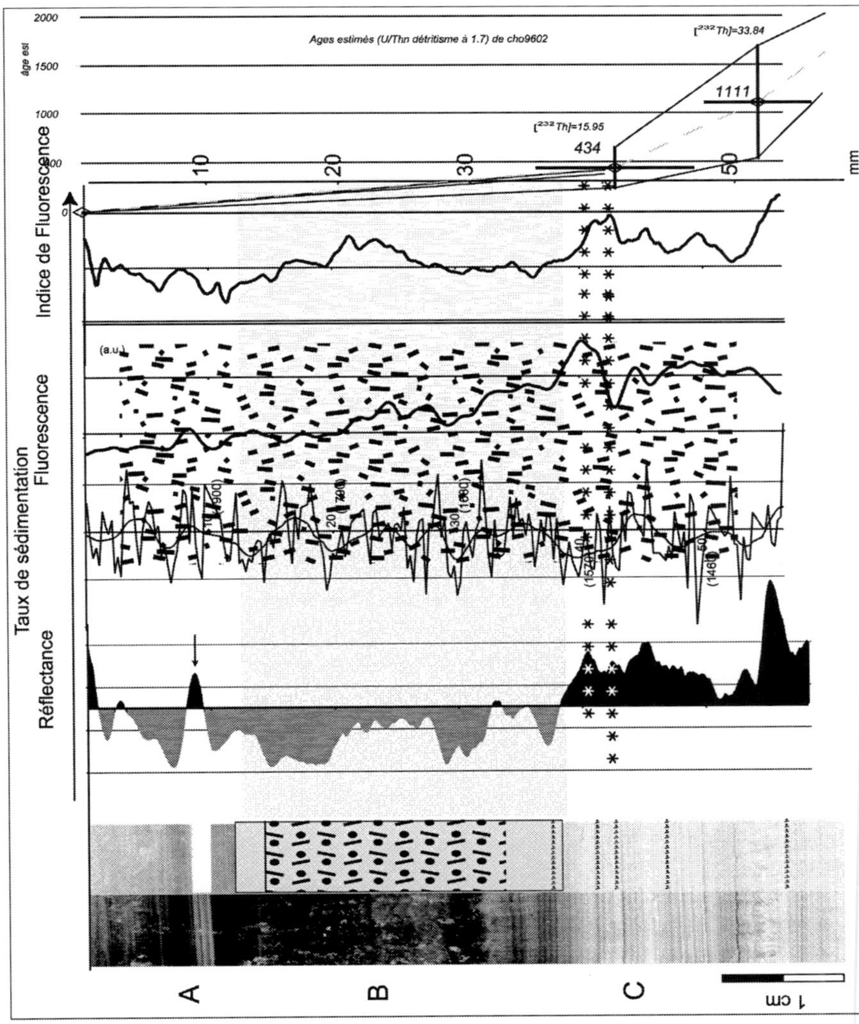

Fig. 2. Résultats de l'étude multi-paramètres d'un échantillon de Choranche.

4. Application de l'approche géomorphologique et multi-paramètres à une stalagmite massive de la grotte de Chevaline (Choranche-Vercors)

Les six premiers centimètres d'une carotte stalagmitique prélevée à Choranche ont permis de tester cette approche sur une archive complexe. Cette stalagmite massive présente trois zones (A, B et C) de faciès distincts. Les 6 cm de cette stalagmite sont bien laminés avec des lamines annuelles et parfois saisonnières. La fonction d'âge présentée à droite des mesures spectroscopiques a été établie à partir du comptage de lamines et de datations U/Th problématiques en raison du détritisme important et des âges récents (*Perrette et Ghaleb, en préparation*).

L'étude comparée de la réflectance, de la fluorescence et de l'indice de fluorescence permet d'établir l'impact de l'activité d'essartage (zone C) puis de charbonnage sur le plateau des Coulmes (Vercors) (zone B). Le retour à une végétation arborée est particulièrement net dans la partie sommitale de cet échantillon (zone A) et montre le retour progressif du plateau à des conditions *naturelles*. Les variations observées sur cet échantillon montrent l'importance du rôle de l'épikarst et du sol dans la modulation des signaux climatiques et environnementaux (déphasage des reflectance/fluorescence dans les zones A, C puis évolution en phase dans la zone B).

En guise de conclusion

Cette réflexion sur les enregistrements stalagmitiques nous permet de pointer l'apport particulier de la démarche géomorphologique dans l'étude des stalagmites. Notamment, cette approche est fondamentale pour le croisement d'enregistrements stalagmitiques de différentes grottes.

Références

CHEN Y., SENESI N. et SCHNITZER M., 1977. Information provided on humic substances by E4/E6 ratios. *Soil Sci. Soc. Am. J.*, 41, 352-358.

FAIRCHILD I.J. *et al.*, 2000. Controls on trace element Sr-Mg compositions of carbonate cave waters: implications for speleothem climatic records. *Chem. Geol.*, 166, 255-269.

HENDY C.H., 1971. The isotopic geochemistry of speleothems s.l. The calculation of the effect of different modes of formation on the isotopic composition of speleothems and their applicability as palaeoclimatic indicators. *Geochim. Cosmochim. Acta*, 35, 801-824.

PERRETTE Y. *et al.*, 2000. Comparative study of a stalagmite sample by stratigraphy, laser induced fluorescence spectroscopy, EPR spectrometry and reflectance imaging. *Chem. Geol.*, 162, 221-243.

PERRETTE Y. *et al.*, 2005. Speleothem organic matter content imaging. The use of a Fluorescence Index to characterise the maximum emission wavelength. *Chem. Geol.*, 214, Issues 3-4, 25-01-2005, 193-208.

ROBERTS M.S., SMART P.L. et BAKER A., 1998. Annual trace element variations in a Holocene speleothem. *Earth Planet. Sci. Lett.*, 154, 237–246.

SHOPOV Y.Y., FORD D.C. et SCHWARCZ H.P., 1994. Luminescent microbanding in speleothems: high resolution chronology and palaeoclimate. *Geology*, 22, 407-410.

VAN BEYNEN P., BOURBONNIÈRE R., FORD D. et SCHWARCZ H.P., 2001. Causes of colour and fluorescence in speleothems. *Chem. Geol.*, 175 (3-4), 319-341.

WHITE W.B., 1981. Reflectance spectra and colour in speleothems. *NSS Bulletin*, 43, 20-26.

Les sédiments détritiques de grotte : un processus d'archivage original

ANNE-SOPHIE PERROUX[1], JEAN-JACQUES DELANNOY[1], YVES PERRETTE[1], MARC DESMET[2]

Le milieu karstique renferme plusieurs types d'enregistreurs des évolutions environnementales, tels que la morphologie des cavités et les spéléothèmes. Ces deux mémoires sont aujourd'hui largement étudiées. Une autre archive du monde souterrain reste à ce jour délaissée : les dépôts détritiques. Nous proposons ici d'aborder l'étude de la capacité « mémoire » de ces dépôts. Travailler sur les sédiments détritiques de grotte en tant qu'archives paléoenvironnementales implique de décrypter les processus spécifiques au karst en termes de transport et de piégeage (accumulation) des sédiments.

Dans cet article, nous nous focalisons sur un des pièges sédimentaires endokarstiques : le lac, piège pour lequel nous disposons d'un référentiel méthodologique en nous basant sur les connaissances de la sédimentation dans les lacs de surface. Après un point sur la spécificité des lacs souterrains, nous traiterons dans cette note uniquement du décryptage des processus de transport, à travers l'étude comparative de deux sites, les grottes de Choranche et l'aven d'Orgnac.

1. Un référentiel théorique : les lacs de surface

La sédimentation dans les lacs de surface est bien connue. Elle répond à une dynamique saisonnière de stratification des eaux bien établie, exprimée par la température (**fig. 1**) en rapport direct avec la saisonnalité du climat. Pour ce qui est des lacs souterrains, cette dynamique saisonnière est filtrée, tamponnée par le milieu karstique (**fig. 2**), au point que la stratification des eaux en terme de température n'est plus effective. Le mode de sédimentation dans un lac souter-

1. EDYTEM, FRE 2641-CNRS, Campus Scientifique, Université de Savoie, F-73376 Le Bourget-du-Lac cedex – France (anne-sophie.perroux@univ-savoie.fr).
2. LGCA, UMR 5025-CNRS, Université de Savoie, Campus Scientifique, F-73376 Le Bourget-du-Lac cedex, France.

rain est donc soumis à d'autres contraintes, notamment le débit des eaux. L'impact des saisons est exprimé de façon beaucoup plus atténuée qu'en surface, par une alternance hautes eaux/basses eaux. Cette alternance est elle même tributaire de l'hydrodynamisme du système de drainage, des conduits karstiques en amont du lac.

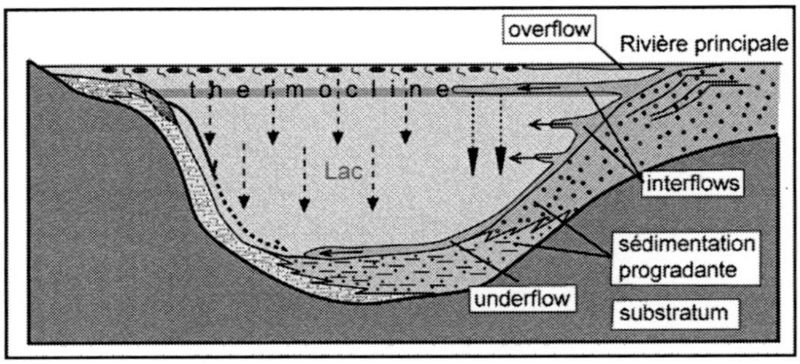

Fig. 1. Schéma du mode de sédimentation pour un lac de surface (d'après Sturm et Matter, 1978).

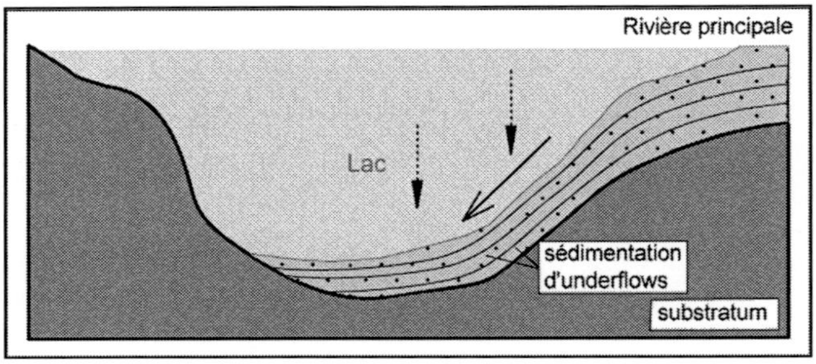

Fig. 2. Schéma du mode de sédimentation pour un lac souterrain.

2. Sites d'étude : d'un système fonctionnel à un paléosystème

2.1. Grottes de Choranche – Vercors : définition du fonctionnement d'un lac souterrain

Ces grottes sont situées dans la partie nord du massif préalpin du Vercors, dans les gorges de la Bourne (**fig. 3**). Elles drainent une partie du massif sus-jacent des Coulmes par un système constitué de trois rivières principales : Gournier, Coufin et Chevaline. Le fonctionnement des différents types de pièges sédimentaires est directement observable. Notre travail s'est concentré sur la rivière Chevaline, qui comporte un lac facile d'accès et de 50 m de diamètre environ. Des carottes de sédiments y ont été prélevées, à différentes profondeurs (**fig. 4**). La fig. 4 montre une portion d'une de ces carottes, prélevée à une profondeur de 2 m environ. La sédimentation est globalement argileuse, non

« varvée », et perturbée par des passées plus grossières (silts et sables) assimilables à des épisodes de crue.

Fig. 3. Carte de localisation des sites étudiés.

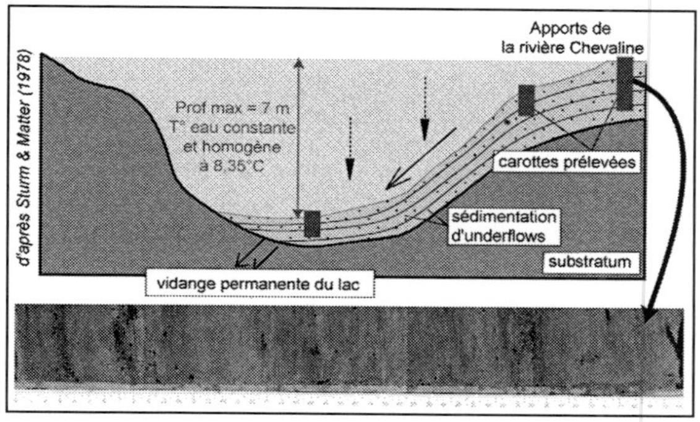

Fig. 4. Schéma du lac de Choranche montrant la disposition des carottes prélevées et photo d'une portion de carotte.

2.2. Aven d'Orgnac – Ardèche : application à un paléosystème identique

Cette grotte est localisée à l'extrémité sud du département de l'Ardèche, sur un plateau calcaire délimité par les gorges de l'Ardèche au nord, et les gorges de la Cèze au sud (**fig. 3**). Grâce à l'étude de cette cavité, nous pouvons tester les résultats obtenus sur les grottes de Choranche. Le fait que cette grotte soit aujourd'hui asséchée implique une étude des formes dans la cavité. Des échantillons de sédiments ont donc été prélevés dans un secteur semblable à un piège de type lac (**fig. 5**), et présentant *a priori* de fortes similitudes avec le lac étudié à Choranche. La **fig. 5** localise l'échantillon et montre qu'il est beaucoup plus structuré que les sédiments de Choranche, avec une très nette alternance de sables et d'argiles ; les lits sont affectés d'un pendage conforme à la morphologie.

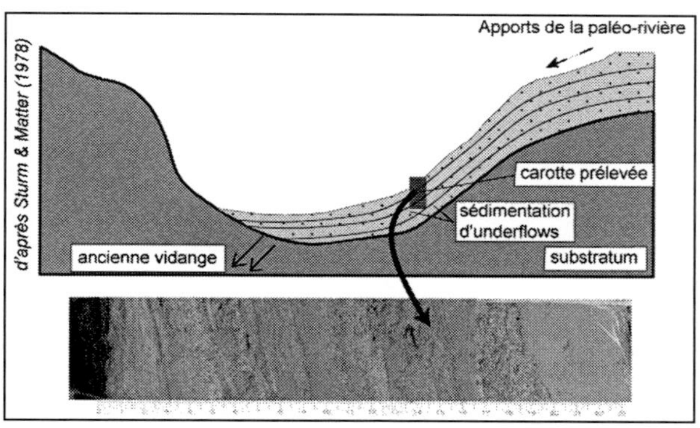

Fig. 5. Schéma du paléolac d'Orgnac montrant la disposition des carottes prélevées et photo d'une portion de carotte.

3. Comment décrypter les informations environnementales ?

Pour caractériser la dynamique d'archivage de ces dépôts, les échantillons de sédiments sont étudiés à travers leur granulométrie, à la plus fine résolution possible (granulomètre laser avec un pas d'échantillonnage de 3 mm). Ces données de granulométrie permettent de caractériser le milieu de dépôt (le piège et son environnement) qui est un des éléments du cryptage de l'information environnementale.

Sur la **fig. 6**, les données de la carotte étudiée pour Choranche sont placées sur une grille de Passega. La disposition des points, identique pour tous les autres prélèvements faits dans ce lac, a permis de contraindre l'amas de points sous forme d'une enveloppe. Cette enveloppe correspond à des courbes produites par régression polynomiale. L'image C/M qui en résulte propose donc une organisation des points, pour ce type de piège sédimentaire, en deux parties allant des crues majeures vers la droite à la décantation de fines dans la partie gauche. Cette représentation, dans sa forme globale, permet donc de caractériser au moins en partie le fonctionnement de l'archive sédimentaire dans un lac souterrain. Une première lecture de l'information archivée par le sédiment est ainsi opérée.

L'étude du prélèvement effectué à Orgnac selon les mêmes modalités va donc permettre de vérifier si l'image de Passega de la **fig. 6** est reproductible sur d'autres sites, pour lesquels le contexte de dépôt n'est pas réellement connu, ou tout simplement plus visible.

La **fig. 7** montre l'amas de points de l'échantillon d'Orgnac. Par dessus ont été placées les enveloppes, construites par régression polynomiale comme pour l'exemple précédent. L'amas de points, plus diffus ici, semble pourtant montrer des caractéristiques similaires au cas de Choranche. Les enveloppes peuvent en effet se subdiviser en deux parties, marquant toujours une rupture entre crues et décantation de fines. On constate toutefois trois différences majeures, toutes localisées sur la moitié gauche de cette image C/M :

- la concavité des courbes formant l'enveloppe est inversée ;
- les deux courbes de régression sont plus distantes l'une de l'autre ;
- la position globale de ces courbes sur l'image C/M est « plus basse » que dans le cas de Choranche.

Ces trois dissemblances peuvent trouver une explication dans la nature des sédiments transportés, liée aux sources locales de matière. En effet, en dépit de la similitude des pièges sédimentaires, ces deux sites – l'un au cœur du Vercors et l'autre sur les plateaux du sud de l'Ardèche – n'ont pas du tout le même contexte géographique, hydrographique et géologique. L'histoire de l'ère quaternaire par exemple, a été différente sur ces deux régions. Ce sont ces conditions locales qui donnent à la sédimentation ses caractéristiques (composition, texture, degré d'érosion...). Ainsi, la granulométrie globale de l'échantillon d'Orgnac est à la fois plus fine et plus dispersée que celle de la carotte de

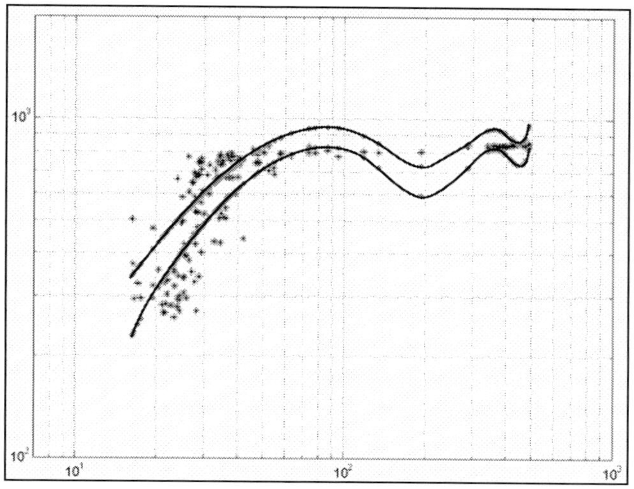

Fig. 6. Image C/M de la carotte de Choranche, construite sur la base de 150 mesures
L'enveloppe correspond à des régressions polynomiales d'ordre 5, avec une précision de 95 %.

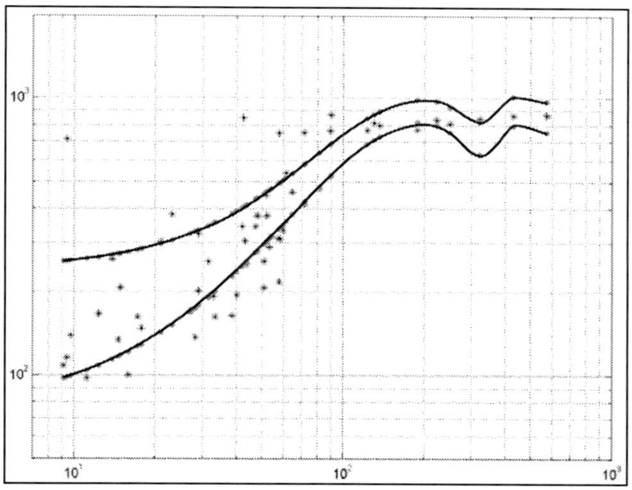

Fig. 7. Image C/M de l'échantillon d'Orgnac, construite sur la base de 56 mesures
L'enveloppe correspond à des régressions polynomiales d'ordre 5, avec une précision de 95 %.

Choranche. Une granulométrie plus dispersée peut expliquer en partie l'écartement plus marqué des deux courbes enveloppe, ainsi que l'inversion de la concavité. D'autre part, une granulométrie globalement plus fine – ici liée en grande partie à un phénomène particulier d'érosion des calcaires, lors du creusement de la cavité – est en parfaite cohérence avec un positionnement des points et de leur enveloppe plus proche de l'angle inférieur gauche de l'image C/M. Il semblerait donc que notre hypothèse soit acceptable, à condition de nuancer les interprétations en fonction du contexte local : un amas de points représenté sur une image de Passega peut caractériser par sa forme un contexte de dépôt, ici un cryptage de type « lac endokarstique ».

Dans le karst, il semble donc que l'on puisse déterminer un type de piège à sédiments par une représentation des données granulométriques sur le modèle du diagramme de Passega. L'intérêt de travailler sur des dépôts actifs est donc primordial car on peut les associer sans ambiguïté à un contexte de sédimentation bien précis. On peut ajouter ici que, pour tous les dépôts plus anciens, non actuels, ce type de traitement est donc déjà un élément du décryptage de l'information environnementale puisqu'on peut retrouver le contexte probable de dépôt, le type de piège qui a fonctionné dans le processus d'archivage.

Dans un second temps, on peut tenter de déchiffrer ces archives environnementales et leur contenu. D'autres méthodes sont alors mises en œuvre, notamment l'acquisition de différents signaux sédimentaires pour chaque carotte. C'est par la comparaison et le traitement de ces signaux que le décryptage des archives sédimentaires pourra se faire. Dans cette partie du travail, c'est l'étude des dépôts au sens strict qui est privilégiée ; la fonction de piégeage passe alors au second plan. Nous ne pourrons pas le développer dans cette note, mais les traitements impliqués à ce stade de l'étude d'une mémoire naturelle mesurent des données complémentaires de la granulométrie (composition, colorimétrie, etc.). Par le croisement de ces données, mais également avec le recours aux datations, la lecture de ces mémoires naturelles peut alors être menée plus avant.

Références

BRAVARD J.-P. et PEIRY J.-L., 1999. The C/M pattern as a tool for the classification of alluvial suites and floodplains along the river continuum. *In* : MARRIOTT S.B. et ALEXANDER J., *Floodplains: Interdisciplinary approaches*, Geological Society of London, 259-268.

FORD D. et WILLIAMS P., 1991. *Karst geomorphology and hydrology*, Londres, Ed. Chapman et Hall, 602 p.

HARDY H.H. et BEIER R., 1994. *Fractals in reservoir engineering*. Ed. World Scientific, 360 p.

LIGNIER V. et DESMET M., 2002. Les archives sédimentaires quaternaires de la grotte sous les Sangles (Bas-Bugey, Jura méridional, France) – Indices paléoclimatiques et sismotectoniques. *Karstologia*, 39, 27-46.

MALEVAL V. et JIGOREL A., 2002. La sédimentation dans un lac artificiel. Exemple du lac de Saint-Pardoux, Massif d'Ambazac, Limousin, France. *Géomorphologie*, 4, 307-320.

PASSEGA R., 1964. Grain size representation by C/M patterns as a geological tool. *Journal of Sedimentary Petrology*, vol. 34 (4), 830-847.

Des processus naturels et anthropiques à l'archivage sédimentaire : les indicateurs du milieu enregistrés dans les karsts subtropicaux de Chine

NATHALIE VANARA[1 et 2], RICHARD MAIRE[2]

Protégé de l'érosion externe, le milieu karstique enregistre la dynamique de l'environnement par des signaux divers. Dans le climat de mousson de la Chine (**fig. 1**), la périodicité des signaux saisonniers est enregistrée dans les sédiments des dépressions et des cavités. Cette périodicité est soulignée ou perturbée par des facteurs climato-anthropiques comme la déforestation et l'érosion des sols (Maire *et al.,* 2004). Les exemples étudiés sont localisés dans le district de Panxian, dans le sud-ouest de la province du Guizhou. Cette région karstique très montagneuse représente la bordure orientale du haut plateau du Yunnan avec sa couverture basaltique résiduelle qui culmine à 2 861 m.

1. Le référentiel d'indicateurs de l'évolution des milieux karstiques subtropicaux de Chine

Il est possible d'établir un référentiel des indicateurs karstiques valables pour le milieu naturel avec ou sans l'homme (**tab. 1**). Les indicateurs génériques désignent les familles d'indicateurs présents à l'extérieur et à l'intérieur du karst, instantanés ou non : indicateurs morphologiques, hydrologiques, chimiques, biologiques, sédimentaires et anthropiques. Les indicateurs morphologiques et sédimentaires externes permettent d'apprécier la vitesse d'érosion ; les indicateurs internes enregistrent les signaux de l'évolution du milieu et des occupations humaines. Les indicateurs spécialisés désignent une espèce ou une variété précise d'indicateurs. Ils permettent d'apporter des informations ciblées sur l'ancien fonctionnement des milieux, étape indispensable pour comparer les héritages avec les processus actuels influencés par les activités humaines. Les

1. Université de Paris 1 – Panthéon-Sorbonne (Nathalie.Vanara@univ-paris1.fr).
2. GDR 440, Dépôts rythmés karstiques et UMR 5185 ADES/DyMSET du CNRS, Bordeaux-Pessac (maire@ades.cnrs.fr).

indicateurs sédimentaires internes et périodiques sont les plus remarquables pour l'étude des fonctionnements naturels car ils ont enregistré les signaux saisonniers, annuels et les cycles. D'autre part, ils peuvent contenir des indices de phénomènes instantanés ou rapides : les charbons de bois sont relatifs à des incendies ou des feux courants, les téphra à des éruptions volcaniques…

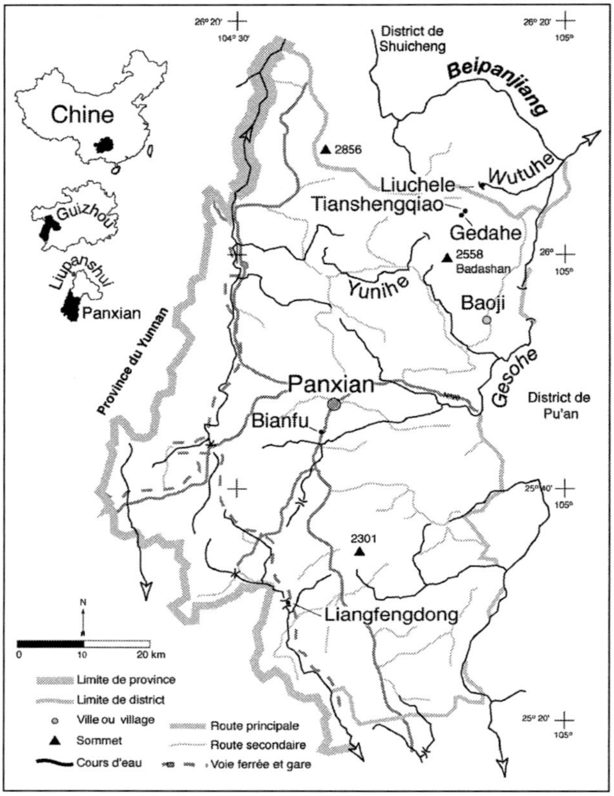

Fig. 1. Localisation des sites étudiés (Panxian, Guizhou, Chine).

2. *Un processus naturel, l'érosion à l'échelle géologique. Les indicateurs de surface : altérites et alluvions (Panxian, Guizhou)*

2.1. Le décapage de la couverture basaltique et la mise en place d'une haute surface calcaire à buttes coniques

Les indicateurs altérologiques, responsables de la pédogenèse, renseignent sur la nature et l'origine des roches altérées, notamment sur la nature d'une ancienne couverture géologique aujourd'hui disparue. Lorsque l'érosion des sols est importante, elle révèle la surface irrégulière du substrat calcaire crypto-karstifié en dents de pierre. Entre ces crypto-lapiés, des racines d'altérites, formant des horizons B de teinte rouge tronqués, subsistent. Ces altérites anciennes remanient des résidus d'altération issus de la digestion de la colonne sédimentaire. L'examen minéralogique au microscope de la fraction sableuse est la méthode la plus directe pour déceler les signatures éventuelles des roches disparues.

Indicateurs génériques	Indicateurs spécialisés	Signification environnementale
Indicateurs morphologiques externes	Forêts de pierre, pinacles Dents de pierre (shilin)	Érosion naturelle, crise tectonique et/ou climatique Érosion climato-anthropique
Indicateurs biologiques externes	Touffes racinaires	Érosion climato-anthropique
Indicateurs sédimentaires lacustres externes	Rythmites de poljé Niveaux de charbons de bois	Érosion naturelle et/ou anthropique Brûlis anthropiques
Indicateurs morphologiques internes	Vagues d'érosion	Creusement en régime noyé
Indicateurs sédimentaires internes : rythmites et spéléothèmes	Laminites périodiques (fausses varves) Laminites périodiques, doublets	Enregistrement saisonnier et annuel avec laminites de crue de mousson Enregistrement saisonnier et annuel
Indicateurs instantanés internes	Sismothèmes (spéléothèmes cisaillés) Sismites (figures de liquéfaction)	Séismes et mouvements tectoniques Séismes
Indicateurs internes de processus rapides	Niveaux de tephra Niveaux de cendres	Éruptions volcaniques Incendies, brûlis
Indicateurs internes d'occupation humaine et animale	Traces de pas + charbons de bois Ossements humains et animaux Peintures rupestres....	Incursions humaines profondes (torches) Sépultures, abris… Culture rupestre, changement climatique
Indicateurs microbiologiques internes	Spéléothèmes algaires orientés Microchampignons calcifiés Ferro-bactéries, mangano-bactéries	Rôle de la lumière Réchauffement climatique Réchauffement climatique, paléokarst

Tableau 1. Principaux indicateurs étudiés dans le milieu karstique tropical.

Indicateurs génériques	Indicateurs spécialisés	Signification environnementale	Signification climatique
Laminites visibles	Laminites poreuses épaisses Laminites non poreuses fines		Saison chaude Saison froide
Laminites invisibles	Laminites fluorescentes Laminites non fluorescentes	Matière organique Pas de matière organique	Saison chaude Saison froide
Diasthèmes Surface d'érosion-dissolution	Niveau de micro-dissolution	Solutions pédologiques Arrêt du concrétionnement et érosion-dissolution	Fluctuations saisonnières Changement climatique
Cycles de laminites		Variations périodiques	Cycles solaires probables
Cendres	Cinérites Microcharbons de bois	Retombées volcaniques Brûlis, incendies	Sécheresse possible
Contaminations détritiques	Particules de sol, cendres	Érosion des sols	Fluctuations climatiques
Cassures	Cisaillement	Séismes, tectonique Mouvements gravitaires	
Cassures	Microcisaillement	Recristallisation + gonflement (aragonite, calcite)	Changement du régime hydrique

Tableau 2. Indicateurs génériques et spécialisés présents dans les spéléothèmes de Chine du Sud-Ouest.

À proximité du village de Baoji (alt. 1 700 m), les profils d'altérites montrent un horizon B argileux, rouge, en partie tronqué. La fraction sableuse contient une masse de fond constituée par des grains de cuirasses et de sols ferrugineux, quelques gros quartz, des débris de spicules, de rares micas et de petits verres volcaniques blancs, parfois bruns (**fig. 2**). Cette contamination volcanique nette prouve l'ancienne extension de la formation Emeishan (basaltes du Permien supérieur). Actuellement cette couverture se situe 4 km au nord-ouest du village de Baoji où elle culmine entre 2 300 et 2 558 m (Badashan). La présence en faible quantité de verres dans ces profils tronqués est liée à l'ancienneté de l'altération et à l'argilisation quasi complète de la silice amorphe. L'état d'altération des quartz, comme celui des zircons carriés et usés, atteste une longue période d'altérogenèse. L'altération et l'érosion de la couverture imperméable du Permien supérieur (basaltes) et du Trias inférieur (argilites et pélites) se sont effectuées au cours d'une longue période que l'on peut situer approximativement pendant une grande partie de l'ère tertiaire. Au fur et à mesure du décapage de cette couverture et de la mise à l'affleurement des calcaires sous-jacents (Permien inférieur et Carbonifère), un karst à buttes coniques s'est mis en place. Ce dernier a été porté en altitude à la suite de la dernière grande phase de surrection himalayenne (environ un millier de mètres au Plio-quaternaire).

2.2. Crise tectonique et érosion : le paléocours de la Gedahe

La situation et la nature des dépôts alluvionnaires permettent localement de suivre l'incision des cours d'eau et l'enfoncement de la karstification en fonction de la surrection tectonique himalayenne. Des alluvions anciennes perchées (indicateurs de paléotracés) ont été retrouvées à différents niveaux d'altitude sur le tracé des grottes-tunnels de la Gedahe (**fig. 3**). Le site n° 1 est une terrasse fluviatile typique de plusieurs mètres d'épaisseur avec des niveaux de graviers, sables et limons (photo de la **fig. 3**). Elle est localisée 110 m au-dessus de la perte actuelle, à proximité d'une ancienne galerie (ancien parcours souterrain de la Gedahe). Les graviers et sables grossiers sont constitués par des grès, chailles, silex et quelques fragments de cuirasses ferrugineuses. Les grès présentent un cortex d'altération et des craquelures. L'examen minéralogique des sables montre de nombreux grains de quartz, de sols et de cuirasses ferrugineuses à structure micro-gréseuse. Le cortège minéral est assez varié : mica, verre volcanique bulleux, sphène, zircon, calcédoine, tourmaline. Le site n° 2 est situé sur le parcours morphologique évident de l'ancienne rivière souterraine. Les galets et graviers sont présents au fond d'une petite vallée sèche encaissée, reste d'une ancienne galerie effondrée. Le prélèvement des alluvions a été effectué vers 1 435 m d'altitude, un peu en amont du grand porche de la grotte fossile de Tianshenqiao, élément relique d'un des tronçons de l'ancienne grotte-tunnel de la Gedahe. La fraction sableuse montre également une majorité de quartz et de grains de sols et de cuirasses. Le site n° 3 est localisé sur le plateau vers 1 520 m.

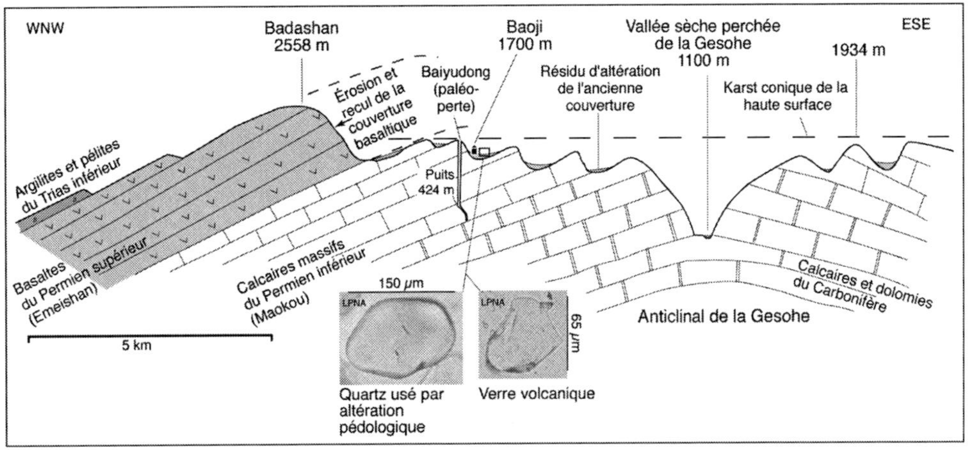

Fig. 2. Décapage de la couverture du karst de l'anticlinal de la Gesohe et mise en place d'une haute surface à buttes coniques (Panxian, Guizhou).

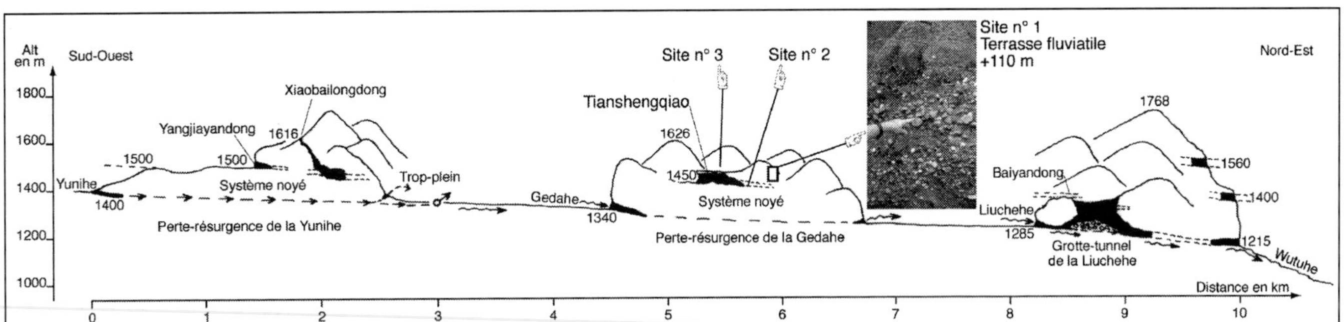

Fig. 3. Schéma montrant le système des grottes-tunnels étagées de la Gedahe (Panxian, Guizhou).

Les galets présents sont plus altérés. On peut distinguer les phases d'évolution suivantes :

1. Tertiaire, décapage de la couverture basaltique et écoulement fluviatile normal ;
2. Néogène (terrasse +180 m), affleurement de calcaires permiens, mise en place de l'ancien cours superficiel ou semi-souterrain de la Gedahe ;
3. Néogène (tronçon souterrain de Tianshenqiao et terrasses à + 110 m) ;
4. Pléistocène inférieur, paléoparcours semi-souterrain de la Gedahe ;
5. Pléistocène supérieur, grotte-tunnel actuelle.

3. Les déstabilisations anthropiques. Les indicateurs endokarstiques : l'exemple des spéléothèmes actifs

La signification annuelle des lamines de croissance des concrétions a été prouvée expérimentalement au début des années 1990 (Baker *et al.*, 1993 ; Genty, 1993) (**tab. 2**). L'étude des concrétions en zone tropicale permet aussi de mieux distinguer l'impact des activités humaines, en particulier celui de la déforestation et de l'érosion des sols au cours du dernier siècle (**tab. 2**) (Maire et Vanara, 2003). Ce phénomène est d'une ampleur considérable en Chine, d'où l'intérêt de comparer les séries rythmées souterraines détritiques et calcitiques afin de comparer les poids respectifs des impacts climatiques et anthropiques dans un milieu montagnard à climat de mousson, soumis à un peuplement rural élevé (250 hab/km^2). Deux exemples comparatifs de stalagmites sont étudiés : l'un en contexte biostasique, l'autre en condition rhéxistasique.

3.1. Croissance d'une stalagmite en condition biostasique (Panxian, Guizhou)

Une stalagmite active récente bifide a été prélevée dans la galerie sismique de la grotte fossile de Bianfu. Haute de 15 cm, la stalagmite montre, en section polie, une calcite blanche non contaminée. Le caractère laminé est marqué par la succession de doublets de lamines visibles à l'œil nu. Au vidéo-microscope, on constate que chaque doublet de 0,5 à 0,7 mm est formée par une lamine épaisse, poreuse et grise (lumière en partie piégée par les pores) et par une lamine fine, dense et blanche (lumière réfléchie). En lame mince (**fig. 4**), la lamine épaisse montre une structure columnaire poreuse plus ou moins entrecroisée ; sa porosité est de l'ordre de 20 à 30 %. La lamine fine présente une calcite identique, mais non poreuse. Chaque doublet de lamine possède une signification annuelle. La lamine épaisse et poreuse correspond à une croissance rapide (saison humide de mousson). La lamine fine (0,1-0,2 mm), non poreuse, signale une croissance lente (saison sèche hivernale). L'absence de contamination pédologique suggère un milieu filtrant lié à un milieu extérieur, non cultivé, recouvert par la végétation.

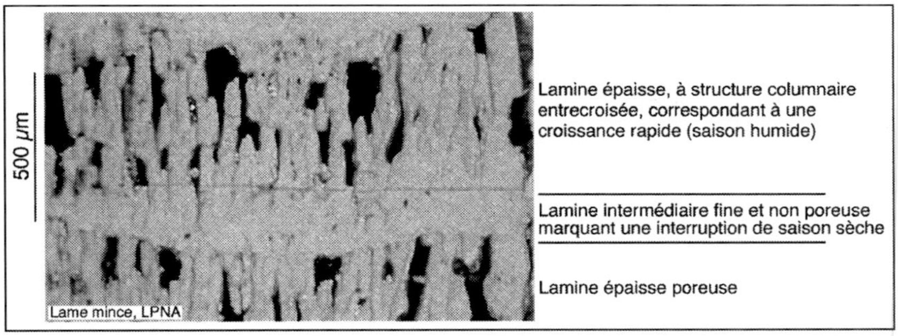

Fig. 4. Détail montrant un doublet annuel de 500 µm d'épaisseur, stalagmite de Bianfu (Panxian, Guizhou).

3.2. Enregistrement de l'évolution de l'environnement au XXe siècle en condition rhéxistasique

Une stalagmite active haute de 10 cm a été prélevée dans le réseau actif de Liangfengdong (**fig. 5**). La section longitudinale polie montre une structure rythmée nette. Contrairement à l'exemple précédent cette concrétion a capté des contaminations détritiques : particules de sols (argiles), de cuirasses (présence de fer) et d'un cortège minéral à base de quartz, calcite, chaille, mica. En épifluorescence, on constate que la matière organique en gel est associée à ces débris pédologiques. Le sommet de la stalagmite est daté d'avril 2000. Par comptage des lamines, on constate que cette concrétion a enregistré pratiquement tout le XXe siècle :

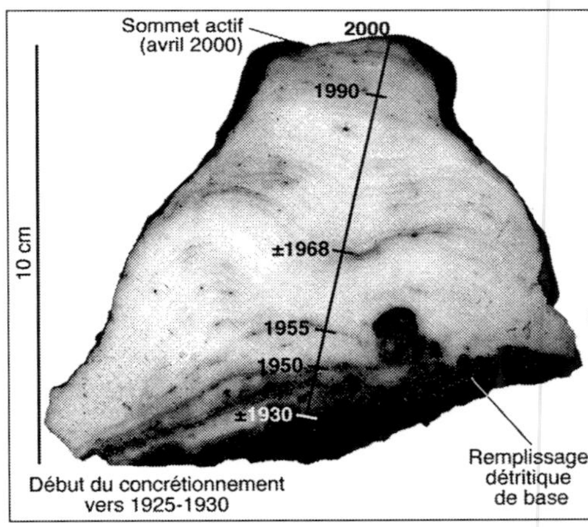

Fig. 5. Stalagmite active à croissance rapide, cavité de Liangfengdong (Panxian, Guizhou).

- de 2000 à 1990, doublets annuels irréguliers avec contaminations pédologiques sur six lamines ;
- de 1990 à 1968, ensemble de doublets épais avec des contaminations pédologiques entre 1974 et 1978 ;
- de 1969 à 1950, doublets épais à nette contamination pédologique vers 1968 et 1955 ;
- de 1950 à 1930, base contaminée à doublets de calcite moins épais.

La présence de contaminations pédologiques, dispersées ou situées sur des niveaux précis dans l'ensemble du concrétionnement, indique que l'environnement externe (végétation, sols) a été en condition plus ou moins rhéxistasique pendant le XXe siècle. Le milieu, peu filtrant, a laissé passer des débris pouvant atteindre 0,2 à 0,5 mm. Ces signaux enregistrés sur cette concrétion donnent une indication locale conforme à l'état de déséquilibre du milieu rural des karsts du Guizhou au cours du XXe siècle en raison des phases successives de déforestation.

En conclusion, l'analyse multiscalaire des dépôts souterrains, en particulier le décryptage des signaux environnementaux, a pour but de caractériser les processus périodiques, les discontinuités et les processus d'accélération. En étudiant les archives du passé à haute et basse résolution, on constate des lois générales, en particulier les effets de la non-linéarité de la flèche du temps. Quand un seuil est franchi, il y a accélération, puis décélération, avec périodicité ou pseudo-périodicité. Cet aspect est valable pour les processus naturels et pour les impacts homme/milieux. Cette connaissance intime du passé proche et lointain aide à mieux comprendre les processus en cours à l'interface Nature/Société et à départager l'impact des paramètres locaux des paramètres globaux.

Références

BAKER A., SMART P.L., EDWARDS R.L. et RICHARDS A., 1993. Annual growth bandings in a cave stalagmite. *Nature*, 364, 518-520.

GENTY D., 1993. Mise en évidence d'alternances saisonnières dans la structure interne des stalagmites. Intérêt pour la reconstitution des paléoenvironnements continentaux. *Compte-rendu de l'Académie des Sciences*, Paris, série 2, t. 317, 1229-1236.

MAIRE R., BARBARY J.-P., ZHANG S., VANARA N. et BOTTAZZI J., 2004. Spéléokarstologie et environnement en Chine. *Karstologia Mémoires*, 9, Fédération Française de Spéléologie et Association Française de Karstologie, 564 p.

MAIRE R. et VANARA N., 2003. Déstabilisation des terroirs karstiques de montagne en Chine du Sud-Ouest. Indicateurs de l'environnement et forçages socio-économiques. *Crises et mutations des agricultures de montagne, Actes du colloque international de Clermont-Ferrand (12-13 décembre 2002) en hommage au professeur Christian Mignon*, CERAMAC éd., 27-41.

Intégration de la géomorphologie à l'étude interdisciplinaire de la zone humide et du bassin versant de Montchâtre à l'Holocène récent (plateau des Dômes)

CHRISTÈLE BALLUT[1]

Depuis les années 1980, le plateau des Dômes a fait l'objet de diverses études palynologiques (Beaulieu et Goeury, 1987 ; Michelin *et al.*, 1996 ; 2001 ; Miras, 2004) et d'une étude paléopaysagère (Michelin, 1995). Cependant, ces travaux sont restés peu intégrés à une approche globale des archives sédimentaires, sous-exploitant en particulier l'apport des études géomorphologiques et sédimentologiques. Depuis 2002, ce plateau fait l'objet de nouvelles investigations dans le cadre du programme *Zone Atelier Bassin Versant de la Loire* (CNRS). Cet article montre l'intégration de la géomorphologie à l'étude interdisciplinaire de l'évolution environnementale du bassin versant et de la zone humide de Montchâtre à l'Holocène récent.

1. Le bassin versant de Montchâtre

Le bassin versant de Montchâtre est localisé sur le rebord oriental du plateau des Dômes, dans l'arrière-pays clermontois (**fig. 1**). De taille modeste (moins de 2 km²), il s'étend entre 885 et 1 014 m d'altitude sur des terrains cristallins. Dans sa partie aval se trouve une zone humide qui couvre environ 6 ha. Cette cuvette topographique de forme circulaire serait un ancien maar (Camus *et al.*, 1983), alimenté en eau par les précipitations, des apports par ruissellement et des remontées profondes le long de la cheminée volcanique. Les pertes en eau s'opèrent classiquement par évaporation, évapotranspiration et écoulement linéaire. Or, cet écoulement a été artificialisé au cours des temps historiques par l'aménagement de la zone humide, aujourd'hui à l'abandon, mais encore enserrée par une digue percée d'un exutoire construit.

---

1. GEOLAB, UMR 6042-CNRS, Maison de la Recherche, 4 rue Ledru, 63057 Clermont-Ferrand cedex 1 (christeleballut@hotmail.com).

Dans les années 1980, une carotte de 360 cm avait déjà été prélevée dans le maar. Une étude pollinique avait permis de retracer l'évolution du couvert végétal depuis l'époque gallo-romaine (Michelin *et al.*, 1996), mais elle n'avait pas pu être associée à d'autres observations géomorphologiques, sédimentologiques et paléoécologiques. Aujourd'hui, grâce à des travaux interdisciplinaires et à de nouvelles données chronologiques, l'objectif est de retracer plus finement l'histoire environnementale du bassin versant et de la zone humide en précisant ses mécanismes explicatifs. Le croisement des données acquises collectivement, toujours en cours, ne fait pas l'objet d'une présentation détaillée. Sont présentés ici les premiers résultats de l'étude géomorphologique et leurs apports aux recherches paléoenvironnementales.

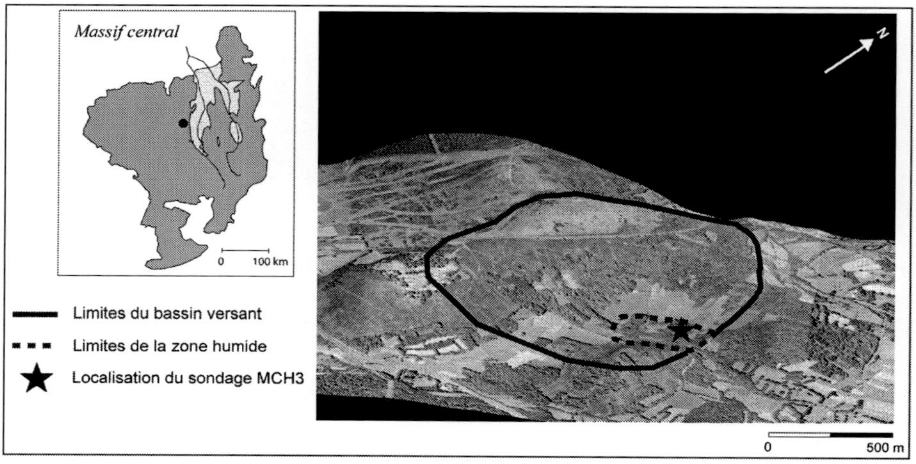

Fig. 1. Le bassin versant de Montchâtre (F. Vautier).

2. *Intégration de la géomorphologie à l'étude paléoenvironnementale*

Les investigations géomorphologiques ont commencé dans le bassin versant par la réalisation d'un modèle numérique de terrain, d'une prospection de surface et de 32 sondages à la tarière manuelle. Ces travaux sont destinés à découper l'espace étudié en unités physiques élémentaires, différenciées et cartographiées sur la base de critères exclusivement physiques relativement stables à l'échelle de l'Holocène : l'altitude, la pente, l'exposition et la géologie. Ils visent aussi à montrer comment ces unités ont évolué en observant les sédiments enfouis et les formes de surface pour retrouver les processus géomorphologiques passés et actuels. L'ensemble doit permettre d'envisager plus efficacement toute reconstitution paysagère diachronique, notamment en apportant une aide à la spatialisation de l'ensemble des données paléoénvironnementales acquises à Montchâtre (Ballut *et al.*, 2005).

Néanmoins, aucun élément de datation et aucune donnée paléoécologique n'ont été décelés dans le bassin versant. Le meilleur piège à sédiments, pollens et autres macrorestes, demeure la zone humide qui offre aussi la possibilité de réaliser des datations par le radiocarbone sur la matière organique fossile. Parmi les 3 carottages réalisés dans cette zone, le plus profond (MCH3, 550 cm) a été choisi pour donner lieu à une étude interdisciplinaire associant géomorphologues et paléoécologues. Entre autres, l'étude sédimentologique s'appuie sur 6 datations ^{14}C, 35 analyses granulométriques et 40 analyses chimiques (MO, C, N, P, K, Ca, Mg, N-NO3, N-NH4).

3. L'étude du bassin versant

L'identification des unités physiques qui composent le bassin versant s'est appuyée sur l'analyse des critères physiques cités ci-dessus. Leur croisement a permis de découper le secteur en trois zones principales (**fig. 2**). La partie haute du bassin versant, de forme convexe, où les pentes sont moyennes (5-10 %), est aujourd'hui couverte de pâturages. La partie médiane, où les pentes sont fortes

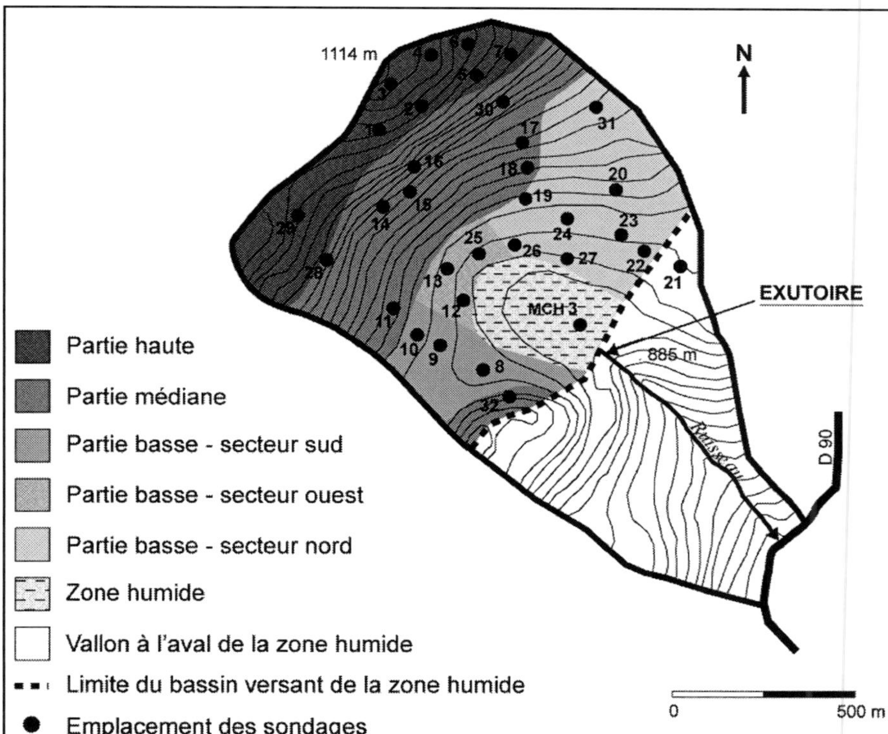

Fig. 2. Les différentes unités physiques constitutives du bassin versant de Montchâtre (C. Ballut).

(20-25 %), est entièrement boisée. Enfin, la partie basse, de forme concave, où les pentes se réduisent (1 à 10 %), offre des terrains peu accidentés et faciles à mettre en valeur. Elle est aujourd'hui couverte de pâtures. Elle se subdivise en trois secteurs : un secteur nord offrant de longues parcelles en pente douce, un secteur ouest correspondant à une importante paléoravine et un secteur sud, au drainage complexe, séparé de la zone humide par un chemin surélevé.

La trentaine de sondages a révélé une grande homogénéité pédologique, le bassin versant étant partout recouvert de sols bruns, limono-sableux, reposant sur un substrat cristallin. Cependant, les formations superficielles sont d'épaisseur variable et présentent des différences texturales et structurales qui permettent de déceler des paléoprocessus géomorphologiques. L'épaisseur des sols atteint 20 à 50 cm sur la partie haute et moins de 20 cm sur la partie médiane. Sur cette dernière, des cicatrices végétalisées de plusieurs mètres d'envergure sont également visibles. À l'inverse, dans la partie basse, les formations dépassent partout le mètre d'épaisseur et contiennent des séries sablo-graveleuses litées. Les archives du sol et les formes fossiles attestent une érosion jadis active, associée à des processus de transport compétents, qui contraste avec la situation actuelle dominée par un ruissellement diffus relativement discret.

4. L'étude physico-chimique des sédiments de la carotte MCH3

4.1. L'évolution des flux dans le bassin versant

Globalement, la granulométrie réalisée sur la fraction minérale des sédiments traduit l'histoire des flux dans le bassin versant. Toutefois, l'interprétation des courbes granulométriques doit être nuancée par la possibilité de minéralisation de la matière organique (indiquée par le rapport C/N) et par le fait que l'aménagement de la zone humide (digue, muret de clôture) a pu biaiser le lien entre les dynamiques géomorphologiques dans le bassin versant et leur enregistrement concomitant dans la zone humide à certaines époques. Il n'en demeure pas moins que l'évolution des flux est contrastée (**fig. 3**).

À la base de la carotte MCH3, la première phase (550-472 cm) caractérise la fin de l'Âge du Fer et/ou le début de l'Antiquité (2040 ± 70 BP à 1995 ± 35 BP). Elle est marquée par des augmentations irrégulières de la granulométrie qui correspondent à des pics d'érosion accrue. La période gallo-romaine se cale sur les phases 2 (472-418 cm), 3 (418-325 cm) et 4 (325-263 cm) de la carotte (1995 ± 35 BP à 1490 ± 50 BP). Les phases 2 et 3 sont caractérisées par une granulométrie relativement fine qui augmente nettement dans la phase 4. Depuis le début du Moyen Âge, la granulométrie est relativement grossière et tend globalement à augmenter, à quelques exceptions près. La phase 5, très courte (263-241 cm) et qui initie le Moyen Âge, est caractérisée par un sédiment brun dans lequel les sables et les limons grossiers sont réduits. Dans la phase 7 (224-120 cm), un affinement du sédiment est observé vers 170-150 cm de profondeur. Enfin, dans la phase 8 (120-90 cm), soit vers les XIIIe-XIVe siècles (680 ± 45 BP), les apports sableux sont également réduits. À ce stade de l'étude, ces brèves réductions de la granulométrie demeurent difficiles à interpréter. Elles peuvent être liées à des ralentissements de la morphogenèse dans le bassin versant ou à des aménagements de bordure de la zone humide ayant bloqué l'arrivée des sédiments dans la zone humide.

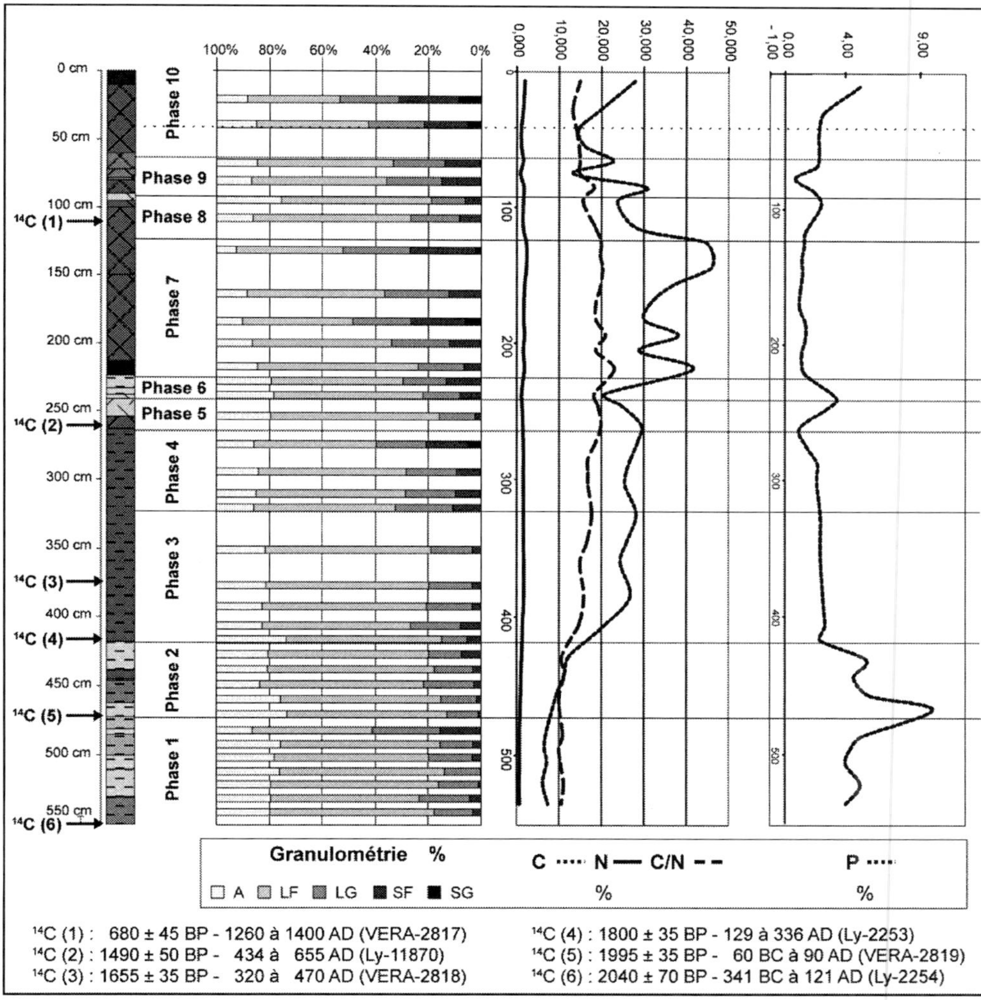

Fig. 3. Physico-chimie des sédiments de la carotte MCH3 (C. Ballut).

4.2. L'évolution de la zone humide

L'analyse du type de sédimentation (organique/minérale) et des indicateurs chimiques traduit davantage l'histoire de la zone humide.

À la fin de l'époque gauloise ou au début de l'époque gallo-romaine (phase 1), le sédiment gris-clair à verdâtre, argileux, a été interprété comme un horizon réductique attestant la présence d'une nappe d'eau permanente. Au cours de l'Antiquité (phases 2, 3, 4), le sédiment devient brun et progressivement plus organique. L'extension de la nappe d'eau se réduit et un sol plus ou moins humide caractérise le secteur. La période historique est plus complexe. La phase 5 (263-241 cm) est représentée par un sédiment brun, encore plus organique. Dans la phase 6 (241-224 cm), la sédimentation devient brusquement plus minérale, avec la mise en place d'un nouveau gley, témoin d'une nappe d'eau permanente. Il est possible que la digue ait été aménagée à cette époque (haut Moyen Âge). Néanmoins, ce niveau lacustre est peu épais et une tourbe brune, plus ou moins minéralisée, lui succède jusqu'en surface. Dans la phase 7, les taux de matières organiques sont les plus élevés de la carotte, surtout au début de la période, même si dans le détail ils varient de 36 à 80 %. À partir des XIIIe-XIVe siècles (phases 8 et 9), ils se réduisent nettement tout en continuant à varier dans des proportions non négligeables. Ces fortes variations de la teneur en matières organiques et du degré de minéralisation des sédiments traduisent une évolution complexe de la zone humide certainement liée à sa gestion par les sociétés (succession d'assèchements/vidanges et de mises en eau).

L'analyse des autres marqueurs chimiques est complexe, non achevée, mais prometteuse. À titre d'exemple, l'évolution du phosphore, fréquemment interprété comme marqueur de l'anthropisation (Michelin, 2001 ; Miras 2004), suit en effet les variations granulométriques et *a priori* celles de l'ouverture des paysages dans la phase 1 où le milieu est totalement saturé d'eau. Dans le reste de la carotte, les pics de phosphore se corrèlent avec les états les plus humides, car l'absence d'oxygène, l'acidité du pH et la présence d'oxyhydroxydes permettent une meilleure fixation de cet élément (Duchaufour, 1997 ; Charman, 2002). Entre ces épisodes, les teneurs sont moindres qu'à la fin de l'Âge du Fer malgré une pression humaine et des phénomènes érosifs parfois supérieurs et constants. Durant la période historique, la valeur de ce marqueur est en fait relative à l'état hydrique de la zone humide qui, plus que la pression humaine, influe sur le cycle du phosphore.

Conclusion

L'étude géomorphologique et sédimentologique apporte des résultats sur l'évolution des dynamiques érosives et sur la gestion de l'eau sur le plateau des Dômes, thèmes qui jusqu'alors n'étaient pas documentés par d'autres sources que les archives historiques (Michelin, 1995). Elle rend compte de transferts de matières croissants dans le bassin versant et montre la succession de différents états hydriques dans la zone humide depuis la fin de la Protohistoire. En précisant la taphonomie des dépôts, cette étude montre également l'influence des fonctionnements hydriques sur la qualité des enregistrements et souligne de fait l'intérêt d'étudier l'ensemble des dynamiques environnementales actives dans les bassins versants des zones lacustres ou tourbeuses, d'autant plus que ces dynamiques ne sont pas exclusivement d'origine climatique dans les moyennes montagnes d'Europe occidentale.

Références

BALLUT C., VAUTIER F., GABY G., 2005. Contribution de la géomorphologie à la spatialisation des informations paléoenvironnementales : Limagne humide et bassin versant de Montchâtre (Massif Central français). *In* : BERGER J.-F., BERTONCELLO F., BRAEMER F., DAVTIAN G. et GAZENBEEK M. (dir.), *Temps et espaces de l'homme en société. Analyses et modèles spatiaux en Archéologie Actes des XXV*[e] *Rencontres internationales d'archéologie et d'histoire d'Antibes, (21-23 octobre 2004 – Palais des Congrès de Juan-les-Pins)*, Éd. APDCA, Antibes, 517-526.

BEAULIEU (de) J.-L., GOEURY C., 1987. Zonation automatique appliquée à l'analyse pollinique : exemple de la narse d'Ampoix (Puy-de-Dôme, France). *Bulletin de l'Association française pour l'étude du Quaternaire*, 1, 49-61.

BOIVIN P. *et al.*, 2004. *Volcanologie de la chaîne des Puys.* Clermont-Ferrand, Parc Naturel Régional des volcans d'Auvergne, 4e éd., 179 p. + carte.

CHARMAN D., 2002. *Peatlands and environmental change*, Chichester, Wiley, 302 p.

DUCHAUFOUR P., 1997. *Abrégé de pédologie. Sol, végétation, environnement*, Masson, 292 p.

MICHELIN Y., 1995. *Les jardins de Vulcain, paysage d'hier, d'aujourd'hui et de demain dans la chaîne des Puys du Massif central français.* Paris. Éd. Maison des Sciences de l'Homme, 156 p.

MICHELIN Y., VERGNE V., DENÈFLE M., COHEN J., 1996. Méthodologie pour une reconstitution paysagère ; la chaîne des Puys de la fin de l'Empire romain à nos jours. *In* : *L'homme et la Nature au Moyen Âge, Actes du Colloque d'archéologie médiévale, Grenoble 1993*, Errance, 57-62.

MICHELIN Y., VERGNE V., COUGOUL C., COURNUT S., 2001. Variations des teneurs en éléments minéraux dans un bas-marais holocène : la Vezolle (chaîne des Puys), premières recherches des manifestations anthropiques. *Quaternaire*, 1-2, 31-41.

MIRAS Y., 2004. *L'analyse pollinique du plateau de Millevaches (Massif central, France) et de sites périphériques limousins et auvergnats : approche des paléoenvironnements, des systèmes agropastoraux et évolution des territoires ruraux*, Université de Franche-Comté, 298 p.

Paysages, pratiques agricoles et dégradation des sols dans les Basses Terres mayas du Préclassique au Postclassique : le cas du site de « La Joyanca » (Petén, Guatemala)

Jean-Michel CAROZZA[1 et 2], Didier GALOP[3], Jean-Paul MÉTAILIÉ[2], Éva LEMONNIER[4], Marie-Charlotte ARNAULD[4]

Introduction

La péninsule du Yucatán a été le centre du développement de la civilisation maya, dont l'aire de peuplement s'étend sur cinq pays : sud-est du Mexique (états du Campeche, du Yucatán et du Quintana Roo, plus une partie du Tabasco et du Chiapas), Guatemala (Petén, Hautes Terres et côte Pacifique), Bélize et parties occidentales du Honduras et du Salvador. Dans cet espace, les Basses Terres jouent un rôle fondamental dans le développement de la civilisation « classique » à partir de 250 AD. C'est en effet dans cette aire géoculturelle que s'est épanouie une des plus grandes civilisations méso-américaines de caractère urbain.

Les conditions d'installation et de croissance de la civilisation « classique » ne vont pas sans poser certaines interrogations, en particulier en ce qui concerne le système agraire nécessaire au maintien d'une population élevée (Faust, 2001). Le système extensif, basé sur la trilogie maïs-courge-haricot (Piperno et Pearsall, 2000 ; Michelet, 2000), auquel s'adjoignent en règle générale les apports d'un jardin-verger ou d'une horticulture à proximité des habitations, est associé à la pratique de l'abattis-brûlis très consommatrice d'espace et à fort impact environnemental. La rotation culturale fait alterner des cultures (milpa) et une jachère (guamil). Différentes hypothèses ont été émises pour rendre compte de l'accroissement de population : extension des zones cultivées, intensification agricole et enfin réduction du temps de jachère. La première des hypothèses

1. Faculté de Géographie et d'Aménagement, Université Louis Pasteur, Strasbourg.
2. GEODE, UMR 5602-CNRS, Toulouse.
3. Laboratoire de Chrono-Écologie, UMR 6565, Besançon.
4. ARCHAM, UMR 8096-CNRS, Nanterre.

semble difficilement conciliable avec le maillage territorial dense qui caractérise le Classique récent. L'intensification est archéologiquement attestée dans les Basses Terres sous forme de terrasses agricoles identifiées entre autres dans la région du Petexbatún, même si elles restent rares (Beach et Dunning, 1995). Une mise en valeur de zones humides par des systèmes de champs surélevés a également pu constituer une solution (Fedick *et al.*, 2000 ; Jacob, 1995). Ces pratiques auraient pu répondre à une demande croissante en terres agricoles, comme le suggère Kunen (2001) pour le Bélize. L'hypothèse d'une réduction de la jachère est également envisagée (Johnston, 2003) et pourrait avoir été généralisée au Classique terminal, voire à la fin du Classique récent. L'impact environnemental de telles pratiques, notamment en terme d'érosion des sols, est alors une question fondamentale. En effet, les pratiques d'abattis-brûlis dans un milieu caractérisé par l'alternance d'une saison sèche et d'une saison des pluies peuvent constituer un facteur favorable à la dégradation rapide des sols.

Dans le Petén, les travaux menés depuis les années 1980 ont permis de mettre en évidence l'existence d'une phase d'érosion des sols consécutive à la mise en culture maya (Curtis *et al.*, 1998 ; Deevey et Rice, 1980). Cet épisode est principalement enregistré et documenté dans les carottes lacustres par les « argiles mayas » (Binford *et al.*, 1987 ; Leyden *et al.*, 1996). Cependant, la recherche des sources et des mécanismes de transfert des produits de l'érosion des sols reste largement ignorée, de même que la recherche de la signature des pratiques agraires dans ce type d'enregistrement.

Dans ce travail, nous proposons une approche géo-archéologique de l'impact de l'implantation d'une cité maya sur son environnement et plus particulièrement de la dégradation des sols. Nous avons pour cela travaillé à une double échelle : (1) celle d'un groupe d'habitat élémentaire afin de reconstituer le potentiel agropédologique antérieur à l'occupation et les mécanismes de sa dégradation ; (2) de la cuvette lacustre de Tuspán, afin d'obtenir une image à l'échelle du plateau.

1. Présentation du site d'étude

Le site de La Joyanca est localisé dans les Basses Terres guatémaltèques, dans une région également dénommée « région des lacs » (**fig. 1**). D'un point de vue topographique, cette zone correspond à une transition entre les chaînons des Sierras Lancandones au sud-ouest et la plaine du Yucatán *s.s.* au nord. Elle montre une alternance de plateaux dont l'altitude peut atteindre 120 m et de zones basses, s'alignant suivant la direction structurale majeure NO-SE. Le substratum est constitué de calcaire attribué au Miocène, très favorable au développement de formes karstiques. Malgré cela, l'eau est omniprésente en surface sous différentes formes : cours d'eau (río San Pedro et río de la Pasión) mais également de lacs liés à l'affleurement de l'aquifère régional peu profond (« lagos ») ou encore de dépressions humides à régime pluvio-évaporal

(« bajos »). Ces dernières sont alimentées lors de la saison des pluies, qui s'étale sur six mois, de juin à octobre, et présente généralement deux maxima en juin et septembre. Les totaux pluviométriques annuels normaux atteignent 2 200 mm. La durée de la saison sèche constitue un facteur limitant pour la forêt qui présente un faciès de forêt claire à Ramón (Brosimum alicastrum), Cedro (Cedrela mexicana) et Chico Zapote (Manilkara achras) et à sous-bois de palmes très riche.

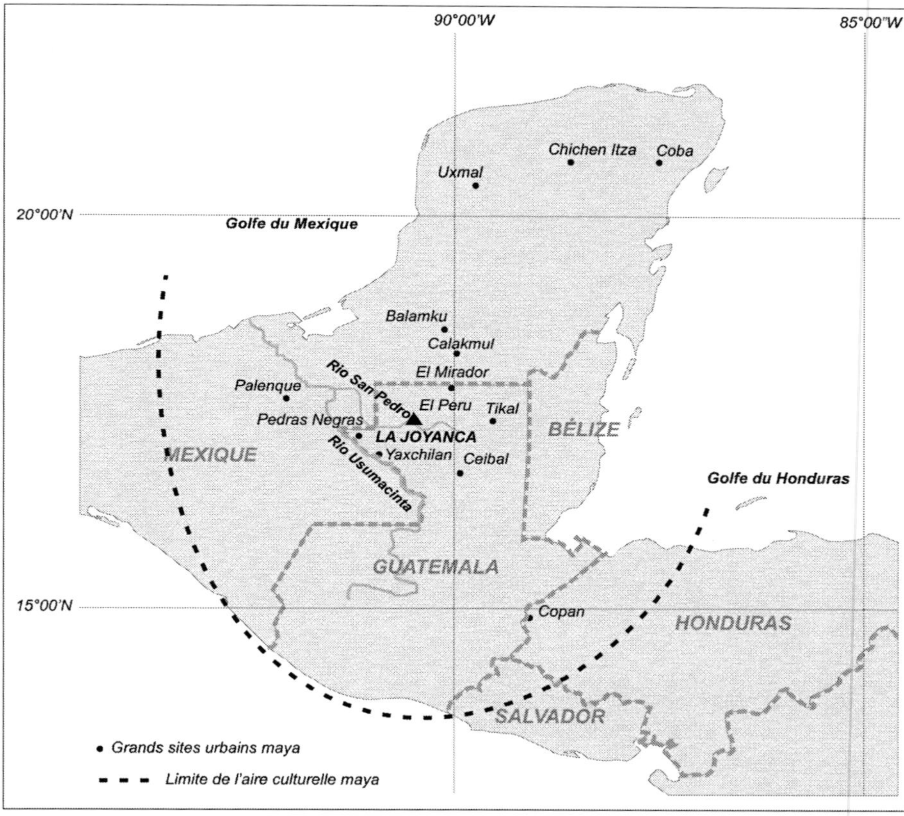

Fig. 1. Localisation de la cité de La Joyanca dans l'aire culturelle maya.

Comme l'ensemble des sites de la région, La Joyanca est installé sur le rebord d'un plateau à revers orienté vers le nord s'ennoyant progressivement vers le río San Pedro et dominant un bajo au sud. La Joyanca a connu une occupation longue du Préclassique moyen au Classique Terminal, soit 1 800 ans (800 BC-1000 AD) durant lesquels l'établissement s'est développé depuis la bordure sud du plateau où se localisent les groupes les plus anciens, vers l'ouest, le nord et l'est, jusqu'à former une zone résidentielle dix fois supérieure à sa surface initiale. À sa période d'apogée (600-900 AD) où le nombre d'habitants a été estimé autour de 1 500, le site s'étend sur une surface de 1,7 km^2 et correspond à une agrégation lâche de plus de 600 structures archéologiques réparties en 11 entités agrégées. La présence d'une stèle portant des inscriptions – témoin du rôle sociopolitique des cités mayas classiques en général – permet de placer La Joyanca dans la catégorie des cités d'une certaine importance sociopolitique, car elle était gouvernée par une dynastie royale au moins à partir de 485 AD (9.2.10.0.0. dans le calendrier maya). Elle est alors probablement entrée dans la sphère d'influence d'une entité politique plus vaste, Hixwitz, dont la capitale n'a pas encore été identifiée. À l'échelle locale, elle est le « centre urbain » d'une région caractérisée par un maillage régulier de groupes villageois tous les 7 à 10 km le long du río San Pedro et ce, jusqu'à son abandon vers 900-1000 AD. Ce dernier est donc plus tardif que l'effondrement politique et démographique régional du Petén généralement daté du IXe siècle, voire de la fin du VIIIe siècle (au Petexbatun). Cependant, la fréquentation du site a probablement perduré au-delà de cette date (Breuil-Martinez *et al.*, 2003).

2. Reconstituer des dynamiques agro-pédologiques sur le territoire de La Joyanca

Afin de reconstituer les relations entre les sols et leur utilisation, nous avons travaillé dans une première étape, à l'échelle d'un groupe élémentaire d'habitat, le groupe Gavilán. Il s'agit d'un ensemble de 5 bâtiments principaux dont la fouille a permis de reconstituer les dynamiques pré-, syn- et post-occupation.

Le groupe se localise sur un promontoire ceint par deux dépressions d'origine fluvio-karstique qui ont enregistré les différentes phases d'occupation. Le démontage en tranchée et les décapages horizontaux par carroyage des monticules ont permis de mettre au jour sous les structures archéologiques un paléosol de type rendosol calcique épais de 28 cm. L'absence de niveau de troncature à sa surface, la préservation de la totalité des horizons, ainsi que la très forte ressemblance avec les sols actuels de « altos », suggèrent que l'enfouissement a été réalisé rapidement sous la structure par apports volontaires de sascab – une altérite de la craie lacustre. De plus, la partie sommitale du sol montrait une accumulation de macrorestes carbonisés qui ont permis de dater le recouvrement anthropique de ce paléosol pré-occupation (530 [620] 670 AD). Cette donnée est corroborée par la datation par le matériel céramique qui atteste d'une première fréquentation au Classique récent (phase Abril 1, 600-750 AD). La construction du groupe Gavilán se situerait donc durant la phase initiale de croissance de l'agglomération, après l'acquisition de son statut royal. Le potentiel agro-pédologique n'aurait donc pas été fondamentalement modifié jusqu'à cette date. L'impact de l'implantation du groupe sur ce sol a été appréhendé par la réalisation de tranchées dans les espaces non bâtis pour permettre de raccorder ce paléosol avec son équivalent non recouvert. Ce dernier n'est épais que de 5 cm et présente une forte dégradation texturale et structurale. Il est recouvert par des apports colluviaux qui signent une phase de déstabilisation de la couverture pédologique, la partie supérieure du profil montrant même une attaque forte du substratum. La réalisation de tranchées dans le fluvio-karst a permis de mettre en évidence l'ubiquité de cet épisode d'érosion. Cependant, la très forte activité biologique et le fonctionnement vertique des sols qui perturbe l'enregistrement sur une épaisseur supérieure au mètre ne permettent pas une lecture stratigraphique de ces remplissages. Ils ont toutefois livré du matériel archéologique jusqu'à leur base.

Afin de compléter cette signature locale de l'impact de la colonisation maya et de restituer les dynamiques paléo-écologiques, nous avons réalisé deux carottages dans la lagune Tuspán. Seuls les résultats du second seront présentés succinctement (**fig. 2**). Le carottage a atteint une profondeur de 650 cm. Sa base a été datée à 3520 ± 40 BP. Elle permet donc de reconstituer les dynamiques écologiques depuis le Préclassique ancien jusqu'au Postclassique. Dès la base de la séquence (phase 1), les témoins d'anthropisation attestent de pratiques agricoles probablement riveraines (présence de pollen de *Zea mais*). Les fluctuations rapides des taux des taxons forestiers montrent des attaques des faciès forestiers suivis d'une régénération qui pourrait être associée à une rotation rapide des cultures. La présence de niveaux argileux et un pic de susceptibilité magnétique vers 560 cm témoignent d'un épisode d'érosion des sols, peut-être à signature locale. L'entrée dans la phase 2 est marquée par un déclin brutal des espèces arboréennes et l'augmentation des indicateurs d'anthropisation. La zone 3, située entre 100 BC et 200 AD, soit à la transition entre le Préclassique récent et le Protoclassique, indique un affaissement, voire un abandon des activités agricoles dans ce secteur durant près de deux siècles. La zone 4 documente la totalité du Classique ancien entre 200 et 540 AD. Durant cette phase, les données polliniques reflètent un développement sans précédent des activités humaines qui culmine entre 400 et 500 AD. Elle coïncide avec le moment où se forme la cité royale de La Joyanca. Les espèces forestières s'effondrent suggérant une véritable destruction de la forêt vers 500 AD. Le pic de susceptibilité enregistré entre les profondeurs 220 et 200 cm, la présence d'argile ainsi que l'augmentation des espèces hygrophiles indiquent une érosion intense. L'ensemble de ces indices converge et évoque une véritable surexploitation des environs du lac durant cette période. La zone 5, datée entre 540 et 800 AD, révèle un arrêt brutal des activités agraires signalé par la disparition de tous les indicateurs culturaux et du maïs. Cet abandon rapide s'accompagne d'une diminution progressive des Poaceae et d'une re-colonisation graduelle des espèces forestières. Toutefois, le retard caractérisant la reforestation et le maintien de l'érosion suggéré par la présence d'argile peuvent être considérés comme les indices de la persistance d'activités agraires à plus longue distance. Cet abandon serait alors un phénomène local et limité aux zones proches du point de sondage. C'est dans la zone 6, qui démarre vers 800 AD et recouvre la totalité du Postclassique, que l'on note les évidences d'une reforestation importante marquant la fin de

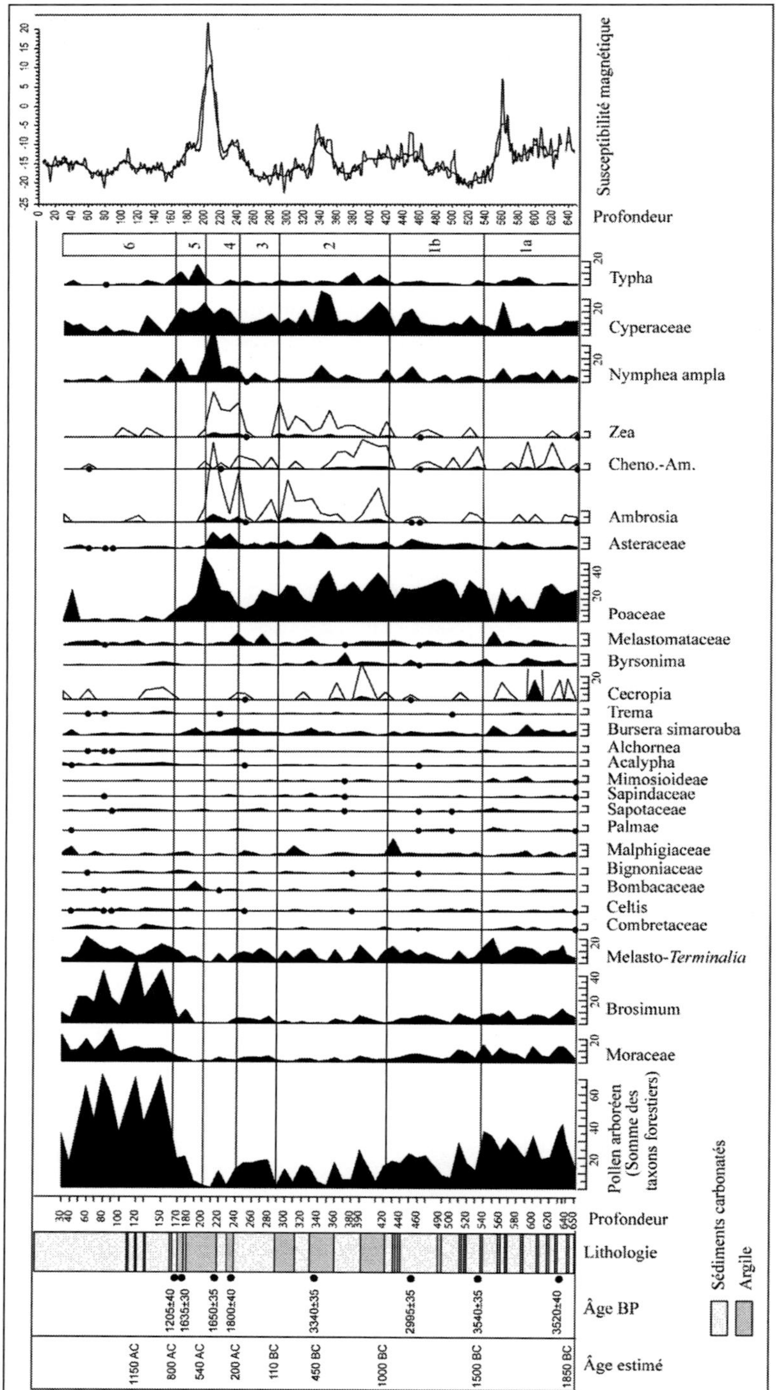

Fig. 2. Données litho-stratigraphiques et diagramme palynologique de la carotte Tuspán.

l'occupation et de l'exploitation des environs de La Joyanca. Ce retour brutal à des conditions forestières est généralement interprété comme la conséquence de l'abandon définitif des Basses Terres mayas au cours des IXe-Xe siècles (Gill, 2000).

Conclusion

Les résultats obtenus sur le site de La Joyanca confirment l'hypothèse d'un impact agricole précoce dans le Petén, dès le début du IIe millénaire. Cependant, malgré une dégradation significative sur les sols enregistrée à la base de la carotte Tuspán, celui-ci semble avoir été localisé et réversible. Ce n'est qu'au Classique qu'un système extensif semble avoir été installé, sans doute suscité par les stratégies sociopolitiques des groupes sociaux. La Joyanca aurait ainsi agrégé et polarisé des communautés agricoles riveraines. L'absence de témoin archéologique d'intensification agricole suggère plutôt une phase d'extension des terrains cultivés en accord avec les données palynologiques (phase 4). Cette phase aurait également conduit à une vidange d'une partie des matériaux accumulés dans le fluvio-karst, comme l'attestent certaines dates ^{14}C obtenues dans la séquence Tuspán qui traduisent un remaniement.

Comme déjà mis en évidence par Curtis *et al.* (1998), les argiles mayas ne constituent pas un enregistrement homogène, mais résultent d'un ensemble de phénomènes complexes à appréhender dans le détail : érosion des sols, stockage dans des réservoirs temporaires (fluvio-karst, bajos…) et sédimentation définitive dans les lagunes. Ainsi, il apparaît difficile de comparer les effets des différentes phases d'anthropisation entre elles, car elles se surajoutent aux conditions initiales en faisant varier les conditions qualitatives et quantitatives de la crise suivante. Seule une approche couplée du rôle des différents compartiments géomorphologiques permettra une compréhension de l'influence directe des modes de conduites agricoles sur la gestion des sols.

Références

BEACH T. et DUNNING N.P., 1995. Ancient Maya terracing and modern conservation in the Peten rain forest of Guatemala. *J. Soil Water Conserv.*, 50, 138-145.

BINFORD M.W., BRENNER M., WITHMORE T.J., HIGUERA-GUNGY A., DEEVEY E.S. et LEYDEN B., 1987. Ecosystems, palaeoecology and human disturbance in subtropical and tropical america. *Quat. Sci. Rev.*, 6, 115-128.

BREUIL-MARTINEZ V., LOPEZ E.S., SAINT-DIZIER T. et GAMEZ L., 2003. Projecto Petén Noroccidente La Joyanca. *Informe 5*, CEMCA-Guatemala.

CURTIS J.H., BRENNER M., HODELL D.A., BALSER R.A., ISLEBE G.A. et HOOGHEIMSTRA H., 1998. A multi-proxy study of Holocene environmental change in the Maya Lowlands of Peten, Guatemala. *J. Paleolimnology*, 19, 139-159.

DEEVEY E.S et RICE D.S., 1980. Coluviation y retencion de nutrimentes en el distrito lacustre del Peten central, Guatemala. *Biotica*, 5, 129-144.

FAUST B.B., 2001. Maya environmental successes and failures in the Yucatan Peninsula. *Env. Sci. et Policy*, 4, 153-169.

FEDICK S.L., MORRISON B.A., ANDERSEN B.J., BOUCHER S., ACOSTA J.C. et MATHEWS J.P., 2000. Wetland Manipulation in the Yalahau Region of the Northern Maya Lowlands. *J. Field Archaeology*, 27, 131-152.

JACOB J.S., 1995. Ancient Maya Wetland Agricultural Fields in Cobweb Swamp, Belize: Construction, Chronology, and Function. *J. Field Archaeology*, 22, 175-190.

JOHNSTON K.J., 2003. The intensification of pre-industrial cereal agriculture in the tropics: boserup, cultivation lenghtening and the Classic Maya. *J. Anthrop. Archaeo.*, 22, 126-161.

KUNEN J.L., 2001. Ancient Maya Agricultural Installations and the Development of Intensive Agriculture in NW Belize. *J. Field Archaeology*, 28, 325-346.

MICHELET D., 2000. Les premières communautés agricoles de l'Amérique moyenne. *In* : GUILAINE J. (éd.), *Premiers paysans du monde*, Paris, Errance, 215-225.

PIPERNO D.R. et PEARSALL D.M., 2000. *The origins of agriculture in lowlands neotropics*, New York, Academic Press, 400 p.

Holocene palaeoenvironmental record from the Western Cordillera, Peru

ADÈLE KUENTZ[1], MEDEIA MAJAVESI[2], JEAN-CLAUDE THOURET[1], MARCELA MOSCOL[3], ÉTIENNE JUVIGNÉ[3], MICHEL FONTUGNE[4], ALEX CHEPSTOW-LUSTY[5]

Introduction

Nevado Coropuna is located in the northern part of the Plio-Quaternary volcanic range of the Western Cordillera, southern Peru. Since 1998, eight cores have been collected in different peats bogs around the volcano (**fig. 1** et **2**). Multidisciplinary investigations of the cores are currently being carried out within the framework of the INQUA project « Tephro-stratigraphy and Palaeoenvironments of southern Peru ». The cluster of andesitic domes of Coropuna have probably not been active since the Late Glacial, when three lava flows filled the glacial valleys during the Late Glacial Maximum (*c.* 25000-40 000 yr BP) on the western, southeastern and northeastern flanks (Lamadon, 1999). One ash fall observed in a soil profile outside the moraine field of the LGM yielded two ^{14}C ages of *c.* 27200 ± 300 yr BP and 35370 ± 1010/1160 yr BP (Thouret *et al.*, 2002). The base of the Huayllaura peat (COR 300), cored in a U-shaped glacial valley and ^{14}C-dated at 10090 ± 150 yr BP, shows that the southern flank of Coropuna (~ 4 400 m asl) was free from glaciers at the beginning of the Holocene.

1. Laboratoire Magmas et Volcans – UMR 6524-CNRS et CERAMAC, Maison de la Recherche, Université Blaise Pascal, 5 rue Kessler, 63038 Clermont-Ferrand, France (thouret@opgc.univ-bpclermont.fr).
2. Department of Geology, University of Turku, 20014 Turku, Finland (medeia.majavesi@utu.fi).
3. Institute for Biodiversity and Ecosystem Dynamics (IBED), Universiteit van Amsterdam, Kruislaan 318, 1098 SM, Amsterdam, The Netherlands.
4. Laboratoire des Sciences du Climat et de l'Environnement, UMR 1572-CEA/CNRS, Avenue de la Terrasse, 91198 Gif-sur-Yvette cedex, France.
5. Université Montpellier II, Institut des Sciences de l'Évolution (UMR 5554-CNRS), Paléoenvironnements, 34095 Montpellier cedex 05, France.

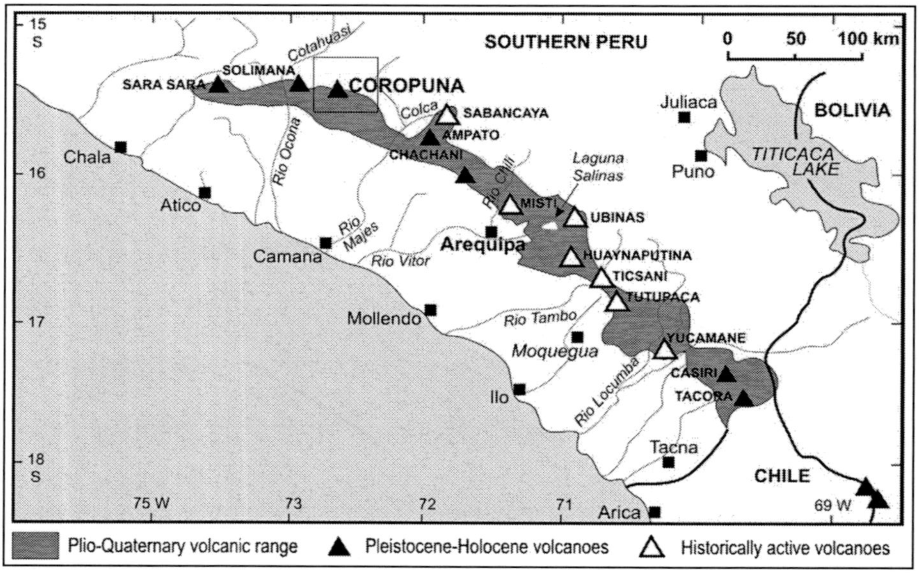

Fig. 1. Northern part of the volcanic range in the central Andes (Thouret *et al.*, 2002).

1. Objectives and rationale

Palynological investigations from this region are scattered and not well dated (Graf, 1992). Yet this area is of interest for palaeoclimatic studies because the fragile Puna ecosystems are hightly sensitive to sudden short term climate variations (e.g. ENSO), the more so as Nevado Coropuna is located astride the semi-humid Altiplano to the North and the dry flank of the Western Cordillera to the South. The investigation of the peat-bog cores aims at establishing an environmental reconstruction, by using the pollen from past plant species, while comparing with the present vegetation (**fig. 2**).

2. Materials and Methods

The peat-bog sediments were cored in 1998-2003 with a Russian peat-sampler. Two sequences covering the entire Holocene (COR 300 and COR 03D), under investigation (**fig. 3** and **4**), have provided three radiocarbon dates. The cores have been subjected to analyses of grain-size distribution, organic matter content, and pollen. Selected non-pollen palynomorphs (NPP), e.g. coccal green algae and fungal spores, which may provide additional palaeoenvironmental information, have also been investigated from the sequence COR 03D. The mapping of the present vegetation was carried out in 2003. Plants were identified with the help of botanists at the Universidad Nacional San Augustin, Arequipa.

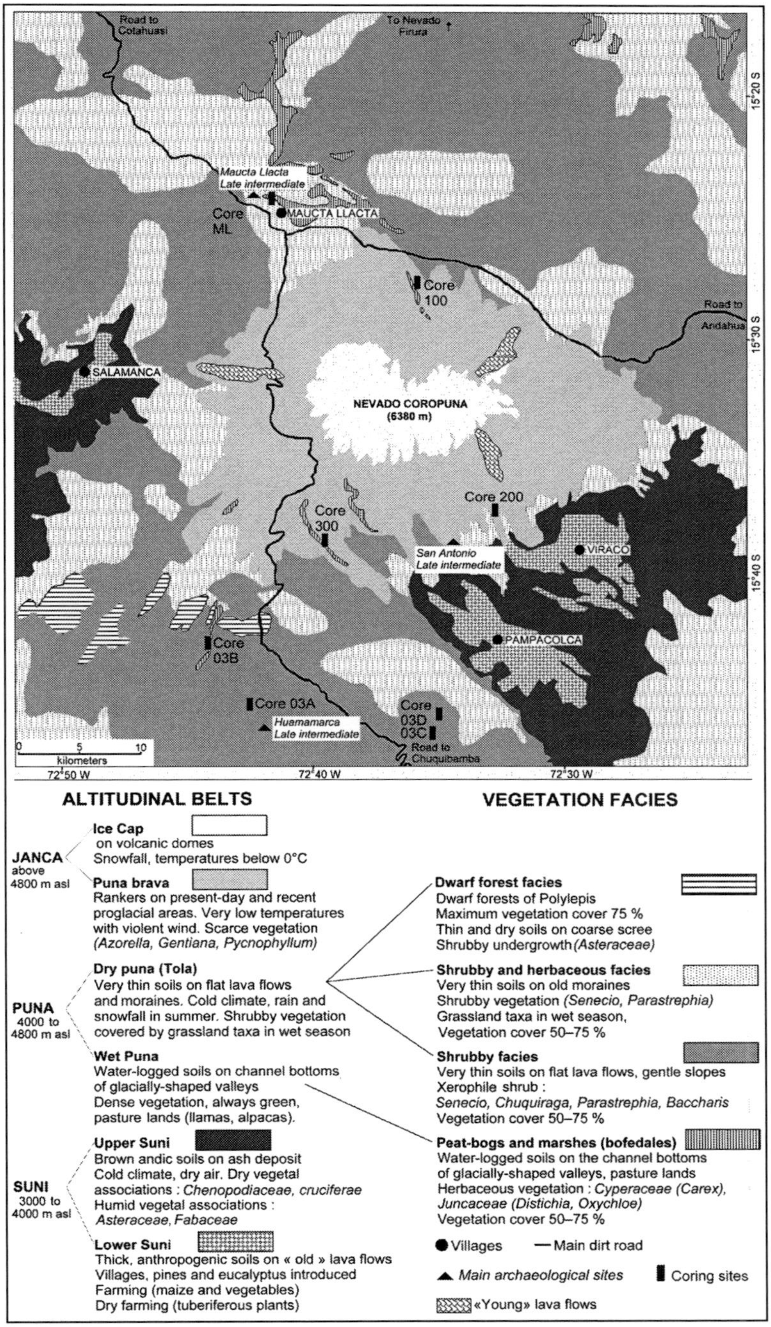

Fig. 2. Map showing the main vegetation types and facies (Based on the analysis of a SPOT image of 1998 and on the IGN maps).

3. Present-day conditions

The climate of the Puna region surrounding Nevado Coropuna can be generally referred to as semi-arid (Hoffman, 1975). The two major seasons are a dry winter contrasting with a relatively wet summer (December-March). Mean annual precipitation is 200-300 mm of which the most part falls during the summer. Mean monthly temperatures vary from 6°C (January) to 2°C (July). Diurnal variation in temperature can be relatively high: frost is often experienced in the night, but during the daytime temperatures can exceed 15°C. The present vegetation communities vary with altitude, as well as local differences in temperature, available moisture, aspect, soil properties and human impact (**fig. 2**).

The area investigated encompasses three altitudinal belts (1) The uppermost belt (above 4800 m asl.), termed *Janca,* is an area where temperatures are always negative on average the scattered vegetation is dominated by the genera *Azorella*, *Gentiana* and *Pycnophyllum.* (2) The intermediate belt (4000-4800 m asl), the *Puna*, covers flat lava flows and moraines. Temperatures are cold (average 0-7°C) and the thermal range is high. This belt encompasses several vegetation types according to the soil water content. There are also scattered remnants of *Polylepis* dwarf forest. The treeline is about 4300 m asl. (3) The lower belt (3000-4000 m asl), termed *Suni*, is highly affected by human activities, where villages and cultivated terraces are located (Ziolkowski et Belan Franco, 2001; Brack Egg et Mendolia, 2000; Pulgar Vidal, 1996).

4. The Huayllaura core (COR 300)

The base of the Huayllaura peat core at 10 m in depth has been ^{14}C dated at 10 090 ± 150 yr BP. The pollen spectra are dominated by grassland types (Gramineae) and show little contribution from the Andean cloud forest (**fig. 3**; Moscol, 2001). Zone I is characterized by a sudden appearance of cf. Juncaceae pollen that implies increased local wetness. Zone II can be interpreted as the warmest period of the diagram due to the greatest variety and frequency of pollen taxa. Gentianaceae type pollen seem to indicate moist conditions while *Azorella* pollen points to a colder environment in the upper section of the zone. In Zone III local pollen continues to occur, but in the upper part of the zone, high proportions of Chenopodiaceae pollen and the lowest levels of moisture indicators imply drier conditions. Zone IV shows declining proportions of Asteraceae and Gramineae pollen with an abrupt appearance of cf. Cyperaceae pollen. This could imply a wetter interval. caused more by a climatic perturbation than by cultural disturbance as there is no archaeological evidence showing permanent human presence at this period in the area. According to the ^{14}C date, 1510 ± 50 yr BP, this zone represents the Late Holocene and the so-called Early Intermediate Period. In Zone V, Asteraceae pollen become a dominant taxon, suggesting relatively cold and dry conditions that also prevail in the region today. We cannot easily explain the high peaks of Myrtaceae pollen, since we lack precise ecological information and species included within this family occur both in the Puna and the Andean cloud forest (Brako et Zarucchi, 1993).

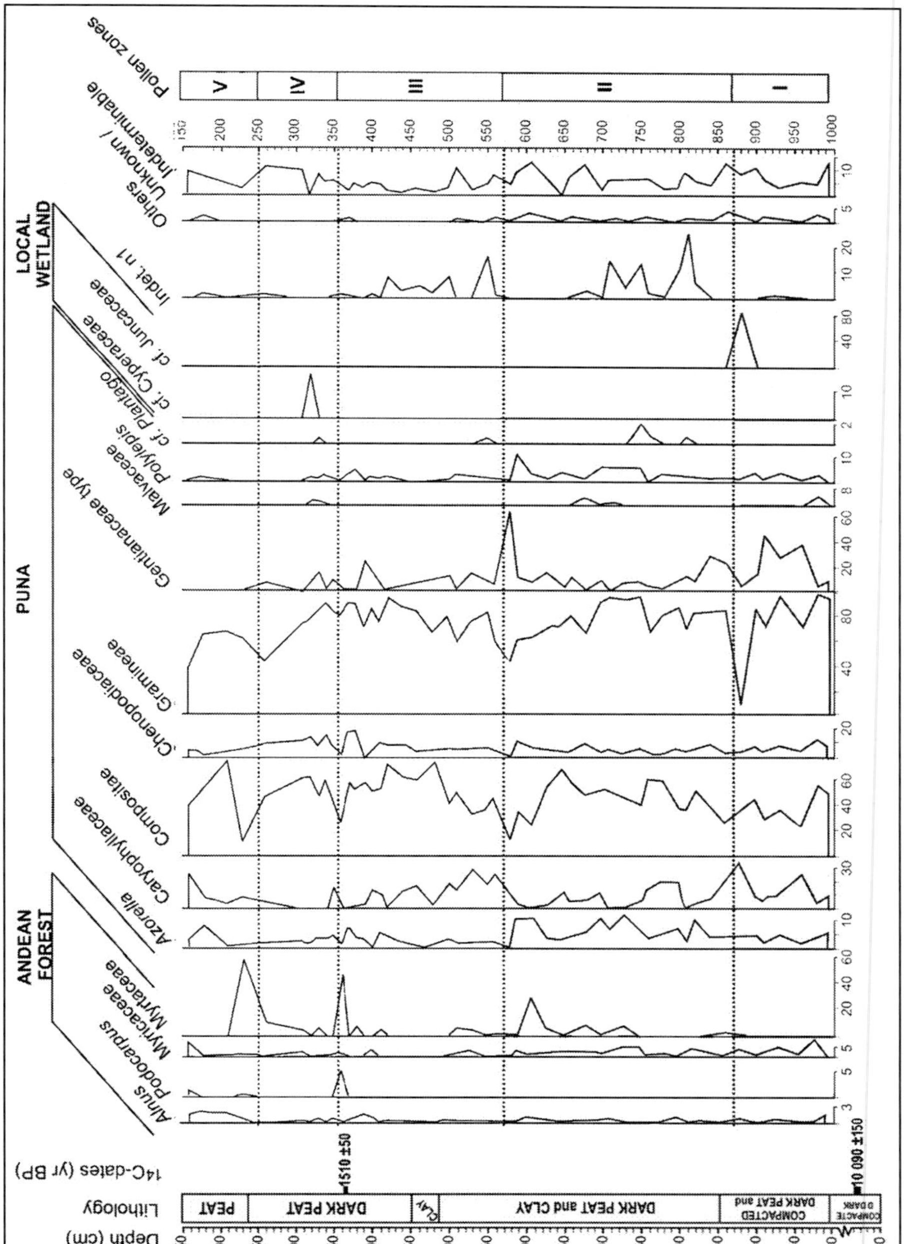

Fig. 3. Pollen diagram of the Huayllaura core (COR 300), 4400 m asl.

5. The Chajuyoc core (COR 03D)

Based on the ^{14}C age of *c.* 10,000 years at 480 cm depth from the Chajuyoc core, the sedimentation rate is estimated to the range between of 4 to 5 cm/100 yr. By contrast, the COR 100 and 300 cores show a higher sedimentation rate of 12 to 20 cm/100 yr. However calculated sedimentation rates can be biased since the cores also contain non organic sediment, while peat deposition has certainly varyied through the Holocene.

Core 03D yielded a ^{14}C age of 9000 ± 70 (not calibrated) and 10 080 ± 170 Cal yrs BP at 479-482 cm in depth (Hela 831). Preliminary results from the upper part of the Chajuyoc core show marked variation in the pollen taxa and NPP (**fig. 4**). The notable presence of puna taxa, e.g. Asteraceae, *Azorella*, Gramineae and *cf. Plantago*, absence of forest elements and high levels of wetland taxa (Cyperaceae and cf. Juncaceae) characterize the lower section of the diagram (296-352 cm). This interval also shows relatively high values of *Botryococcus* spp. and *Botryococcus* cf. *braunii*, as well as other NPP. *Botryococcus* spp. live in pools in relatively extreme environments, where the occurrence of *Pediastrum* spp. is prevented (Jankovská et Komárek, 2000). The pollen spectra and *Botryococcus* spp. imply relatively cool, locally wet conditions during the lower section. In the middle section (218 cm), pollen from forest elements are strongly represented, as well as Asteraceae pollen and *Pediastrum* spp. This could indicate both a regional and local climatic shift towards warmer conditions. However pollen from arboreal taxa such as *Podocarpus* is problematic as this genus grows in the Andean cloud forest (eg. Weng *et al.*, 2004) and is not present on the dry Western Andean slope. Therefore, long-distance pollen transportation has to be considered. The upper section (116-153 cm) shows a dominance of puna taxa, especially *Polylepis/Acaena*, *Azorella* and Asteraceae pollen. Disturbance indicators are also present: Brassicaceae, Chenopodiaceae and *Ambrosia* type pollen. The pollen and NPP assemblages of the upper section indicate relatively cool and disturbed conditions. The dung-living *Sporormiella* type fungi (Van Geel *et al.*, 2003) could refer to the presence of large grazers, such as llamas and alpacas, throughout the studied section. Charcoal particles indicating past fires were observed at several levels during the pollen analysis. Charred particles are especially abundant in the lowermost section of the core at about 522-370 cm wich is mostly composed of mineral layers ranging from silt to coarse sand. In future work charcoal will be investigated concentrating on macroscopic particles > 100 μm that are considered to indicate local burning (e.g. Millspaugh and Whitlock, 1995), in conjunction with more detailed sedimentological studies.

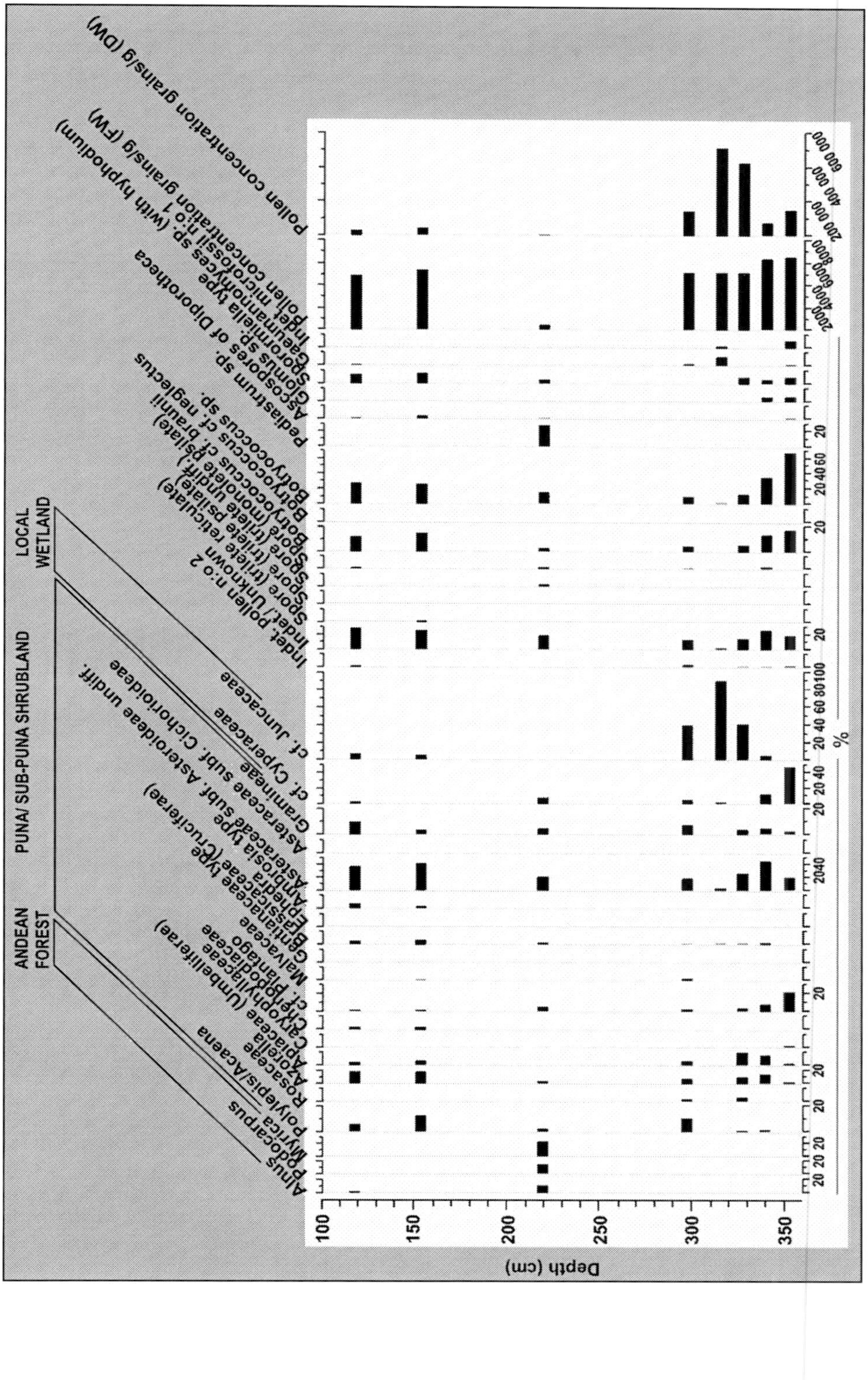

Fig. 4. Preliminary percentage diagram of pollen and selected non-pollen palynomorphs of Chajuyoc core

Conclusions and perspectives

The pollen study of two cores has enabled us to observe changes in pollen spectra during the Holocene. Such changes may be related to climate effects (either global or related to ENSO) in the dry high-Andean mountane areas of southern Peru. However, human activities may also have had a significant impact on the vegetation. To unravel the probable effects of pre-Inca settlements, our multi-disciplinary study encompasses archaeological research. Future pollen analysis will be carried out at higher resolution on the Huayllaura and Chajuyoc cores; the present-day pollen distribution will be analysed based on surface samples, and new radiocarbon dates are currently being obtained to improve the chronology.

References

BRACK EGG A., MENDOLIA C., 2000. *Ecologia del Peru*, Lima, 495 p.

BRAKO L., ZARUCCHI J.L., 1993. *Catalogue of the Flowering Plants and Gymnosperms of Peru. Monogr. Syst. Bot.*, vol. 45. Missouri Bot. Gard., 1 286 p.

GRAF K., 1992. Pollendiagramme aus den Anden: eine synthese zur Klimageschichte und Vegetationsentwicklung seit der lezten Eiszeit. Universität Zurich, Switzerland.

HOFFMAN J., 1975. *Atlas climático de América del Sur*, Geneva, UNESCO.

JANKOVSKÁ V., KOMÁREK J., 2000. Indicative value of Pediastrum and other coccal green algae in palaeoecology. *Folia Geobotanica*, 35, 59-82.

LAMADON S., 1999. *Fluctuations glaciaires et téphrostratigraphie dans les montagnes intertropicales : une revue et applications dans les Andes du Sud du Pérou (massifs des Nevado, Ampato et Coropuna)*, mémoire de DEA, Université Blaise-Pascal, Clermont-Ferrand.

MILLSPAUGH S.H., WHITLOCK C., 1995. A 750-year fire history based on lake sediment records in central Yellowstone National Park, USA. *The Holocene*, 5, 283-292.

MOSCOL M., 2001. La vegetación del Holoceno y los cambios climáticos en Arequipa, Cordillera Occidental, Péru. *In* : ZIOLKOWSKI M.S. et BELAN FRANCO L.A. (eds.), *Proyecto Arqueológico Condesuyos*, 1, 241-245. *Boletín de la Misíon Arquelógica Andina* 3, 241-245.

PULGAR VIDAL J., 1996. *Geografía del Peru*, Decima edición, 202 p.

THOURET J.-C., JUVIGNÉ E., MARINO J., MOSCOL M., LOUTSCH I., DAVILA J., LEGELEY-PADOVANI A., LAMADON S., RIVERA M., 2002. Late Pleistocene and Holocene tephrostratigraphy and chronology in Southern Peru. *Boletin de la Sociedad Geológica del Péru*, 93, 45-61.

VAN GEEL B., BUURMAN J., BRINKKEMPER O., SCHELVIS J., APTROOT A., VAN WENG C., BUSH M., SILMAN M., 2004. An analysis of modern pollen rain on an elevational gradient in southern Peru. *Journal of Tropical Ecology*, 20, 113-124.

ZIOLKOWSKI M., BELAN FRANCO L., 2001. El Proyecto Arqueológico « Condesuyos ». *In* : ZIOLKOWSKI M., BELAN FRANCO L. (eds), *Proyecto Arqueológico Condesuyos*, vol. 1, *Boletín de la Misíon Arquelógica Andina*, 3, 9-23.

Le bas-marais de Monchâtre : 2 000 ans d'évolution de la végétation et d'impacts agropastoraux sur le rebord oriental du plateau des Dômes

Béatrice Prat[1]

Contexte de l'étude

La recherche de zones humides propices à l'analyse pollinique sur le plateau des Dômes (Puy-de-Dôme) est difficile. Nombre de milieux[2] ont été asséchés ou tellement modifiés, notamment durant l'époque moderne, que les niveaux du Subatlantique et en partie ceux du Subboréal, périodes qui nous intéressent ici, ont été soit vidangés (zone humide du Palou à Saint-Pierre-de-Chastel [Michelin, 1992]), soit asséchés et ne conservent plus de pollen à cause de l'oxydation (maar de Beaunit à Charbonnière-les-Varennes [Juvigné *et al.*, 1986] et Étang du Fung à Ceyssat [Michelin, 1992]). Néanmoins plusieurs études palynologiques ont été conduites sur le plateau des Dômes (narse d'Ampoix [Beaulieu et Goeury, 1987] ; Moulin des Vergnes [Michelin, 1992] ; La Vezolle [Michelin *et al.*, 2001] ; narse d'Espinasse [Miras, 2004]), essentiellement dans sa partie occidentale (**fig. 1**). À l'est de la chaîne des Puys, le site de l'Étang perdu (Orcines) est le seul à avoir bénéficié d'une séquence pollinique qui couvre les deux derniers millénaires (Michelin *et al.,* 1996). La position de ce bas-marais (appelé Monchâtre dans cet article, nom utilisé sur la carte géologique de la chaîne des Puys [Goër de Herve *et al.,* 1991]), surplombant la plaine de la Limagne (**fig. 1**), en fait, d'une part, le seul site de moyenne montagne où les grains de pollen sont bien préservés à l'est de la chaîne des Puys, et, d'autre part, la dilatation de ses sédiments est très intéressante (550 cm), ce qui a motivé la reprise de l'étude en ce lieu. Ce travail a été conduit dans le cadre du programme Zone Atelier CNRS

1. Laboratoire de Géographie physique GEOLAB, UMR 6042-CNRS, Maison de la Recherche, 4 rue Ledru, 63057 Clermont-Ferrand cedex 1 (beatriceprat@hotmail.com).

2. Les deux sites les plus septentrionaux, Gour de Tazenat (Juvigné et Bastin, 1995) et maar de Saint-Hippolyte (Raynal *et al.*, 1984), ont bénéficié d'études palynologiques sur des sédiements datant de la première partie de l'Holocène.

« Bassin versant de la Loire » (dirigée par J. Burnouf) et de la prospection inventaire DRAC Auvergne sur l'étude paléoenvironnementale des monts Dômes dirigée par C. Ballut laquelle présente, dans cet ouvrage (*supra*, p. 159-166), des résultats en géomorphologie et sédimentologie sur ce même site. Les croisements interdisciplinaires sur ce site sont multiples (Ballut *et al.*, 2005) avec la sédimentologie, l'examen des macrorestes de bryophytes et une étude sur les microfossiles non polliniques.

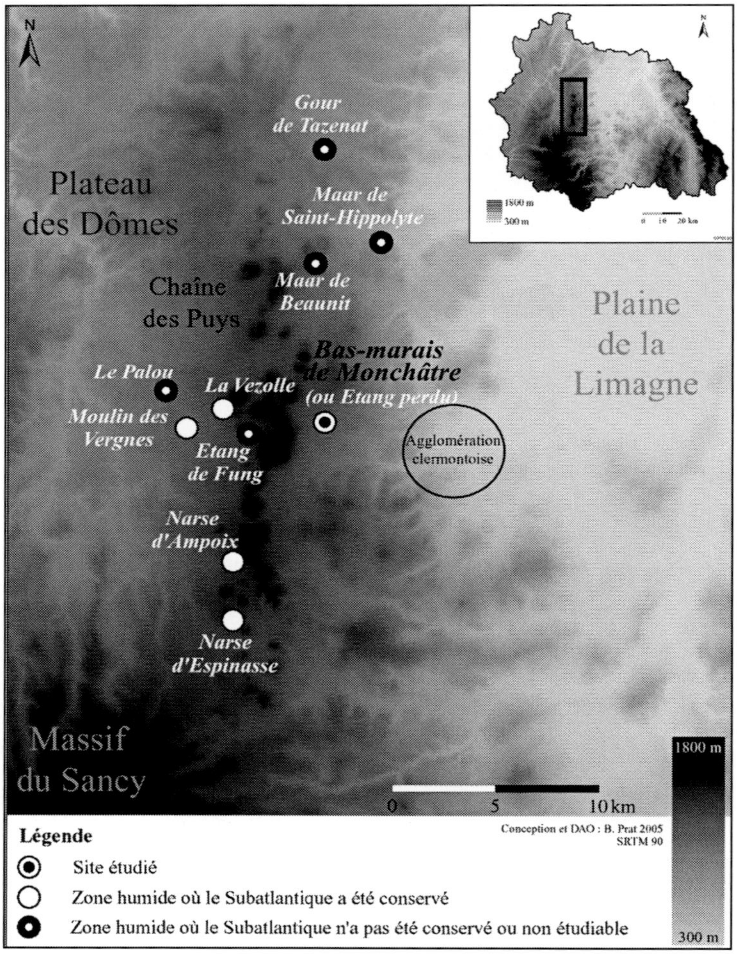

Fig. 1. Le plateau des Dômes : un potentiel palynologique inégal.

Problématique

Une séquence pollinique (550 cm) a été réalisée dans ce bas-marais tourbeux de 0,6 ha (ancien maar), situé au cœur d'un contexte archéologique remarquable associant le complexe cultuel constitué par le temple gallo-romain dédié à Mercure, situé au sommet du puy de Dôme, l'agglomération du col de Ceyssat, le passage de la voie romaine et la présence d'établissements dont la nature reste encore à préciser. Il est, en effet, plus difficile d'acquérir des données archéologiques sur le plateau (bois et prairies étendus, pression anthropique moins forte qu'en plaine). En revanche, Monchâtre se révèle être un très bon enregistreur de l'impact anthropique sur la végétation.

L'étude du bas-marais de Monchâtre offre ainsi la possibilité de retracer la mise en valeur et la gestion de ce bassin versant de moyenne montagne granitique par les sociétés humaines. L'analyse pollinique montre que la pression anthropique sur le milieu est importante dès la base de la carotte. Les sociétés humaines ont profondément perturbé le fonctionnement de cette zone humide, essentiellement par les divers modes de régulations de la nappe d'eau, dont nous retrouvons les stigmates, avec des niveaux d'assèchement et des périodes de remise en eau, et des hiatus sédimentaires.

Interprétation du diagramme pollinique

Vers la fin de la Protohistoire, et peut-être encore pendant le Ier siècle ap. J.-C. (zones a, b et c), la pression anthropique sur le milieu est déjà sensible (**fig. 2**). Le paysage est largement ouvert au cœur d'un ensemble forestier qui subit des déforestations périodiques entraînant à chaque fois un développement des Poaceae et des rudérales. L'activité humaine est par ailleurs visible avec la présence discrète mais constante de pollens de *Cerealia*, de *Fagopyrum* et d'arbres cultivés comme *Juglans* et *Castanea.* La zone humide est occupée par une nappe d'eau libre ceinturée par une aulnaie.

Durant le reste de la période romaine et le premier haut Moyen Âge (zones d, e, f, g et h), l'aulnaie a accru sa domination sur la zone humide. Le manteau forestier est toujours relativement réduit, ce qui profite à *Corylus.* Il y a moins de Poaceae. Les Cyperaceae sont en progression, tandis que *Myriophyllum* diminue. Le plan d'eau se réduit à la faveur du développement d'une frange de terrains humides. L'existence de champs céréaliers est toujours confirmée. La proximité d'une possible l'agglomération antique à Mazières ne semble pas entraîner une intensification de l'exploitation des ressources du milieu environnant.

La troisième phase commence au haut Moyen Âge et se prolonge à l'époque médiévale (zone i). Le début de cette période (525-655 AD Ly-11870) se caractérise par un changement complet dans le mode de gestion de la zone humide, qui est marquée par la réduction drastique et généralisée des pollens d'arbres, en particulier d'*Alnus* qui disparaît presque entièrement. La destruction de l'aulnaie entraîne une remontée de la nappe d'eau et favorise l'implantation de la cypéraie. Une action anthropique est incontestablement à l'origine de ce phénomène. D'une part, *Alnus* est une essence prisée pour son bois, dont les usages sont variés (Rameau *et al.,* 1989) ; d'autre part, il semble qu'il s'agirait plutôt de la volonté de remettre en eau une partie de la zone humide. Pour le reste de la période, le Moyen Âge central (XIe-XIIIe siècles), l'impact anthropique s'est nettement accru, ce qui coïncide avec l'accroissement des densités de peuplement observé dans les sources historiques. Le pollen d'herbacées est maintenant largement majoritaire. Tout ceci témoigne d'une très large ouverture du paysage. Par ailleurs, le niveau de l'eau fluctue, comme le suggèrent les variations dans les pourcentages de Cyperaceae. L'existence de plusieurs échantillons stériles conforte également l'hypothèse de phases d'assèchement liées à une régulation anthropique de la zone humide. *Cerealia* progresse ; son taux s'élève à 2 %. Une recrudescence de *Plantago* et *Rumex* est à signaler dans la partie supérieure de cette phase (entre 120 et 30 cm), correspondant à une extension des pâturages et de l'élevage. Le milieu est dévolu à une polyculture vivrière basée sur l'élevage ovin présenté comme majoritaire par les historiens (Charbonnier, 1980) et sur des cultures largement dominées par le blé et secondairement par *Fagopyrum*. La ressource en bois est largement dégradée, mais quelques corylaies semblent s'être maintenues. D'après les études géomorphologiques et palynologique, un hiatus est pressenti à la fin de cette période, vers 100 cm. En effet, la datation radiocarbone, 1260-1400 AD (Vera-2817), apparaît bien trop haute dans la stratigraphie pour ce type de milieu humide. L'hypothèsee, pour justifier cette rupture, avance l'idée que le bas-marais a été mis en eau au XVe siècle, période qui, comme on l'a vu, connaît une vague de création de ce type d'aménagement. Les sédiments auraient été emportés par les curages successifs visant à maintenir une tranche d'eau suffisamment haute pour servir, par exemple, de réserve en eau ou plus certainement pour l'empoissonnement.

La période subactuelle (zone j), qui débute au cours du XVIIIe siècle (période de comblement des étangs d'après P. Charbonnier [1980]), est marquée par l'essor des pinèdes (10 %), et peut correspondre à des plantations réalisées au XIXe siècle. Le milieu reste très ouvert, les arbres forestiers sont très minoritaires (5 %). Dans ce contexte, les essences héliophiles sont plus favorisées (10 à 15 %). Les herbacées sont toujours largement présentes avec les Poaceae (20 à 25 %) et sont accompagnées par des rudérales (10 à 15 %, dont *Plantago*, *Rumex* et les Apiaceae). L'élevage apparaît comme l'activité prédominante. Le pollen de *Cerealia* semble moins abondant qu'à la phase précédente, signe de déprise agricole au profit du pastoralisme. Un regain d'humidité est signalé par une élévation ponctuelle des aquatiques. Les Cyperaceae occupent l'essentiel des terrains humides.

En conclusion, cette zone de moyenne montagne a été humanisée dès la fin de la période protohistorique, avec un couvert forestier déjà bien exploité. D'une manière générale, les paysages antiques et de l'ensemble du Moyen Âge n'apparaissent pas être affectés par des phénomènes de déprise ou d'abandon. La stabilité du milieu végétal en est donc la première caractéristique. Les prés et l'élevage constituent l'activité dominante dans cette zone terminale du plateau à la topographie relativement escarpée. Le bas-marais, toujours en eau, a pu être utilisé comme abreuvoir. Les céréales sont présentes mais de manière modeste.

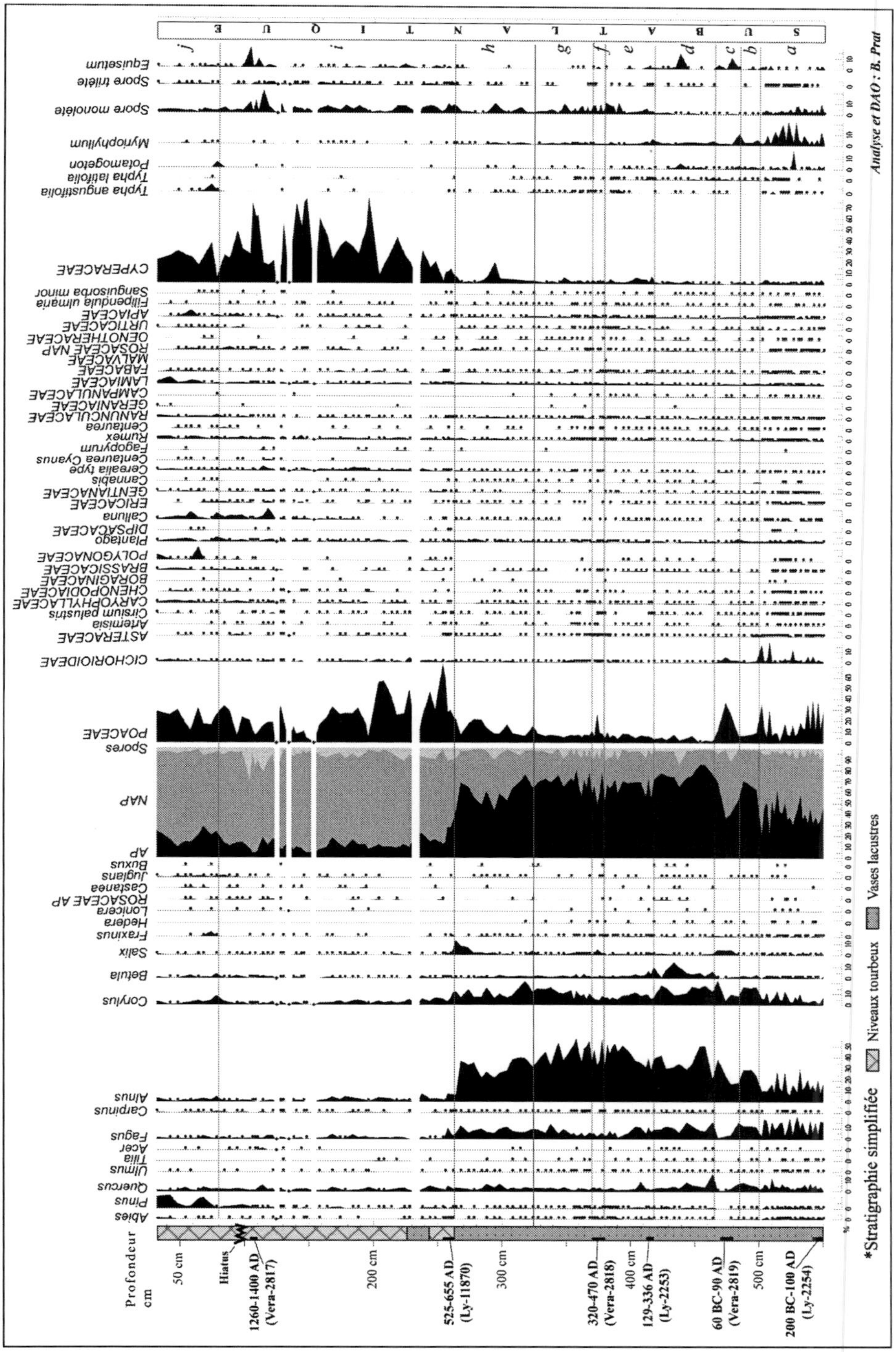

Fig. 2. Diagramme pollinique du bas-marais de Monchâtre (Orcines).

Il n'existe pas de ruptures majeures. Au contraire la pression humaine est allée en s'accroissant progressivement au Moyen Âge central et à l'époque moderne, ce qui n'exclut pas des changements radicaux dans les types de gestion du milieu humide comme en témoigne la nette césure observé à 263 cm.

Références

BALLUT C., PRAT B., CABANIS M., LÓPEZ-SÁEZ J. A., VAUTIER F., 2005. Le bassin versant de Montchâtre (Massif central) : projet de recherche interdisciplinaire et données préliminaires. *Séminaire «* Gestion des Paléoenvironnements et stratégies d'exploitation des milieux en moyenne montagne par les sociétés humaines » (Pierrefort 19 juin 2003). *Annales Littéraires*, 765. Série « Environnement, sociétés et archéologie », 6, PUFC, Besançon, 83-92.

BEAULIEU (DE) J.-L., GOEURY C., 1987. Zonation automatique appliquée à l'analyse pollinique : exemple de la Narse d'Ampoix (Puy-de-Dôme). *Bull. AFEQ*, 1, 49-61.

CHARBONNIER P., 1980. *Une autre France. La seigneurie rurale en Basse Auvergne du XIVe au XVIe siècle*, Publications de l'Institut d'Études du Massif Central, fascicule XX, 2 t., 1 275 p.

GOËR DE HERVE (DE) A., CAMUS G., KIEFFER G., MERGOUIL J., VINCENT P., 1991. *Volcanologie de la Chaîne des Puys*, Parc naturel Régional des Volcans d'Auvergne, Aydat, 128 p.

JUVIGNÉ E., BASTIN B., GEWELT M., 1986. Découverte de retombées volcaniques d'âge holocène dans la chaîne des Puys septentrionale (Massif central, France). *Rev. Sci. nat. Auvergne,* vol. 52, p. 33-36.

JUVIGNÉ E., BASTIN B., 1995. Le Gour de Tazenat et l'évolution de l'environnement du Tardiglaciaire au Boréal dans la chaîne des Puys septentrionale (Massif central, France). *C.R. Acad. Sc. Paris*, t. 321, série IIa, p. 993-999.

MICHELIN Y., 1992. *Le plateau des Dômes : histoire d'un paysage. Contribution à la mise en évidence et la hiérarchisation des interactions homme-milieu dans une moyenne montagne tempérée*, thèse de doctorat de Géographie, Université Blaise-Pascal, Clermont-Ferrand, 356 p.

MICHELIN Y., 1995. *Les jardins de Vulcain*, Paris, Maison des Sciences de l'Homme éd., 147 p.

MICHELIN Y., VERGNE V., DENÈFLE M., COHEN J., 1996. Méthodologie pour une reconstitution paysagère. La chaîne des Puys de la fin de l'empire romain à nos jours. *In* : COLARDELLE M. (dir.), *L'homme et la Nature au Moyen Âge, paléoenvironnement des sociétés occidentales, Actes du Ve Colloque d'archéologie médiévale (6-9 octobre 1993, Grenoble)*, Paris, Éd. Errance, 57-62.

MICHELIN Y., VERGNE V., COUGOUL C., COURNUT S., 2001. Variations des teneurs en éléments minéraux dans un bas-marais holocène La Vezolle (chaîne des Puys), première recherche des manifestations anthropiques. *Quaternaire,* 12 (1-2), 31-41.

MIRAS Y., 2004. *L'analyse pollinique du plateau de Millevaches (Massif central, France) et de sites périphériques limousins et auvergnats : approche des paléoenvironnements, des systèmes agropastoraux et évolution des territoires ruraux*, thèse de Doctorat, Université de Franche-Comté, 299 p.

RAMEAU J. C., MANSION D., DUMÉ G., TIMBAL J., LECOINTE A., DUPONT P., KELLER R., 1989. *Flore forestière française ; guide écologique illustré*, t. 1 : *plaines et collines*. Institut pour le développement forestier, ministère de l'Agriculture et de la Forêt, 1 785 p.

RAYNAL J.-P., DAUGAS J.-P., PAQUEREAU M.-M., GUADELLI J.-L., MARCHIANTI D., MIALLIER D., FAIN J., SANZELLE S., 1984. Le maar de Saint-Hippolyte (Puy-de-Dôme, France) : datation par thermoluminescence, flores et faunes fossiles, présence humaine, climatochronologie et dynamique du système paléolacustre. *Rev. Sci. nat. Auvergne,* vol. 50, p. 97-114.

TRÉMENT F. (resp. scientifique), coll. HUMBERT L., DOUSTEYSSIER B., TRESCARTE J., 2003. *L'agglomération antique du Col de Ceyssat (Ceyssat, Orcines, Saint-Genès-Champanelle). Contribution à l'étude du contexte archéologique du Temple de Mercure (Puy-de-Dôme). Rapport de prospection thématique*, 3 vol., DRAC Auvergne, SRA.

Atelier 2

Les dialectiques Homme-Climat : une perception multiple selon les acteurs scientifiques, les échelles d'études et les contextes morphoclimatiques

Communications thématiques

Morphogenèse, anthropisation et changements climatiques : état du champ scientifique

Mireille PROVANSAL[1], **Philippe LEVEAU**[2]

L'évaluation des relations dialectiques hommes-climats sur l'histoire des environnements est un enjeu de la collaboration entre archéologues/historiens et environnementalistes : selon leur origine scientifique ou les collaborations mises en œuvre sur chaque terrain, la position des chercheurs a oscillé schématiquement entre deux pôles, accordant la prééminence aux contraintes naturelles ou anthropiques. Les travaux fondateurs de Vita Finzi (1969) ont ainsi conduit une majorité de géomorphologues à rechercher le facteur déterminant les rythmes et l'importance des bouleversements environnementaux dans les variations climatiques. En sens inverse, dans les années 1980, Van Andel et Runnels (1987), à partir de l'étude des sites archéologiques grecs, accordent un rôle déterminant aux phases de l'histoire de l'occupation des sols. Dans le même temps, Neboit (1991) propose une approche dialectique, qui reste encore une solide base pour l'étude des paléoenvironnements, en montrant la relation entre la fragilisation anthropique du milieu et les modestes variations climatiques holocènes.

Le recul permet aujourd'hui de montrer que les divergences d'interprétation ont souvent été liées à la diversité des milieux naturels étudiés ou aux échelles spatiales considérées. En outre la méconnaissance des spécificités disciplinaires a pu conduire des chercheurs à des raisonnements circulaires, destinés à renforcer tel ou tel parti-pris scientifique ou telle ou telle discipline. Des réponses simplistes aux inquiétudes de la société face au « changement climatique » ont favorisé le brouillage conceptuel.

Depuis une dizaine d'années, l'analyse des variations climatiques a été précisée par l'avènement des géosciences de l'environnement. De son côté, la communauté française des sciences humaines a évolué. L'archéologie des périodes historiques s'est ouverte aux problématiques nouvelles avec l'avènement des

1. Université d'Aix-Marseille I – CEREGE UMR 6635-CNRS (provansal@cerege.fr).
2. Centre Camille Jullian, Maison Méditerranéenne des Sciences de l'Homme (leveau.phil@wanadoo.fr).

approches géomorphologiques, à travers l'étude du paysage et la géoarchéologie du site. Dans le domaine spatial en particulier, ces approches ont progressivement supplanté l'étude des formes parcellaires (Leveau, 2000). Dans l'interprétation des phénomènes environnementaux, les approches anthropologiques sont venues, sous l'influence anglo-saxonne (Van der Leeuw *in* : Berger *et al.*, 2003), compléter ou concurrencer les approches historiques.

On dressera donc brièvement un état du champ scientifique actuel, avant d'avancer quelques pistes de réflexions particulières, à partir de travaux récents effectués dans le bassin aval du Rhône.

1. État (très partiel) du champ scientifique actuel

1.1. En géomorphologie, la prédominance des interprétations climatiques

Les recherches géomorphologiques françaises ont longtemps affirmé l'importance de la contrainte climatique comme moteur principal de la morphogenèse. À l'occasion du colloque, organisé en 1992 au Mont-Beuvray par M. Magny et H. Richard (1992), ce point de vue a été illustré par les communications des géomorphologues. L'argumentation repose sur le constat de la variabilité des niveaux de crues (Bravard, 1995) et de l'activité torrentielle dans les Alpes du Sud et la basse Provence (Jorda, 1992 ; Provansal, 1992 ; Jorda et Provansal, 1996). La mobilité des fronts glaciaires et de la limite supérieure des forêts confirme l'importance des variations climatiques. Le synchronisme des épisodes hydrologiques ou détritiques, qui ne sont pas nécessairement corrélés aux phases d'expansion ou de rétraction des terroirs, a conduit les chercheurs à définir le concept de « crise climato-anthropique », dans lequel le climat est prédominant, y compris pour la période du « Petit Âge Glaciaire ».

Cette démarche aboutit logiquement à la recherche systématique de corrélations chronologiques entre les différents marqueurs, à l'échelle régionale, voire continentale ou mondiale. Provansal *et al.* (2000) soulignent ainsi la simultanéité des dépôts de crue sur l'axe rhodanien depuis le début de l'Holocène. Bruneton *et al.* (2000) mettent en parallèle les variations hydrologiques du Marais des Baux avec la torrentialité durancienne, les fluctuations des lacs du Jura et des fronts glaciaires alpins. Berger (2001) associe également ces marqueurs avec les variations de l'hydromorphie des sols dans la plaine du Rhône moyen et il élargit son tableau jusqu'aux indications climatiques globales, issues des carottes océaniques et groenlandaises. Magny (1995) propose, enfin, un système interprétatif global, démontrant l'impact des variations de l'activité solaire depuis plusieurs milliers d'années sur la variabilité du climat, affectant l'ensemble des proxies en Europe occidentale. Il suggère qu'ils aient pu influencer l'histoire économique et sociale.

Ce point de vue est actuellement dominant au sein des recherches en géosciences et biosciences, qui reposent souvent sur des points de vue déterministes ou instrumentalisent les textes historiques. Les variations du niveau de la Mer Noire et les couches de sapropels en Méditerranée orientale ont ainsi remis à la mode les effets supposés du déluge biblique. Plus sérieusement, les recherches mettent l'accent sur quelques « évènements » climatiques mondiaux, susceptibles d'être enregistrés par des marqueurs océaniques, lacustres, pédologiques et biologiques. Ce serait le cas, par exemple, de la « crise» de 8200 BP. Le choix de l'interprétation climatique *a priori* a longtemps été privilégié par les palynologues pour qui l'anthropisation apparaissait comme un facteur de « brouillage » insoluble. Un point de vue plus radical a été illustré récemment par Jalut *et al.* (2000) qui tentent de démontrer, sur la base du développement des formations végétales xériques, l'installation progressive d'un climat méditerranéen au cours de l'Holocène du sud de l'Espagne au Languedoc. Cette interprétation strictement climatique des changements de la couverture végétale pourrait pourtant aussi bien être remplacée par une lecture qui restitue leur place aux effets de l'anthropisation. Les travaux du palynologue Galop sur la montagne pyrénéenne en donnent un excellent exemple (Galop *et al.*, 2003). En donnant un contenu précis au concept d'anthropisation, celui-ci est parvenu à construire un dialogue avec les archéologues et les historiens du pastoralisme.

1.2. Les difficultés et les contradictions de la lecture « climatique » de l'histoire des environnements

Le point de vue des géomorphologues

La multiplication et la précision croissante des datations ont parfois démontré l'absence de synchronie réelle entre des formations censées illustrer une « crise ». C'est le cas, par exemple, en basse Provence et en Languedoc, où la « détérioration climatique » du haut Moyen Âge apparaît formée d'épisodes disparates dans le temps et l'espace (Leveau *et al.*, 2002), en relation complexe avec les contraintes anthropiques.

La morphogenèse a peu de relations avec les valeurs climatiques moyennes. Les études expérimentales ont démontré le rôle de la saisonnalité, de l'intensité des pluies et de leur capacité à saturer les sols, aussi bien dans le déclenchement de l'érosion aréolaire que dans la formation des crues. Ces forçages sont difficiles à mesurer, faute de marqueurs spécifiques dans les enregistrements sédimentaires holocènes. La plupart des études doivent donc se contenter de reconstitutions paléohydrologiques régionales, dont les relations avec le climat restent à affiner.

En effet, si l'on fait exception des informations biologiques (palynologiques, dendrologiques, anthracologiques), elles-mêmes soumises à des interprétations « climatiques » ou « anthropiques » ambivalentes, l'argumentation « climatique » dans les environnements terrestres méditerranéens et européens repose en fait le plus souvent sur les données hydrologiques (fluviales, lacustres, phréatiques, hydrogéologiques). Or, on sait la complexité des relations entre les précipitations, les débits moyens et les crues, c'est-à-dire entre l'impulsion climatique et son enregistrement. Les seuils chronologiques et l'extension spatiale de la déstabilisation sont conditionnés par la fragilité, naturelle ou acquise, de chaque région, qui permet, entrave ou réduit la pertinence de l'expression de « crises » morphodynamiques. Ainsi, la pluviométrie moyenne et les débits moyens annuels sur le Rhône sont stables depuis le début du XXe siècle, alors que la fréquence des fortes crues diminue (Antonelli, 2002). Ces crues, qui sont le principal agent des transports sédimentaires et de la morphogenèse fluviale, dépendent par ailleurs d'une combinaison complexe entre le forçage météorologique et l'état des sols, lui-même fortement dépendant de l'« anthropisation »...

Enfin, les recherches négligent souvent les effets de décalages liées aux temps de réponse ou aux seuils de sensibilité différents de chaque dynamique, sur des échelles spatiales variables. À titre d'exemple, la comparaison des chroniques de crues au XIXe siècle sur le Rhône, la Durance, l'Ubaye et les petits torrents des Alpes internes (**fig. 1**) montre une intensité et des rythmes très différents selon l'échelle considérée : les pluies convectives d'été qui provoquent la torrentialité locale ne suffisent pas à mettre en charge les organismes plus importants, qui relèvent d'autres phénomènes météorologiques, durables et généralisés ; elles jouent en revanche un rôle certain sur le recul des fronts glaciaires locaux (Sivan, 1998 ; Miramont et Guilbert, 1997).

Enfin, il est important de souligner l'absence de relation déterministe entre le climat et les sociétés : les épisodes climatiques les plus excessifs (par exemple le Petit Âge Glaciaire) ont eu des conséquences très variables, négligeables ou majeures, selon les milieux considérés, allant jusqu'à des évolutions inverses (ainsi le peuplement maximal de la montagne alpine intervient au début du XIXe siècle, au maximum de cette crise froide).

Le point de vue des Sciences Humaines

Les historiens ont été traditionnellement réticents pour établir une relation directe entre évolution climatique et histoire des sociétés. Il en va de même contrairement à l'impression que donnent certains travaux géoarchéologiques de la majorité des archéologues. L'intérêt qu'ils portent à la question de la variation climatique est liée à l'apport des études géomorphologiques dans la compréhension du site archéologique. C'est en particulier le cas des recouvrements sédimentaires ou de la taphonomie des sites, thème important développé par les géoarchéologues de Valence.

La dépendance reconnue et exploitée par les archéologues d'un site par rapport aux conditions naturelles en justifie une lecture « climatique », mais, pour autant, n'autorise pas de l'étendre aux comportements sociaux. Le colloque organisé en 1992 par H. Richard et M. Magny était introduit par un texte où ceux-ci dénonçaient la « prise en otage » du climat par les « historiens ». Dénonçant le mythe de la « civilisation des palafittes » et l'interprétation ancienne des sites comme des « stations lacustres », ils montraient comment des variations du plan d'eau d'origine climatique permettaient de rendre compte des sites de villages submergés du Néolithique et de l'Âge du Bronze découverts au milieu du XIXe siècle dans les lacs alpins et jurassiens. Insérant ce dossier dans une réflexion plus générale sur la conservation des sites en milieu humide, P. Corboud (2001) a montré comment trois regards, l'historique, le géomorphologique et l'ethnographique, s'étaient combinés pour proposer cinq phases principales d'interprétation architecturale, depuis le mythe de la « civilisation des palafittes » fondé exclusivement sur l'image des villages lacustres de bord de mer ou de rivière rapportés par les explorateurs, jusqu'à la notion de « variation du niveau de l'eau » proposée par H. Richard et M. Magny et, enfin, l'apport de l'ethnographie des sociétés actuelles, proposé par A.-M. et P. Pétrequin.

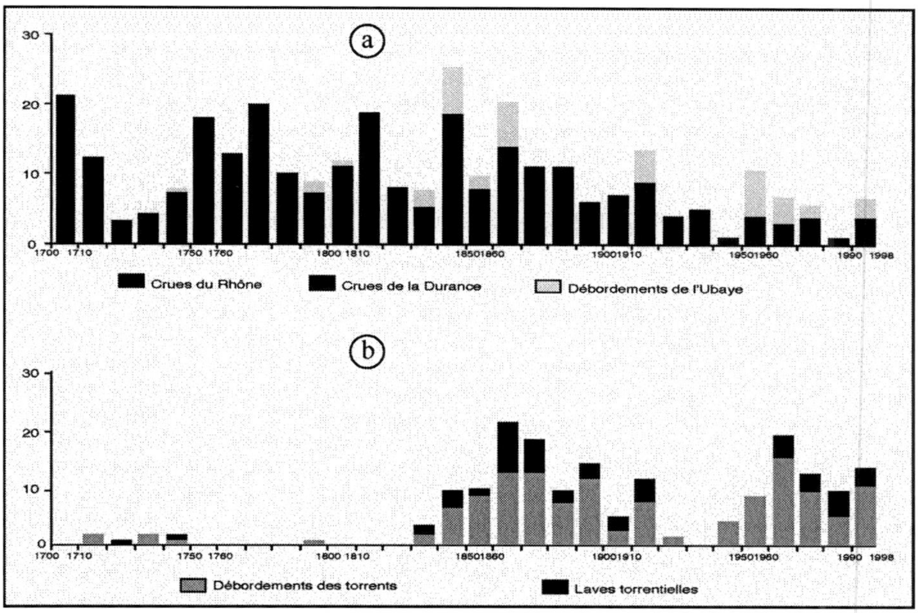

Fig. 1. (a) Les crues du Rhône, de la Durance et de l'Ubaye ; (b) laves torrentielles dans le bassin de Barcelonnette.

1.3. La nécessité d'intégrer les effets de l'anthropisation dans l'histoire des environnements

La collaboration entre archéologues, historiens et géomorphologues autour de l'Étang de Berre a pointé très tôt (Leveau et Provansal, 1993) la puissance du facteur anthropique. La présence récurrente depuis plus de 5 000 ans de niveaux d'argiles pédologiques altérées, érodées et sédimentées dans l'étang y a illustré, par exemple, le concept d'« érosion accélérée » (Neboit, 1999), liée à l'extension des terroirs agricoles au cours de la protohistoire. Dans les Alpilles et dans la basse vallée de l'Hérault (Deviller et Provansal, 2003), les dépôts torrentiels sont diachrones d'un bassin versant à l'autre, en relation chaque fois avec la période d'activité des habitats protohistoriques.

Pour autant, les périodes de plus fort développement économique et démographique ne coïncident pas, sauf exception, avec les mutations morphologiques les plus importantes. C'est le cas par exemple de l'Antiquité romaine dans l'aire méditerranéenne et l'Europe occidentale. L'occupation du territoire y est par ailleurs caractérisée par une forte hétérogénéité entre les périmètres urbains, intégrés dans une économie commerciale, et les marges où persistent des modes archaïques de mise en valeur. Des généralisations hâtives ont conduits à y rechercher des arguments pour des thèses inverses.

Mais les travaux récents dans le bassin versant du Rhône (Piégay *et al.*, 1997 ; Liébault *et al.*, 2002) montrent l'importance des réponses de l'environnement aux transformations des modes de gestion des sols. La comparaison de la carte de l'état de la végétation avec celle des accidents hydroclimatiques en basse Provence au XVIIIe siècle (Pichard, 1999) souligne la bonne relation spatiale entre déboisement et torrentialité sur les substrats fragiles (**fig. 2**). Dans le bassin de la Drôme, le reboisement des versants et la remontée forestière des ripisilves au XXe siècle ont des effets plus décisifs sur la mutation des paysages fluviaux que la fin de la crise climatique du Petit Âge Glaciaire. Dans chaque cas, la réponse environnementale est ample et rapide.

Il est vrai que, depuis deux siècles, l'emprise des sociétés sur l'environnement a été modifiée par l'importance croissante de l'ingénierie. Son application à l'axe rhodanien (digues insubmersibles, « casiers Girardon ») a eu des effets complexes (Poinsard, 1992 ; Antonelli, 2002 ; Arnaud-Fassetta, 2003), accélérant les mutations du chenal, favorisant le transport solide et la progression du delta, avant que la construction des barrages n'entraîne une réduction importante du flux sédimentaire, lui-même affecté depuis plus d'un siècle par l'abandon des terres agricoles et les travaux RTM. Le terme d'« anthropisation » apparaît ainsi très insuffisant pour décrire, selon les périodes, des modes très différents d'emprise/déprise sur les territoires.

Le concept d'anthropisation, trop souvent utilisé sans précision, recouvre donc une très vaste palette de situations : sites urbains ou industriels, techniques de mise en valeur des sols, caractéristiques foncières, contexte politique et économique, santé des populations et évolution démographique peuvent être déterminants sur l'intensité et les modalités des pressions sur l'environnement. L'utilisation systématique de ce concept par les environnementalistes introduit des approximations, qui justifient sans doute le succès rencontré par les concepts d'anthroposystème, ou maintenant d'« anthropocène ». Celui-ci est défini comme le temps des interactions entre le milieu et les sociétés historiques. Il serait la phase ultime du Quaternaire, distincte à la fois de l'Holocène où dominent les déterminismes naturels et d'un Néocène, temps des premières domestications et des premières sociétés rurales. Au moment où se développent

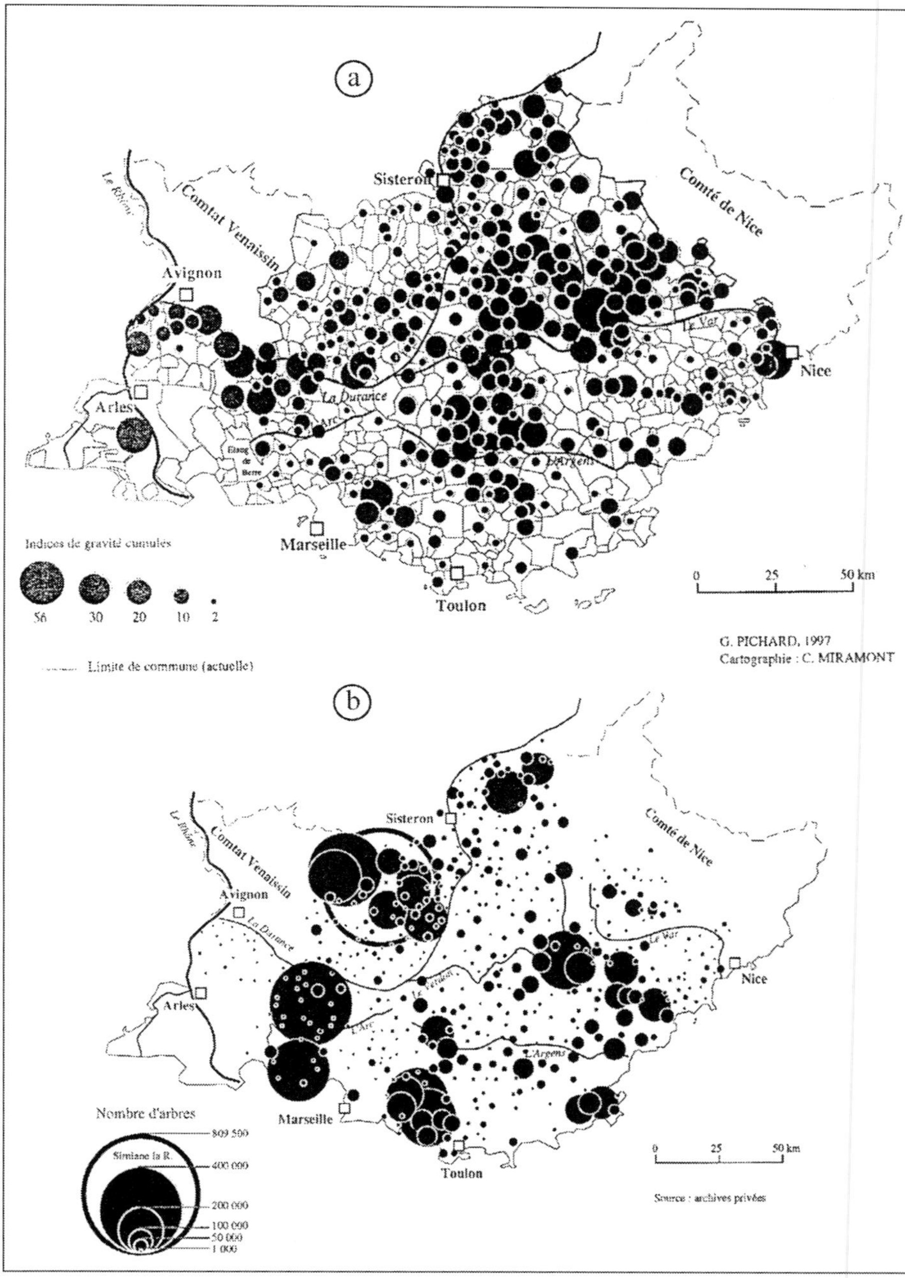

Fig. 2. (a) accidents hydroclimatiques en Provence au XVIIIe siècle ; (b) les arbres en Provence en 1683-1687.

les approches dites à « haute résolution » chronologique, l'utilisation par les géomorphologues de chronologies chronoculturelles est devenue incompatible avec la précision dans les datations, et le passage du local au global.

2. Mutations récentes du système fluvial rhodanien : réponses complexes du géosystème aux forçages climatiques et anthropiques

L'état (partiel) du champ scientifique actuel a mis l'accent sur l'ambiguïté des interprétations géomorphologiques en termes de climat et d'anthropisation. S'il est clair que le poids des sociétés est devenu déterminant depuis deux ou trois siècles et si leurs activités sont devenues durant le demi-siècle écoulé une composante de l'évolution climatique globale, est-il pour autant égal quelle que soit l'échelle spatiale ? Tous les éléments du climat ont-ils la même efficacité sur l'érosion des sols, les mutations des systèmes fluviaux, à l'échelle locale ou régionale ? Les recherches en cours sur le système fluvial rhodanien permettent d'apporter quelques réponses, partielles, à ces questions.

Le fonctionnement de l'hydrosystème rhodanien a fait l'objet d'études géomorphologiques détaillées à différentes échelles spatiales et chronologiques, depuis les bassins de rang inférieur jusqu'au delta, des sous-bassins séquaniens et alpins aux affluents méditerranéens (Bravard, 1989 ; 1994 ; Bravard et Peiry, 1993 ; Salvador, 1991 ; Landon et Piégay, 1994). Les résultats montrent à la fois des réponses synchrones de l'ensemble du système et des décalages ou des disparités importantes. Outre l'hétérogénéité climatique, géologique, humaine des contextes de chaque zone, ces disparités relèvent également de paramètres proprement physiques, en l'occurrence hydrosédimentaires, liés aux modes de transfert de la matière solide de l'amont vers l'aval. L'impact des variations climatiques et de l'anthropisation, même supposées homogènes à l'échelle régionale, est donc biaisé par ces processus.

Provansal *et al.* (2000 ; 2003) ont montré que les sédiments fins de la plaine d'inondation et des berges s'étaient déposés de façon synchrone, au cours de quelques épisodes holocènes caractérisés par de hauts niveaux fluviaux et des crues fréquentes. Ces périodes sont corrélées avec les étapes de la progradation du delta. Cette synchronie (qui mériterait par ailleurs d'être approfondie par des datations supplémentaires) reflète logiquement la translation quasi immédiate des Matières en Suspension (MES) lors des crues. La relation débit des crues/volume des MES a été démontrée par plusieurs études récentes (Pont *et al.*, 2002 ; Antonelli, 2002). Les phases d'apports plus abondants doivent être attribués à des forçages hydrologiques (sans doute d'origine climatique ?) et anthropique (libération des sédiments fins superficiels par l'agriculture). La déconnexion actuelle entre les versants et les lits, liée à la déprise rurale et la remontée des ripisilves, réduit ce mode de fonctionnement.

Les sédiments plus grossiers de la charge de fond, dont l'abondance détermine les « métamorphoses » géomorphologiques du chenal (style tressé, en méandres, etc.), transitent beaucoup plus lentement, avec des vitesses de l'ordre de dizaines de km/siècle (Salvador, 2001). Vers l'aval, leur impact se décale donc progressivement dans le temps de l'impulsion amont initiale. Ce phénomène a été bien décrit dans le bassin de l'Isère, où la charge grossière délivrée au début du Petit Âge Glaciaire (XIVe siècle) en amont du Grésivaudan n'a pas encore atteint la confluence avec le Rhône. Ce phénomène est évidemment amplifié au XXe siècle par la rétention en arrière des barrages hydro-électriques.

On peut, enfin, rendre plus complexe l'analyse, si on considère que, sur tout axe fluvial, la diminution structurelle de la puissance spécifique vers l'aval réduit la compétence du fleuve, autrement dit la grossièreté de la charge de fond. Sur le Rhône, celle-ci est caillouteuse jusqu'à Arles, sableuse au-delà et les réajustements du chenal aux changements de la fin du Petit Âge Glaciaire sont donc plus précoces dans le delta qu'en amont, avec un décalage de plusieurs décennies.

Enfin, l'évolution morphologique change continuellement les conditions de fonctionnement en chaque lieu (érosion des héritages détritiques et pédologiques sur les pentes, colmatage des fonds palustres, élévation des lits alluviaux, croissance des deltas). De même, la translation d'amont en aval des sédiments sur les axes fluviaux et la modification des profils en long modifient les conditions ultérieures de la morphogenèse fluviale. Ce temps « sagittal » crée ainsi des situations irréversibles à chaque période. La plaine d'Arles en fournit un bon exemple : l'accroissement progressif du champ d'inondation au cours de l'histoire n'est pas lié à une aggravation continue des apports hydrologiques, mais à l'exhaussement sédimentaire de la bande active au-dessus du lit majeur.

Conclusion

Le débat présenté ici recouvre celui qui est apparu au XIXe siècle : il porte sur la place de l'homme dans l'histoire de l'environnement. Dans leur introduction à l'*Histoire de l'Environnement européen*, R. Delort et F. Walter (2001) soulignaient l'étonnante postérité de l'article de l'historien américain Lynn White qui, en 1967, dénonçait l'« arrogance » chrétienne à l'égard de la Nature. En fait la dimension idéologique s'efface derrière une vision plus équilibrée ouvrant sur de nouveaux rapports entre disciplines (Lévêque et Van der Leeuw, 2003). Dans cette perspective, on doit reconnaître que les termes d'« anthropisation » et de « climat » recouvrent des concepts trop divers et sont devenus des outils trop imprécis aussi bien pour comprendre l'histoire des environnements que celle des sociétés (Leveau, 1997). Ces questions croisent le débat sur le « déterminisme » et le « possibilisme », dont l'intérêt n'est pas éteint, mais qui paraît dépassé sous la forme qu'il revêtait il y a un demi-siècle. L'analyse anthropologique des rapports milieux/sociétés aux époques préindustrielles a démontré la capacité des sociétés à s'adapter aux modifications climatiques. L'analyse historique montre qu'elle ne s'inscrit pas dans un continuum. Elle est marquée par des seuils qui ne sont pas franchis partout au même moment. R. Neboit avait distingué dans l'histoire de l'environnement (des sociétés européennes, précisait-il), « deux coupures, correspondant au franchissement de deux seuils d'action… L'une se place au Néolithique, et l'on parle plus volontiers du Chasséen et l'autre se situe beaucoup plus tard, à l'époque romaine ou gréco-romaine » (Neboit, 1991). À partir des premiers grands aménagements, les sociétés historiques ont en effet franchi un seuil et acquis la capacité d'une action directe se traduisant par de véritables modifications des modelés, soit en édifiant des reliefs soit en corrigeant les linéaments du paysage ou en en créant.

La période actuelle démontre la rétroaction de l'anthropique sur le naturel.

Remerciements

P. PENTSCH (UFR des sciences géographiques) a réalisé les figures de ce texte.
La recherche a bénéficié de l'appui financier des programmes européens EURODELTA, EUROSTRATAFORM et du site-atelier ORME du CNRS.

Références

ANTONELLI C., 2002. *Flux sédimentaires et morphogenèse récente dans le chenal du Rhône aval*, thèse de Doctorat, Université de Provence, Aix-Marseille I, 279 p.

ARNAUD-FASSETTA G., 2003. River channel changes in the Rhône delta (France) since the end of the little Age: geomorphological adjustment to hydroclimatic change and natural resource managment. *Catena,* 51, 2, 141-172.

BERGER J.-F., 2001. Évolution des agro- et des hydrosystèmes dans la région médio-rhodanienne. *In* : OUZOULIAS P. *et al.* (éds.), *Actes du colloque : Les campagnes de la Gaule à la fin de l'Antiquité*, Antibes, Éd. APDCA, 369-403.

BERGER J.-F., FAVORY F., MUXART T., TOURNEUX J.-P. et VAN DER LEEUW S., 2003. Comment identifier, analyser et évaluer les dynamiques d'interactions entre les sociétés et leurs environnements ? *In* : LÉVÊQUE C. et VAN DER LEEUW S., *Quelles natures voulons nous ? Pour une approche socio-écologique du champ de l'environnement*, Paris, Elsevier, 146-184.

BRAVARD J.-P., 1989. La métamorphose des rivières des Alpes françaises à la fin du Moyen Âge et à l'Époque moderne. *Revue de Géographie de Liège*, 25, 145-157.

BRAVARD J.-P., 1994. L'incision des lits fluviaux, du phénomène morphodynamique naturel et réversible aux impacts irréversibles. *Revue de géographie de Lyon*, 69, 1, 5-10.

BRAVARD J.-P., 1995. Paléodynamique du site fluvial de Lyon depuis le tardiglaciaire. *In* : *Dynamique du paysage, entretiens de géoarchéologie,* Lyon, nov.1995, *Documents d'Archéologie en Rhône-Alpes.*

BRAVARD J.-P. et PEIRY J.-L., 1993. La disparition du tressage fluvial dans les Alpes françaises sous l'effet de l'aménagement des cours d'eau (XIXe-XXe siècles). *Z. Geomorph.* N.F., 88, 67-79.

BRUNETON H., MIRAMONT C., ANDRIEU-PONEL V., 2000. Deux enregistrements morpho-sédimentaires des rythmes climatiques en domaine méditerranéen du Tardiglaciaire à l'Atlantique (bassin du Saignon, Alpes du Sud, Marais des Baux, Basse Provence). *Quaternaire,* vol. 12 (1-2), 109-126.

CORBOUD P., 2001. Les habitats préhistoriques littoraux d'Europe. Conditions d'établissement et modalités d'occupation. *In* : L'HELGOUACH J. et BRIARD J. (dir.), *Systèmes fluviaux, estuaires et implantations humaines de la Préhistoire aux grandes invasions*, 124e Congrès national des sociétés historiques et scientifiques (Nantes, 1999), Éd. CTHS, 127-142.

DELORT R. et WALTER F., 2001. *Histoire de l'Environnement européen*, Paris.

DEVILLER B. et PROVANSAL M., 2003. La morphogenèse d'un géosystème cultivé depuis le Néolithique Récent : les petits bassins versants de la moyenne vallée de l'Hérault (34). *Géomorphologie*, 2, 83-98.

GALOP D., MAZIER F., LOPEZ-SAEZ J.-A., VANNIÈRE B., 2003. Palynologie et histoire des activités humaines en milieu montagnard. Bilan provisoire des recherches et nouvelles orientations méthodologiques sur le versant nord des Pyrénées. *Archéologie du Midi Médiéval*, 21, 159-170.

JALUT G., ESTEBAN-AMAT A., BONNET L., FONTUGNE M., GAUQUELIN T., 2000. Holocene climatic changes in the Western Mediterranean, from south-east France to south-est Spain. *Palaeogeography, Palaeoclimatology, Paleoecology*, 160, 255-290.

JORDA M., 1992. Morphogenèse et fluctuations climatiques dans les Alpes françaises du Sud de l'Âge du Bronze au haut Moyen Âge. *Les Nouvelles de l'Archéologie*, 50, 14-21.

JORDA M. et PROVANSAL M., 1996. Impact de l'anthropisation et du climat sur le détritisme en France du Sud-Est (Alpes du Sud et Provence). *Bulletin de la société géologique de France*, 167, 159-168.

LANDON N. et PIÉGAY H., 1994. L'incision de deux affluents subméditerranéens du Rhône : la Drôme et l'Ardèche. *Revue de Géographie de Lyon*, 1, 63-72.

LEVEAU P. et PROVANSAL M., 1993. Systèmes agricoles et paysages du Nord-Est de l'Étang de Berre depuis le Néolithique. *In*: BECK C. et DELORT R. (dir.), *Pour une histoire de l'environnement. Travaux du programme interdisciplianire de recherche sur l'environnement*, CNRS Éd., 173-200.

LEVEAU P., 1997. L'archéologie des paysages et les époques historiques : les grands aménagements agraires et leur « signature » dans le paysage (anthropisation des milieux et complexité des sociétés). *Milieux naturels, espaces sociaux. Études offertes à Robert Delort,* Paris, 71-84.

LEVEAU P. 2000. L'archéologie des paysages aux époques historiques, dans le dossier « Archéologie et Histoire ». *Annales, Histoire, Sciences sociales*, 3, 555-582.

LEVEAU P., PROVANSAL M., BRUNETON H., PALET-MARTINEZ J.-M., POUPET P. et WALSH K., 2002. La crise environnementale de la fin de l'Antiquité et du haut Moyen Âge : définition d'un modèle et retour aux milieux réels. *In* : RICHARD H. et VIGNOT A. (dir.), *Équilibres et rupture dans les écosystèmes depuis 20 000 ans en Europe de l'Ouest*, *Annales Littéraires*, Série « Environnement, Sociétés et Archéologie », 3, Paris, Les Belles-Lettres, 291-304.

LÉVÊQUE C. et VAN DER LEEUW S., 2003. *Quelles natures voulons nous ? Pour une approche socio-écologique du champ de l'environnement*, Paris, Elsevier, 324 p.

LIÉBAULT F., CLEMENT P., PIÉGAY H., ROGERS C.F., KONDOLF G.M., LANDON N., 2002. Contemporary channel changes in the Eygues basin, southern French Prealps: the relationship of subbasin variability to watershed characteristics. *Geomorphology,* 45, 53-66.

MAGNY M., 1995. *Une histoire du climat : des derniers mammouths au siècle de l'automobile,* Paris, Errance, 175 p.

MAGNY M. et RICHARD H., 1992. Histoire du climat, archéologues et historiens ; une nécessaire clarification. *In* : Le climat à la fin de l'Âge du Fer et dans l'Antiquité (500 BP-500 AC). Méthodes d'approche et résultats. *Les Nouvelles de l'Archéologie*, 50, hiver 1992, 5-6.

MIRAMONT C., GUILBERT X., 1997. Variations historiques de la fréquence des crues et évolution de la morphogenèse fluviale en moyenne Durance (France, S.-E.). *Géomorphologie : relief, processus, environnement*, 4, 325-338.

MIRAMONT C., GUILBERT X., 1997. Variations historiques de la fréquence des crues et évolution de la morphogenèse fluviale en moyenne Durance (France, S.-E.). *Géomorphologie : relief, processus, environnement*, 4, 325-338.

NEBOIT R., 1991. *L'homme et l'érosion. L'érosion des sols dans le monde*, Clermont Ferrand, 2e éd.

NEBOIT R., 1999. Autour du concept d'érosion accélérée : l'homme, le temps et la morphogenèse. *Géomorphologie*, 159-172.

PICHARD G., 1999. *Espace et nature en Provence*, thèse, Université Aix-Marseille I, 2 t., 987 p.

PIÉGAY H., LANDON N., BRAVARD J.-P., CLÉMENT P. et LIÉBAULT F., 1997. Channel incision and potentiality of reversibility, the Drôme river case, France. *In* : WANG S.Y., LANGENDOEN E.J. et SCIELDS JR F.D. (eds.), *Proceedings of the conference on the management of landscapes disturbed by channel incision*, University of Mississipi, Oxford, USA, 488-493.

POINSARD D., 1992. *Effets des aménagements fluviaux sur les débits liquides et solides. L'exemple du Rhône dans les plaines de Miribel-Jonage et de Donzère-Mondragon*, thèse Université Lyon III, 501 p.

PONT D., SIMONNET J.P., WALTER A.V., 2002. Medium-term changes in suspended sediment delivery to the ocean: consequences of catchment heterogeneity and river management (Rhône river, France). *Estuarine, Coastal and Shelf Science*, 54, 1-18.

PROVANSAL M., 1992, Le rôle du climat dans la morphogenèse à la fin de l'Âge du Fer et dans l'Antiquité en basse Provence. *Les Nouvelles de l'Archéologie*, 50, 21-26.

PROVANSAL M., BERGER J.-F., BRAVARD J.-P., SALVADOR P.-G., ARNAUD-FASSETTA G., BRUNETON H., VEROT-BOURRELY A., 2000. Le régime du Rhône dans l'Antiquité et au haut Moyen Âge, *Gallia*, 56, 1-175.

PROVANSAL M., VELLA C., ARNAUD-FASSETTA G., SABATIER F., 2003. Participation of sedimentary fluvial inputs in the mobility of the Rhône delta coast (France). *Géomorphologie : relief, processus, environnement,* 4, 271-283.

SALVADOR P.-G., 1991. *Le thème de la métamorphose fluviale dans les plaines alluviales du Rhône et de l'Isère,* thèse, Université Lyon II, 498 p.

SALVADOR P.-G., 2001. L'évolution holocène de la plaine alluviale de l'Isère, dans l'ombilic de Moirans (Isère, France). *Quaternaire*, vol. 12, 1992, 127-135.

SIVAN O., 1998. *Évolution climatique historique et torrentialité. Exemple de la vallée de l'Ubaye,* mémoire de maîtrise, Université Aix-Marseille I, 126 p.

VAN ANDEL T.H. et RUNNELS C.N., 1987. *Beyond the Acropolis, a rural greek past,* Stanford University Press, Stanford, California, 1987.

VITA FINZI C., 1969. *The mediterranean valleys: geological changes in historical times*, Cambridge, 1969.

De l'océanique au méditerranéen, la disparité des réponses morphosédimentaires holocènes, dans les massifs anciens européens

PHILIPPE ALLÉE[1], LAURENT LESPEZ[2]

À partir d'exemples disposés le long d'un gradient climatique allant du littoral océanique du Massif armoricain au rivage méditerranéen des Balkans, cette communication propose de s'interroger sur la spécificité et la disparité des réponses morphosédimentaires holocènes dans les bassins versants localisés en zone de production sédimentaire (ordre 0 à 4) des massifs anciens européens. Sur le plan méthodologique, les bassins versants étudiés présentent d'abord des spécificités inhérentes au fonctionnement morphodynamique des régions de socle. Certaines d'entre elles accroissent les difficultés de lecture : la faiblesse des volumes détritiques mobilisés et l'imbrication des séries alluviales liée au blocage des phénomènes d'incision verticale ont généré des séquences sédimentaires souvent de faible ampleur, fragmentaires et aux stratigraphies complexes. En contrepartie, l'abondance des biomarqueurs (tourbes, bois et charbons de bois fossiles) favorise les reconstitutions paléobotaniques et fournit de nombreux chronomètres sédimentaires. L'échelle de travail retenue, celles des petits bassins versants, constitue une autre particularité. Elle détermine une grande hétérogénéité spatiale et, chaque vallon ayant sa propre histoire, la reconstitution des paléosystèmes agraires à l'échelle des terroirs s'avère souvent un préalable indispensable à toute interprétation paléodynamique. En revanche, elle permet de jouer sur les effets d'emboîtements scalaires et, en croisant logiques aréale et longitudinale, il devient possible de distinguer et de discuter la part des signaux anthropiques et climatiques.

1. GEOLAB Limoges UMR 6042-CNRS – Université de Limoges, 39 rue Camille Guérin, F-87036 Limoges cedex (philippe.allee@unilim.fr).

2. GEOPHEN-UMR LETG 6554-CNRS, Université de Caen-Basse-Normandie, Esplanade de la Paix, BP 5186, F-14032 Caen cedex (laurent.lespez@unicaen.fr).

Trois faits marquants caractérisent le fonctionnement hydrosédimentaire holocène des massifs anciens étudiés : une forte résilience à l'Holocène ancien et moyen ; une rupture d'équilibre tardive et hétérochrone ; une instabilité finiholocène récurrente et multicausale, dont la spécificité est propre à chaque massif.

1. L'Holocène ancien et moyen : une longue atonie morphodynamique qui résiste à une anthropisation discrète

Durant le premier Holocène, les systèmes fluviaux des massifs anciens traduisent tous, par leur mode de fonctionnement, la même stabilité morphodynamique. Bien qu'ils n'aient pas laissé de signatures sédimentaires spectaculaires, les marqueurs de cet équilibre biostasique sont variés. Sur les versants, parfaitement phytostabilisés sous un couvert végétal dense, la pédogenèse se développe sur les formations colluviales héritées du Pléistocène froid. Dans les fonds de vallées, l'indigence des flux alluviaux traduit la même atonie morphodynamique. Tandis que les dynamiques turfigènes l'emportent dans les secteurs les plus hydromorphes, ailleurs des lits fluviaux incisés dans les nappes caillouteuses préholocènes dessinent des méandres et anastomoses très peu actifs.

Durant cette longue période d'équilibre biostasique, les manifestations érosives demeurent sporadiques et discrètes. Dans les secteurs à plus forte fragilité morphosédimentaire, elles prennent la forme de ravinements ponctuels et occasionnent des décharges détritiques sur des cônes de déjection. De tels phénomènes ont été décrits à l'Atlantique ancien dans le Massif central (Cubizolle *et al.*, 2001 ; Allée, 2003). Toutes proportions gardées, car l'ampleur du phénomène et les volumes concernés sont sans commune mesure, ces manifestations détritiques évoquent les remblaiements de l'Holocène ancien décrits par de nombreux auteurs dans le sud-est de la France (Jorda, 1980 ; Gautier, 1992 ; Leveau et Provansal [éds], 1993 ; Rosique, 1996 ; Miramont, 1998 ; Jorda *et al.*, 2002). Plus fugaces mais également plus fréquentes sont les troncatures de sols liées à l'érosion aréolaire. Celles-ci se multiplient dans tous les massifs dès le Néolithique mais, dans l'écrasante majorité des cas, elles ne suffisent pas à remettre en cause la stabilité morphodynamique des bassins versants. Face à l'anthropisation discrète des massifs, la très forte résilience des systèmes fluviaux s'exprime plusieurs millénaires durant.

Seules certaines régions, caractérisées par une plus grande instabilité morphoclimatique font exception à cette règle. C'est le cas de certains massifs méditerranéens comme le massif des Maures, où la première crise hydrosédimentaire s'observe dès le Bronze ancien. Plus inattendu, c'est le cas également dans certains finistères océaniques de l'Ouest européen, où l'impact des sociétés sur l'environnement a pu être mis en évidence dès la fin du Néolithique et l'Âge du Bronze. Dans certains espaces littoraux du monde armoricain (Marguerie, 1992) et dans le sud-ouest cristallin de l'Angleterre (Caseldine, 1999 ; Gearey *et al.*, 2000a et b ; Simmons, 2003), le recul du couvert forestier et le développement des landes régressives est patent dès l'Âge du Bronze. Les recherches sur les réponses morphosédimentaires à ces transformations précoces des paysages demeurent encore peu développées pourtant, dans la péninsule de La Hague, au nord-est du Massif armoricain (Manche), on observe une première séquence détritique dès le Néolithique final (Lespez *et al.*, 2004). La sédimentation organique des milieux de bas-marais qui s'amorce à partir de 4500-4100 BP (3400-2600 cal. av. J.-C.) s'accompagne, au moins localement, d'apports détritiques réguliers comme l'indiquent les analyses conduites dans l'Anse Saint-Martin. La teneur en sables et limons des sédiments déposés dans cette petite plaine littorale montre des apports fluviatiles de type limons de débordement et des dépôts de chenaux associés à des défluviations récurrentes. Cela témoigne d'une accentuation des flux solides dès l'Holocène moyen. Les analyses polliniques suggèrent localement une ouverture modérée du paysage même si les traces de défrichement et de mise en valeur agricole restent ténues jusqu'à l'Âge du Fer comme pour la plupart des petites plaines littorales du Cotentin (Lespez *et al.*, 2004 ; Coutard et Clet-Pellerin, ce volume). Sans doute, le détritisme qui s'amorce précocement prend-il sa source, ailleurs, sur l'échine qui arme la péninsule et qui a été le siège d'une grande activité humaine durant l'Âge du Bronze (levée de terre du Hague Dike, limites parcellaires probablement liées à des sites domestiques, très nombreux tumulus). D'autres recherches seraient nécessaires pour attester ce détritisme précoce dans les finistères cristallins de l'Ouest européen et le mettre en relation avec une dégradation ancienne et progressive des sols mis à nu du fait des défrichements comme cela est attesté dans le Massif armoricain (Gebhardt, 1990).

2. Une rupture d'équilibre tardive et hétérochrone qui obéit à des logiques agropastorales

Ailleurs, la stabilité structurelle détermine une bonne résilience des systèmes morphogéniques et on observe souvent un décalage de plusieurs millénaires entre l'arrivée des premières communautés agropastorales au Néolithique et les réponses sédimentaires généralisées des systèmes fluviaux, y compris dans des espaces précocement peuplés et mis en valeur dans des ambiances bioclimatiques plus agressives comme les vastes dépressions qui accidentent le socle du Rhodope au nord de la Grèce (Lespez, 1999 ; 2003).

Pourtant, contrastant fortement avec la première partie de l'Holocène, la fin du Subboréal et le Subatlantique ont laissé des signatures détritiques abondantes et variées, qui témoignent d'un fonctionnement hydrosédimentaire récursif faisant alterner crises détritiques sédimentogènes et périodes d'accalmie morphodynamique. Ainsi, à partir de l'Âge du Bronze parfois (Maures, Rhodope), de l'Âge du Fer dans l'ensemble des massifs, les hydrosystèmes des régions de socle deviennent le théâtre d'une véritable métamorphose fluviale. Nappe à cailloutis pléistocène et chenaux incisés holocènes sont fossilisés par une abondante sédimentation terrigène qui entraîne la formation de remblaiements organo-minéraux et de nappes alluviales.

En raisonnant sur une échelle de temps moyen, celle de l'Holocène, l'anthropisation croissante du milieu semble jouer, dans la rupture d'équilibre des derniers millénaires, un rôle déterminant.

Rien dans l'histoire climatique de l'Holocène ne permet d'expliquer pourquoi le fonctionnement des systèmes fluviaux change de façon aussi radicale à partir de la période protohistorique. Les péjorations climatiques finiholocènes n'ont pas une ampleur supérieure à celles qui les ont précédées (Bortenschlager, 1970 ; 1977 ; Patzelt, 1973 ; 1980 ; Zoller, 1977 ; Burga, 1988 ; Magny, 1991 ; 1995 ; Richard, 1992). Ce n'est pas le cas de la pression agricole dans les campagnes. Indices paléobotaniques et géoarchéologiques montrent que l'on franchit, durant la Protohistoire, un seuil très net dans l'anthropisation des milieux. Développement des *saltus* et surtout des *agers*, stabilisation des parcellaires, autant de faits qui contribuent à accroître l'érodabilité générale des bassins versants et l'érodibilité intrinsèque des sols dont la maîtrise agronomique reste alors limitée. Dans ces milieux résilients, longtemps mis en valeur de façon extensive, l'équilibre biostasique holocène est rompu tardivement. Il l'est aussi de façon hétérogène dans l'espace.

Ainsi un autre argument plaide pour le rôle déterminant joué par l'expansion agricole dans l'abaissement du seuil de résistance des systèmes fluviaux. Les crises détritiques protohistoriques et historiques n'affectent pas l'ensemble des territoires. Seuls certains bassins versants sont touchés, parfois de façon apparemment aléatoire, soulignant ainsi le poids des facteurs locaux. Cette anisotropie s'accorde mal avec un signal climatique qui devrait s'exprimer à l'échelle régionale. Elle s'accommode en revanche très bien avec des finages dispersés, fractionnés par des espaces forestiers, mêlant des terroirs très disparates (champs cultivés, prairies et landes) plus ou moins érodables. Au cours des derniers millénaires, le développement des systèmes agropastoraux n'est homogène ni dans l'espace, ni dans le temps. D'un bassin versant à l'autre, la mise en valeur agricole ne connaît ni la même précocité, ni la même intensité, ni la même régularité. Comment s'étonner alors que chaque vallon ait sa propre histoire alluviale ? Le franchissement du seuil de résistance varie dans l'espace et dans le temps. En Limousin, certains bassins versants sont fragilisés dès l'Âge du Fer ou le début la période gallo-romaine, tandis que d'autres voient leur stabilité se prolonger jusqu'aux Temps modernes (Allée *et al.*, 1997 ; Allée, 2003).

Ce phénomène s'observe particulièrement bien sur l'île de Thasos (**fig. 1**) en Grèce où, dans un espace de faible dimension (30 km de diamètre) homogène sur le plan géologique et bioclimatique, le rythme et les mécanismes des dynamiques morphosédimentaires holocènes changent pour chaque versant, vallée ou plaine alluviale. L'examen attentif de quatre versants ou bassins versants

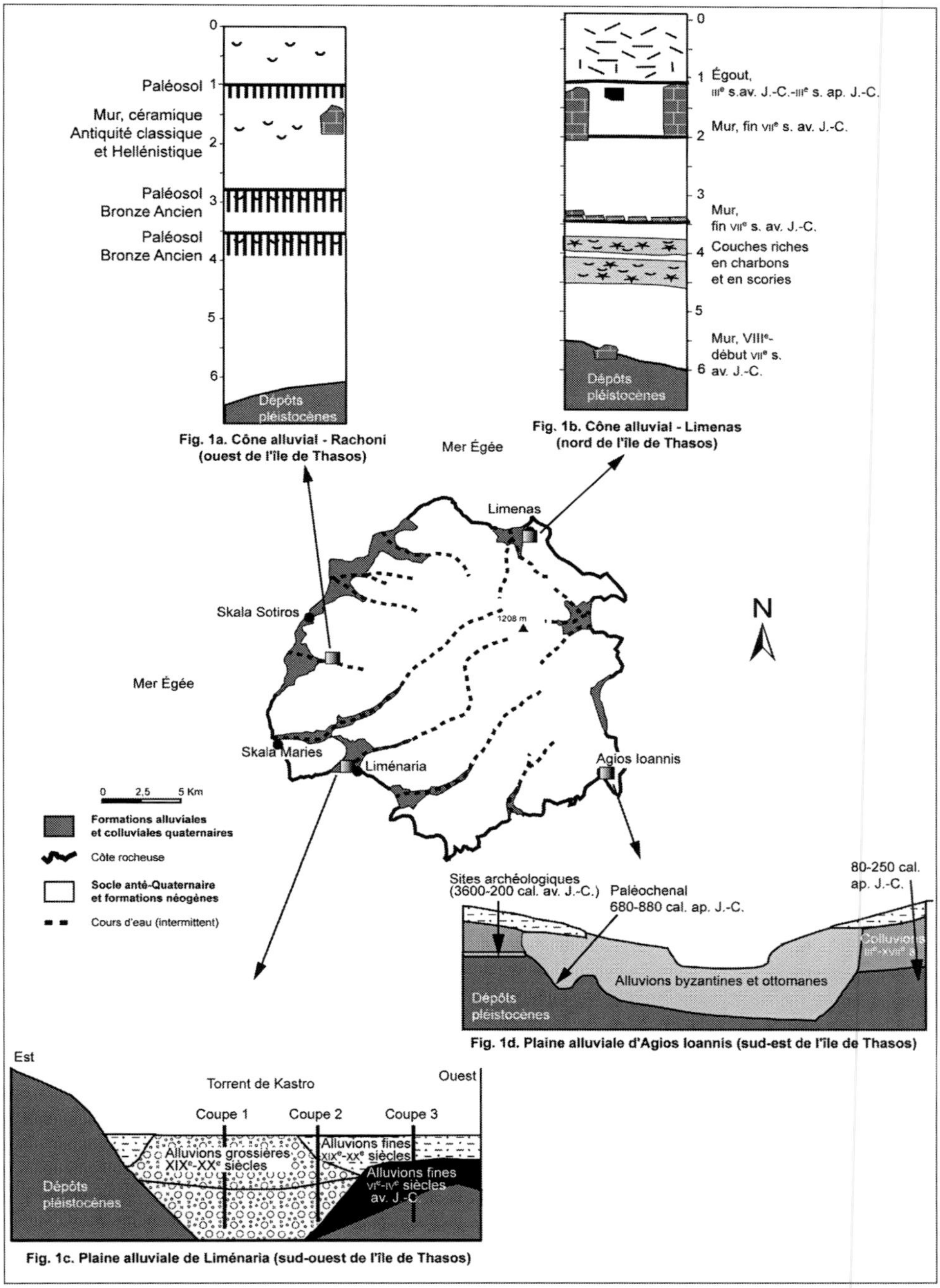

Fig. 1. L'hétérochronie des remblaiements colluviaux et alluviaux sur l'île de Thasos, Grèce du Nord.

révèle ainsi des histoires sédimentaires bien différentes (Lespez et Papadopoulos, 2002 ; Lespez *et al.*, 2004). À Rachoni, 3 km à l'est du site de l'Âge du Bronze de Skala Sotiros, un remblaiement colluvio-alluvial épais de plus de 6 m montre des apports sédimentaires depuis l'Âge du Bronze au moins et qui se sont poursuivis jusqu'aux époques historiques (**fig. 1a**). À Limenas, les basses pentes du versant qui porte l'acropole de la cité classique montre une aggradation colluvio-alluviale sur plus de 6 m d'épaisseur (**fig. 1b**). Les couches archéologiques interstratifiées dans les sédiments montrent une accumulation très rapide qui débute à la fin de l'Âge du Fer. Celle-ci est d'abord reliée avec le défrichement du versant en grande partie pour prélever du bois dont la combustion était nécessaire aux activités métallurgiques importantes développées par les populations thraces (fin du VIIIe siècle ap. J.-C.). La colonisation par les Pariens et le développement de la cité classique n'arrêtent pas les apports alluviaux et colluviaux qui fossilisent successivement des murs de la fin du VIIe et du début du Ve siècle av. J.-C. puis un caniveau de la fin de l'époque hellénistique et de l'époque romaine. À Liménaria, la petite plaine littorale connaît une aggradation alluviale qui s'amorce au cours des époques classiques et hellénistiques, comme le prouvent les limons de débordement intercalés dans les sites datant de ces époques, mais l'essentiel de l'accumulation est plus récent et attribuable à la période ottomane (**fig. 1c**). Dans la petite plaine d'Agios Ioannis, l'accumulation alluviale débute au Néolithique final, s'accélère au cours de l'époque romaine et paléochrétienne en relation avec des incendies et une mise en valeur agricole mais l'essentiel du colmatage épais de 2 à 3 m est postérieur et attribuable à l'époque byzantine et au début de l'époque ottomane (**fig. 1d**). Il est alors associé au développement des pratiques pastorales, à la régularité des incendies et à la récurrence d'événements hydroclimatiques brutaux stimulant la torrentialité du bassin versant.

Dans les massifs montagneux à plus forte contrainte altitudinale, la disparité des réponses suit souvent une logique d'étagement. Selon que les communautés de pasteurs arrivent avant ou après les agriculteurs, la déstabilisation des systèmes fluviaux est plus précoce en altitude (mont Lozère) ou sur les piémonts (dans le Rhodope, Lespez, 1999 ; 2003). Ainsi, sur le mont Lozère (1 699 m), l'expression des crises hydrosédimentaires finiholocènes obéit à une logique géographique et agropastorale calée sur l'étagement des milieux. Au 1er Âge du Fer, les manifestations érosives semblent principalement localisées à proximité des drailles empruntées par les troupeaux transhumants et sur les espaces sommitaux. À la fin de l'Antiquité et au début du haut Moyen Âge, elles se multiplient sur les plats sommitaux déjà largement asylvatiques et apparaissent autour des grands replats cultivables qui dominent les planchers d'alvéoles du plateau, vers 1 200-1 400 m. Il s'agit là des meilleurs terroirs du massif, pour l'élevage transhumant dans la zone des crêtes, pour les cultures sur les replats d'alvéoles. Ce n'est qu'au cours du Moyen Âge central et des Temps modernes qu'apparaissent, les signatures sédimentaires sur les cloisons des alvéoles et sur les gradins structuraux, espaces intermédiaires occupés tardivement par de vastes *saltus*.

À l'échelle de l'Holocène, c'est donc l'expansion spectaculaire des systèmes agropastoraux au cours du Subatlantique qui semble à l'origine de la fragilisation des systèmes fluviaux. En augmentant leur érodabilité et en abaissant leur résilience, l'Homme joue un rôle déterminant dans la manifestation des crises hydrosédimentaires. Pour autant, ce n'est pas lui qui contrôle le *tempo* général de ces crises mais le climat.

3. Des crises anthropoclimatiques qui résultent d'un système de causalité complexe

Si la transformation des écosystèmes naturels en anthroposystèmes est responsable de la fragilisation des milieux et de l'abaissement de leur seuil de résistance, c'est le climat qui, en commandant les entrées liquides dans le système fluvial et les variations de l'hydraulicité, contrôle l'efficacité des morphodynamiques. Ainsi le fonctionnement hydrologique commande l'expression sédimentaire des crises détritiques : nature des faciès, propagation longitudinale de la charge solide le long du *continuum* fluvial. Par sa disparité spatiale, il détermine un gradient d'agressivité, notamment le gradient océanité/méditerranéité retenu dans cet article. Par ses fluctuations temporelles à l'échelle pluriséculaire, il contrôle et rythme le *tempo* des épisodes morphogéniques et des crises alluviales. L'action du climat s'exprime à plus petite échelle que celle des sociétés rurales. C'est lui qui explique l'histoire hydrosédimentaire régionale.

L'exemple du Limousin illustre particulièrement bien ce phénomène. Quatre crises alluviales récurrentes, séparées par des périodes de récupération rythment le fonctionnement des systèmes fluviaux limousins durant les trois derniers millénaires. Ces phases de forte activité détritique n'ont pas les mêmes caractéristiques. Certaines de ces propriétés sont les marqueurs d'un signal hydroclimatique fort. Il s'agit du volume et de la granulométrie des flux sédimentaires, de l'ampleur de la métamorphose fluviale et enfin, surtout, de l'inégale propagation de la charge solide tout au long du continuum fluvial. En revanche, l'extension aréale très variable des crises est l'indicateur d'un signal anthropique. En croisant ces différents signaux, il devient possible d'apprécier, pour chacune des crises, la part relative jouée par les sociétés agropastorales et par le climat (**fig. 2**).

Deux crises alluviales témoignent d'un signal hydrologique très fort : celle du 1er Âge du Fer et celle du bas Moyen Âge et des Temps modernes. Elles correspondent à des péjorations hydroclimatiques majeures. Elles se distinguent des crises du début de la période gallo-romaine et de l'Antiquité tardive au début du haut Moyen Âge, dont la faible hydraulicité relève de fluctuations climatiques mineures. Les appariements changent lorsque l'on privilégie le signal anthropique. Leur très inégale extension aréale associe alors les crises des

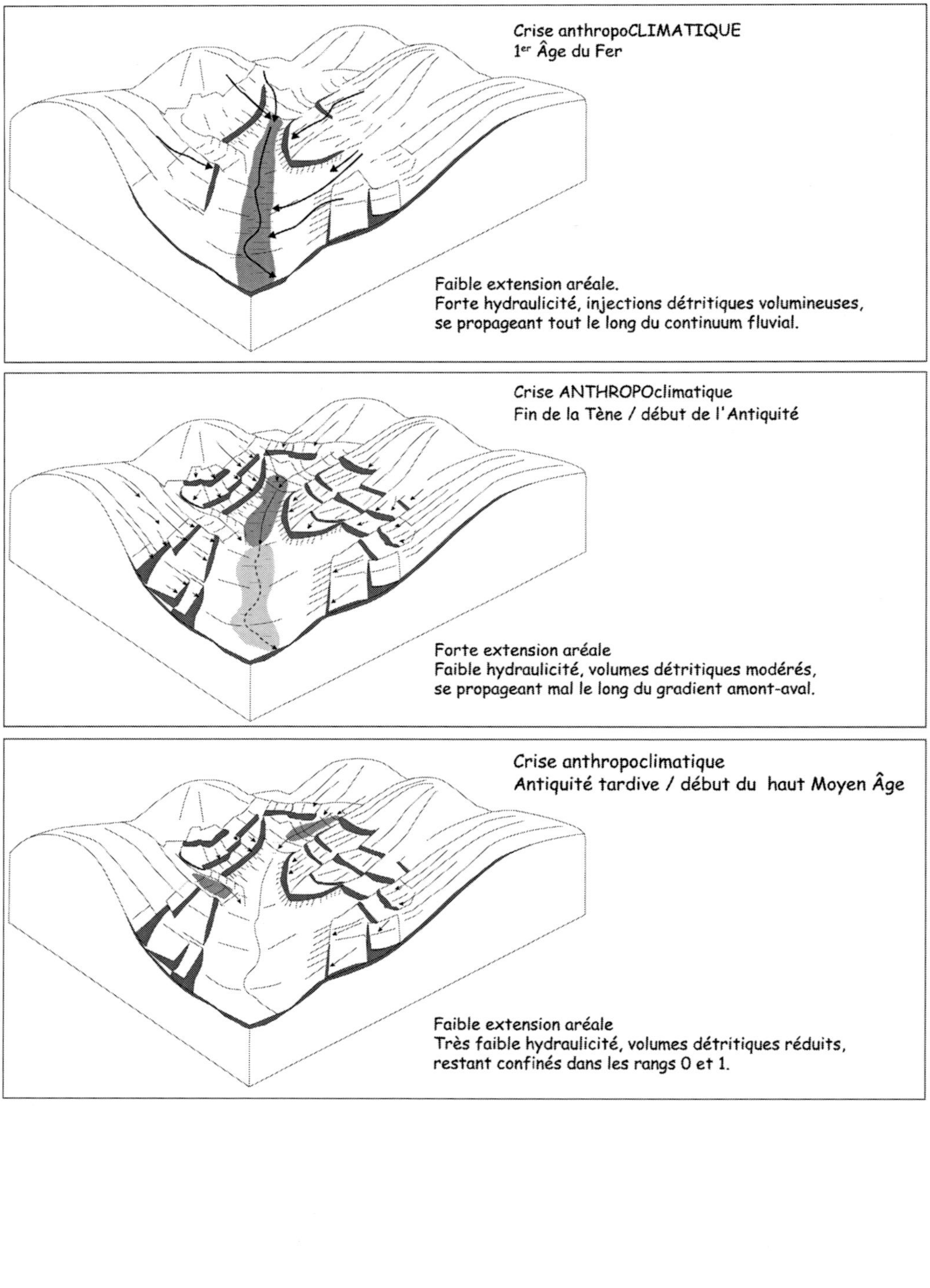
Crise anthropoCLIMATIQUE
1er Âge du Fer
Faible extension aréale.
Forte hydraulicité, injections détritiques volumineuses, se propageant tout le long du continuum fluvial.
Crise ANTHROPOclimatique
Fin de la Tène / début de l'Antiquité
Forte extension aréale
Faible hydraulicité, volumes détritiques modérés, se propageant mal le long du gradient amont-aval.
Crise anthropoclimatique
Antiquité tardive / début du haut Moyen Âge
Faible extension aréale
Très faible hydraulicité, volumes détritiques réduits, restant confinés dans les rangs 0 et 1.

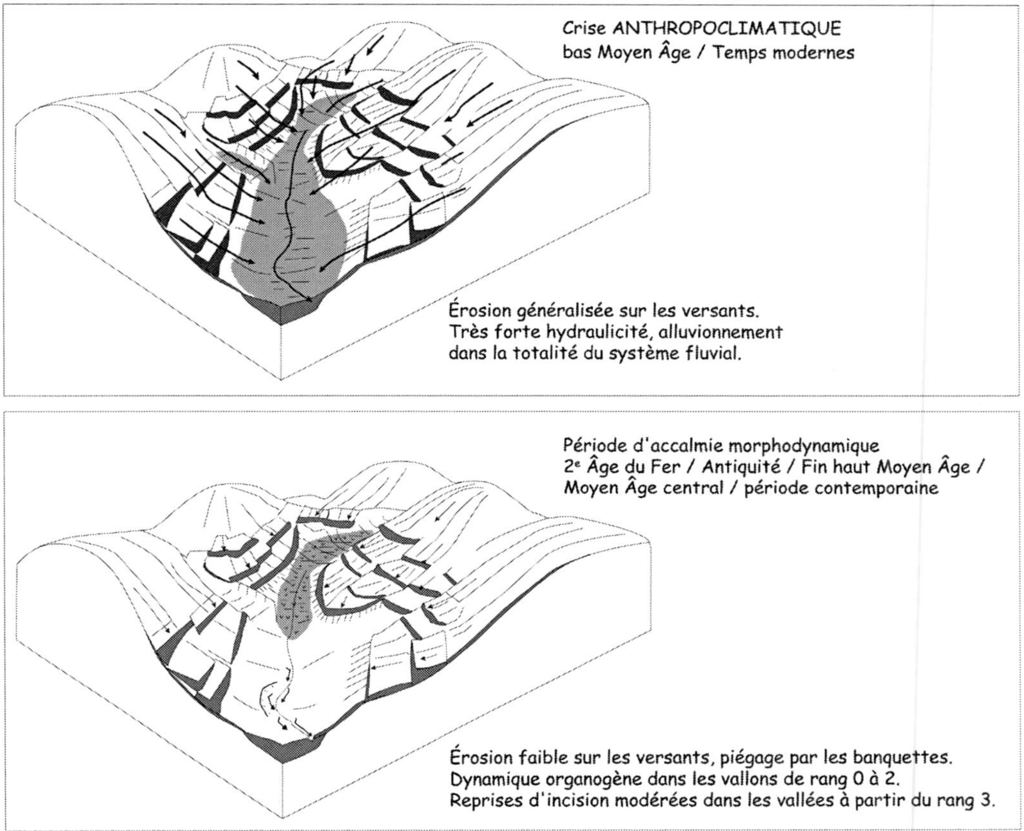

Fig. 2. L'expression des crises morphodynamiques finiholocènes en Limousin.

époques gallo-romaine et moderne d'une part, les crises du 1er Âge du Fer et du haut Moyen Âge d'autre part. Par leur forte assise territoriale, les deux premières indiquent un signal anthropique marqué, s'accordant bien aux fortes densités rurales et aux campagnes très humanisées de ces périodes. À l'inverse, les secondes restent circonscrites spatialement, conformément aux finages très disséminés de l'époque.

Les crises détritiques sont séparées par des périodes de relaxation dont la durée varie de quelques siècles pendant le 2e Âge du Fer et le milieu de l'Antiquité, à près d'un millénaire durant le Moyen Âge. Ces phases d'accalmie hydrodynamique s'accompagnent d'une dynamique turfigène dans les vallons et d'un déstockage alluvial modéré dans les vallées. La coïncidence entre ces épisodes de stabilité et des phases de fortes pressions agricoles (au haut Moyen Âge et au Moyen Âge central notamment) plaide en faveur d'un contrôle climatique.

Conclusion

Après une longue période de stabilité durant le premier Holocène, plusieurs crises hydrosédimentaires récurrentes, séparées par des phases d'accalmie et de récupération, rythment le fonctionnement des systèmes fluviaux des régions de socle, au cours de périodes protohistoriques et historiques. Extension régionale, expression sédimentaire, rythme de ces crises résultent d'interférences complexes entre deux principaux facteurs : le développement des systèmes agropastoraux dans leur diversité aréale et leurs tribulations historiques, et l'agressivité climatique avec ses disparités spatiales et ses fluctuations temporelles. Ce sont les variations spatiotemporelles incessantes de ces deux facteurs majeurs qui rendent le décryptage et l'interprétation des crises si difficiles. Néanmoins, en croisant l'extension aréale des crises détritiques avec leur inégale hydraulicité, il devient possible, dans certains massifs (Limousin, mont Lozère, Rhodope, Allée *et al.*, 1997 ; Allée, 2003 ; Lespez, 1999 ; 2003 ; Lespez *et al.*, 2004) d'éclairer l'ambivalence du double forçage anthropique et climatique. Les hommes et le climat jouent chacun leur propre partition, qui se combinent et interfèrent de façon variable dans l'espace et dans le temps. *A contrario*, la crise hydrosédimentaire du Petit Âge Glaciaire, qui résulte d'un forçage anthropo-climatique très prononcé, présente par sa forte assise territoriale comme par son caractère très sédimentogène une très grande homogénéité multiscalaire, depuis le Massif central jusqu'en Grèce continentale (Allée, 2003 ; Lespez, 2003 ; Lespez *et al.*, 2004).

Références

ALLÉE P., 2003. *Dynamiques hydrosédimentaires actuelles et holocènes dans les systèmes fluviaux de moyenne montagne (Limousin, hautes Cévennes, Maures)*, mémoire d'Habilitation à Diriger des Recherches, Université de Limoges, 451 p.

ALLÉE P., DIOT M.-F., DURIEUX J.-F., REYNET J.-M., VALADAS B., 1997. Trois mille ans d'enregistrement sédimentaire dans les fonds de vallons des bas-plateaux limousins. *La dynamique des paysages protohistoriques, antiques médiévaux et modernes, Actes des XVIIe Rencontres Internationales d'Archéologie et d'Histoire d'Antibes*, APDCA, Sophia Antipolis, 365-387.

BORTENSCHLAGER S., 1970. Waldgrenz- und Klimaschwankungen im Pollenanalytischen Bild des Gurgler Rotmooses. *Mitt. Ostalp. Ges. Vegetationskda*, 11, 19-26.

BORTENSCHLAGER S., 1977. Ursachen und Ausmass postglazialer Waldgrenzschwankungen in den Ostalpen. *In* : FRENZEL B. (ed.), *Dendrochronologie und postglaziale Klimaschwankungen in Europa*, Wiesbaden, Steiner Verlag, 260-266.

BURGA C., 1988. Swiss vegetation history during the last 18000 years. *New Phytolologist*, 110, 581-602.

CASELDINE C.J., 1999. Archaeological and Environmental Change on Prehistoric Dartmoor: current understanding and future directions. *Quaternary Proceedings*, 7, 575-584.

COUTARD S., CLET-PELLERIN M., ce volume. Évolution de la sédimentation et de la végétation pendant l'Holocène dans les marais arrière-littoraux du Val de Saire (Cotentin, Normandie), *infra*, p. 271-278.

CUBIZOLLE H., VALADAS B., GAGNAIRE J., ÉVIN J., 2001. La dynamique des versants dans le bassin de la Dore durant la deuxième moitié de l'Holocène (Massif central, France) : premières données géoarchéologiques et datations radiocarbone. *Bull. Assoc. Fr. Et. Quaternaire*, vol. 12 (1-2), 15-29.

EDWARDS K., 1999. Palynology and People: observations on the British records. *Quaternary Proceedings*, 7, 531-544.

GEAREY B.R., CHARMAN D.J., KENT M., 2000a. Palaeoecological evidence for the Prehistoric settlement of Bodmin Moor, Cornwall, Southwest England. Part I: The status of woodland and early human impacts. *Journal of Archaeological Science*, 27, 423-438.

GEAREY B.R., CHARMAN D.J., KENT M., 2000b. Palaeoecological evidence for the Prehistoric settlement of Bodmin Moor, Cornwall, Southwest England. Part II: Land Use Changes from the Neolithic to the Present. *Journal of Archaeological Science*, 27, 493-508.

GEBHARDT A., 1990. *Évolution du paléopaysage agricole dans le Nord-Ouest de la France, apport de la micromorphologie*, thèse de doctorat, Rennes I, 191 p.

GAUTIER E., 1992. *Recherches sur la morphologie et la dynamique fluviales dans le bassin du Buech (Alpes du Sud)*, thèse de Géographie, Université de Paris X, 434 p.

JORDA M., 1980. Morphogenèse et évolution des paysages dans les Alpes de Haute-Provence depuis le Tardiglaciaire. Facteurs naturels et facteurs anthropiques. *Bull. Assoc. Géogr. Fr.*, 472, 295-304.

JORDA M., MIRAMONT C., ROSIQUE T., SIVAN O., 2002. Évolution de l'hydrosystème durancien (Alpes du Sud, France) depuis la fin du Pléniglaciaire supérieur. *In* : *Les Fleuves ont une histoire*, Paris, Errance, 239-250.

LESPEZ L., 1999. L'évolution des modelés et des paysages de la plaine de Drama et de ses bordures au cours de l'Holocène (Macédoine orientale, Grèce), Doctorat, Université de Clermont II [à paraître in : KOUKOULI-CHRYSSANTHAKI H. et TREUIL R. (eds.), *Dikili Tash, un village préhistorique en Macédoine orientale 1*, Société Archéologique d'Athènes et École française d'Athènes].

LESPEZ L., 2003. Geomorphic responses to long-term land use changes in Eastern Macedonia (Greece). *Catena*, 51 (3-4), 181-208.

LESPEZ L., CLET-PELLERIN M., DAVIDSON R., MARCIGNY C., avec la coll. de LEVALET F. et HARDEL B., 2004. Évolution des paysages et anthropisation depuis le Néolithique dans la péninsule de La Hague. *Revue d'Archéométrie*, 28, 71-88.

LESPEZ L., MALAMIDOU D., PAPADOPOULOS S. et DAVIDSON R., 2004. Archaeological and environmental changes in northern Greece since the Neolithic: a multiscalar approach. *In* : CHATZIPETROS A.A. et PAVLIDES S.B. (eds), *Proceedings of 5th International Symposium on Eastern Mediterranean Geology (Thessaloniki, Greece, 14-20 April 2004)*, vol. 2., 761-764.

LESPEZ L. et PAPADOPOULOS S., 2004. Palaeoenvironmental study of prehistoric sites on Thassos: Preliminary results of geomorphological research. *Archaeological Research in Macedonia and Thrace (AEMTh)*, 16, 2002, Thessalonique, 47-56.

LEVEAU P., PROVANSAL M. (dir.), 1993. *Archéologie et environnement : de la Sainte-Victoire aux Alpilles*, Travaux du Centre Camille Jullian n° 14, Publications de l'Université de Provence, 551 p.

MAGNY M., 1991. *Une approche paléoclimatique de l'Holocène : les fluctuations des lacs du Jura et des Alpes du Nord françaises*, thèse de l'Université de Franche-Comté, Besançon.

MAGNY M., 1995. *Une histoire du climat, des derniers mammouths au siècle de l'automobile*, Paris, Errance, 176 p.

MARGUERIE D., 1992. *Évolution de la végétation sous l'impact humain en Armorique du Néolithique aux périodes historiques*, Travaux du laboratoire d'Anthropologie de Rennes, 40, Université de Rennes I, 313 p.

MIRAMONT C., 1998. *Morphogenèse, activité érosive et détritisme alluvial holocènes dans le bassin de la moyenne Durance (Alpes françaises du Sud),* Doctorat de Géographie, Université d'Aix-Marseille I, 287 p.

PATZELT G., 1973. Die postglazialen Gletscher- und Klimaschwankungen in der Venedigergruppe (Hohe Tauern, Ostalpen). *Zeitschrift für Geomorphologie*, suppl. 16, 25-72.

PATZELT G., 1980. Neue Ergebnisse der Spät- und Postglazialforschung in Tirol. *Jahresbericht der Österreichen Geographischen Gesellschaft*, 76-77, 11-18.

RICHARD H., 1992. Les fluctuations de la limite altitudinale de la forêt. *Les Nouvelles de l'Archéologie*, 50, 38-41.

ROSIQUE T., 1996. *Morphogenèse et évolution des paléoenvironnements alpins de la fin des temps glaciaires au début de l'Holocène : l'exemple de la moyenne Durance (Alpes françaises du Sud)*, thèse de Géographie, Université d'Aix-Marseille I, 288 p.

SIMMONS I.G., 2003. *The Moorlands of England and Wales, an environmental history 8000 BC to AD 2000*, Edinburgh University Press, 414 p.

ZOLLER H., 1977. Les oscillations du climat et des glaciers pendant le Tardi- et le Postglaciaire dans les Alpes de la Suisse. Approche écologique de l'homme fossile. *Suppl. Bull. Assoc. Fr. Étude du Quaternaire*, 47, 297-301.

Évolution paléoenvironnementale du Massif central oriental depuis la fin du Würm
Premiers bilans de recherches interdisciplinaires

HERVÉ CUBIZOLLE[1], VINCENT GEORGES[2],
JACQUELINE ARGANT[3]

Introduction : objectifs, démarche et approche

Des recherches interdisciplinaires sont menées depuis 1997 sur l'évolution holocène des milieux naturels du Massif central oriental. Elles ont été conduites d'abord dans le cadre d'un programme de recherche du Programme Environnement Vie et Société du CNRS sur les « Interactions Homme/milieux physiques dans le bassin de la Loire : fin Tardiglaciaire - époque industrielle », puis à partir de 2001 au sein de la Zone Atelier CNRS « Bassin versant de la Loire » (Burnouf *et al.*, 2001 ; 2003). Nous proposons dans cet article de faire le point sur les avancées obtenues dans la connaissance des paléoenvironnements régionaux.

Bien que les travaux concernent l'ensemble du Massif central oriental, nous nous limiterons ici au domaine granitique (**fig. 1**). Dans ce cadre spatial, trois axes de recherches ont été développés qui mobilisent trois types d'archives localisées chacune dans des domaines géographiques distincts :

- l'axe « paléoenvironnement et turfigenèse » exploite l'ensemble des informations paléoenvironnementales que sont susceptibles de fournir les tourbières du domaine montagneux ;
- l'axe « érosion et sociétés » couple les informations hydro-géomorphologiques et les calages chronologiques fournis par les cônes détritiques et les colluvions agricoles, abondants dans la montagne, pour essayer de jauger l'impact des activités humaines sur les milieux ;
- l'axe « plaines alluviales et histoire du peuplement » s'intéresse aux nombreuses données archéologiques et morphosédimentaires présentes dans les plaines alluviales de la Loire et de la Dore.

1. UMR 5600-CNRS, Saint-Étienne (herve.cubizolle@univ-st-etienne.fr).
2. INRAP et UMR 5594-CNRS, Dijon (Vi.Georges@wanadoo.fr).
3. UMR 6636, Grenoble et ARPA, Université de Lyon I (j.argant@wanadoo.fr).

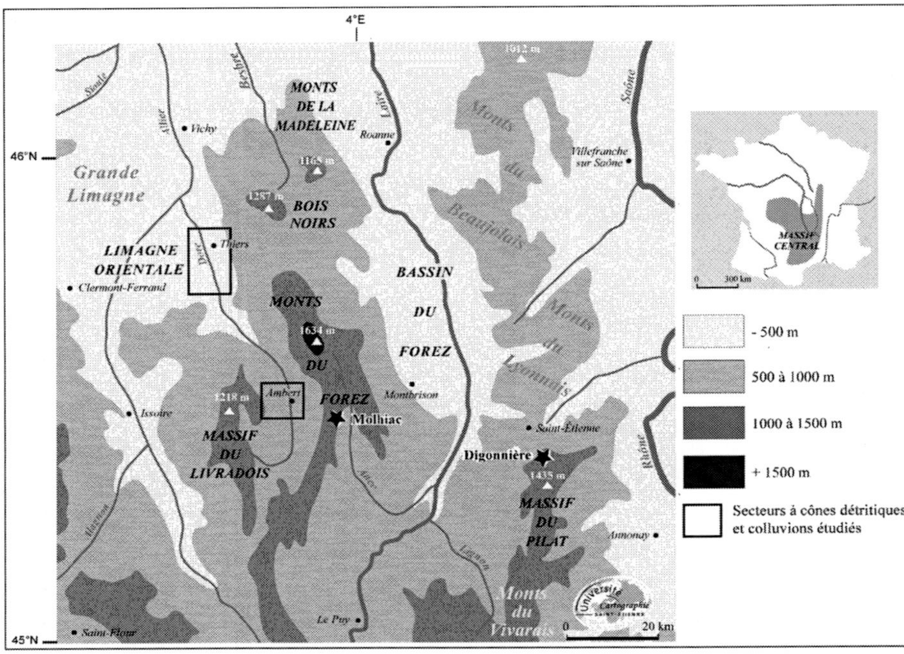

Fig. 1. Localisation des secteurs étudiés dans le Massif central oriental.

Le programme privilégie la collaboration entre géographes-géomorphologues, paléoécologues – palynologues, spécialistes des macrorestes – et archéologues. Le caractère ponctuel des interventions d'autres spécialistes – diatomologues, xylologues, anthracologues, géochimistes, historiens – relève à la fois de considérations financières et du manque de disponibilité de ces spécialistes, généralement peu nombreux en France.

1. Paléoenvironnement et turfigenèse

L'exploitation des tourbières de l'espace montagneux à des fins de reconstitution paléoenvironnementale est possible par le biais des analyses palynologiques, mais également par celui d'une étude de la signification paléoenvironnementale du démarrage de la turfigenèse.

Jusqu'en 1997 le Massif central oriental granitique a fourni peu de séquences polliniques (Lemée, 1941 ; Reille, 1989 ; Janssen, 1990). Depuis lors, une dizaine de sites ont été étudiés ou sont en cours d'étude (Cubizolle *et al.*, 2004a et 2005 ; Argant et Cubizolle, 2005). La tourbière de la Digonnière, à 1 055 m d'altitude dans le Massif du Pilat (**fig. 1**), a fourni des indices ténus d'emprise humaine dès l'Atlantique récent, à partir de 5900 BP. Les preuves d'activité humaine se font ensuite plus diverses et plus nombreuses à partir du Subboréal. Les travaux en cours tentent de vérifier d'une part l'importance et la nature de cette présence humaine et d'autre part la possibilité entrevue sur le même diagramme d'une intervention humaine sur les milieux dès le Boréal (Cubizolle *et al.*, 2004a).

Les tourbières peuvent aussi être considérées comme les témoins de changements environnementaux d'origine climatique et/ou d'origine anthropique (Cubizolle *et al.*, 2003 ; 2004b et c). En effet, à la différence des régions aux modelés glaciaires ou volcaniques bien exprimés dans les paysages, le contexte géomorphologique n'est pas ici le facteur primordial de l'origine de ces écosystèmes. L'absence de dépressions fermées, même dans les Monts du Forez englacés au Würm mais où l'action de la glace a été peu efficace (Etlicher, 1986), limite considérablement les possibilités de saturation en eau des terrains et le développement des conditions anaérobies indispensables à l'accumulation de tourbe (Clymo, 1991 ; Gobat *et al.*, 2003). Aussi l'apparition de tourbières implique soit des précipitations importantes et assez bien réparties sur l'année (Lindsay *et al.*, 1988) soit une intervention directe de l'homme sur les écoulements, les sols ou la végétation (Moore, 1993).

Le calage chronologique du démarrage de la turfigenèse sur 64 sites, fondé sur une série d'environ 300 datations par le radiocarbone, montre que les tourbières du Massif central oriental granitique n'apparaissent pas avant le début de l'Holocène (**fig. 2**) (Cubizolle *et al.*, 2003). La plus ancienne, celle de La Chaulme dans le sud des Monts du Forez, est datée à 10215 ± 105 BP soit 10638-9392 cal. BC (LY-12235). Pour le reste, les dates d'apparition se répartissent

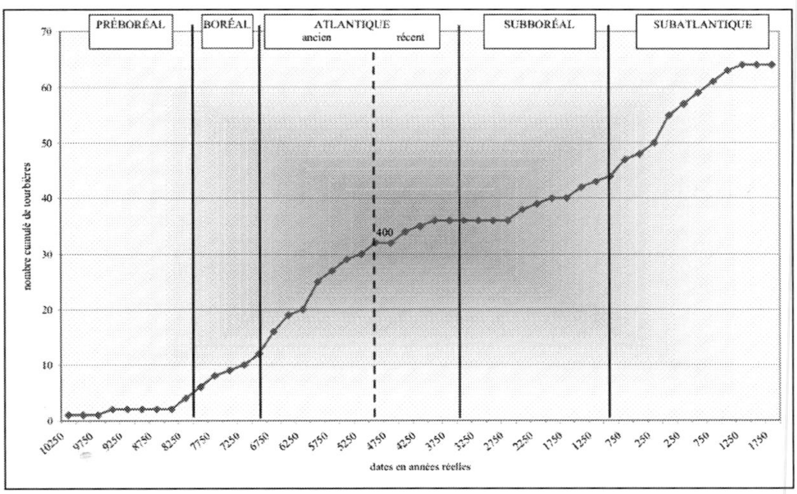

Fig. 2. Courbe cumulative du nombre de tourbières datées apparues à l'Holocène dans le Massif central oriental granitique. L'échantillon étudié comporte 64 tourbières.

principalement sur deux périodes : le Boréal et l'Atlantique ancien d'une part, la fin du Suboréal et le Subatlantique d'autre part. Dans l'état actuel des connaissances c'est l'hypothèse climatique qui prévaut pour expliquer la multiplication du nombre d'apparitions de tourbières à l'Holocène ancien. Cependant des couches de cendres et de charbons de bois ont été repérées dans les parties basales de beaucoup de ces tourbières (Porteret, 2002 ; Cubizolle *et al.*, 2003 ; Bonnel, 2004). Des analyses micromorphologiques sont en cours pour vérifier si de tels niveaux ne seraient pas présents, mais imperceptibles macroscopiquement, à la base d'autres sites et dans le reste des accumulations. On s'interroge sur l'origine naturelle ou humaine de ces couches à incendies.

La mise en place des tourbières à partir de la fin du Subboréal semble, dans de nombreux cas, directement liée à la mise en valeur des milieux par les sociétés agropastorales. Il a été en effet démontré que certaines de ces tourbières ne devaient leur existence qu'à la présence d'obstacles barrant les fonds de vallons (Cubizolle *et al.*, 2004b et c). Constitués de terre et/ou de blocs, ou construits en pierres, ces obstacles supportent généralement un chemin. Ils gênent l'écoulement des eaux et provoquent un relèvement des nappes alluviales jusqu'à la surface du sol. Le bilan hydrique s'équilibre alors ou devient positif ; des conditions anoxiques s'installent et la turfigenèse peut démarrer. Les analyses polliniques attestent de la présence de populations humaines autour des sites étudiés au moment de la naissance de la tourbière. Les datations ^{14}C situent vers 2780 BP, soit à la fin de l'Âge du Bronze, la naissance de la plus ancienne de ces tourbières et vers 2500 BP, soit au cours du 1er Âge du Fer, l'apparition de pollen de céréales et de ségéto-rudérales (Cubizolle *et al.,* 2004c). En dépit de l'insuffisance du corpus de données archéologiques concernant la plupart de ces obstacles à l'écoulement des eaux, très nombreux dans toutes les moyennes montagnes granitiques de la région, il est possible d'affirmer qu'il ne s'agit pas de modelés géomorphologiques et émettre les hypothèses d'aménagements hydrauliques – digues, barrages, bassins – pour certains et de murs matérialisant des limites de parcelles pour d'autres (Cubizolle *et al.*, 2004c).

D'une manière générale cette lacune dans la connaissance archéologique du domaine montagneux est un des problèmes majeurs auquel nous sommes confronté. Les prospections au sol sont rendues en effet extrêmement difficiles par un couvert végétal composé de forêts, de prés et de landes, mais aussi par l'absence de chantiers susceptibles de mettre au jour des sites importants.

2. Érosion et sociétés

Une confrontation des données géomorphologiques et chrono-stratigraphiques concernant les cônes détritiques et les colluvions de bas de versant avec la connaissance de l'histoire de la végétation et de l'évolution du peuplement au cours des 10 000 dernières années a permis de poser les premiers jalons d'une histoire de l'érosion (Cubizolle *et al.*, 2001).

Parmi les cônes détritiques datés, le plus ancien se serait mis en place à la charnière des VIIIe et VIIe millénaires av. J.-C. (7970 ± 60 BP soit 7063-6653 av. J.-C., Beta-79623). Une autre génération commence à se construire au IIIe millénaire av. J-C. tandis que les plus récents apparaissent à partir du XVIe siècle.

En Limagne orientale, en bordure de la plaine alluviale du ruisseau des Vergnières, affluent de la Dore, des colluvions de bas de versant ont été datées à la base du second Âge du Fer (2130 ± 50 BP soit 365-5 av. J.-C., Beta-132412). Les calages chronologiques obtenus à différents niveaux de ces formations grâce au ^{14}C ou à du matériel archéologique ont fourni des âges compris entre le Ier siècle av. J.-C. et le bas Moyen Âge (Cubizolle *et al.*, 2001).

Aucune rupture stratigraphique notable n'étant perceptible sur les coupes il est possible que les dépôts se soient mis en place très progressivement. Cependant, des remaniements post-dépositionnels peuvent avoir homogénéisé des profils à l'origine plus différenciés. Ainsi les lits de charbons de bois et de bois datés ne marquent que des étapes dans la construction des formations détritiques et n'apportent que des *terminus ante quem* pour les dépôts antérieurs et des *terminus post quem* pour les dépôts postérieurs. Mais ces étapes sont désormais calées chronologiquement et il est donc possible de calculer des vitesses moyennes annuelles d'accrétion verticale. Celles-ci sont environ deux fois supérieures depuis le début du Subatlantique que tout au long des périodes antérieures.

Couplés aux corpus de données archéologiques et palynologiques, ces résultats géomorphologiques et chrono-stratigraphiques permettent de bâtir plusieurs hypothèses de travail quant à l'origine de certaines formations détritiques et colluviales. Les indices de rupture dans le système morphogénique sont les plus probants pour le IIIe millénaire av. J-C., La Tène et la période comprise entre le XVIe et le XIXe siècle. Dans tous les cas il nous semble possible de corréler ces phases morphogéniques avec l'accentuation de la pression humaine sur les milieux attestée par de nombreuses études (Amblard, 1983 ; Daugas, 1986 ; Reille *et al.*, 1985 ; Beaulieu *et al.*, 1988 ; Surmely, 1995 ; Cubizolle, 1997 ; Cubizolle *et al.*, 2004a et 2005).

Cependant on doit aussi envisager l'occurrence de conditions climatiques plus favorables aux morphodynamiques de versants et dont l'efficacité aurait été augmentée par la fragilisation des milieux découlant soit de l'existence déjà ancienne d'un agrosystème soit de certaines pratiques culturales ou stratégies d'aménagement des versants. Ainsi par exemple, entre les XVIe et XIXe siècles, l'extension de l'érosion agricole, la réactivation des ravines et la vigueur de la morphodynamique fluviale doivent vraisemblablement autant à la très forte emprise humaine qu'au contexte climatique du Petit Âge Glaciaire (Cubizolle, 1997). Dans le Massif central oriental granitique la difficulté d'apprécier à leur juste valeur les rôles respectifs des sociétés humaines et des fluctuations climatiques dans les changements environnementaux observés est renforcée par une connaissance insuffisante des histoires humaine et bioclimatique.

3. Plaines alluviales et histoire du peuplement

La connaissance de l'évolution morphosédimentaire et de l'histoire du peuplement des plaines alluviales est assez lacunaire. Elle comprend en effet des épisodes courts, bien documentés et de longues périodes presque totalement méconnues.

Un dispositif géoarchéologique en deux domaines distincts a été clairement mis en évidence dans la plaine alluviale de la Loire dans le bassin du Forez (**fig. 3**). Il semble également applicable à certains secteurs de la plaine de la Dore en Limagne orientale. Il comprend :

- une très basse plaine occupant à peine un tiers de l'espace alluvial, sans cesse remaniée par les divagations latérales des chenaux et dépourvue de matériel archéologique en place ;
- une basse plaine, topographiquement surélevée de 1 à 3 m, épargnée par l'érosion fluviale et de ce fait très riche en gisements archéologiques en place (Cubizolle et Georges, 1998-2003 ; 2001 ; 2002 ; Georges et Cubizolle, *sous presse*).

La construction de ces plaines alluviales n'a pu être calée chronologiquement qu'en Limagne orientale où le remplissage d'un paléochenal de la Dore, incisé dans le premier niveau de terrasse dont la surface domine de 20 m la plaine alluviale actuelle, est daté à 21970 ± 135 BP (LY-11248) pour la partie inférieure du comblement et 19570 ± 145 BP (LY-11249) pour la partie supérieure. Ainsi la date à 21970 ± 135 BP fournit un *terminus post quem* pour le début du creusement de la plaine alluviale de la Dore.

Plus à l'est, la plaine alluviale de la Loire est en place avant 13820 ± 90 BP (LY 10558), période à laquelle se placent les âges radiocarbones les plus anciens obtenus à la base des remplissages de paléochenaux (Cubizolle et Georges, 2002). Les plaines alluviales de la Dore et de la Loire auraient donc été déblayées entre 22000 BP et 14000 BP, à la fin du Pléniglaciaire würmien ou à la charnière avec le Tardiglaciaire.

Les très nombreux paléochenaux de la basse plaine sont incisés dans le plancher alluvial à gros galets hétérométriques que nous considérons comme le résultat du bilan sédimentaire du Pléniglaciaire (Cubizolle et Georges, 2002). Les datations de leurs comblements donnent un *terminus post quem* pour la différenciation, par ailleurs difficile à caler, de la plaine alluviale en très basse plaine et basse plaine.

Dans la vallée du Rhône et dans le Bassin parisien c'est le Bølling qui est généralement considéré comme une phase majeure du déblaiement des plaines alluviales (Pastre *et al.*, 2000 ; Bravard, 2002). Or cette période n'est pas documentée dans le domaine alluvial du Massif central oriental. Ce schéma peut donc seulement être adopté comme hypothèse de travail. Quant au creusement des très basses plaines, il a pu se faire en plusieurs étapes et de façon différenciée d'amont en aval. En effet les datations par le radiocarbone de la base des remplissages des paléochenaux de la basse plaine de la Loire indiquent que ceux-ci ont cessé de fonctionner, selon les cas, entre 13820 BP et 4185 BP (Cubizolle et Georges, 2002).

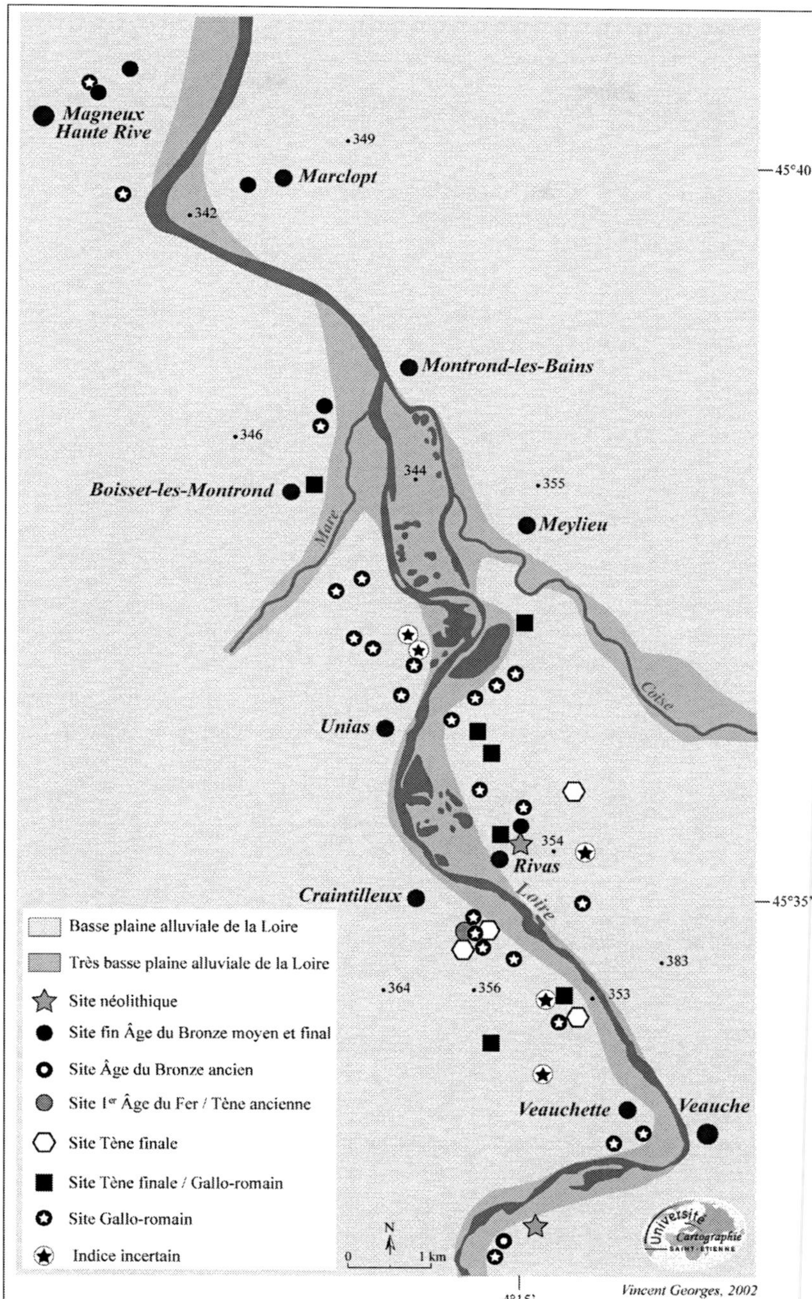

Fig. 3. La plaine alluviale de la Loire dans le bassin du Forez (Massif central oriental) : mise en évidence des deux domaines géomorphologiques et des potentiels archéologiques correspondants.

L'existence de la très basse plaine de la Loire est clairement établie à l'Âge du Bronze, entre 2300 cal. BC et 800 cal. BC, une période bien connue d'un point de vue archéologique dans le bassin du Forez (Georges et Cubizolle, *sous presse*). De très nombreux habitats, antérieurs au Bronze final 3b (1000 cal. BC/ 900 cal. BC), ont été retrouvés sur la basse plaine, principalement en bordure de la très basse plaine (Georges *et al.*, 2004a et b ; Georges et Cubizolle, *sous presse*). Au Bronze final 3b, le vide archéologique sur la basse plaine est tout à fait conforme à ce qui a été observé dans d'autres espaces alluviaux en Europe et notamment sur la Saône (Bonnamour, 2000). Il indique un resserrement de l'habitat au plus près du fleuve dans la très basse plaine favorisé par une faible activité morphodynamique (Brown, 1997).

L'absence actuelle de vestiges archéologiques dans la très basse plaine indique un déblaiement postérieur qui pourrait être celui du Hallstatt mis en évidence dans beaucoup de régions voisines (Bravard *et al.*, 1992) mais pour lequel nous n'avons pas encore de preuves tangibles.

Conclusion

Le travail de reconstitution des paysages et des sociétés humaines du Massif central oriental au cours des 15 000 dernières années est bien engagé et les acquis après 7 années de travail sont nombreux :

- mise en évidence des interférences entre les dynamiques naturelles et les interventions des sociétés humaines sur les milieux à travers l'étude de l'origine et du développement des tourbières d'une part et des morphodynamiques de versants d'autre part ; cette reconnaissance de l'ancienneté de l'emprise des hommes sur les milieux dans cette région est un acquis considérable de la recherche puisque, jusqu'aux années 1990, le domaine montagneux et les plaines alluviales étaient considérés comme dépourvus d'intérêt archéologique et paléoenvironnemental ;
- compréhension du dispositif géomorphologique des plaines alluviales de la Dore et de la Loire et amorce de reconstitution des grandes étapes de leur histoire morphosédimentaire ;
- mise en évidence du potentiel géoarchéologique remarquable des plaines alluviales et, plus généralement, développement de la connaissance de l'histoire du peuplement au cours des 8 000 dernières années.

Une synthèse régionale plus complète nécessitera cependant de combler les lacunes sur l'histoire du peuplement dans la montagne et de mettre au jour davantage d'archives paléoécologiques dans les plaines alluviales ou à leur périphérie immédiate. Un effort s'impose également au niveau des datations, les calages chronologiques faisant défaut pour certaines périodes.

Références

AMBLARD S., 1983. *Inventaire des mégalithes de la France. 8, Puy-de-Dôme*. Paris, Éd. CNRS, 1er supplément à *Gallia Préhistoire*, VIII planches photos, 110 p.

ARGANT J., CUBIZOLLE H., 2005. L'évolution holocène de la végétation des Monts de la Madeleine, du Forez, du Livradois et du Pilat (Massif Central oriental, France) : l'apport d'une nouvelle série d'analyses palynologiques. *Quaternaire*, vol. 16, 2, 119-142.

BEAULIEU J.-L. DE, PONS A., REILLE M., 1988. Histoire de la flore et de la végétation du Massif central (France) depuis la fin de la dernière glaciation. *Cahiers de Micropaléontologie*, n.s. 3/4, 5-36.

BONNAMOUR L., 2000. *Archéologie de la Saône*, Paris, Errance, 160 p.

BONNEL P., 2004. *Le démarrage de la turfigenèse à l'Holocène : apport de l'analyse micromorphologique*, mémoire de maîtrise de Géographie, Université Jean Monnet, Saint-Étienne, 128 p.

BRAVARD L.-P., 2002. La topographie de la Saône aval : un héritage complexe au croisement de la néotectonique et de la dynamique fluviale. *In* : BRAVARD J.-P., COMBIER J. et COMMERÇON N. (dir.), *La Saône axe de civilisation*, Presses Universitaires de Lyon, p. 89-98.

BRAVARD J.-P., VEROT-BOURRELY A., SALVADOR P.-G., 1992. Le climat d'après les informations fournies par les enregistrements sédimentaires étudiés sur des sites archéologiques. *In* : *Le climat à la fin de l'Âge du Fer et dans l'Antiquité (500 BC-500 AD). Méthodes d'approche et résultats. Les Nouvelles de l'Archéologie*, 50, 7-13.

BROWN A.G., 1997. *Alluvial geoarchaeology. Floodplain archaeology and environmental change*, Cambridge Manuals in Archaeology, Cambridge University Press, 377 p.

BURNOUF J., CARCAUD N., CUBIZOLLE H., TRÉMENT F., VISSET L., GARCIN M., ARGANT J., 2001. Les relations Sociétés/milieux physiques depuis la fin du Tardiglaciaire : les apports du programme Loire. *Quaternaire*, vol. 12 (1/2), 5-13.

BURNOUF J., CARCAUD N., CUBIZOLLE H., GARCIN M., TRÉMENT F., VISSET L., 2003. Interactions sociétés/milieux dans le bassin versant de la Loire depuis le Tardiglaciaire jusqu'à la période industrielle. *In* : MUXART T., VIVIEN F.-D., VILLABA B., BURNOUF J. (éds.), *Des milieux et des Hommes : fragments d'histoires croisées*, Elsevier, coll. « Environnement », 65-77.

CLYMO R.S., 1991. Peat growth. *In* : SHANE L.C.K. et CUSHING E.J. (eds.), *Quaternary landscapes*, Londres, Belhaven Press, 76-112.

CUBIZOLLE H., 1997. *La Dore et sa vallée. Approche géohistorique des relations Homme/milieu fluvial*, Saint-Étienne, Publications de l'Université Jean Monnet, 390 p.

CUBIZOLLE H., Georges V., 1998-2003. *Géoarchéologie des plaines alluviales de la Loire dans le bassin du Forez*, Prospection Thématique, Rapport d'activité annuel, DRAC-SRA Rhône-Alpes.

CUBIZOLLE H., GEORGES V., 2001. L'évolution holocène de la plaine alluviale de la Loire dans le bassin du Forez (Massif central, France). Mise en évidence du potentiel géoarchéologique. *Quaternaire*, 12 (1/2), 53-67.

CUBIZOLLE H., VALADAS B., GAGNAIRE J., ÉVIN J., 2001. La dynamique des versants dans le bassin de la Dore durant la deuxième moitié de l'Holocène (Massif central, France) : premières données géoarchéologiques et datations radiocarbone. *Quaternaire*, 12 (1/2), 15-29.

CUBIZOLLE H., GEORGES V., 2002. Évolution morphosédimentaire des plaines alluviales de la Loire et de ses affluents dans le bassin du Forez (Massif central français) depuis la fin du Würm. *In* : BRAVARD J.-P. et MAGNY M. (dir.), *Les fleuves ont une histoire. Paléoenvironnement des rivières et des lacs français depuis 15 000 ans*, Paris, Errance, 63-70.

CUBIZOLLE H., TOURMAN A., ARGANT J., PORTERET J., OBERLIN C., SERIEYSSOL K., 2003. Origins of European biodiversity: palaeogeographic signification of peat inception during the Holocene in the granitic eastern Massif Central (France). *In* : *Past and present landscape dynamics: implications for biodiversity studies*; *Landscape Ecology*, special issue, 18, 227-238.

CUBIZOLLE H., GEORGES V., ARGANT J., 2004a. Changements environnementaux et sociétés humaines dans les moyennes montagnes granitiques du Massif central oriental au cours de l'Holocène : les enseignements tirés du croisement des données géomorphologiques, palynologiques et archéologiques. *Archéométrie*, 28, 57-70.

CUBIZOLLE H., GEORGES V., LATOUR C., ARGANT J., SERIEYSSOL K., 2004b. Sociétés humaines pré-industrielles et hydrosystèmes palustres dans le Massif central oriental au cours des

4 derniers millénaires : le rôle de la mise en place des aménagements hydrauliques dans le démarrage de la turfigenèse. *In* : *Actes du colloque « Fleuve 2 » du PEVS/SEDD CNRS, « Fleuves et marais, une histoire au croisement de la nature et de la culture », Aix-en-Provence, 8-10 avril 2002*, Paris, CTHS, 57-69.

CUBIZOLLE H., GEORGES V., ARGANT J., LATOUR C., SERIEYSSOL K., VERRIER J., 2004c. La turfigenèse à la fin du Subboréal et au Subatlantique dans les tourbières basses du Massif central oriental granitique (France) : une manifestation de l'action humaine ? *Quaternaire*, vol. 15 (4), 343-359.

CUBIZOLLE H., SERIEYSSOL K., ARGANT J., 2005. Holocene vegetation dynamics and human impact on the peatland of Virennes (french Massif Central). *Diatoms Research*, vol. 20(2), 257-273.

DAUGAS J.-P., 1986. Quelques aspects nouveaux du Néolithique du Massif central. *In* : DEMOULE J.-P. et GUILLAUME J. (éds.), *Le Néolithique du Massif central*, Picard, 277-290.

ETLICHER B., 1986. *Les massifs du Forez, du Pilat et du Vivarais, régionalisation et dynamique des héritages glaciaires et périglaciaires en moyenne montagne cristalline*, thèse de Doctorat d'État, Université de Lyon II, 1985 ; 2 cartes hors texte, 687 p.

GEORGES V., CUBIZOLLE H., *sous presse*. L'agrosystème de la plaine alluviale de la Loire à l'Âge du Bronze (Massif central) : évolution, modélisation et origines campaniformes. Actes du colloque « Le Temps », Besançon 25-28 avril 2004.

GEORGES V., CUBIZOLLE H., ARGANT J., 2004a. L'intégration du paysage archéologique fluvial de la Loire en Forez (Massif central, France). *In* : *Actes du colloque « Fleuve 2 » du PEVS/SEDD CNRS, « Fleuves et marais, une histoire au croisement de la nature et de la culture », Aix-en-Provence 8-10 avril 2002*, Paris, CTHS, 71-83.

GEORGES V., VERRIER J., CUBIZOLLE H., 2004b. Occupation humaine et dynamique fluviale de la Loire en Forez, du Néolithique à l'époque gallo-romaine (France, 42). *In* : PETIT Ch. (dir.), *Occupation, gestion et paléoenvironnement des plaines alluviales de l'Âge du Fer à l'Antiquité, Actes de la table ronde de Molesmes, 17-18 septembre 1999*, P.U. Franc-Comtoises, Annales Littéraires, Série « Environnement, Sociétés et Archéologie », 10, Besançon, 121-134.

GOBAT J.-M., ARAGNOT M., MATTHEW W., 2003. *Le sol vivant*, Presses Polytechniques et Universitaires Romandes, collection « Gérer l'environnement », 14, 568 p.

JANSSEN C.R., 1990. Histoire de la végétation des monts du Forez. *In* : *Les Monts du Forez, le milieu et les hommes*, CEF, Université Jean Monnet, Saint-Étienne, 65-79.

LEMÉE G., 1941. Recherches sur l'évolution forestière postglaciaire en Auvergne. II, Analyse pollinique d'une tourbière des Bois Noirs. *Revue des Sciences Naturelles d'Auvergne*, 1/2, 41-49.

LINDSAY R.A., CHARMAN D.J., EVERINGHAM F., O'REILLY R.M., PALMER M.A., ROWELL T.A., STROUD D.A., 1988. *The flow country: the peatlands of Caithness and Sutherland*, NCC, Peterborough.

MOORE P.D., 1993. The origin of blanket mire, revisited. *In* : CHAMBERS F.M. (ed.), *Climate change and human impact on landscape*, Londres, Chapmann et Hall, 217-224.

PASTRE J.-F., LEROYER C., LIMONDIN-LOZOUET N., CHAUSSÉ C., FONTUGNE M., GEBHARDT A., HATTE C., KRIER V., 2000. Le Tardiglaciaire des fonds de vallées du Bassin parisien (France). *Quaternaire*, 11 (2), 107-122.

PORTERET J., 2002. *Le rôle des paléo-incendies dans la mise en place et le développement des tourbières du Nord-est du Massif central* (2 tomes dont 1 atlas photographique), mémoire de DEA « Interfaces Nature/Sociétés » de Géographie, Université de Saint-Étienne, 88.

REILLE M., 1989. L'origine du pin à crochets dans le Massif central français. *Bull. Soc. Bot. Fr.*, 136, 1, 61-70.

REILLE M., BEAULIEU J.-L. DE, PONS A., 1985. Recherches pollenanalytiques sur l'histoire tardiglaciaire et holocène de la végétation du Cézallier, de la planèze de Saint-Flour et de la Margeride (Massif central, France). *In*: *Pollens et spores*, Publications du Muséum d'Histoire Naturelle, 27, 2, 209-270.

SURMELY F., 1995. *Mégalithes d'Auvergne*, Éd. de Borée, 144 p.

Impacts des héritages sur un hydrosystème : l'exemple des levées en Loire moyenne et océanique

MANUEL GARCIN[1], NATHALIE CARCAUD[2], EMMANUÈLE GAUTIER[3], JOËLLE BURNOUF[4], CYRIL CASTANET[4], NICOLAS FOUILLET[5]

Introduction

Dans la vallée de la Loire, trois thèmes rassemblent depuis quelques années décideurs, gestionnaires et chercheurs : la qualité des paysages dits « naturels », les inondations et l'enfoncement du lit. La Loire se caractérise par un régime « immodéré » dont le trait majeur est la formation de fortes crues nées de la conjonction de dépressions méditerranéennes sur le haut bassin et de dépressions océaniques en aval responsables de crues majeures (Dacharry, 1974 ; 1996). Plus d'un siècle d'assoupissement hydrologique a fait oublier le risque d'inondation auquel sont soumis environ 400 000 riverains. Pulsations hydrologiques et diversité climatique et morpho-structurale des vals et bassins tributaires sont à l'origine d'une forte hétérogénéité spatiale des formes fluviales, dont dépendent les peuplements floristiques et faunistiques. L'ensemble du système a subi une forte dégradation essentiellement du fait de l'incision du lit mineur, qui a été en s'aggravant depuis une trentaine d'années (plus de 2 m au Bec d'Allier, environ 1,5 m à Orléans, 2,5 m à Ingrandes-sur-Loire par rapport au début du XXe siècle) (Gazowski, 1994). Ce processus est l'objet de toute l'attention des aménageurs et des décideurs en charge de la gestion de la Loire. Il a été mis sur le compte de l'exploitation excessive de granulats. Toutefois, les études conduites depuis plusieurs années dans le cadre de recherches pluridisciplinaires permettent, par la meilleure connaissance des espaces et des processus, la proposi-

1. BRGM, Service Aménagement et Risques Naturel, 3 av. Cl. Guillemin, BP 6009, 45060 Orléans cedex 2 (m.garcin@brgm.fr).
2. Université d'Angers, Laboratoire des Sciences de l'Environnement et de l'Aménagement.
3. Université de Paris VIII ; Laboratoire de Géographie Physique Pierre Birot, UMR 8591-CNRS, 1 Place A. Briand, F-92195 Meudon cedex.
4. Université de Paris I Panthéon-Sorbonne, UMR 7041 ArScAn, Archéologies Environnementales.
5. INRAP.

tion de « modèles de construction » des Vals en Loire moyenne enrichissant le schéma explicatif de ce phénomène.

1. Hydrologie actuelle de la Loire moyenne et océanique

Entre Nevers et Nantes, la vallée de la Loire moyenne et océanique est marquée par la permanence des Vals qui correspondent au lit majeur (Dion, 1934 ; 1961 ; Babonaux, 1970) (**fig. 1**). Ces vals peuvent atteindre des dimensions importantes tels le Val d'Orléans (environ 300 km^2, 8 km de large) ou le Val d'Authion (environ 470 km^2, 10 km de large) (**fig. 1**). Ils sont aujourd'hui pour partie isolés du fleuve par des levées « insubmersibles » et soumis à une forte occupation et pression humaines. La Loire y présente des caractéristiques hydrologiques dépendantes de l'hétérogénéité géologique, morphologique et climatique du bassin versant ainsi que de l'inégale distribution des confluences (**tab. 1**). Au total, l'apport des confluences tourangelles du Cher, de l'Indre et de la Vienne double quasiment le débit du fleuve (**tab. 1**). De ce fait, les réseaux de confluences majeures donnent à la Loire un régime complexe marqué par trois influences principales (« cévenole », moyenne montagne océanique et plaines/plateaux océaniques) avec des débits pondérés (peu d'écart entre les valeurs moyennes) mais irréguliers (écarts importants entre les valeurs extrêmes de crue et d'étiage) (Schulé, 2004).

Localité	Module (m^3/s)	Bassin versant (km^2)	Remarques
Bec d'Allier	320	32 686	Aval de la confluence Loire-Allier
Blois	366	38 300	Pas d'affluent significatif depuis le Bec d'Allier
Saumur	698	81 000	Aval des confluences du Cher, Indre, Vienne
Montjean	884	109 930	Aval du Bec de Maine

Tableau 1. Modules, superficie relative du bassin versant en liaison avec les principales confluences de la Loire moyenne et océanique.

2. Évolution tardiglaciaire et holocène

2.1. Mémoires environnementales

Le lit majeur de la Loire a échappé au « bétonnage » contemporain du lit fluvial qui affecte la plupart des fleuves ouest-européens (Rhin, Rhône, etc.). Les aménagements anthropiques réalisés au cours des deux derniers millénaires y sont encore visibles. Des zones humides diversifiées y persistent et fournissent des enregistrements stratigraphiques, sources de connaissance sur les paléoenvironnements et les paléodynamiques fluviales. Cette conservation des vestiges archéologiques et géologiques n'en est pas moins relativement difficile à exploiter du fait de leurs répartitions spatiales non homogènes. De surcroît, ces archives renseignent sur des périodes de temps certes emboîtées mais différentes. La construction du lit majeur s'est effectuée à l'échelle de dizaines de milliers d'années : c'est le temps long de l'hydrosystème fluvial. *A contrario*, les faits sociaux se sont produits seulement sur les derniers milliers d'années, c'est le temps court des sociétés. Pour ces dernières, ces temporalités sont impossibles à intégrer sans l'intervention des spécialistes des études rétrospectives (archéologues, historiens, géographes, géologues, etc.).

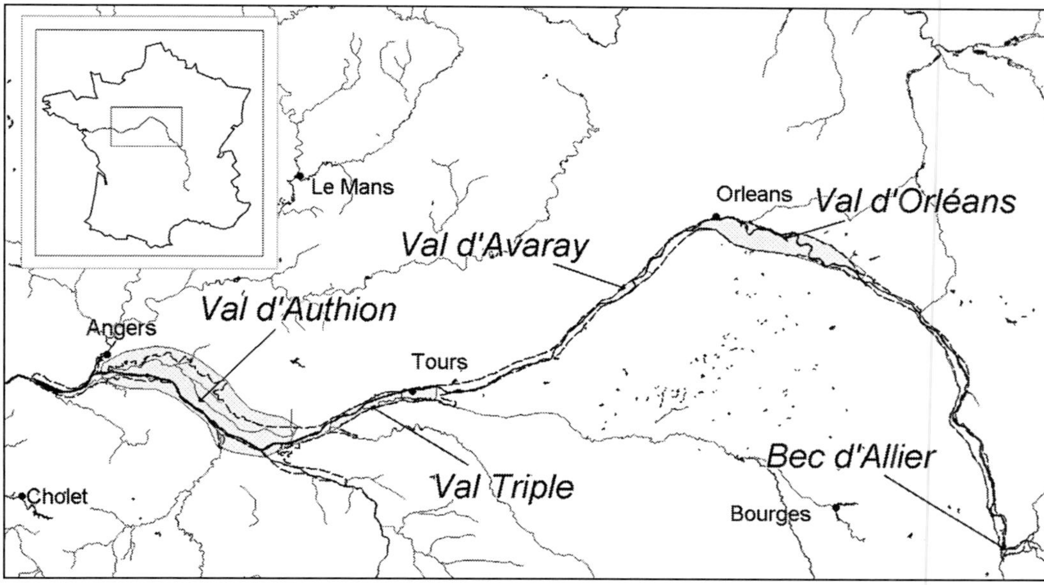

Fig. 1. Principaux Vals et localisations cités.

Dans la vallée de la Loire sont conservées sur plus de 500 km des digues latérales : « les levées ». La mise en place de ces ouvrages est une entreprise initiée par les sociétés médiévales et poursuivie par les sociétés modernes (Burnouf et Carcaud, 2000 ; Burnouf et Maillard, 2003). La généralisation de ces ouvrages depuis 500 ans a créé de nouvelles conditions pour l'hydrosystème et les sociétés. Dans l'état actuel des recherches documentaires on peut distinguer deux grandes phases de mise en place (Burnouf et Maillard, 2003). La première dure du haut Moyen Âge jusqu'au XVIe siècle et correspond à la phase des « turcies ». La seconde voit la mise en place des « levées » de manière quasi systématique. Ces dernières sont des ouvrages plus conséquents que les turcies, dont l'organisation spatiale est plus cohérente et qui sont sans cesse rehaussés par rapport au niveau des hautes eaux jusqu'au XIXe siècle.

Les raisons qui ont conduit les sociétés à réaliser ces travaux ne sont pas simples à déterminer et restent des hypothèses de travail. Les levées sont à mettre en relation avec le « boom urbain » qui se développe sur le second millénaire et conduit à l'apparition d'une agglomération tous les 25 km en moyenne. Les effets de ce processus d'urbanisation des Vals sont de deux types. Il s'agit d'effets directs comme les aménagements de berges, la création d'ouvrages dans le lit mineur (ponts, épis, duits, etc.) mais aussi de conséquences indirectes. Les nouveaux besoins créés par l'existence des sociétés urbaines conduisent à des transformations des activités agricoles dans le lit majeur. On passe de pratiques agricoles compatibles avec le fonctionnement normal de l'hydrosystème, dont les inondations, à un développement de l'agriculture incompatibles avec celles-ci qui conduit à leur mise en protection (Noizet, 2003 ; Noizet *et al.*, 2004). On observe donc une mutation profonde des relations entre les sociétés riveraines et la Loire par le passage progressif d'ouvrages temporaires, discontinus et submersibles (IXe-XIIe siècles) à des aménagements continus et « insubmersibles » (à partir du XVe siècle) protégeant durablement activités et infrastructures contre les mécanismes d'érosion et d'inondation.

2.2. Les différents modèles d'évolution des Vals

Bien qu'à première vue semblables, les Vals de la Loire moyenne et océanique se révèlent dans le détail beaucoup plus diversifiés dans les modalités de leur mise en place et de leur évolution. Leurs traits communs sont un lit mineur souvent fixé en pied de versant, un bourrelet de rive percé de couloirs d'inondation et une dépression latérale, le Val *sensu stricto.* À l'heure actuelle deux modèles principaux d'édification ont été mis en évidence (Burnouf *et al.*, 2003 ; Carcaud *et al.*, 2002).

Le Val d'Avaray

Dans l'étroit Val d'Avaray (1,5 à 2,5 km de large entre Beaugency et Blois, **fig. 1**), la morphologie du fond de la vallée n'est que partiellement acquise au Tardiglaciaire (ante Allerød). Elle est ensuite remodelée par plusieurs phases d'incision, d'érosion partielle des corps sableux pré-existants puis de sédimentation (Garcin *et al.*, 1999a et b ; 2001 ; Gourry *et al.*, 2003 ; Négrel *et al.*, 2002 ; 2004). Ces phases sont interprétées comme étant la résultante de la migration et du balayage du lit majeur par le méandre de Saint-Laurent. Cinq stades principaux (*A* à *E*) ont été identifiés. Au sein du corps sédimentaire *A*, le plus ancien et le plus développé, les datations et analyses des sédiments ont permis de dater et de démontrer le diachronisme de ces dépôts. Les principales phases d'incision sont antérieures à l'Allerød, au Boréal et au Subboréal (Garcin *et al.,* 1999a et b ; 2001), le tracé du lit vif est instable jusqu'au Subboréal. Ensuite, il se pérennise, les lits majeur et mineur restent encore fréquemment connectés jusqu'à l'édification des levées. Toutefois, dans le Val d'Avaray, la déconnection lit mineur-lit majeur n'est pas absolue car un déversoir a été instauré en amont et la levée rive droite présente une discontinuité dans sa partie aval. Celle-ci est responsable de la création d'un remous hydraulique qui permet l'inondation progressive par l'aval de la plaine d'inondation (Poligot-Pitsch *et al.*, 2000). Bien que cette déconnection ne soit pas totale, les modalités du transit des flux d'eau et de sédiments y sont fortement altérées par rapport au fonctionnement antérieur aux levées.

Les Vals de la Loire tourangelle

Dans le Val Triple (Amont de Tours à Saumur, **fig. 1**) quatre étapes principales sont identifiées (Carcaud, 2004).

1. La fin du Weichsélien supérieur et le début du Tardiglaciaire correspondent à une phase d'aggradation durant laquelle la Loire développe un style en tresses.
2. À la transition Tardiglaciaire/Holocène, le lit de la Loire se rétracte et adopte un style fluvial mixte conservant bon nombre d'héritages morphodynamiques.
3. La mise en place de la métamorphose fluviale est lente et s'établit à une échelle de temps pluri-millénaire. L'abandon des paléobras de tressage s'étale durant toute la première partie de l'Holocène. Dans les dépressions latérales, une sédimentation vaso-tourbeuse se généralise. Ces trois premières phases correspondent à une lente adaptation de l'hydrosystème au réchauffement climatique postglaciaire. À cette échelle temporelle, la part des sociétés dans la construction des mosaïques fluviales paraît réduite.
4. À partir du Néolithique moyen, la vallée connaît des contrastes hydrodynamiques. Une plus forte dynamique fluviale est constatée entre le Néolithique moyen et la fin de l'Âge du Bronze. Elle s'exprime par l'augmentation des vitesses de sédimentation, la disparition des tourbières ou la réactivation des bras secondaires. Le contexte hydrologique redevient plus calme durant l'Âge du Fer et l'époque gallo-romaine. Il se traduit par un redéploiement des marais tourbeux et une diminution des vitesses de sédimentation. À partir du Moyen Âge, les enregistrements organiques disparaissent et la sédimentation est en grande partie sous contrôle anthropique local (Carcaud, 2004).
   Nous distinguons deux périodes dans la fin de l'Holocène :
   (a) du Néolithique moyen à la fin de l'Âge du Fer la dynamique fluviale résulte des interactions entre les facteurs géodynamiques et anthropiques ;
   (b) à partir de l'époque gallo-romaine jusqu'à aujourd'hui, les forçages hydrauliques et l'anthropisation du bassin versant deviennent prépondérants dans la dynamique fluviale (Carcaud, 2004).

Un val en cours d'étude : le Val d'Orléans

Dans ce premier élargissement du lit majeur ligérien depuis le Bec d'Allier (jusqu'à 8 km de large) le tracé du lit mineur actuel est méandriforme (« méandres de Guilly ») ce qui est exceptionnel en Loire moyenne. Les chronologies et les processus impliqués dans la construction du Val d'Orléans sont en cours d'étude (Castanet, 2003). La transition Tardiglaciaire-Holocène semble s'exprimer par le passage d'un style fluvial en tresses étendu à une grande partie du Val vers celui d'un ou de quelques chenaux assurant la quasi-totalité des écoulements. Les paléochenaux méandriformes identifiés dans la plaine alluviale suggèrent que la migration latérale des chenaux et le recoupement des méandres ont contrôlé la structuration du Val durant l'Holocène (Castanet, 2003). Le linéaire subcontinu des levées dans l'intégralité du Val impose, dès le Moyen

Âge, un lit endigué entre les lits mineur et majeur (**fig. 2**). Il semble être en partie responsable de l'individualisation d'un chenal unique en cours d'incision.

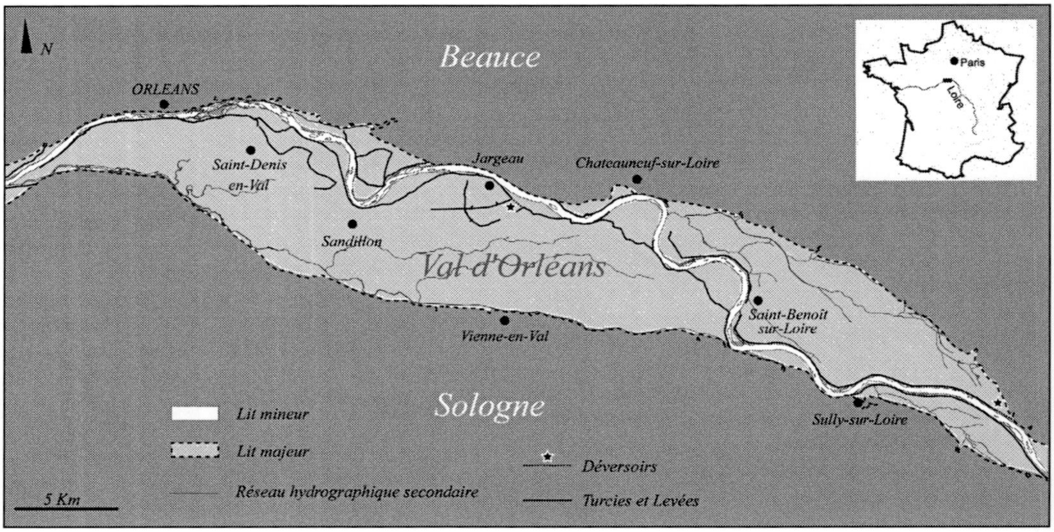

Fig. 2. Le Val d'Orléans : illustration de la réduction du lit majeur par les levées (lit endigué).

3. Conséquences de la présence des levées sur le fonctionnement du fleuve

3.1. Conséquences hydrologiques, aléa et risque

La présence des levées bordant le lit mineur a pour conséquence évidente la déconnexion entre le lit mineur et le lit majeur. Ce lit résultant qualifié de « lit endigué » réduit drastiquement la section d'écoulement ce qui aboutit en période de crue à l'augmentation des vitesses d'écoulement et de la hauteur d'eau. Ceci conduit à une propagation de l'onde de crue beaucoup plus rapide que celle qui aurait prévalu pour un même débit en l'absence de levées. Par ailleurs, la réoccupation du lit majeur par le fleuve ne s'effectue que lors de ruptures de levées qui se produisent lors des grandes crues historiques (300 sites de rupture durant les crues du XIXe siècle entre le Bec d'Allier et Montjean) (Halbecq, 1996). Alors que l'envahissement progressif du lit majeur par le fleuve s'effectue de manière douce en l'absence de levées, celui-ci s'effectue de façon brutale et avec une très forte énergie depuis leur présence. Les aléas connus pour les périodes anciennes (crues, embâcles et débâcles de glace) sont attestés à la fois par les sources archéologiques et les sources écrites (à partir de la fin du Moyen Âge). Ces sources ne nous donnent aucune information sur le fonctionnement *normal* de l'hydrosystème mais nous informent sur les « événements » contraignants pour les sociétés. Pendant les deux derniers millénaires plusieurs changements hydrologiques ont été identifiés par les différents travaux :

- fin du Ier siècle après J.-C. ;
- VIe siècle ;
- début du IXe siècle ;
- milieu du XIVe siècle où débute la période de péjoration du Petit Âge Glaciaire (PAG) qui dure jusqu'au XIXe siècle.

Au cours de ces périodes les sociétés installées dans la vallée ont tenté de répondre aux récurrences des crues, des inondations et aux autres aléas. À titre d'exemple, les répercussions du Petit Âge Glaciaire en termes d'enregistrement de l'aléa, d'évolution du risque d'inondation et de gestion de la contrainte ont été analysés dans le Val Triple (Audibert, 1998 ; Durrenberger, 1999 ; Lagadic, 1999). À Tours, les séries de crues avec inondation observées à la fin du XIVe siècle et les embâcles du début du XVe siècle sont certainement liées à la détérioration climatique du Petit Âge Glaciaire (Bouquet, 1998 ; 2001). Il y a donc probablement augmentation de l'aléa due à la modification climatique du Petit Âge Glaciaire. Cet aléa est encore renforcé par la présence des levées, déjà très étendues avant le XIVe siècle, augmentant ainsi les vitesses d'écoulement et les hauteurs d'eau qui conduisent à de violentes ruptures de levées. Enfin, le développement urbain en arrière de ces mêmes levées a augmenté la vulnérabilité conduisant à un *risque renforcé.*

3.2. Conséquences sédimentologiques

En terme sédimentaire, cette déconnexion lit mineur-lit majeur conduit à une diminution des sources potentielles d'alimentation latérale en charge solide. Par ailleurs, l'augmentation de la vitesse entraîne celle de la compétence et donc de la capacité de transport. Le déficit en charge solide et l'augmentation de la capacité de transport conduisent logiquement à une tendance à l'incision du lit. Cette tendance a bien sûr été amplifiée par les extractions de granulats réalisées dans le lit vif qui, bien qu'aucunement responsable du processus d'incision, ont contribué à abaisser le plancher alluvial. L'incision des bras se fait aux dépens de leur largeur et nous assistons alors à la chenalisation progressive des écoulements. Cette chenalisation est déjà visible à travers l'étude des cartes historiques anciennes, preuve de l'antériorité du processus par rapport aux extractions massives du XXe siècle.

L'incision des bras principaux a réduit la fréquence et la durée de submersion des autres unités fluviales. On a calculé qu'en Loire moyenne, les chenaux secondaires qui étaient remis en eau jusque dans les années 1970-1980 pour des débits de l'ordre de 300 m^3/s^{-1} (soit environ 6 mois par an), ne sont aujourd'hui submergés que lorsque la Loire atteint 850-900 m^3/s^{-1} (Gautier et *al.*, 2001 ; *sous presse*). La déconnexion entre les annexes hydrauliques et les bras principaux est de plus en plus effective. Enfin, l'incision et l'enfoncement du plancher alluvial ont des conséquences directes sur les aménagements anthropiques, notamment le déchaussement des ouvrages qui aboutissent à leur dégradation, voire à leur destruction (Pont Wilson à Tours en 1978, par exemple). De surcroît, la déconnexion entre lit mineur et lit majeur ne permet plus le dépôt et le stockage des fines (silts, limons) dans le lit majeur lors des crues. Depuis l'édification des levées, les sédiments fins transitent ou restent stockés temporairement dans le lit endigué, donc en grande partie dans le lit mineur. Le spectre granulométrique des sédiments du lit vif de la Loire en est modifié.

3.3. Conséquences écologiques

La modification granulométrique évoquée ci-dessus conduit à la modification des substrats aquatiques ce qui a été préjudiciable à certains écosystèmes très sensibles à leur qualité (Bacchi et *al.*, 1998 ; 2001). Compte tenu de la facile mise en suspension de la fraction fine des sédiments, la turbidité des eaux est devenue plus forte et cela même pour des débits faibles. À ces modifications, il faut ajouter la déconnexion des annexes hydrauliques (cf. § précédent) aboutissant à des zones humides qui sont de moins en moins fonctionnelles et même disparaissent. L'assèchement prolongé d'une grande partie du lit est l'une des causes de l'extension de la ripisylve : le taux de croissance annuel du couvert arboré était d'environ 3 ha au cours de la première moitié du XIXe siècle, il est de 7 ha par an depuis les années 1960 (Gautier *et al.*, *sous presse* ; Gautier et Grivel, 2004). Ceci conduit logiquement à un appauvrissement de la mosaïque paysagère (Gautier *et al.*, 2000 ; 2001). Enfin, ces annexes hydrauliques sont nécessaires à la reproduction et/ou à la persistance de bon nombre d'espèces aquatiques (Bacchi *et al.*, 1998 ; 2001). Ces modifications du milieu ont des conséquences sur la biodiversité et les écosystèmes ligériens qu'ils soient aquatiques ou terrestres (Berton et Cornier, 2003 ; Grivel *et al.*, 2003).

3.4. Conséquences sociales

L'édification puis l'élévation progressive des levées dans l'ensemble de la vallée de la Loire moyenne ont été responsables de la création d'un sentiment progressif de maîtrise et de gestion du risque. Bien que les crues importantes aient toutes démontré la fragilité des levées dont les ruptures répétées ont eu des conséquences parfois catastrophiques, les sociétés se sont obstinées à essayer de les ériger en remparts contre le fleuve. L'absence de grande crue depuis la fin du XIXe siècle a abouti à créer dans un premier temps un sentiment de sécurité par rapport à l'aléa puis dans un second temps à l'oubli collectif de cet aléa. Celui-ci atteint probablement actuellement sa phase paroxysmale comme l'expriment les enquêtes réalisées auprès des habitants des vals (Denèfle, 2002) qui n'ont plus conscience d'être en zone inondable et qui en refusent même l'idée. La prise en compte politique de cette déconnexion société-fleuve a conduit le Plan Loire Grandeur Nature à aborder ce problème sous l'angle de la ré-appropriation de la culture du risque par les habitants de ces zones.

Conclusion

Depuis plus de trente ans l'érosion du lit de la Loire moyenne et océanique a fait l'objet d'études qui ont pris uniquement en compte les facteurs liés au développement des activités des sociétés du XXe siècle. Or il apparaît, suite à nos recherches, que la cause première de cette incision du lit de la Loire est la réponse de l'hydrosystème à la construction des levées depuis 500 ans. Cette réponse n'apparaît clairement qu'aujourd'hui du fait de la résilience de l'hydrosystème et de son temps de latence. Cette incision correspond à un processus d'adaptation du fleuve aux contraintes imposées qui à l'échelle de temps des sociétés est lent et donc « invisible ». Ce processus d'incision engendré par l'édification des levées a par ailleurs été amplifié par deux autres types d'intervention humaine qui sont venus s'y surimposer :

- les ouvrages de navigation dont l'objectif était de canaliser et de concentrer les écoulements afin de permettre aux bateaux de circuler plus facilement notamment en période d'étiage – indirectement, la contrainte hydraulique exercée aboutit à la chenalisation, à l'augmentation des vitesses de courant puis à l'incision sur l'axe concerné ;
- les extractions excessives de granulats dans le lit mineur qui ont contribué à abaisser le plancher alluvial.

La question essentielle qui reste posée est la suivante : les effets de l'arrêt depuis quelques années des extractions de granulats dans le lit mineur (processus réversible) seront-ils perceptibles et quand ? alors que les fortes implantations humaines dans le lit majeur ne permettent pas de supprimer la cause initiale de l'incision (les levées) et de rendre au fleuve son espace de divagation naturelle. La réponse à une telle question ne sera envisageable qu'une fois l'ensemble des processus intervenant dans l'évolution du lit finement connus et décrits, qu'il s'agisse de processus à long terme (variations climatiques) ou à court terme (occupation du sol, aménagements et autres actions anthropiques). Elle nécessitera alors une approche par modélisation prospective basée sur l'application de scénarios sur l'évolution des conditions du système (hypothèses sur l'évolution climatique future, hypothèses sur les choix des sociétés, etc.).

Concernant le risque d'inondations, les sociétés contemporaines doivent assumer un héritage. Les sociétés passées ont enclenché un processus de vulnérabilisation lors de l'édification des turcies puis des levées dès le haut Moyen Âge modifiant ainsi les conditions d'écoulement. La Loire est dès lors un hydrosystème contraint et fragilisé qui, par la vulnérabilité croissante des sociétés, conduit à l'augmentation des risques. Ceux-ci se sont pleinement exprimés au XVIIIe siècle puis au XIXe siècle lors des grandes inondations historiques. Depuis, l'absence de crues majeures à permis d'occulter dans les esprits la notion d'aléa et de risques.

Nos interprétations démontrent la nécessaire prise en compte des approches rétrospectives et interdisciplinaires à l'échelle de l'Holocène pour comprendre et expliquer l'état actuel du système ; ces dernières permettront de définir des clés pertinentes pour la réalisation d'approches prospectives.

Remerciements

Les recherches ont été menées dans le cadre de plusieurs programmes : PCR-SRA Centre « Géoarchéologie de la Loire moyenne et de ses marges », programme CNRS « Interactions Sociétés-Milieux dans le bassin versant de la Loire », Zone Atelier CNRS « bassin versant de la Loire », PNRZH Loire, projet « Dynamique Fluviale » BRGM.

Références

AUDIBERT C., 1998. *Les digues de la Loire à la fin du Moyen Âge*, mémoire de maîtrise, Université de Tours, 124 p.

BABONAUX Y., 1970. *Le lit de la Loire : étude d'hydrodynamique fluviale*, Comité des Travaux Historiques et Scientifiques, Paris, Bibliothèque nationale, 252 p.

BACCHI M, CORNIER Th., DIEU N., BERTON J.-P., 2001. Impacts des actions anthropiques sur le fonctionnement écologique de l'hydrosystème ligérien. *Actes du colloque « Hydrosystème, paysages et territoires », 6-8 Septembre 2001*, Lille, CD Rom.

BACCHI M., GARCIA X.F., BERTON J.-P., 1998. Study of the general and functional Loire river typology for a better restoration of the hydrosystem. *Man and River systems, Paris, 25-27 mars 1998.*

BALLUT C., 2000. *Évolution environnementale de la Limagne de Clermont-Ferrand au cours de la seconde moitié de l'Holocène (Massif central français)*, thèse de Doctorat de Géographie, Université de Limoges, 316 p.

BERTON J.-P., CORNIER Th., 2002. L'impact visuel des composantes de la biodiversité sur les paysages ligériens. *Études Ligériennes*, n° sur *Les paysages ligériens*, 36-45.

BOUQUET C., 1998. *Les villes et le fleuve : histoire des relations entre les sociétés urbaines et la Loire moyenne à la fin du Moyen Âge*, mémoire de DEA, Tours, 1998.

BOUQUET C., 2001. La communauté urbaine de Tours à la fin du Moyen Âge. *In* : CARCAUD N. et GARCIN M. (coord.), *Géoarchéologie de la Loire moyenne et de ses marges*, synthèse des résultats du PCR 1996-1999 (http://zal.brgm.fr/publipcr.htm).

BURNOUF J., CARCAUD N., CUBIZOLLE H., GARCIN M., TRÉMENT F., VISSET L., 2003. Interactions sociétés/milieux dans le bassin versant de la Loire depuis le Tardiglaciaire jusqu'à la période industrielle. *In* : MUXART T. (dir.), *Des milieux et des hommes : fragments d'histoires croisées*, Paris, Elsevier, 65-77.

BURNOUF J., CARCAUD N., 2000. L'homme et les vallées : les Vals de Loire de Tours à Angers. *Annales de Bretagne et des Pays de l'Ouest*, 107 (1), 7-22.

BURNOUF J., MAILLARD B., 2003. Les Sociétés et la confluence du Cher avec la Loire à la fin du Moyen Âge et à l'époque moderne. *In* : PETIT J.-G. et SANGUIN A.-L. (dir.), *Les fleuves de France Atlantique. Identités, espaces, représentations, mémoires,* Paris, L'Harmattan, 41-56.

CARCAUD N, GARCIN M., VISSET L., BURNOUF J., 2002. Nouvelle lecture de l'évolution des paysages fluviaux à l'Holocène dans le bassin de la Loire moyenne. *In* : BRAVARD J.-P. et MAGNY M. (dir.), *Les fleuves ont une histoire, paléoenvironnement des rivières et des lacs français depuis 15 000 ans*, Paris, Errance, 71-84.

CARCAUD N., 2004. *D'espace et de temps : un itinéraire de recherche et d'enseignement sur les anthroposystèmes fluviaux*, mémoire d'HDR, Université d'Angers, 2 vol., 219 p. et 216 p., 88 fig.

CARCAUD N. *et al.*, 2001. Géoarchéologie de la Loire moyenne et de ses marges. Premiers résultats. Publication en ligne (http://zal.brgm.fr/publipcr.htm).

CASTANET C., 2003. *Le val d'Orléans : dynamique fluviale tardiglaciaire et holocène, interactions entre les facteurs géodynamiques et anthropiques*, mémoire de DEA, Université de Paris I ; rapport BRGM/RP-52552-FR, 2003.

DACHARRY M., 1974. Hydrologie de la Loire en amont de Gien. *N.A.L.*, Paris, 2 vol., 619 p.

DACHARRY M., 1996. Les grandes crues historiques de la Loire. *La Houille Blanche*, 6/7, 47-53.

DENÈFLE S., 2002. La perspective historique de la prévention des risques : évolution des différentes approches du risque. Université Européenne d'été 2002 - *Val de Loire patrimoine mondial « Les grands fleuves du patrimoine mondial : de la crise à la culture du risque » (Tours, 24-10-2002).*

DION R., 1934. *Le val de Loire. Étude de géographie régionale*, Tours, Arrault Éd., 752 p.

DION R., 1961. *Histoire des levées de la Loire*, Paris, Flammarion, 312 p.

DURRENBERGER V., 1999. *D'une rive à l'autre de la Loire (les aménagements du lit mineur de la Loire du XIe au XVe siècle dans les sources écrites, de Rochecorbon à Saint-Cyr)*, mémoire de maîtrise, Université de Tours, 112 p.

GARCIN M., GIOT D., FARJANEL G., KLOPPMANN W., NEGREL Ph., GOURRY J.-C., 1999a. La Loire moyenne au Quaternaire récent dans le Val d'Avaray. *Études ligériennes*, 2, 45-49, 4 fig., 1 tab.

GARCIN M., GIOT D., FARJANEL G., GOURRY J.-C., KLOPPMANN W., NÉGREL Ph., 1999b. Géométrie et âge des alluvions du lit majeur de la Loire moyenne, exemple du Val d'Avaray (Loir-et-Cher, France). *C. R. Acad. Sci. Paris*, 329, 405-412.

GARCIN M., GIOT D., FARJANEL G., 2001. Éléments radiochronologiques et palynologiques sur les alluvions du lit majeur de la Loire (Val d'Avaray, Loir-et-Cher, France). *Quaternaire*, 12, (1-2), 69-88.

GAUTIER E., PIÉGAY H., BERTAINA P., 2000. A methodological approach of fluvial dynamics oriented towards hydrosystem management: the Loire and Allier rivers case study. *Geodinamica Acta*, 13/1, 29-43.

GAUTIER E., BURNOUF J., CARCAUD N., CHAMBAUD F., GARCIN M., *sous presse.* Les interrelations entre les sociétés et le fleuve Loire depuis le Moyen Âge. *Tec et Doc.*

GAZOWSKI Z., 1994. L'enfoncement du lit de la Loire. *Revue de Géographie de Lyon*, 69/1, 41-46.

GOURRY J.-C., VERMEERSCH F., GARCIN M., GIOT D., 2003. Contribution of geophysics to the study of alluvial deposits. A case study in the Val d'Avaray on the Loire River. *Applied Geophysics*, 54, 35-49.

GRIVEL S., GAUTIER E., CHAMBAUD F., 2003. La Loire des îles : sites d'application d'une approche pluridisciplinaire pour la gestion écologique de l'hydrosystème Loire. Colloque Société Française d'Écologie Le Bourget du Lac (Université de Savoie), 15 et 16 mai 2003 : « Écologie des zones humides et des milieux aquatiques dulcaquicoles ».

HALBECQ W., 1996. *Approche géomorphologique des brèches dans les levées de la Loire entre le Bec d'Allier et Montjean*, mémoire de DEA, Université d'Orléans, 81 p. + annexes.

LAGADIC V., 1999. *Interaction Homme/Milieu : les îles de la Loire à Tours aux XIVe et XVe siècles*, mémoire de maîtrise, Université de Tours, 135 p.

NÉGREL P., KLOPPMAN W., GARCIN M., GIOT D., 2002. Strontium isotopic record of signatures of Holocene fluvial sediments in the Loire valley, France. *Hydrology and Earth System Sciences*, 6 (5), 849-858.

NÉGREL P., KLOPPMAN W., GARCIN M., GIOT D., 2004. Lead isotope signatures of Holocene fluvial sediments from the Loire River valley. *Applied Geochemistry*, 19, 957-972.

NOIZET H., 2003. *Pratiques spatiales, représentations de la ville et fabrique urbaine de Tours du IXe au XIIIe siècle : chanoines, moines et laïcs à Saint-Martin et Saint-Julien*, thèse de l'Université de Tours (dir. H. GALINIÉ).

NOIZET H., CARCAUD N., GARCIN M., 2004. Rive droite, rive gauche : la Loire et Tours XIIe-XVe siècles. *In* : *Fleuves et marais, une histoire au croisement de la nature et de la culture*, Archéologie et histoire de l'art, Paris, CTHS, 19, 137-155.

POLIGOT-PITSCH S., DHATT G., GARCIN M., 2000. Modeling of flood by phreatic rising in the « Val d'Avaray », Loire river, France. *Conference Hydroinformatics 2000*, Iowa Institute of Hydraulic Research, University of Iowa, July 2000.

SCHULÉ C.-A., 2004. *La Loire fleuve fantasque*, CLD (éd.), Tours.

L'homme et l'érosion dans le Bassin parisien (France). La réponse morphosédimentaire des fonds de vallées au cours de la seconde partie de l'Holocène

JEAN-FRANÇOIS PASTRE[1], PAUL ORTH[1],
YANN LE JEUNE[1], SONIA BENSAADOUNE[1]

Introduction

Les fonds de vallées du Bassin parisien présentent des enregistrements sédimentaires riches et variés qui permettent de retracer avec une précision croissante l'évolution des conditions environnementales durant les 15 derniers milliers d'années. Les travaux pluridisciplinaires amorcés depuis une quinzaine d'années ont permis de confronter les données fournies par les enregistrements morphosédimentaires (géométrie, stratigraphie, sédimentologie) et les bio-indicateurs (pollens, malacofaunes, macrorestes végétaux...) et de proposer des schémas d'évolution relativement détaillés pour le Tardiglaciaire (Pastre *et al.*, 2003a) ou le Postglaciaire (Pastre *et al.*, 2002a et b).

Les données complémentaires apportées par les grandes vallées (remplissages des lits mineurs et des paléochenaux secondaires) et les petites vallées (séquences couvrant la totalité des lits majeurs) ont permis d'établir la convergence générale des réponses en fonction des facteurs climatiques et anthropiques, mais ont également précisé la variabilité spatiale et temporelle des enregistrements en fonction des contrôles locaux exercés par les facteurs géomorphologiques ou hydrogéologiques.

Succédant à une première phase d'investigation, étendue à un large éventail de séquences des bassins de l'Oise et de la Marne, et dans une moindre mesure de la Seine à l'amont de Paris (**fig. 1**), est apparue la nécessité d'approfondir plus finement l'analyse de la variabilité amont-aval des enregistrements et de préciser le déroulement de chaque période. Des investigations morpho-stratigraphiques et sédimentologiques détaillées ont ainsi été entreprises sur des bassins

---

1. Laboratoire de Géographie Physique Pierre Birot, UMR 8591-CNRS, 1 Place A. Briand, F-92195 Meudon cedex (pastre@CNRS-bellevue.fr).

secondaires types, choisis pour la richesse de leur information : celui de La Beuvronne (Orth, 2003 ; Orth *et al.*, 2004) et celui du Crould (Bensaadoune et Pastre, travaux en cours). En ce qui concerne les grandes vallées, d'autres sont en cours sur le bassin aval de la Marne (cours de La Ferté-sous-Jouarre à Charenton ; Le Jeune et Pastre, travaux en cours). Bien que très liée à cette approche, mais également à la progression des données apportées par les opérations d'archéologie préventive, l'amélioration de la résolution temporelle a suscité la mise en œuvre d'études à « haute résolution » de séquences-clefs, fondée à la fois sur l'exploitation de séquences récemment découvertes et d'un programme de carottages spécifique. Parmi les questions liées à cet approfondissement, celle des mutations environnementales majeures intervenues durant la seconde partie de l'Holocène apparaît des plus sensibles, mais également des plus délicates à traiter, compte tenu de l'importante complication des réponses paléobiologiques et morphosédimentaires et de l'augmentation croissante de leur variabilité en fonction des facteurs anthropiques ou hydrodynamiques locaux. Au-delà des données fournies par chaque séquence, la recherche doit se fonder sur l'accumulation de preuves convergentes aptes à valider la signification globale d'un corpus varié de phénomènes synchrones. Ceux-ci peuvent parfois sembler antagonistes et ne le sont généralement plus une fois resitués dans leur contexte spatial (ex. : épisodes synchrones d'incision et de sédimentation en contexte de forte activité hydrologique). Cette appréhension spécifique doit intégrer progressivement une somme d'événements ponctuels, assez souvent mal datés, pour en admettre ou en rejeter la signification régionale ou plus globale.

Affirmer que chaque phase d'érosion sur les versants trouve sa réponse dans une phase de sédimentation détritique dans les vallées pourrait sembler facile. Néammoins, la quasi-totalité des exemples démontre la validité de ce constat. Les conditions géomorphologiques et biogéographiques du Bassin parisien sont en effet propices à une forte inertie des systèmes en contexte « biostasique » : la faible énergie générale des reliefs, les capacités de restauration rapide de la couverture herbacée et la large prédominance de la couverture limono-loessique héritée du Pléistocène confèrent une résistance relativement forte des surfaces à l'érosion, et seules des actions mécaniques suffisamment fortes et prolongées sont aptes à les dégrader. Les phénomènes détritiques observés apparaissent bien ainsi comme des réponses sédimentaires à des dégradations symptomatiques des environnements, comme en témoigne l'histoire générale des vallées au cours du Tardiglaciaire et de l'Holocène (Pastre *et al.*, 2002a et b).

1. Le développement et les fluctuations de l'érosion et du détritisme au cours du Subboréal

Première grande phase de dégradation des milieux et de déclenchement de processus érodo-sédimentaires importants, le Subboréal apparaît comme une période composite, où l'impact déterminant des activités humaines à été amplifié, révélé, par différentes phases de dégradation climatique. Les premiers apports limoneux perçus dans les vallées de l'Oise et de la Marne, peu après 4700 BP, pourraient être ainsi consécutifs à la dégradation climatique du début de la phase de Chalain (Magny, 1992 ; 1995).

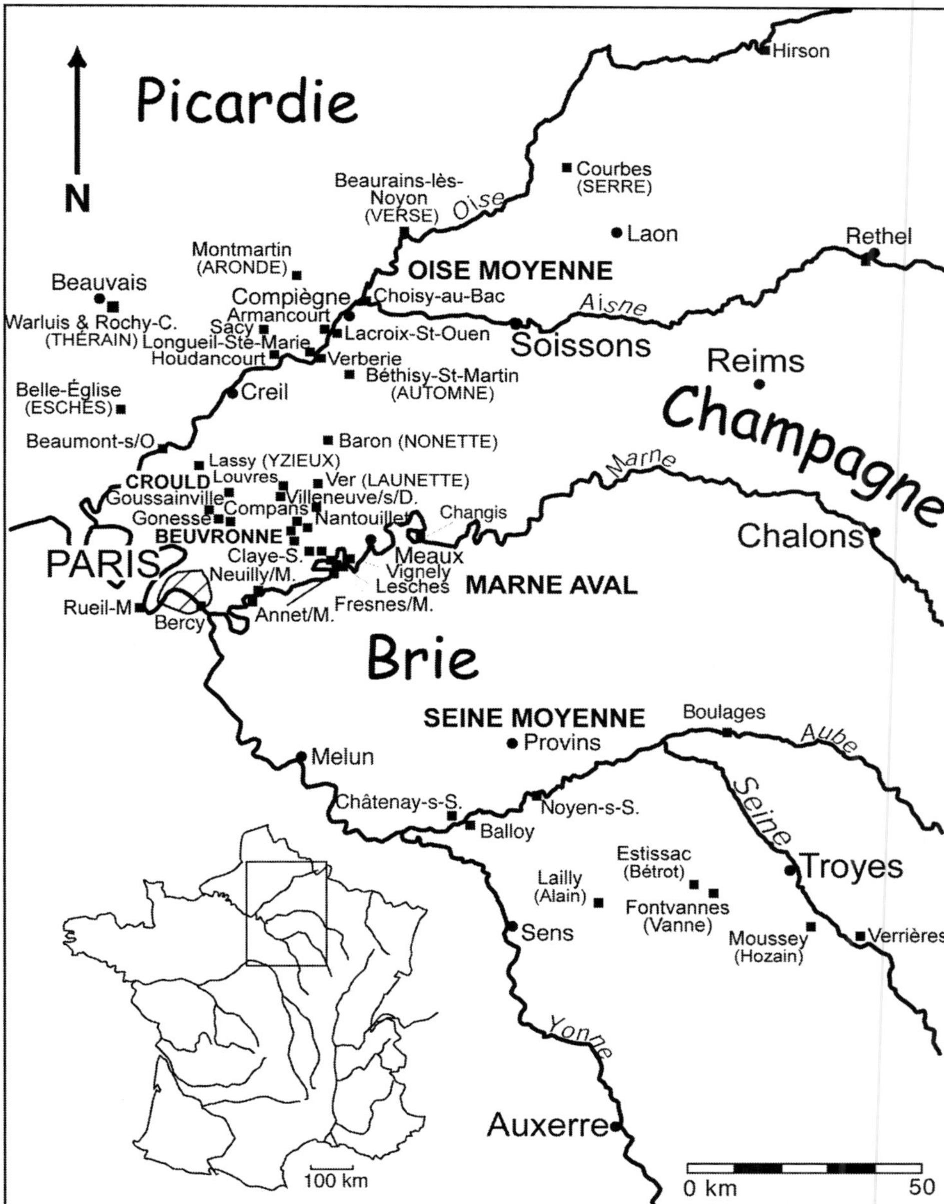

Fig. 1. Localisation des sites et des bassins versants étudiés.

Cette phase de sédimentation reste cependant limitée comparativement à celle enregistrée vers 4000 BP : aux premiers apports limoneux massifs, bien perçus dans les grandes vallées (Pastre *et al.*, 2002a et b) s'ajoute depuis peu la détection de premiers pics de micro-quartz détritique dans les vallées secondaires, comme dans le bassin de La Beuvronne à Compans et Claye-Souilly (Orth *et al.*, 2004 et **fig. 2b** et **2c**). Une transition sédimentaire relativement abrupte se réalise alors au cours du Néolithique final. Dans la vallée de l'Oise, des niveaux tourbeux livrant du Néolithique récent de type Seine-Oise-Marne, suivis par des limons argileux contenant du matériel de type Gord en fournissent une illustration stratigraphique pertinente (Talon *et al.*, 1995 ; Pastre *et al.*, 1997). Si cette sédimentation ne semble pas correspondre exactement avec la seconde partie de la phase de Chalain, qui précède dans le Jura une amélioration climatique située vers 4100 BP (Magny, 1992 ; 1995), elle témoigne peut-être d'un effet-retard de la réponse sédimentaire fluviatile, ou d'une accentuation spécifique des actions humaines (Pastre *et al.*, 2003b). Cette phase probablement brêve, centrée autour de 4000 BP, apparaît contemporaine d'une instabilité fluviatile croissante, dont témoignent diverses réentailles observées dans les grandes vallées. Celle caractérisée par le creusement d'un chenal au sein d'un premier ensemble limoneux à Longueil-Sainte-Marie dans la vallée de l'Oise est interrompue vers 3800 BP par un bref épisode de sédimentation organique, qui accrédite le ralentissement des apports limoneux, alors que, dans d'autres secteurs (ex. : berges de l'Oise et de la Marne), le développement de petits sols, encore mal datés, pourrait se situer également durant cette période. Une sédimentation à tendance organique, caractérisée également par la fréquence de la sédimentation tufacée, perdure alors encore largement dans les vallées secondaires jusque vers 3500 BP, comme le montre par exemple la séquence de Compans (**fig. 2b**). Ce contraste semble avant tout lié à la différence des contextes géomorphologiques et édaphiques. Dans les grandes vallées, les lits mineurs évasés, hérités du début de l'Holocène, ont pu constituer facilement un réceptacle favorable à la sédimentation des limons pris en charge dans les bassins versants amont. Dans les vallées secondaires, les chenaux étroits ont pu aisément prendre en charge ces premiers apports détritiques, alors que le reste de la vallée (lit majeur) pouvait continuer largement son fonctionnement sédimentaire organique autotrophe. La première rupture qui y est caractérisable après 3500 BP, marque de toute évidence une « crise » majeure et généralisée. Cette évolution est bien illustrée par l'exemple de la vallée de La Beuvronne à Compans (**fig. 2b**) où les dernières tourbes, recouvertes par plus d'un mètre de limons sont datées d'environ 3500 BP. La période située *grosso modo* entre 3500 et 3000 BP apparaît ainsi comme une période de recrudescence importante des apports détritiques, corollaire d'une forte érosion des versants et d'un regain d'hydrodynamisme marqué. Elle s'exprime par un colmatage rapide des lits mineurs des grandes vallées et par un recouvrement argilo-limoneux des berges des vallées principales et secondaires plus ou moins accentué selon les contextes

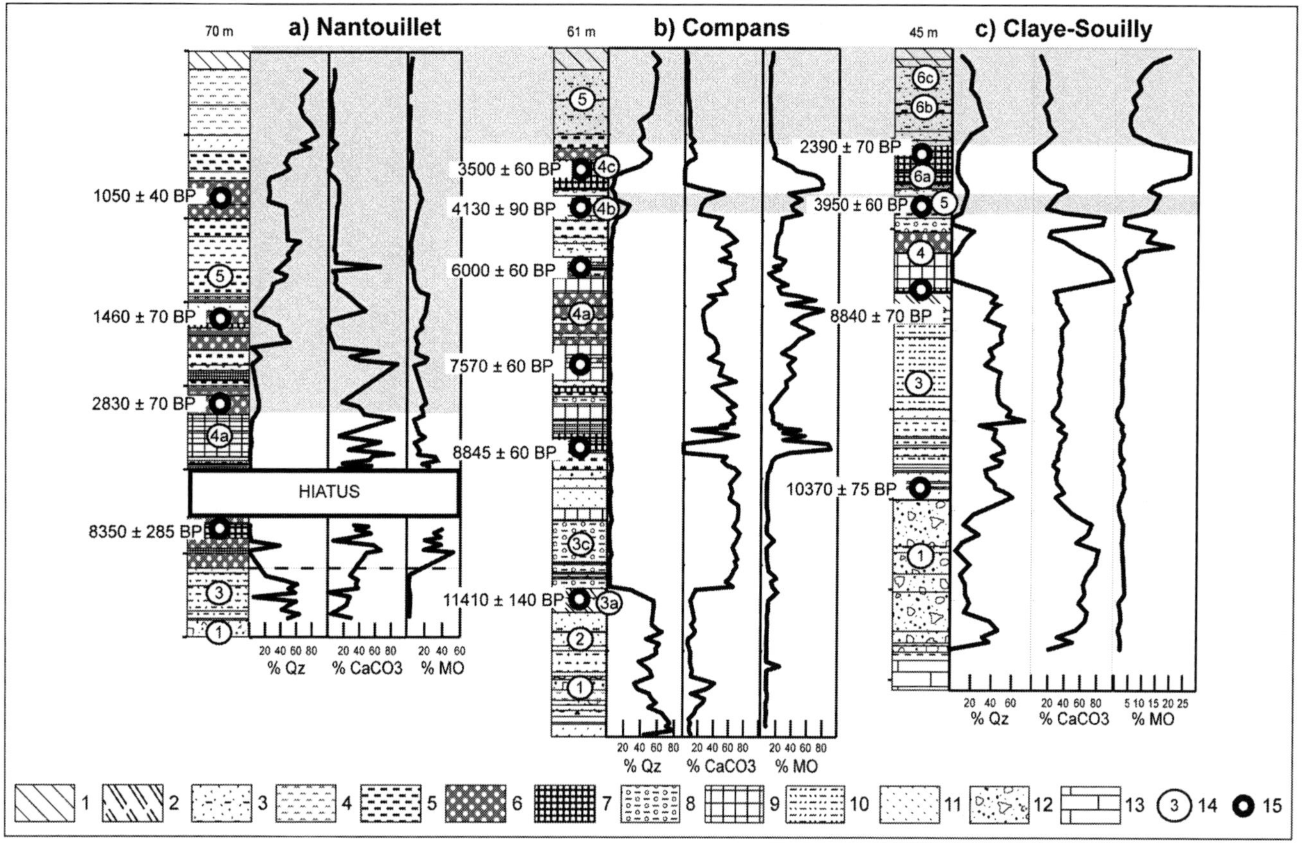

Fig. 2. Colonnes sédimentaires caractéristiques des séquences de Nantouillet, Compans et Claye-Souilly (bassin versant de La Beuvronne, Seine-et-Marne, France).

(1) sol actuel ; **(2)** paléosol ; **(3)** argile limoneuse ; **(4)** limon ; **(5)** limon organo-minéral ; **(6)** limon tourbeux ; **(7)** tourbe ; **(8)** tuf ; **(9)** interstratification de limon-tourbe-tuf ; **(10)** sable limoneux ; **(11)** sable ; **(12)** cailloutis à graviers et matrice argilo-sableuse ; **(13)** substrat éocène ; **(14)** unité stratigraphique ; **(15)** datation ^{14}C ; **(Qz)** quartz, quantification par spectrométrie infrarouge ; **(CaCO3)** carbonate de calcium, quantification par spectrométrie infrarouge ; **(MO)** matière organique, quantification par perte au feu.

géomorphologiques. Cette phase contribue ainsi à recouvrir largement le sol composite de la première partie de l'Holocène développé dans les grandes vallées, quand celui-ci n'est pas érodé localement par l'activité directe de la rivière. Les sections amont des bassins versants secondaires, qui n'étaient jusqu'alors guère fonctionnelles, connaissent leurs premiers épisodes de transit et de sédimentation et les paléochenaux des vallées secondaires, pour la plupart abandonnés depuis le début de l'Holocène, voient leur remise en eau pérenne ou temporaire, ainsi que leur début de colmatage par des apports limono-argileux. Des épisodes d'incision et de sédimentation relativement intenses peuvent s'y produire, comme dans le cas du rû des Esquillons à Houdancourt (Oise) qui a développé une activité hydrosédimentaire très importante entre 3430 ± 50 et 3090 ± 60 BP (Pastre *et al.*, 1997). Cette forte activité hydrodynamique s'explique probablement par une accentuation des précipitations qui coïncide en partie avec la phase lacustre transgressive de Pluvis (Borel *et al.*, 1990 ; Magny, 1992 ; 1995). L'importance des apports limoneux durant cette période suppose toutefois une certaine ouverture des paysages et la présence de surfaces dénudées soumises à l'érosion. Si la rareté des sites archéologiques du Bronze ancien et du Bronze moyen se double d'une baisse des marqueurs polliniques d'anthropisation (Leroyer, 1997), le déclin des activités agropastorales semble cependant limité. Quel que soit le rôle de « révélateur » du climat durant cette période, l'ampleur des signaux sédimentaires suppose une influence déterminante de ces activités humaines. Leurs effets s'en trouvent aussi peut-être accentués par une plus grande stabilité géographique des zones exploitées et des pratiques aratoires plus fragilisantes qu'au Néolithique, alors que la question du rôle des brûlis reste posée. L'expansion régionale des occupations du Bronze final se marque par une multiplication importante des sites et se traduit dans les séquences polliniques par un accroissement des céréales et des rudérales et une chute des taxons arboréens (Leroyer, 1997). Son expression sédimentaire semble par contre moins pertinente. Elle peut traduire un ralentissement des apports sédimentaires consécutif à l'amélioration climatique située autour de 2800 BP, mais elle peut également être amenuisée par l'engorgement sédimentaire des lits par les apports antérieurs, les apports contemporains étant alors plus facilement recyclés par l'activité fluviale. Malgré une conjonction d'éléments, il faut reconnaître aussi que le cadre chronologique de la sédimentation durant cette période n'est pas encore suffisamment précis pour établir le caractère définitif de ce constat.

2. La variabilité des réponses morphosédimentaires au Subatlantique

Le Subatlantique est marqué par une forte accentuation de la variabilité spatiale des réponses morphosédimentaires en fonction des facteurs locaux. Celle-ci est liée à la gestion différentielle des milieux par les sociétés, à la perturbation variable des écoulements par les aménagements, et à l'accentuation de la variabilité des facteurs socio-économiques. Cependant, la mise en évidence de tendances communes à la majorité des enregistrements s'affine d'année en année, et la perspective de relier les grandes tendances observées à des facteurs de commande à valeur générale se précise.

Le début du Subatlantique est marqué par des phénomènes différents selon les contextes morphosédimentaires. Dans les vallées secondaires, les reprises d'activité tourbeuse situées avant 2400 BP ne sont pas rares (ex. : vallée de La Beuvronne à Claye-Souilly : > 2390 ± 70 BP, **fig. 2c** ; vallon des Aulnaies-du-Pont à Goussainville : > 2480 ± 50 BP). Elles pourraient être liées, comme dans d'autres régions (Bravard *et al.*, 1990 ; Magny et Richard, 1992) à une remontée des nappes phréatiques consécutive à la détérioration climatique située au début de la chronozone (Van Geel *et al.*, 1996). Dans les grandes vallées, l'uniformité du colmatage limono-argileux et l'absence de repères chronologiques précis gênent par contre encore la définition des conditions morphosédimentaires durant le premier Âge du Fer (Hallstatt). Il est encore ainsi délicat de préciser l'ampleur des incisions ou des dépôts attribuables à cette période. Les données sont par contre plus nombreuses pour la période couvrant le second Âge du Fer. Le développement important des établissements ruraux de La Tène accentue la pression humaine et permet de disposer de repères « archéo-stratigraphiques » fréquents et relativement fiables. L'ouverture du milieu se marque par une chute des taxons arboréens (Leroyer, 1997) et l'expansion de mollusques de milieux ouverts (Limondin *in* : Pastre *et al.*, 1997). Dans les grandes vallées, la poursuite des apports limono-argileux issus de l'érosion des versants conduit au colmatage progressif de nombreux chenaux latéraux, mais la finesse générale des dépôts, entrecoupés de courts épisodes de pédogenèse, parle plutôt en faveur d'un ralentissement de l'activité fluviale. Dans les vallées secondaires, l'évolution est plus tributaire des conditions locales. À côté d'une perduration locale de la tourbogenèse (ex. : Goussainville, vallées tourbeuses de Picardie), une reprise fréquente des apports limoneux peut être observée, comme dans la vallée de La Beuvronne à Claye-Souilly peu après 2390 BP (Orth *et al.*, 2004 et **fig. 2c**). L'impact érodo-sédimentaire local de certaines implantations laténiennes peut être relativement important, comme dans la vallée de La Mauldre à Jouars-Ponchartrain (Blin *et al.*, 1999).

Durant la période romaine, on assiste à un regain de l'activité hydrosédimentaire. Les limons argileux déposés dans les grandes vallées présentent des faciès homogènes et de moins en moins organiques (COT < 1 %). Des réentailles fréquentes de berges ou de chenaux sont suivies par des phases de sédimentation où la composante sableuse joue, contrairement aux périodes précédentes, un rôle fréquemment important (Oise, Marne, Seine). Dans les vallées secondaires, le développement local de sols hydromorphes (ex. : Beuvronne, Esches, Serre...) semble y traduire à la fois l'ouverture des paysages et la perturbation des drainages par les activités humaines.

À la fin de la période romaine et au cours du haut Moyen Âge, les apports détritiques semblent diminuer de manière significative. L'absence de dépôts limono-argileux entre des implantations gallo-romaines et des occupations mérovingiennes ou carolingiennes, constatée dans différentes vallées secondaires (Esches, Serre...), permet de s'interroger sur l'importance de la déprise agricole ou la diminution des activités culturales au profit des activités pastorales. Dans certaines vallées, des zones tourbeuses peuvent se redévelopper, comme à Courbes dans la vallée de la Serre, entre 1700 ± 35 et 1025 ± 30 BP, soit entre 315-422 et 968-1045 cal. AD. Si les données polliniques ne semblent pas indiquer une déprise majeure, elles accréditent le développement du pastoralisme aux dépens des cultures céréalières (Leroyer, 1997 ; Pastre *et al.*, 2002a et b). L'augmentation progressive des apports détritiques décelée dans plusieurs séquences à tendance organique au cours du bas Moyen Âge (ex. : Goussainville, Les Aulnaies-du-Pont, Plaine-de-France ; Hirson, haute vallée de l'Oise), semble consécutive à un essor de la céréaliculture perçu par les données polliniques entre les XIIe et XIVe siècles (Leroyer, 1997 ; Pastre *et al.*, 2002a et b). Dans la vallée de La Beuvronne, l'augmentation du micro-quartz à partir de 1050 ± 40 BP (895-1031 cal. A.D) est à cet égard caractéristique (**fig. 2**). Cependant, ces apports semblent surtout se développer à partir du XVe siècle où ils sont corrélatifs d'une forte reprise de l'érosion. Dans le bassin du Crould, à Goussainville (Plaine-de-France), ils amorcent par exemple le recouvrement des ruines du Château d'Orville ou la fossilisation des derniers niveaux argileux organiques de la séquence des Aulnaies-du-Pont, datés à 570 ± 50 BP, soit 1300-1432 cal. AD. La sédimentation limono-argileuse qui les caractérise est particulièrement développée dans les têtes de bassins secondaires (ex. : Crould, Beuvronne) et les bassins supérieurs des grandes vallées (ex. : Aube, Oise, Aisne). Elle coïncide avec une réduction corrélative de la couverture végétale, perçue dans quelques séquences polliniques comme celles du bassin de la Vanne où la partie supérieure des séquences, postérieure au XIVe siècle, montre une raréfaction importante des taxons arboréens (Leroyer, 1997 ; Pastre *et al.*, 2002a et b). L'accentuation probable de cette évolution durant les siècles suivants aboutit à des colmatages pouvant dépasser 2 m d'épaisseur dans les parties amont des bassins. Toutefois, à défaut de données archéologiques ou radiométriques précises (^{14}C), actuellement en cours d'acquisition, il demeure actuellement difficile d'établir une chronologie précise de ces apports. Si le XVIIIe siècle paraît par exemple avoir été une période d'érosion très importante, la « lecture » de séquences limono-argileuses souvent très homogènes, permet difficilement sa caractérisation stratigraphique. Les caractéristiques principales des profils limono-argileux de la période moderne se résument toutefois par la quasi-absence de sols intercalaires et la présence quasi systématique d'anthroposols de surface. Ces éléments s'accordent avec une sédimentation limoneuse progressive mais rapide, dont l'essentiel paraît antérieur au XIXe siècle suivie par le rôle postérieur majeur des amendements organiques et/ou des pacages en surface (XIXe-XXe siècles). Si la vision stratigraphique qui en découle pourrait permettre de croire à un ralentissement récent du « limonage » en liaison avec une amélioration des pratiques aratoires et du climat, il convient de nuancer cette assertion. La modification majeure des drainages de surface par les aménagements agricoles et la généralisation des curages et des reprofilages depuis le XIXe siècle ont considérablement modifié les transits sédimentaires, limitant les dépôts dans les lits majeurs, au profit de l'évacuation naturelle (transport en suspension/saltation) ou artificielle (curages et dragages) des sédiments dans les lits mineurs. L'homogénéisation des horizons culturaux Ap de surface par les labours a quant à elle permis l'incorporation des apports alluviaux et colluviaux récents au sein de ces anthroposols. Il n'est dès lors pas étonnant de ne guère en retrouver la trace tangible dans les profils. Les quelques séquences qu'il a été possible d'observer dans des têtes de vallon à l'abandon témoignent au contraire à la fois de l'importance des phénomènes de ruissellement récent, et de l'état de dégradation profond des sols limoneux sur versant. La fréquence des faciès de limons ruisselés et l'importance de la fraction limoneuse issue des loess en place marquent à la fois l'ampleur du ruissellement récent liée à la généralisation des systèmes d'openfield et l'atteinte marquée de la couverture loessique où les horizons A et B ont été détruits et se retrouvent souvent en stratigraphie inverse dans les séquences sédimentaires de fonds de vallées.

Conclusion

Ce survol des bilans et des problèmes posés par l'interprétation des séquences de l'Holocène supérieur du Bassin parisien aura montré la variabilité de l'information disponible et la prudence scientifique qu'elle impose. Le bilan global d'une quinzaine d'années de recherches, et de moins de 5 années de travaux plus spécifiquement ciblés sur ces périodes, a permis des avancées significatives dans la hiérarchisation chronostratigraphique des faits et les années à venir devraient permettre d'approfondir largement ces données.

Dans une ambiance climatique toujours tempérée, un relief peu différencié et un environnement végétal propice à des reconquêtes très rapides, les conditions d'une érosion des versants et de sa réponse sédimentaire corrélative dans les vallées ont obligatoirement nécessité le rôle fondamental de l'Homme. Le facteur de révélateur joué par le climat ne semble ainsi que s'être seulement juxtaposé à cette première cause, mais il a pu en accentuer largement les effets. Si plusieurs phases d'apport limono-argileux ont pu être mises en évidence au cours du Subboréal, c'est probablement à cause de changements dans les conditions climatiques, à savoir en premier lieu dans le régime et l'intensité des pluies, plus que dans la modification des facteurs thermiques ; mais à quel seuil d'intensité ces phénomènes ont-ils pu devenir efficaces ? Les distorsions chronologiques constatées entre certaines des réponses sédimentaires observées et les données climatiques fournies par les enregistrements sédimentaires des lacs du Jura sont-elles liées à des problèmes de chronologie ou résultent-elles des temps de réponse des systèmes comme cela a pu être avancé (Pastre *et al.*, 2002a et b ; 2003b) ?

Dans la perception des causes anthropiques, l'évaluation du degré d'ouverture des paysages, des chemins des transferts sédimentaires, de la nature et de l'efficacité érosive des processus culturaux restent des questions autant délicates à résoudre que l'évaluation de la densité des peuplements. Alors que l'on peut douter d'une réelle augmentation du peuplement, la modification importante du système érosif à la transition Néolithique/Âge du Bronze réside-t-elle par exemple avant tout dans une cause climatique, ou résulte-t-elle également d'une généralisation de pratiques agricoles plus vulnérantes (extension des brûlis) ? Dans quelle mesure les processus érosifs sur sol nu compacté ou sol labouré ont-ils pu influencer les transits ?

Afin de répondre à ces questions, un travail comparatif devra être développé dans les années à venir avec des spécialistes de l'érosion actuelle des sols en domaine limoneux, afin de pouvoir préciser les seuils de déclenchement et les modalités de transit en fonction des couvertures au sol et de l'intensité des pluies. Elle pourra ainsi permettre de préciser à la fois les temps de réponse locaux et globaux des environnements et mieux préciser le rôle des actions humaines et climatiques et leurs seuils d'efficacité spatiotemporels.

Références

BLIN O., GEBHARDT A., ALLENET G., BERNARD V., BOYER F., DIETRICH A., LEROYER Ch., MARGUERIE D., MATTERNE V., SEYRIESSOL K., ZWIERZINSKI E., 1999. Impact anthropique et gestion du milieu durant l'Antiquité : l'approche paléoenvironnementale pluridisciplinaire du site « la Ferme d'Ithe » à Jouars-Ponchartrain (Yvelines). *Les Nouvelles de l'Archéologie*, 78, 45-56.

BOREL J.-L., BRAVARD J.-P., MONTJUVENT G., 1990. Pluvis, lac disparu : du retrait glaciaire à l'aménagement hydroélectrique. *Revue de Paléobiologie*, vol. spécial, 4, 24-52.

BRAVARD J.-P., LEBOT-HELLY A., SAVAY-GUERRAZ H., 1990. Le site de Vienne (38), Saint-Romain (69), Sainte-Colombe (69). L'évolution de la plaine alluviale du Rhône de l'Âge du Fer à la fin de l'Antiquité : proposition d'interprétation. *In* : *Archéologie et Espace : Xe Rencontres Internationales d'Archéologie et d'Histoire d'Antibes, octobre 1989*, Juan-les-Pins, APDCA, 437-452.

GEEL B. VAN, BUURMAN J., WATERBOLK H.T., 1996. Archaeological and palaeological indications of an abrupt climate change in the Netherlands and evidence for climatological teleconnextions around 2650 BP. *Journal of Quaternary Science*, 11, 451-460.

LEROYER C., 1997. *Homme, climat, végétation au Tardi- et Postglaciaire dans le Bassin parisien : apports de l'étude palynologique des fonds de vallées*, thèse de l'Université de Paris I, 2 vol., 786 p.

MAGNY M., 1992. Holocene lake-level fluctuations in Jura and the northern subalpine ranges, France: regional pattern and climatic implications. *Boreas*, 21, 319-334.

MAGNY M. et RICHARD H., 1992. Essai de synthèse. Vers une courbe de l'évolution du climat entre 500 BC et 500 AD. *Les Nouvelles de l'Archéologie*, 50, 58-60.

MAGNY M., 1995. *Une histoire du climat, des derniers mammouths au siècle de l'automobile*, Paris, Errance, 176 p.

ORTH P., 2003. *Évolution et variabilité morphosédimentaire d'un bassin versant élémentaire au Tardi- et au Postglaciaire : l'exemple du bassin versant de La Beuvronne (Bassin parisien)*, thèse de Doctorat, Université Paris I, 237 p.

ORTH P., PASTRE J.-F., GAUTHIER A., LIMONDIN-LOZOUET N., KUNESCH S., 2004. Les enregistrements morphosédimentaires et biostratigraphiques des fonds de vallées du bassin versant de La Beuvronne (Bassin parisien, Seine-et-Marne, France) : perception des changements climato-anthropiques à l'Holocène. *Quaternaire*, 15, 285-298.

PASTRE J.-F., FONTUGNE M., KUZUCUOGLU C., LEROYER C., LIMONDIN-LOZOUET N., TALON M. et TISNÉRAT N., 1997. L'évolution tardi- et postglaciaire des lits fluviaux au nord-est de Paris (France). Relations avec les données paléoenvironnementales et l'impact anthropique sur les versants. *Géomorphologie : relief, processus, environnement*, 1997 (4), 291-312.

PASTRE J.-F., LEROYER C., LIMONDIN-LOZOUET N., FONTUGNE M., HATTÉ C., KRIER V., KUNESCH S., SAAD M.C., 2002a. L'Holocène du Bassin parisien : variations environnementales et réponses géoécologiques des fonds de vallées. *Annales littéraires de l'Université de Franche-Comté, Actes du colloque « Équilibres et ruptures dans les écosystèmes depuis 20 000 ans en Europe de l'Ouest »*, série « Environnement, Sociétés et Archéologie », 3, 47-59.

PASTRE J.-F., LEROYER Ch., LIMONDIN-LOZOUET N., ORTH P., CHAUSSÉ Ch., FONTUGNE M., GAUTHIER A., KUNESCH S., LE JEUNE Y. et SAAD M.C., 2002b. Variations paléoenvironnementales et paléohydrologiques durant les 15 derniers millénaires : les réponses morphosédimentaires des vallées du Bassin parisien (France). *In* : BRAVARD J.-P. et MAGNY M. (éds.), *Variations paléohydrologiques en France depuis 15 000 ans*, Paris, Errance, 29-44.

PASTRE J.-F., LIMONDIN-LOZOUET N., LEROYER C., PONEL Ph. et FONTUGNE M., 2003a. River system evolution and environmental changes during the Lateglacial in the Paris Basin (France). *Quaternary Science Reviews*, 22, 2177-2188.

PASTRE J.-F., LEROYER C., LIMONDIN-LOZOUET N., ANTOINE P., GAUTHIER A., LE JEUNE Y, ORTH P., 2003b. Quinze mille ans d'environnement dans le Bassin parisien (France) : mémoires sédimentaires des fonds de vallées. *In* : MUXART T., VIVIEN F.-D., VILLALBA B., BURNOUF J. (éds.), *Des milieux et des hommes : fragments d'histoires croisées*, Elsevier, coll. « Environnement », 43-55.

TALON M., BERNARD V., BILLAND G., COTTIAUX R., PASTRE J.-F., PERNAUD J.-M., PROST D., 1995. Le niveau organique Néolithique récent du site stratifié de la station d'épuration à La Croix-Saint-Ouen (Oise). *Revue archéologique de Picardie*, n° spécial 9, 83-104.

Approches historiques : les phénomènes érosifs en Provence au cœur du Petit Âge Glaciaire

GEORGES PICHARD[1]

Concernant les phénomènes d'érosion, à l'échelle des paysages, l'une des tâches premières pour l'historien serait de dater les phénomènes, à tout le moins de tenter de mettre en valeur des phases d'accentuation de l'érosion des sols et des pentes. Sur ce plan, ses démarches ne se distinguent pas de celles des géographes sinon par les méthodes et par les sources utilisées. Bien entendu aussi par une amplitude temporelle beaucoup plus modeste. Quand le géographe considère souvent toute la période postglaciaire ou Holocène, l'historien doit se limiter aux périodes accessibles par les sources écrites ou figurées. Mais son rôle principal est sans doute de donner un autre sens, plus circonstancié, à ce que le géographe désigne sous la catégorie des causes dites anthropiques. En Provence, milieu méditerranéen, et ses abords montagnards, la période dite du Petit Âge Glaciaire, malgré le flou de cette dénomination, doit permettre une approche plus fine de la dialectique homme-climat-érosion.

1. De quelles sources disposons-nous ?

1.1. Repérage des accidents hydroclimatiques

La période la mieux éclairée par les sources, pour la Provence, s'étale *grosso modo* de 1651 à la Révolution. L'année 1651 à été celle d'une catastrophe importante en basse Provence et en haute Provence jusqu'à Castellane et Entrevaux. Elle se produit le jour de Notre-Dame de septembre, le 8 (**fig. 1a**). Elle marque le début d'un rassemblement des informations au niveau de la province. Désormais, et durant tout le XVIIIe siècle, les données afflueront de la part des communautés et, dans un certain nombre de cas, de la part d'experts et de commissaires demandés par ces communautés et dépêchés sur place par l'adminis-

1. Professeur émérite Aix-Marseille III, 11 avenue du Parc Borely, 13005 Marseille.

tration provinciale. La période la plus densément informée va de 1701 à 1731. Ces informations concernent des descriptions locales, parfois très précises, quartier par quartier (**fig. 1b** et **1c**). Des évaluations sont données qu'il convient d'exploiter avec prudence.

Après 1731, jusqu'en 1760 environ, les informations continuent mais s'espacent. La province se montre moins encline à distribuer des secours. L'impôt de 20 000 livres, quasi annuel, pour venir au secours des communautés, est supprimé. On fait appel à la Cour et au roi, lequel répond et accorde des remises sur les impôts prévus. Aux procès-verbaux de visite, pas toujours disponibles car expédiés à Versailles, s'ajoutent la répartition des sommes distribuées, pour tout le XVIIIe siècle (**fig. 2**), dressée en fonction d'une échelle de gravité cumulée pour chaque lieu).

La documentation est plus difficile à rassembler après 1789 et surtout avant la seconde moitié du XVIIe siècle. Les sources existent mais sont dispersées dans les archives communales, sous forme d'allusions plus ou moins explicites, et dans les livres de raison des bourgeois, notaires, avocats, etc.

1.2. Les cartes et plans

La seule documentation de grande ampleur (mis à part les cartes de Cassini à moyenne échelle) est celle de la cartographie militaire provenant des services des officiers du Génie. Pour la Provence, elle date des années 1764-1769 (par Bourcet de la Saigne et son équipe), puis en 1777 et 1778 (par E. Le Michaud d'Arçon et son équipe). Les cartes de base ou minutes furent toutes levées à l'échelle du 1:14 400e (6 lignes pour 100 toises), puis réduites au 1:28 800e (3 lignes pour 100 toises) et enfin au 1:86 400e, l'échelle de la carte de Cassini (1 ligne pour 100 toises).

Les quelques exemples exposés pour la table ronde donnent une idée du genre de documentation dont il s'agit, à la fois remarquablement précise, étant donné les techniques de l'époque, et surtout d'un réalisme suggestif lui aussi très évocateur (Pichard, 2002). Repérer toutes les formes de l'érosion est facilité par l'échelle et par le fait que la végétation forestière, très réduite à cette époque, cache rarement les phénomènes (exemple d'Aups, dans le haut Var). Mais le problème est de savoir ce qui a pu être contemporain du levé des cartes et ce qui était peut-être très antérieur. Aussi une interprétation correcte doit-elle compléter l'observation des cartes par le recueil des données factuelles disponibles dans les archives. Le cas de Vergons (04) rapporté par ailleurs (Pichard, 2004 ; *sous presse*) est très explicite.

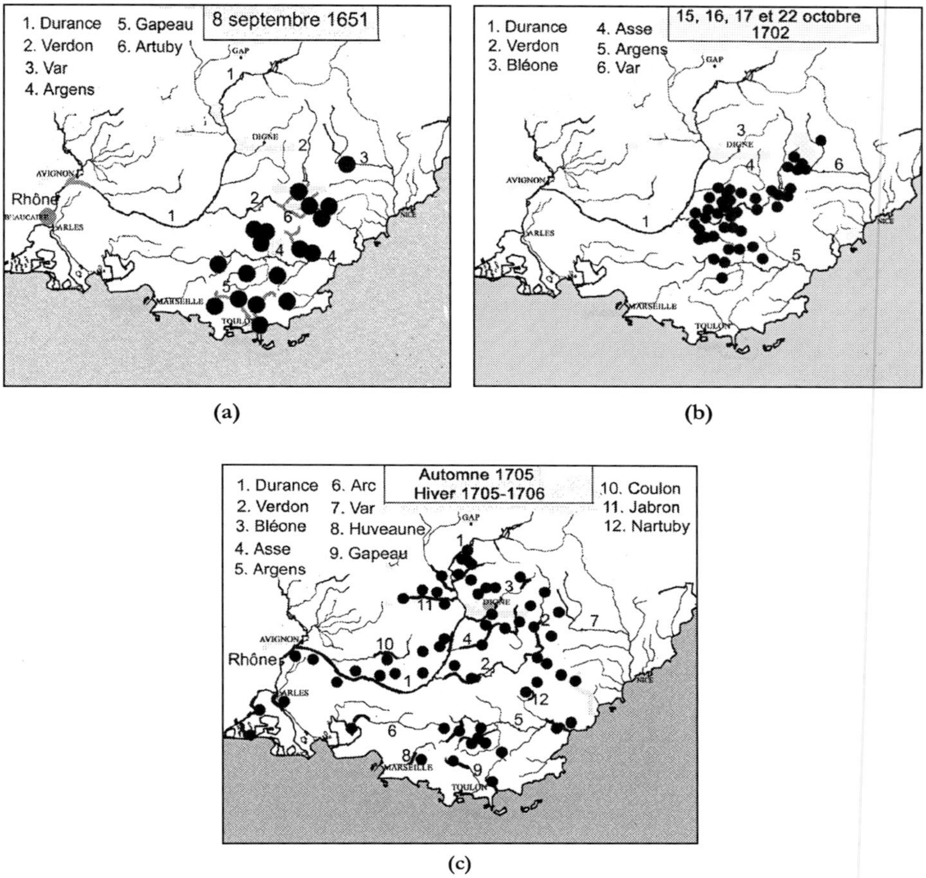

Trois accidents hydroclimatiques majeurs en Provence :

(a) en 1651, l'épisode est rapporté par un texte fameux cité par M. Champion (*Les Inondations en France, Bassin du Rhône*, t. IV, Partie II, *Documents*, p. XXV, pièce 221 *(Lettre véritable des inondations prodigieuses et épouvantables, etc., arrivées en Provence, le jour de Notre-Dame de septembre 1651*). En dépit de son ton, aux limites du fantastique, l'épisode rapporté par ce texte est vérifié par les sources locales : orages, inondations ayant entraîné des morts noyés, notamment à Belgentier (bassins de l'Argens et du Var) ;

(b) en 1702, les événements arrivés au centre de la Provence provoquèrent un effroi et un traumatisme durable : ponts et moulins emportés par dizaines, ripisylves détruites et charriées au loin, villages en partie détruits (Cotignac). Le carton ci-dessus ne donne une représentation schématique que de la zone située au cœur des destructions.

(c) En 1705-1706 plusieurs épisodes se sont conjugués de l'automne au début de l'hiver pour créer une utre situation catastrophique en Provence. On assista aux débordements sur l'ensemble des bassins provençaux (les événements affectant le bassin du fleuve Var seraient à explorer). Du point de vue des destructions, le tableau de 1702 se répéta mais sur une aire plus vaste et en un temps plus étalé. On est moins renseigné sur les victimes humaines.

Fig. 1. Quelques épisodes hydroclimatiques extrêmes au cœur du Petit Âge Glaciaire.

2. L'exploration des causes anthropiques

Il faut ici faire un minimum de retour historiographique. Il faut bien dire que si la question des causes humaines de l'érosion a été depuis longtemps au cœur des préoccupations des géographes, la réponse des historiens s'est fait attendre longtemps, limités qu'ils sont à des périodicités courtes, même lorsqu'ils les baptisent « longue durée ». Proche des géographes, Fernand Braudel lui a fait sa place dans la présentation de sa Méditerranée. Pour la Provence, on revient toujours, avec raison, à Thérèse Sclafert (1959).

Il y a pourtant maintenant d'importantes réserves à faire sur les options qu'elle suggère plus qu'elle ne les affirme explicitement. Sur ce plan, elle ne se distingue guère de son lointain prédécesseur en matière forestière provençale, Charles De Ribbe (1857). Elle présente l'action positive des autorités, qu'elles soient seigneuriales, comme le seigneur de Chaudon (p. 196), ou parlementaires, ces dernières rarement étudiées dans leurs effets. Ainsi, de la Chambre des Eaux et Forêts d'Aix, qualifiée d'incompétence et d'inertie. De 1704 à 1718, elle n'aurait pas prononcé un seul jugement contre quelque délinquant que ce soit, ce qui est parfaitement controuvé. En revanche, les grands accusés sont les paysans provençaux qui, selon un stéréotype ici pleinement renforcé, sont l'exemple même de l'indiscipline :

> « *La tricherie leur est naturelle, ils en éprouvent joie et fierté, surtout quand elle se fait au mépris d'un règlement sévère ou au détriment d'un officier de la communauté, garde ou consul.* » (p. 207)

Bref, au fond du problème il y aurait des causes caractérielles, une disposition de nature ethnographique. On ne lui reprochera pas, à son époque, de n'évoquer le climat que comme conséquence, en quelque sorte punitive, de ces dispositions et nullement comme le résultat de variations naturelles. Mais il faut aller plus loin et mettre en cause une vision historique qui ne s'interroge guère sur le régime social et ses mutations, principalement aux XVIIe et XVIIIe siècles, où les documents situent les plus graves dégradations aussi bien forestières, que pédologiques et torrentielles.

3. La mutation spatiale des XVIIe et XVIIIe siècles

On a présenté ailleurs, plus en détail (Pichard, 2001), les forces très contraignantes qui amenèrent à changer massivement en Provence la destination des biens communaux, dont les fameuses terres gastes et les défens communaux. L'État royal exigea la liquidation des dettes, parfois monstrueuses, issues des années de guerre religieuses de la fin du XVIe siècle. Entre 1600 et 1640, ce vaste mouvement a abouti à la vente d'une prodigieuse quantité de ces terres, qui tombèrent ainsi dans les mains des plus riches créditeurs des communautés. On y retrouve les principales familles de la noblesse et de la bourgeoisie urbaine. Ce mouvement est passé souvent inaperçu car les archives des intendants de ces

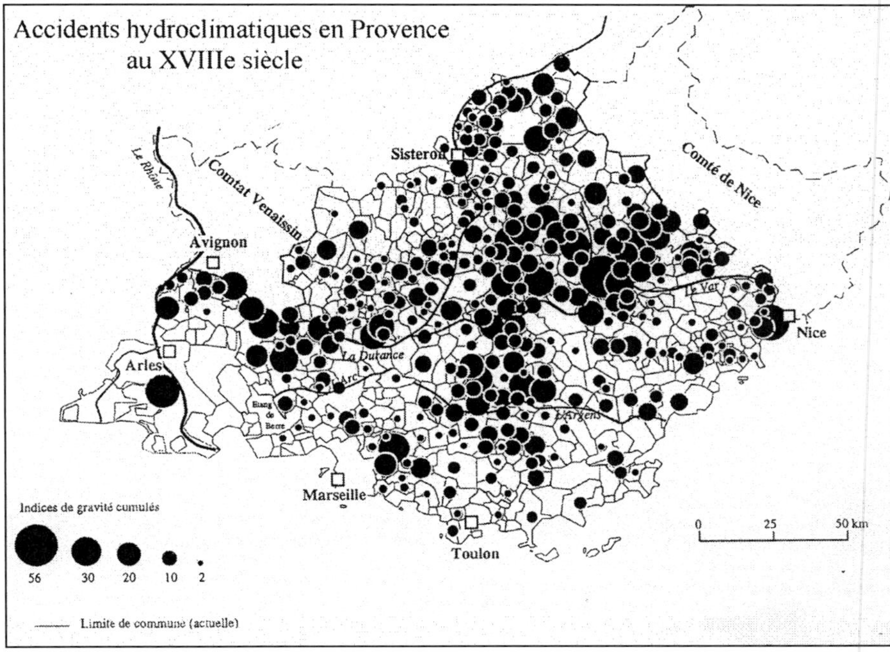

La carte ci-dessus fait le bilan des accidents hydroclimatiques (pluies violentes, orages, grêles, débordements) de 1701 à 1790. Les indices affectés à chaque épisode documenté ont été cumulés pour chacune des localités. Une échelle de gravité a été adoptée basée sur cinq degrés. L'indice 1, pratiquement inutilisé ici, est celui d'une forte pluie n'entraînant pas de dommage majeur. Les pertes de récoltes pour grêle et/ou forte pluie, avec mentions de dégradation ou perte de terres sont distribuées entre les indices 2 et 3. Lorsqu'il y a destructions de constructions comme murailles, écluses, ponts et maisons, déracinements d'arbres, l'indice 4 est atteint. Enfin les dégâts exceptionnels, avec pertes précédentes plus celles de bétail et de vies humaines, ont droit à l'indice 5.

On remarquera deux axes majeurs des destructions, de direction orthogonale et se recoupant au milieu du cours du Verdon, principal affluent de rive gauche de la Durance. L'un, Ouest-Est suit la basse Durance, le Verdon et le haut bassin du Var, avec une sorte d'épicentre vers Castellane. L'autre axe, Nord-Sud, suit normalement le cours de la haute et moyenne Durance et affluents, mais se prolonge vers le Sud en Provence centrale, une zone sans grand émissaire fluvial mais reconnue comme étant celle de défrichements extensifs et destructeurs, comme le fut aussi la région du Luberon, bien marquée ici au nord de la basse Durance. En basse Provence, les noyaux de destruction par accidents hydroclimatiques apparaissent plus isolés, parfois alignés selon certains axes secondaires, comme la zone dite du « rebord de la montagne » en basse Provence orientale. (*Source* : Pichard, 1999)

Fig. 2. Un essai de bilan séculaire des accidents hydroclimatiques provençaux.

périodes (Champigny) ont été perdues (pas de vraie administration stable avant la fin du XVIIe siècle), de même que celles des commissions de liquidation des dettes. Les documents existent pourtant, mais dispersés et souvent postérieurs à l'époque des faits.

La vente de ces terres, « montagnes » (herbages d'estive), défens et terres gastes aboutit à des changements radicaux dans la destination et l'utilisation. Changement visibles surtout dans le développement des essarts vivement encouragés par les acquéreurs. Dans les régions les plus fragilisées (Luberon), les seigneurs poussèrent à la colonisation des collines et des pentes, pour y installer de nouveaux emphitéotes. Ce développement des nouveaux baux sur terres autrefois incultes est constaté dans toute la Provence et elle se fit en général dans les espaces demeurés non cultivés. Dans les régions de montagnes herbagères (vigueries d'Annot et Colmars), s'il n'y eut pas de changement massif de destination de ces espaces, le changement de propriétaire (des communautés aux seigneurs ou autres créditeurs des communautés) se traduisit par un fort recul de prospérité pour ces communautés. Après 1660, vingt ans après la fin des liquidations de dettes et la déprise des terres communes, c'est à un véritable effondrement de l'élevage auquel on assiste en basse Provence (seule Arles résistera plus longtemps) d'où des pertes massives pour ces régions de montagnes. Le changement structurel des cultures (vignes et oliviers aux dépens du blé) constaté jadis (Baehrel, 1961-1988) dès le tournant du XVIIIe siècle, prend sa source dans ce mouvement qui eut lieu au milieu du siècle précédent.

4. Un changement profond des dispositions envers le milieu

Deux grands obstacles (de nature conceptuelle) font qu'on n'a longtemps conçu la possibilité de changement, sous l'Ancien Régime, que sous la forme quantitative. On pouvait accorder une fluctuation de population qui aurait entraîné avec elle une pesée plus lourde sur l'environnement. Premier obstacle : un développement historique conçu sous la seule forme de la croissance économique, elle-même poussée par la croissance de la population. Deuxièmement, une conception anhistorique de l'économie, reposant sur une projection à toute époque d'une anthropologie qui fut celle de la modernité tardive. L'*homo œconomicus* peut être facilement (trop facilement) retrouvé à toute époque de l'histoire et tout le développement des sciences historiques au cours du XXe siècle ne s'est pas privé de cette facilité. Voire le long effacement, malgré quelques controverses, vite reléguées, des idées d'un Karl Polanyi (1944-1983). Idées reprises aujourd'hui par des économistes qui refusent de « naturaliser » le marché et s'efforcent de ne plus aplatir l'histoire économique dans un long récit téléologique. Des études récentes (qui prennent en compte les idéologies, les mentalités et même le langage) rendent compte des difficultés à transposer dans le passé, jusqu'au XVIIe siècle au moins, ce qui caractérise les développements européens depuis la fin du XVIIIe siècle. Certains parlent de « bifurcation » à propos du développement technico-scientifique depuis ce même XVIIe siècle et l'adoption sans précédent, sur cette lancée, des sources d'énergie fossiles non renouvelables.

C'est dans ce contexte général qu'il est possible d'effectuer une relecture de documents dont on comprenait mal, ou partiellement, l'originalité. Que des contemporains aient pu percevoir et constater une rupture des comportements ne pouvait apparaître que si l'historien acceptait lui-même une telle possibilité pour des périodes réputées longtemps historiquement « immobiles », sans croissance. Des périodes au fond marquées par une longue continuité, des blocages, des limites lorsque ce n'était pas l'immobilité que seule viendrait rompre l'ère des révolutions économiques. Ces conceptions sont aujourd'hui battues en brèche, mais sur ce plan, l'historiographie n'en est encore qu'au début d'une évolution (Moriceau, 2002). Les visions triomphantes de naguère ont laissé un goût amer.

Que constatent certains contemporains : au milieu du XVIIe siècle, précisément au moment où eut lieu le vaste mouvement de vente des communaux ? Un changement d'attitude des populations, « de nouvelles inventions à exiger de la terre plus que de l'ordinaire » ? Une soudaine pression accélérée sur les sols et les terres en pente, une accélération des rythmes : le sieur Commandant de Daluis [04] s'exprime ainsi dans le style de son époque, mais avec parfois une tonalité et des expressions qui annoncent des phénomènes et des préoccupations à venir (texte intégral et références *in* : Pichard, 2002) :

> « *La principale cause de ces desordres à la bien considérer n'est pas la naturelle situation du pays seulement, puisqu'il avoit esté heureusement conservé depuis cinquante ou tant d'années, depuis lesquelles ou les misères publiques, ou l'avidité du peuple ayant augmenté, ont fait rechercher aux habitans les moyens de tirer du secours pour subsister, ou des advantages pour s'enrichir par de nouvelles inventions à exiger de la terre plus que de l'ordinaire, et la forcer malgré elle, de donner en peu de temps avec sa perte ce qu'elle auroit donné durant le cours de plusieurs années en se conservant en son entier.* »

Un usage sans précaution du feu pour obtenir ce renouvellement rapide. L'extrait suivant est une analyse intéressante par sa date (1659) et par son vocabulaire, l'une des premières sans doute à mettre ainsi en relation des pratiques culturales et ses conséquences érosives, avec l'action du vent et de l'eau :

> « *c'est la principale cause de ce mal-heur autant general qu'il est extréme et desplorable,* ***cette permission à faire des essars ou brusler la terre****, dont le rapport extraordinaire durant quelques années aux premiers qui en ont introduict l'usage, a donné de l'envie à tout le reste de les imiter, a fait ruyner toutes les forests de la Province, rompre tout ce qui pouvoit estre capable de culture et faire voir par tout des effroyables marques du feu et des incendies, sans considerer les suittes funestes de ce detestable mesnage et de cette chimie d'Agriculture, aussi prejudiciable au corps terrestre et au Politique que l'autre l'est au corps humain, selon les sentiments des plus solides Maistres de la Medecine. Puisque 1° le feu consomme cette humeur grasse de la terre, qui luy sert de ciment à elle mesme, et liée avec les racines des Arbres et des Plantes (que ce feu estonne aussi) la tient comme colée à ces Rochers et la conserve contre l'impetuosité des eaux ravineuses, lesquelles ne pouvant percer le gazon ne font que couler par dessus et ne peuvent s'unir en ruisseaux dans le panchant de ces montagnes, ny augmenter par*

la force de leur union, la naturelle roideur de nos ruisseaux, 2° il reduit la terre et ces racines en cendres, lesquelles n'ayant aucune consistance, ou sont enlevées par les vents qui sont frequens et violens, ou emportées par les ravines, qui ne rencontrant plus rien qui leur resiste se changent dès le plus haut des montagnes en ruisseaux, et commençant dès là leurs ravages ne laissent en ces lieux eslevés que les solides rochers qu'ils ne peuvent esbranler et entraisnent avec eux tout ce qu'ils rencontrent pour charger leurs terres plus voisines des caillous qui les rendent à jamais inutiles, et grossir les torrens de leurs eaux et cause tous les maux que nous avons descripts. Et finalement ce feu destruict tous les bois, ruine les pascages, aneantit la terre, et par quelque petit advantage present desole la Province, a la rendant inutile au labourage, et à la nourriture des bestiaux, et à l'entretien des Armées navalles, oste à nos successeurs le moyen de subsister. » (souligné par nous)

Le même témoin met en accusation, moins le peuple paysan qu'il ne met en cause :

1. « ***l'ignorance des Seigneurs*** *qui ne s'attachant qu'à quelque advantage present, ferment les yeux à la perte de leurs heritages et à la désolation de leur postérité* » ;
2. « *la negligence des* ***chefs des villes et lieux*** *de la Province, qui ne pensant que fort peu à l'interest public, ont donné les mains à* ***l'avarice insatiable des rentiers*** *ou a* ***l'avidité des peuples*** » (souligné par nous) ;
3. Les « **partisans** » (l'équivalent, au XVIIe siècle, des « capitalistes ») qui « *vouloient adjouter à cette misère publique, celle qu'on peut attendre des personnes qui n'ont en veuë que leur interest et des esprits mercenaires qui se servent du bien, pour donner couleur à leurs mauvais desseins* ».

Beaucoup de sous-entendus, mais qui renvoient pour l'historien qui s'est penché sur la question des communaux au milieu du XVIIe siècle à une grande fièvre de profits immédiats constatée après la liquidation des dettes par vente des espaces communaux. L'État royal y poussait lui-même, par l'action de l'intendant de Champigny.

5. Peut-être une confirmation de ces ruptures en dendroclimatologie ?

Dans son étude de la dynamique de la limite supérieure de la forêt dans les Alpes du Sud, Christelle Belingard (1998) met en évidence une véritable rupture :

> « Jusqu'au XVIIe siècle, la pression humaine n'était pas encore excessive et la forêt se régénérait assez bien dès que les troupeaux et les bûcherons avaient changé de versant (augmentation de la croissance radiale suivie d'une diminution progressive). Mais par la suite, la pression humaine s'est accentuée et la forêt ne s'est plus régénérée (la croissance radiale augmente et reste élevée) ».

Et elle note que les plus jeunes des arbres vieux sont nés au tout début du XVIIIe siècle (1706) :

> « […] L'exploitation de la forêt d'altitude a débuté dès le XIIIe-XIVe siècle. La pression anthropique s'est ensuite accrue en fonction de la croissance démogra-

> phique. À partir du XVIIIe siècle elle est devenue constante et suffisamment forte pour compromettre toute régénération de la forêt […] »

En l'absence de toute étude sérieuse de la démographie au XVIIe siècle, il n'est pas possible d'affirmer, surtout pour ces régions de montagnes, que le XVIIIe siècle y ait connu une pression de la population plus intense. On a plutôt des témoignages inverses. En revanche, il faudrait savoir si le régime d'exploitation de cette forêt n'expliquerait pas, au moins en partie, l'impossibilité d'une régénération. À ce propos, on rappellera les études de Christian Fruhauf (1980) sur le passage de la forêt paysanne à la forêt capitaliste en pays de Sault (Ariège pyrénéenne). L'équivalent en Provence, dès les années 1680, c'est l'exploitation intensive des forêts, notamment dans ces régions étudiées par Christelle Belingard, pour l'approvisionnement des arsenaux de la Marine.

La question se pose donc sérieusement d'un possible changement radical envers l'environnement, celle que constatait avec ses mots, parfois d'une résonance très curieuse pour nous, le Commandeur de Daluis, dans ses remarques personnelles sur une transformation qu'il évaluait à une cinquantaine d'années (ce qui reportait sans doute les premières alertes au début du XVIIe siècle). On ne peut s'empêcher ici de remarquer cet accord interdisciplinaire entre historiens et écologues. Il faudrait même y ajouter l'étude de l'historien de la littérature Jean Rohou (2002). Étudiant systématiquement le vocabulaire et ces changements au XVIIe siècle, il met en évidence un renversement des valeurs sans précédent depuis l'Antiquité. Un renversement qui retentit dans tous les domaines de ce qu'il appelle « une révolution de la condition humaine » dans ce siècle. On passe du régime de la générosité signifiant absence de calcul et dépense, précisément au calcul et à l'intérêt, la générosité se rétrécissant à la bienfaisance. De même, pour le régime de notions comme le « travail » et beaucoup d'autres.

6. Primauté de l'action humaine ou du changement climatique ?

Il apparaît que ces changements précédèrent la grave crise climatique de la fin du XVIIe siècle coïncidant avec le minimum solaire dit de Maunder. Les premières graves alertes au point de vue des accidents hydroclimatiques sont de 1651, c'est-à-dire vraiment contemporaines des observations du Commandeur de Daluis (1659) en Provence. On a montré par ailleurs que les plus graves conséquences pour l'hydrologie et les torrents provençaux se situaient entre 1701 et 1730 environ (Pichard, 1999).

Le problème est donc d'envisager, comme le suggérait René Neboit (1991), « que cette recrudescence sans précédent de la torrentialité est, peut-être, née de la rencontre malencontreuse d'une péjoration du climat et d'un appesantissement de la pression de l'homme sur le milieu naturel ». Même si la remarque était de forme interrogative, elle peut s'adapter parfaitement aux développements précédents.

On n'ignore pas la tendance à placer beaucoup plus tôt, dès le XVe siècle, la grande période des dégradations, sur la foi, en particulier, de François Arnaud (1895), mais aussi des études géomorphologiques dans le lit des torrents des Alpes du Sud (entre beaucoup d'autres, Combes, 1982 ; Delannoy et Rovera, 1996 ; Jorda, 1980a et b ; 1985 ; Olivry et Hoorelbeck, 1989-1990). Rien n'interdit d'y voir l'effet d'une contrainte climatique associée là aussi à une soudaine poussée de la pression humaine après les grandes désertions du XIVe siècle. Pour la première causalité, on peut mettre en avant, outre les catastrophes telles que celle de Bayons en 1492, une accélération de la fréquence des crues rhodaniennes (Rossiaud, 1994 ; Pichard et Roucaute, 2005), toutefois un peu inférieure à ce qu'on constatera au cours du XVIIe et du XVIIIe siècle. Quant à la seconde causalité, dite anthropique, elle est mal connue. On sait toutefois, grâce encore à Thérèse Sclafert, mais aussi aux historiens actuels (Coulet, 1978), le poids des troupeaux, qui ne furent jamais aussi nombreux qu'à cette époque. Il faudrait en effet savoir pourquoi au cours des trois premiers tiers du XVIe siècle, lui aussi bien mal connu, alors que la population augmente (Le Roy Ladurie, 1966), la dégradation torrentielle semble marquer le pas. Mais cette période, parfois appelée avec un peu d'enflure, le « beau seizième siècle », est une période de relatif calme (voir encore Rossiaud, 1994 et Pichard, 1995 ; 2005). Est-ce à dire que la conjonction des causalités humaines et climatiques est indispensable pour créer les désordres ? On ne s'aventurera pas aussi loin. Mais le besoin d'études comparatives sur des régions différentes se fait sentir.

Références

ARNAUD F., 1895. *Notice historique sur les Torrents de la Vallée de l'Ubaye,* Paris, Imprimerie Nationale, 40 p.

BAEHREL R., 1961-1988. *Une croissance : la Basse Provence de la fin du XVIe siècle à 1789*, Paris, nouvelle éd., 2 vol., 842 p. + VI-36 pl.

BELINGARD C., 1998. *Étude dendrochronologique de la dynamique de la limite supérieure de la forêt dans les Alpes du Sud, en relation avec les facteurs climatiques et anthropiques*, thèse d'Écologie, Université d'Aix-Marseille, Faculté de Luminy.

COMBES F., 1982. Réflexions sur les problèmes d'érosion dans les Alpes de Haute-Provence. *Revue forestière française*, 61-76.

COULET N., 1978. Sources et aspects de l'histoire de la transhumance des ovins en Provence au bas Moyen Âge. *Le Monde alpin et rhodanien*, 213-249.

DELANNOY J.-J. et ROVERA G., 1996. L'érosion dans les Alpes occidentales : contribution à un bilan des mesures et des méthodes. *Revue de Géographie alpine*, 2, 87-101.

FRUHAUF C., 1980. *Forêt et Société. De la forêt paysanne à la forêt capitaliste en pays de Sault sous l'Ancien Régime (vers 1670-1791)*, CNRS, Centre régional de publications de Toulouse Midi-Pyrénées-Paris, 302 p. + cartes. [Pays de Sault en Ariège].

JORDA M. et VAUDOUR J., 1980a. Sols, morphogenèse et actions anthropiques à l'époque historique S.L. sur les rives nord de la Méditerranée. *In* : *Colloque de la Fondation Louis Emberger sur « la mise en place, l'évolution et la caractérisation de la flore et de la végétation circumméditerranéennes ».*

JORDA M., 1980b. Morphogenèse et évolution des paysages dans les Alpes de Haute-Provence depuis le Tardiglaciaire : facteurs naturels et facteurs anthropiques. *Bulletin de l'Association des Géographes Français*, Paris, 472, 294-304.

JORDA M., 1985. La torrentialité holocène des Alpes françaises du Sud. Facteurs anthropiques et paramètres naturels de son évolution. Symposium international « Les modifications de l'environnement dans le bassin méditerranéen occidental à la fin du Pléistocène et pendant l'Holocène », Toulouse. *Cahiers ligures de la Préhistoire*, hors-série, 2, 49-70.

LE ROY LADURIE E., 1966. *Les Paysans de Languedoc*, Paris, 2 vol.

MORICEAU J.-M., 2002. *Terres mouvantes. Les campagnes françaises du féodalisme à la mondialisation*, Paris, Fayard, 446 p.

MOUGIN P., 1931. *La restauration des Alpes*, Imprimerie Nationale, 1983.

NEBOIT R., 1979. Les facteurs naturels et les facteurs humains dans la morphogenèse. *Annales de Géographie*, 490, 649-670.

NEBOIT-GUILHOT R., 1991. *L'Homme et l'Érosion. L'érosion des sols dans le monde*, Publications de la Faculté des Lettres et Sciences Humaines de l'Université Blaise-Pascal, fasc. 34, nouvelle série, Clermont-Ferrand, 2e éd.

OLIVRY J.-C., HOORELBECK J., 1989-1990. Érodabilité des terres noires de la vallée du Buëch (France, Alpes du Sud). *Cahier ORSTOM*, Pédologie, vol. XXV, nos 1-2, no spécial Érosion, 95-110.

PICHARD G., 1995. Les crues sur le bas Rhône de 1500 à nos jours. Pour une histoire hydroclimatique. *Méditerranée*, t. 82 (3-4), 105-116.

PICHARD G., 1999. *Espace et nature en Provence, l'environnement rural, 1540-1789*, thèse de l'Université d'Aix-Marseille I, Université de Provence, 5 vol., 1 800 p.

PICHARD G., 2001. L'espace absorbé par l'économique ? Endettement communautaire et pression sur l'environnement en Provence (1640-1730). *Histoire et Sociétés Rurales*, 16, 81-115.

PICHARD G., 2002. Terroirs et paysages provençaux au XVIIIe siècle. La cartographie à grande échelle des militaires du Génie. *Histoire et Sociétés Rurales*, 17, 153-185.

PICHARD G., 2004. Torrents et société à Vergons au temps du Petit Âge Glaciaire. *Méditerranée*, 1-2 (vol. d'hommages à Maurice JORDA).

PICHARD G., ROUCAUTE E., 2005. Les crues dans une perspective historique : le Petit Âge Glaciaire, introduction, suivie de *L'Observation historique des crues du Rhône et de la Durance d'après les sources écrites 1325-1500* (par E. ROUCAUTE) et *La montée des crues du Rhône pendant le Petit Âge Glaciaire (XVIe-XIXe siècleq) et l'histoire des échelles du fleuve à Arles* (G. PICHARD). *In* : *Comprendre les inondations du Rhône méridional, Actes du Cycle de Conférences-débats (9, 16, 23 et 30 novembre 2004)*, cd-rom édité par l'AEEC (Association pour l'Education à l'Environnement et la Citoyenneté du Pays d'Arles) et le DESMED-CNRS-Université de la Méditerranée (Dynamiques Écologiques et Sociales en Milieu Deltaïque), Arles.

POLANYI K., 1944, trad. 1983. *La Grande Transformation. Aux origines politiques et économiques de notre temps*, Paris, Gallimard, 420 p.

RIBBE Ch. DE, 1857. *La Provence du point de vue des bois, des torrents et des inondations*, Paris, Guillaumin et Cie, 206 p.

ROHOU J., 2002. *Le XVIIe siècle, une révolution de la condition humaine*, Paris, Seuil. 670 p.

ROSSIAUD J., 1994. *Réalités et Imaginaire d'un fleuve. Recherches sur le Rhône médiéval*, mémoire de synthèse, 2, Reconstitution d'objet II. Chronologies : climats, épidémies ; guerres, subsistances (*c.* 1350-*c.* 1550), vol. 1 (Dossier de thèse de Paris I Sorbonne), multigraphié.

SCLAFERT T., 1959. *Cultures en Haute-Provence, Déboisements et pâturages au Moyen Âge*, *Les hommes et la terre*, IV, Paris, EPHE, 272 p.

Atelier 2

Session posters

Des archives sédimentaires aux dynamiques holocènes, l'exemple de deux études géoarchéologiques en Limousin

Philippe ALLÉE[1], **Farid BOUMÉDIENE**[1], **Patrice CONTE**[2], **Marie-Françoise DIOT**[3], **Muriel LEHÉRICY**[1], **Florence PETIT**[1], **Bernard VALADAS**[1]

Conduites dans un cadre pluridisciplinaire, les études d'archéologie environnementale se sont multipliées en Limousin depuis une quinzaine d'années (Allée *et al.*, 1996 ; 1997 ; Allée, 2003). Ces recherches ont été menées à l'échelle des petits systèmes fluviaux amont, au cœur même des zones de production sédimentaire. En effet, dans un massif cristallin comme le Limousin, où les paléotopographies sont fréquentes, les discontinuités spatiotemporelles qui affectent les flux solides ont favorisé la formation d'abondantes archives naturelles : banquettes agricoles et tabliers colluviaux sur les versants, empâtements organo-minéraux dans les vallons de rang 0 et 1, remblaiements alluviaux dans les fonds de vallées.

À condition de multiplier les sites d'étude avant de se risquer à toute interprétation générale (45 sites d'études, répartis dans 35 bassins versants différents, ont été analysés dans le cadre du Projet Collectif de Recherche « Archéologie agraire en Limousin »), les bassins versants amont constituent des objets géomorphologiques pertinents pour la reconstitution des paléodynamiques holocènes. En dépit de difficultés méthodologiques liées à l'anisotropie du milieu et à la discontinuité des enregistrements, ils apportent une contribution particulièrement intéressante au débat qui anime, depuis de nombreuses années, la communauté des archéologues et des paléoenvironnementalistes : comment démêler les interférences entre forçage anthropique et forçage climatique dans la dynamique des systèmes fluviaux à l'Holocène ?

---

1. GEOLAB Limoges, UMR 6042-CNRS – Université de Limoges, 39 rue Camille Guérin, 87036 Limoges cedex (philippe.allee@unilim.fr).

2. CESCM, UMR 6223-CNRS Poitiers et SRA Limousin, rue haute de la comédie, 87000 Limoges.

3. CNP, 38 avenue du 26e R.I., 24000 Périgueux.

Dans les secteurs amont, où de fortes connexions persistent entre versants et talwegs, il s'avère beaucoup plus facile de retrouver les liens génétiques entre les zones de source sédimentaire et les zones de stockage. Cette particularité offre un grand avantage pour l'étude des relations hommes-milieu. C'est un précieux indicateur du forçage anthropique, appréhendé de façon concrète et précise. On peut ainsi descendre à des échelles agropastorales très fines, celles des finages et même celle des terroirs. L'approche à grande échelle permet également de travailler sur la cinématique à l'intérieur du système bassin versant et sur la reconstitution de son paléofonctionnement. La circulation irrégulière de la charge solide le long du gradient amont-aval est un excellent marqueur du fonctionnement hydrologique. Reconstituer les fluctuations de l'hydraulicité dans les systèmes fluviaux est un moyen d'appréhender la variabilité du forçage hydroclimatique.

À travers deux sites choisis pour leur représentativité méthodologique (la Boisserie et le Bois des Brigands), deux familles d'archives géoarchéologiques, particulièrement bien développées et conservées en Limousin sont présentées dans cet article. Les banquettes d'origine agricole permettent d'entreprendre une véritable archéologie du champ. Elles constituent des marqueurs des périodes de fixation du parcellaire, des phases de dilatation ou de repli agricole, des façons culturales. Elles ont aussi fossilisé de nombreux aménagements agraires. Croisées avec les données anthracologiques et palynologiques, elles renseignent la mise en place des systèmes agropastoraux et leurs conséquences érosives à l'échelle du versant. Les remblaiements de fonds de vallons et de vallées sont la mémoire alluviale des systèmes fluviaux. Par l'analyse des marqueurs géomorphologiques, ils permettent, en premier lieu, de reconstituer les évolutions hydrodynamiques. Ils constituent aussi de précieuses archives paléobotaniques. Ainsi, grâce à l'hypertrophie de la sédimentation organique, les tourbières fluviogènes offrent une résolution pollenanalytique très fine pour les périodes historiques souvent mal documentées dans les diagrammes usuels.

La Boisserie (plateaux du haut Limousin, 330 m)

Les prospections archéologiques menées sur le replat de la Boisserie ont permis d'identifier trois phases d'occupation agricole : au Néolithique, durant la période gallo-romaine et au Moyen Âge central. Les parcelles situées autour du replat sont accidentées de grandes banquettes d'érosion agricole qui dominent un petit vallon tourbeux de rang 0 (**fig. 1**). Étudiées simultanément, ces deux types d'archives géoarchéologiques nous renseignent sur l'histoire agraire et morphodynamique du site.

La première mise en valeur agricole des sols est antérieure aux archives sédimentaires attribuées à la fin du 2e Âge du Fer ou à l'époque gallo-romaine. De cette phase initiale, il ne subsiste qu'une trace fugace, fossilisée sous la banquette agricole : la troncature de l'ancien sol holocène au niveau de la racine de son horizon B. Cette troncature témoigne d'une phase d'érosion antérieure à l'accumulation colluviale, mais aucun artéfact ne permet, avec certitude, de l'attribuer à l'occupation néolithique.

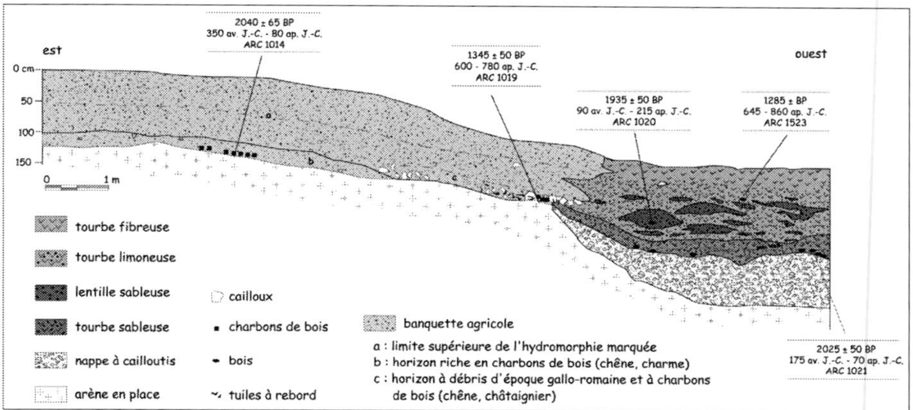

Fig. 1. La Boisserie, coupe stratigraphique.

À partir de 2040 BP, un colluvionnement actif entraîne la formation de la banquette agricole. Une datation ^{14}C place le début de cette accumulation à la fin de l'Âge du Fer ou au début de l'Antiquité. La genèse de la banquette d'accumulation agricole montre que les labours se font alors dans le cadre d'un parcellaire fixe, au moins pour leur limite aval. La forte teneur en phosphates évoque la présence d'un champ chaud, enrichi par les fumures. Cette parcelle n'est située qu'à 250 m de l'habitat gallo-romain.

À l'articulation aval de la banquette, la découverte d'artéfacts (restes d'un gué, remblais) témoigne du maintien d'une activité agricole sur le site à la fin de l'Antiquité et au début du haut Moyen Âge.

C'est à la fin du 2e Âge du Fer ou au début de l'Antiquité que s'amorce le remblaiement du vallon : banquette agricole et accumulation alluviale ont donc le même âge. L'apparition simultanée de ces formes traduit une nette accélération de la dynamique hydrosédimentaire dans le bassin versant.

Accroissement de l'emprise agricole et crise hydrologique peuvent être évoqués pour expliquer cette rupture. Cependant, si ces deux facteurs se combinent vraisemblablement, l'analyse des enregistrements stratigraphiques et palynologiques semble donner la prépondérance au contrôle climatique (**fig. 2a** et **2b**). Cette crise détritique, qui survient au début de l'Antiquité, ne coïncide pas avec une forte anthropisation du couvert végétal. En effet, si le couvert végétal s'ouvre progressivement durant la période gallo-romaine, la chênaie-hêtraie reste bien représentée et la culture des céréales semble peu développée. C'est à partir du haut Moyen Âge que l'on assiste en fait à un recul drastique des espèces forestières. Dans le fond du vallon, la forte régression de l'aulnaie évoque la mise en place de pâtures tandis que, sur les versants, on assiste à une nette expansion des cultures, des céréales notamment. Or, à partir du haut Moyen Âge, alors que l'emprise agricole ne cesse de s'accroître localement, la sédimentation organique l'emporte dans le vallon. Sur le site de la Boisserie comme sur celui du Bois des Brigands présenté ci-dessous, il n'y a donc pas de relation directe entre l'intensité de l'anthropisation et la nature de la sédimentation alluviale.

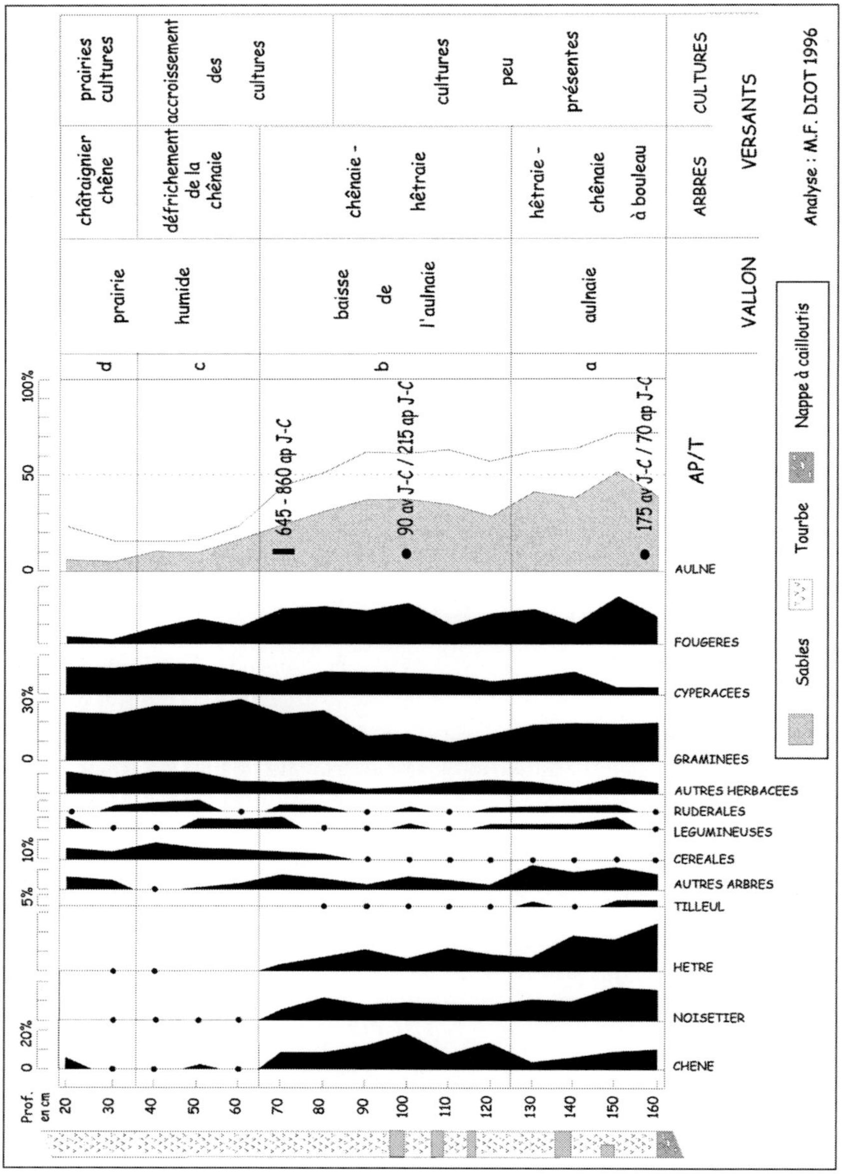

Fig. 2a. La Boisserie, diagramme pollinique simplifié.

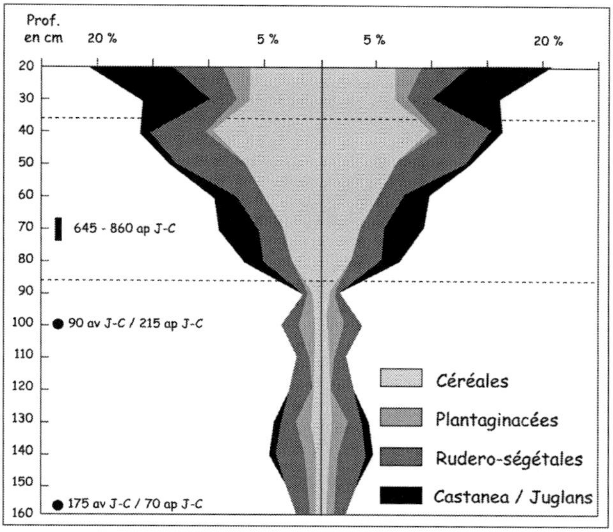

Fig. 2b. La Boisserie, diagramme d'anthropisation.

Le Bois des Brigands (hauts plateaux corréziens, 645 m)

Au Bois des Brigands, la fouille archéologique d'un village médiéval déserté a mis en évidence deux phases architecturales (Conte et Desgranges, 1987 ; Conte, 2003). Des bâtiments en bois et torchis, associés à des structures excavées datées du Moyen Âge central (915 ± 40 BP, soit 1020-1210 cal. AD, ARC 1231), constituent un premier état architectural. Ils cèdent la place, à partir des XIIe-XIIIe siècles, à des bâtiments aux fondations en pierres maçonnées, dont le nombre se multiplie. L'étude des banquettes agricoles conservées autour du site archéologique a permis de retrouver les signatures pédomorphologiques de l'occupation médiévale, ainsi que des indices d'une mise en valeur agraire bien plus précoce (**fig. 3**).

La plus ancienne phase reconnue correspond au Néolithique final. Elle a entraîné la destruction par érosion du sol brun holocène originel, dont il ne subsiste plus, dès l'époque néolithique, que la racine.

La seconde phase d'occupation agricole identifiée coïncide avec le premier état du site médiéval, peu après l'an Mil. L'érosion des sols mis en culture entraîne alors la genèse d'une première génération de banquettes. Les essartages sont réalisés au détriment d'une hêtraie, mais il ne s'agit déjà plus d'une hêtraie primaire. L'abondance des essences héliophiles (chêne, bouleau, merisier, noisetier et genêt), au sein des assemblages anthracologiques, traduit un couvert végétal ouvert, produit de défrichements antérieurs non datés (**fig. 4**).

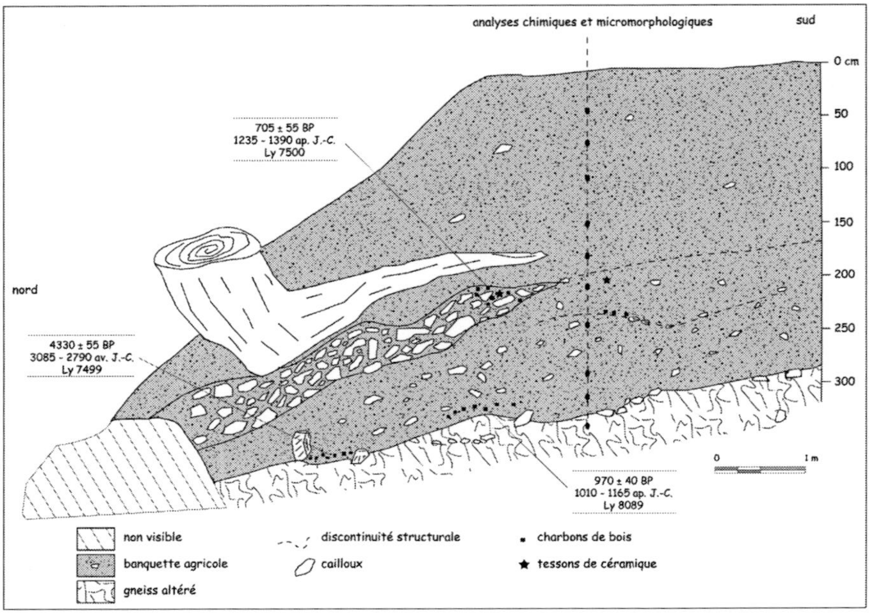

Fig. 3. Banquette 2, coupe stratigraphique.

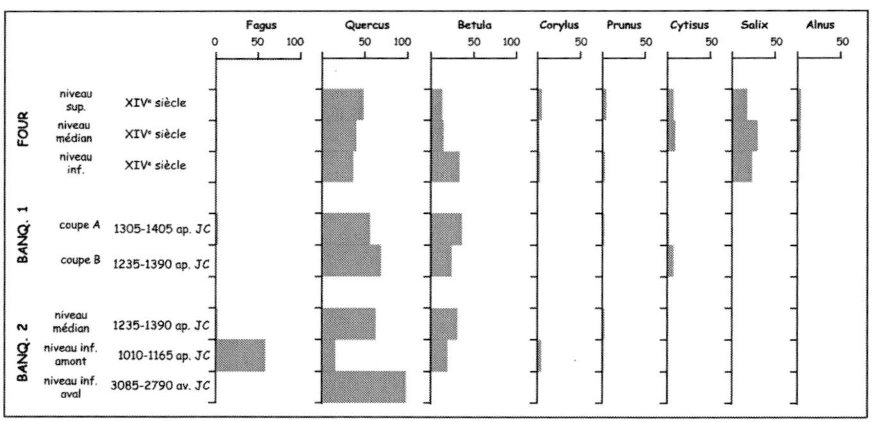

Fig. 4. Diagramme anthracologique du Bois des Brigands.

Enfin, une troisième période d'occupation agraire est attestée à partir du XIIIe ou XIVe siècle, contemporaine donc du deuxième état du site médiéval. Ce nouvel épisode cultural entraîne la fossilisation des protobanquettes au sommet desquelles s'est développé un petit ranker humifère. Il est inauguré par l'essartage d'une jeune forêt-friche, riche en essences héliophiles, probablement développée à la suite d'un abandon temporaire du site. Les charbons de bois exhumés du four domestique du village évoquent le même paysage végétal : une forêt-friche de type chênaie-bétulaie. Les horizons pédologiques datés du XIIIe ou XIVe siècle portent la trace d'un enrichissement modéré en phosphates, qui suggère la pratique de fumures sur les banquettes situées dans l'environnement immédiat du village.

Ainsi, alors que la seule fouille des bâtiments ne permettait pas d'observer de discontinuité dans l'occupation médiévale du site, l'étude géoarchéologique des banquettes agricoles révèle que les deux états architecturaux coïncident vraisemblablement avec deux phases distinctes d'exploitation agraire, séparées par un court épisode de déprise.

Dans le vallon aval, la période d'occupation médiévale s'accompagne d'une dynamique organogène. Les sédiments érodés sur les versants restent alors piégés sur les banquettes et ne parviennent pas jusqu'au collecteur de rang 0. Les injections sédimentaires dans l'hydrosystème ne surviennent que quelques siècles plus tard, durant le Petit Âge Glaciaire.

Discussion et conclusion

Les sites du Bois des Brigands et de La Boisserie sont, à plusieurs égards, représentatifs du comportement des systèmes fluviaux limousins à l'Holocène et ils illustrent bien les combinaisons complexes entre forçage anthropique et forçage climatique. Quelques faits majeurs peuvent être soulignés ici.

Très réactifs aux processus d'érosion aréolaire, les versants subissent, dès le Néolithique, une érosion agricole qui entraîne l'ablation des sols bruns holocènes. Cependant, compte tenu de la forte résilience des systèmes fluviaux, il faut attendre le Subatlantique et la forte anthropisation du milieu pour que l'érosion des sols s'accompagne de véritables métamorphoses fluviales. Celles-ci surviennent lors de quatre crises détritiques majeures : au 1er Âge du Fer ; au début de l'Antiquité ; à l'Antiquité tardive / début du haut Moyen Âge ; à l'époque moderne enfin.

Les sites de La Boisserie et du Bois des Brigands montrent que ce ne sont ni le rythme, ni l'intensité des occupations agraires qui contrôlent le tempo et l'ampleur des flux hydrosédimentaires. Ainsi, les différentes phases d'expansion agricoles du Moyen Âge (au milieu du haut Moyen Âge et au Moyen Âge central) correspondent à des périodes d'accalmie hydrodynamique se traduisant par une sédimentation tourbeuse dans les vallons. Les crises détritiques observées en Limousin coïncident avec des fluctuations climatiques dont le rythme a été décrit dans de nombreuses autres régions d'Europe de l'Ouest (Berger, 1996 ; Bravard *et al.*, 1992 et 2002 ; Bruneton, 1999 ; Jorda et Provensal, 1996 ; Magny, 1991 et 1995 ; Provansal, 1992 ; Provansal *et al.*, 1994 ; 2002 ; Salvador *et al.*, 2002). Ces péjorations hydroclimatiques commandent la nature et le volume de la charge sédimentaire, ainsi que son inégale propagation amont-aval, le long du continuum fluvial. En revanche, le forçage anthropique détermine l'extension aréale des crises. Ainsi, les crises du 1er Âge du Fer et de la fin de l'Antiquité / très haut Moyen Âge restent circonscrites spatialement, conformément aux finages très disséminés de l'époque. À l'inverse, les crises du début de l'Antiquité et des Temps modernes (toutes deux représentées sur les sites de La Boisserie et du Bois des Brigands) traduisent, par leur forte assise territoriale, un signal anthropique marqué, s'accordant bien aux fortes densités rurales et aux campagnes très humanisées de ces périodes.

Tout au long des trois derniers millénaires, forçages anthropique et climatique se combinent en Limousin de façon toujours variable, conférant à chaque période sa particularité et interdisant tout recours à un schéma explicatif stéréotypé.

Références

ALLÉE P., 2003. *Dynamiques hydrosédimentaires actuelles et holocènes dans les systèmes fluviaux de moyenne montagne (Limousin, hautes Cévennes, Maures)*, mémoire d'Habilitation à Diriger des Recherches, Université de Limoges, 451 p.

ALLÉE P. *et al.*, 1996. *Archéologie agraire en Limousin*, Projet Collectif de Recherche, Document final de synthèse, SRA Limousin, 249 p.

ALLÉE P., DIOT M.-F., DURIEUX J.-F., REYNET J.-M., VALADAS B., 1997. Trois mille ans d'enregistrement sédimentaire dans les fonds de vallons du Limousin. *In* : *La dynamique des paysages protohistoriques, antiques, médiévaux et modernes*, Sophia Antipolis, Éd. APDCA, 365-387.

BERGER J.-F., 1996. *Le cadre paléogéographique des occupations du bassin valdainais (Drôme) à l'Holocène*, thèse Archéologie et Environnement, Université Paris I, 325 p.

BRAVARD J.-P., VEROT-BOURRELY A., SALVADOR P.-G., 1992. Le climat d'après les informations fournies par les enregistrements sédimentaires fluviatiles étudiés sur des sites archéologiques. *Les nouvelles de l'archéologie*, Paris, Errance, 50, 7-13.

BRUNETON H., 1999. *Évolution holocène d'un hydrosystème nord-méditerranéen et de son environnement géomorphologique. Les plaines d'Arles à l'interface entre le massif des Alpilles et le Rhône*, thèse de Géographie, Université d'Aix-en-Provence, 346 p.

CONTE P., 2003. Des documents archéologiques pour l'histoire du village médiéval en Limousin. *Le village du Limousin, étude sur l'habitat et la société rurale du Moyen Âge à nos jours*, Rencontre des historiens du Limousin, PULIM, 25-44.

CONTE P., DESGRANGES M., 1987. Valiergues – Le Bois des Brigands, habitat médiéval. *Trav. Arch. Lim.*, t. 7.

JORDA M., PROVANSAL M., 1996. Impact de l'anthropisation et du climat sur le détritisme en France du Sud-Est (Alpes du Sud et Provence). *Bull. Soc. Géol. France*, vol. 167, n° 1, 150-168.

MAGNY M., 1991. *Une approche paléoclimatique de l'Holocène : les fluctuations des lacs du Jura et des Alpes du Nord françaises*, thèse, Université de Franche-Comté, Besançon.

MAGNY M., 1995. *Une histoire du climat, des derniers mammouths au siècle de l'automobile*, Paris, Errance, 176 p.

NEBOIT-GUILHOT R., 1990. Échelles spatiotemporelles et systèmes de causalité dans les rapports entre les sociétés et la morphogenèse. *In* : *La Terre et les Hommes. Mélanges offerts à M. Derruau*, Clermont-Ferrand, APFLC, 495-519.

PROVANSAL M., 1992. Le rôle du climat dans la morphogenèse à la fin de l'Âge du Fer et dans l'Antiquité en basse Provence. *Les nouvelles de l'archéologie*, Paris, Errance, 50, 21-26.

PROVANSAL M., MORHANGE C., 1994. Seuils climatiqes et réponses morphogéniques en basse Provence depuis 5 000 ans. *Quaternaire*, 5 (3-4), 113-118.

PROVANSAL M., BRUNETON H., VELLA C., ARNAUD-FASSETTA G., BALLAIS J.-L., LEVEAU P., 2002. Paléo-hydrologie holocène dans la basse vallée du Rhône, d'Orange à la mer. *In* : BRAVARD J.-P. et MAGNY M. (éds.), *Les fleuves ont une histoire : paléoenvironnements des rivières et des lacs français depuis 15 000 ans*, Paris, Errance, 251-258.

SALVADOR P.-G., VEROT-BOURRELY A., BRAVARD J.-P., FRANC O., MACÉ S., 2002. Les crues du Rhône à l'époque gallo-romaine dans la région lyonnaise. *In* : *Les fleuves ont une histoire : paléoenvironnements des rivières et des lacs français depuis 15 000 ans*, Paris, Errance, 215-221.

Évolution de la sédimentation et de la végétation pendant l'Holocène dans les marais arrière-littoraux du Val de Saire (Cotentin, Normandie)

SYLVIE COUTARD[1], MARTINE CLET-PELLERIN[1]

Étudiés depuis longtemps dans les principaux estuaires normands (Lefebvre, 1977 ; Clet *et al.*, 1977 ; Bonnot-Courtois *et al.*, 2002), les remblaiements holocènes sont restés nettement moins bien connus dans les petits cours d'eau côtiers. Citons, dans le Cotentin, des travaux sur l'évolution des havres de la côte ouest (Elhaï, 1963 ; Billard *et al.*, 1995). Par ailleurs, Garnaud (2003) a récemment étudié les dépôts holocènes aujourd'hui en position intertidale et subtidale en Baie de Seine, offrant une vision plus large des phénomènes transgressifs holocènes dans la Manche. L'étude des marais littoraux du Val de Saire (Coutard, 2003) s'intègre donc au renouveau des recherches interdisciplinaires sur le fonctionnement des vallées littorales et l'évolution des paléoenvironnements à l'Holocène, menées en particulier dans la Hague (Lespez *et al.*, 2004).

1. Contexte de l'étude

Le Val de Saire est une région granitique façonnée par les dynamiques marines et périglaciaires au cours du Pléistocène (**fig. 1**). Les cours d'eau, longs de quelques kilomètres, présentent des vallées étroites qui s'élargissent à l'embouchure. Les remblaiements holocènes de basses vallées atteignent de fortes épaisseurs du fait de l'espace disponible créé par l'incision des cours d'eau dans le substrat au cours des phases glaciaires. Dix sondages (**fig. 2**) ont été réalisés dans des marais arrière-littoraux (GAT, MRE, etc.) et des basses vallées (To1, To2, La Haye), dont le plus épais atteint environ 13 m. Des dépôts pléistocènes, en particulier des loess, sont conservés sur les bordures des vallées (marais de Tocqueboeuf) voire au fond (marais de Gattemare).

1. UMR 6143 – Morphodynamique continentale et côtière, 24 rue des Tilleuls, 14000 Caen (sylvie.coutard@inrap.fr ; martine.clet-pellerin@unicaen.fr).

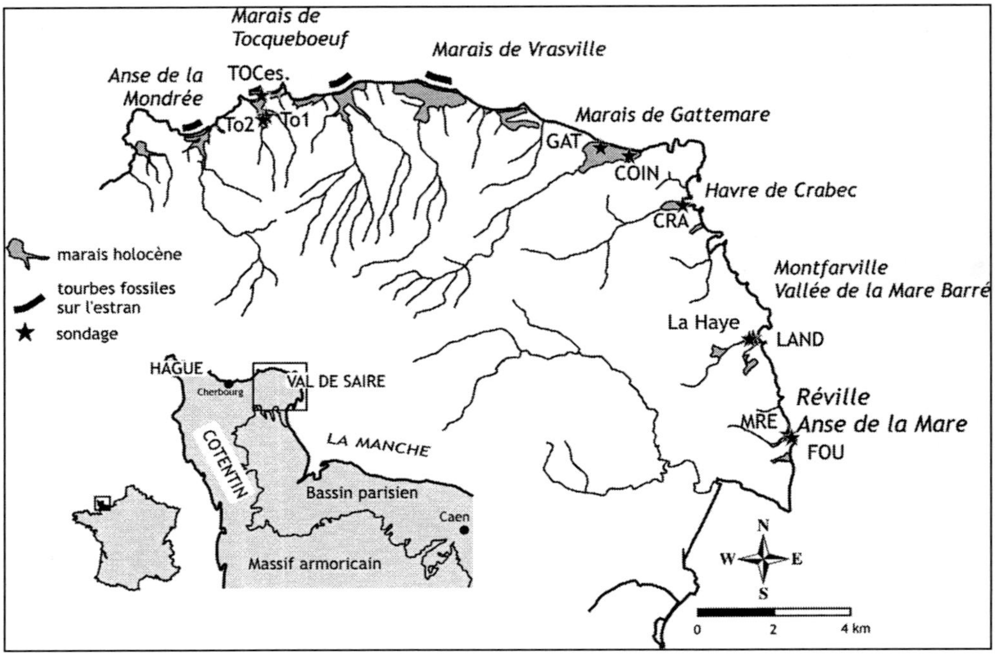

Fig. 1. Croquis de localisation du Val de Saire.

2. Le remblaiement sédimentaire

La séquence sédimentaire complète est composée de quatre unités, à savoir de bas en haut :

unité 1 – sédiments grossiers, sables et galets, souvent mêlés d'arène au contact avec le substrat ;

unité 2 – « silts bleus », dépôts de silts ou de sables fins plus ou moins argileux à forte cohésion, de teinte bleutée (la profondeur de ces dépôts est d'environ - 9 m NGF dans les sondages GAT et CRA et de - 2 à - 3 m NGF dans les autres sondages) ;

unité 3 – tourbes ;

unité 4 – limons alluviaux et/ou colluviaux ou cordons littoraux.

L'interprétation et le calage temporel de cette séquence posent divers problèmes, d'une part dans l'identification des milieux de sédimentation (signatures sédimentologiques insuffisantes), et d'autre part dans le calage chronologique puisque seules les tourbes ont pu être datées.

L'unité 1 est interprétée comme une formation alluviale et/ou marine, contenant des gélifracts de silex marquant la reprise de dépôts ayant subi une altération périglaciaire.

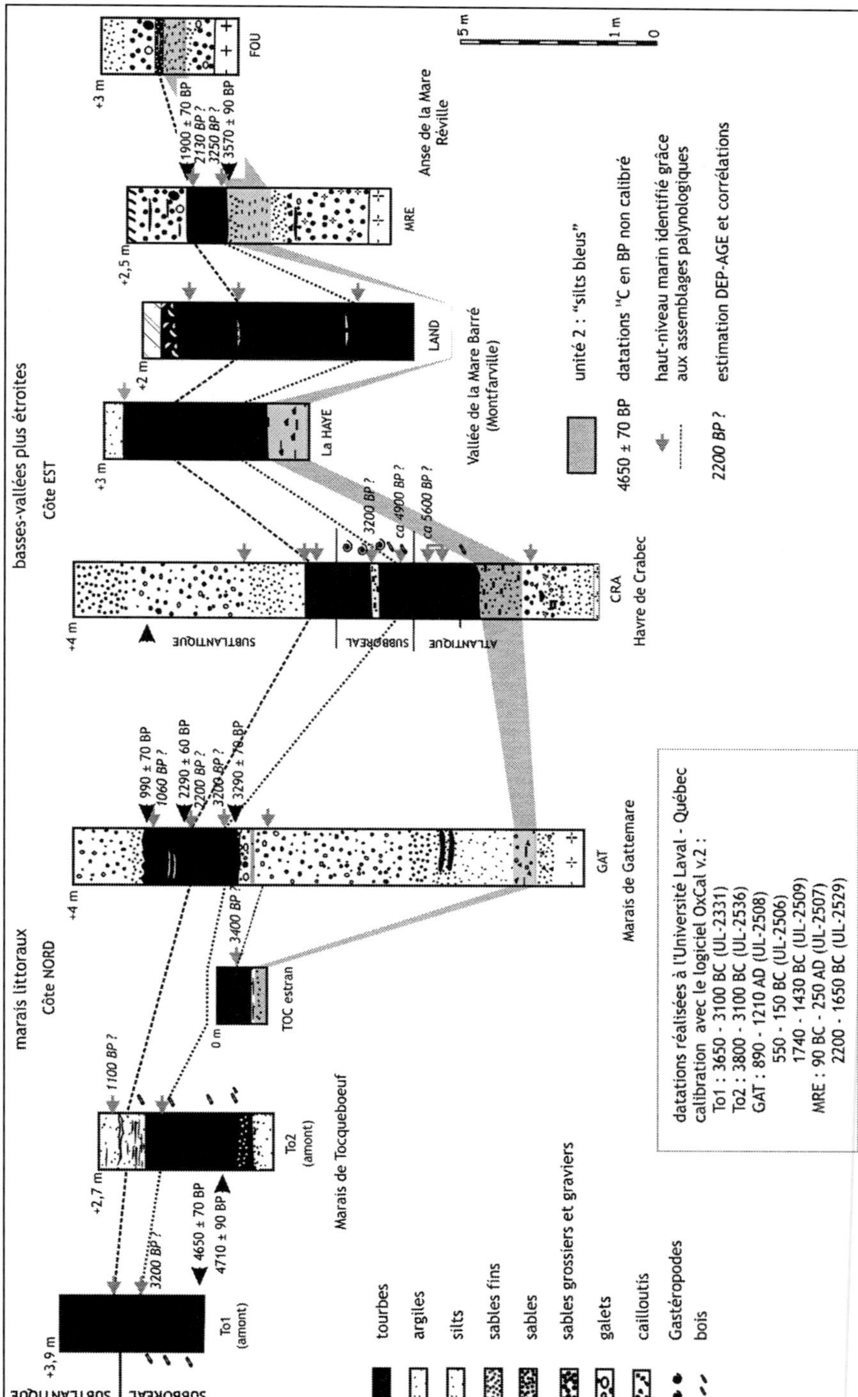

Fig. 2. Corrélations entre les sondages.

L'interprétation des « silts bleus », retrouvés également dans de nombreuses séquences normandes, pose problème en l'absence de faune, de flore et de structures sédimentaires. Leur granulométrie laisse penser que le sédiment provient des épandages loessiques des versants et de la plate-forme. Dans le Val de Saire, seul le sondage CRA, où les silts bleus sont partiellement carbonatés, a fourni des grains de pollen correspondant à une forêt à *Quercus* et *Corylus*, une lande à fougères et herbacées, et révélant la présence d'un schorre à proximité (espèces halophiles). Quelques études menées par le passé sur ce type de sédiment ont donné lieu à diverses interprétations en terme de milieux de dépôt : dépôts d'eau douce pour Hommeril (1972) à Réville (présence d'une malacofaune terrestre et surtout d'eau douce) ; milieu saumâtre pour Elhaï (1963) dans les Marais du Cotentin (pollens de Chénopodiacées et diatomées) ; marais maritime soumis à des phénomènes d'*overwash* pour Garnaud (2003) en Baie de Seine (bioturbation, radicelles de roseaux,…). Ainsi, les « silts bleus » pourraient regrouper des sédiments semblables en première approche du fait d'un matériau-source identique mais correspondant à des environnements de dépôt différents, soit estuarien (saumâtre, schorre), soit de marais littoral (eau douce), en fonction de la configuration des lieux.

Le passage des silts bleus aux tourbes est rapide, sans récurrence, ce qui témoigne d'une modification majeure des conditions du milieu attribuée pour une part à la construction des cordons littoraux protégeant les espaces intérieurs des intrusions marines. Celle-ci est probablement liée directement à la transgression holocène avec la mise en place d'une dérive littorale efficace apportant des quantités de sables importantes, le niveau marin atteignant une altitude où des points d'appui rocheux permettent l'« accroche » du cordon.

Deux types de tourbières peuvent être distingués par leur position vis-à-vis du littoral :

- les tourbières de vallée, relativement éloignées du littoral (Tocquebœuf, et dans une moindre mesure, La Haye) ;
- les tourbières immédiatement en arrière de cordon, parfois intercalées dans le cordon (Gattemare et autres), qui peuvent subir des récurrences détritiques lors des reculs du cordon ou des phénomènes d'*overwash.*

Dans les deux cas, dont la signification paléohydrologique reste à préciser, ces tourbières sont des tourbières d'eau douce. Les tourbières de vallée sont ensuite recouvertes par une sédimentation alluviale ou colluviale limoneuse, tandis que les tourbières d'arrière-cordon sont assujetties directement aux variations du trait de côte. La migration du cordon vers l'intérieur en contexte transgressif entraîne l'apparition des tourbières fossiles sur l'estran. Ces tourbes d'estran ont été reconnues à l'Anse de la Mondrée (Coutard *et al.*, 1981), Tocquebœuf (Coutard, 2003), Vrasville (Delahaye, 1986), ainsi que dans La Hague (Elhaï, 1963 ; Lespez *et al.*, 2003). Dans le cas de Gattemare, le cordon, remarquable par son épaisseur qui atteint plus de 10 m, paraît très stable depuis sa formation. Il est possible qu'il prenne appui sur un cordon éémien (Delahaye, 1986), comme c'est le cas à Barneville (Coutard J.-P., communication orale).

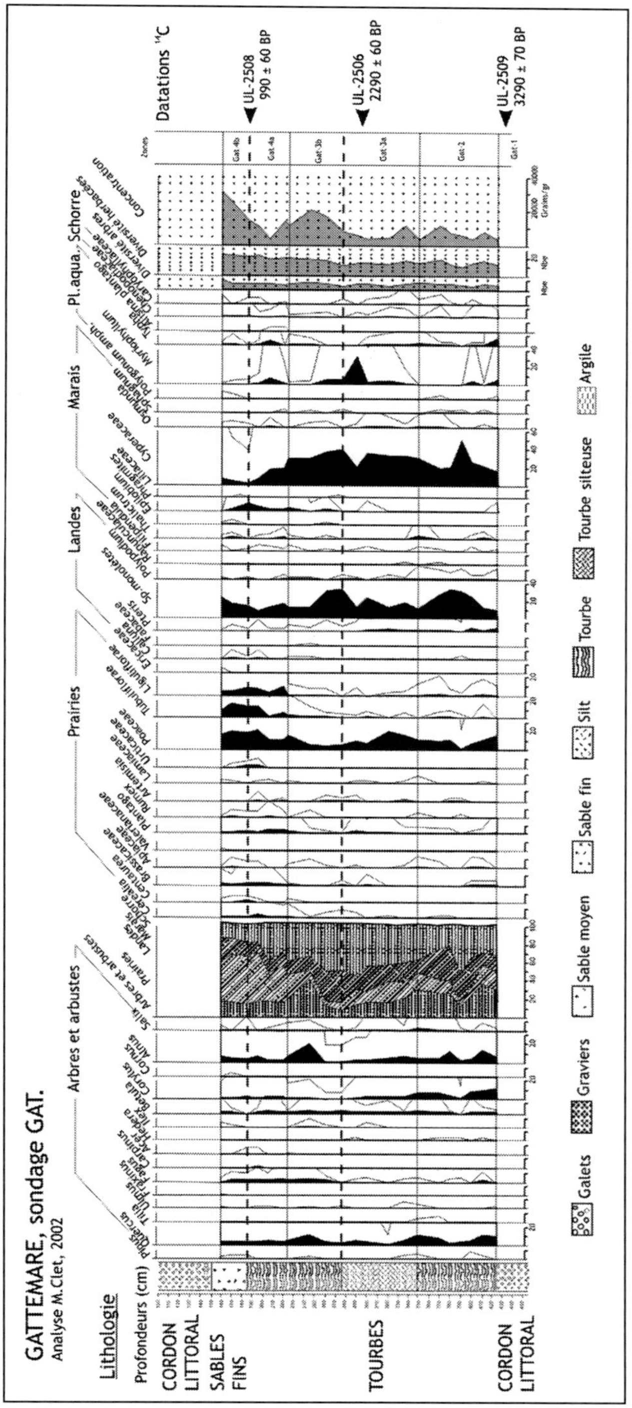

Fig. 3. Diagramme palynologique partiel du sondage GAT (Gattemare), une tourbière intra-cordon.

3. Palynologie des tourbières

Les tourbes ont fait l'objet d'analyses palynologiques (M. Clet) qui permettent de reconstituer l'évolution de la végétation et d'identifier les variations de la nappe phréatique. Dans le sondage de Gattemare (**fig. 3**), la végétation régionale est représentée par une forêt à *Quercus* et *Corylus*. *Pinus* est quasiment absent. *Alnus* composant la ripisylve est très présent, comme dans l'ensemble des forages étudiés, de même que les landes à fougères et herbacées. Les analyses palynologiques montrent l'importance des zones humides d'eau douce à Cypéracées, accompagnées parfois de fougères hygrophiles (*Osmunda*) et l'apparition de plans d'eau libre matérialisés par l'abondance de *Myriophyllum*, lors des remontées de la nappe phréatique. Les Chénopodiacées (plantes halophiles) sont rares ; le marais n'est pas influencé par l'eau salée malgré sa position immédiatement en arrière du cordon. Enfin, l'anthropisation du milieu se marque par l'apparition des prairies à plantes rudérales (zone Gat-4) et plus discrètement par du pollen de Céréales.

4. Évolution des paléoenvironnements et chronologie

L'établissement de la chronostratigraphie repose sur l'étude stratigraphique et biostratigraphique, sur des corrélations avec les variations du niveau marin connues par ailleurs et sur des datations absolues au ^{14}C effectuées sur les tourbes. Seule une faible part de l'enregistrement peut être datée, du fait d'un contexte détritique décarbonaté et azoïque. L'évolution de la sédimentation et des paysages morphologiques holocènes est directement liée aux variations du niveau marin et à la dynamique du trait de côte. La séquence débute par l'envahissement des basses vallées par la mer et l'installation d'une sédimentation estuarienne. L'âge des sables, graviers et silts bleus, situés vers - 9 m NGF en GAT et - 10 m NGF en CRA, reste difficile à déterminer. Selon la courbe de remontée du niveau marin établie en Baie du Mont-Saint-Michel (Bonnot-Courtois *et al.*, 2002), cette étape prendrait place durant le Boréal.

Les analyses ont mis en évidence le diachronisme du début de la tourbification dans les différents sondages en fonction de la proximité du trait de côte et de l'altitude. La tourbification la plus ancienne a été observée dans le Havre de Crabec où elle débute au cours de l'Atlantique. Les fluctuations de la nappe phréatique mises en évidence par la palynologie sont attribuées à des variations du niveau marin. L'épisode majeur de hausse, observable dans l'ensemble des enregistrements, se place vers 3200 BP dans le sondage GAT et probablement vers 3250 BP dans le sondage MRE. Ce haut niveau marin est généralisé sur les côtes de la Manche. Il est daté à 3260 ± 100 BP dans l'estuaire de l'Orne (Clet-Pellerin *et al.,* 1977) et correspondrait au début du Dunkerquien 0 (Bonnot-Courtois *et al.*, 2002). Les autres hauts niveaux se placeraient vers 5600 BP et 4900 BP (sondage CRA), ce qui là aussi s'accorde avec des hauts niveaux repérés en Baie du Mont-Saint-Michel, et autour de 2130 BP (sondage MRE et

GAT) et 1200 BP (sondages GAT et To2). Tous les enregistrements ne montrent pas d'indices d'anthropisation, ce qui témoigne de variations importantes dans l'occupation du territoire. L'anthropisation est décelable dès l'Âge du Bronze (vers 2800 BP) avec apparition des céréales à Gattemare (**fig. 4**) et à l'Anse de la Mare. Elle reste peu marquée jusqu'au Moyen Âge (VIIe-VIIIe siècles) où l'homme est probablement responsable du colmatage partiel des tourbières par des limons, colmatage qui correspond à la mise en prairies et au défrichement des basses vallées. Les versants de la vallée de la Mare Barré montrent d'ailleurs une nette troncature des profils pédologiques.

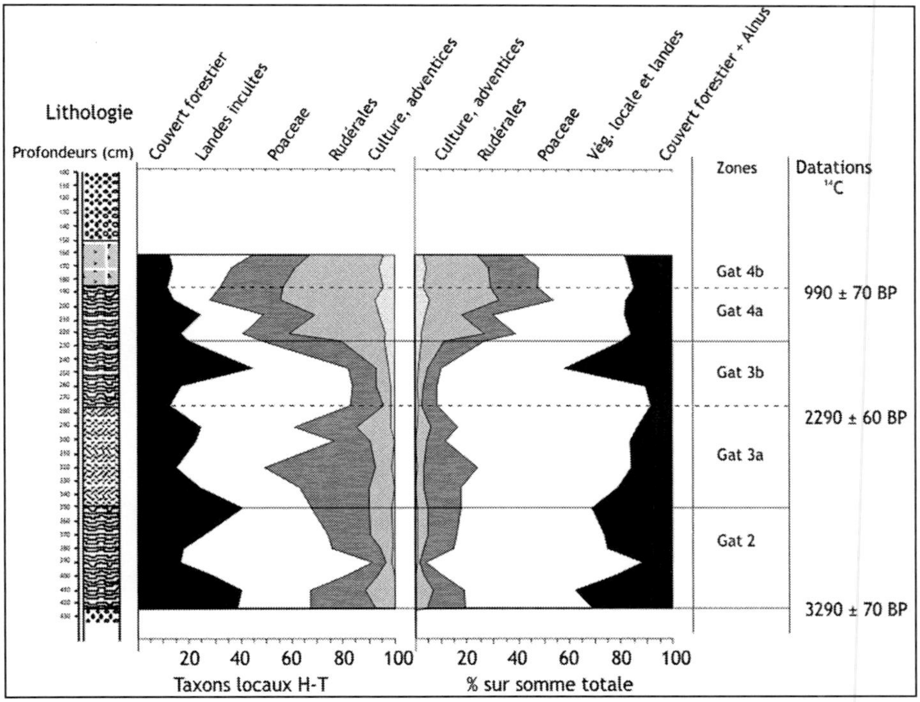

Fig. 4. Diagramme d'anthropisation du sondage GAT (légende, cf. fig. 3).

Conclusions

Cette première approche montre l'intérêt d'explorer les basses vallées des petits cours d'eau côtiers pour restituer les variations des paléoenvironnements et de l'occupation du territoire à l'Holocène. Dans le remblaiement des marais littoraux du Val de Saire, l'évolution de la sédimentation reflète les variations relatives du niveau marin. La signification précise de chaque dépôt et des transitions, parfois brutales comme celle des silts bleus aux tourbes, reste difficile à décrypter. En l'état actuel des connaissances, aucun signal climatique (par exemple des variations de pluviométrie) n'a été identifié, dans la mesure où les hausses de la nappe phréatique semblent plutôt liées directement aux variations du niveau marin. L'anthropisation se marque dès l'Âge du Bronze mais reste sans impact majeur sur les systèmes étudiés jusqu'au Moyen Âge.

Références

BILLARD C., CLET-PELLERIN M. et LAUTRIDOU J.-P., 1995. Un site protohistorique littoral dans le Havre de la Vanlée à Lingreville et Bricqueville-sur-Mer (Manche). *RAO*, 12, 73-110.

BONNOT-COURTOIS C., CALINE B., L'HOMER A. et LE VOT M. (éds.), 2002. *La Baie du Mont-Saint-Michel et l'estuaire de la Rance. Environnements sédimentaires, aménagements et évolution récente. Bull. Centre Rech. Elf Explor. Prod.*, mém. 26, 256 p.

CLET M., HAULT M.-F., LARSONNEUR C. et PELLERIN J., 1977. La basse vallée de l'Orne. Le remblaiement périglaciaire et postglaciaire. L'évolution paléogéographique et l'histoire de la végétation. *Bull. Soc. linn. Norm.*, 105, 23-44.

COUTARD J.-P., HELLUIN M., OZOUF J.-C. et PELLERIN J., 1981. Le Quaternaire marin et continental du Cap Lévi et de ses abords (Fermanville, Manche). *Bull. Soc. linn. Norm.*, 108, 7-22.

COUTARD S., 2003. *Formations quaternaires en bordure d'une mer épicontinentale, la Manche. Tectonique, eustatisme, climat et occupations humaines. Exemple du Val de Saire (Normandie, France)*, Université de Caen, UFR Sciences, thèse de Doctorat, 446 p.

DELAHAYE D., 1986. *Les marais littoraux du nord-est du Cotentin. Dynamique sédimentaire et hydrologie*, mémoire de maîtrise Géographie, Université de Caen, 138 p.

ELHAÏ H., 1963. *La Normandie occidentale entre la Seine et le Golfe normand-breton. Étude morphologique*, thèse d'État, Imprimerie Bière, Bordeaux, 624 p.

GARNAUD S., 2003. *La sédimentation fine sur une plate-forme interne actuelle macrotidale : la Baie de Seine sud-orientale (France)*, Université de Caen, Sciences, thèse de Doctorat. 307 + 78 p.

HOMMERIL P., 1972. Le littoral du Massif de Barfleur. Évolution au Quaternaire et processus actuels d'érosion et de sédimentation. *Bull. inf. Géol. Bassin Paris*, 33, D1-D10.

LEFEBVRE D., 1977. Le prisme alluvial de la Seine. *Bull. Soc. geol. Norm. Amis Mus. Havre*, LXIV, 4, 67-72.

LESPEZ L., CLET-PELLERIN M., DAVIDSON R., MARCIGNY C., avec la coll. de LEVALET F., HARDEL B., 2004. Évolution des paysages et anthropisation depuis le Néolithique dans la péninsule de la Hague. *Revue d'Archéométrie*, 28, 71-88.

Dynamique holocène d'un fond de vallée normand (vallée du Laizon, Calvados)
Approche géomorphologique et micromorphologique

Cécile Germain-Vallée[1], Laurent Lespez[1]

Introduction

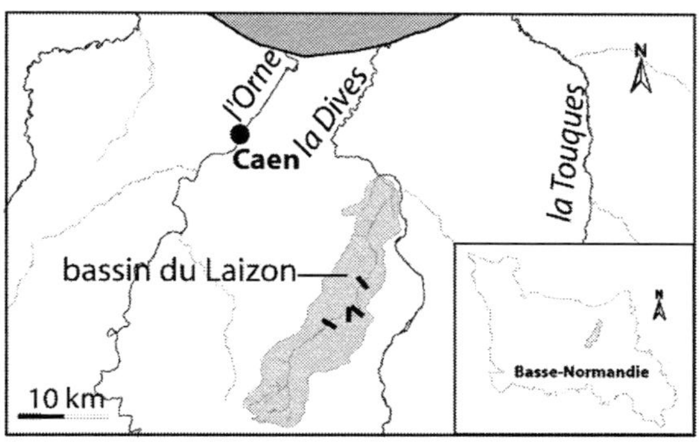

Fig. 1. Localisation du bassin versant du Laizon.

L'étude de la vallée du Laizon s'inscrit dans l'ensemble des recherches qui ont pour objectif d'améliorer les connaissances sur l'évolution morphosédimentaire et paléoenvironnementale holocène des vallées du nord-ouest de la France. Affluent de la Dives, le Laizon (**fig. 1**), cours d'eau d'ordre 3, long de 38 km, draine un bassin versant de taille moyenne (166 km^2). La recherche concerne la vallée moyenne qui incise les plateaux calcaires de la plaine de Caen (Bathonien moyen et supérieur), partiellement recouverts par des loess weischéliens et caractérisés par un paysage d'openfield. Les nombreuses données archéologiques recueillies révèlent une occupation humaine continue et dense depuis le Néolithique (San Juan *et al.*, 1997 ; Dron *et al.*, 1999). Cette mise en valeur précoce permet d'envisager le rôle de l'action des sociétés dans la transformation des milieux physiques sur la longue durée, dans un espace où les analyses paléoenvironnementales portant sur l'Holocène ont été encore peu développées.

1. GEOPHEN-UMR LETG 6554-CNRS, Université de Caen-Basse-Normandie, Esplanade de la Paix, BP 5186, 14032 Caen cedex, France (cecilud@aol.com ; laurent.lespez@unicaen.fr).

1. Méthode d'étude

La recherche s'appuie sur de longues coupes stratigraphiques de fond de vallée qui permettent de caractériser précisément les archives sédimentaires et de saisir les évolutions spatiotemporelles des lits fluviaux. Elle repose plus précisément sur quatre transects implantés transversalement à l'axe de la vallée correspondant à une cinquantaine de coupes de quelques mètres de longueur et deux tranchées continues de plus de 40 m. Les séquences pédo-sédimentaires ont fait l'objet d'un relevé stratigraphique détaillé et d'analyses micromorphologiques. 82 blocs non perturbés, prélevés le plus souvent à la transition entre deux unités pédo-sédimentaires, ont été montés en lame mince de grande taille (7 x 13 cm) et analysés au microscope polarisant.

2. Chronostratigraphie des dépôts du fond de la vallée

Les corrélations stratigraphiques qui ont pu être établies entre chaque transect mettent en évidence la succession de plusieurs épisodes sédimentaires caractéristiques de l'ensemble du fond de vallée. Leur datation s'appuie sur des artéfacts archéologiques, des niveaux d'occupation ainsi que sur des datations radiocarbones. Cinq phases chronostratigraphiques ont été identifiées pour l'Holocène.

La sédimentation s'amorce, en fond de vallée, par des limons carbonatés remaniant des dépôts tufacés. Dans le transect « Ernes I » (**fig. 2**), ils sont surmontés par des sables alluviaux datés du début de l'Âge du Bronze (3450 ± 30 ^{14}C BP soit 1877 à 1687 cal. av. J.-C.), permettant de les attribuer à l'Atlantique. Il s'agit de formations constituées essentiellement de concrétions carbonatées oncolitiques et de sables micritiques emballés dans une matrice carbonatée argilo-limoneuse brun jaunâtre.

La phase suivante d'alluvionnement intervient du Subboréal au début Subaltantique d'après une datation radiocarbone et un niveau d'occupation attribuable à La Tène finale intercalé dans le remplissage d'un paléochenal du Laizon (**fig. 2**). Les limons de débordement, caractéristiques de l'Âge du Bronze et de l'Âge du Fer, sont fins, peu carbonatés, de couleur brun foncé et présentent une structure prismatique plus ou moins bien développée. Les dépôts de chenaux de ces périodes sont quant à eux constitués de sables fins à très grossiers, très carbonatés, avec de nombreuses oncolites.

Pour la période antique, on constate une faiblesse des apports en fond de vallée. Seul un niveau peu épais de limons organiques, situé dans la partie aval de la vallée est clairement attribuable à cette époque (Transect « Vieux-Fumé », T51-couche 5, 1760 ± 90 ^{14}C BP soit 68-527 ap. J.-C.). En revanche, à l'époque médiévale, la sédimentation reprend de manière importante et se poursuit tout au long de l'époque moderne. Divers vestiges archéologiques (foyers, empierrement et structures d'habitat) ont permis de caler chronologiquement les formations sédimentaires de ces périodes. Dans le lit majeur, elles sont mations sédimentaires de ces périodes. Dans le lit majeur, elles sont limoneuses, brun clair et possèdent une fraction caillouteuse importante (calcaires locaux) qui démontre une nette accentuation des apports colluviaux. En fond de chenal, la sédimentation épaisse est limoneuse et carbonatée.

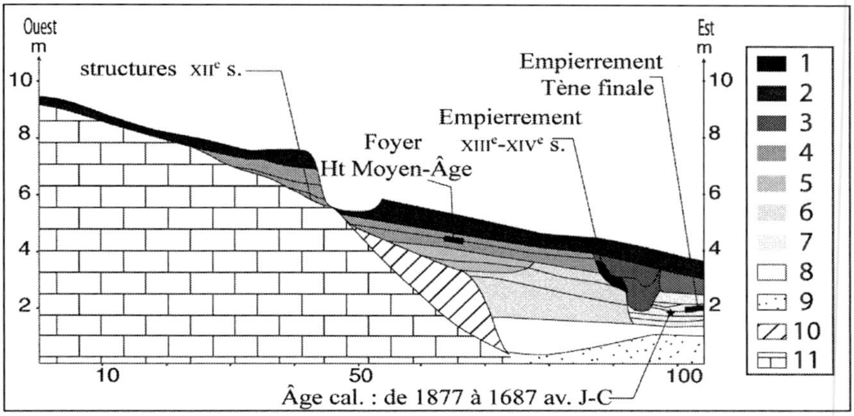

Fig. 2. Transect « Ernes I » - Formations subatlantiques (postérieures aux XIIIe-XVe s.). **(1)** empierrement ; **(2)** formations colluviales et colluvio-alluviales ; **(3)** alluvions sablo-limoneuses carbonatées - formations subatlantiques (antérieures au XIIIe siècle) ; **(4)** colluvions et limons de débordement - formations subatlantiques (d'époque gallo-romaine) ; **(5)** limons de débordement carbonatés oncolithiques - formations subboréales/début subatlantiques (Âge du Bronze et Âge du Fer) ; **(6)** limons de débordement décarbonatés ; **(7)** alluvions sableuses carbonatées - formations holocènes subboréales et atlantiques ; **(8)** limons carbonatés oncolitiques et sables micritiques ; **(9)** nappe alluviale weischélienne ; **(10)** dépôts de pente ; **(11)** calcaire

3. Micromorphologie des dépôts alluviaux

L'analyse micromorphologique a permis de dresser pour la première fois une typologie des dépôts alluviaux holocènes d'un fond de vallée secondaire de l'ouest du Bassin de Paris.

3.1. Formations du Subboréal-début Subatlantique (protohistoriques)

Les dépôts de chenaux de l'Âge du Bronze sont à forte proportion de concrétions carbonatées remaniées ou formées *in situ* (**fig. 3a**). Ils indiquent des écoulements peu actifs et un cours d'eau de faible profondeur, au moins temporairement, permettant la prolifération des organismes alguaires responsables des constructions stromatolitiques. Les dépôts de débordement, essentiellement constitués de limons quartzeux, présentent des grains carbonatés (calcaires locaux et coquilles animales) souvent très altérés, hérités de sols en voie de décarbonatation. Ils témoignent d'une première phase d'érosion des sols bruns lessivés développés sur les loess. À l'Âge du Fer, la sédimentation détritique des chenaux et du lit majeur devient plus grossière, suggérant un hydrodynamisme plus important. Elle atteste également d'une poursuite de l'érosion des sols loessiques et d'une érosion des sédiments de la plaine d'inondation. En effet, la forte proportion de biosphéroïdes calcitiques produites par les lombrics (Verrechia, 2002) et la présence d'agrégats limoneux dans les sables de chenaux, suggèrent une érosion des berges en relation avec une activité hydraulique plus soutenue du cours d'eau (**fig. 3b**).

3.2. Formations subatlantiques (Antiquité)

La faiblesse de la sédimentation dans le fond de vallée au cours de l'Antiquité est à relier au développement d'une pédogenèse importante des dépôts de débordement protohistoriques (**fig. 3c**). Elle se caractérise par le développement d'une microstructure grumeleuse, de nombreux traits d'appauvrissement en carbonates et des remobilisations verticales d'argile. La fin de la période semble marquée par une remontée généralisée du niveau de la nappe phréatique mise en évidence par une surimposition de précipitations ferrugineuses sur des traits d'accumulation de carbonates secondaires et par un effondrement des structures pédologiques préexistentes (Berger, 1996 ; Fedoroff et Courty, 1994).

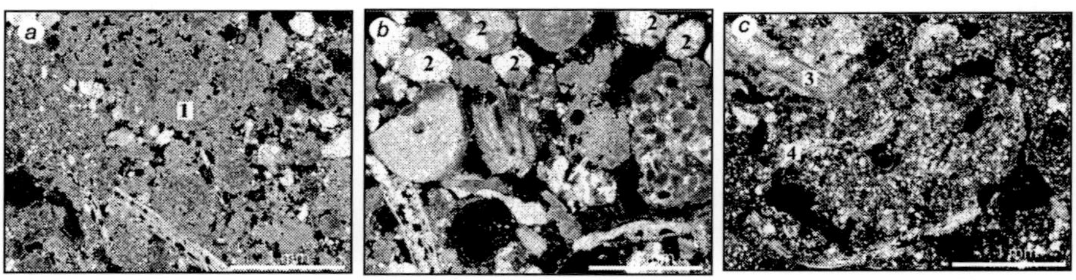

Fig. 3. Lames minces de formations alluviales du Subboréal et du début du Subatlantique (protohistoriques).
(a) dépôts de chenal Âge du Bronze : sable fin et moyen avec des dépôts stromatolitiques importants développés *in situ* ou remaniés (1)/Transect Ernes 1.
(b) dépôts de chenal Âge du Fer : sable détritique grossier à très grossier constitué de fragments de calcaire et de biosphéroïdes calcitiques (2) remaniées issues de l'activité des lombrics/Transect Ernes 1.
(c) limons de débordement protohistorique : limon quartzeux avec des sables grossiers calcaires (3) et des fragments de coquille (4) souvent très corrodés/Transect Ernes 2.

3.3. Formations subatlantiques (médiévales et modernes)

La sédimentation dans le fond de vallée ainsi qu'au pied des versants s'accélère à l'époque médiévale. Les limons de débordement sont plus grossiers et les apports colluviaux augmentent comme le montre la présence de nombreux éléments caillouteux issus de l'érosion du substrat (calcaire bioclastique fin, biomicrite et biosparite) (**fig. 4**). La pédogenèse de ces dépôts est faiblement développée, comme en témoignent leur microstructure compacte et la faible importance des traits pédologiques carbonatés, certainement en raison d'apports sédimentaires réguliers. Les dépôts attribués à l'époque moderne sont plus fins peut-être en relation avec la mise en place d'un système biefs-moulins qui nécessite un contrôle des écoulements et a sans doute limité la sédimentation colluvio-alluviale dans le fond de vallée comme dans d'autres vallées de la plaine de Caen (Lespez *et al.*, 2005a et b).

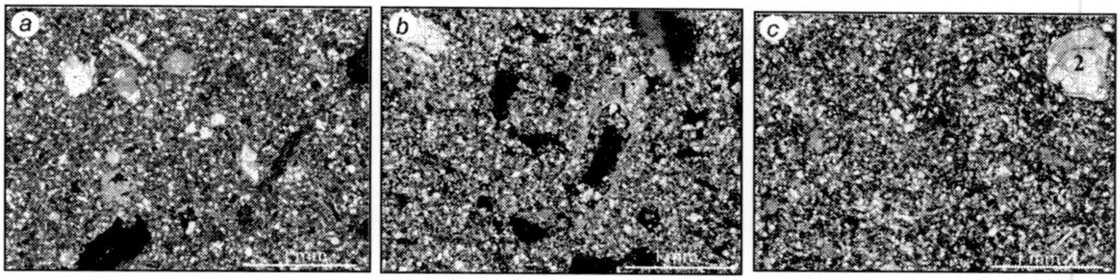

Fig. 4. Lames minces de formations alluviales subatlantiques (époques médiévale et moderne).
(a) formations colluvio-alluviales (antérieures au XIIIe siècle) : formation détritique essentiellement constituée de limons quartzeux et de carbonate microsparitique avec des apports en sables grossiers quartzeux et calcaires assez abondants/Transect Ernes 1.
(b) formation limoneuse pédogénétisée constituée d'éléments détritiques quartzeux et calcaires micritiques. Présence d'un hyporevêtement carbonaté (1)/Transect Ernes 1.
(c) formations de chenaux sablo-limoneux carbonatées (postérieures aux XIIIe-XVe siècles) : dépôt de chenal à forte proportion de limon quartzeux et micritique avec des grains de sables grossiers calcaires (2)/Transect Ernes 1.

4. Rôle du climat ou rôle de l'homme : premières hypothèses

Les activités anthropiques semblent avoir joué un rôle déterminant dans la mise en place de deux phases importantes d'apports détritiques. L'accentuation de l'alluvionnement au cours des périodes protohistoriques et en particulier de l'Âge du Bronze est à mettre en relation avec l'importance de l'occupation au cours des époques néolithiques et protohistoriques comme dans l'ensemble de la plaine de Caen. La mise en valeur des sols est attestée dès cette époque, par la présence de graines de céréales sur les sites archéologiques (San Juan *et al.*, 1997 ; Dron *et al.*, 1999) et par des microcharbons observés en lames minces dans les formations alluviales attribuées à l'Atlantique. D'ailleurs, localement, une érosion des profils pédologiques est observée et mise en relation avec le développement agricole (Camuzard, 2000). Au cours de l'Âge du Bronze la pression anthropique se poursuit et favorise sans doute la mise en place de formations alluviales détritiques. Au nord de la plaine de Caen, la mise en évidence par les diagrammes polliniques des activités agricoles à l'Âge du Bronze, correspond également à une plus grande fourniture sédimentaire en fond de vallée favorisée par une période plus humide (Lespez *et al.*, 2005b). La seconde phase de sédimentation détritique généralisée intervient au cours de l'époque médiévale. L'augmentation du détritisme colluvio-alluvial peut s'expliquer par le développement de l'openfield céréalier établi aux XIIe-XIIIe siècles et dont la mise en place pourrait remonter au haut Moyen Âge (Arnoux et Maneuvrier, 2003).

En revanche, l'augmentation de la granularité des sédiments alluviaux au cours de l'Âge du Fer, dans un contexte où, d'après les sources archéologiques, le peuplement semble diminuer, pourrait obéir à une commande climatique (péjoration climatique et augmentation des flux hydriques). La stabilité du fond de la vallée à l'époque gallo-romaine alors que le peuplement et la mise en valeur redeviennent soutenus peut peut-être s'expliquer par la faiblesse des flux hydriques d'ailleurs localement attestée par le bas niveau de la nappe phréatique, responsable d'une pédogenèse importante dans les limons de débordement protohistoriques. Il semble que le Petit Âge Glaciaire a vu son rôle limité par l'aménagement du fond de la vallée (Lespez *et al.*, 2005a et b). Mais ces premières réflexions demandent encore à être validées par de futures recherches.

Références

ARNOUX M., MANEUVRIER C., 2003. Le pays normand. Paysages et peuplement (IXe-XIIIe siècles). *Tabularia « Études »*, 3, 1-27.

BERGER J.-F., 1996. *Le cadre paléogéographique des occupations du bassin valdainais (Drôme)*, thèse Archéologie et Environnement, Université de Paris I, 325 p.

CAMUZARD J.-P., 2000. *Les sols marqueurs de la dynamique des systèmes géomorphologiques continentaux*, thèse de 3e cycle. Université de Caen, 509 p.

DRON J.-L., GHESQUIÈRE E., LEPAUMIER H., SIGNOL C., MARCOUX N., MARGUERIE D., FROMONT S., GERMAIN-VALLÉE C., 1999. La Bruyère du Hamel, Condé-sur-Ifs (Calvados). *3e programme pluriannuel, rapport de synthèse 1997-1999,* 104 p.

FEDOROFF N., COURTY M.-A., 1994. Organisation du sol aux échelles microscopiques. *In* : BONNEAU M. et SOUCHIER B. (éds.), *Pédologie, 2. Constituants et propriétés des sols*, Paris, 2e éd., 349-375.

LESPEZ L., GARNIER E., CADOR J.-M., ROCARD D., 2005a. Les aménagements hydrauliques et la dynamique des paysages des petits cours d'eau depuis le XVIIIe siècle dans le nord-ouest de la France : l'exemple du bassin versant de la Seulles (Calvados). *In* : *La rivière aménagée entre héritages et modernité, Aesturia*, 7, 89-103 + 3 p. en couleur.

LESPEZ L., CLET-PELLERIN M., LIMONDIN-LOZOUET N., PASTRE J.-F., FONTUGNE M., 2005b. Discontinuités longitudinales des dynamiques sédimentaires holocènes dans les petites vallées de l'Ouest du Bassin Parisien, l'exemple de la Mue (Basse-Normandie). *Quaternaire*, 16, 4, 173-198.

SAN JUAN G., DRON J.-L., MARGUERIE D., 1997. Le site néolithique moyen de Derrière-les-Près à Ernes (Calvados). *Gallia Phréhistoire*, 39, 151-237.

VERRECHIA E.-P., 2002. Géodynamique du carbonate de calcium à la surface des continents. *In* : MISKOVSKY J.-C. (éd.), *Géologie de la Préhistoire*, Paris, Géopré, 233-258.

Gastéropodes terrestres et anthropisation : peut-on distinguer le signal anthropique du signal climatique à l'Holocène ? Exemples du domaine méditerranéen français

SOPHIE MARTIN[1], FRÉDÉRIC MAGNIN[1]

Introduction

L'analyse malacologique a largement été utilisée à des fins de reconstitution climatique pour le Quaternaire (par exemple en France, Puisségur, 1976 ; Rousseau *et al.*, 1994). Cependant peu d'études françaises, contrairement aux études britanniques (par exemple, Evans, 1972 ; Preece et Day, 1994), prennent en compte le phénomène anthropique à l'Holocène. Or, le domaine méditerranéen français, notamment, semble particulièrement propice à l'étude de l'impact humain sur l'environnement, étant donné que la néolithisation y est précoce et que les écosystèmes sont particulièrement sensibles aux perturbations (Quézel et Médail, 2003). Pour tenter de caractériser l'anthropisation à l'Holocène à partir des gastéropodes terrestres, il est donc nécessaire de se demander au préalable si l'analyse malacologique permet bien la distinction entre le signal climatique et le signal anthropique. Nous verrons d'abord comment le climat et l'anthropisation influencent la distribution des escargots dans un paysage actuel, puis nous examinerons, dans deux exemples holocènes, quel est le facteur qui agit principalement sur la composition des malacofaunes.

1. L'action du climat et de l'anthropisation sur les gastéropodes terrestres

Climat et anthropisation agissent de façon directe et indirecte sur la malacofaune (**fig. 1**). Les influences climatiques directes s'exercent principalement à travers les facteurs limitants (température et humidité surtout) qui contrôlent la distribution géographique de certaines espèces (Rousseau, 1989). Les principa-

1. IMEP (UMR 6116), Bât. Villemin, Domaine du Petit Arbois, Av. Philibert, BP 80, 13545 Aix-en-Provence cedex 04 (sophie.martin@univ.u-3mrs.fr ; frederic.magnin@univ.u-3mrs.fr).

les influences anthropiques directes sont la dispersion volontaire ou accidentelle de certains escargots. Cependant, les influences indirectes du climat et de l'anthropisation sont les plus importantes puisqu'elles modifient la structure des formations végétales, facteur principal d'organisation des communautés malacologiques (Magnin *et al.*, 1995 ; Magnin et Tatoni, 1995).

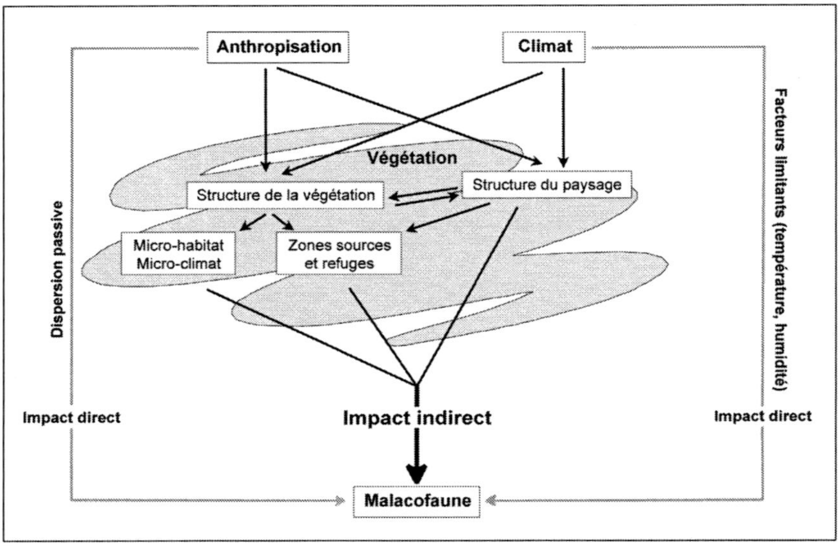

Fig. 1. Impacts des facteurs climatiques et anthropiques sur la malacofaune.

Du début du Néolithique jusqu'aux périodes les plus récentes, en région méditerranéenne, l'anthropisation consiste principalement en activités agro-sylvo-pastorales qui ont toutes pour conséquence une modification de la structure des formations végétales. Dans ce contexte et alors que les malacofaunes sont très étroitement inféodées à la structure de la végétation, nous examinerons, dans deux exemples, quels sont les facteurs, climatiques ou anthropiques, qui influencent finalement la composition des malacofaunes holocènes.

2. La grotte du Mourre de la Barque (Jouques, Bouches-du-Rhône)

La séquence holocène du Mourre de la Barque consiste en un remplissage de grotte d'une puissance de plus de 2 m comportant une succession d'occupations humaines du Paléolithique supérieur à l'époque moderne (Van Willigen *et al.*, 2003).

Le premier plan de l'Analyse Factorielle des Correspondances (**fig. 2**) effectuée sur les 21 assemblages malacologiques du remplissage de la grotte met en évidence un gradient d'ouverture des formations végétales, qui peut être interprété comme un gradient d'anthropisation. La place des différents échantillons le long de cet axe nous indique une forte ouverture des milieux aux alentours de la grotte dès le Néolithique ancien cardial. Elle implique une anthropisation particulièrement intense par rapport aux autres grottes de la région ; elle est à mettre en liaison avec l'utilisation de la grotte comme habitat durant ces périodes. À partir des niveaux les plus récents du Néolithique moyen chasséen, on observe une reconquête forestière, freinée cependant par des perturbations récurrentes, probablement pastorales (dont des assemblages malacologiques complexes sont indicateurs : absence d'espèces de litière, présence de malacofaune de milieux forestiers ouverts et apparition d'espèces plus typiquement forestières). Cette remontée biologique s'exprime encore plus fortement pendant le Néolithique final. Enfin, à la Protohistoire et aux périodes historiques, des milieux typiquement forestiers se développent, traduisant une reconquête forestière effective, alors que les perturbations humaines sont plus occasionnelles et moins intenses.

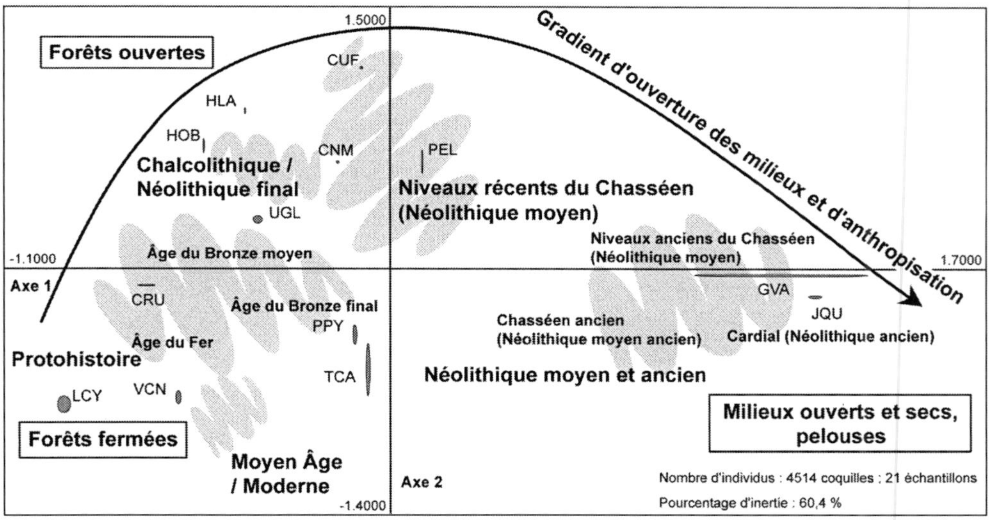

Fig. 2. Analyse Factorielle des Correspondances de la séquence de la grotte du Mourre de la Barque. Projection des espèces (ellipses dont la forme dépend de la contribution de chaque espèce à la construction du plan ; seules les espèces contribuant fortement ont été sélectionnées pour la représentation graphique) et des échantillons (aires disjointes marquant l'emplacement des différents échantillons pour une même période) sur le premier plan factoriel.

CNM : *Cepaea nemoralis* (Linné 1758) ; **CRU** : *Clausilia rugosa* (Draparnaud 1801) ; **CUF** : *Candidula unifasciata* (Poiret 1801) ; **GVA** : *Granaria variabilis* (Draparnaud 1801) ; **HLA** : *Helicigona lapicida* (Linné 1758) ; **HOB** : *Helicodonta obvoluta* (Müller 1774) ; **JQU** : *Jaminia quadridens* (Müller 1774) ; **LCY** : *Lauria cylindracea* (da Costa 1778) ; **PEL** : *Pomatias elegans* (Müller 1774) ; **PPY** : *Punctum pygmaeum* (Draparnaud 1801) ; **TCA** : *Truncatellina callicratis* (Scacchi 1833) ; **UGL** : *Urticicola glabellus* (Draparnaud 1801) ; **VCN** : *Vitrea contracta* (Westerlund 1871).

L'analyse malacologique de la séquence de la grotte du Mourre de la Barque montre donc une anthropisation décroissante avec le temps, qui diffère du schéma classique d'une intensification progressive de l'action de l'homme au cours de l'Holocène (par exemple, Vernet, 1991 ; Thiébault, 1995). De plus, les gastéropodes terrestres permettent de mieux appréhender l'extrême artificialisation locale des milieux au Néolithique cardial du fait de leur faible résolution spatiale et de leur dépendance à la structure de la végétation. Ils permettent également d'enregistrer des changements importants dans les modes de gestion du paysage au cours de la seconde moitié de l'Holocène (Martin, 2004). Enfin, l'évolution du couvert végétal reconstituée par les mollusques ne peut pas être comparée aux variations climatiques de l'Holocène (Magny, 1995) : par exemple le développement des formations forestières atlantiques n'est pas observable localement.

3. Le site de La Céreirède (Lattes, Hérault)

Le second exemple concerne une séquence alluviale de la plaine du Lez, le site de La Céreirède, correspondant à des dépôts compris entre le Néolithique chasséen et la période moderne.

Le premier plan de l'Analyse Factorielle des Correspondances effectuée sur les 27 assemblages malacologiques de la séquence de La Céreirède met en évidence un gradient d'ouverture des formations végétales mais aussi d'humidité locale (**fig. 3**). La place des différents échantillons le long de ce gradient nous permet d'observer que les formations végétales sont très ouvertes de manière quasiment constante du Néolithique post-chasséen jusqu'au Moyen Âge (à l'exception de l'Âge du Bronze ancien). Cette ouverture des milieux induit une forte anthropisation sur les bords du Lez sur la longue durée. De plus, la permanence des formations prairiales, plus ou moins humides, implique la permanence du même type de gestion du paysage au cours du temps – selon nous, vraisemblablement le pastoralisme extensif, sans lequel un retour à des formations plus fermées aurait été inévitable. La seule période qui traduit l'établissement de milieux plus fermés (forêt claire) est l'Âge du Bronze ancien, correspondant localement à un site archéologique important. Il nous semble donc que plutôt qu'une éventuelle déprise humaine à l'Âge du Bronze, traditionnellement avancée par différents auteurs, associée à une reconquête forestière généralisée, cette période correspond plus localement à un véritable changement dans les modes de gestion du paysage. C'est une observation que nous avons également pu faire sur d'autres sites du sud de la France (Martin, 2004). Il apparaît, enfin, que les variations du degré local d'humidité dépendent principalement des variations latérales du fleuve ou d'anciens bras du Lez, plus que des changements des conditions climatiques.

L'analyse malacologique de la séquence de La Céreirède nous montre donc le maintien des formations prairiales sur le long terme, ce qui s'accommode mal avec une interprétation climatique : ces formations devraient, en l'absence de perturbations, évoluer rapidement en formations plus boisées, au moins de type ripisylve. Il semble finalement impossible à partir de ces assemblages malacologiques d'identifier les variations climatiques connues par ailleurs pour l'Holocène (Magny, 1995).

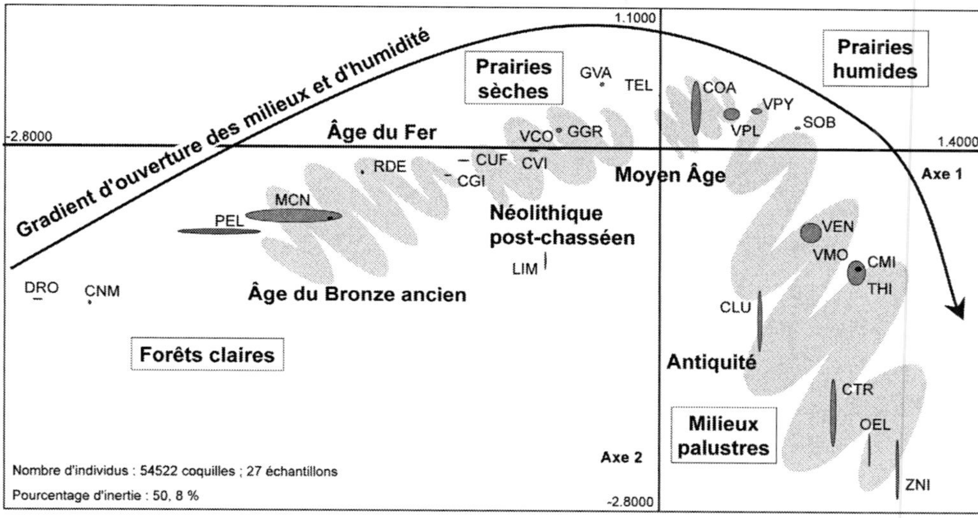

Fig. 3. Analyse Factorielle des Correspondances de la séquence de La Céreirède. Projection des espèces (ellipses dont la forme dépend de la contribution de chaque espèce à la construction du plan ; seules les espèces contribuant fortement ont été sélectionnées pour la représentation graphique) et des échantillons (aires disjointes marquant l'emplacement des différents échantillons pour une même période) sur le premier plan factoriel.
CGI : *Candidula gigaxii* (Pfeiffer 1850) ; **CLU** : *Cochlicopa lubrica agg.* (Müller 1774) ; **CMI** : *Carychium minimum* (Müller 1774) ; **CNM** : *Cepaea nemoralis* (Linné 1758) ; **COA** : *Cochlicella acuta* (Müller 1774) ; **CTR** : *Carychium tridentatum* (Risso 1826) ; **CUF** : *Candidula unifasciata* (Poiret 1801) ; **CVI** : *Cernuella virgata* (da Costa 1778) ; **DRO** : *Discus rotundatus* (Müller 1774) ; **GGR** : *Granopupa granum* (Draparnaud 1801) ; **GVA** : *Granaria variabilis* (Draparnaud 1801) ; **LIM** : Limacelles ; **MCN** : *Monacha cantiana* (Montagu 1803) ; **OEL** : *Oxyloma elegans* (Risso 1826) ; **PEL** : *Pomatias elegans* (Müller 1774) ; **RDE** : *Rumina decollata* (Linné 1758) ; **SOB** : *Succinea oblonga* (Draparnaud 1801) ; **TEL** : *trochoidea elegans* (Gmelin 1791) ; **THI** : *Trichia hispida* (Linné 1758) ; **VCO** : *Vallonia costata* (Müller 1774) ; **VEN** : *Vallonia enniensis* (Müller 1774) ; **VMO** : *Vertigo moulinsiana* (Dupuy 1849) ; **VPL** : *Vallonia pulchella* (Müller 1774) ; **ZNI** : *Zonitoides nitidus* (Müller 1774)

Conclusion

Ces deux exemples montrent que, en région méditerranéenne, c'est surtout l'impact anthropique qui contrôle la composition des malacofaunes à l'Holocène, au moins depuis le début du Néolithique, alors que le facteur climatique est finalement peu lisible. Les modifications locales de la structure des formations végétales et du paysage induites par l'anthropisation sont d'une amplitude bien supérieure à ce que pourrait occasionner la plupart des variations climatiques décrites pour cette période. Effectivement, au moins à partir de la néolithisation, l'évolution du paysage dépend principalement des variations locales des modes de gestion, ce qui conduit à des schémas complexes non reproductibles d'un site à l'autre et donc difficilement interprétables en terme climatique.

Références

EVANS J.G., 1972. *Land Snails in Archaeology*, London et New York. Seminar Press, 436 p.

MAGNIN F. et TATONI T., 1995. Secondary successions on abandoned cultivation terraces in calcareous Provence. II- The gastropod communities. *Acta Oecologica* 16 (1), 89-101.

MAGNIN F., TATONI T., ROCHE P. et BAUDRY J., 1995. Gastropod communities, vegetation dynamics and landscape changes along an old-field succession in Provence, France. *Landscape and Urban Planning*, 31, 249-257.

MAGNY M., 1995. *Une histoire du climat : des derniers mammouths au siècle de l'automobile*, Paris, Errance, 176 p.

MARTIN S., 2004. *Caractérisation de l'anthropisation à l'Holocène en Provence et en Languedoc oriental, par les mollusques terrestres*, thèse de Doctorat, Université Paris I-Panthéon-Sorbonne. 429 p.

PREECE R.C. et DAY S.P., 1994. Comparison of Post-glacial molluscan and vegetational successions from a radiocarbon-dated tufa sequence in Oxfordshire. *Journal of Biogeography*, 21, 463-478.

PUISSÉGUR J.-J., 1976. *Mollusques continentaux quaternaires de Bourgogne. Significations stratigraphiques et climatiques. Rapport avec d'autres faunes boréales de France*, Mémoires géologiques de l'Université de Dijon, Dijon. Doin Éditeurs, 241 p.

QUÉZEL P. et MÉDAIL F., 2003. *Écologie et biogéographie des forêts du bassin méditerranéen*, Paris, Elsevier SAS, 571 p.

ROUSSEAU D.-D., 1989. Réponses des malacofaunes terrestres quaternaires aux contraintes climatiques en Europe septentrionale. *Palaeogeography, Palaeoclimatology, Palaeoecology*, 69, 113-124.

ROUSSEAU D.-D., LIMONDIN N., MAGNIN F. et PUISSÉGUR J.-J., 1994. Temperature oscillations over the last 10 000 years in western Europe estimated from terrestrial mollusc assemblages. *Boreas*, 23, 66-73.

THIÉBAULT S., 1995. Dégradation et/ou substitution du milieu végétal au Néolithique en Provence. *In* : VAN DER LEEUW S. (éd.), *L'homme et la dégradation de l'environnement, XVe Rencontres Internationales d'Archéologie et d'Histoire d'Antibes*, Juan-les-Pins, APDCA, 185-194.

VAN WILLIGEN S., avec la coll. de ARBOGAST R.-M., DENAIRE A., JACOMET S., MARTIN S. et RENAULT S., 2003. *Les occupations néolithiques du Mourre de la Barque, Jouques, Le Mourre de la Barque, Site n° 1304845-AP/AH (Bouches-du-Rhône)*, Aix-en-Provence. SRA Provence-Alpes-Côte d'Azur, 30 p.

VERNET J.-L., 1991. L'histoire du milieu méditerranéen humanisé révélée par les charbons de bois. *In* : GUILAINE J. (éd.), *Pour une archéologie agraire*, Paris, A. Colin, 369-408.

Contribution à la connaissance des facteurs responsables de la rétraction contemporaine des bandes actives torrentielles
Tentative de régionalisation à travers l'exemple de quatre bassins versants élémentaires (Ubaye et Haute-Durance)

CHRISTOPHE FLEZ[1], GILLES GARITTE[1]

Introduction

Durant les dernières décennies, de nombreux auteurs ont signalé une réduction contemporaine du transport solide dans les cours d'eau des Alpes. Les conséquences sur la morphologie des cours d'eau sont variées. Les phénomènes d'ajustement des bandes actives et d'incision dans les rivières torrentielles de montagne et les rivières de piémont ont fait l'objet d'études approfondies, soulignant notamment le rôle de la diminution des apports latéraux torrentiels (Gautier, 1992 ; Peiry, 1988). Néanmoins, il existe peu d'analyses sur l'évolution du transport solide à l'échelle du bassin versant élémentaire en haute montagne.

De récents travaux ont mis en évidence une rétraction des bandes actives (considérés comme l'emprise des chenaux et des bancs de galets non végétalisés) au cours du XXe siècle, dans les rivières et torrents de moyenne montagne des Préalpes du Sud (Liébault et Piégay, 2002). Il a été établi que la reconquête végétale dans les bassins versants, qu'elle soit le fruit du travail des forestiers de la RTM (Restauration des Terrains en Montagne) ou la conséquence de la déprise rurale, a un rôle déterminant dans le tarissement des sources sédimentaires (Liébault, 2003).

L'objectif de ce travail est d'analyser les modalités de l'évolution contemporaine de la morphogenèse dans quatre bassins versants élémentaires, et d'essayer de déterminer la part des différents facteurs généralement admis : paramètres géomorphologiques, forçages anthropiques et climatiques (Flez et Lahousse, 2003).

---

1. UPRESA 3339 – Laboratoire de Géomorphologie et Gestion des Milieux Naturels, UFR de Géographie et Aménagement, Université des Sciences et Technologies de Lille, F-59655 Villeneuve-d'Ascq cedex (chrisflez@yahoo.fr ; gilles_garitte@hotmail.com).

1. Cadre géographique

Nous avons sélectionné quatre bassins versants torrentiels de taille variable (de 1,3 à 27,6 km²), situés dans des contextes géomorphologiques différents (**fig. 1**). L'Abéous et les Galamonds, affluents de la moyenne Ubaye, s'ouvrent dans la fenêtre géologique de Barcelonette, exposée à un climat montagnard de nuance méditerranéenne. La présence de marnes noires jurassiques surmontées de nappes de flyschs calcaires et d'un abondant placage morainique assure à ces grands bassins torrentiels à la fois des débits liquides permanents et une charge solide importante qui transite essentiellement par charriage dans les Galamonds et plutôt en laves torrentielles dans l'Abéous (Flez et Lahousse, 2004). Le Roubion et les Ruines, affluents de la Haute-Durance, se développent dans des dolomites et des brèches triasiques subbriançonnaises, propices à la formation de corniches exposées à une intense éboulisation. À cela s'ajoute une couverture

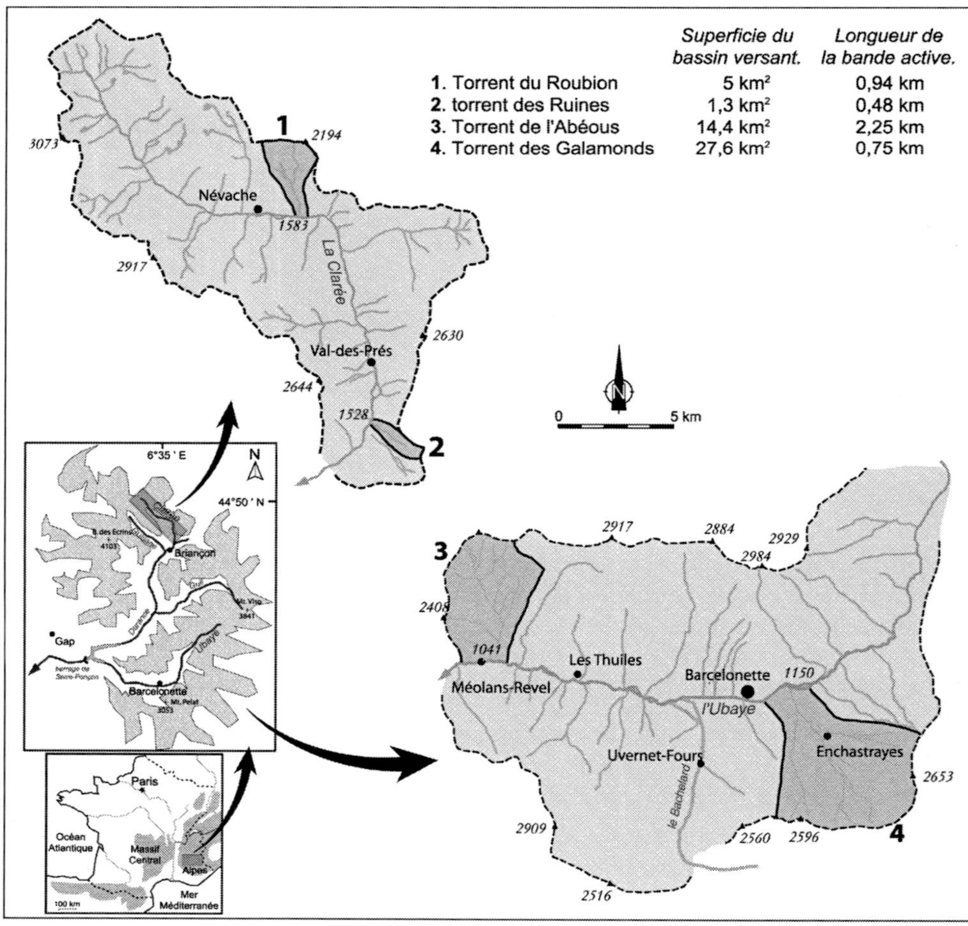

Fig. 1. Localisation des torrents étudiés.

morainique abondante. Ces caractéristiques, associées à de forts gradients d'altitude et un climat montagnard soumis aux retours d'est, font que le transit de la charge sédimentaire dans ces petits organismes s'effectue en partie par laves torrentielles (Lahousse, Garitte et Salvador, soumis).

2. Méthodes

Sur des photographies aériennes recalées géométriquement, nous avons mesuré, au moyen d'une série de profils en travers, la largeur des bandes actives à différentes dates. Les résultats de ces mesures ont été convertis en indices, en considérant comme base 100, la largeur moyenne de la bande active à la date de la plus ancienne photographie disponible (1939, 1945 ou 1948). La chronologie de la rétraction est représentée sous forme de *box-plots* par année prenant en compte la moyenne, les quartiles et les déciles (**fig. 2**). Nous avons par ailleurs procédé à des comparaisons diachroniques entre des aquarelles militaires du XIXe siècle d'une grande précision et des photographies obliques récentes (**fig. 3a**). Des levés topométriques et des prospections sur le terrain viennent affiner ces observations (**fig. 3b**). L'évolution du couvert végétal a été analysée (**fig. 4**) ainsi que l'évolution démographique (**fig. 5**) afin de proposer une première approche des variations de la pression anthropique.

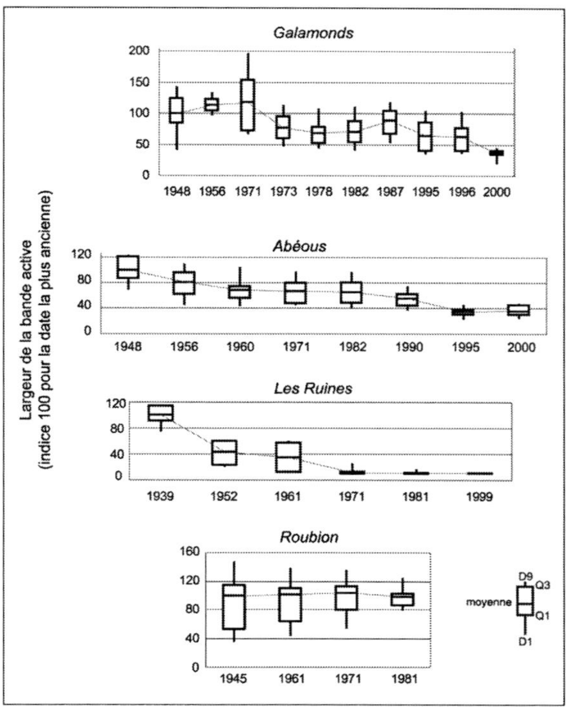

Fig. 2. Chronologie de la rétraction récente des bandes actives.

3. Résultats

3.1. Un constat : la diversité des modalités de la rétraction des bandes actives

En Ubaye, la rétraction des bandes actives est irrégulière et réversible à l'occasion de crues de forte intensité à l'instar de ce qui est observé sur le Guil (Arnaud-Fassetta et Fort, 2004 ; Flez et Lahousse, 2003), mais à l'inverse des cours d'eau des Préalpes drômoises (Liébault, 2003). On distingue néanmoins une phase de rétraction marquée entre 1948 et 1960 dans l'Abéous, un peu plus tardive dans les Galamonds à cause des effets de la crue de 1957. En Haute-Durance, la rétraction se distingue par sa précocité. En effet, pour le torrent des Ruines, la rétraction s'est en grande partie opérée avant les années 1950-60 (**fig. 2**). Dans le cas du Roubion, même si l'on observe plutôt une régularisation qu'une rétraction de la bande active depuis le milieu du XXe siècle, les *box-plots* sont peu représentatifs car l'indice 100 en 1945 correspond à une bande active déjà fortement en retrait par rapport à son extension maximum au XIXe siècle. En effet, la rétraction apparaît déjà amorcée en 1895 (**fig. 3a** et **3b**), la valeur de retrait totale est donc bien supérieure à ce qui est représenté en **fig. 2**.

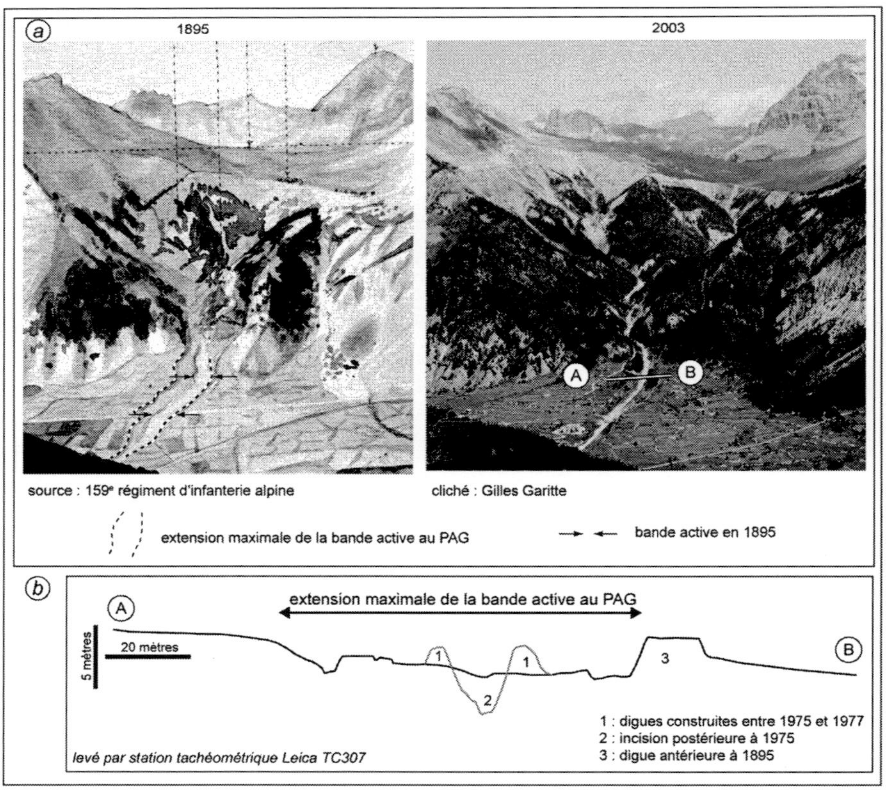

Fig. 3. Analyse couplée de la rétraction de la bande active du Roubion.

3.2. Une inégale évolution du couvert végétal

La reconquête végétale dans les bassins versants des Galamonds et de l'Abéous est entièrement spontanée (**fig. 4**), elle est consécutive à la déprise rurale qui s'opère durant la première moitié du XXe siècle en lien avec la baisse démographique qui caractérise les vallées alpines (**fig. 5**). Cette forte augmentation des surfaces boisées conduit à une réduction des apports solides vers le chenal torrentiel et à l'ajustement de la bande active du torrent (Flez et Lahousse, 2003). En revanche, en Haute-Durance, les défrichements anthropiques ont été limités par la mise en place d'un cadre juridique strict dès le XVIIIe siècle (Chevallier et Couailhac, 1991). Ainsi, contrairement à ce que l'on observe en Ubaye, les bassins versants des torrents du Roubion et des Ruines apparaissent déjà fortement végétalisés au début du XXe siècle, même si le manque de précision des documents anciens semble exagérer le phénomène (**fig. 4**).

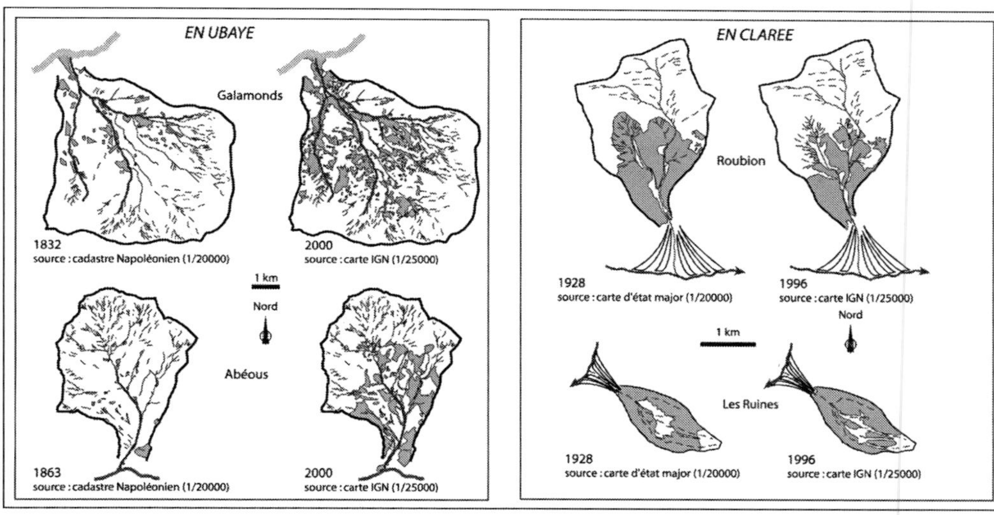

Fig. 4. Évolution du couvert forestier.

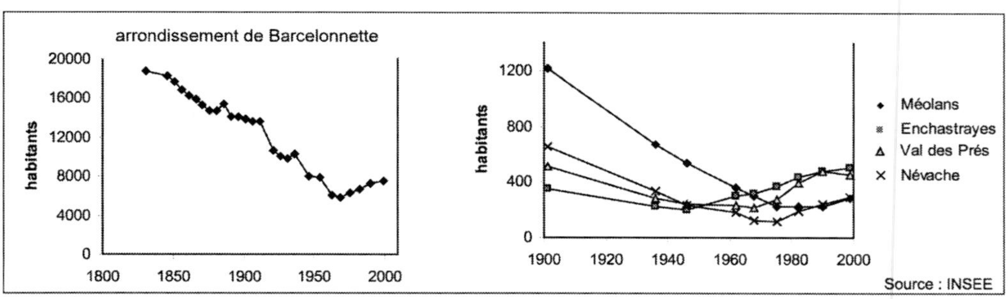

Fig. 5. Évolution démographique.

Conclusion

L'étude de ces quatre torrents montre que l'ajustement des bandes actives à un tarissement des sources sédimentaires, phénomène bien décrit pour des rivières torrentielles, s'applique également à de petits organismes élémentaires de haute montagne, tout à l'amont du système fluvial. Par ailleurs, on observe une bonne corrélation entre la rétraction et le reboisement spontané des versants en Ubaye, celui-ci étant tardif et inachevé, la pression agricole demeurant importante. En revanche, en Haute-Durance la faible pression agricole dans les bassins étudiés nous incite à mettre au premier plan les changements climatiques consécutifs à la fin du Petit Âge Glaciaire. Il semblerait que la morphogenèse y soit davantage en adéquation avec les conditions climatiques actuelles qu'en Ubaye où la sensibilité géomorphologique et le faible développement de la forêt sont en partie dus à des facteurs anthropiques.

Références

CHEVALLIER P., COUAILHAC M.-J., 1991. *Les dauphinois et leurs forêts aux XVIIIe et XIXe siècles.* Grenoble, Université Pierre Mendès-France, 199 p.

FLEZ C., LAHOUSSE P., 2003. Contribution to assessment of the role of anthropic factors and bio-climatic controls in contemporary torrential activity in the Southern Alps (Ubaye valley, France). *In* : FOUACHE É. (éd.), *The Mediterranean world environment and history*, Elsevier, 105-118.

FLEZ C., LAHOUSSE P., 2004. Example of Holocene alpine torrent response to environmental change: contribution to assessment of forcing factors. *Quaternaire*, 15, n°s 1-2, 167-176.

GAUTIER E., 1992. *Recherches sur la morphologie et la dynamique fluviale dans le bassin du Buëch (Alpes du Sud)*, thèse de Géographie, Université de Paris X-Nanterre, 439 p.

LAHOUSSE P., SALVADOR P.-G., FLEZ C., 2002. Comportement hydro-géomorphologique d'un torrent alpin depuis 1995 : l'exemple du Ravin des Sables (Hautes-Alpes, France). *Actes du colloque « Geomorphology: from expert opinion to modelling », CERG*, Strasbourg, 167-174.

LAHOUSSE P., GARITTE G., SALVADOR P.G., soumis. Contribution de la topométrie à la connaissance de la dynamique torrentielle. L'exemple de la haute vallée de la Durance (Hautes–Alpes, France). *Géomorphologie : relief, processus, environnement.*

LIÉBAULT F., PIÉGAY H., 2002. Causes of 20th century channel narrowing in mountain and piedmont rivers of Southeastern France. *Earth Surface Processes and Landform*, vol. 27, 425-444.

LIÉBAULT F., 2003. *Les rivières torrentielles des montagnes drômoises : évolution contemporaine et fonctionnement géomorphologique actuel (massifs du Diois et des Baronnies)*, thèse de Doctorat en Géographie, Aménagement et Urbanisme. Université Lumière-Lyon 2, 358 p.

PEIRY J.-L., 1988. *Approche géographique de la dynamique spatiotemporelle des sédiments sur un cours d'eau intramontagnard ; l'exemple de la plaine alluviale de l'Arve (Haute-Savoie)*, thèse de Géographie et Aménagement, Université Jean Moulin-Lyon 3, 376 p.

Le comportement hydrosédimentaire de rivières torrentielles des Cévennes et des Préalpes au Petit Âge Glaciaire
Enseignements géomorphologiques des archives historiques, de la dendrochronologie et de la lichénométrie

NICOLAS JACOB[1], LAURENT ASTRADE[2], JEAN-PAUL BRAVARD[1]

Introduction

Au XIXe siècle, dernière période de torrentialité dans les montagnes françaises, des lits fluviaux instables tressaient dans les vallées de piémont. À l'amont de cette métamorphose bien étudiée (Salvador, 1991 ; Gautier, 1992 ; Landon, 1999), le comportement des hautes vallées pendant le Petit Âge Glaciaire (PAG) est encore mal cerné. On peut pourtant considérer ces hauts bassins comme de bons enregistreurs des phases de la torrentialité car le couplage entre les versants et les talwegs y est direct. Il est alors possible de mieux connaître la combinaison des facteurs climatiques et anthropiques dans le déclenchement ou l'extinction des phénomènes détritiques. Cet article expose l'utilisation de trois méthodes dans une perspective actualiste de compréhension des dynamiques hydrosédimentaires de bassins montagnards. Une étude précise de la fin de la période du Petit Âge Glaciaire (PAG) peut en effet servir de point de départ pour une restitution fine des phases du détritisme historique. À ce titre, plusieurs problèmes méritent d'être abordés.

- Au sein de plusieurs siècles de crise morphoclimatique, peut-on affiner la connaissance chronologique des phénomènes ?
- Quelle est la part des fluctuations climatiques et de l'action anthropique dans l'extinction des dynamiques érosives à la fin du XIXe siècle ?
- Quel est, à cette époque, le comportement des volumes sédimentaires injectés dans les amonts ?

---

1. Université Louis Lumière-Lyon II, 5 av. Pierre Mendès France, 69676 Bron cedex et UMR 5600-CNRS Lyon (nc_jacob@yahoo.com ; jean-paul.bravard@univ-lyon2.fr).
2. Université de Savoie, CISM, Laboratoire EDYTEM UMR 5204, 73376 Le Bourget-du-Lac cedex (Laurent.Astrade@univ-savoie.fr).

L'exploitation des archives du XIXe siècle permet de préciser le comportement hydrosédimentaire des têtes de bassin à l'échelle décennale. À partir d'une restitution serrée pour une période comprise entre 1800 et 1900, il est possible d'interpréter les données plus éparses livrées par les siècles antérieurs et de proposer un schéma de fonctionnement de ces cours d'eau pendant le Petit Âge glaciaire.

L'étude de détail des formes fluviales caillouteuses, menée grâce à la dendrochronologie et à la lichénométrie, aide à cerner le *terminus post quem* de ces manifestations torrentielles dans les hauts bassins. Signalé par l'incision des remblaiements, on le situe ainsi à la fin du XIXe siècle pour le Diois comme pour les Cévennes (**fig. 1**).

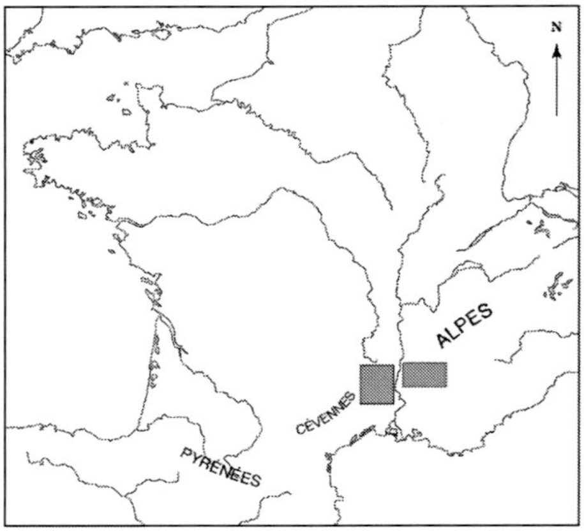

Fig. 1. Localisation des secteurs étudiés.

Épaulées par la lecture des archives, ces méthodes permettent en outre de proposer une valeur grossière de la progression de la charge de fond vers l'aval.

1. Le XIXe siècle, un modèle pour la compréhension du PAG

La consultation des archives administratives et privées est un moyen désormais classique d'étude de l'histoire des paysages. Appliquée à l'étude des cours d'eau, elle éclaire en particulier les changements qui concernent les lits – exhaussement, incision, méandrage, tressage – et leurs liens avec les fluctuations de l'hydrologie. La richesse des séries et des observations autorise un travail d'une grande précision temporelle et spatiale pour le XIXe siècle. La méthode s'inspire de « la microhistoire géomorphologique » proposée récemment par Bravard et Landon (2003).

Les premiers résultats concernant un haut bassin tributaire de la Drôme (Bravard, 2000 ; Thévenet *et al.*, 2003), puis l'étude des vallées cévenoles du bassin de l'Ardèche (Jacob, 2003), montrent que, au cours du XIXe siècle, l'activité fluviale a été marquée par une alternance de phases d'incision et de remblaiement. De telles pulsations hydrosédimentaires ont été étroitement liées aux événements météorologiques majeurs (**fig. 2**). En effet, de volumineux apports détritiques sont parvenus dans les têtes de bassin au cours d'épisodes de précipitations particulièrement violents : 1856 dans les Alpes, 1857 dans les Cévennes. Toutefois, plus encore que ces seuls événements exceptionnels, la répétition de fortes crues au cours de plusieurs années consécutives, comme dans la décennie 1855-1865, semble avoir été très efficace dans la fourniture de gros volumes sédimentaires.

Dans le cas des cours d'eau cévenols, la précision des archives industrielles privées remontant au XVIIe siècle incite à étendre ce mode de fonctionnement à toute la période de torrentialité historique que fut le PAG. La lecture des mémoires et livres de raison permet de faire l'hypothèse que les milieux torrentiels ont été marqués par des changements réversibles, à l'échelle décennale comme pluridécennale. Pendant plus de trois siècles, entre quelques dures périodes hydrologiques (1550-1630 ; 1680-1710 ; 1750-1790), se sont glissées des phases où l'aggradation marquait le pas et laissait place à l'incision. Loin d'être une période de torrentialité uniforme et persistante, le Petit Âge Glaciaire aura plutôt été marqué par des pulsations hydrosédimentaires (**fig. 3**).

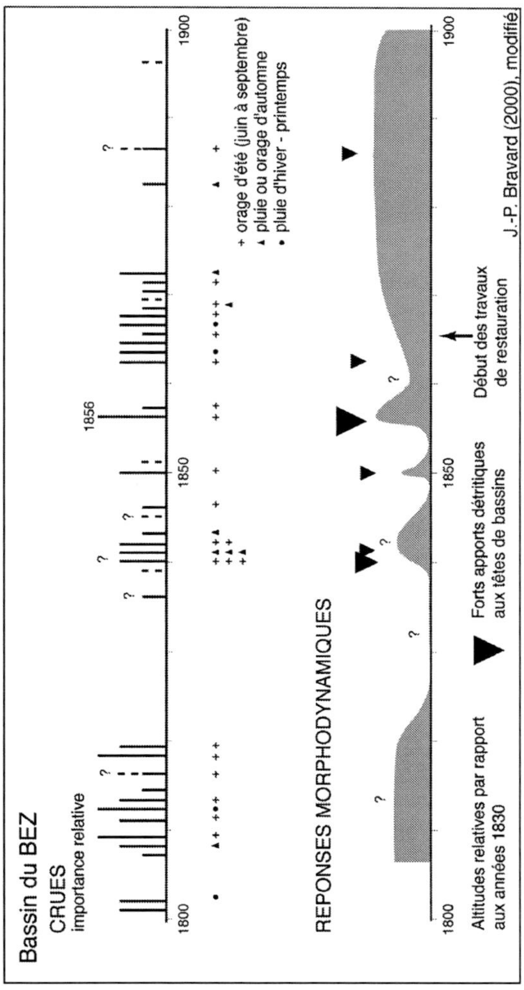

Fig. 2. Comportement hydrosédimentaire d'un haut bassin du Diois au XIXe siècle.

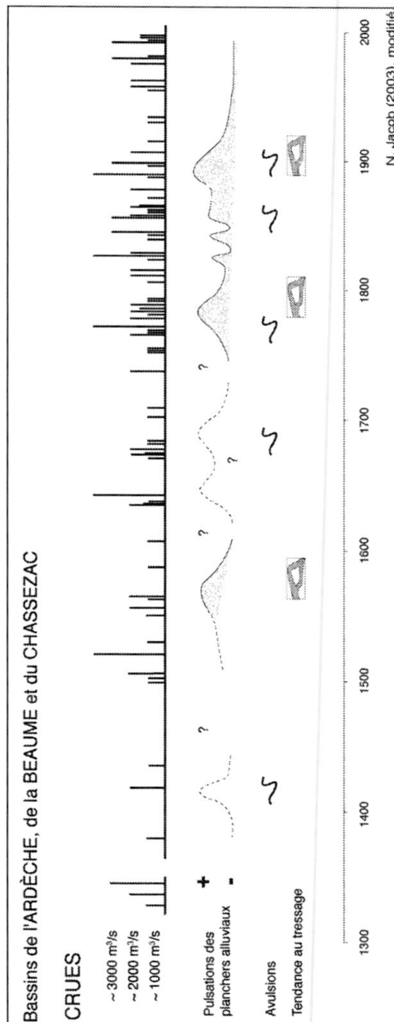

Fig. 3. Les pulsations hydrosédimantaires des rivières des Cévennes vivaraises au Petit Âge Glaciaire.

Ces manifestations récurrentes mettent en évidence le rôle décisif des fluctuations climatiques de pas de temps court dans le déclenchement de l'érosion, certes dans le cadre de montagnes déboisées. Se pose alors la question du rôle du couvert végétal sur ces dynamiques érosives à la fin du Petit Âge Glaciaire.

2. Les marqueurs végétaux pour préciser la date de l'extinction de la torrentialité

Deux méthodes, la dendrochronologie et la lichénométrie, ont été appliquées aux formes alluviales caillouteuses. Dans les deux cas l'hypothèse de travail repose sur le fait que les arbres comme les lichens ne colonisent les fonds alluviaux que lorsque les formes ne sont plus remaniées, c'est-à-dire à partir du moment où elles sont portées en position de basse terrasse par l'enfoncement du chenal. Les dates données par l'étude des cernes de croissance des pins ou par les thalles de lichens procurent donc une date par défaut du début de l'incision des épandages torrentiels. Cet enfoncement se produit naturellement sous l'effet de la réduction des apports détritiques, lorsque les versants sont reconquis par la végétation et que les crues se raréfient.

Dans le Diois, l'étude des pins – qui ne colonisent les fonds alluviaux que lorsque la nappe phréatique est suffisamment rabattue – montre que les formes caillouteuses n'ont plus été remaniées à partir de 1876. À partir de cette date, le déficit en charge de fond était ainsi assez sensible pour que l'incision ait pu s'amorcer. Cette observation s'accorde avec l'étude de la couverture forestière des versants : la dendrochronologie montre que, dans le même bassin de la Borne, la reconquête végétale commence dès 1870. Il s'agit donc d'un phénomène spontané puisque les travaux de la RTM ne furent entrepris que quinze ans plus tard dans ce secteur (**fig. 4**).

Dans les Cévennes, la lichénométrie indique que la fixation des bancs caillouteux et le début de l'incision datent de la fin du XIXe siècle (Jacob, 2003). On notera à ce sujet que le léger décalage qui existe avec les Préalpes, environ vingt ans, s'explique par les effets de la crue de 1890, véritable *aiguat* cévenol qui relança temporairement l'aggradation des talwegs. Mais là encore, dans le bassin du Chassezac, la stabilisation des formes intervient dès 1895-1900 dans les hauts bassins, soit avant le début des travaux de reboisement.

Au total, les marqueurs végétaux et la consultation des archives mettent en lumière le rôle de l'accalmie climatique du dernier quart du XIXe siècle, marqué par une raréfaction des épisodes pluvieux. Ce répit hydroclimatique, en se combinant à la déprise agropastorale amorcée quelques décennies plus tôt, favorise alors la reconquête végétale spontanée des versants. L'extrait d'un texte contemporain peut y faire écho : « *Au moment du projet de reboisement, en 1863, les traces de la crue de 1857 étaient toutes récentes et les pentes présentaient un aspect sensible de dénudation. Mais, depuis, les ravines se sont cicatrisées* [...] *Les habitants refusent un autre mode de reboisement de leurs propriétés que celui* [...] *qui commence à s'y opérer naturellement* » (lettre du maire de Burzet [Ardèche] en 1876, A.D. Ardèche 7MP 258).

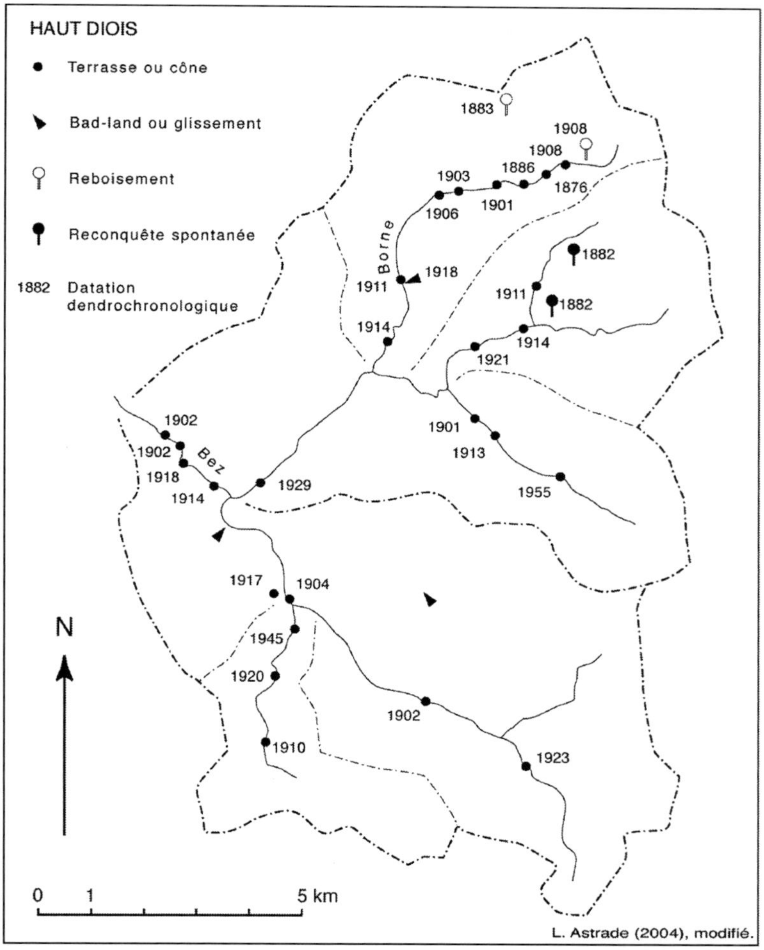

Fig. 4. Datation dendrochronologique de la reconquête végétale des lits caillouteux dans le haut Diois.

3. *Illustration de la théorie de la vague alluviale et estimation de la vitesse de progression de la charge de fond*

Les deux méthodes que nous venons d'exposer permettent d'estimer le temps de transfert de la charge de fond des hauts bassins vers les avals. On observe en effet que le processus d'incision débute à l'amont et se propage ensuite vers l'aval. Cette constatation est logique : le stock alluvial s'épuise plus précocement dans les têtes de bassin, dès que les processus torrentiels cessent sur les versants ; à l'aval, l'incision est retardée car des volumes détritiques parviennent encore depuis l'amont. Ils correspondent au déstockage qui s'opère alors dans les chenaux. En pointant d'amont en aval la date de fixation des formes caillouteuses, on peut alors repérer le passage de la partie distale des volumes sédimentaires en transit. Il est ainsi possible d'estimer la vitesse à laquelle le stock s'épuise, ce qui équivaut à la vitesse à laquelle la charge de fond progresse. Cette observation rejoint la théorie de la vague alluviale, formulée par James (1985).

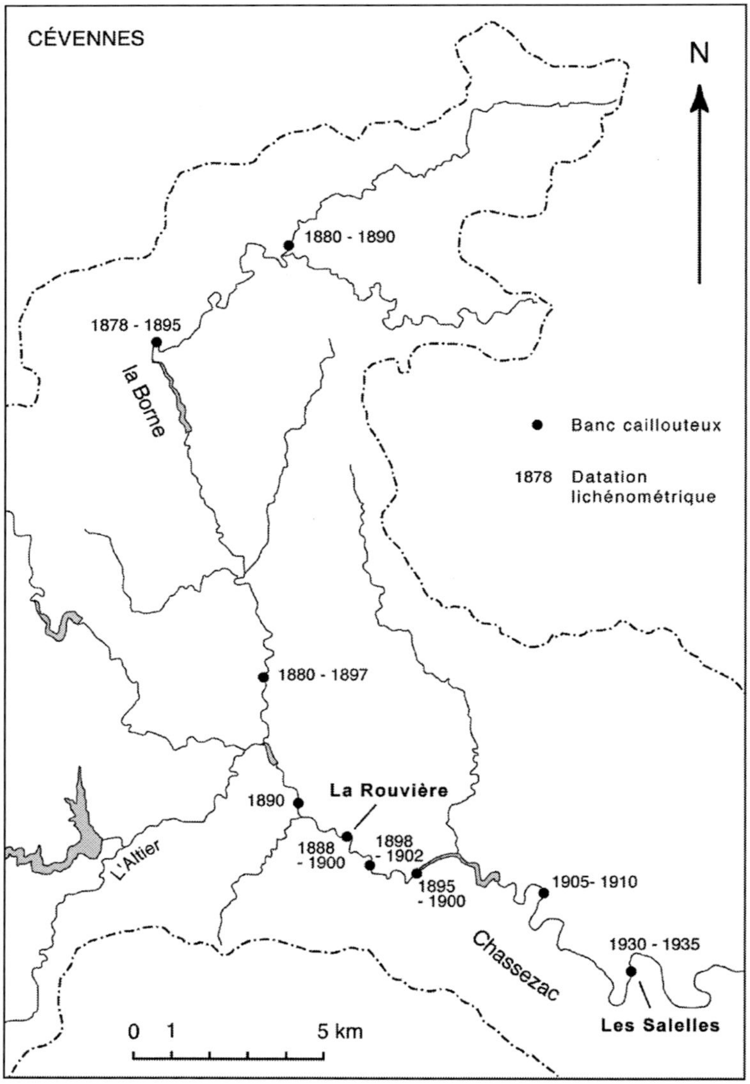

Fig. 5. Datation lichonométrique de la stabilisation des bancs caillouteux dans les Cévennes.

Dans les Cévennes, si l'on s'en tient au tronçon du Chassezac situé entre *La Rouvière* et *Les Salelles* (**fig. 5**), soit 15 km entre 1890 et 1935, on peut proposer une valeur de 330 m par an, vitesse une fois et demie supérieure à celle que J. Tricart (1960) avait évaluée pour l'Hérault : 200 m par an.

Dans le Haut-Diois, les terrasses de la vallée de la Borne se mettent en place entre 1876 et 1929, sur un tronçon de 9,5 km, ce qui donne une vitesse d'évacuation de la charge de 180 m par an. Si elle est moindre que dans les Cévennes, c'est essentiellement parce que la pente longitudinale est plus faible.

La confrontation de ces estimations avec la chronologie du comportement des lits, telle que nous l'avons restituée, permet de faire une observation intéressante. Dans les Cévennes, une cinquantaine d'années s'écoulèrent entre la recrudescence de la torrentialité à la fin du XVIIIe siècle, vers 1765-1772, et le début de la période d'incision chronique des lits dans les basses vallées, près d'Aubenas, vers 1820-1825. On retrouve ici le même ordre de grandeur temporel, pour des distances naturellement inchangées, que pour la dernière crise torrentielle historique connue, celle de la seconde moitié du XIXe siècle. Les volumes injectés dans les talwegs des hauts bassins et provenant de l'érosion de cônes périglaciaires, des versants ou de la nappe de la dernière période froide mettraient donc environ un demi-siècle pour atteindre les basses vallées, ce qui pourrait être considéré comme une véritable constante du comportement de ces bassins ardéchois.

Conclusion

La combinaison d'un travail historique et de méthodes naturalistes permet de proposer une restitution chronologique précise des phénomènes torrentiels. On entrevoit ainsi la possibilité d'identifier des seuils, en particulier celui du démarrage de la reconquête végétale spontanée à la fin du XIXe siècle, assurément permis, à cette époque de déprise rurale, par une accalmie climatique. Une rétroaction positive s'amorce alors dans les chenaux et conduit à leur stabilisation, à la fois par le tarissement de la fourniture sédimentaire issue des versants et par la raréfaction des fortes crues. Compte tenu du comportement fluctuant des planchers alluviaux au cours de quatre siècles de torrentialité, il est tentant de faire l'hypothèse que ces seuils de déstabilisation et de cicatrisation des milieux auront été franchis à plusieurs reprises au cours du Petit Âge Glaciaire. Une voie de recherche historique est ainsi ouverte.

Références

ASTRADE L., BÉGIN Y., 2003. Utilisation de la dendrochronologie comme outil de diagnostic et d'évaluation du fonctionnement des hydrosystèmes. *In* : PIÉGAY H., PAUTOU G., RUFFINONI C., *Les forêts riveraines des cours d'eau, écologie, fonctions et gestion*, éd. Institut pour le Développement Forestier, 204-216.

BRAVARD J.-P., 2000. Le comportement hydromorphologique des cours d'eau au Petit Âge Glaciaire dans les Alpes françaises et leur piémont. *Bulletin du GFHN*, 46, 105-110.

BRAVARD J.-P., LANDON N., 2003. Les ajustements du Bez, un torrent du Diois (Alpes du Sud). Essai de micro-histoire géomorphologique. *In* : ARNOULD P. et HOTYAT M. (éds.), *Eau et environnement, Tunisie et milieux méditerranéens*, ENS Éd., Lyon, 115-128.

GAUTIER E., 1992. *Recherches sur la morphologie et la dynamique fluviales dans le bassin du Buëch (Alpes du Sud)*, thèse de doctorat de Géographie, Université de Paris X-Nanterre, 439 p.

JACOB N., 2003. *Les vallées en gorges de la Cévenne vivaraise, montagne de sable et château d'eau*, thèse de Géographie et Aménagement, Université de Paris IV-Sorbonne, 459 p. + annexes.

JAMES L.A., 1989. Sustained storage and transport of hydraulic gold mining sediment in the Bear River, California. *Annals of the Association of American Geographers*, vol 79 (4), 570-592.

LANDON N., 1999. *L'évolution contemporaine du profil en long des affluents du Rhône moyen, constat régional et analyse d'un hydrosystème complexe, la Drôme*, thèse de doctorat de Géographie et Aménagement, Université de Paris IV-Sorbonne.

SALVADOR P.-G., 1991. *Le thème de la métamorphose fluviale dans les plaines alluviales du Rhône et de l'Isère – Bassin de Malville et Ombilic de Moirans (Isère, France)*, thèse de doctorat de Géographie et Aménagement, Université de Lyon III, 498 p.

THÉVENET G., ASTRADE L., BRAVARD J.-P., 2003. La métamorphose des lits torrentiels à la fin du XIXe siècle : un effet du changement climatique ou du reboisement ? (bassin du Haut Bez, Drôme). *In* : *Dynamique et vulnérabilité des milieux montagnards méditerranéens et alpins, Mélanges offerts au Professeur René Lhénaff*, Cahiers de Géographie, Université de Savoie, 115-122.

TRICART J., 1960. Les modalités du transport des alluvions dans les rivières cévenoles. *Bulletin. de l'AIHS*, 20, 75-84.

La sensibilité du paysage torrentiel des montagnes drômoises aux modifications de l'environnement au cours du XXe siècle

FRÉDÉRIC LIÉBAULT[1]

Introduction

Les recherches paléoenvironnementales conduites dans les Alpes du Sud ont mis en évidence la grande sensibilité du paysage torrentiel méditerranéen aux forçages climatiques et anthropiques des 15 000 dernières années (Jorda *et al.*, 2002). La lecture interprétative des enregistrements sédimentaires a révélé une alternance de crises et d'apaisements de la torrentialité qui s'accorde avec les grandes phases climatiques de l'Holocène. Il est également reconnu qu'à partir du Néolithique, il devient de plus en plus difficile de discerner l'influence respective de l'homme et du climat dans les réponses géomorphologiques. Ceci s'explique notamment par une connaissance encore trop fragmentaire de la variabilité spatiotemporelle des réponses et des contrôles. Cette difficulté peut être surmontée plus facilement lorsqu'on travaille à des échelles de temps courtes, du fait de l'abondance des sources documentaires disponibles.

L'objectif de cet article est de présenter l'évolution de la torrentialité des montagnes drômoises au cours du XXe siècle, ainsi que les principaux changements environnementaux susceptibles de l'expliquer. L'analyse est fondée sur 51 rivières torrentielles localisées dans les bassins versants de la Drôme, de l'Eygues et du Roubion (**fig. 1**).

1. Laboratoire Rhodanien de Géographie et de l'Environnement (UMR 5600-CNRS), Université Lumière-Lyon II, 5 av. Pierre Mendès-France, 69676 Bron cedex (frederic.liebault@free.fr).

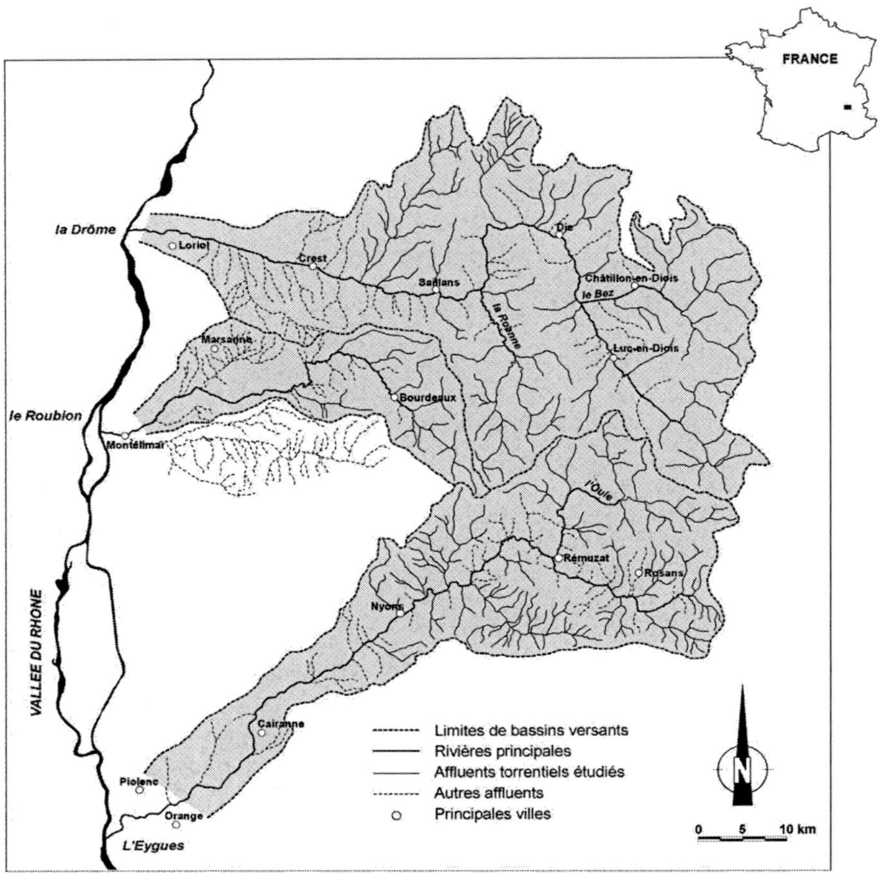

Fig. 1. Le site d'étude : les rivières torrentielles des bassins versants de la Drôme, de l'Eygues et du Roubion, dans les Préalpes du Sud (massifs du Diois et des Baronnies).

1. L'évolution des bandes actives torrentielles

Ces rivières ont subi de profonds changements morphologiques au cours de la seconde moitié du XXe siècle, comme le démontre l'analyse diachronique des photographies aériennes. Une tendance généralisée à la rétraction des bandes actives se manifeste dans les années 1950 et 1960, puis l'ajustement se stabilise à partir des années 1970 (**fig. 2a**). Les anciens plans du XIXe siècle, exploités sur quelques torrents, montrent souvent que les bandes actives des photographies aériennes de 1948 sont sensiblement plus étroites que celles du XIXe siècle (**fig. 2b**). Ceci implique une phase de rétraction ancienne, de faible ampleur comparée à celle qui lui succède, car le changement de style fluvial qui conduit à la disparition du tressage torrentiel ne va véritablement se produire qu'à l'occasion de cette deuxième phase.

La rétraction s'est accompagnée d'une incision des lits fluviaux et de la formation consécutive de basses terrasses boisées occupées principalement par le pin sylvestre. La datation dendrochronologique des plus vieux pins a permis d'affiner l'amorce chronologique des phases de rétraction. Le dénombrement des cernes annuels de croissance a été effectué sur des carottes prélevées au moyen d'une tarière à bois. Les relevés de terrain ont montré la présence de deux jeunes terrasses emboîtées, perchées généralement de 1 à 2 m par rapport au niveau sous-jacent. Les boisements de ces deux terrasses se sont installés respectivement dans les années 1920 et 1940 (**fig. 2c**). On observe également un vieillissement des boisements vers l'amont (**fig. 2d**), interprété comme la manifestation d'une incision progressive, dont la propagation vers l'aval serait comprise entre 300 et 500 m an^{-1}.

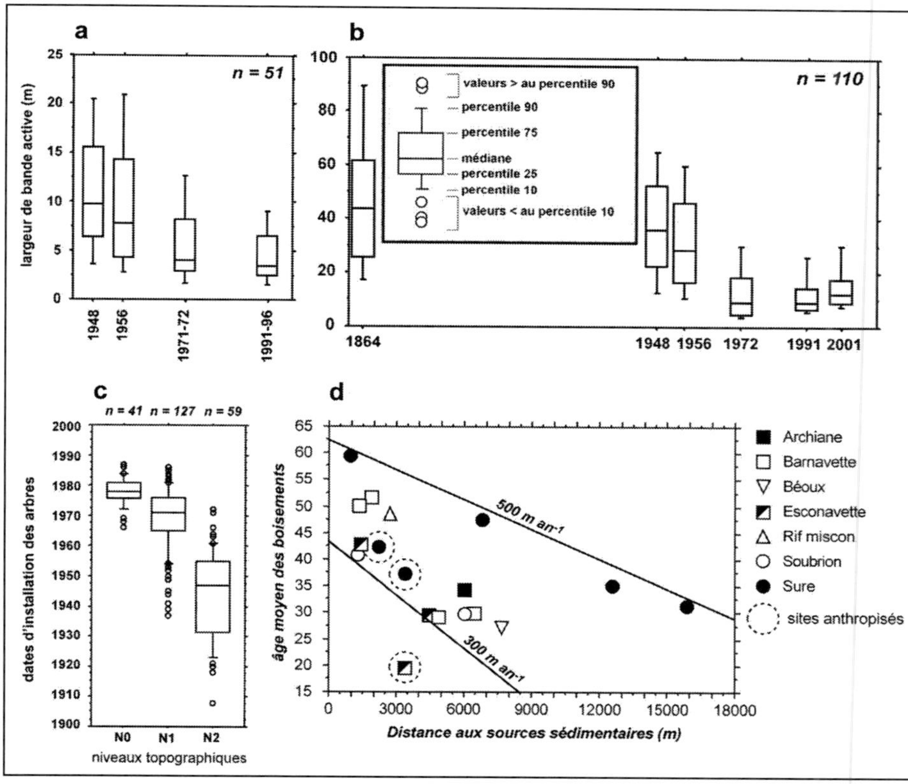

Fig. 2. Le changement fluvial.
(a) évolution moyenne des bandes actives de 51 torrents drômois d'après les photographies aériennes de 1948, 1956, 1971-72 et 1991-96 ; **(b)** évolution de la bande active de la Sure, affluent de la Drôme, entre 1864 et 2001 ; **(c)** distribution des datations dendrochronologiques effectuées sur les différents niveaux de terrasses récentes observées sur les tronçons rétractés – N0 : plaine alluviale, N1 : basse terrasse, N2 : haute terrasse ; **(d)** structure longitudinale des datations dendrochronologiques obtenues pour différents torrents drômois.

Ces ajustements morphologiques impliquent une modification du régime sédimentaire des torrents sous contrôle amont et permettent de réfuter l'hypothèse d'une incision régressive par encaissement du niveau de base. Ils conduisent également à fortement nuancer l'influence du forçage hydrologique (diminution en fréquence des crues), dans la mesure où il existe une différenciation chronologique très nette de l'installation forestière sur le gradient amont-aval. Une synchronicité longitudinale des boisements alluviaux aurait dû se produire si nous étions en présence d'une rétraction induite par le tarissement des crues (Liébault et Piégay, 2002).

Il nous faut donc expliquer une réponse fluviale de nature détritique, qui touche l'ensemble des systèmes torrentiels diois et baronniards, dont les prémices se font sentir dans les années 1920 mais qui induit une véritable métamorphose fluviale (disparition du tressage torrentiel) seulement à partir des années 1940.

2. Les changements environnementaux

L'extinction de la torrentialité dans les Préalpes du Sud au cours du XXe siècle peut s'expliquer potentiellement par (1) la correction torrentielle conduite dans le cadre de la politique de Restauration des Terrains en Montagne, (2) la reconquête forestière spontanée liée à la déprise rurale et (3) l'apaisement climatique de la fin du Petit Âge Glaciaire.

Il a été démontré que la phase récente de rétraction des bandes actives se produit indépendamment de toute intervention RTM, notamment dans les bassins versants de l'Eygues et du Roubion (Liébault, 2003). D'autre part, la chronologie de la correction torrentielle, étudiée à partir des comptes permanents RTM, ne s'accorde pas avec celle de la réponse fluviale. Il est en effet difficile d'admettre une relation de cause à effet entre des travaux effectués entre 1860 et 1915 et une métamorphose fluviale qui se produit à partir des années 1940.

La diminution de l'intensité et de la fréquence des crues à partir des années 1940, démontrée grâce à la chronique hydrologique de Luc-en-Diois qui démarre en 1907 (**fig. 3a**), s'accorde chronologiquement avec l'augmentation du taux de boisement des bassins versants. La part du climat dans ce signal reste aujourd'hui à préciser car on observe une atténuation des pics de crue sous l'effet du reboisement (Piégay *et al.*, 2004). Il faut également signaler que la tendance à la rétraction des lits fluviaux n'a pas été inversée par la recrudescence des fortes précipitations et des crues, observée à partir des années 1990 (Landon, 1999).

Les correspondances spatiotemporelles entre la reconquête forestière des versants sous l'effet de la déprise rurale et la réponse fluviale sont mieux établies. Ce phénomène a affecté l'ensemble des montagnes drômoises, contrairement à la RTM, et il se manifeste de façon spectaculaire après la Seconde Guerre mondiale (**fig. 3b**). Les surfaces concernées sont beaucoup plus importantes que celles reboisées dans le cadre de la politique RTM. On note ainsi une très bonne corrélation chronologique avec la disparition accélérée du tressage torrentiel. Il faut alors considérer que la progression forestière sur les versants a conduit au tarissement des sources sédimentaires et à la propagation amont-aval d'un phénomène d'incision des lits torrentiels. La réduction des apports en matériaux grossiers, considérée comme supérieure par rapport à la diminution des flux liquides, est à l'origine d'un processus de formation de basses terrasses conforme à celui décrit dans d'autres rivières de montagne à budget sédimentaire déficitaire (Germanoski et Harvey, 1993 ; Garcia-Ruiz *et al.*, 1997 ; Bravard et Landon, 2003 ; Flez et Lahousse, 2003).

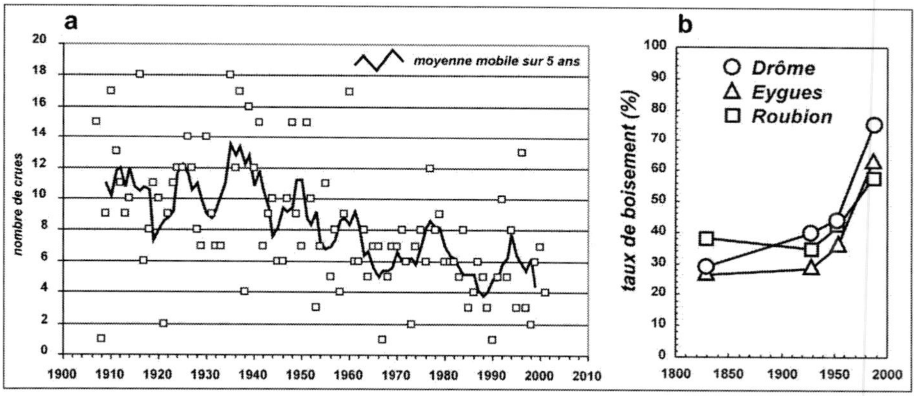

Fig. 3. Les changements de l'environnement.
(a) évolution annuelle du nombre d'événements de crue (déterminée à partir de la série partielle des débits journaliers) de la Drôme à Luc-en-Diois depuis 1907 ; **(b)** évolution comparée du taux de boisement des bassins versants de la Drôme, de l'Eygues et du Roubion d'après le cadastre napoléonien, les enquêtes agricoles de 1929 et 1954 et l'inventaire forestier national de 1991.

Conclusion

Les torrents drômois ont été marqués par une rétraction généralisée des bandes actives qui s'accélère dans les années 1940 mais dont l'origine est plus ancienne. Ce changement est interprété de façon globale comme le résultat d'une incision progressive induite par le tarissement des sources sédimentaires sous contrôle anthropique. En l'état actuel des connaissances, rien ne nous permet de démontrer l'existence de contrôles climatiques forts sur l'apaisement de la torrentialité observé dans la seconde moitié du XXe siècle. Il faut sans doute considérer que l'impact cumulé des travaux RTM et de la sortie du Petit Âge Glaciaire s'est produit dans la première moitié du XXe siècle. Ces effets doivent être relativisés, car le tressage torrentiel est resté prédominant dans le paysage torrentiel jusque dans les années 1940.

Références

BRAVARD J.-P. et LANDON N., 2003. Les ajustements du Bez, un torrent du Diois (Alpes du Sud), essai de micro-histoire géomorphologique. *In* : ARNOULD P. et HOTYAT M. (éds.), *Eau et Environnement, Tunisie et milieux méditerranéens.* ENS Éd., Lyon, 115-128.

FLEZ C. et LAHOUSSE P., 2003. Contribution to assessment of the role of anthropic factors and bio-climatic controls in contemporary torrential activity in the southern Alps (Ubaye valley, France). *In* : FOUACHE É. (ed.), *The Mediterranean World, Environment and History*, Paris, Elsevier, 109-122.

GARCIA-RUIZ J.M., WHITE S.M., LASANTA T., MARTI C., GONZALEZ C., ERREA M.P. et VALERO B., 1997. Assessing the effects of land-use changes on sediment yield and channel dynamics in the central Spanish Pyrenees. *In* : WALLING D.E. et PROBST J.L. (eds.), *Human Impact on Erosion and Sedimentation.* IAHS publication 245, Wallingford, 151-158.

GERMANOSKI D. et Harvey M.D., 1993. Asynchronous terrace development in degrading braided channels. *Physical Geography*, 14 (1), 16-38.

JORDA M., MIRAMONT C., ROSIQUE T. et SIVAN O., 2002. Évolution de l'hydrosystème durancien (Alpes du Sud, France) depuis la fin du Pléniglaciaire supérieur. *In* : BRAVARD J.-P. et MAGNY M. (éds.), *Les Fleuves ont une Histoire, Paléoenvironnements des Rivières et des Lacs français depuis 15 000 ans*, Paris, Errance, 239-249.

LANDON N., 1999. *L'évolution contemporaine du profil en long des affluents du Rhône moyen, constat régional et analyse d'un hydrosystème complexe, la Drôme*, thèse de doctorat en Géographie et Aménagement du Territoire, Université Paris IV-Sorbonne, Paris, 545 p.

LIÉBAULT F., 2003. *Les rivières torrentielles des montagnes drômoises : évolution contemporaine et fonctionnement géomorphologique actuel (massifs du Diois et des Baronnies)*, thèse de doctorat en Géographie, Aménagement et Urbanisme, Université Lumière-Lyon 2, 358 p.

LIÉBAULT F. et PIÉGAY H., 2002. Causes of 20th century channel narrowing in mountain and piedmont rivers of Southeastern France. *Earth Surface Processes and Landforms*, 27 (4), 425-444.

PIÉGAY H., WALLING D.E., LANDON N., HE Q., LIÉBAULT F. et PETIOT R., 2004. Contemporary changes in sediment yield in an alpine montane basin due to afforestation (the Upper-Drôme in France). *Catena*, 55 (2), 183-212.

Granite, Gabales et climat : l'histoire du bassin versant du Triboulin à Javols/*Anderitum* en Margeride (Lozère, France)

PIERRE POUPET[1], ALAIN FERDIÈRE[2],
ROMANA HARFOUCHE[3], BENOÎT ODE[4]

1. Un haut pays granitique très tôt anthropisé

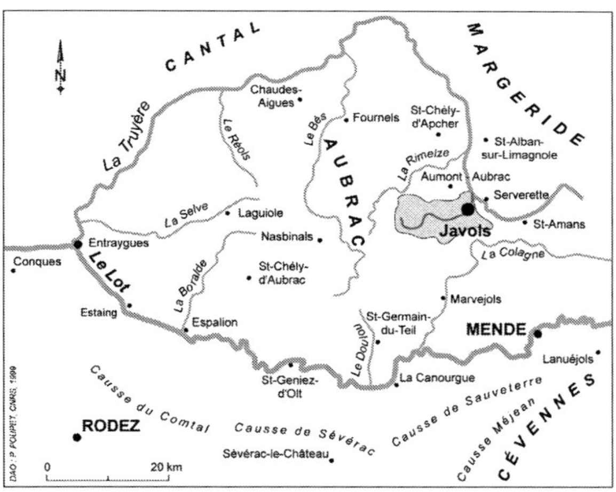

Fig. 1. Localisation du bassin versant du Triboulin et de Javols/*Anderitum* dans l'hydrosystème entre Aubrac, Margeride, Cantal, Cévennes et Causses.

Situé dans le département de la Lozère (région du Languedoc-Roussillon), là où se rencontrent les reliefs granitiques de la Margeride et ceux des formations volcaniques de l'Aubrac, Javols est aujourd'hui un village à l'habitat dispersé dans une vallée où coule une paisible rivière, le Triboulin (**fig. 1**). L'altitude du bassin versant est élevée, entre 1 200 et 900 m, la région de Javols constituant un

1. Ingénieur de Recherche, pédologue et archéologue, UMR 5140-CNRS, Archéologie des Sociétés méditerranéennes, Montpellier-Lattes.

2. Professeur d'Histoire et d'Archéologie, Université de Tours ; UMR 6173-CNRS, CITERES, Archéologie et Territoires, Tours.

3. Docteur, archéologue des paysages ruraux, chercheur associée, UMR 5608-CNRS, UTAH, Toulouse.

4. Ingénieur archéologue, ministère de la Culture, DRAC-SRA Pays de Loire, Nantes.

« haut pays » où le paysage est partagé entre la sylviculture plutôt sur les croupes et une agriculture dans les vallons et sur les plateaux, où domine l'élevage bovin.

Depuis la fin du Tardiglaciaire, cette région de l'extrémité méridionale du Massif central est soumise à de rudes conditions climatiques, de type montagnard, avec de fortes précipitations et un enneigement long, qui dure bien au-delà de l'hiver calendaire. Déjà, dans le *Propemption* composé en 464-465, Sidoine Apollinaire cite la terre des *Gabales*, souvent recouverte de neige.

Entre 1996 et 2003, une évaluation archéologique du secteur a été conduite par une équipe pluridisciplinaire où les archéologues, les historiens, la spécialiste de l'histoire des paysages ruraux, le géomorphologue, le palynologue, l'archéozoologue et le pédologue ont pu mettre leurs compétences en synergie (Ferdière, 1997). Le financement tripartite État-Région-Département a permis de dresser un premier bilan, tant au plan scientifique (état des connaissances archéologiques et historiques, chronologie, rapports du site archéologique avec l'environnement…) que du point de vue du potentiel touristique. Les travaux ont investi 35 zones préalablement choisies et abouti à la réalisation de 250 sondages sur 2 km^2 environ (**fig. 2**).

Le nombre des fenêtres ouvertes sur les stratifications et l'histoire paléoenvironnementale dans un espace aussi réduit représente déjà en lui-même un fait exceptionnel qui permet concrètement d'avancer vers une meilleure validation des interprétations.

Ces recherches ont permis de mettre au jour les traces d'une occupation protohistorique précoce sur le plateau dominant, à l'ouest, l'alvéole granitique du Triboulin. Mais l'essentiel de l'histoire de ce haut pays se concentre sur une durée allant du IIe siècle avant l'ère chrétienne jusqu'au VIIe siècle de l'ère chrétienne. Des Gabales au Gévaudan, d'*Anderitum* à Javols, l'archéologie et l'histoire de l'environnement sont étroitement liées.

C'est toutefois un exercice totalement vain de vouloir résumer intelligiblement 4 000 ans d'histoire des rapports Homme/milieu en quelques pages. Néanmoins, il est possible de rendre compte de façon très résumée des nombreuses données de terrain qui restent encore, pour une partie, à analyser et à synthétiser.

2. Une évaluation archéologique et paléoenvironnementale

Les recherches archéologiques à Javols ont débuté avec le XVIIe siècle et la récolte d'objets antiques. La découverte d'une borne milliaire en 1828, portant l'inscription *CIVIT(AS) GAB(ALORUM)*, marque le début de fouilles archéologiques régulières jusqu'en 1978. Les investigations archéologiques conduites de 1996 à 2003 ont permis de reconnaître l'extension de la cité : les nécropoles et les carrières de granite balisent avec certitude la limite de l'urbain (JPO.02, JRE.02, JMA.02, JLM.01). Des bâtiments monumentaux publics, des habitations, des ateliers artisanaux, un probable lieu de culte, des rues au plan orthonormé et l'endiguement de la rivière constituent les apex de la partie reconnue de la capitale antique. Les 250 sondages garantissent objectivement une résolution spatiale optimale et un calage chronologique des évènements géodynamiques, par leur inscription dans des séquences stratigraphiques couvrant un peu moins de trois millénaires (**fig. 3**).

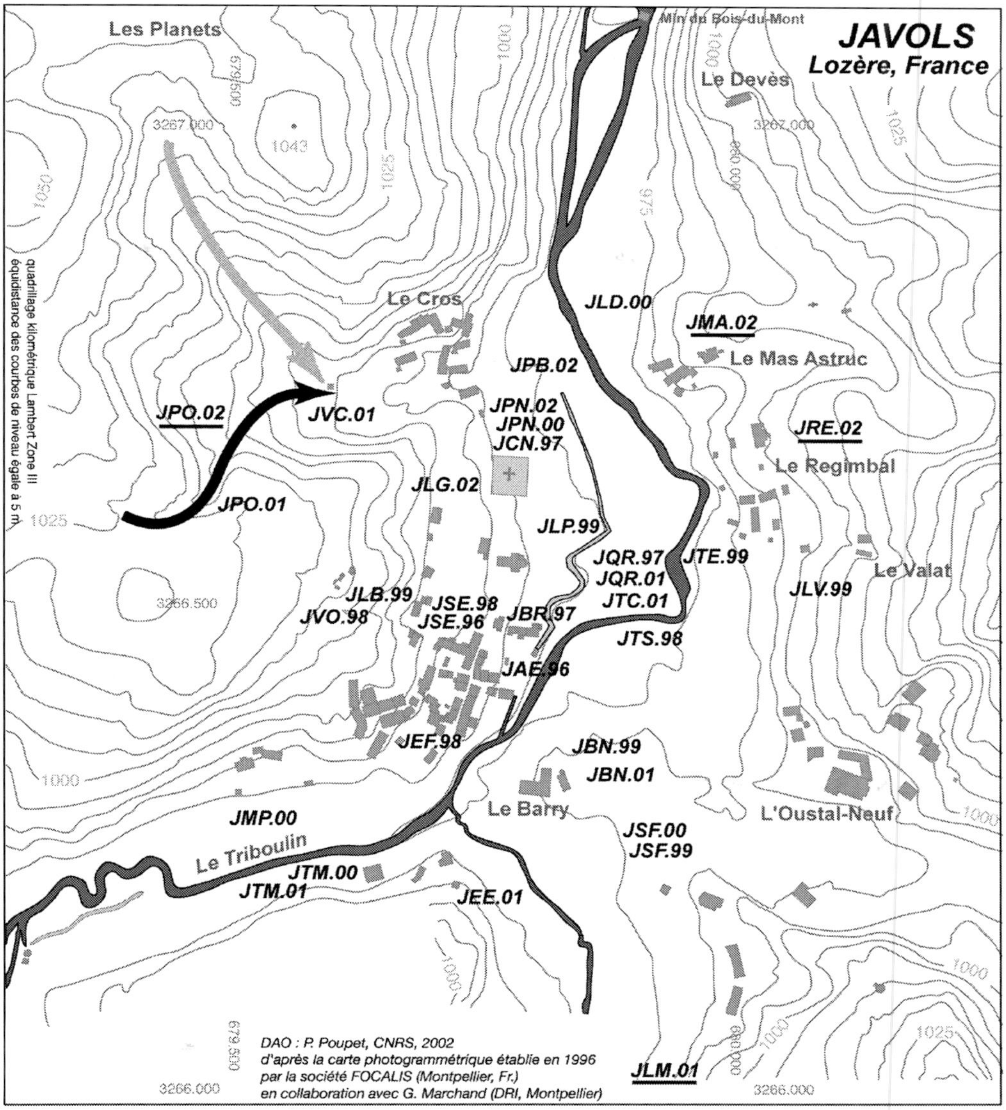

Fig. 2. Carte des sondages réalisés pour l'évaluation archéologique et l'étude paléoenvironnementale ; les deux flèches marquent les vallons d'érosion les plus actifs, dans l'Antiquité (en grisé) et durant les temps post-antiques (en noir).

La synthèse graphique des données, adoptée dans la **fig. 3**, ne correspond pas à un dessin, même schématique, des séquences sédimentaires mises au jour dans les sondages, mais à une représentation des stratifications exprimées en termes de dépôts, de troncatures, d'évolution pédologique *in situ*, selon une échelle évidemment arithmétique du temps, exprimées en siècles. Cette illustration des différents processus géodynamiques et pédologiques, dont le produit est parfois intercalé dans les stratifications archéologiques dûment datées selon les méthodes typochronologiques appliquées aux céramiques mises au jour, montre parfaitement l'absence de synchronie des phénomènes sur l'ensemble du territoire exploré, quelle que soit la modification de la couverture pédo-sédimentaire que l'on choisisse. On constate même une extrême variabilité des enregistrements des dynamiques pédo-sédimentaires à très courte distance, au même moment et dans des conditions stationnelles identiques. À Javols, pas de déstabilisation globale des pentes, pas de dépôts colluviaux généralisés ; seulement une mosaïque spatiale et temporelle de déséquilibres très locaux, de restabilisation du géo-anthroposystème jusqu'à la prochaine rupture affectant la pente voisine.

3. Un pays fait de granite et d'eau

Le substrat géologique est majoritairement constitué de granites porphyroïdes calco-alcalins à biotite. Ce massif ancien a été rajeuni lors de l'orogenèse pyrénéenne. Le modelé topographique a alors été repris par des accidents tectoniques oligocènes. L'enfoncement du réseau hydrographique consécutif à ce soulèvement est à l'origine de la création d'alvéoles, les failles facilitant le tracé des écoulements. Au cours du dernier épisode glaciaire, la couverture arénacée a été déplacée sur les pentes et vers les vallons, voire totalement évacuée, en dégageant blocs et tors (Valadas, 1991). La météorisation du granite a de nouveau été favorisée par ce déblaiement de la couverture meuble, qui faisait l'effet malgré tout d'un manteau protecteur.

La pédogenèse tempérée holocène a progressivement transformé la roche en arènes plus ou moins épaisses et hétérométriques, facilement mobilisables sur les pentes. Les versants sont convexo-concaves, les vallons en berceau. À Javols, aucune trace de pédogenèse anté-holocène n'a pu être observée. La morphologie en cirque des têtes de vallons évoque d'ailleurs des hauteurs englacées et peut-être l'action de langues glaciaires durant le Pléistocène. Toutefois, les morphodynamiques historiques sont particulièrement assujetties à l'activité anthropique, avec la formation de banquettes sur les versants les plus exploités, dominant les habitations.

Le bassin versant du Triboulin est un système élémentaire. Sa superficie est de 100 km^2 environ. Le cours d'eau long de 25 km a un lit souvent commandé par le réseau des failles, avec de brusques changements de direction comme la baïonnette de Javols. La pente moyenne est de 0,8 %, mais elle est affectée de paliers. L'alvéole du Triboulin s'élargit au droit de la cité antique, là où convergent plusieurs vallons. Les versants qui font le lien entre les plateaux et la vallée ont des pentes souvent fortes, de 10 à 20 %. Le bassin versant à proximité de Javols est fortement marqué par les pratiques agricoles, au moins depuis le Néolithique final (5560 ± 250 BP soit entre 4 060 et 3 060 avant l'ère chrétienne, à 95 % de probabilité ; date obtenue par thermoluminescence, CRPAA, UMR 5060-CNRS, Bordeaux).

L'évaluation archéologique a permis une analyse de l'histoire du géosystème, et des variations spatiales et altitudinales de la rivière. Une dizaine de sondages a mis au jour des dépôts alluviaux d'âge varié, de l'Antiquité à l'époque moderne (**fig. 3**). Ils ont montré qu'à l'époque romaine le Triboulin coulait à 2 m environ sous le niveau actuel. Les hauts niveaux du Triboulin, postérieurs à l'Antiquité, pourraient être des ajustements hydro-morphologiques consécutifs à l'établissement de biefs et de moulins hydrauliques, à l'époque moderne notamment. L'exhaussement du lit de la rivière est aussi la résultante de l'accumulation des apports détritiques qui encombrent la vallée. C'est surtout vers la fin du Moyen Âge et à l'époque moderne que les divagations d'un Triboulin au style en tresse débordent largement sur les vestiges antiques. Ces réactions du système fluvial sont la marque de ruptures de seuil dans le géosystème, imputables au principal agent de l'érosion qu'est devenu l'homme, mais également aux fluctuations du climat et des précipitations. L'exhaussement moderne de la rivière sur ses alluvions pourrait être ainsi une réponse à l'abondante fourniture solide durant le PAG.

Le style fluvial en amont du village est celui de méandres où le chenal unique montre une mobilité très sinueuse, au moins depuis les premiers aménagements gallo-romains mis au jour, en connection stratigraphique avec un méandre ancien de la rivière (^{14}C 1890 ± 35 BP, LYON-1664, soit entre 80 et 130, selon les *maxima* de probabilité).

À partir de l'agglomération antique et en aval juqu'à la confluence avec la Truyère, le style du Triboulin ne peut plus être interprété en termes de réponses morphodynamiques aux variations de la charge solide transportée et du débit, puisque la canalisation de la rivière est effective à partir du IIᵉ siècle de l'ère chrétienne.

4. Le temps calme des stratifications archéologiques et des paléosols

La nature du sous-sol réduit les infiltrations et favorise le ruissellement, sauf dans les zones où le manteau arénacé est très épais. Les sols développés sur le granite sont majoritairement peu épais (lithosols, rankosols, arénosols, brunisols, alocrisols, luvisols et podzosols). Certes, le paysage autour de Javols est le résultat de processus naturels, mais il est aussi une production sociale élaborée au cours de l'Holocène, à partir des différents agrosystèmes qui se sont succédés et/ou juxtaposés, comme ailleurs dans le Massif central (Allée, 1997).

Si l'on sait que les sols évoluent constamment sous l'effet des facteurs naturels et des activités humaines, il est souvent difficile de faire la part des uns et des autres dans l'orientation prise par les processus de la pédogenèse et de la morphogenèse. Rhexistasie et biostasie ne sont pas exclusivement sous influence climatique.

L'analyse de l'alvéole du Triboulin a montré que l'impact de l'homme sur le couvert végétal et plus directement sur les sols a été préjudiciable au maintien de leur qualité, dès la fin du Néolithique. L'ensemble de ces évolutions est le résultat de processus longs et cumulatifs, avec certes parfois des accélérations brutales et irréversibles, mais qui ne sont pourtant que de brefs aléas dans une ambiance générale plutôt calme.

Plusieurs paléosols ont été reconnus au sein des stratifications archéologiques, l'un sur les pentes, interstratifiés dans des arènes déplacées (JPO.02), l'autre sous les premiers niveaux gallo-romains de la ville (JPN.00) (**fig. 3**). La datation de celui-ci, des derniers siècles avant l'ère chrétienne, en fait le témoin privilégié d'une occupation gabale antérieure au développement du chef-lieu de la cité romanisée. L'analyse des pollens conservés dans ce sol, réalisée par H. Richard (UMR 6565-CNRS, Besançon), rend compte d'un paysage très ouvert, fortement anthropisé, composé de prairies, de champs de céréales et de rares boisements (hêtre, sapin, chêne, bouleau, aulne et noisetier). La fragilité de ce paysage soumis, de façon saisonnière, à un ruissellement diffus ne fait aucun doute, tant que l'homme ne contrôle pas les écoulements de surface et la stabilité des sols sur les pentes.

Un autre paléosol, identifié à des « terres noires » selon la formulation archéologique maintenant couramment adoptée (*Dark Earth* des archéologues anglo-saxons, les anthroposols pour les pédologues), a également été mis au jour, développé sur les niveaux d'abandon de la ville et recouvert par de nouveaux apports colluviaux et alluviaux qui supportent le sol actuel sous prairie.

5. Le temps brutal des érosions et des dépôts corrélatifs

Les multiples stratifications analysées montrent une relative stabilité générale du paysage depuis l'Antiquité, bien que, dans le détail, des phénomènes et des faits localisés aient eu raison de cet équilibre. Le comportement attendu vis-à-vis de l'érosion des sols développés sur l'arène granitique et sur les pentes, après déboisement, est un phénomène dont les incidences ont été reconnues dans de nombreux sondages, tant sur le rebord du plateau que sur les pentes et dans la vallée. Le vallon du Cros (**fig. 2**) est représentatif de ces modifications où archivage instantané, rupture d'équilibre et temps court côtoient archivage cumulatif et temps long. Le relief dominant à l'ouest la ville romaine a été totalement décapé jusqu'à la roche et seules quelques structures archéologiques préromaines en creux subsistent aujourd'hui sous le maigre sol reconstitué sur le granite. Le mobilier céramique se retrouve plus bas dans les colluvions sableuses qui sont interstratifiées aux couches archéologiques antiques dans la ville. Cet épisode érosif a débuté dès l'époque romaine et s'est prolongé jusqu'au début du Moyen Âge. La nécropole (JPO.02) a été striée de rigoles, les tombes partiellement détruites et leur contenu, daté des Ier-IIe siècles, répandu sur la

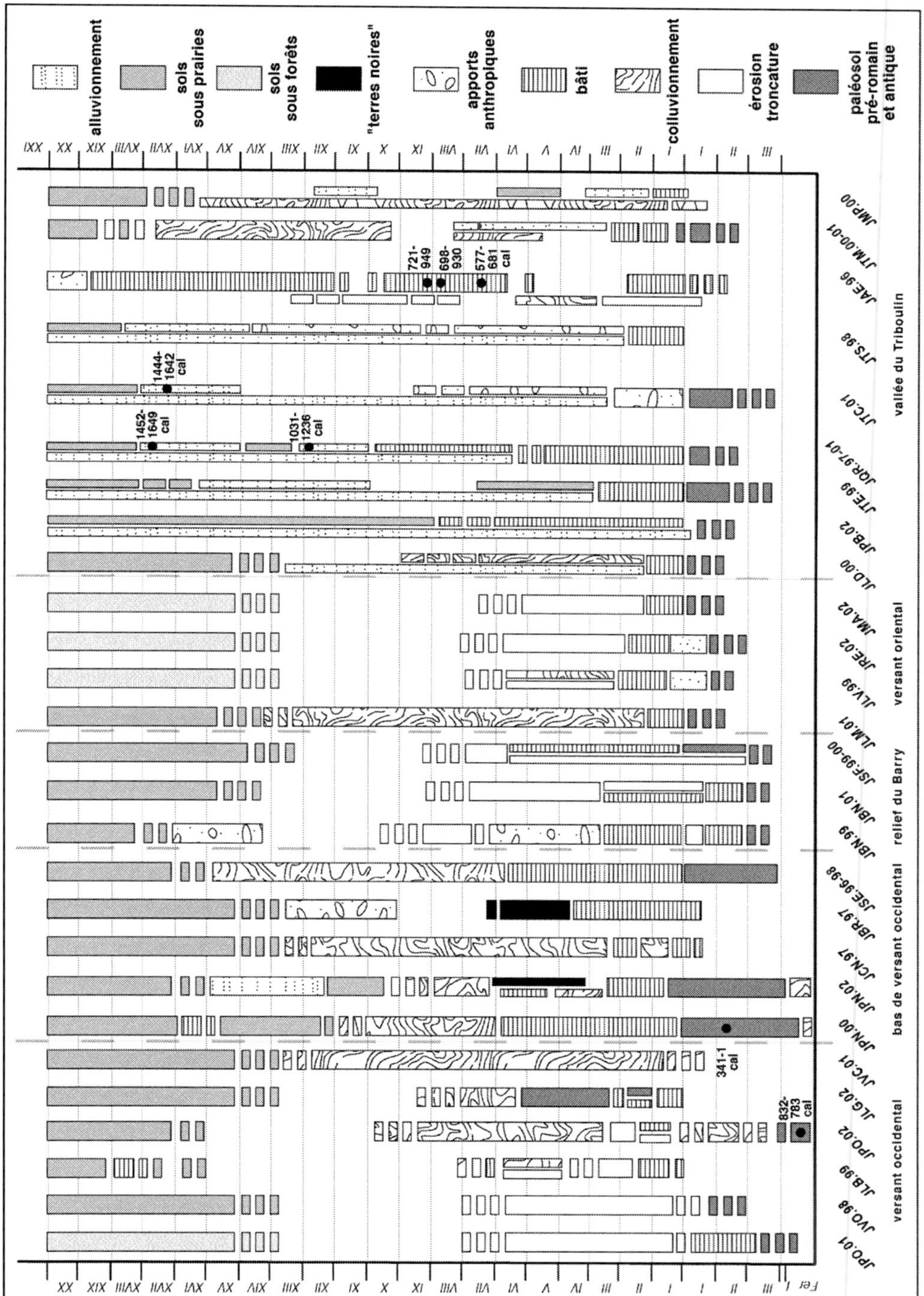

Fig. 3. Diagramme des évènements géodynamiques et pédologiques inscrits dans les stratifications archéologiques de Javols/*Anderitum*.

pente. Au bas du vallon (JVC.01), avant son débouché sur la vallée du Triboulin, une puissante accumulation d'arène, grossièrement stratifiée, remaniant des artéfacts romains pris à la nécropole, enfouis à plus de 4 m de profondeur, rend compte de la puissance et de la durée du détritisme. Postérieurement à cet épisode, le ravinement se concentre sur un autre axe et incise les dépôts de pente issus des précédents ravinements. L'érosion régressive à la tête du vallon a imposé le détournement progressif de la voie romaine et du chemin superposé. Cette action se poursuit toujours actuellement.

6. Quand archéologie et science du sol font bon ménage...

Au plan méthodologique, l'analyse géoarchéologique ne s'est pas appuyée sur un ou deux indicateurs pédologiques (nodules carbonatés ou ferro-manganiques, revêtements argileux...) définis comme une information synthétique, caractéristique de l'évolution climatique de la couverture pédologique, quand la confusion est faite entre stratification archéologique et horizonation, entre organisations élémentaires, traits d'un horizon et faciès hérité d'un dépôt anthropique. Le temps des sols n'est décidemment pas souvent celui des archéologues.

C'est l'observation de la qualité des matériaux, des traits pédologiques et des rapports stratigraphiques des sols, des colluvions, des dépôts de crues, des chenaux comblés et des niveaux archéologiques qui a servi de support à l'analyse. Il ressort de ces observations que les morphodynamiques sont récentes et qu'elles ne relèvent guère de nuances climatiques, hormis celle du Petit Âge Glaciaire.

Seul un épisode détritique un peu plus marqué et quasi généralisé au cours de l'Antiquité tardive pose le problème de l'identification de la signature du phénomène : climat ou modification dans l'exploitation anthropique des terroirs ? Globalement, le géosystème a une histoire holocène plutôt calme, répondant certes à l'action de l'homme quand le seuil de tolérance est dépassé (ravinement, détritisme localisé, ajustement hydrodynamique). Assurément, il n'est pas agité de pulsations frénétiques, qui auraient marqué durablement des sédiments stratifiés et pédogénétisés de façon fulgurante, et dont les signatures enregistrées auraient échappées à l'effacement par une reprise des processus affectant normalement les couvertures sédimentaires meubles. À Javols, les transformations des sédiments ne sont pas une avanie aux temps de la pédogenèse.

Références

ALLÉE P., DIOT M.-F., DURIEUX J.-F., REYNET J.-M., VALADAS B., 1997. Trois mille ans d'enregistrement sédimentaire dans les fonds de vallons des bas plateaux limousins. *In* : *La dynamique des paysages protohistoriques, antiques, médiévaux et modernes, Actes des XVIIe Rencontres internationales d'archéologie et d'histoire d'Antibes (19-21 octobre 1996)*, Sophia Antipolis, APDCA, 365-387.

FERDIÈRE A., 1997. Nouvelles recherches à Javols-*Anderitum*. *Revue du Gévaudan, des Causses et des Cévennes*, 3, 73-90.

VALADAS B. (dir.), 1991. *Le Massif central depuis la dernière période froide. Histoire d'un paysage. In* : *Bull. Assoc. Géogr. Franç., Actes du colloque tenu à Clermont-Ferrand le 24 mars 1990*, 1, 2-88.

Couleurs et savoirs des sols à Madagascar

CHANTAL BLANC-PAMARD[1], HERVÉ RAKOTO RAMIARANTSOA[2]

« Vous avez dit ferrallitique rajeuni ? C'est une terre à la robe douce... ». La perception paysanne du sol se distingue, sur les terroirs des hautes terres malgaches, de la classification scientifique pédologique. Notre propos est de donner un aperçu de l'ethno-agronomie (Rakoto, 1995) que traduit cette connaissance populaire. Nous privilégions une entrée par les couleurs car c'est la perception première de la couverture pédologique. Nous n'abordons pas ainsi d'autres aspects de ce savoir, comme les diagnostics établis à partir des bruits qu'évoque Blanc-Pamard (1986) :

> « [...] le paysan frappe le sol du pied et enregistre le son produit : le pied s'enfonce et résonne sur l'argile ; le bruit est sourd et le sol se disperse dans le cas du *baiboho* limoneux ; le *tany fasika* [*tany* = sol, *fasika* = sable] crisse [...] ».

La première partie du texte situe le contexte géographique de ce savoir ; elle souligne que la question des sols est bien un champ de dialogue entre société et nature, entre les hommes et leur climat. Une deuxième partie présente la distinction des sols par leurs coloris. Ce regard qualifie des propriétés culturales, mais il fait aussi référence aux comportements des sols et, de ce fait, introduit au thème de l'érosion, dans une troisième partie. L'érosion n'est pas une donnée nécessairement négative ; elle peut même être, suivant les situations, intégrée à l'aménagement du milieu.

1. Un savoir inscrit dans un contexte de hautes terres tropicales rizicoles

Il s'agit d'une connaissance des sols par des agriculteurs de hautes terres tropicales. Le contexte de production de ce savoir est articulé autour de trois principales composantes.

1. CNRS – CEA, EHESS, 54 Boulevard Raspail, 75006 Paris (cbp@ehess.fr).
2. ICOTEM – MSHS, 99 Avenue du Recteur Pineau, 86000 Poitiers (Herve.rakoto@mshs.univ-poitiers.fr).

- Un milieu de dissection hydriquement ouvert, issu du rajeunissement de surfaces dont Bourgeat et Petit (1969) regroupent les reliefs selon l'importance de la dégradation de l'aplanissement. À grande échelle, le modelé est un « semis de collines d'interfluve à versants convexes » (Petit, 1990) entre 1 200 et 1 300 m. Le contact avec le bas-fond se fait souvent par une légère concavité, « avec de nombreux suintements et sourcins au point d'inflexion ».
- Un climat tropical d'altitude marqué par les aléas. Aléas de la saison des pluies d'abord (novembre à mars), dont le début et la fin varient fortement d'une année à l'autre, tandis que la phase principale comporte des périodes néfastes aux cultures (« break » de pluies, excès des cyclones…). Aléas également de la saison sèche et fraîche qui limite la vie végétale et peut même, avec le gel, anéantir toute une récolte de cultures en contre-saison.
- Une civilisation agraire rizicole, avec une agriculture manuelle qui tire parti de la catena de sols disponibles du sommet des interfluves au talweg des bas-fonds. L'*angady*, bêche de jet à percussion, en est le principal instrument de travail. Grâce à elle, l'exploitant aménage, retourne, manipule la terre et transforme progressivement trois espaces complémentaires dans la production agricole :
    - le bas-fond, au cachet rizicole, où la qualification des terres repose sur des critères hydriques et où la bonification minérale est permanente ;
    - les interfluves, lieux de pâturage et de cultures vivrières ou commerciales. Le contrôle de l'érosion y représente un temps de travail important : il faut « installer les rigoles de protection contre le ruissellement en saison sèche, par crainte des précipitations de la saison pluvieuse » ;
    - le contact bas-fond – interfluve, espace d'entre-deux dont la fertilité tient autant à la proximité de la nappe qu'aux aménagements. La mise en place de terrasses fixe la terre fine provenant du versant tandis que la construction de sols, par culture de tubercules en trous progressivement remplis de matière organique, prépare l'installation de rizières, une fois l'alimentation en eau de la parcelle assurée.

Pourtant, le riz est proche ici de conditions écologiques extrêmes par les limitations du froid[3]. Il s'est imposé dans le paysage car il s'agit d'un fait de civilisation. La pratique agricole génère une connaissance éprouvée par les contraintes et les exigences des cultures. Cette connaissance peut à son tour orienter l'occupation et les formes d'aménagement de l'espace.

2. Sols : couleurs et savoirs multifaces

La distinction des sols se fonde avant tout sur leur couleur, elle-même expression de propriétés variées. L'expression « terre à la robe douce » associe à la couleur, celle de la robe, un comportement du sol : la pénibilité du travail d'un tel horizon pédologique est faible, ce que traduit sa douceur.

3. Le riz connaît des conditions thermiques optimales à plus de 25° de température moyenne ; celle des hautes terres malgaches atteint à peine 18°, avec une moyenne mensuelle inférieure à 14-15° de mai à juillet.

Trois grandes gammes qualifient les sols : les teintes sombres, les teintes rougeâtres (vives) et les plus claires. Aucune ne possède un coloris homogène, ce qui tient autant à des variations internes de tonalité qu'à la présence d'éléments spécifiques dans l'horizon considéré. Dans le premier cas, c'est l'exemple d'un éperon montagneux à 1 600 m d'altitude (Blanc-Pamard et Rakoto, 2000) qui voit le passage des terres rouges des sommets aux terres d'un beau rouge des versants, puis aux terres rouges « sang de zébu », plus sombres, en bas de versant. Dans le second cas, les pentes du Vakiniadiana, pays granitique dans l'Est de l'Imerina, présentent des passées de *vato katsaoka*, horizon clair avec des éléments de plus grande taille, ce qui entraîne un réchauffement plus important en surface et modifie les caractères des versants.

À la coloration des terres est associée leur position topographique. Les sols de couleur sombre caractérisent principalement les bas-fonds. On peut cependant les observer en position sommitale des interfluves lorsqu'une couverture végétale est conservée, ou en bas de versant, sur le méplat au contact du bas-fond. Sur les collines, les sols rouges occupent essentiellement les parties sommitales à pente peu marquée. Enfin, les sols clairs habillent les versants des interfluves. Accompagnant les pentes, ils sont les plus hétérogènes dans les coloris : jaune à jaune rougeâtre, parfois même de coloration nettement blanchâtre, plus rarement gris-violet ; ces terres sont cependant reconnues comme étant les meilleures pour la production agricole.

La couleur renvoie, en effet, aux caractéristiques agronomiques des terres. La forte occupation agricole des versants, facette topographique particulièrement vulnérable à l'érosion, traduit la qualité de ses sols clairs, *haboka*. Il faut en assurer la protection contre les eaux de ruissellement pour tirer profit du potentiel pédologique. Les versants portent une terre limoneuse, meuble et remarquable par sa légèreté qui la rend facile à travailler (Rakoto, 1995) ; elle est par ailleurs perçue comme un horizon où les plantes peuvent puiser des éléments nutritifs, ceux-là même qui colorent différemment ces horizons. Pour les terres de coloration sombre, la distinction est fonction de la localisation topographique. En secteur non-inondable, sol noir est synonyme d'excellent support, surtout si l'horizon est épais : c'est la « chair de la terre » dont une expression significative, « à excréments de vers de terre », désigne la structure aérée, grumeleuse. En situation de bas de versant, cette couleur peut être altérée par des dépôts superficiels de ruissellement (les paysans parlent alors de « noir étrange ») ou de débordement (« noir brillant »). Dans les bas-fonds, la teinte sombre n'est plus le principal indicateur de fertilité. En effet, la maîtrise hydrique des terres à riz devient primordiale, et la possibilité de contrôler l'eau prend désormais le pas sur la nature des sols : « c'est l'eau qui fait d'une rizière, une rizière » (Rakoto, 1995). Les terres rouges, quant à elles, sont les moins propices aux cultures. Elles constituent le « pilier du sol », allusion à leur dureté et massivité qui représentent une contrainte pour le labour manuel. À cela s'ajoute une pauvreté en nutriments, car « la terre rouge ne brûle pas » : c'est seulement aux alentours immédiats des villages, proches des lieux de production de fertilisants, que ces terres se trouvent mises en cultures.

Pourtant, les savoirs ne se rapportent pas aux seules caractéristiques agronomiques des terres. Les couleurs renvoient aussi à d'autres propriétés. Ainsi, s'agissant des sols rouges, la massivité est recherchée pour asseoir la fondation des maisons et valorisée pour constituer l'aire de battage des tiges de riz (égrenage). En pays betsileo, on prête aux futures épouses le proverbe suivant : « Je n'irai pas me marier à Imady[4] où les femmes ont la tâche d'apporter de la terre rouge » ; l'allusion décrit le traitement des sols tourbeux de bas-fonds par un apport de terre minérale des interfluves, ces horizons de couleur vive qui trouvent ainsi une utilisation appropriée : ils « mûrissent » la terre tourbeuse, lui « donnent de la force ». Bourgeat (1966) note : « [...] les cultivateurs mettent dans les rizières du fumier et des matériaux [...] ferrallitiques ; de ces matériaux [...] les minéraux en voie d'altération se transforment rapidement pour libérer des éléments utilisables par les plantes ». Les sols noirs des interfluves découvrent aussi des facettes autres que celle de l'excellence agronomique. Ainsi en altitude, en zone de culture du maïs, entre 1 800 et 2 000 m, cette « chair de la terre », appelée alors « à tête de sauterelle », n'est plus perçue comme le meilleur support. L'aération, qualité pédologique intrinsèque que leur confère la structure grumeleuse, devient handicap ; en effet, cette macro-porosité laisse l'insolation atteindre directement la rhizosphère et dessécher les radicelles du maïs, le grain étant semé en octobre-novembre, avant que les pluies s'installent. La contrainte climatique oriente de cette manière la qualification des sols, elle suscite des pratiques qui diversifient encore plus l'usage de ces derniers. Ainsi, ce cas des horizons à « tête de sauterelle » dévoile une pratique plus agronomique des sols rouges de structure massive : ils sont mis par-dessus les terres noires superficielles et recouvrent les « yeux du sol »[5], ce qui permet aux graines semées de se développer (Blanc-Pamard et Rakoto, 2000).

3. L'érosion : une perception fine

La dimension multiface des unités pédologiques appréhendées par leurs couleurs traduit les nombreuses situations que définissent les interactions du climat, de la topographie et de l'utilisation du milieu. L'érosion, dont la dynamique même s'applique aux sols, est tout aussi variée dans sa perception. D'abord, sa présence est manifeste avec les *atsanga*, ces dépôts colluviaux de différentes natures – organique, minérale – et de différentes tailles. Ils proviennent des pluies, responsables de ruissellements dont certains « entraînent des poules au

4. Contrée de la bordure orientale des hautes terres centrales, connue pour son agriculture intensive et sa poly-activité qui éloigne souvent les hommes pendant plusieurs mois du terroir.
5. Yeux du sol : autre terme qui désigne la macroporosité en surface du sol.

beau milieu du village »[6], c'est-à-dire aptes à charrier des matériaux importants. Le « ruissellement-mère » est le plus redouté, il affecterait tout un versant s'il n'était pas détourné par des aménagements. Le constat principal est celui de l'érosion hydrique, mais d'autres expressions revèlent une perception ancienne de l'action du vent : « jouer seul avec de la poussière, comme un enfant délaissé par ses proches », la poussière caractérisant les espaces découverts, en saison sèche.

La vie des terroirs côtoie l'érosion et l'exploitation des terres doit tout d'abord s'en préserver : l'aménagement des pentes mises en culture, là où les sols clairs sont exploités, est en cela significatif. Le *aro-riaka*, « protection contre le ruissellement », est une pièce essentielle du système. Fossé à but défensif installé en amont des parcelles (Blanc-Pamard, 1986), c'est une rigole profonde qui ceinture les cultures de collines. Vers l'aval, elle prend une orientation qui suit plus la déclivité qu'elle ne la coupe et, dans son cours, on observe des parties du plancher volontairement laissées en relief pour casser la violence du courant. L'autre action fondamentale est la mise en place de banquettes de cultures sur le versant ainsi protégé. L'aménagement recherche une taille réduite des parcelles et installe, dans leur partie amont, un collecteur secondaire dont les eaux se jettent dans le *aro-riaka*.

Mais l'érosion n'est pas toujours aussi systématiquement combattue. En effet, si ses méfaits sont reconnus, ils sont jugés secondaires car l'érosion engendre ailleurs de meilleures conditions culturales. Ainsi, les fonds des *lavaka*, ces « plaies béantes ouvertes à la surface des interfluves », deviennent champs cultivés car les agriculteurs tirent parti du dépôt de terre fine et d'horizons altérés provenant de l'érosion des versants. Les labours attelés dans le sens de la pente récupèrent de la même façon le transfert des matières organo-minérales fines vers le bas de versant par le contrôle foncier de cette dernière unité, tout en fatigant moins les zébus, essentiels dans le système de production. Parfois même, l'érosion est provoquée. Andriamampianina (1993) observe des brûlis de versants dans les régions marquées par les aléas climatiques. La mise à feu élimine la couverture végétale pour permettre un fort ruissellement et les premières pluies apporteront ainsi l'humidité nécessaire à une mise en eau précoce des rizières de bas-fonds, ce qui réduit les risques de mauvaise récolte.

Conclusion

La science du sol que possèdent les exploitants agricoles des hautes terres malgaches repose sur l'utilisation des terres, en fonction d'objectifs culturaux, mais aussi en fonction de la situation topographique de ces dernières et du contexte climatique. La couleur des terres est en cela une indicatrice essentielle. Elle renvoie d'abord à des qualifications agronomiques, mais elle se rapporte aussi à

6. L'expression indique une topographie plane.

d'autres aspects : leurs comportements, leurs propriétés. Par leur dimension à multiples facettes, les sols traduisent

> « l'interrelation du milieu physique et du milieu [...] Cette relation [...] n'existe que dans la mesure où elle est ressentie, interprétée et aménagée par une société, mais où aussi, inversement, cette part du social est constamment traduite en effets matériels, qui se combinent avec des faits naturels. » (Berque, 1984)

La connaissance des terres, leur manipulation révèlent des paysans qui sont de véritables « bâtisseurs de paysages »[7], transformant les bas-fonds en damiers de parcelles rizicoles et les versants d'interfluves en banquettes de cultures. Pour eux, le sol est un produit entre nature et société et son érosion est un élément parmi d'autres de la gestion du milieu ; son utilité peut même s'imposer dans certains cas. Rappelons pour conclure, l'intérêt et l'attention que Stéphane Hénin (1958) a toujours porté, et cela, dès les années 1950, « au processus de raisonnement des praticiens » sur le sol, objet complexe de la nature.

Références

ANDRIAMAMPIANINA N., 1993. Gestion de l'eau et riziculture dans un terroir des Hautes Terres malgaches. *In* : RAUNET M. (éd.), *Bas-fonds et riziculture*, Montpellier, CIRAD, 518 p.

BERQUE A., 1984. Paysage-empreinte, paysage-matrice, éléments de problématique pour une géographie culturelle. *L'Espace géographique*, Paris, t. XIII, 1.

BLANC-PAMARD C., 1986. Dialoguer avec le paysage ou comment l'espace écologique est vu et pratiqué par les communautés rurales des Hautes Terres malgaches. *In* : CHATELIN Y. et RIOU G. (éds.), *Milieux et paysages*, Paris, Masson, 17-34.

BLANC-PAMARD C. et RAKOTO RAMIARANTSOA H., 2000. *Le terroir et son double. Tsarahonenana 1966-1992, Madagascar*, Paris, IRD, « À Travers Champs », 256 p.

BOURGEAT F., 1966. *Les sols aux environs de certains villages des hauts-plateaux*, Tananarive, ORSTOM, 59 p.

BOURGEAT F. et PETIT M., 1969. Contribution à l'étude des surfaces d'aplanissement sur les hautes terres malgaches. *Annales de Géographie*, 48 (426), 158-188.

HÉNIN S., 1958. Réflexions sur la valeur de la connaissance empirique. *C.R. Acad. Agric. Fr.*, séance du 17 décembre, 881-883.

PETIT M., 1990. *Géographie physique tropicale. Approche aux études du milieu*, Paris, Karthala-ACCT, 352 p.

RAKOTO RAMIARANTSOA H., 1995. *Chair de la terre, œil de l'eau... Paysanneries et recompositions de campagnes en Imerina (Madagascar)*, Paris, ORSTOM, 370 p.

7. Expression empruntée à P. Blanchemanche, *Bâtisseurs de paysages*, Paris, 1990, 330 p.

Réserve forestière et savanes incluses de l'Ankarafantsika
(N-O Madagascar, arrière-pays de Majunga)
Diagnostics d'érosion et propositions de conservation

Michel MIETTON[1], Jean-Claude LEPRUN[2], Monique BEINER[3], Michel DUBAR[4], Rafolo ANDRIANAIVOARIVONY[5]

Le point de départ, en 1997, de cette recherche consiste en une demande d'expertise d'une ONG (*Conservation International*) en vue d'établir l'origine d'un ensablement, supposé accéléré, de la plaine de Marovoay, dans l'arrière-pays de Mahajanga (Mietton, 1998 ; Georges, 1997 ; Wenisch, 1997). Le contexte en terme d'aménagement est très particulier dans la mesure où l'on a, dans cette région du nord-ouest de la grande île, deux unités juxtaposées aux caractéristiques naturelles et socio-économiques très différentes : le plateau de l'Ankarafantsika, réserve intégrale forestière, et la plaine de Marovoay, deuxième grenier à riz de l'île de Madagascar. Mais ces deux entités sont aussi intimement liées l'une à l'autre du point de vue des ressources : hydrologiques d'une part, les bassins versants fournissant l'eau d'irrigation pour l'aval, économiques d'autre part, les ressources du plateau, en bois, en terres de cultures et d'élevage, attirant des populations de riziculteurs appauvris. Notre démarche visait ainsi à identifier la réalité de l'érosion, son caractère plus ou moins accéléré, ses causes, les éventuels remèdes à apporter. Elle nous a conduit ensuite (2002-2004) à des investigations originales sur les paléoenvironnements de l'Ankarafantsika qui sont encore en cours d'analyse.

1. Professeur UMR 5600 CRGA Lyon 3 (mmietton@yahoo.fr).
2. DR IRD Montpellier (Jean-claude.Leprun@mpl.ird.fr).
3. CNRS Strasbourg (monique.beiner@neuf.fr).
4. CNRS Sophia-Antipolis (dubar@cepam.CNRS.fr).
5. Département d'Archéologie, Université d'Antananarivo (rafolo@refer.mg).

1. Diagnostic de l'érosion : l'enseignement des formes

1.1. Les formes dans l'espace

Deux familles de formes, d'ablation et d'accumulation, le plus souvent d'une grande fraîcheur, parfois reconquises par la végétation, sont identifiées sur le plateau et ses marges (**fig. 1**).

Les formes de dissection sont de deux types : des ravines à bords abrupts, mais de largeur et profondeur limitées, métriques à décamétriques, et des lavakas, sorte d'amphithéâtres oblongs, à la largeur et à la profondeur beaucoup plus conséquentes, hectométriques. Ces incisions sont très impressionnantes, sans équivalent avec l'image la plus fréquente du lavaka des hautes terres malgaches. Si les formes d'ablation sont évidemment préoccupantes en ce sens qu'elles correspondent à une perte de capital pédologique dans les zones amont des bassins versants, les formes d'accumulation sont *a priori* plus problématiques encore car elles se situent à l'aval, dans les vallées ou plaines à vocation agricole évidente, en particulier la plaine de Marovoay. Pour autant, sur ce versant nord et en particulier dans le bassin versant de l'Androta le plus marqué par de longues ravines, l'accumulation ne peut pas être responsable de l'ensablement des périmètres rizicoles puisque ce bassin versant important

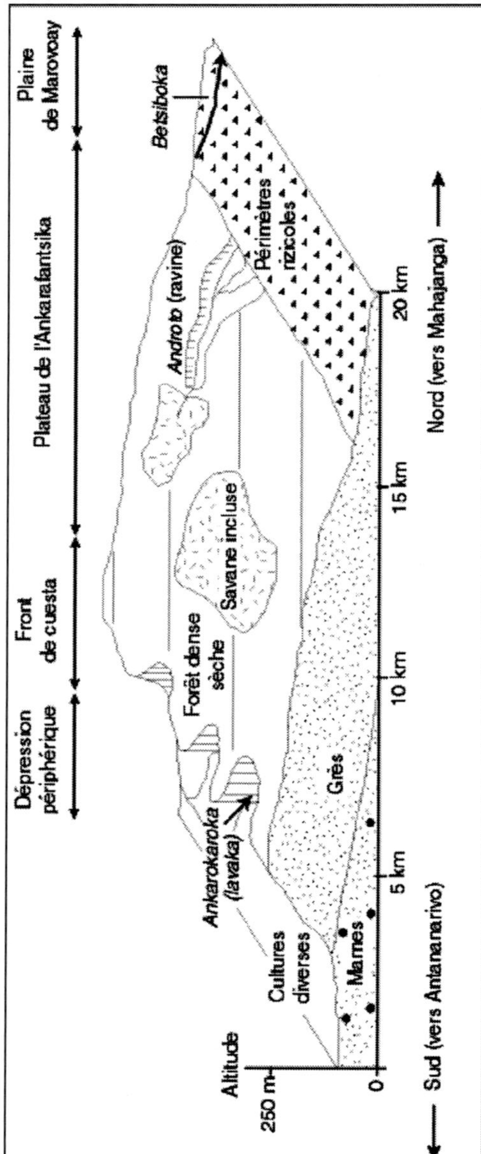

Fig. 1. Le massif de l'Ankarafantsika : morphologie, géologie et végétation.

(63 km^2) n'est pas connecté au réseau hydrographique général et se perd au contact de la plaine, en de multiples bras à forte mobilité, n'atteignant pas le canal principal périphérique... Quant au versant sud, aucune accumulation récente n'y est repérable, même au débouché des puissants lavakas qui éventrent le front de cuesta.

1.2. L'érosion dans le temps : accélération ou permanence ?

Il existe incontestablement une dynamique érosive actuelle comme en témoignent la fraîcheur de bon nombre des formes précitées et les témoignages d'acteurs locaux. L'accélération actuelle des phénomènes de dissection pourrait être liée au fait que l'érosion régressive semble avoir atteint de façon assez générale l'espace des savanes incluses situées en amont des bassins. Mais l'ancienneté de l'érosion ne fait aucun doute. Les marques en sont d'une part des lavakas complètement recolonisés par la végétation ; d'autre part, les tessons de poterie que nous avons découverts à notre retour sur le site en 2002, témoins archéologiques d'une occupation ancienne à l'intérieur du grand canyon d'Ankarokaroka. L'ancienneté attendue, après un premier examen par les archéologues malgaches (XVe ou XVIe siècle selon R. Andrianaivoarivony), a été confirmée par une datation[6] par le radiocarbone (Ly-12555. Âge ^{14}C BP : - 605 ± 50. Âge calibré : de 1289 à 1421 ap. J.-C.). Le lavaka est dès lors plus ancien, ce qui nous conforte dans l'appréciation visuelle d'une permanence de l'érosion à l'échelle des temps longs, du moins à l'échelle historique, de l'occupation progressive de l'île.

2. Diagnostic de l'érosion : les facteurs conditionnels

2.1. Les facteurs climatiques de l'érosion

Le climat régional est de type tropical atténué (5 mois humides supérieurs à 100 mm, de novembre à mars), avec des précipitations moyennes annuelles de 1 496 mm à Marovoay (normale 1931-1960), où le mois le plus pluvieux (janvier) enregistre une moyenne de 442 mm. Des événements pluviométriques tout à fait exceptionnels peuvent survenir. On enregistre ainsi, en février 1998, 902 mm à Ankaboka (rive gauche de la Betsiboka), 866 mm à Manaratsandry ; ces pluies abondantes et durables étant liées au stationnement d'une perturbation sur le Canal de Mozambique. Les cyclones rendent compte quant à eux des maximums journaliers : 347 mm le 3 janvier 1992 à Mahajanga (cyclone Bryna). Enfin, une analyse fine des classes de hauteurs de pluies à Ampijoroa, au cœur de l'Ankarafantsika, montre que les grosses averses supérieures à 40 mm repré-

6. À notre connaissance, c'est la première fois qu'une datation relative d'un lavaka grâce à des témoins archéologiques est obtenue à Madagascar. Pareille datation a été établie à partir d'un horizon pédologique par F. Bourgeat (1972).

sentent en volume environ 50 % des précipitations totales. Au total, il faut donc retenir un fort potentiel d'érosivité des pluies, concentré sur peu de mois, une vulnérabilité des sols liée à leur saturation durable, au caractère répété des pluies et à des volumes précipités souvent élevés sur des durées limitées.

2.2. Les facteurs conditionnels indirects de l'érosion : les couvertures pédologique et végétale

La couverture pédologique, identifiée par P. Segalen (1956) repose sur un substrat de grès cénomaniens continentaux grossiers, eux-mêmes sur des marnes. La série sédimentaire est affectée d'un pendage vers le nord-ouest ; le plateau présente un profil dissymétrique et les lavakas du front de cuesta, dont la tête est sur la ligne de partage des eaux, ont atteint leur stade ultime d'évolution (**fig. 1**). Les sols peuvent être classés en trois grands types : les sols ferrugineux tropicaux, les sols peu ou pas évolués d'apport ou d'ablation, les sols hydromorphes ; la zone étudiée étant couverte presque exclusivement par des sols ferrugineux tropicaux rouges, sur sables ou sur grès, et par des sols d'apport de sables blancs. Selon Segalen, ces sables blancs podzoliques reposent sur les sols rouges. Mais les uns et les autres, en milieu de savane comme en milieu forestier, sont désormais identifiés comme éoliens ! Les analyses texturales révèlent en effet un tri remarquable, dont l'origine éolienne est confirmée par l'analyse exoscopique et mieux encore par les images prises au MEB (croissants de chocs éoliens typiques et figures de dissolution). Par ailleurs, ces sols sont en étroite relation avec la topographie et mieux encore avec la végétation. Les sables blancs, disposés principalement à la périphérie du plateau, sont couverts par la forêt dense la plus haute tandis que les sols rouges foncés correspondent aux savanes herbeuses incluses ; des sables beiges peu rubéfiés pouvant se retrouver en position intermédiaire sous une forêt plus basse et discontinue ; les limites des formations végétales et des types de sols étant toujours en parfaite coïncidence.

Sur le plan phytogéographique, le fait remarquable est l'association de forêts denses sèches semi-caducifoliées – savanes incluses (Roger, 1986), aux espèces de lisière typiques (*Stereospermum variabile, Trema orientalis*), avec des zones hydromorphes permanentes à raphières au niveau des fonds de vallées principales. Malgré l'agressivité du climat, la forêt apparaît comme un milieu pénéstable où, en dehors des pistes, on ne repère pas de trace de dissection. En revanche, la savane, dont les espèces sont constituées à 90 % par des graminées cespiteuses, protège mal le sol du fait de l'espacement des touffes. La savane herbeuse, plus ou moins intéressante en termes de pâturages, est composée d'espèces annuelles où dominent *Heteropogon contortus* (danga), *Hyparrhenia rufa* (vero) et *Aristida barbicollis* ; cette dernière représentant un stade ultime de dégradation par le feu avec *Themedia triandra.* L'équilibre dynamique entre savanes incluses et forêts denses sèches semi-caducifoliées, fortement dépendant à l'échelle des temps longs du couple de facteurs sols/climats, est en relation plus immédiate avec un certain nombre de données anthropiques et notamment avec la pratique des feux.

2.3. Les facteurs anthropiques de l'érosion

La dégradation du milieu par l'homme peut correspondre à différentes pratiques : défrichement pour une mise en culture, prélèvement de bois (bois d'énergie, bois d'œuvre), feux de savanes (étendus aux forêts) à des fins pastorales essentiellement. Les défrichements existent malgré le statut de réserve. Mais, pratiqués par des migrants aux dépens de la forêt sèche dense pour la culture du manioc, ils ne nous sont pas apparus très fréquents, en tout cas pas au point de rendre compte d'une accélération de la dynamique érosive. La collecte des ligneux de la forêt dans l'Ankarafantsika fait l'objet d'une réglementation qui définit un droit d'usage. De nombreux cas de carbonisation et de coupes illicites sont recensés cependant par le Service des Eaux et Forêts de Marovoay. Par delà ces constats, il importe de situer dans le temps une éventuelle aggravation de cette dégradation.

La problématique des feux et de la gestion des pâturages a déjà été largement abordée par différents auteurs (Bloesch, 1997a et b ; Ranairoarivela, 1993). L'origine des feux est multiple : feux de pâturage, de défrichement, de nettoiement, de carbonisation, de collecte des massiba ou du miel, feu de protestation. Il s'agit donc d'une pratique complexe avec laquelle il est difficile de composer. Plus encore qu'aux seules pratiques professionnelles, on touche là au domaine des croyances et de la tradition culturelle, qui évoluent très lentement et vis-à-vis desquelles la communication, la compréhension respective entre le paysan et l'aménageur ont le plus de mal à se mettre en place. Certaines croyances traditionnelles les plus ancrées dans la mentalité des masses paysannes déresponsabilisent les communautés. Les calamités naturelles comme l'érosion, l'ensablement des rizières, les crues catastrophiques constituent des sanctions envoyées par les dieux, les ancêtres ou les migrants. Il est donc illusoire – en dehors de mesure coercitive à proscrire – de penser que la pratique des feux puisse être stoppée. En revanche, on peut revenir à une meilleure gestion et favoriser impérativement les feux précoces (quitte à ce qu'une autorité publique décide elle-même de leur date d'occurrence) aux dépens des feux tardifs majoritaires aujourd'hui. Selon les témoignages recueillis, il semble que la dégradation se soit accélérée ces dernières années ou décennies, principalement du fait d'une fréquence plus grande des feux, notamment des feux tardifs. Ces constats ponctuels pourraient être mis en rapport avec une évolution sociopolitique plus générale, marquée à partir de 1972 (république des madinika) par un effacement de l'autorité publique au profit d'un pouvoir populaire, puis par une désorganisation administrative. Le discours « libérateur » préconisant une production à outrance, les difficultés des fonctionnaires à maintenir les contrôles ont pu déresponsabiliser les paysans et les inciter à détruire plusieurs lots forestiers.

3. Correction des phénomènes érosifs : propositions

3.1. Les méthodes « aval », mécaniques, peu ou pas curatives

Les micro-barrages pierreux observés dans le lit des rivières du bassin de l'Androtra en août 1997 constituent des aménagements inutiles dans la mesure où ils sont sous-dimensionnés, coûteux et discréditent l'aménageur aux yeux des paysans qui en mesurent parfaitement l'inefficacité. Les gabions peuvent être utiles à la rigueur au pied même des parois des têtes de lavakas afin d'en freiner le sapement à la base et de limiter leur recul mais cette action n'est à envisager que couplée à d'autres aménagements en amont permettant de limiter les volumes ruisselés. Le curage du lit de la rivière Marovoay et le renforcement des levées dans la plaine sont en revanche une nécessité car les ruptures de digues du fait du rehaussement du lit, lui-même lié aux apports solides, provoquent des dégâts irréversibles dans des dizaines d'hectares de rizières. Si les services d'État se désengagent de l'entretien du réseau d'irrigation, en revanche un effort doit être maintenu sur les rivières elles-mêmes, pour des travaux qui réclament un matériel lourd que les paysans ne peuvent louer. L'absence d'opération de curage limite aussi les disponibilités en eau d'irrigation (débit actuel de 2 000 l/s au barrage de Tsiasesy contre 4 000 l/s en 1990). Quoi qu'il en soit de ces aménagements, il faut d'abord traiter les amonts fournisseurs d'eau, même si une partie de la charge transportée provient, comme sur l'Androtra, des parois de ravines.

3.2. Les méthodes « amont », préventives, biologiques et de modification des couverts végétaux

La mise en défens de tout ou partie des savanes serait d'une complète mais redoutable efficacité : complète car le ruissellement et l'érosion seraient sensiblement enrayés comme l'attestent toutes les mesures sur parcelles expérimentales dans le domaine savanien et en particulier celles réalisées entre 1970 et 1973 par le CTFT à Miadana, à une quarantaine de kilomètres de l'Ankarafantsika ; redoutable car une mise en défens rigoureuse, interdisant coupes et passage des feux, provoquerait immanquablement une reconquête forestière des savanes. Outre que cette mise en défens serait pratiquement très difficile, sinon impossible à assurer, il est clair qu'elle ne recevrait en rien l'assentiment des pasteurs locaux ou migrants et traversant l'Ankarafantsika. Dans le même ordre d'idées, il est totalement vain d'imaginer des plantations d'arbres, y compris de fruitiers, sur ces terres de parcours du plateau. En revanche, pousser la végétalisation dans un sens utilitaire, avec des arbres fruitiers (anacardiers), fourragers (*Leucaena leucocephala*, *Sesbania sp.*), produisant du bois ou alimentant la pharmacopée, tout cela est à encourager autour de la forêt classée.

Le contrôle des feux supposerait plutôt qu'une interdiction, illusoire, du moins une gestion des feux précoces, avec une rotation de manière à ce que le couvert herbacé ne souffre pas excessivement du passage du feu deux années consécutives. Pareille gestion, de même que celle des pare-feux nécessaires à la protection de la forêt voisine, supposent une acceptation paysanne. Les pare-feux à nu constituent des bandes sensibles vis-à-vis du ruissellement et de l'érosion ! De ce fait, ils doivent correspondre soit à des coupes et brûlis précoces des graminées, soit à un broyage sur 10 à 20 m de large et non pas à un arrachage des touffes. La recherche d'un nouvel équilibre éco-pastoral peut passer par l'introduction dans les savanes d'une nouvelle herbacée devant réunir impérativement trois qualités essentielles : constituer un excellent fourrage, résister aux feux, offrir un très bon taux de couverture au sol. Il faut donc substituer aux cespiteuses actuelles, laissant place à un ruissellement diffus exacerbé, des plantes rampantes, aptes à freiner les écoulements et plus sûrement encore à limiter le décapage aréolaire et les dissections. Sous les averses abondantes et agressives de la région, il n'est évidemment pas question de forcer à l'infiltration toute l'eau précipitée, mais il faut écrêter les débits de pointe dans les ravines, limiter la charge solide en provenance du plateau. De telles plantes aux vertus multiples existent : légumineuses comme *Stylosanthes guyanensis*, graminées comme *Cynodon dactylon* et surtout les espèces du genre *Brachiaria,* plus récemment introduites par le CIRAD depuis le Brésil, graminées fourragères stolonifères permettant de fournir une quantité de biomasse très importante, même dans des sols très peu fertiles (Mietton, 2004).

Conclusion

Dans le cadre d'un programme de développement intégré, sans même parler de la diversité des biotopes à préserver, les savanes incluses de l'Ankarafantsika constituent un espace à vocation pastorale à sauvegarder. Une mise en défens des savanes, qui assurerait une reconquête forestière, n'est donc ni envisageable, ni souhaitable. C'est le vœu des populations environnantes sans l'accord desquelles rien de durable ne peut se faire. Depuis la mise en place du périmètre de Marovoay (années 1930), l'Ankarafantsika constitue durant la saison des pluies une sorte de « base-arrière » pour le bétail lorsque l'inondation de la plaine ou du moins les cultures ne permettent plus ses déplacements. Avec la crise des années 1980 frappant de plein fouet les riziculteurs, cette complémentarité s'est renforcée. Dans la plaine, les facteurs de production (situation foncière, équipement agricole…) ne sont plus guère satisfaisants. La moitié des rizières est détenue par des propriétaires absentéistes ; le métayage à mi-fruit est le mode de faire-valoir le plus fréquent (Madio, 1996). Avec la pression démographique, qui ne se relâche pas du fait des migrations à l'échelle du pays, bien des paysans ont dû déployer des stratégies de reconversion vers le plateau. Mais la dégradation de la plaine n'est pas tant liée à ce repli qu'à des modes de gestion, dans la plaine elle-même, ne permettant plus un bon entretien du réseau hydraulique. Les paysans ne sont donc pas les premiers responsables de cette évolution et les méthodes coercitives, détestables, sont à proscrire !

Références

BLOESCH U., 1997a. La problématique du feu dans les aires protégées d'Ankarafantsika et sa zone périphérique. *Rapport de mission (juin 1997)*, 21 p.

BLOESCH U., 1997b. La problématique du feu dans les aires protégées d'Ankarafantsika et sa zone périphérique. *Rapport de mission (novembre 1997)*, 18 p.

BOURGEAT F., 1972. *Les sols sur socle ancien à Madagascar*, Mém. ORSTOM, n° 57, 335 p.

GEORGES C., 1997. *Ensablement de la plaine de Marovoay. Diagnostic d'une origine*, mémoire de DEA (M. MIETTON, dir.). ULP de Strasbourg. 70 p., 21 annexes.

MADIO, 1996. *L'état des campagnes malgaches en 1995. Synthèse des résultats d'enquêtes sur les observatoires ruraux : Antalaha, Antsirabe, Marovoay, Tulear. Instat, Premiers résultats*, 84 p.

MIETTON M., 1998. *Érosion et gestion des savanes de l'Ankarafantsika. Rapport d'expertise pour C.I.*, 32 p.

MIETTON M., 2004. *Rapport d'expertise à Ambatondrazaka auprès du Projet BVLac. CIRAD-AFD*, 37 p.

RANAIROARIVELO N., 1993. *Actions du feu sur le sol et la végétation des savanes et des lisières d'Ampijoroa (Nord-Ouest de Madagascar)*, mémoire de DESS, ULP Strasbourg, 87 p.

ROGER E., 1986. *Contribution à l'étude botanique des savanes d'Ampijoroa*, thèse EESS, Université de Madagascar, 130 p. + annexes.

SEGALEN P., 1956. Notice de la carte pédologique de reconnaissance au 1/200 000e. Feuille n° 13 : Marovoay-Mahajanga. *Mémoire de l'Institut Scientifique de Madagascar*, Série D, t. VII, 161 259.

WENISCH T., 1997. *Érosion et gestion des savanes dans le massif de l'Ankarafantsika*, mémoire d'ingénieur de l'ENITA de Clermont-Ferrand (M. MIETTON, dir.), 48 p., 7 annexes.

Atelier 3

Acquis et perspectives géomorphologiques et géoarchéologiques dans le monde méditerranéen

Communications thématiques

Alluvionnement et creusement sur la rive nord de la Méditerranée
Vers une lecture systémique des rythmes historiques de la morphogenèse

RENÉ NEBOIT-GUILHOT[1], **LAURENT LESPEZ**[2]

Depuis l'ouvrage de VitaFinzi (1969) sur la morphogenèse récente des vallées méditerranéennes, les recherches se sont développées au Maghreb, au Proche-Orient et dans les péninsules nord-méditerranéennes (Lewin *et al.*, 1995 ; Grove et Rackham, 2001 ; Roberts *et al.*, 2001). La rive nord de la Méditerranée où l'Holocène a laissé des traces multiples de colluvionnement, d'alluvionnement et de creusement (**fig. 1** et **2**), offre un terrain de choix pour aborder ces problématiques et la question s'y pose d'expliquer les changements du rythme, du style et du sens de la morphogenèse. Aux difficultés inhérentes à l'interprétation de tout héritage s'ajoute une ambiguïté spécifique, l'interaction de changements climatiques mineurs (Jalut *et al.*, 2000 ; Magny *et al.*, 2002 ; Issar, 2003) et de l'impact précoce des sociétés sur leur environnement. Souvent menées au sein de programmes géoarchéologiques, les recherches s'appuient sur des investigations géomorphologiques, paléoenvironnementales, archéologiques et/ou historiques (Brown, 1997 ; Leveau *et al.*, 1999 ; van der Leeuw *et al.*, 2003). Les premières permettent de restituer l'évolution de l'érosion, les deuxièmes sont indispensables pour comprendre l'évolution climatique et les troisièmes les transformations de l'utilisation du sol.

1. Érosion, climat et premiers agriculteurs

1.1. Les traces partout discrètes des premiers agriculteurs

Dans une recension de 1980, B. Bousquet et P.-Y. Péchoux font allusion au site néolithique de Sesklo, en Thessalie, où des colluvions « représentent [...] un des premiers dépôts de pente historiquement datés » et ils concluent « qu'à partir du

1. Professeur émérite, Université Blaise-Pascal, Clermont II-GEOLAB, UMR 6042-CNRS.
2. GEOPHEN-UMR LETG 6554-CNRS, Université de Caen-Basse-Normandie, Esplanade de la Paix, BP 5186, 14032 Caen cedex, France (laurent.lespez@unicaen.fr).

VIIe millénaire l'évolution morphologique des versants peut dépendre du mode de vie et de la stratégie d'exploitation adoptée par les hommes ». L'importance de l'alluvionnement au Néolithique final est aussi attestée par la séquence de Girtoni dans le bassin de Trikala (Van Andel *et al.*, 1990 ; 1995). Les premiers agriculteurs de Grèce auraient marqué le sol de leur présence, mais ces indices datent de plus d'un millénaire après les premiers peuplements importants.

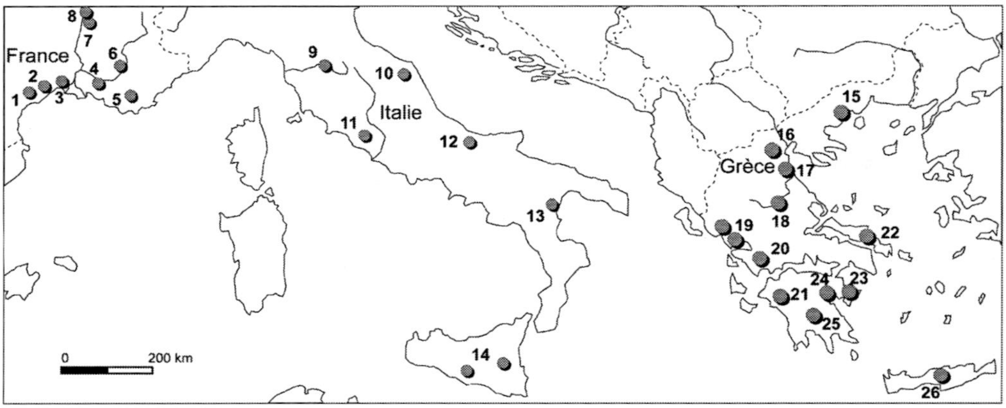

Fig. 1. Localisation de recherches récentes
(1) Hérault (Bruneton *et al.*, 2002) ; **(2)** Lez (Blanchemanche *et al.*, 2003) ; **(3)** Vidourle (Blanchemanche *et al.*, 2003 ; Berger *et al.*, 2003) ; **(4)** Provence (Jorda et Provansal, 1996 ; Trément, 1999 ; Bruneton, 1999) ; **(5)** Maures (Allée, 2003) ; **(6)** Alpes du Sud-Durance (Jorda et Provansal, 1996 ; Jorda *et al.*, 2002) ; **(7)** Valdaine (Berger, 1996) ; **(8)** Drôme aval (Brochier *et al.*, 1991) ; **(9)** Toscane (Hunt et Gilbertson, 1995) ; **(10)** Marche (Coltorti *et al.*, 1991 ; Bisci *et al.*, 1996) ; **(11)** Latium (Potter, 1976 ; Brown et Ellis, 1995 ; Ramrath *et al.*, 2000) ; **(12)** Molise (Barker et Hunt, 1995) ; **(13)** Lucanie (Neboit, 1977 ; 1984 ; Brückner, 1983 ; Abbott et Valestro, 1995) ; **(14)** Sicile (Neboit, 1991) ; **(15)** Macédoine orientale (Lespez, 1999) ; **(16)** Macédoine occidentale et centrale (Faugères *in* : Delébrias *et al.*, 1978) ; **(17)** Piérie (Krahtopoulou, 2000) ; **(18)** Thessalie (Van Andel *et al.*, 1990 ; 1995) ; **(19)** Épire (Fouache, 1999 ; Besonen *et al.*, 2003 ; Jing et Rapp, 2003) ; **(20)** Delta de l'Acheloos (Fouache, 1999) ; **(21)** Élide (Dufaure, 1976 ; Fouache, 1999) ; **(22)** Eubée (Genre, 1988) ; **(23)** Argolide du Sud (Pope et Van Andel, 1984) ; **(24)** Plaine d'Argos (Finke, 1988 ; Fouache, 1999) ; **(25)** Bassin de Sparte (Pope *et al.*, 2003) ; **(26)** Crète (Hempel, 1984 ; Maas *et al.*, 1999).

Les populations néolithiques de Grèce n'ont pas laissé de traces morphologiques importantes ailleurs, même là où elles furent nombreuses, tant en Argolide (Pope et Van Andel, 1984) que dans le fossé macédonien de Drama-Philippes. On a repéré et parfois fouillé dans ce bassin de nombreux tells du Néolithique récent – à partir de la fin du VIe millénaire av. J.-C. – (Treuil, 1997 ; Koukouli-Chryssanthaki *et al.*, à paraître), mais les données morphologiques n'indiquent aucune tendance à l'aggradation qui signalerait un décapage des versants. Les diagrammes polliniques de Philippes, dans l'ancien marais du fond du bassin, montrent la persistance au moins jusqu'à l'Âge du Bronze d'une forêt mixte de chênes (Greig et Turner, 1974). Ce n'est qu'au voisinage des tells, comme celui de Dikili Tash, que la palynologie fournit des indices de défrichement (Lespez

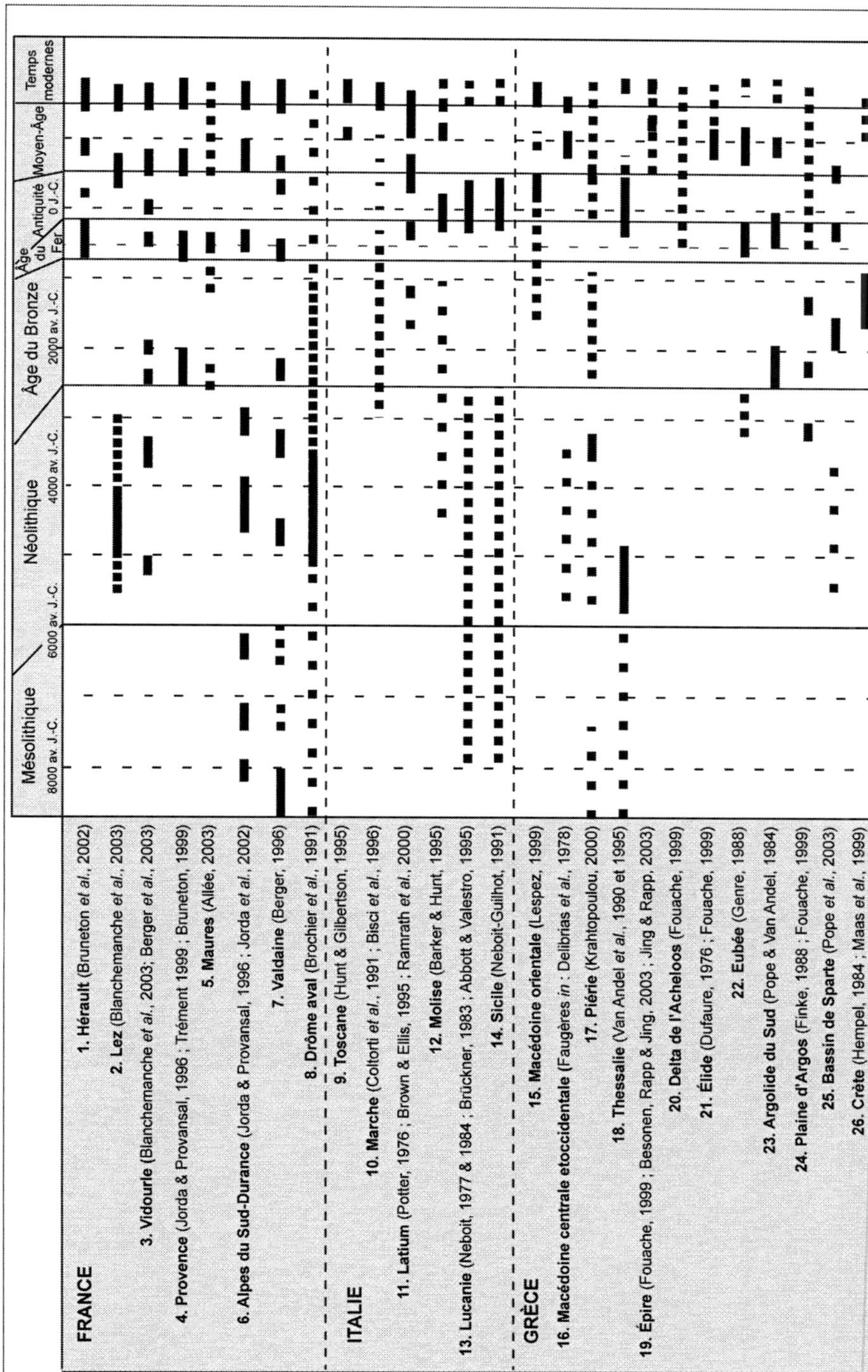

Fig. 2. Les rythmes de l'alluvionnement holocène sur la rive nord de la Méditerranée.

et al., 2000). Il semble que dans ce bassin, où l'histoire de la végétation est bien connue, où les sites d'habitat ancien sont répertoriés, et où l'on a systématiquement cherché les traces morphologiques des premiers défrichements, il ne se soit alors pas passé grand chose. Les premières réponses du système morphogénique à la mise en valeur de la région surviennent trois millénaires plus tard, au Bronze récent (Lespez, 2003). Le schéma n'est pas très éloigné dans la plaine d'Argos et le bassin de Sparte où l'accélération de l'alluvionnement n'est attestée qu'à partir de l'Âge du Bronze (Zangger, 1993 ; Pope *et al.*, 2003).

En Basse Provence, la sédimentation détritique n'est pas mieux en phase avec les grandes étapes de l'occupation du sol (Jorda et Provansal, 1996). Autour de l'étang de Berre, un alluvionnement démarre dès le Préboréal ou à la fin du Boréal, alors que les défrichements systématiques ne remontent qu'au VIe millénaire. En revanche, les taux de sédimentation enregistrent une poussée nette, en même temps que les dépôts s'enrichissent en smectite provenant des sols, à partir de 4700 BP-3380-3500 cal. av. J.-C. (Jorda *et al.,* 1991), soit avec un retard de plus de deux millénaires. On observe depuis l'Atlantique une montée en puissance de la sédimentation détritique, donc de l'érosion, sans que la néolithisation se traduise par une rupture dans le rythme de la morphogenèse. Ce qui ne signifie pas que le fonctionnement des processus morphogéniques n'ait pas été influencé par les transformations imposées à l'environnement, car l'hypothèse proposée pour expliquer la recrudescence de la sédimentation détritique à partir de 4700 BP est qu'elle aurait été déclenchée, à la charnière Atlantique-Subboréal, par un changement climatique mineur auquel les versants auraient sur-réagi du fait de la déforestation.

Une carotte prélevée dans l'étang de Pourra (Trément, 1999) révèle les indices d'une crise morphologique au Néolithique final, dont les marques sont discrètes et s'estompent avec le temps. L'origine de cette phase d'érosion pourrait être une vague de défrichements liée à l'expansion démographique de la fin du Néolithique, mais du fait de leur caractère itinérant les essartages n'auraient ni modifié sensiblement le volume du couvert forestier ni durablement compromis la stabilité des versants.

À l'échelle des versants, l'analyse en Valdaine (moyenne Vallée du Rhône) de nombreux transects par J.-F. Berger (1996) fait apparaître une succession de crises dont les profils pédologiques ont conservé la mémoire. Une succession de deux crises marquées par un colluvionnement actif se place au cours du Ve millénaire avant notre ère. Deux autres, marquées par des troncatures de profils, se situent vers 3 500-3 200 et autour de 2 300-1 900 av. J.-C. Cette alternance d'épisodes d'instabilité et de stabilité enregistrée par des toposéquences de sols sur les versants recouvre une période qui va du Chasséen au Bronze ancien, avec une occupation continue. L'exploitation du milieu n'empêche pas la stabilité d'alterner avec l'instabilité. Ce n'est donc pas du côté des sociétés qu'il faut chercher la variable qui explique les changements de rythme de l'érosion. De fait, les crises repérées sur les versants coïncideraient avec des pulsations fraîches et humides du climat enregistrées par les lacs jurassiens (Berger *et al.*, 2002). Sous couvert forestier, la dynamique de l'interface sol-atmosphère serait restée indifférente à ces petites pulsations ; le système morphogénique a réagi à ces épiphénomènes climatiques là où des défrichements avaient assuré l'emprise au sol de processus inconnus sous forêt, notamment les différentes formes du ruissellement, étroitement soumises au régime des précipitations.

1.2. Un contrôle climatique de la morphogenèse subordonné à un effet de seuil

L'installation de sociétés d'agriculteurs et de pasteurs n'a pas bouleversé le cours de la morphogenèse, opinion partagée dans un autre contexte par P. Allée (2003). Cette capacité de résilience du milieu dure plus ou moins longtemps selon les régions, de un à trois millénaires, mais on l'observe presque partout. Sans doute les hommes étaient-ils trop peu nombreux. L'existence de diagrammes polliniques de référence dans le bassin de Drama-Philippes permet d'y prendre l'exacte mesure des défrichements. Les spectres montrent que les populations ont ouvert des clairières, attestées par certains diagrammes, au milieu d'une forêt, elle-même attestée par d'autres (Greig et Turner, 1974). Ce décalage entre les premiers défrichements et une transformation significative des paysages végétaux est observé dans l'ensemble des Balkans (Willis, 1994 ; 1995) et dans d'autres régions (Ramrath *et al.*, 2000). Dans ces conditions, la contradiction que l'on pourrait relever entre la discrétion des enregistrements morphosédimentaires des défrichements et la réalité d'indices d'érosion des sols sur les versants serait plus apparente que réelle. Les profils pédologiques auraient gardé en mémoire, à l'échelle de parcelles ou de terroirs de culture, la réponse de la dynamique des versants à des contraintes momentanées, les défrichements ayant rendu la surface du sol plus sensible aux aléas de la météorologie, et par là renforcé l'impact morphologique des signaux climatiques holocènes, mais ces épisodes érosifs localisés ne se seraient pas répercutés sur la sédimentation dans les cuvettes dont la fonction intégratrice s'exerce à un autre niveau d'échelle spatiotemporelle. Les marques d'érosion sur des versants révéleraient moins une succession de crises morphogéniques que les prodromes coordonnés par des signaux climatiques d'un nouveau système morphogénique soumis au double contrôle du climat et des sociétés, dont la mise en place s'est étalée sur plusieurs millénaires. Une fois franchi un certain seuil dans l'extension et la pérennité des défrichements, la résilience du milieu cesse et il répond aux fluctuations climatiques, mêmes mineures. Le passage vers 5500-4500 BP à des conditions plus sèches et méditerranéennes (Harrisson et Digerfeldt, 1993 ; Magny *et al.*, 2002) favorisant les phénomènes torrentiels a ainsi pu renforcer le détritisme vers l'aval.

2. *L'Antiquité et la diffusion d'un système d'érosion anthropo-climatique*

2.1. Plusieurs séquences de terrasses historiques

L'Antiquité est marquée par la mise en place de terrasses alluviales datées grâce à l'archéologie. Ce qui les singularise, c'est que l'unité de temps qui mesure la durée des phases d'accumulation et de creusement est le siècle. Il est d'autant plus tentant d'attribuer cette accélération des processus à l'anthropisation des milieux que les régions concernées étaient peuplées et cultivées dans des conditions plus proches de celles de l'époque contemporaine que de celles du Néolithique. Au premier abord, donc, écrit B. Bousquet (1988 : p. 211), « comprendre la constitution des colmatages et de leur incision au cours d'un passé récent c'est essayer de caractériser dans un cadre donné [...] une combinaison de facteurs qui relèvent du milieu naturel, des sociétés et de leur histoire propre », mais, ajoute-t-il : « comment, dans le cadre de l'espace et de la durée choisis, ces facteurs transforment-ils une combinaison inexpressive en une concordance dynamique ? ». Pour cela, il ne suffit pas d'identifier les facteurs de la morphogenèse, car ce qui est décisif c'est la façon dont ils s'agencent à un moment et à un endroit donnés.

Ces terrasses sont des éléments majeurs du paysage en Italie du Sud-Est (Capitanate et Basilicate orientale) et en Sicile orientale et méridionale (Brückner, 1983 ; 1986 ; 1990 ; *Hommage à Pierre Birot,* 1984 ; Neboit, 1977 ; 1980 ; 1984a, b et c ; Neboit *et al.,* 1988 ; Neboit-Guilhot, 1992). Leurs caractéristiques sont constantes. La première est la puissance des alluvionnements (souvent plus de 15 m). On retiendra aussi l'ubiquité des remblaiements, qui longent les cours d'eau principaux, s'insinuent le long des vallées affluentes, remontent dans les ravins. Les alluvions se caractérisent par leur extrême finesse. Les données archéologiques montrent qu'elles se sont mises en place pendant la seconde moitié du Ier millénaire avant notre ère et le début du millénaire suivant, dans un laps de temps qui a duré entre 500 et 1 000 ans, ce qui témoigne d'une formidable accélération des processus d'accumulation et suppose des conditions inédites de la morphogenèse.

En Grèce, les terrasses antiques sont d'une grande diversité chronologique. En Attique (Brückner, 1990), en Argolide méridionale (Pope et Van Andel, 1984), en Eubée (Genre, 1988), en Crète (Hempel, 1984), en Thessalie (Van Andel *et al.*, 1990) ou en Macédoine (Kraft *et al.*, 1977 ; Krahtopoulou, 2000), de nombreux témoignages attestent des alluvionnements au cours des époques hellénistique et romaine. Il existe également des terrasses tardives, de la fin de l'Antiquité romaine et du début de la période byzantine. En Élide, la terrasse de l'Alphée s'est constituée pour l'essentiel, à Olympie, entre le VIIe et le XIIe siècle de notre ère (Dufaure, 1976 ; Dufaure et Fouache, 1988 ; Fouache, 1999), après l'abandon du site antique. En Macédoine, la plaine de Drama-Philippes conserve des traces d'une sédimentation active pendant la totalité de l'Antiquité alors qu'elle était mise en valeur et déjà bien peuplée. Cependant, la terrasse historique du Xéropotamos, avec des faciès grossiers à l'amont et limoneux à l'aval, ne renferme que des niveaux archéologiques romains et paléochrétiens. L'érosion des versants qui a alimenté l'alluvionnement est décalée de plusieurs siècles par rapport aux défrichements antiques. Dans la plaine d'Argos (Zangger, 1993 ; Fouache et Gaki-Papanastassiou, 1997), les accumulations historiques sont également épaisses, tantôt grossières (amont des cônes), tantôt limoneuses (épandages distaux). Ici, le processus d'aggradation semble démarrer à l'Âge du Bronze, pour se renforcer après l'époque romaine. Cette évolution morphologique saccadée ne présente pas de rythme clair sur le temps long. On serait en présence d'une dynamique torrentielle récurrente, qui se manifeste tout au long de l'histoire et jusqu'à aujourd'hui par des crues périodiques qui remanient les dépôts au gré des défluviations.

Le rythme de la morphogenèse semble plus uniforme dans le Sud-Est de la France où M. Jorda et M. Provansal (1996) montrent l'homogénéisation croissante des rythmes de l'alluvionnement à partir de l'Âge du Fer. Deux grandes phases d'aggradation alluviale se succèdent : la première se développe au cours de l'Âge du Fer (milieu du Ier millénaire av. J.-C.), la seconde se situe à la charnière de l'Antiquité et du Moyen Âge (2e moitié du Ier millénaire ap. J.-C.). Ces deux crises érosives ont touché la vallée du Rhône, de la région lyonnaise au delta, les Préalpes méridionales et la Basse-Provence. Une phase d'aggradation alluviale secondaire est souvent identifiée entre le Ier siècle av. J.-C. et le Ier siècle ap. J.-C. (Bruneton *et al.*, 2001 ; Berger *et al.*, 2003).

2.2. Une pluralité de schémas explicatifs

Cette revue des terrasses historiques montre la diversité des situations régionales. Elles représentent une spécificité morphologique du domaine méditerranéen à une époque donnée, sans répondre pour autant à un modèle unitaire.

Un premier principe explicatif a consisté à établir des liens de causalité directs, sinon exclusifs, entre la dynamique des versants et la dynamique fluviale d'une part, et le mode d'occupation de l'espace d'autre part. L'explication la plus simple envisage une corrélation entre le niveau de pression des sociétés sur leur territoire et la vitesse de l'érosion : c'est l'hypothèse initiale qui a été envisagée pour l'Italie méridionale où les terrasses ont été interprétées comme le résultat d'une érosion des sols consécutive à l'installation de colonies agricoles, comme Métaponte, qui aurait provoqué une surexploitation de l'*ager* et du *saltus*. L'arrêt de l'accumulation était inversement imputé à la désagrégation des sociétés de l'Antiquité tardive et au relâchement de leur emprise sur l'environnement. Le début de l'histoire marquerait le franchissement d'un seuil dans la pression exercée par les populations sur leur environnement, leur conférant le pouvoir d'infléchir le cours de la morphogenèse. En effet, l'action des communautés agricoles et/ou pastorales revêt pour la première fois un double caractère, décisif : elle est rapide et généralisée, d'où un impact de type rhéxistasique sur le comportement des sols, avec une soudaineté supérieure aux effets d'une crise climatique. À l'inverse, on a aussi invoqué l'effondrement des sociétés rurales. Des recherches sur les systèmes morphogéniques contemporains des Alpes du Sud montrent que la déprise rurale peut entraîner un tarissement des apports sédimentaires (Liébault, 2003), mais le mauvais entretien des aménagements hydrauliques et une extension et une gestion désordonnée du *saltus* peuvent également être responsables d'un alluvionnement accéléré à l'échelle des bassins versants. Ce schéma a été appliqué à l'Élide à la fin de l'Antiquité. J.-J. Dufaure a interprété la terrasse d'Olympie comme le signe de « l'effondrement de la civilisation romaine, avec le passage à des pratiques moins savantes, et [d']un déséquilibre en faveur des pâturages ovins et caprins [qui] auraient provoqué un décapage plus soutenu des versants », à la suite de l'infiltration de pasteurs slaves. Le scénario aurait été analogue dans le cas du Pénée.

En Provence et dans les Alpes du Sud, M. Jorda et M. Provansal (1996) ont adopté une approche qualifiée de climato-anthropique pour rendre compte du rythme de l'alluvionnement. Elle part du principe que l'anthropisation favorise la libération de débris sur les pentes et le colluvionnement, mais que leur évacuation est tributaire de l'abondance des flux hydriques le long des drains qui dépend du climat. Elle conduit à envisager un type de relations moins immédiates entre la morphogenèse et l'occupation humaine. Pour la crise érosive de l'Âge du Fer, l'accent est mis sur le « rôle déterminant de la péjoration climatique fraîche et humide » qui affecte le début du Subatlantique. Pour celle de l'Antiquité tardive, une fluctuation climatique humide semble aussi avoir joué un rôle notable dans l'activation de l'érosion, en concurrence avec la fin de la gestion des terroirs de l'époque romaine (Berger, 1996 ; Bruneton *et al.*, 2002 ; Jorda, 1985). La disparité chronologique des événements observés souligne cependant la complexité des relations entre la « détérioration climatique » et les contraintes anthropiques (Leveau *et al.*, 2002 ; Provansal et Leveau, ce volume).

On peut adopter cette perspective plus climatique pour proposer une relecture de l'épisode d'alluvionnement qui s'est déroulé en Italie méridionale et en Sicile au cours de l'Antiquité, en se fondant sur les particularités de la sédimentation en fonction du niveau d'échelle spatiale et en les croisant avec les données de l'archéologie (Neboit-Guilhot, 2003, **fig. 3**). Concernant le premier point, l'argumentation repose sur les différences de faciès significatives que les dépôts présentent en fonction du rang des drains dans la hiérarchie du réseau. Le long des cours d'eau principaux, les alluvions fines se disposent en strates épaisses individualisées par des paléosols. Il y a eu redistribution longitudinale de la charge fournie par les versants par des épisodes distincts de forte énergie (crues et inondations). À l'inverse, le long des affluents et des talwegs élémentaires, les colluvions présentent sur toute leur hauteur un faciès homogène avec une disposition laminaire, consécutive à des apports réitérés de fines. Elles indiquent le fonctionnement chronique d'une dynamique dominée par le ruissellement diffus qui, en milieu méditerranéen, est un processus saisonnier. L'Antiquité aurait-elle été marquée par un surcroît de pluviosité hivernale ? L'archéologie atteste, dans le courant des IVe et IIIe siècles av. J.-C., une remontée de la nappe phréatique dans la plaine de Métaponte qui peut être attribuée à une recrudescence des pluies d'hiver. L'érosion des sols génératrice d'un colluvionnement et d'un alluvionnement massifs a pu être déclenchée dans un environnement naturel sensible, précocement surexploité, par cette modification climatique mineure.

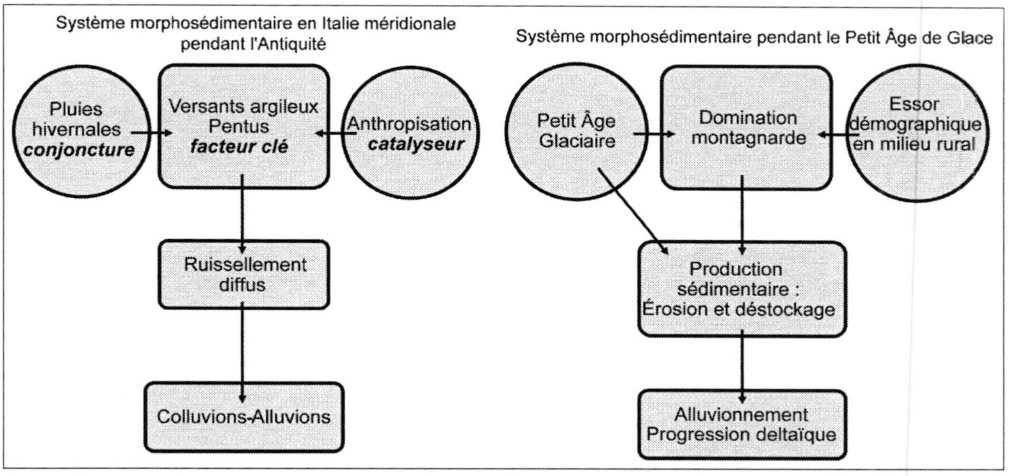

Fig. 3. Modèles hypothétiques de deux types de crises alluviales méditerranéennes.

La relation dans le temps entre l'anthropisation du milieu et la réaction des pentes pourrait aussi être différée : là où la résistance des sols garantit aux terroirs la stabilité en cas de défrichement, l'occurrence de certaines conjonctures climatiques apporterait le supplément d'énergie érosive indispensable pour faire basculer à terme la dynamique des versants dans une franche instabilité. C'est peut-être ce qui s'est passé en Macédoine, expliquant le retard du déclenchement de l'érosion par rapport aux défrichements antiques. La survenue de crues rapprochées pourrait témoigner d'un changement climatique séculaire, impossible à prouver, certes, mais nécessaire, faute de pouvoir faire appel à une cause historique directe, car à l'échelle de petits bassins, comme celui du Xéropotamos, on ne peut guère envisager un phénomène d'hystérésis. On peut avancer comme allant dans le sens de cette hypothèse le synchronisme approximatif entre le démarrage, ici, de l'alluvionnement, et le renforcement de la tendance à l'accumulation dans plusieurs régions grecques (Dufaure, 1976 ; Fouache et Gaki-Papanastassiou, 1997 ; Fouache, 1999 ; Krahtopoulou, 2000 ; Jing et Rapp, 2003).

2.3. Un système morphogénique anthropo-climatique

On peut concevoir que la mise en valeur généralisée de l'espace méditerranéen a joué un rôle de catalyseur pour les aléas météorologiques qui commandent la morphogenèse en neutralisant la fonction d'interception de la végétation et en levant les inhibitions qui pèsent naturellement sur l'activité des eaux courantes. Elle a permis aux épisodes de recrudescence des pluies de s'exprimer par une accélération de la morphogenèse venant en appui de l'érosion proprement anthropique, en fonction d'une part du degré de vulnérabilité intrinsèque des terroirs lié à leur système de pentes et à la lithologie, et de la diversité des nuances climatiques régionales d'autre part. De fait, le bassin de Drama bénéficie d'un climat moins agressif que la Lucanie ou la Sicile et, pour des raisons lithologiques ou topographiques, la vulnérabilité des terroirs y est moindre La conjoncture climatique est donc décisive, peut-être même a-t-elle été souvent déterminante (crise de l'Âge du Fer et des VIe-VIIe siècles ap. J.-C.), pour expliquer le déclenchement d'épisodes d'accumulation ou de creusement, mais l'intervention de la variable climatique dans un contexte qui reste tempéré est subordonnée à l'artificialisation préalable des territoires et s'insère dans un système de causalité qui intègre les données physiques permanentes du milieu.

On ne peut pas exclure que le fonctionnement des bassins versants ait été directement contrôlé dans certaines situations par les conditions d'occupation du sol, en particulier lorsque il n'existe pas de fluctuations climatiques identifiées, comme l'évoque J.-F. Berger (2003) pour l'alluvionnement du Vidourle entre le Ier siècle av. J.-C. et le Ier siècle ap. J.-C. ou P. Allée (2003) dans les Cévennes et le massif des Maures au Moyen Âge central.

Si l'on veut qualifier le système d'érosion accélérée qui se diffuse au cours de l'Antiquité (Neboit-Guilhot, 1999) c'est, bien que l'un ne soit rien sans l'autre mais parce qu'un seuil critique a été franchi, le facteur humain et non le facteur climatique qu'il faut placer en tête. Il est anthropo-climatique plus que climato-anthropique. Cette définition fournit une grille de lecture, non un modèle explicatif passe-partout. Les évolutions doivent être décryptées au cas par cas, en fonction des contextes et des niveaux scalaires. Les Temps modernes, qui coïncident avec la crise climatique discrète mais avérée du Petit Âge de Glace, offrent les moyens de tester la pertinence de ces hypothèses.

3. Le Petit Âge de Glace et la mutation du système

3.1. Le témoignage des archives : une crise attribuée aux défrichements

Les archives regorgent de témoignages qui concordent pour faire des XVIIe et XVIIIe siècles une période de forte activité de la morphogenèse, explicitement attribuée par les contemporains à une mauvaise gestion de l'espace (**fig. 3**).

En Ombrie, les documents naguère analysés par H. Desplanques (1969) fournissent à la fois des indications sur le déroulement des faits et sur l'interprétation qu'en ont donnée les témoins oculaires. S'agissant de la dynamique des versants, les sources mettent l'accent sur la vigueur des ravinements et la dégradation des sols. S'agissant de la dynamique fluviale, elles insistent sur la fréquence des inondations et sur la tendance des cours d'eau à alluvionner, tel le Maroggia à Spolète. Cet épisode d'aggradation des lits est attesté en Molise (Barker et Hunt, 1995), en Étrurie (Brown et Ellis, 1995), en Marche (Coltorti, 1991) et en Toscane, où on le retrouve en coupes dans les fonds de vallées (Hunt et Gilbertson, 1995). Près de Sienne, le long du Feccia, un niveau d'alluvions grossières d'un mètre ou deux d'épaisseur matérialiserait cet épisode récent. « Tout indique, écrivait H. Desplanques (p. 258), une recrudescence très nette de l'érosion au XVIIIe siècle [... au cours duquel] les témoignages se multiplient » et il ajoutait (p. 311) que « tous les contemporains s'accordent à lier ensemble déboisement et inondation ». Sans contester cette réalité que fut, pour des raisons démographiques, l'extension de l'*ager* à des terroirs pentus et donc vulnérables, peut-être faut-il aussi prendre en considération les spécificités de la météorologie de cette époque. Ainsi, D'Onofrio (1980) montre la recrudescence des crues du Tibre et de l'Arno du XVe au XVIIIe siècle. Il explique ce phénomène par l'intensification de l'agriculture mais également par l'augmentation de la fréquence des orages.

Une seconde région dont les archives viennent de faire l'objet d'un dépouillement ciblé est la Provence (Pichard, 1999). Derrière le langage de l'époque, on devine au XVIIe et au XVIIIe siècle la prolifération des griffures d'érosion en rigoles et la multiplication des ravines, les débordements des torrents, au gré des orages d'été et des épisodes pluvieux d'automne, avec leur cortège d'inondations et d'alluvionnements. Cette crise a été enregistrée par la sédimentation dans l'étang de Pourra, au sommet de la carotte. Deux principes d'explication peuvent en rendre compte. L'époque a connu une vague de défrichements bien documentée et les contemporains ont pressenti un lien de causalité entre les désordres hydrologiques et morphologiques et l'extension des terroirs cultivés. Par ailleurs, la multiplication des orages estivaux exprime la réalité d'une mutation du climat dont nous saisissons la nature après coup sur la longue durée (Ballandras, 1998). Il faut donc combiner le jeu concomitant de ces deux facteurs. Ce qui active les processus, c'est la météorologie de l'époque : sans orages réitérés, pas de dégâts à répétition pour les sols cultivés. Mais l'ampleur de la crise renvoie à des espaces exposés au risque climatique de plus en plus étendus. Il faut raisonner en termes de fréquence des aléas météorologiques et de nombre de cibles potentielles. Cette lecture de la crise qui introduit une logique spatiale conduit, non pas à minimiser l'impact de la dégradation climatique sur la dynamique des versants, mais à en relativiser le rôle. Si elle a laissé des traces écrites abondantes, c'est qu'elle a occasionné des désordres nombreux, mais ils ont été d'autant plus nombreux – toutes choses égales du point de vue de la météorologie – que les espaces susceptibles d'être touchés étaient plus étendus, et ils ont été d'autant mieux consignés qu'ils affectaient les fondements de l'économie.

3.2. Les alluvions modernes, indices d'un effet de domination ?

S'il existe peu de formes bien individualisées de cette époque, il existe des dépôts alluviaux dont les faciès, différents de ceux des formations antérieures, attestent une mutation du système morphogénique.

Les témoignages d'une recrudescence des crues et d'un accroissement des dépôts alluviaux au cours de l'époque ottomane se multiplient aujourd'hui dans le monde hellénique : en Grèce occidentale et méridionale (Fouache, 1999), en Crète (Hempel, 1984 ; Maas *et al.*, 1999), en Thessalie (Van Andel *et al.*, 1990). Les recherches effectuées en Macédoine orientale dans la plaine de Drama en constituent une bonne illustration (Lespez, 1999 ; 2003). Les alluvions antiques du Xéropotamos ont été entaillées à une époque indéterminée et l'incision a été remblayée, au cours des deux ou trois derniers siècles sans doute, par plusieurs mètres de graves. Ces dépôts, plus grossiers que les limons antiques, sont d'origine montagnarde : les galets de gneiss et de micaschistes viennent du Rhodope. Faut-il les interpréter comme des indices d'une forte pression démographique et d'une surexploitation de la montagne, venant contrecarrer, voire renverser, une tendance climatique à l'encaissement ? Ou répondent-ils à un signal climatique nouveau ? On sait que les montagnes qui encadrent le bassin de Drama étaient soumises aux XVIIIe et XIXe siècles à une très forte pression démographique mais les défluviations successives et le calibre des galets abandonnés dans les lits impliquent des écoulements de compétence élevée et de forts débits de crues dont les orages qui ont caractérisé les étés du Petit Âge de Glace pourraient rendre compte. Mais comment expliquer que ces orages de l'époque ottomane aient engendré des dépôts beaucoup plus grossiers que ceux de la fin de l'Antiquité ? La réponse est qu'il faut considérer à la fois les données climatiques et l'occupation de l'espace. Les montagnes du Rhodope n'ont été peuplées et défrichées qu'à partir de l'époque byzantine. Leurs pentes n'ont donc pas réagi à la crise climatique présumée de la fin de l'Antiquité, et seuls les terroirs de piémonts ont alors alimenté les écoulements de crues en fines. En revanche, leurs versants surexploités à l'époque ottomane ont répondu à la crise du Petit Âge de Glace, et leurs apports grossiers masquent sans doute les apports fins contemporains de l'aval (**fig. 3**).

En Lucanie et en Sicile, les principaux cours d'eau d'origine montagnarde ont défoncé, à la différence des drains secondaires peu ou non incisés, les nappes alluviales antiques des piémonts, dégageant ainsi la terrasse historique. Les conditions dans lesquelles s'est effectué le creusement depuis le Moyen Âge ne sont pas claires. On note que les lits majeurs des organismes fluviaux sont tapissés de galets et de blocs venus des hauteurs d'amont sans équivalents dans les alluvions de l'Antiquité. Il existe même une banquette caillouteuse en position de terrasse subordonnée. On peut y voir la marque d'un effet de domination suggérant que le Petit Âge de Glace se serait traduit en altitude par une forte hydraulicité, avec des écoulements disposant d'une compétence élevée. Il y aurait eu une incision des alluvions meubles et un élargissement des lits majeurs d'amont en aval, suivis de la progression d'une charge grossière en transit. L'existence dans la haute vallée du Sinni de ruines d'établissements médiévaux sur des cônes affluents partiellement engravés au début du XIXe siècle suggère que l'incision a démarré avant le XIVe siècle et qu'un épisode d'alluvionnement grossier bien plus tardif lui a succédé à partir du XIXe siècle (Boenzi, 1984).

Conclusion

La spécificité de l'Holocène, dans un espace méditerranéen prédisposé aux réactions rapides et fortes, c'est la succession de crises morphogéniques plus brèves que celles qui ont rythmé le Quaternaire. Plusieurs séries de données se combinent pour renforcer le rythme saccadé de la morphogenèse. D'abord, des données morphostructurales permanentes (lithologie, pentes) qui conditionnent l'inégale vulnérabilité intrinsèque des bassins versants. Ensuite, toujours à l'échelle régionale, les modalités de gestion des terroirs, variables dans le temps à l'échelle du siècle, qui renforcent à des degrés divers leur vulnérabilité. L'Histoire a introduit par là sa contingence dans la mutation du système morphogénique. Ensuite, changeante au même pas de temps mais sans être nécessairement en phase avec elle, et à l'échelle de l'espace nord-méditerranéen, la conjoncture climatique, dont la réactivité acquise des territoires catalyse l'impact. Enfin, la position des bassins versants dans le puzzle de cuvettes et de montagnes du monde méditerranéen. Même si elles obéissent ainsi à une logique systémique commune, les séquences morphogéniques ne sont et ne peuvent être identiques ni dans l'espace ni dans le temps comme le soulignent également M. Provansal et P. Leveau dans cet ouvrage (*supra*).

Remerciements

Les auteurs tiennent à remercier J.-J. Dufaure pour ses commentaires instructifs et ses critiques constructives d'une version précédente de ce papier.

Références

ALLÉE P., 2003. *Dynamiques hydrosédimentaires actuelles et holocènes dans les systèmes fluviaux de moyenne montagne (Limousin, hautes Cévennes, Maures)*, Mémoire d'Habilitation à Diriger des Recherches, vol. 2, Université de Limoges, 451 p.

BALLANDRAS S., 1998. Le « Remblaiement Historique » dans les bassins versants torrentiels des Alpes françaises. *Géomorphologie : relief, processus, environnement*, 1, 65-77.

BARKER G.W. et HUNT C.O., 1995. Quaternary valley floor erosion and alluviation in the Biferno valley, Molise, Italy: The role of tectonics, climate, sea level change and human activity. *In* : LEWIN J., MAKLIN M. et WOODWARD J. (eds), *Mediterranean Quaternary River Environments*, Balkema, Rotterdam, 145-158.

BERGER J-F., 1996. *Le cadre paléogéographique des occupations du bassin valdenais (Drôme) à l'Holocène*, thèse Université Paris I, 324 p.

BERGER J.-F., DELHON C., BONTÉ S., THIÉBAULT S., PEYRIC D., BEECHING A., VITAL J., 2002. Paléodynamique fluviale, climat, action humaine et évolution des paysages du bassin versant de la Citelle (moyenne vallée du Rhône, Drôme) au cours de l'Atlantique ancien (8000-6000 BP) à partir de l'étude de la séquence alluviale d'Espeluche-Lalo. *In* : BRAVARD J.-P. et MAGNY M. (dir.), *Les fleuves ont une histoire*, Paris, Errance, 223-237.

BERGER J.-F., FICHES J.-L., GAZENBEEK M., 2003. Origin of fluvial fluctuations of the river Vidourle and their effect on the organization and evolution of the site of Ambrussum (Hérault, France) between the Iron Age and late Antiquity. *In* : FOUACHE É. (ed.), *The Mediterranean World Environment and History*, Paris, Elsevier, 77-108.

BIROT P. (Hommage à), 1984. *La mobilité des paysages méditerranéens. Revue de Géographie des Pyrénées et du Sud-Ouest*, Travaux II, Toulouse, 387 p.

BOENZI F., 1984. Episodi di sedimentazione ed erozione fluviale di epoca storica nell'alta valle del fiume Sinni. *Boll. Soc. Geogr. Ital.*, 509-517.

BOUSQUET B. et PÉCHOUX P.-Y., 1980. Géomorphologie, archéologie, histoire dans le bassin oriental de la Méditerranée : principes, méthodes, résultats préliminaires. *Méditerranée*, 1, 33-45.

BOUSQUET B., DUFAURE J.-J. et NEBOIT R., 1988. Formes héritées et dynamique actuelle dans les deux bassins versants élémentaires de la vallée du Sinni (Lucanie). *Cahier Inter-universitaire d'Études Méditerranéennes*, 12, Poitiers, 169-178.

BOUSQUET B., 1988. La terrasse historique, marqueur dromologique de combinaisons mésologique : essai de définition et proposition de recherche multidisciplinaire. *Cahier Inter-universitaire d'Études Méditerranéennes*, 12, Poitiers, 211-220.

BROWN A.G., 1997. *Alluvial geoarchaeology, Floodplain archaeology and environmental change*, Cambridge manuals in Archaeology, Cambridge University Press, 377 p.

BROWN A.G. et ELLIS C., 1995. People, climate and alluviation: theory, research design and new sedimentological and stratigraphic data from Etruria, Italy. *Papers of the British School in Rome*, 63, 45-73.

BRÜCKNER H., 1986. Man's impact on the evolution of the physical environment in the Mediterranean region in historical times. *Geojournal*, 13, 7-17.

BRÜCKNER H., 1990. Changes in the Mediterranean ecosystem during antiquity. A geomorphological approach as seen in two examples. *In* : ENTJES-NIEBORG et VAN ZEIST (eds.), *Man's Role in the Shaping of the Eastern Mediterranean Landscape*, Balkema, Rotterdam, 127-137.

BRUNETON H., ARNAUD-FASSETTA G., PROVANSAL M., SISTACH D., 2001. Geomorphological evidence for fluvial change during the Roman period in the lower Rhone valley (southern France). *Catena*, 45, 287-312.

BRUNETON H., PROVANSAL M., DEVILLERS B., JORDA C., OLLIVIER V., MIRAMONT C., BLANCHEMANCHE P., BERGER J.-F., LEVEAU P., 2002. Relations entre paléohydrologie et morphogenèse holocènes des petits et moyens bassins versants en basse Provence et Languedoc oriental. *In* : BRAVARD J.-P. et MAGNY M. (dir.), *Les fleuves ont une histoire*, Paris, Errance, 259-268.

COLTORTI M., 1991. Modificazioni morfologiche Oloceniche nelle piani alluvionali Marchigiani: alcuni esempi nei fiumi Misa, Cesano e Musone. *Geografica Fisica e Dinamica Quaternaria*, 14, 73-86.

DESPLANQUES H., 1969. *Campagnes ombriennes*, Paris, A. Colin, 574 p.

D'ONOFRIO C., 1980. *Il Tevere: l'Isola tibertina, le inondazioni, i molini, i porti, le rive, i muraglioni, i ponti di Roma*, Romana Societa Editrice, 520 p.

DUFAURE J.-J., 1976. La terrasse holocène d'Olympie et ses équivalents méditerranéens. *Bulletin de l'Association de Géographes Français*, 433, 85-94.

DUFAURE J.-J. et FOUACHE É., 1988. Variabilité des crises d'âge historique le long des vallées d'Élide (Ouest du Peloponnèse). *Cahier Inter-universitaire d'Études Méditerranéennes*, 12, Poitiers, 259-278.

DUFAURE J.-J. et FOUACHE É., 1991. Le fleuve Pénée et la plaine d'Élide : une erreur de Strabon ? Pour une solution géomorphologique du probléme. *Meletimata*, 13, 293-303.

FOUACHE É., 1999. *L'alluvionnement historique en Grèce occidentale et au Péloponnèse, géomorphologie, archéologie, histoire. Bulletin de Correspondant Hellénique*, suppl. 35, Athènes, 235 p.

FOUACHE É. et GAKI-PAPANASTASSIOU K., 1997. Les crues brutales dans la plaine d'Argos (Grèce) : une contrainte à l'aménagement de l'Antiquité à nos jours. *Géomorphologie : relief, processus, environnement*, 4, 313-324.

GENRE C., 1988. Les alluvionnements historiques en Eubée (Grèce). Caractères principaux, chronologie, signification. *Cahier Inter-universitaire d'Études Méditerranéennes*, 12, 229-258.

GREIG J. et TURNER J., 1974. Some pollen diagrams from Greece and their archaeological signifiance. *Journal of Archeological Science*, 1, 177-194.

GROVE A.T., RACKHAM O., 2003. *The Nature of Mediterranean Europe. An Ecological History*, Yale University Press, New Haven, 384 p.

HARRISSON S.P., DIGERFELDT G., 1993. European Lakes as palaeohydrological and palaeoclimatic indicators. *Quaternary Science Review*, 12, 233-248.

HEMPEL L., 1984. Geoökodynamik im Mittelmeerraum während des Jungquartärs; Beobachtungen zur Frage « Mensch und/oder Klima » in Südgriechenland und auf Kreta. *Geoökodynamik*, 5, 99-140.

HUNT C.O. et GILBERTSON D.D., 1995. Human activity, Landscape change and valley alluviation in the Feccia valley, Tuscan, Italy. *In* : LEWIN J., MAKLIN M. et WOODWARD J. (eds.), *Mediterranean Quaternary River Environments*, Balkema, Rotterdam, 167-178.

ISSAR A.E., 2003. *Climate Changes during the Holocene and their impact on hydrological systems.* International Hydrology series, UNESCO, Cambridge University Press, 127 p.

JALUT G., ESTEBAN AMAT A., BONNET L., GAUQUELIN T. et FONTUGNE M., 2000. Holocene climatic changes in the Western Mediterranean from south-east France to south-east Spain. *Palaeogeography, Palaeoclimatology, Palaeoecology*, 160, 255-290.

JING Z., RAPP G., 2003. The coastal evolution of the Ambracian embyment and its relationship to Aarchaeological setting. *In* : WISEMAN J. et ZACHOS K. (eds.), *Landscape in southern Epirus, Greece*, Hesperia suppl. 32, Athènes, 157-198.

JORDA M., 1985. La torrentialité holocène des Alpes françaises du Sud. Facteurs anthropiques et paramètres naturels de son évolution. Symposium International de Toulouse : « Les modifications de l'environnement dans le bassin méditerranéen occidental à la fin du Pléistocène et pendant l'Holocène ». *Cahiers Ligures de la Préhistoire*, Hors Série 2, 49-70.

JORDA M., PARRON C., PROVANSAL M. et ROUX M., 1991. Érosion et détritisme holocènes en Basse-Provence calcaire. L'impact de l'anthropisation. *Physio-Geo*, 22-23, 33-47.

JORDA M. et PROVANSAL M., 1996. Impact de l'anthropisation et du climat sur le détritisme en France du Sud-Est (Alpes du Sud et Provence). *Bulletin de la Société Géologique de France*, 167, 1, 159-168.

KOUKOULI-CHRYSSANTHAKI H., LESPEZ L. et MALAMIDOU D., sous-presse. Archaeological Map of the plain of Philippi: Prehistory and Antiquity. *In* : KOUKOULI-CHRYSSANTHAKI H. et TREUIL R. (eds.), *Dikili Tash, a prehistoric village in Eastern Macedonia*, 1. Archaeological Society of Athens et École française d'Athènes.

KRAHTOPOULOU A., 2000. Holocene alluvial history of Northern Pieria, Macedonia, Greece. *In* : HALSTEAD P. et FREDERICK C. (eds.), *Landscape and land use in postglacial Greece*, Sheffield studies in Aegean Archaeology 3, Sheffield, Sheffield Academic Press, 15-27.

LESPEZ L., 1999 (à paraître). *L'évolution des modelés et des paysages de la plaine de Drama et de ses bordures au cours de l'Holocène, Macédoine orientale, Grèce* [thèse Université Clermont-Ferrand II, 539 p.]

LESPEZ L., 2003. Geomorphic responses to long-term land use changes in Eastern Macedonia (Greece). *Catena*, 51, 3-4, 181-208.

LESPEZ L., DALONGEVILLE R., NOIREL-SCHUTZ C., SUC J.-P., KOUKOULI-CHRYSSANTHAKI H. et TREUIL R., 2000. Les paléoenvironnements du site préhistorique de Dikili Tash, Macédoine orientale, Grèce. *Bulletin de Correspondance Hellénique*, 124, 414-434.

LEVEAU P., TRÉMENT F., WALSH K., BARKER G. (eds.), 1999. *Environmental reconstruction in Mediterranean landscape archaeology*, The Archaeology of Mediterranean Landscapes 2, Oxford, Oxbow books, 210 p.

LEVEAU P., PROVANSAL M., BRUNETON H., PALET-MARTINEZ J.-M., POUPET P. et WALSH K., 2002. La crise environnementale de la fin de l'Antiquité et du haut Moyen Âge : définition d'un modèle et retour aux milieux réels. *In* : RICHARD H. et VIGNOT A. (dir.), *Équilibres et rupture dans les écosystèmes depuis 20 000 ans en Europe de l'Ouest*, Annales Littéraires, Série « Environnement, Sociétés et Archéologie », n° 3, Paris, Les Belles Lettres, 291-304.

LEWIN J., MAKLIN M. et WOODWARD J. (eds), 1995. *Mediterranean Quaternary River Environments*, Rotterdam, Balkema, 285 p.

LIÉBAULT F., 2003. *Les rivières torrentielles des montagnes drômoises : évolution contemporaine et fonctionnement géomorphologique actuel (massifs du Diois et des Baronnies)*, thèse, Université Lumière-Lyon 2, 356 p.

MAAS G.S., MACKLIN M.G. et KIRKBY M.J., 1999. Late Pleistocene and Holocene River Development in Mediterranean Steepland Environments, Southwest Crete, Greece. *In* : BENITI G., BAKER V.R. et GREGORY K.J. (eds.), *Paleohydrology and Environmental Change*, J. Wiley et Sons, 153-165.

MAGNY M., MIRAMONT C., SIVAN O., 2002. Assessment of the impact of climate and anthropogenic factors on Holocene Mediterranean vegetation in Europe on the basis of palaeohydrological records. *Palaeogeography, Palaeoclimatology, Palaeoecology*, 186, 47-59.

NEBOIT R., 1977. Un exemple de morphogenèse accélérée dans l'Antiquité : les vallées du Basento et du Cavone en Lucanie (Italie). *Méditerranée*, 4, 39-50.

NEBOIT R., 1980. Morphogenèse et occupation humaine dans l'Antiquité. *Bull. Assoc. Géogr. Fr.*, 21-27.

NEBOIT R., 1984a. Érosion des sols et colonisation grecque en Sicile et en Grande-Grèce. *Bulletin de l'Association de Géographes Français*, 5-13.

NEBOIT R., 1984b. Genèse des terrasses fluviatiles holocènes en Sicile et en Italie méridionale. *Bulletin de l'Association Française d'Étude du Quaternaire*, 157-160.

NEBOIT R., 1984c. À propos de la datation de terrasses fluviales en Sicile. *Physio-Géo*, 11, 129-136.

NEBOIT-GUILHOT R., 1991a. Critères d'identification des facteurs d'orientation du sens de la morphogenèse fluviale en Italie du Sud et en Sicile. *Physio-Géo*, 22-23, 61-66.

NEBOIT-GUILHOT R., 1991b. *L'Homme et l'érosion, l'érosion des sols dans le monde*, publication de la Faculté des Lettres de Clermont-Ferrand, 34, 270 p.

NEBOIT-GUILHOT R., 1992. Accumulation et creusement dans les vallées depuis 10 000 ans autour de la Méditerranée. *Bulletin de l'Association de Géographes Français*, 3, 189-205.

NEBOIT-GUILHOT R., 1999. Autour du concept d'érosion accélérée : l'homme, le temps et la morphogenèse. *Géomorphologie : relief, processus, environnement*, 2, 159-172.

NEBOIT-GUILHOT R., 2003. Le témoignage ambigu des terrasses historiques de piémonts en Italie méridionale. *In* : FOUACHE É. (ed.), *The mediterranean world environment and history*, Paris, Elsevier, 17-23.

NEBOIT-GUILHOT R., BOUSQUET B. et DUFAURE J.-J., 1988. Données actuelles et données historiques comme facteurs d'évolution des bassins fluviaux en Italie du Sud (Capitanate et Lucanie orientale). *Cahiers d'Études Méditerranéennes*, 12, Poitiers, 279-295.

PICHARD G., 1999. *Espaces et nature en Provence. L'environnement rural. 1540-1789*, thèse Aix-Marseille I, 776 p. + annexes.

POPE K. et VAN ANDEL T.H., 1984. Late Quaternary Alluviation and soil Formation in the Southern Argolid: Its history, Causes and Archaeological Implications. *Journal of Archaeological Science*, 11, 281-306.

POPE R.J., WILKINSON K.N., MILLINGTON A.C., 2003. Human and Climatic impact on Late Quaternary deposition in the Sparta basin piedmont: evidence from alluvial fan systems. *Geoarchaeology*, 18, 7, 685-724.

PROVANSAL M., LEVEAU P., ce volume. Morphogenèse, anthropisation et changements climatiques : état du champ scientifique, *supra* p. 191-202.

RAMRATH A., SADORI L. et NEGENDANK J., 2000. Sediments from Lago di Mezzano, central Italy: a record of Lateglacial/Holocene climatic variations and anthropogenic impact. *The Holocene*, 10, 1, 87-95.

ROBERTS N., MEADOWS M., DODSON J. (eds.), 2001. The Holocene history of mediterranean-type environments in the Eastern Hemisphere. *The Holocene Special Issue*, 11.6, 631-764.

TREUIL R., 1997. Un village dans la plaine de Drama. *Dossiers d'Archéologie*, 222, 18-25.

TRÉMENT F., 1999. *Archéologie d'un paysage. Les étangs de Saint-Blaise (Bouches du Rhône)*, Paris, CNRS Éd., 314 p.

VAN ANDEL T.H., ZANGGER E. et DEMITRACK A., 1990. Land Use and Soil Erosion in Prehistoric and Historical Greece. *Journal of Field Archaeology*, 17, 379-396.

VAN ANDEL T.H., GALLIS K.G., TOUFEXIS, 1994. Early Neolithic farming in a Thessalian river landscape, Greece. *In* : LEWIN J., MAKLIN M. et WOODWARD J. (eds.), *Mediterranean Quaternary River Environments*, Rotterdam, Balkema, 131-143.

VAN DER LEEUW S., FAVORY F., FICHES J.-L. (dir.), 2003. *Archéologie et systèmes socio-environnementaux. Études multiscalaires sur la vallée du Rhône dans le programme ARCHAEOMEDES*, Monographie 27, CRA, CNRS, 403 p.

VITA FINZI C., 1969. *The mediterranean valleys. Geological changes in historical times*, Cambridge University Press, 140 p.

WILLIS K.J., 1994. The vegetational history of the Balkans. *Quaternary Science Review*, 13, 769-788.

WILLIS K.J., 1995. Land degradation in the Balkans: variations in time and space. *In* : *L'homme et la dégradation de l'environnement, XVe Rencontres Internationales d'Archéologie et d'Histoire d'Antibes*, Juan-les-Pins, APDCA, 161-174.

ZANGGER E., 1993. *The Geoarchaeology of the Argolid*, Berlin, 85 p.

Construction des plaines du bas Rhône et occupation humaine : la région d'Arles depuis le Néolithique

HÉLÈNE BRUNETON[1], **CÉCILE ALLINNE**[2], **PHILIPPE LEVEAU**[2], **FLORENCE VERDIN**[2]

Introduction

Les plaines du bas Rhône et son delta constituent des objets géomorphologiques très étudiés depuis les années 1950 (Gouvernet, 1960 ; Oomkens, 1970 ; L'Homer *et al.*, 1981). Les recherches récentes (Arnaud-Fassetta, 1998 ; Vella, 1999 ; Bruneton, 1999) visent à identifier finement les rythmes de leur constitution, en relation avec le basculement de la phase de trangression marine à la phase de progradation deltaïque à partir de 8000 cal. BP environ et avec les rythmes des flux hydrosédimentaires d'amont. Parallèlement ces espaces ont été étudiés par les archéologues et les historiens dès le début du XXe siècle. En effet, ils ont été occupés et mis en valeur dès le Néolithique, c'est-à-dire quasiment dès le début de leur mise en place.

Il n'est donc pas surprenant que ces plaines holocènes mobiles, anciennement occupées et précocement aménagées, constituent un des lieux de dialogue des géomorphologues et paléoécologues, d'une part, et des archéologues et historiens, d'autre part. Les questions posées par les archéologues aux environnementalistes s'orientent sur deux axes. D'une part, on constate une occupation importante des actuelles zones humides et de la plaine fluviale dès le Néolithique. Si l'archéologie classique reconstitue fréquemment des occupations dans des paysages amphibies dominés par les marais (Benoît, 1940), l'archéologie moderne pose la question de l'existence de terres agricoles drainées pour ces sociétés paysannes. En particulier, l'hypothèse d'une extension plus faible des

1. CEREGE – UFR de Géographie, 29 avenue Robert Schuman, 13621 Aix-en-Provence cedex 1 (bruneton@cerege.fr).
2. Centre Camille Jullian, MMSH, BP 647, 5 rue du Château de l'Horloge, 13094 Aix-en-Provence cedex 2 (allinne@mmsh.univ-aix.fr ; leveau.phil@wanadoo.fr ; verdin.florence@liberty surf.fr).

zones humides est posée en relation avec les fréquentes occupations du Néolithique final-Chalcolithique en bordure des marais dans leur extension maximale de la période moderne (Courtin, 1974), et surtout en relation avec la meunerie romaine de Barbegal, qui suggère une importante production céréalière régionale (Leveau, 1993). D'autre part, les occupations et même les villes à partir de la période romaine, au premier rang desquelles Arles, s'étendent dans les zones inondables et posent la question de l'importance de l'aléa inondation et de sa prise en compte par les sociétés (Allinne, 2005).

Dans cette perspective, le présent article se penche plus précisément sur le cas des plaines d'Arles, situées au niveau de l'apex du delta du Rhône (**fig. 1**). Ces plaines constituent une vaste zone inondable et ont été largement marécageuses. Les zones les plus basses, correspondant au Marais des Baux, n'ont été artificiellement drainées qu'au XXe siècle. La perspective adoptée est celle du géomorphologue. Il s'agit de reconstituer la construction et le fonctionnement hydrologique de ces plaines à l'Holocène moyen et récent, de façon à montrer la variabilité spatiale et temporelle de l'aléa inondation et des potentialités agricoles, et d'envisager les interrelations entre la construction d'un territoire aménagé par les sociétés et la mobilité d'un objet hydro-géomorphologique. Une démarche régressive est suivie : les enjeux du risque d'inondation et le fonctionnement morpho-hydrologique de la plaine actuels sont abordés à titre de point de comparaison avant d'envisager quelques points communs avec le fonctionnement plus ancien, et surtout de démontrer la difficulté d'utiliser la morphologie actuelle pour reconstituer l'hydrologie passée.

1. Les enjeux : le fonctionnement hydrologique des plaines d'Arles d'après la crue de décembre 2003

La crue de l'hiver 2003 est la crue la plus dévastatrice du Rhône depuis la construction de la digue napoléonienne « insubmersible » au milieu du XIXe siècle. En termes de débits, avec un pic à environ 13 000 m^3/s à Beaucaire, c'est la plus grande enregistrée en deux siècles.

Les mécanismes de débordement et d'étalement de l'inondation sont révélateurs de la morphologie de la plaine et de l'importance des aménagements dans son fonctionnement hydrologique actuel (**fig. 1**).

1.1. Les crevasses révèlent les fragilités de la levée de berge

De même que lors des crues de 1993-1994 et de 2002, l'inondation ne s'est pas déclenchée par submersion des levées renforcées par la digue, mais avant tout par rupture de ces digues au niveau de crevasses ou brèches.

En rive droite, une crevasse, située en aval de Fourques sur le petit Rhône, s'associe à une surverse au-dessus des digues à Bellegarde et est responsable de l'inondation de la Camargue gardoise. En rive gauche, plusieurs points de rupture de la digue du chemin de fer sont repérés entre Tarascon et Arles.

De telles dynamiques de rupture de berges sont possibles naturellement dans une plaine à levées, mais le corsetage continu des chenaux du Rhône par la digue napoléonienne rend plus probable ce processus en faisant disparaître les points bas naturels qui permettaient un débordement plus progressif dans la plaine d'inondation.

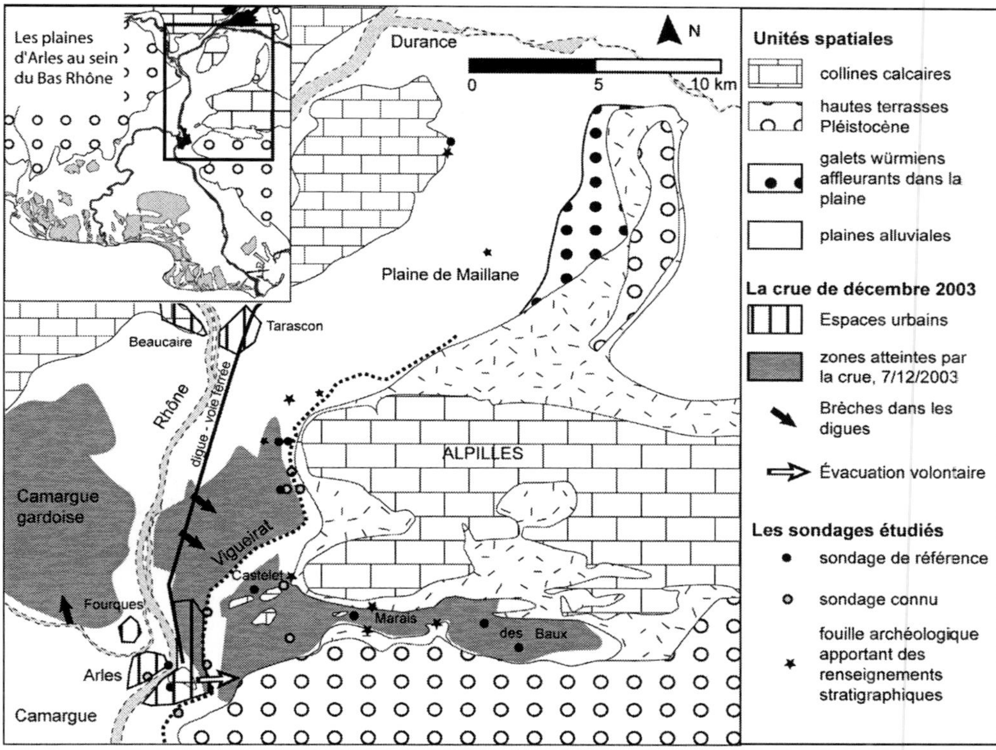

Fig. 1. Les plaines d'Arles.

1.2. Les trajectoires des eaux d'inondation : une topographie contraire

Une fois l'obstacle de la levée de berge passée, les eaux s'écoulent dans le sens de la pente, c'est-à-dire en s'éloignant du chenal et en direction des marais, drainés ou non, de la plaine distale et vers l'aval, c'est-à-dire vers le sud. Cette topographie typique d'une plaine à levées explique la préservation du site de Fourques situé en position relativement haute sur la levée (environ 4 m NGF), mais l'inondation des quartiers nord de la ville d'Arles essentiellement construits aux XIXe et XXe siècles, situés plus bas en altitude dans la plaine d'inondation proximale.

La trajectoire des eaux est fortement influencée par les aménagements. Ainsi, des canaux d'irrigation ou de drainage ont pu jouer le rôle de vecteur des eaux vers la plaine distale. Ce phénomène a en particulier été identifié en Camargue gardoise. D'autres canaux majeurs dont les berges sont surélevées ont au contraire constitué des digues qui ont arrêté la crue. C'est le cas du canal du Vigueirat à l'est d'Arles.

La conjonction de la topographie à levées et des aménagements rend difficile le retour des eaux vers le chenal. Deux mois après la crue, certains anciens marais étaient toujours inondés. Ce fait souligne la dichotomie entre risque et contrainte hydrologique dans les plaines d'Arles. Les sites localisés sur les levées sont les plus soumis au risque d'inondation brutale et de destruction par formation de crevasses, mais l'eau s'y évacue facilement. Au contraire, dans les dépressions de la zone distale, l'inondation, plus lente, correspond à des processus d'étalement peu énergiques, mais les eaux tendent à stagner. La contrainte liée à l'excès d'eau et à l'hydromorphie y est donc plus grande, d'autant que ces espaces naturellement marécageux sont également alimentés, hors des périodes de crues, par les eaux de l'aquifère fluvial. Elle empêche certaines cultures (remontées d'eaux légèrement salines), rend indispensable les pompages électriques, et limite les aménagements de rizières et la construction du fait de la nature tourbeuse des sols.

1.3. La gestion de la catastrophe en rive gauche : enjeux humains

Après l'inondation des quartiers nord d'Arles, les pouvoirs publics avaient la possibilité d'évacuer les crues vers l'aval (sud) en suivant la trajectoire d'anciens chenaux secondaires et canaux de drainages, ce qui permettait de rejeter les eaux plus rapidement dans le chenal mais aurait provoqué l'inondation des quartiers sud. La solution retenue a finalement été de provoquer l'écoulement vers l'est à travers l'obstacle du canal du Vigueirat de façon à « stocker » les eaux dans les terres agricoles de la cuvette du Marais des Baux. À cette occasion, l'inondation a repris les trajectoires suivies par les grandes crues du XIXe siècle.

1.4. Peut-on transposer ce fonctionnement aux périodes plus anciennes ?

La crue récente souligne d'une part l'importance des aménagements et des décisions humaines dans le déroulement des inondations, et d'autre part le rôle fondamental de la morphologie de la plaine d'inondation. Or les études géomorphologiques et géoarchéologiques présentées ci-après démontrent la construction progressive de cette plaine et l'ancienneté des aménagements. L'aléa d'inondation et la contrainte hydrologique ont donc pu varier spatialement selon le même pas de temps que celui de la transformation de la plaine par les sociétés.

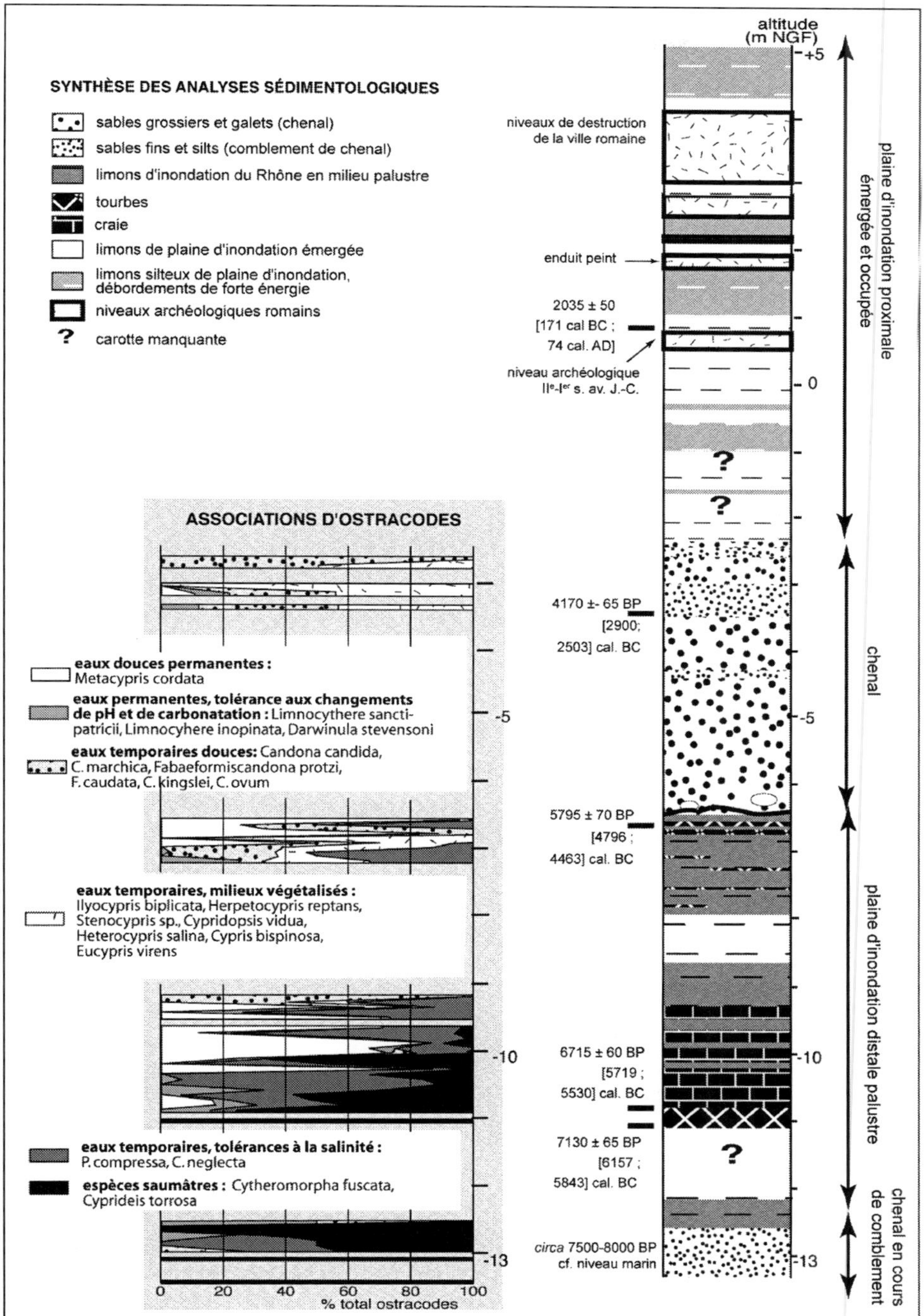

Fig. 2. Un exemple d'analyse sédimento-stratigraphique. La carotte Piton en rive droite du Grand Rhône actuel (Arles).

2. Les méthodes de reconstitution des environnements palustres et fluviaux (fig. 2)

L'identification des milieux fluviaux et de leur dynamique repose sur la caractérisation granulométrique et stratigraphique de dépôts observés en coupe ou en carottage. On peut ainsi distinguer les faciès de chenaux, de levées de berge, de plaine d'inondation proximale émergée, de plaine d'inondation distale émergée, de marais de plaine d'inondation distale, de marais alimenté par des aquifères locaux.

Les régimes hydrologiques des marais sont étudiés à travers les données paléoécologiques, principalement micropaléontologiques et palynologiques (Bruneton, 1999 ; Andrieu-Ponel *et al.*, 2000). On reconstitue ainsi le caractère saisonnier ou permanent de la nappe d'eau, et d'éventuelles altérations hydrochimiques telles que salinisation et eutrophisation.

La reconstitution de la construction des plaines passe par la multiplication des sites d'étude (**fig. 1**) et la corrélation stratigraphique. Les sites localisés à proximité des chenaux actuels ont connu des changement drastiques de milieu de sédimentation. Dans ces zones, les environnements marécageux sont plus fréquents à la base des stratigraphies, et les milieux de plaines d'inondation émergée et de chenaux secondaires l'emportent dans les dépôts plus récents. Dans l'actuelle plaine d'inondation distale, les milieux sont toujours palustres jusqu'à la période moderne. Les nuances viennent de la date des premiers alluvionnements rhodaniens et de leur rythme de dépôt : ainsi, le Marais des Baux est déconnecté de la plaine d'inondation et alimenté par des sources locales jusqu'au Moyen Âge, alors que les marais du Castelet sont dès l'origine soumis aux crues du Rhône qui le comblent progressivement. La date de la transgression des marais de la plaine d'inondation sur les bas de versants stables est également variable : elle est plus précoce à proximité d'Arles que plus loin vers le nord et vers l'est. Le Marais des Baux est palustre dès le début de l'Holocène, mais alimenté par les aquifères locaux.

3. Les étapes de la construction des plaines d'Arles depuis 7500 cal. BP (fig. 3)

3.1. Au Néolithique ancien, une plaine peu étendue mais très marécageuse

Les données les plus anciennes concernent les environs de la butte d'Arles vers 7500 cal. BP. À cette date, les sites localisés plus au nord (plaine de Maillane au contact entre bas Rhône et basse Durance) et plus à l'est jusqu'aux pointements rocheux du Castelet et de Montmajour sont bien drainés et hors d'atteinte des crues : les alluvions caillouteuses würmiennes aujourd'hui enfouies constituent alors une basse terrasse.

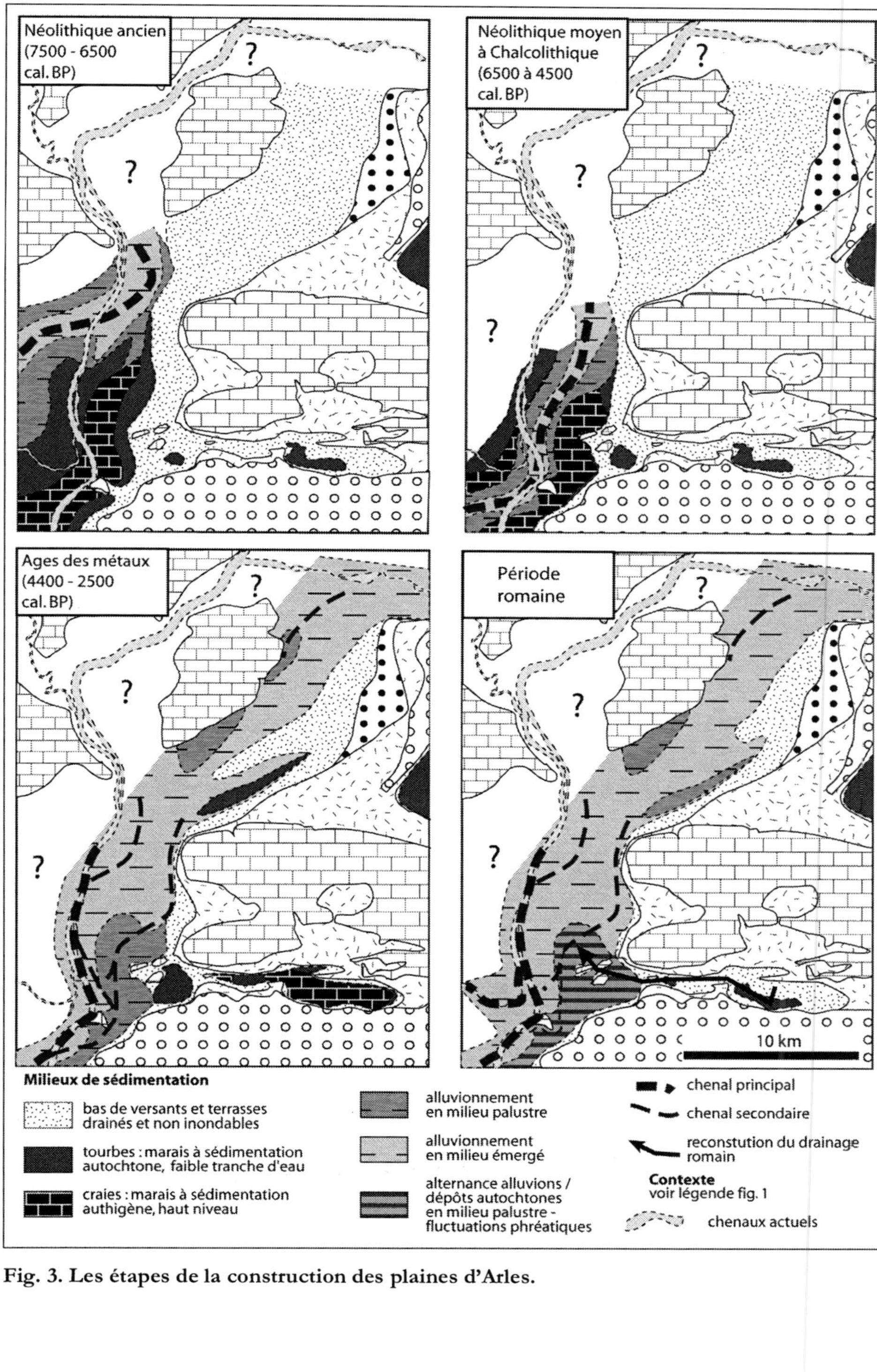

Fig. 3. Les étapes de la construction des plaines d'Arles.

À Arles, un chenal en cours d'abandon se situe à proximité du grand Rhône actuel. Il est progressivement remplacé par un étang permanent, rarement atteint par les crues, le chenal du Rhône se trouvant alors plus loin vers l'ouest (Arnaud-Fassetta *et al.*, soumis). Plus à l'est dans le Marais des Baux, les marais régressent du fait de conditions bioclimatiques plus sèches. Au total, de vastes espaces plans et à l'abri sont à la disposition des sociétés néolithiques. La plaine d'inondation est marécageuse mais les crues n'y semblent ni fréquentes ni dangereuses : les étangs jouent probablement un rôle de bassin de rétention.

3.2. Du Néolithique moyen au Chalcolithique : variabilité hydrologique et extension des plaines alluviales palustres

De 6500 à 4500 cal. BP, l'ensemble du système fluvial s'exhausse. De ce fait, les marais de la plaine d'inondation transgressent sur l'ancienne terrasse würmienne vers l'est et vers le nord. Parallèlement, un chenal apparaît à nouveau dans un tracé proche du Grand Rhône actuel. Dans la plaine d'inondation distale, cette défluviation est associée à des marqueurs de plus grande humidité : hausse de la tranche d'eau dans les marais, régime d'eaux permanentes. Cependant, l'essentiel de la plaine alluviale reste concerné par des dépôts tourbeux liés à des marais rarement atteints par les crues. On peut donc supposer que les nombreuses dépressions palustres continuent à « absorber » efficacement les inondations.

Par ailleurs, il subsiste toujours des basses plaines drainées et non inondables sur les marges est et nord des marais. De plus, le Marais des Baux connaît une phase plurimillénaire de bas niveau liée aux conditions bioclimatiques locales. C'est en fait sur ces zones drainées que se sont installées les sociétés néolithiques et chalcolithiques.

3.3. Au cours des Âges des métaux : moins de marais, mais plus de risques

La date de 4400 cal. BP marque une rupture dans les paysages et le fonctionnement des plaines. En effet elle correspond à une phase de forte activité fluviale qui aboutit à une mobilité des chenaux et à un comblement alluvial accéléré dans la plaine d'inondation repoussant les marais vers la plaine d'inondation distale. Ce type de fonctionnement en à-coups de durée séculaire caractérise les deux millénaires qui suivent. Progressivement, la poursuite de l'exhaussement du plancher alluvial du Rhône et de la basse Durance conduit à l'extension des plaines d'inondation dans des limites proches de l'actuel. En particulier, la plaine de Maillane, au nord, est atteinte par les crues et devient localement hydromorphe.

Les hommes occupent les levées et les mettent en culture (Pons *et al.*, 1979 ; Arnaud-Fassetta et Landuré, 1997). Ils profitent de l'extension naturelle des plaines alluviales drainées et exploitent les marais pour l'élevage. Cependant, dans ces espaces caractérisés par la mobilité des chenaux secondaires et de fréquentes inondations, ils sont soumis à un important aléa fluvial.

3.4. Les marques de l'aménagement du territoire à la période romaine

Les romains héritent des conditions mises en place lors des âges des métaux lorsqu'ils s'installent à Arles. À partir de l'agglomération protohistorique, la ville s'étend en zone inondable, parfois à moins d'un mètre au-dessus de la ligne d'eau moyenne estimée dans le chenal (Bruneton *et al.*, 2001). Les quartiers d'habitation, même aisés, sont régulièrement inondés et les crevasses sont fréquentes du fait du renforcement de la levée par construction de quais et de remparts le long du Grand Rhône. L'agriculture gagne du terrain dans la plaine d'inondation (Andrieu-Ponel *et al.*, 2000). La contrainte hydrologique est gérée à travers des aménagements à l'échelle des plaines d'Arles : en zone urbaine, des fondations drainantes pallient les problèmes d'hydromorphie (Allinne, 2005). En zone rurale, l'extension des zones humides est contrôlée. Ainsi, le Marais des Baux est artificiellement drainé et ses marges sont mises en culture. Ce système de mise en valeur conduit parfois à des excès, traduits par la salinisation de certaines terres agricoles.

Par contre, rien ne montre que le risque d'inondation est pris en compte. Aucun aménagement de protection spécifique n'est identifié, et l'occupation urbaine des zones basses se maintient.

3.5. Du Moyen Âge au XXe siècle, la mise en place du fonctionnement actuel

La déstructuration des aménagements romains entre le IIIe siècle et le VIe siècle ap. J.-C. coïncide avec une activité fluviale plus importante. Il est de ce fait difficile de faire la part des causalités hydroclimatiques et anthropiques dans l'accélération de la sédimentation alluviale, la fréquence des dépôts de crevasse et la réactivation de certains chenaux secondaires observées durant cette période. Cependant, on observe des caractères nouveaux : une hausse marquée des taux de sédimentation dans les marais de la plaine distale et les premières influences possibles des crues du Rhône dans la sédimentation du Marais des Baux. Les marais s'élèvent en altitude et gagnent sur les bas de versant vers l'est, mais ne s'étendent pas dans la plaine de Maillane au nord.

Du XIIIe au XIXe siècle, l'influence des aménagements dans le fonctionnement de la plaine alluviale devient de plus en plus évidente : lorsque les marais régressent, c'est du fait des drainages artificiels. Certains canaux peuvent avoir été « hérités » des aménagements romains, et les principaux canaux actuels commencent à être aménagés au Moyen Âge (Stouff, 1993). Les travaux de drainage les plus importants sont effectués au cours de la période moderne, période au cours de laquelle des digues sont également construites. Ces aménagements ont pour conséquence de multiplier par 5 les taux de sédimentation dans les marais de la plaine distale par rapport aux cinq millénaires précédents, rendant sans doute plus facile les opérations de bonification des marais. On retrouve sans doute ici l'effet involontaire de vecteur des eaux de crue par les canaux de drainage. Quelles que soient les fluctuations démographiques dans la région d'Arles,

les plaines sont de plus en plus intensément mises en valeur, ce qui se traduit par une transformation notable des écosystèmes de marais fortement eutrophisés.

4. Discussion et conclusion : paramètres de la construction des plaines palustres et alluviales

La construction de la plaine alluviale à la latitude d'Arles est sous l'influence principale des dynamiques rhodaniennes et sous l'influence secondaire des débordements de la basse Durance. Elle s'effectue au cours de phases de plus grande activité fluviale, mais, au-delà des à-coups, une tendance plurimillénaire est identifiable : parallèlement à l'exhaussement du plancher alluvial, la plaine s'étend latéralement et la morphologie en levée plus hautes que la plaine distale s'accentue (**fig. 4**). La morphogenèse est donc avant tout contrôlée par la connexion avec le niveau marin en hausse, à travers l'élévation parallèle du plancher alluvial et du profil en long du fleuve. À partir de là, l'extension latérale de la plaine alluviale et des marais s'appuie sur la topographie en terrasses héritée du Würm. L'alluvionnement, d'abord relativement faible par rapport à l'ampleur des volumes palustres de part et d'autre des levées, explique une plaine largement marécageuse au Néolithique, puis son accélération permet la construction d'une plaine proximale plus large. Une analyse en termes paléohydrologiques et paléoclimatiques des fluctuations séculaires du régime hydrologique des marais et des caractéristiques des dépôts de crue reste possible. Elle doit cependant tenir compte du paramètre géomorphologique endogène qui modifie les conditions d'écoulement des flux hydriques et sédimentaires dans la plaine, aussi bien que les modalités d'alimentation des marais.

C'est dans ce contexte de lente transformation des milieux que la plaine est occupée et mise en valeur depuis le Néolithique. La discrétion des impacts écologiques des sociétés néolithiques sur les marais s'explique par la présence de vastes espaces subhorizontaux, constituant dès alors des piémonts bien drainés situés hors de la plaine d'inondation rhodanienne, alors que, dans le même temps, la plaine alluviale émergée est peu attractive, constituée d'étroites bandes de terres au sein des marais. À partir des âges des métaux, les sociétés ont à leur disposition des plaines émergées plus vastes, mais leur occupation et leur mise en valeur impliquent l'acceptation de l'aléa fluvial. Les premiers aménagements à l'échelle de la plaine sont identifiables durant la période romaine. Ils ont surtout pour objectif d'étendre les terres agricoles aux dépens des marais. Il est intéressant de noter qu'à partir de cette période les aménagements de la plaine tendent à accélérer les dynamiques naturelles : exhaussement topographique, extension de l'alluvionnement vers la zone distale, atterrissement des marais ou déplacement vers la zone distale. On peut donc considérer que les plaines d'Arles sont depuis deux millénaires un espace social dans lequel il est artificiel de séparer causalité anthropique et forçages climatiques.

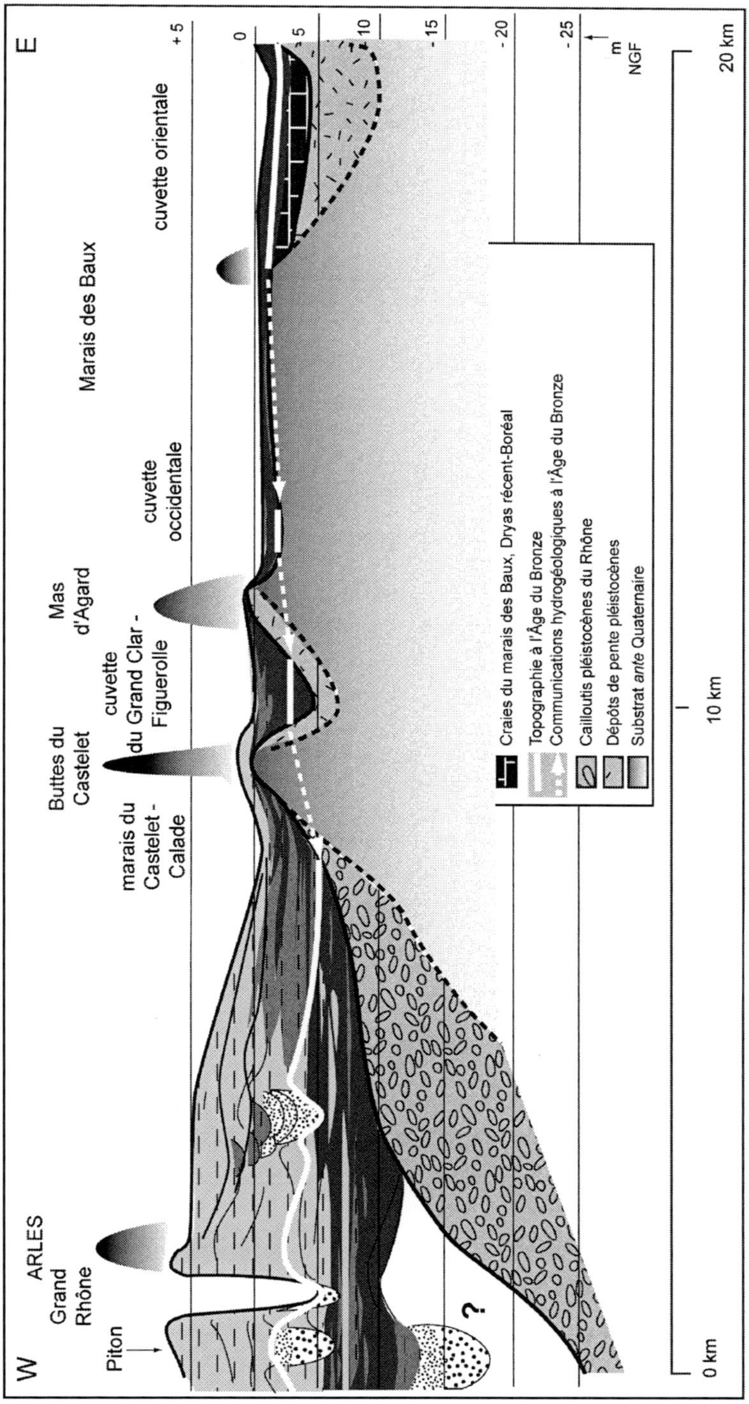

Fig. 4. Géométrie du remplissage sédimentaire des plaines fluviales et palustres.

Remerciements

Les financements nécessaires à l'obtention des données récentes ont été fournis par le programme ECLIPSE « Caractériser la crise climatique des VIe-VIIe siècles en Provence dans ses relations avec la crise des environnements et des sociétés » dirigé par Philippe Leveau. Les discussions et les rencontres occasionnées par ce programme ont largement contribué à l'avancée de la réflexion sur les thèmes discutés par cet article.

Références

ALLINNE C., 2005. *Les villes antiques du Rhône et le risque fluvial. Gestion des inondations dans les villes romaines. L'exemple de la basse vallée du Rhône,* thèse d'Archéologie, Université d'Aix-Marseille I, 3 vol., 347 p., 141 planches, 198 p.

ANDRIEU-PONEL V., PONEL P., BRUNETON H., LEVEAU P. et BEAULIEU J.-L. (de), 2000. Palaeoenvironments and cultural landscapes of the last 2000 years reconstructed from pollen and Coleopteran records in the Lower Rhône Valley, southern France. *The Holocene*, 10.3, 341-355.

ARNAUD-FASSETTA G., 1998. *Dynamiques fluviales holocènes dans le delta du Rhône*, thèse de Géographie physique, Université d'Aix-Marseille I, 329 p.

ARNAUD-FASSETTA G., BEAUDOUIN C., BRUNETON H., BERGER J.-F. et PROVANSAL M., soumis à *The Holocene.* A ~8000-yr Record of Paleohydrology and Environmental Change in Fluvial-influenced Sediments from Urban Arles-Piton Core, North Rhône Delta, France

ARNAUD-FASSETTA G., LANDURÉ C., 1997. Occupation du sol et contraintes fluviales dans le delta du Rhône. *XVIIe Rencontres Internationales d'Archéologie et d'Histoire d'Antibes. « La dynamique des paysages protohistoriques, antiques, médiévaux et modernes ». Antibes, 17-19 octobre 1996*, Sophia-Antipolis, Éd. APDCA, 285-308.

BENOÎT F., 1940. L'usine de meunerie hydraulique de Barbegal. *Revue Archéologique*, t. 15 (1), 18-80.

BRUNETON H., 1999. *Évolution holocène d'un hydrosystème nord-méditerranéen et de son environnement géomorphologique*, thèse de Géographie physique, Université Aix-Marseille I, 363 p.

BRUNETON H., ARNAUD-FASSETTA G., PROVANSAL M., SISTACH D., 2001. Geomorphological evidence for fluvial change during the Roman period in the lower Rhone valley (southern France). *Catena*, 45, 287-312.

COURTIN J., 1974. *Le Néolithique de Provence, Mém. Soc. Préhist. Franç.*, n° 11 ; Paris, Klincksieck, 360 p.

GOUVERNET C., 1960. Évolution géologique des relations bas Rhône-basse Durance pendant les temps pliocènes et quaternaires. *Ann. Fac. Sc. Marseille*, série II, t. XXIX-1, 273-279.

L'HOMER A., BAZILE A., THOMMERET J., THOMMERET Y., 1981. Principales étapes de l'édification du delta du Rhône de 7000 BP à nos jours ; variations du niveau marin. *Oceanis*, 7, 4, 203-233.

LEVEAU P., 1993. Arles et les plaines du Bas-Rhône dans l'Antiquité : colonisation militaire romaine et milieu naturel (à propos des moulins de Barbegal et du canal de Marius). *Géographia Antiqua*, 3, 51-62.

OOMKENS E., 1970. Depositional sequences and sand distribution in the postglacial Rhône delta complex. *In* : MORGAN J.-P. (ed.), *Deltaic Sedimentation: Modern and Ancient*, Society of Economic Paleontologists and Mineralogists, Special Publication 15, 198-212.

PONS A., TONI C., TRIAT H., 1979. Édification de la Camargue et histoire holocène de sa végétation. *Terre et vie*, Suppl. 2, 13-30.

STOUFF L., 1993. La lutte contre les eaux dans les pays du Bas Rhône (XIIe-XVe siècles). L'exemple du pays d'Arles. *Méditerranée*, 3-4, 57-68.

VELLA C., 1999. *Perception et évaluation de la mobilité du littoral holocène sur la marge orientale du delta du Rhône*, thèse de 3e cycle en Géographie physique, Université Aix-Marseille I, 225 p.

Sites internet : http://www.spotimage.fr/html/_66_156_369_.php (Image spot du 7/12/2003 en résolution 20 m).

Rythmes d'érosion et d'alluvionnement à l'Holocène au sud de la péninsule balkanique (Albanie, Grèce)

ÉRIC FOUACHE[1]

Introduction

Impulsées par les recherches de Claudio Vita Finzi (1969), les études sur la morphogenèse holocène ont été particulièrement nombreuses en Grèce (Bintliff, 1977 ; Wagstaff, 1981 ; Bousquet *et al.*, 1983 ; Van Andel *et al.*, 1990 ; Van Andel et Zangger, 1990), puis plus récemment en Albanie (Fouache *et al.*, 2001a et b). Au sud de la péninsule balkanique, comme sur tout le pourtour du bassin méditerranéen, ces recherches ont montré que la mise en place de la « Basse terrasse historique », le « Younger Fill » de Claudio Vita Finzi n'était pas synchrone et que celle-ci variait considérablement entre l'amont et l'aval et d'un bassin versant à l'autre (Neboit, 1980 ; Bousquet *et al.*, 1983 ; Wagstaff, 1981 ; Fouache, 1994 et 1999 ; Lespez, 1999). En revanche, la discussion sur la part respective des facteurs climatiques et anthropiques dans le déclenchement des crises d'érosion et d'alluvionnement reste ouverte. Traditionnellement les chercheurs français ont tendance à favoriser l'hypothèse anthropique, le poids de l'Histoire et les mutations socio-économiques (Dufaure, 1984 ; Neboit-Guilhot, 1991), tandis que les chercheurs anglo-saxons privilégient le rôle des fluctuations climatiques (Van Andel et Runnels, 1987 ; Van Andel *et al.*, 1990 ; Lewin *et al.*, 1995 ; Brown, 1997). La connaissance des fluctuations climatiques holocènes du sud de la péninsule balkanique a considérablement progressé ces dix dernières années, tandis que les programmes géoarchéologiques pluridisciplinaires intégrant les dynamiques environnementales ont profité de l'ouverture des frontières. Il semble donc possible de replacer à l'échelle de l'Holocène, dans une perspective comparative, ce que l'on sait des crises d'érosion et d'alluvionnement, de l'occupation humaine depuis le Néolithique et des fluctuations

1. Université de Paris XII, 61 Avenue du Général de Gaulle, 94010 Créteil cedex. EA 435 et UMR 8591 Universités de Paris I et Paris XII, CNRS (eric.G.fouache@wanadoo.fr).

climatiques afin de proposer un bilan provisoire et surtout de tracer des perspectives de recherches.

1. Un contexte lithologique et bio-climatique favorable à l'érosion

La répartition des grands ensembles structuraux du sud de la péninsule balkanique (Sivignon, 2003 ; Dufaure, 2003) favorise les affleurements de roches terrigènes (**fig. 1**), qu'il s'agisse du flysch ou de la molasse, lesquels sont accumulés dans les synclinaux ou piégés dans de grands bassins néogènes. Des accumulations plus régionales, comme les sables plio-calabriens d'Élide, au nord-ouest du Péloponnèse, peuvent également être observés, tandis que les bastions karstiques offrent localement de grandes épaisseurs de terra rossa ou des formations de pente riches en fines (Dufaure, 1975 et 1984). L'instabilité tectonique quaternaire, le fait que les grands bassins versants recoupent transversalement les ensembles structuraux favorisent les transits amont-aval et les phénomènes de relais dans la morphogenèse, notamment les enchaînements crise colluviale/crise alluviale. Notre ensemble régional offre donc un potentiel lithologique favorable à l'érosion. L'influence du climat méditerranéen ou de ses formes continentales dégradées, caractérisée par une période de sécheresse qui va en diminuant selon un gradient sud/nord et des précipitations d'automne particulièrement efficaces du point de vue de l'érosion des sols permettent structurellement au potentiel érosif de s'exprimer (Dufaure, 1984). À partir du moment où les sociétés humaines exploitent le milieu naturel le rôle de l'homme est incontestable dans la chaîne de processus qui vont d'une crise érosive à une crise d'alluvionnement sur un bassin versant donné. Sans intervention de l'homme sur les couverts végétaux les processus naturels iraient-ils jusqu'à des crises colluviales aussi spectaculaires que celles constatées pour la terrasse d'Olympie (Dufaure, 1975 et 1976 ; Fouache, 1999) ou la progradation accélérée des grands deltas de la façade occidentale de la péninsule (Fouache, 1999) ? Pour autant on ne peut exclure la réalité des fluctuations climatiques au sein même de l'Holocène. L'un des moyens d'explorer l'importance réciproque des fluctuations climatiques ou de la pression anthropique dans le déclenchement des crises d'alluvionnement est d'étudier les archives sédimentaires du double point de vue de l'information géomorphologique et paléoenvironnementale.

2. Les limites de l'apport de la palynologie pour la reconstitution des fluctuations climatiques holocènes

De nombreuses études polliniques couvrant partiellement ou en totalité l'Holocène ont été réalisées en Grèce (Bottema, 1974 et 1979 ; Willis, 1992a et b ; Turner et Sanchez-Goni, 1997 ; Willis, 1994). Toutes, sauf pour le site de Rezina situé à 1 800 m, ont pour particularité de correspondre à des carottages réalisés dans des sédiments lacustres ou marécageux en dessous de 500 m d'altitude. Le diagramme pollinique du lac Maliq (Denèfle *et al.*, 2000) est le

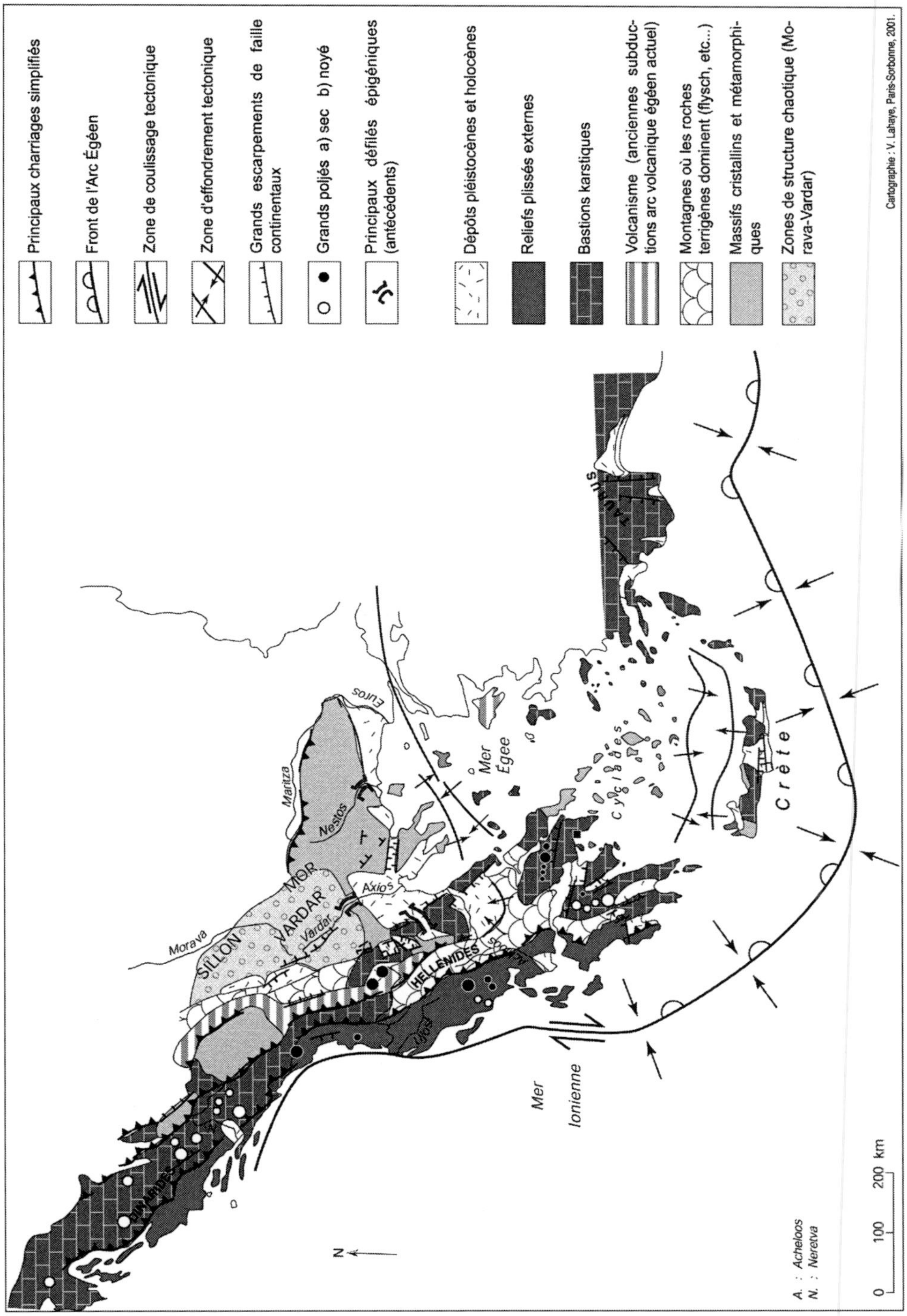

Fig. 1. Le cadre géodynamique et morphostructural de l'aire d'étude (adapté de Dufaure, 1993).

premier réalisé à partir de l'étude de 9,30 m de tourbe, prélevée à 800 m d'altitude, grâce auquel on a pu identifier le bassin de Korçë (Albanie) comme ayant été l'un des refuges de végétation de la région durant la dernière période froide. Sur ces diagrammes la fin abrupte du Tardiglaciaire à 9800 BP est bien avérée par le décrochage des steppes à Armoises et Chénopodiacées au profit de la reforestation, tandis que sont visibles les premiers effets de l'anthropisation vers 6000 BP et que la déforestation ne s'enclenche vraiment qu'après 4000 BP, encore que de manière ménagée et sélective. Si l'interprétation paléoclimatique de ces diagrammes montre très clairement le rôle de la hausse des températures il est plus délicat de juger des fluctuations de la pluviométrie. On identifie par exemple dans les sondages du lac Maliq (Denèfle *et al.*, 2000 ; Fouache *et al.*, 2001), par l'analyse des plantes aquatiques, trois phases principales de remontées du niveau lacustre au Tardiglaciaire, postérieurement à 3000 BP, puis durant les 1 500 dernières années. Assez facilement on pourrait interpréter les phases de haut niveau lacustre comme des phases à pluviométrie plus forte et considérer que ces périodes, comme celles de forte anthropisation du milieu, sont favorables au déclenchement de crises érosives. Il faut faire attention cependant à ne pas systématiser cette lecture car le niveau lacustre obéit à un bilan d'évapotranspiration et de flux hydriques où les précipitations ne sont que l'une des données parmi d'autres. En outre, si on compare sur un diagramme les périodes d'anthropisation avec les phases d'érosion et d'accumulation alluviales identifiées en Grèce et en Albanie on se rend compte que les deux phénomènes ne concordent pas systématiquement (**fig. 2**). Les études géomorphologiques régionales nombreuses permettent aujourd'hui de dresser un premier bilan de la comparaison.

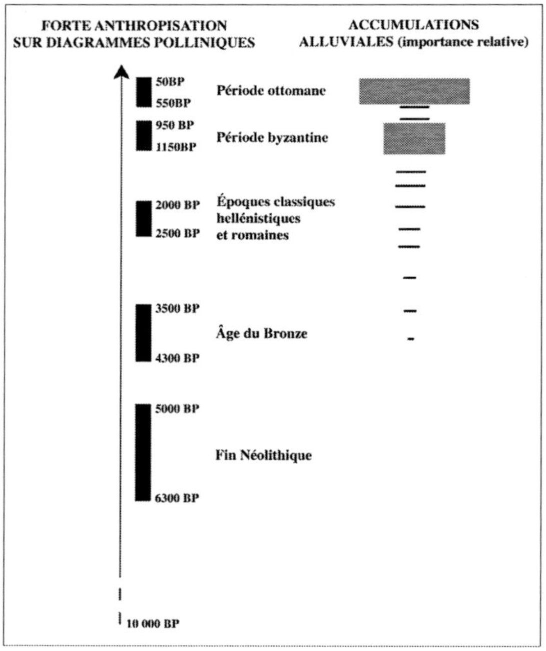

Fig. 2. Mise en relation des phases d'anthropisation repérées par les palynologues et des crises d'alluvionnement au sud de la péninsule balkanique.

3. Crises d'érosion et d'alluvionnement au sud de la péninsule balkanique

Si l'on synthétise l'information bibliographique présentée en introduction, on se rend compte qu'il faut distinguer les observations en fonction de la dimension des bassins versants étudiés. À l'échelle des bassins versants élémentaires on constate une extrême diversité de situations liées à l'histoire des aléas climatiques et historiques locaux. Sur ces bassins versants l'observation la plus commune, à l'échelle de l'Holocène, est l'incision des talwegs dans la roche en place, souvent en contrebas de terrasses pleistocènes. Il arrive parfois, à la faveur d'un secteur en pente plus douce, ou d'un méandre, que l'on puisse observer des terrasses de lits comprenant des outillages ou des artefacts archéologiques remaniés, mais ils renvoient alors à une grande diversité de périodes historiques, du Néolithique ou de l'Âge du Bronze aux périodes très récentes. Les cours moyens des grands organismes fluviaux peuvent à l'inverse présenter des ensembles morphologiques plus homogènes. C'est ainsi que l'on observe sur tous les fleuves de la façade occidentale de la péninsule balkanique, mais aussi sur l'Axios/Vardar à l'est du Pinde, des systèmes de tressage beaucoup plus étendus qu'aujourd'hui, encore fonctionnels au XIXe siècle et en totale incompatibilité avec l'occupation des sites archéologiques des périodes classiques. C'est notamment le cas pour le Pinios (Dufaure et Fouache, 1991) à la hauteur du site d'Elis au nord-ouest du Péloponnèse, pour l'Alphée à la hauteur d'Olympie, mais aussi sur l'Achéloos, l'Arachtos (Fouache, 1999) et les fleuves albanais (Fouache, 2002a, b et c). La seule région où l'on ait pu observer à ce jour une vaste terrasse alluviale d'importance régionale reste le cours moyen de l'Alphée où s'étend la terrasse d'Olympie (Dufaure, 1976), dont la construction est centrée sur les VIIe, IXe siècles ap. J.-C. Elle s'explique par le contexte lithologique très particulier de l'affleurement de sables plio-calabriens et la mise en place de pratiques agropastorales liées à l'arrivée de populations slaves. C'est seulement au débouché deltaïque des grands organismes fluviaux que l'on constate un signal régional fort et homogène à l'échelle de la péninsule balkanique, celui d'une progradation croissante des deltas (**fig. 3**) depuis l'Antiquité gréco-romaine, qui culmine pendant la période ottomane (Fouache, 2001 ; 2002 ; Wiseman et Zachos, 2003).

4. Discussion sur l'importance réciproque des facteurs climatiques et anthropiques

Il est troublant de constater que l'importance des phénomènes d'érosion et d'accumulation alluviale va croissante au fur et à mesure que l'on se rapproche de mondes pleins et que les zones montagneuses sont vouées à une mise en valeur économique, que ce soit par le biais de l'élevage, de la mise en culture ou de l'exploitation du bois et de ses dérivés, comme la fabrication de charbon de bois (Mac Neil, 1992). Le faible impact des sociétés néolithiques et de l'Âge du

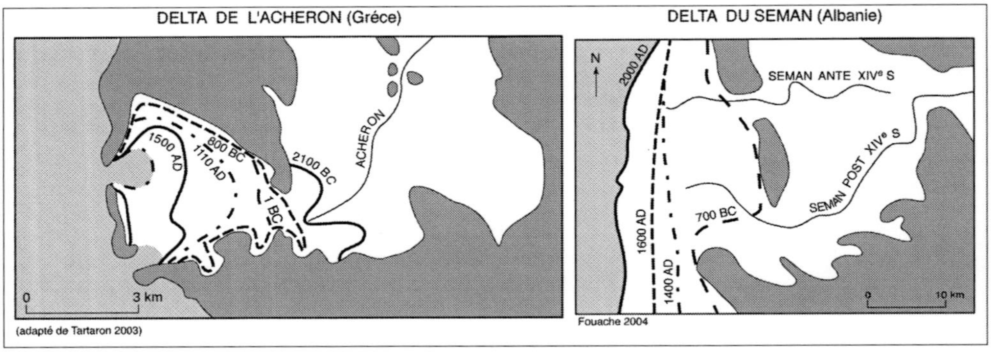

Fig. 3. Rythmes de progradation dans les deltas de l'Acheron et du Seman
En blanc : les plaines d'inondation ; en pointillés : les cordons littoraux successifs.

Bronze s'expliquerait tout simplement par la faible densité des zones défrichées et par la localisation de ces dernières en position de piémont ou dans des zones basses, bordures lacustres ou marécageuses, comme à Sovjan (Fouache *et al.*, 2001a et 2002b) ou Dikilli Tash (Lespez, 1999 et 2002), c'est-à-dire là où l'érosion a le moins de chance de prendre une grande ampleur. À l'inverse, à partir des périodes de l'Antiquité classique, les œkoumènes se densifient, se complexifient, jusqu'à ce que le poids des sociétés humaines soit tel que toute mutation socio-économique se traduise sur le plan de la morphogenèse. Cette instabilité semble culminer avec la mise en place de l'Empire ottoman. L'expérience vécue par les pays neufs mis en valeur aux XVIIIe et XIXe siècles soutient par ailleurs cette démonstration. Mais il faut se méfier des évidences. En effet, l'Empire ottoman coïncide exactement avec le Petit Âge Glaciaire dont les conséquences régionales depuis les travaux de Grove (2001) sont avérées non seulement pour la Crète, mais également pour le sud des Balkans. Les métamorphoses fluviales observées sur les cours moyens et avals des grands organismes fluviaux correspondraient ainsi de manière classique à ce que Bravard (1989) a mis en valeur pour les Alpes françaises. Par ailleurs aucune donnée ne nous permet de situer avec précision l'importance du Petit Âge Glaciaire par rapport aux fluctuations holocènes passées. Pourquoi ne pas envisager que cette dernière fluctuation, plus fraîche et plus humide, ait atteint un effet seuil, jamais observé dans le passé et que les impacts morphologiques soient en conséquence ?

Un autre facteur est souvent sous-estimé, celui de la néotectonique et du rôle de piège à sédiments que constituent les bassins néogènes, ce qui pourrait expliquer la faible extension des terrasses alluviales fossiles des cours moyens, déconnectés en quelque sorte d'une partie des apports amonts, les MES entraînées par un effet chasse continuant jusqu'à l'embouchure. C'est par exemple le cas sur le fleuve Achéloos avec le fossé d'Agrinion, ou sur l'Axios avec le bassin de Skopje.

De ces différentes considérations, il résulte que de nouvelles thématiques semblent pouvoir être défrichées. L'une devrait être, de notre point de vue, l'obtention d'enregistrements paléoclimatiques à une échelle fine, afin de préciser l'ampleur des fluctuations holocènes et d'étudier dans le même temps, à l'amont et à l'aval d'un même bassin versant, les rythmes d'érosion et d'alluvionnement. C'est ce que nous tentons de réaliser au sein du programme « Enregistrement multiproxy des variations climatiques au sud des Balkans au cours du dernier cycle climatique » soutenu par le programme ECLIPSE. Pour autant il ne faut pas renoncer à l'inventaire géomorphologique de terrain mené conjointement avec des prospections archéologiques. Nous avons décidé de privilégier dans un proche avenir l'étude de l'évolution géomorphologique et néotectonique holocène du bassin de Skopje et d'autre part de préciser dans la plaine de Thessalonique, au débouché de l'Axios/Vardar, les rythmes de la progradation holocène du delta.

Conclusion

Bien que le sud de la péninsule balkanique soit particulièrement étudié, sur le plan des dynamiques holocènes, depuis une trentaine d'années pour la Grèce, et que le territoire albanais se soit ouvert aux études géoarchéologiques et paléoenvironmentales depuis une dizaine d'années bien des incertitudes subsistent sur les relations Homme-Milieu dans cet ensemble régional. Les programmes transfrontaliers, notamment entre la Grèce, l'Albanie et la République de Macédoine, pluridisciplinaires, paléoenvironnmentaux, géomorphologiques et archéologiques, qui se dessinent sont riches de promesses scientifiques. La question classique des rythmes d'érosion et d'alluvionnement trouve dans ces thématiques une nouvelle jeunesse.

Références

BINTLIFF J., 1977. Natural environment and human settlement in prehistoric Greece. *British Archaeological Report. Supllementary Series 28.*

BOUSQUET B., DUFAURE J.-J., PÉCHOUX P.-Y., 1983. Temps historiques et évolution des paysages égéens. *Méditerranée*, 2, 3-25.

BOTTEMA S., 1974. *Late Quaternary Vegetation History of Northwestern Greece*, thèse de l'Université de Groninguen.

BOTTEMA S., 1979. Pollen analytical investigations in Thessaly (Greece). *Paleohistoria*, 21, 19-40.

BRAVARD J.-P., 1989. La métamorphose des Alpes françaises à la fin du Moyen Âge et à l'époque moderne. *Bulletin de la Société Géographique de Liège*, 25, 145-157.

DENÈFLE M., LÉZINE A.-M., FOUACHE É., DUFAURE J.-J., 2000. A 12000 Year Pollen Record from Lake Maliq, Albania. *Quaternay Research*, 54, 423-432.

DUFAURE J.-J., 1975. *Le relief du Péloponnèse*, thèse d'État, Paris, 1 422 p.

DUFAURE J.-J., 1976. La Terrasse Holocène d'Olympie et ses équivalents méditerranéens. *Bulletin de l'Association des Géographes Français*, 433, 85-94.

DUFAURE J.-J. (éd.), 1984. *Hommage à Pierre Birot : la mobilité des paysages méditerranéens. Graphique des pyrénées et du Sud-Ouest*, 385 p.

DUFAURE J.-J., FOUACHE É. et DENÈFLE M., 1999. Tectonique et évolution géomorphologique : l'exemple du bassin de Korçë. *Géomorphologie*, 2, 111-128.

DUFAURE J.-J., 2003. Regards sur les bassins intramontagnards sud-balkaniques : morphogenèse, milieux, sociétés. Coll. EDYTEM, *Cahiers de Géographie*, 1, 49-59.

FOUACHE É., 1999. L'alluvionnement historique en Grèce occidentale et au Péloponnèse : géomorphologie, archéologie, histoire. *Bulletin de Correspondance Hellénique*, Athènes, suppl. 33, 235 p.

FOUACHE É., DUFAURE J.-J., DENÈFLE M., LÉZINE A.-M., LÉRA P., PRENDI F., TOUCHAIS G., 2001a. Man and Environment around Lake Maliq (Southern Albania) during the Late Holocene. *Vegetation History and Archaeobotany*, 10, 79-86.

FOUACHE É., GRUDA G., MUCAJ S., NIKOLLI P., 2001b. Recent Geomorphological Evolution of the Deltas of the Rivers Seman and Vjosa, Albania. *Earth Surface Processes and Landforms* 26, 793-802.

FOUACHE É., 2002a. Dynamiques paléoenvironnementales en Albanie à l'Holocène. *In* : TOUCHAIS G. (éd.), *L'Albanie dans l'Europe Préhistorique, Actes du Colloque de Lorient (8-10 juin 2000), Bulletin de Correspondance Hellénique*, Athènes, suppl. 42, 3-42.

FOUACHE É., 2002b. Dynamiques holocènes continentales et littorales et variations de la ligne de rivage de l'Adriatique au sud de la Turquie ; vol. III de l'HDR, *Approche Géoarchéologique en domaine balkanique et méditerranéen : géomorphologie, paléoenvironnements, histoire*, Université de Paris IV, 274 p.

FOUACHE É., 2002c. Dynamiques et évolutions des littoraux croates et albanais depuis la fin de l'Antiquité. *In* : *Actes du colloque « Points de vue sur les Balkans de l'Antiquité à nos jours », Les cahiers du CRHIPA*, 5, 9-34.

GROVE A.T., 2001. The Little Ice Age and its geomorphological consequences in Mediterranean Europe. *Climate Change*, 48, 121-136.

LESPEZ L., 1999. *L'évolution des modelés et des paysages de la plaine de Drama et de ses bordures au cours de l'Holocène (Macédoine orientale, Grèce)*, thèse, Université de Clermont-Ferrand, 539 p.

LESPEZ L., 2002. Geomorphic responses to long-term land use changes in Eastern Macedonia (Greece). *Catena*, 51, 181-208.

LEWIN J., MACKLIN M., WOODWARD J. (eds.), 1995. *Mediterranean Quaternary River Environments. Balkema*, Rotterdam, 285 p.

MAC NEIL J.R., 1992. *The Mountains of the Medoiterranean World. An Environmental History.*

NEBOIT R., 1980. Morphogenèse et occupation humaine dans l'Antiquité. *Bulletin de l'Association des Géographes Français*, 466, 21-27.

NEBOIT R., 1991. *L'homme et l'érosion, l'érosion des sols dans le monde*, Publication de la Faculté des Lettres de Clermont-Ferrand, vol. 34, 184 p.

SIVIGNON M. (éd.), 2003. *Atlas de la Grèce*, La Documentation Française, 190 p.

TURNER C., SANCHEZ-GONI M.-F., 1997. Late glacial landscape and vegetation in Epirus. *In* : BAILEY G. (ed.), *Klithi : Palaeolithic Settlement and Quaternary Landscapes in Northwest Greece*, 559-585.

VAN ANDEL T., RUNNELS C., 1987. *Beyond the Acropolis. A Rural Greek Past*, Stanford University Press.

VAN ANDEL T., ZANGGER E., 1990. Landscape stability and destabilisation in the prehistory of greece. *In* : BOTTEMA S., ENTJES-NIEBORG G., VAN ZEIST W. (eds.), *Man's Role in the Shapping of the Eastern Mediterranean Lanscape.* Balkema, Rotterdam, 139-157.

VAN ANDEL T., ZANGGER E., DEMITRACK A., 1990. Land use and soil erosion in prehistoric and Historical Greece. *Journal of Field of Archaeology*, 17, 379-396.

VITA-FINZI C., 1969. *The Mediterranean Valleys: Geological Changes in Historical Times*, Cambridge, 140 p

WAGSTAFF J.M., 1981. Buried assumptions: some problems in the interpretation of the « Younger Fill » raised by recent data from Greece. *Journal of Archaeological Science*, 8, 247-264.

WILLIS K.J., 1992a. The late Quaternary vegetational history of Northwest Greece. 1. Lake Gramousti. *The New Phytologist*, 121, 101-155.

WILLIS K.J., 1992b. The late Quaternary vegetational history of Northwest Greece. 2. Rezina Marsh. *The New Phytologist*, 121, 101-155.

WILLIS K.J., 1994. The vegetational history of the Balkans. *Quaternary Science Review*, 13, 769-788.

ZANGGER E., 1992. Neolithic to Present Soil Erosion in Greece. *In* : BOARDMAN J. et BELL M. (eds.), *Past and Present Soil Erosion*, Oxford, 133-147.

WISEMAN J., ZACHOS K., 2003. *Lanscape Archaeology in Southern Epirus, Greece I.* Hesperia Suppl. 32, 251 p.

L'enregistrement des changements climatiques de l'Holocène récent et des impacts humains dans la dynamique morphosédimentaire de la moyenne vallée de l'Euphrate (Turquie)

CATHERINE KUZUCUOGLU[1]

Introduction

L'un des objectifs des travaux engagés par l'UMR 8591 en Anatolie en collaboration avec plusieurs laboratoires en France, en Turquie et dans d'autres pays européens, est de rassembler et d'interpréter les données environnementales contenues dans des séquences sédimentaires continentales, en y recherchant en particulier des réponses aux interactions entre climat, environnement et sociétés humaines. Comme, à partir de la fin du Tardiglaciaire et surtout à partir de la mi-Holocène, l'Anatolie est le théâtre d'un développement précoce et complexe des sociétés humaines, les données obtenues dans ces séquences posent plusieurs interrogations : dans quelle mesure l'évolution environnementale enregistrée dans ces séquences est-elle une réponse aux tendances climatiques ? Quelle est la représentativité locale, régionale, globale des signaux identifiés ? Comment identifier et caractériser l'impact des activités humaines dans ces signaux ? Quels sont les rapports entre l'évolution climatique et le développement des sociétés humaines ?

La démarche d'étude repose sur l'identification et la mesure du contenu minéralogique, géochimique et biologique de sédiments accumulés dans des sites « de référence » (lacs, marais). L'évolution des indicateurs étudiés est interprétée en tant que réponse environnementale à l'évolution climatique régionale, dans un contexte d'occupation humaine des territoires dont la couverture végétale (pollens) permet d'approcher l'ampleur et les caractéristiques. Ces courbes « de référence » sont confrontées avec les enregistrements morphosédimentaires livrés par les pentes et fonds de vallées où sont collectées des données géomor-

1. Laboratoire de Géographie Physique Pierre Birot, UMR 8591-CNRS, Université Paris I, 1 Place A. Briand, 92195 Meudon cedex, France (kuzucuog@CNRS-bellevue.fr).

phologiques, sédimentaires et stratigraphiques, qui permettent d'identifier et de caractériser des phases d'érosion et d'accumulation, en relation avec l'occupation des territoires par des sociétés humaines. Par ailleurs, l'exploitation des signaux produits par l'ensemble de ces séquences nécessite l'obtention d'un cadre chronologique qui, pour l'Holocène, est principalement fourni par le radiocarbone contenu dans la matière organique (charbons, résidus végétaux, matière organique de sols). Ces travaux entraînent donc la mise en œuvre d'analyses faisant appel à plusieurs disciplines (palynologie, botanique, pédologie, géochimie, minéralogie...) et s'effectuent en collaboration étroite avec les archéologues travaillant dans les régions choisies.

Les résultats présentés ici appliquent cette démarche à l'Anatolie sud-orientale où les vallées et plaines alluviales ont été, dès avant le Dryas récent, un lieu privilégié pour les installations humaines. Axes de pénétration et de contacts, ces vallées ont aussi permis l'accès et l'exploitation de ressources complémentaires (sols alluviaux, ressources en eau et secteurs montagneux proches). Entre la plaine d'Horum et la ville de Karkemish aujourd'hui située sur la frontière turco-syrienne (**fig. 1**), la moyenne vallée de l'Euphrate en Turquie a ainsi livré des enregistrements morphosédimentaires dont l'interprétation permet d'analyser les processus de réponses du système fluvial aux effets combinés de l'évolution climatique et des activités humaines sur les différentes composantes du système environnemental que constitue le bassin versant du fleuve.

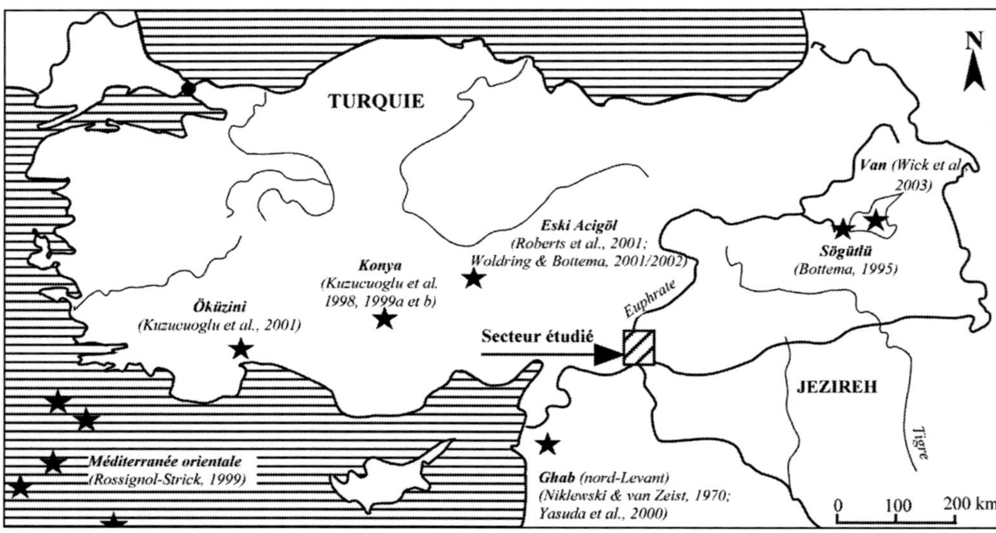

Fig. 1. Localisation du secteur étudié (moyenne vallée de l'Euphrate) et des séquences « de référence » utilisées pour l'interprétation des données environnementales holocènes sur le piedmont méridional du Taurus.

1. Contexte climatique de l'Holocène récent en Anatolie

En Anatolie comme en Méditerranée orientale, l'Holocène se déroule en deux périodes séparées par une phase de transition, entre 6500 et 6000 cal. BP, pendant laquelle des changements importants conduisent à un renversement des tendances climatiques. Après un Holocène ancien pendant lequel les précipitations et les températures augmentent, l'Holocène récent (< 6000 cal. BP) témoigne d'une décroissance de l'humidité associée à des manifestations d'instabilité climatique (par exemple : sécheresses récurrentes, modifications de distribution saisonnière des pluies, violence des précipitations) qui peuvent se transformer en aléas climatiques préjudiciables à l'équilibre des systèmes naturels (déstabilisation de la végétation et des sols, crues de forte amplitude) et des systèmes d'exploitation des territoires (érosion des sols, engorgement des vallons, charge sédimentaire accrue dans les cours d'eau, raréfaction des ressources végétales...).

Ainsi dans les dépressions imperméables de la plaine de Konya (altitude : 1 000 m) en Anatolie centrale, l'optimum climatique holocène est marqué par des dépôts marécageux datés 6500-6400 cal. BP (4400 BC). Autour de la plaine, des paléosols développés sur colluvions ont été datés dans des coupes différentes de 4675 ± 80 BP (3650-3100 cal. BC), 4195 ± 90 BP (2870-2710 BC) et 3270 ± 70 BP (1730-1400 BC) (Kuzucuoglu *et al.*, 1999b). Ces paléosols signalent des phases de récession (développement de la couverture végétale) dans l'érosion des sols (colluvions et poussières éoliennes). Les phases d'érosion dont témoigne la mise en place des colluvions se manifestent avant *ca.* 5400 cal. BP et avant *ca.* 3450 cal. BP. La plus ancienne de ces phases est suivie d'une sécheresse importante responsable, près de la ville de Karapinar, de la progression d'un champ de barkhanes qui s'est produite entre 5700 et 4800 BP (3500-2300 BC) (Kuzucuoglu *et al.*, 1998).

En Cappadoce, le site d'Eski Acigöl fournit une séquence-référence pour les plateaux intérieurs (altitude : 1 400 m) (Roberts *et al.*, 2001 ; Woldring et Bottema, 2001-2002). La décroissance de l'humidité, qui indique la fin de l'Holocène ancien et de l'optimum climatique, commence vers 6500 cal. BP (*ca.* 4500 BC) ; elle atteint ses plus faibles niveaux vers 3000-2000 cal. BP (Ier mill. BC). Parallèlement, la steppe (*Artemisia*, Chenopodiaceae) s'étend aux dépens des herbes de prairie. La décroissance du nombre de pollens de *Pistacia*, suivie d'une réduction constante des arbres associés à une certaine humidité atmosphérique (ormes, noisetiers), confirme la diminution des réserves en eau.

En Anatolie orientale, la séquence-référence est livrée par les carottes du lac de Van, dont la chronologie repose sur le comptage de varves. L'optimum climatique holocène s'y produit plus tardivement qu'en Anatolie centrale, entre 6000 et 4000 BP (= entre 4000 et 2000 BC), le basculement vers des conditions climatiques plus sèches ayant lieu entre 4200 et 4000 BP (2250-2050 BC) (Bottema, 1995 ; Wick *et al.*, 2003).

En Anatolie sud-orientale et sur le piémont méridional du Taurus central, les études de séquences colluviales et alluviales montrent des enregistrements contrastés (Wilkinson, 1999 ; Kuzucuoglu, 2003 ; Kuzucuoglu *et al.,* 2004). Les datations, dans ces régions, reposent le plus souvent sur les rapports stratigraphiques entre les dépôts étudiés et les couches archéologiques datées soit par radiocarbone (charbons de foyers), soit par le matériel céramique. Dans cette région, l'Holocène récent est marqué par la dégradation de certains facteurs climatiques : augmentation du nombre de périodes sèches ; accentuation de la variabilité saisonnière et inter-annuelle des précipitations ; pluies erratiques et de forte intensité... (Courty, 1994 ; Rosen, 1998 ; Wilkinson, 1999 ; Kuzucuoglu, 2003 ; Kuzucuoglu *et al.*, 2004) L'érosion des sols engendrée par cette évolution a été accentuée par (1) la dégradation de la couverture végétale provoquée par le déficit croissant en humidité à l'échelle régionale, ainsi que par (2) l'exploitation des ressources naturelles (sols, eau, végétation) introduite par la présence de sociétés humaines complexes en pleine expansion à partir du Ve mill. BC (activités pastorales et paysannes, circuits d'échanges, développement technologique et de l'irrigation ; mise en place de systèmes de pouvoir économique, social et militaire de plus en plus évolués : Frangipane, 2001 ; Butterlin, 2003 ; Wilkinson, 2003). Ainsi, à partir du Ve mill. BC dans la moyenne vallée de l'Euphrate et le piémont syrien du Taurus, la situation est telle qu'on ne peut ni considérer le climat et la population comme des variables indépendantes, ni sous-estimer la complexité de leurs interactions.

2. Évolution géomorphologique de la moyenne vallée de l'Euphrate turc pendant l'Holocène supérieur

Dans la moyenne vallée de l'Euphrate de la région de Birecik (**fig. 2**), le réchauffement qui a suivi le dernier Pléniglaciaire a permis la construction d'une terrasse de + 8 m, inscrite dans des dépôts antérieurs dont l'épaisseur atteint également 8 m et dont le sommet se trouve aujourd'hui à + 11,5 m au-dessus du lit actuel du fleuve (Kuzucuoglu *et al.*, 2004). Ces deux terrasses présentent la même succession de dépôts : au-dessus d'une grave de fond de 1 à 2 m d'épaisseur dont les éléments proviennent de la chaîne du Taurus plus au nord, deux séries de limons sont superposées : des limons et sables d'origine alluviale (2-3 m d'épaisseur) sont recouverts de limons carbonatés jaunâtres, parfois rougeâtres (2-3 m d'épaisseur), repris d'apports des versants encadrant la vallée. Pendant la construction de la terrasse de + 8 m, de très fortes crues ont déposé des limons qui ont fossilisé le toit de la terrasse antérieure avant qu'un sol daté de la mi-Holocène ne se développe sur l'ensemble de la plaine alluviale.

L'abandon de la construction de la terrasse de + 8 m se produit à la mi-Holocène par incision, pendant le VIIe mill. BP (V^e^ mill. BC). Cette incision peut s'expliquer par les hauts débits printaniers du fleuve, alimentés par la fonte des neiges abondantes qui accompagnent l'humidité croissante dans la région où le

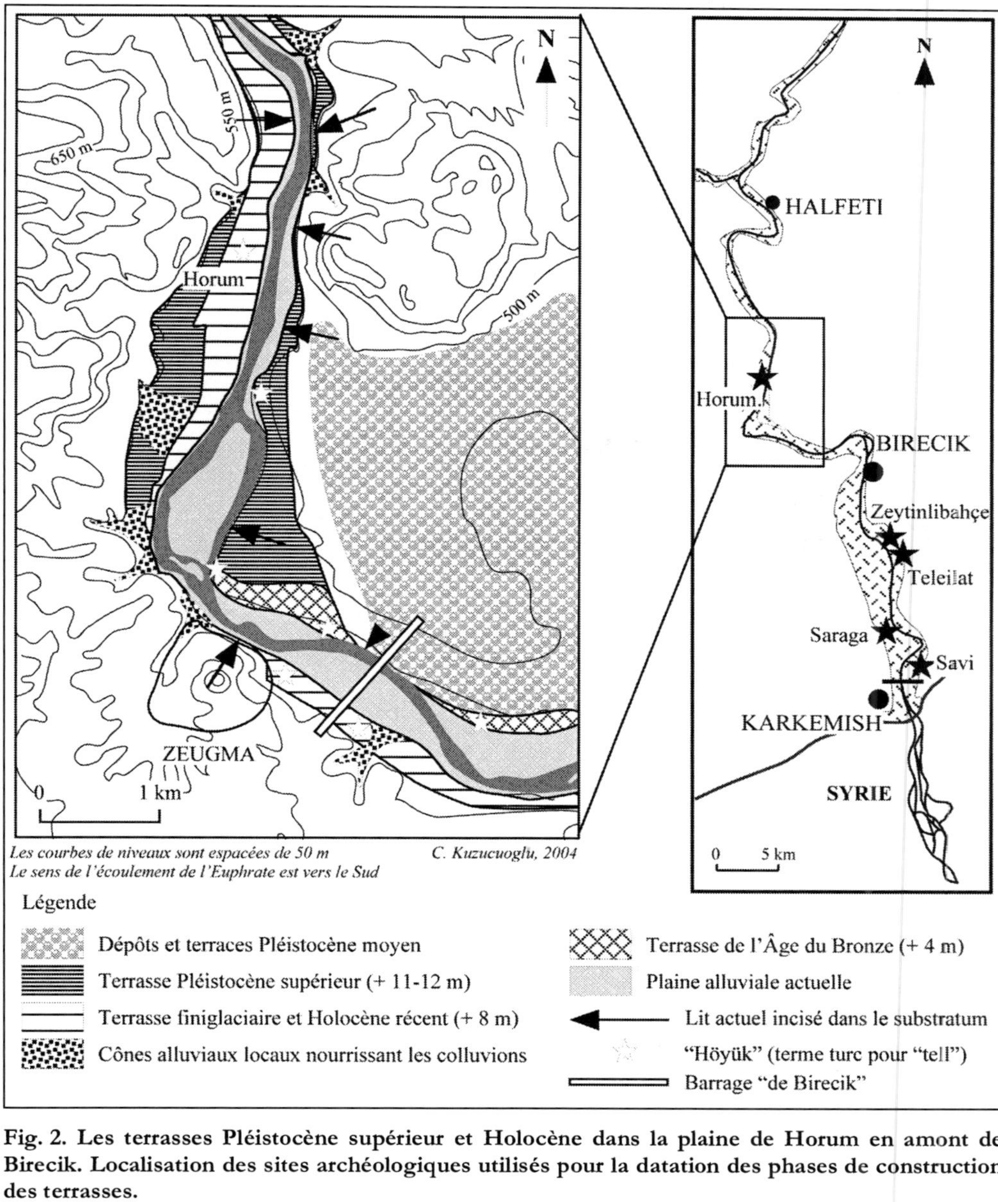

Fig. 2. Les terrasses Pléistocène supérieur et Holocène dans la plaine de Horum en amont de Birecik. Localisation des sites archéologiques utilisés pour la datation des phases de construction des terrasses.

fleuve prend sa source (cf. Wick *et al.*, 2003). L'incision peut aussi avoir été accentuée par un impact tectonique dû au chevauchement, sur la plaque anatolienne, de la couverture sédimentaire de la Plaque arabique, dans laquelle la moyenne vallée de l'Euphrate s'incise depuis le Pliocène. Ce chevauchement induit un déplacement vers le nord des plis formés par la couverture calcaire mio-pliocène. Or, du nord de la plaine d'Horum à Birecik, l'Euphrate a incisé ce substrat entre le dépôt de la terrasse de 11,5 m et celui de la terrasse de + 8 m, incision qui a généré l'étagement des deux terrasses. Aujourd'hui encore, le calcaire sous-jacent affleure en plusieurs endroits des rives droites et gauches du fleuve, ainsi que dans le lit de son chenal principal (**fig. 3**).

Pendant le VIIe mill. BP également, les populations du Chalcolithique moyen et final (Uruk et contemporains) s'installent dans le fond de vallée et sur la terrasse. Au tout début du Ve mill. BP (IIIe mill. BC), des crues de forte amplitude déposent des limons de débordement jusqu'à + 12,5-14 m d'altitude relative. Des dépôts corrélatifs de ces très fortes crues, conservés sur les deux terrasses de + 12 et + 8 m, ont été interstratifiés dans des sites archéologiques localisés sur la terrasse de 8 m, sans que ces crues aient provoqué l'abandon de l'occupation (Kuzucuoglu *et al.*, 2004).

Pendant les Ve et IVe mill. BP, dans les petits bassins versants collecteurs où les surfaces de drainage sont restreintes, plusieurs auteurs signalent une augmentation des impacts du ruissellement sur les pentes, l'engorgement des chenaux principaux, et la récurrence de dépôts de crues erratiques (Courty, 1994 ; Rosen, 1998 ; Wilkinson, 1990 et 1999). Cet accroissement de l'érosion des pentes se traduit, jusque vers la fin du IVe mill. BP, par la construction, dans la vallée de l'Euphrate, d'une terrasse de + 4 m formée de dépôts alluviaux déposés par un fleuve à méandres mobiles, dont les portions abandonnées sont progressivement comblées. Au tournant des IVe et IIIe mill. BP, le fleuve érode ses berges, détruisant partiellement de nombreux sites de l'Âge du Bronze localisés dessus (Kuzucuoglu, 2003). Cette érosion précède une nouvelle phase d'incision qui se produit pendant le Ier mill. BC puisque des quais de l'époque romaine tardive semblent marquer un niveau inférieur à celui du niveau moyen du fleuve aujourd'hui. Cette dernière incision aboutit à l'emboîtement de la plaine alluviale actuelle dans la terrasse de + 4 m (**fig. 3**).

Ainsi, d'après la confrontation des données géomorphologiques et archéologiques locales, un changement important se produit dans la dynamique morpho-sédimentaire de la vallée entre 1500/1200 et 800 BC (dates fournies par la stratigraphie des occupations humaines qui précèdent puis qui scellent les formes d'érosion).

3. *Un système d'échelles emboîtées*

Les séquences holocènes continues, qui fournissent des courbes d'indicateurs paléoenvironnementaux bien datées et sur lesquelles s'appuient les études dans le Sud-Est anatolien et en Mésopotamie du Nord, sont clairsemées en périphérie, dans des régions dont les caractères climatiques sont différents de ceux du piémont syrien : en mer Méditerranée orientale (Rossignol et Strick, 1999), nord-Levant (Niklewski et van Zeist, 1970 ; Yasuda *et al.,* 2000), Anatolie orientale (Bottema, 1995 ; Wick *et al.*, 2003), Anatolie centrale (Roberts *et al.*, 2001), Anatolie

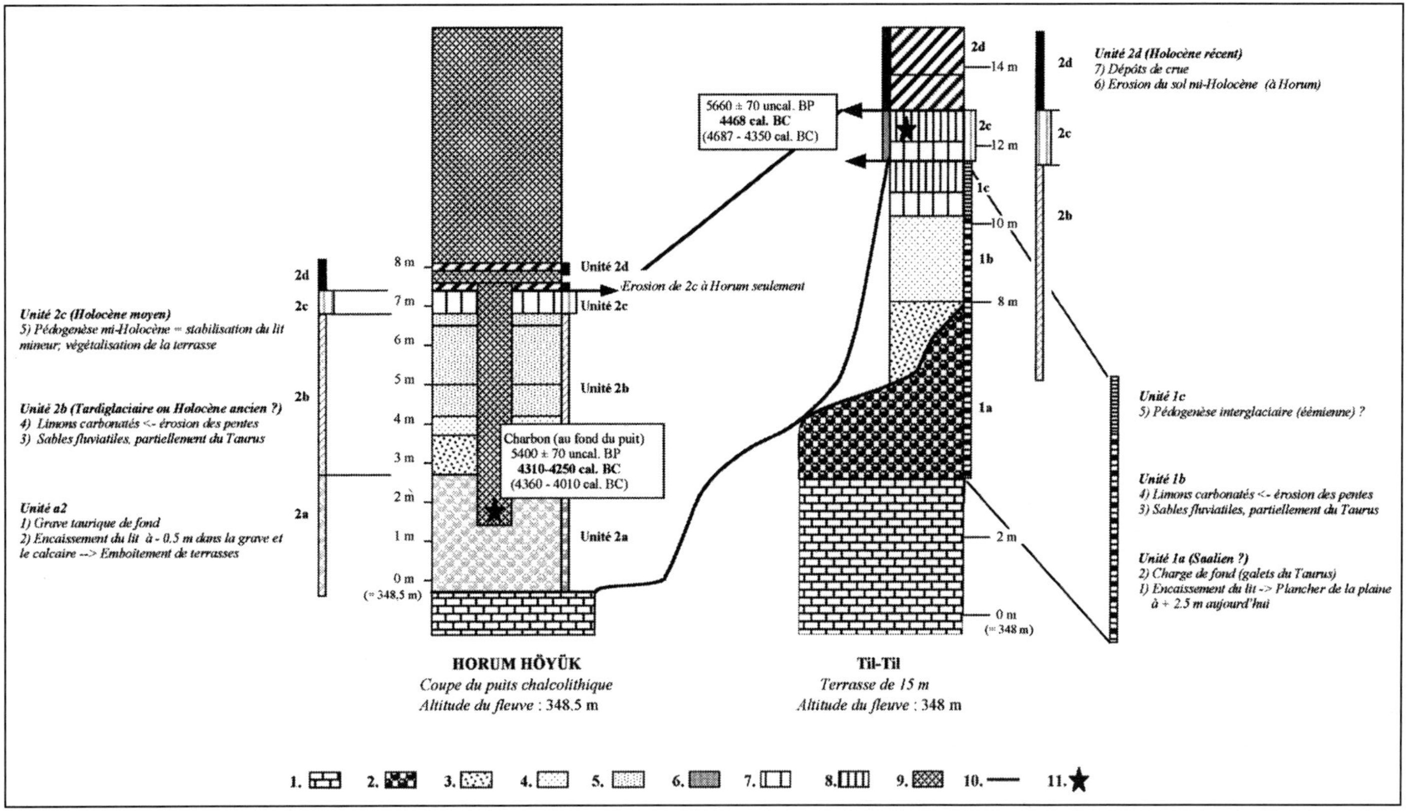

Fig. 3. Stratigraphie des dépôts formant la terrasse inférieure (+ 8 m) à Horum, comparée à la série formant la terrasse de Til-Til (+ 14-15 m) (figure modifiée d'après Kuzucuoglu *et al.*, 2004)

(1) Substratum calcaire ; **(2)** Charge de fond (galets et graviers roulés provenant du Taurus) ; **(3)** Sables fluviatiles ; **(4)** Limons carbonatés couleur crême ; **(5)** Limons carbonatés jaunes à orangés ; **(6)** Sables fins lités ; **(7)** Limons rougeâtres à nodules de carbonate ; **(8)** Sol (limons rubéfiés) ; **(9)** Couches archéologiques ; **(10)** Discordances principales (érosion) ; **(11)** Échantillons datés.

méditerranéenne (Kuzucuoglu *et al.*, 2001). Ces séquences ont enregistré une croissance de l'humidité de l'Holocène inférieur jusque vers 6500-6000 cal. BP (sauf à Van en Anatolie orientale, où elle se poursuit pendant encore 2 000 ans). À partir de 4000-3800 cal. BP, les modifications des paysages illustrées par les assemblages polliniques sont partout substantielles (Eski Acigöl, Öküzini, Van), en rapport avec l'impact des activités humaines sur la composition de la végétation, et des minima pluviométriques repérés à partir de 4200-4000 cal. BP à Van (fin du IIIe mill. BC) et vers 3000-2000 cal. BP à Eski Acigöl (pendant le Ier mill. BC).

Parallèlement, les études de séquences non lacustres en milieu continental sont relativement nombreuses dans le piedmont syrien du Taurus et en Syrie du Nord et Nord-Est, où elles ont été menées dans le cadre de recherches géomorphologiques associées à des programmes archéologiques : en Syrie du Nord (Geyer et Besançon, 1997 ; Geyer et Monchambert, *sous presse*) et Turquie du Sud-Est (Rosen, 1998 ; Wilkinson, 1990 ; 1999 ; Kuzucuoglu *et al.*, 2004), en Jezireh (Courty, 1994), dans le Levant-Nord (Sanlaville, 1996). La dégradation climatique de l'Holocène récent y est également identifiée dans les formations de pente et les remplissages de vallée. Plusieurs auteurs envisagent aussi, pour expliquer l'évolution observée pendant l'Âge du Bronze (IIIe et IIe mill. BC), une surexploitation croissante des sols, des eaux et de la végétation sur les versants, qui expliquerait la libération et la mise en mouvement de sédiments sur les pentes et dans les fonds de vallées. Cependant, la comparaison des conclusions de ces travaux locaux et régionaux montre pour les IIIe et IIe mill. BC une disparité spatiale et chronologique des types de phénomènes observés, qu'ils soient interprétés en tant qu'impacts, combinés ou non, des variations de caractères climatiques (quantité, répartition et intensité des pluies par exemple) et des activités agricoles (cultures, élevage, irrigation). Cette disparité peut être expliquée par des différences dans les caractères locaux des éléments composant le milieu naturel étudié (sols, topographie...), par la place des séquences étudiées dans le système hydrologique (amont, aval), par la taille du bassin de réception, de transit et d'accumulation concerné, tous facteurs influençant la capacité des différents agents d'érosion et de transport des sédiments, le type de stock sédimentaire, les processus de prise en charge et les conditions de transport et d'accumulation.

Conclusions

Le changement de dynamique morphosédimentaire dans la moyenne vallée de l'Euphrate à la fin du IIe et au début du Ier mill. BC (incision survenant après le dépôt des sédiments composant la terrasse de + 4 m, mobilité des chenaux du fleuve dans une plaine alluviale en cours de comblement) est contemporain d'un signal de diminution des apports d'eau dans les régions amont nourrissant le fleuve (Van), diminution qui a dû engendrer une baisse des débits du fleuve et une accentuation du caractère saisonnier de ces débits. Les pressions d'origine humaine sur les ressources pendant les 2 millénaires qu'a duré l'Âge du Bronze dans le piedmont syrien se sont exercées dans des conditions de fragilisation croissante des sols dues à la conjonction des activités humaines et de l'évolution climatique régionale, dans des contextes définis par les facteurs géographiques locaux.

La construction, puis l'incision à la fin de l'Âge du Bronze, de la terrasse de + 4 m dans la moyenne vallée de l'Euphrate, pourraient ainsi être l'expression d'une longue phase de dégradation du milieu d'origines variées, puis du dépassement d'un seuil de tolérance du milieu. Les réactions du milieu, rapidement sensibles localement dans les petits bassins versants, s'expriment différemment et avec retard dans la vallée principale dont les débits sont en grande partie exogènes. La dynamique sédimentaire dans la vallée du fleuve subit ainsi une accumulation de modifications, accentuée vers 2250-2050 BC par la baisse prolongée des débits du fleuve et la modification du régime des crues (déduites des résultats de Wick *et al.,* 2003) et par les minima d'humidité atteints, en Anatolie, vers 1000 BC (Roberts *et al.*, 2001). Au début du Ier mill. BC se manifeste ainsi dans la moyenne vallée de l'Euphrate, sous l'effet d'une accumulation pluriséculaire d'impacts d'origine climatique et anthropique, un basculement dynamique (dépassement du seuil de tolérance ?), où l'érosion prononcée des berges de méandres s'accompagne ou est suivie d'une phase d'incision, peut-être aggravée par une influence tectonique locale.

Remerciements

Ce travail, intégré aux programmes de recherche de l'UMR 8591, résulte d'une recherche pluridisciplinaine associant d'autres laboratoires du CNRS, notamment l'UMR 1572 (LSCE : M. Fontugne), et des équipes de recherche en archéologie conduisant des programmes de fouilles dans la région de Birecik en Turquie : Horum (dir. : C. Marro et A. Tibet), Zeugma (dir. : C. Abadie-Reynal), Zeytinlibahçe (dir. : M. Frangipane), Telleilat (dir. : M. Özdogan), Saraga (dir. : K. Sertok) et Savi (R. Dittmann). Les travaux ont été financés par le CNRS (UMR 8591 et Programme PEVS) et le ministère des Affaires Étrangères (mission Horum). Ils ont bénéficié du soutien logistique de l'Institut Français d'Études Anatoliennes (Istanbul), de la société Coyne et Bellier (barrage de Birecik), et du musée de Gaziantep.

Références

BOTTEMA S., 1995. Holocene vegetation of the Van area: Palynological and chronological evidence from Sögütlü. *Vegetation History and Archaeobotany*, 4, 187-193.

BUTTERLIN P., 2003. *Les temps proto-urbains de Mésopotamie. Contacts et acculturation à l'époque d'Uruk au Moyen-Orient*, PARIS, CNRS Éd., 468 p.

COURTY M.A., 1994. Le cadre paléogéographique des occupations humaines dans le bassin du Haut-Khabur (Syrie du nord-est). Premiers résultats. *Paléorient*, 20, 21-59.

FRANGIPANE M., 2001. Centralization Processes in Greater Mesopotamia: Uruk « Expansion » as the Climax of Systemic Interactions among Areas of the Greater Mesopotamian Region. *In* :

ROTHMAN M.S. (éd.), *Uruk Mesopotamia and its Neighbours: Cross-cultural Interactions and their Consequences in the Era of State Formation*, Santa Fe, School of American Research, 307-348.

GEYER B., BESANÇON J., 1997. Environnement et occupation du sol dans la vallée de l'Euphrate syrien durant le Néolithique et le Chalcolithique. *Paléorient*, 22/2, 5-15.

GEYER B., MONCHAMBERT J-Y., *sous presse. La basse vallée de l'Euphrate syrien de la Préhistoire à l'avènement de l'Islam : géographie, archéologie et histoire*, Damas, Bibliothèque Archéologique et Historique, IFAPO.

KUZUCUOGLU C., PARISH R., KARABIYIKOGLU M., 1998. The dune systems of the Konya Plain (Turkey). Their relation to the environmental changes in Central Anatolia during the late Pleistocene and Holocene. *Geomorphology*, 23, 257-271.

KUZUCUOGLU C., BERTAUX J., BLACK S., DENÈFLE M., FONTUGNE M., KARABIYIKOGLU M., KASHIMA K., LIMONDIN-LOZOUET N., MOURALIS D., ORTH P., 1999a. Reconstruction of climatic changes during the Late Pleistocene, based on sediment records from the Konya Basin (Central Anatolia, Turkey). *Geology Journal, Special Issue on Turkish Geology*, 34, 175-198.

KUZUCUOGLU C., FONTUGNE M., KARABIYIKOGLU M., HATTÉ C., 1999b. Évolution de l'environnement dans la plaine de Konya (Turquie) pendant l'Holocène. *In* : OTTE M. (ed.), *Anatolian Prehistory. At the Crossroads of Two Worlds*. Liège Univ., 605-624.

KUZUCUOGLU C., EMERY-BARBIER A., FONTUGNE M., KUNESCH S., 2001. The Öküzini marshes: A new Upper Pleistocene record on the Anatolian Mediterranean Coast. *In* : YALÇIN-KAYA I., OTTE M., KOZLOWSKI J., BAR-YOSEF O. (eds.), *Öküzini: Final Paleolithic Evolution in Southwest Anatolia*, Liège, ERAUL 96, 79-82 et 85-90.

KUZUCUOGLU C., 2003. Transformations des milieux et transitions culturelles pendant le Néolithique en Anatolie centrale, et l'Âge du Bronze en Anatolie du Sud-Est. Exemples d'interrelations. *In* : MUXART T., VIVIEN F.-D., VILLALBA B., BURNOUF J. (éds.), *Des milieux et des hommes : fragments d'histoires croisées*, Paris, Elsevier, 29-42.

KUZUCUOGLU C. FONTUGNE M., MOURALIS D., 2004. Holocene terraces in the Euphrates valley, between Halfeti and Karkemish (Gaziantep, Turkey). *Quaternaire*, 15 (1-2), 195-206.

NIKLEWSKI J., VAN ZEIST W., 1970. A late Quaternary pollen diagram from NW Syria. *Acta Bot. Neerl.,* 9, 737-754.

ROBERTS N., REED J., BOYER P., LENG M.C., FONTUGNE M., BERTAUX J., WOLDRING H., BOTTEMA S., BLACK S., HUNT E., KARABIYIKOGLU M., 2001. The tempo of Holocene climatic change in the eastern Mediterranean region: new high-resolution crater-lake sediment data from central Anatolia. *The Holocene*, 11, 721-736.

ROSEN A.M., 1998. Early to Mid-Holocene environmental changes and their impact on human communities in Southeastern Anatolia. *In* : ISSAR A.S. et BROWN N. (eds.), *Water, Environment and Society in times of climatic change*. Kluwer Ac. Pub., 215-240.

ROSSIGNOL-STRICK M., 1999. The Holocene climatic optimum and pollen records of sapropel 1 in the eastern Mediterranean. *Quaternary Science Reviews*, 18, 515-530.

SANLAVILLE P., 1996. Changements climatiques dans la region Levantine à la fin du Pléistocène supérieur et au début de l'Holocène. Leurs relations avec l'évolution des sociétés humaines. *Paléorient*, 22/1, 7-30.

WICK L., LEMCKE G., STURM M., 2003. Evidence of Late-glacial and Holocene climatic change and human impact in eastern Anatolia: high resolution pollen, charcoal, isotopic and geochemical records from the laminated sediments of Lake Van. *The Holocene*, 13/5, 665-675.

WILKINSON T.J., 1990. *Town and Country in South Eastern Anatolia 1: Settlement and Land Use at Kurban Höyük and other sites in the Lower Karababa Basin*. Oriental Institute Publications, 109, Chicago.

WILKINSON T.J., 1999. Holocene valley fills of southern Turkey and northwestern Syria. Recent geoarchaeological contributions. *Quaternary Science Reviews*, 18, 555-571.

WILKINSON T.J., 2003. *Archaeological landscapes of the Near East*. University of Arizona Press, 260 p.

WOLDRING H., BOTTEMA S., 2001-2002. The vegetation history of east-Central Anatolia in relation to archaeology: the Eski Acigöl evidence compared with the Near Eastern environment. *Palaeohistoria*, 43/44, 1-34.

YASUDA Y., KITAGAWA H., NAKAGAWA T., 2000. The earliest record of major anthropogenic deforestation in the Ghab Valley, northwest Syria: a palynological study. *Quaternary International*, 73/74, 127-136.

La mobilité des paysages de Gaza depuis l'Âge du Bronze.
État de la question et premières pistes de recherche

CHRISTOPHE MORHANGE[1],
MOHAMED HAMDAN-TAHA[2], JEAN-BAPTISTE HUMBERT[3]

Introduction

En partenariat avec la Direction des Antiquités du ministère du Tourisme et des Antiquités de l'Autorité Nationale Palestinienne, nous essayons d'initier une recherche géomorphologique et géoarchéologique le long du littoral de Gaza, bande côtière de 38 km de long entre Israël et l'Égypte. La bande de Gaza a longtemps été délaissée par les archéologues, alors que, paradoxalement, Gaza a préfiguré Alexandrie en étant la vitrine maritime pré-hellénistique de Pétra et de l'Arabie. En effet, Gaza se situe au terminus de la principale voie caravanière qui mène de l'Arabie à la Méditerranée, conduisant de l'Asie vers l'Égypte.

Deux principaux facteurs, idéologique et politique, peuvent expliquer pourquoi Gaza a été souvent négligée par la recherche archéologique (Humbert, 2000). Premièrement, ce secteur était considéré comme hors du champ de l'archéologie biblique et de l'histoire de l'Israël ancien. Du temps du Mandat britannique, seul le célèbre égyptologue anglais F. Petrie fouilla partiellement quelques sites de l'Âge du Bronze, comme Tell al-'Ajjul (**fig. 1**). À partir de 1935, les troubles en Palestine, la Deuxième Guerre mondiale, puis la guerre de 1948, avec ses flots de réfugiés, expliquent l'absence d'activité archéologique véritable. Entre 1948 et 1967, ce territoire a ensuite été délaissé par l'autorité archéologique égyptienne, préoccupée par la mise en valeur de ses propres sites pharaoniques (Humbert, 2000). De 1967 à 1994, la Bande de Gaza a été administrée par

1. IUF, Université de Provence, UFR de Géographie, 29 Av. R. Schuman, 13621 Aix-en-Provence – CEREGE, UMR 6635-CNRS (morhange@cerege.fr).
2. General Director of Antiquities Department, Ministry of Tourism and Antiquities, Palestine National Authority (htaha54@hotmil.com).
3. École biblique et archéologique française de Jérusalem, Ministère français des Affaires Étrangères (DGCID) (humbert@ebaf.edu).

l'armée israélienne. Cette occupation n'a pas été l'occasion de fouilles importantes sauf sur le Tell Deir el-Balah (Université de Tel Aviv sous la direction de T. Dothan) et le Tell Ruqueish, un port de l'Âge du Fer (Université Ben Gourion, Birsaba, sous la direction de E. Oren), au sud du Wadi Ghazzeh (**fig. 1**). Le Service des Antiquités de l'armée israélienne avait aussi commencé l'élaboration de cartes archéologiques, principalement au sud de Wadi Ghazzeh. L'étude du nord de la bande de Gaza a été à peine entamée alors que c'est pourtant la zone qui est la plus touchée par une urbanisation accélérée et sauvage au détriment des sites. Enfin, depuis 1995, on a assisté à un développement sans précédent de l'activité archéologique avec l'ouverture de nombreuses missions en coopération étroite avec les Antiquités palestiniennes, comme la mission palestino-suédoise à Tell al-'Ajjul sous la direction de Moain Sadeq et P. M. Fischer, la fouille de Tell es-Sakan par l'équipe franco-palestinienne de Moain Sadeq et Pierre de Miroschedji et les travaux de l'équipe franco-palestinienne de Moain Sadeq et Jean-Baptiste Humbert le long du littoral de Blakhiya-Anthédon.

Fig. 1. Cartographie simplifiée du nord de la bande de Gaza. Localisation des sites mentionnés dans le texte.

1. Problématique

Du point de vue géomorphologique, il s'agit de préciser l'évolution de la ligne du rivage depuis environ 6 000 ans, date du début du ralentissement sans précédent de la vitesse de montée du niveau global de la mer au Postglaciaire (Fleming *et al.*, 1998 ; Sivan *et al.*, 2001). Il faut ensuite estimer les impacts de ce changement sur la morphologie littorale et tout particulièrement sur l'initiation des deltas locaux au débouché des principaux cours d'eau (Stanley et Warne, 1994). Ces apports fluviaux au niveau de base ont entraîné une régularisation progressive de la ligne de rivage. En effet, le littoral de Gaza se trouve en position marginale par rapport au delta du Nil, à plus de 150 km à l'est de la branche de Damiette. La dérive littorale, qui transporte la charge détritique sableuse, explique partiellement la régularisation du trait de côte (**fig. 2**). Il faut aussi tenter d'estimer les apports respectifs du Nil et des wadi locaux (Stanley *et al.*, 1997 ; Sandler et Herut, 2000) afin d'expliquer le colmatage des estuaires confinés par des barres d'avant-côte, puis par une dune bordière. Du point de vue géoarchéologique, il faut tenter de relier les données préliminaires de l'occupation du sol, plus particulièrement la localisation des sites portuaires, avec un zonage des potentialités d'abri portuaire naturel ou artificiel du milieu.

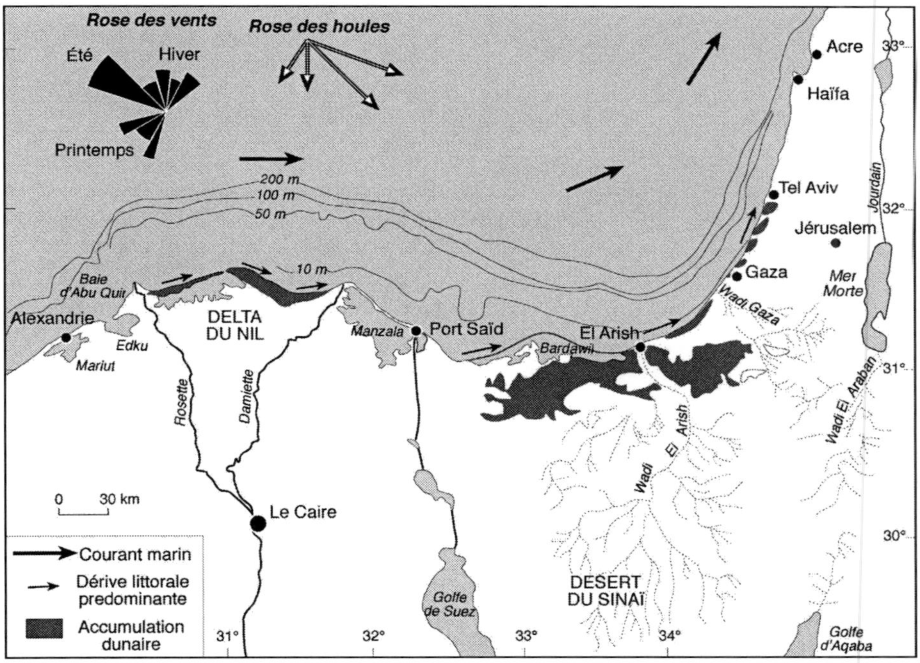

Fig 2. Transport des sables du Nil sous l'influence des houles (d'après Stanley, 2002, modifié).

2. *État de la question. Du catastrophisme tectonique aux impacts sédimentaires*

Dans les années 1980, Neev *et al.* (1987) publièrent une synthèse sur les rivages d'Israël, de Palestine et du Sinaï dans une optique pluridisciplinaire, hypermobiliste et déterministe. Dans cet ouvrage, les crises, les déclins et les périodes de destruction des cités littorales ont été systématiquement mis en relation. Trois principales phases d'activité tectonique plurimétrique ont été décelées : au Bronze récent, à la période byzantine ancienne (vers le Ve siècle ap. J.-C.) et à la période mamelouke ancienne (vers le XVe siècle ap. J.-C.). Sur le site de Deir el-

Balah, ces auteurs supposent même une oscillation d'une vingtaine de mètres à l'Âge du Fer. L'argument principal est la présence d'une couche de coquilles de *Glycymeris* recouvrant les vestiges archéologiques. Les sédiments ne sont pas étudiés en détail et la possibilité de la présence d'un dépôt coquillier d'origine anthropique n'est même pas évoquée.

À la même période, l'archéologue A. Raban (1987 et 1990) insista beaucoup plus sur l'importance des flux de sédiments dans la mobilité des rivages, tout particulièrement sur le colmatage rapide des estuaires. Raban démontra l'importance des sites d'estuaire, sur la côte rectiligne de Gaza et d'Israël, qui sont les seuls milieux assez abrités pour accueillir des navires. Cette protection naturelle, mais temporaire, était menacée par la régularisation du rivage. Raban (1987) date approximativement ces changements géomorphologiques avant 2 000 ans av. J.-C. Ces premiers travaux ont ensuite été repris par Marcus (2002). Stanley (2002) a aussi insisté sur les apports continentaux des wadi et des dunes, ainsi que sur la dérive littorale à l'origine de l'établissement de barres d'avant-côte, première étape dans la régularisation des rivages. On a donc assisté à un renversement des problématiques : d'un postulat tectonique à un postulat sédimentologique, le problème de la variation relative du niveau de la mer au Levant Sud étant largement élucidé (Galili et Nir, 1993 ; Sivan *et al.*, 2001). Le puits néolithique d'Atlit-Yam, au pied du Mont Carmel, est daté vers 8000 ans BP. Il se localisait vers - 16 m de profondeur (Galili et Nir, 1993). En outre, il y a 4 000 ans environ, le niveau de la mer se positionnait vers - 2 m (Sivan *et al.*, 2001). On a donc constaté une évolution géomorphologique assez classique, caractérisée par une ingression marine maximale, rapidement contrecarrée par des apports fluviaux d'origine terrigène à l'origine d'une progradation littorale. Par exemple, ces dynamiques géomorphologiques ont été particulièrement bien mises en évidence dans les rias de la côte d'Ionie turque (Brückner, 1997 ; Kraft *et al.*, 2003). Dans la région orientale du Nil, le port de Péluse a été ensablé et déconnecté du domaine marin vers le IXe siècle ap. J.-C. du fait d'une avulsion de la branche pélusienne et de l'initiation de la branche de Damiette (Goodfriend et Stanley, 1999).

3. Premières pistes de recherche

Cette métamorphose de la morphologie littorale est à l'origine de l'édification pluri-millénaire d'une longue plage arquée presque continue, du delta du Nil jusqu'à Gaza. La plage est limitée par la présence d'une dune fossile pléistocène qui est souvent chapeautée par des dunes vives et qui n'est interrompue que par les entailles liées aux wadi. Dans ce contexte, comment expliquer la migration des sites archéologiques dans le secteur du paléo-estuaire de Wadi Ghazzeh, en fonction du colmatage de l'embouchure par des apports sédimentaires importants d'origine fluviale, dunaire et littorale. Le Wadi Ghazzeh a aussi joué le rôle de frontière historique entre l'empire égyptien au sud et le pays de Canaan au nord.

Le site de Taur Ikhbeineh, daté de l'époque chalcolithique, se localise à près de 3 km à l'intérieur des terres. Il correspond vraisemblablement à l'amont du paléo-estuaire du Wadi Ghazzeh. C'est le site qui a révélé les plus anciennes relations avec l'Égypte. Une prochaine campagne de carottages permettrait d'en savoir plus et de tester cette hypothèse.

Le site de Tell es-Sakan, fouillé par l'équipe franco-palestinienne de Moain Sadeq et P. de Miroschedji, correspond aussi à une fondation égyptienne (**photo 1**). Ce site couvrant au moins cinq hectares date de l'Âge du Bronze ancien (3 500-2 350 av. J.-C.). Tell es-Sakan, plus récent que Taur Ikhbeineh, apparaît comme le prédécesseur immédiat de Tell al-'Ajjul, comme l'indique la proximité des deux sites (300 m) ainsi que leur succession chronologique (Miroschedji et Sadeq, 2000 et 2001). Tell es-Sakan est assez éloigné du lit mineur actuel de Wadi Ghazzeh et se localise à environ 1 km à l'intérieur des terres. Il se peut que son port se situe sur un paléochenal du Wadi Ghazzeh qui aurait connu une mobilité de son cours aval du fait d'apports dunaires importants (**photo 2**). Le site de Tell es-Sakan a d'ailleurs été protégé par des dunes vives et n'a été mis au jour accidentellement qu'en 1998, lors de la construction d'immeubles d'habitation (Miroschedji *et al.*, 2001).

Photo 1. Tell es-Sakan vu de l'est (cliché C. Morhange, 2003).

Photo 2. Paléo-estuaire de Wadi Ghazzeh, barré par une cordon dunaire (cliché C. Morhange, 2003).

Tell al-'Ajjul date de l'Âge du Bronze moyen et récent. Les fouilles archéologiques conduites par F. Petrie ont montré que l'apogée du tell correspond à la période du Bronze moyen II. Le tell domine le lit mineur actuel de Wadi Ghazzeh, qui devait encore présenter un paysage de type estuarien. Il se situe un peu plus à l'intérieur des terres que Tell es-Sakan. Cet élément témoigne qu'un des facteurs principaux de localisation urbaine n'était pas la proximité du plan d'eau marin mais celle de l'embouchure fluviale navigable.

En rive gauche, au sommet de la ride la plus occidentale de grès pléistocène, Tell es-Sanam garde l'entrée de l'estuaire. Le site a été en grande partie arasé pour les besoins de l'agriculture ; on y a ramassé des tessons du Fer et de la période perse.

À l'Âge du Fer, le relais urbain semble avoir été pris, au sud, par Tell Ruqeish qui jouissait, d'une petite anse aujourd'hui ensablée et, au nord, par Anthédon-Blakhiyah à 3 km à l'ouest du vieux tell du Bronze, au centre ville actuel de Gaza (**fig. 1**). Ces deux sites présentent une organisation géomorphologique identique. Ils se localisent à proximité immédiate de la plage actuelle, au sommet de la ride gréseuse côtière et constituent deux éléments d'un chapelet de ports qui ponctuent le rivage levantin du Sinaï au Mont Carmel. Anthédon-Blakhiyah est fouillé par l'équipe franco-palestinienne de Moain Sadeq et J.-B. Humbert depuis 1995. Humbert et Sadeq (2000) pensaient avoir retrouvé l'ancien port sous la forme d'une crique ensablée (**fig. 3**). Après une période de tempêtes importantes, une expertise géomorphologique récente montre cependant qu'il ne peut s'agir d'une crique colmatée. En effet, la falaise d'éolianite, en érosion rapide, est continue dans ce secteur (**photo 3**). Le port d'Anthédon reste donc à découvrir.

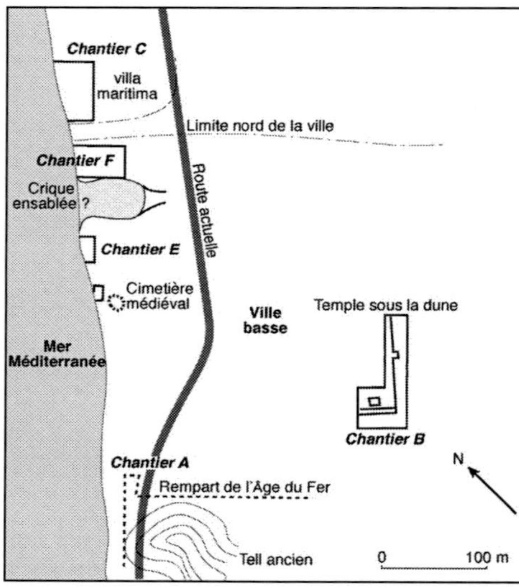

Fig. 3. Plan simplifié du site archéologique d'Anthédon-Blakhiyah (d'après Humbert et Sadeq, 2000, modifié).

Photo 3. Falaise d'éolianite en érosion rapide à Anthédon (cliché C. Morhange, 2003).

Il y a environ 6 000 ans, le paysage littoral se présentait sous la forme d'un estuaire. La côte était encore indentée et des villes portuaires importantes ont vu le jour à l'Âge du Bronze comme Tell es-Sakan puis Tell al-'Ajjul. L'embouchure navigable de Wadi Ghazzeh devait alors servir de port naturel. L'édification du delta du Nil et de petits deltas locaux à l'aval des wadi, ainsi que le remaniement des sables par le vent et la dérive littorale, ont profondément modifié le dessin du rivage. À partir du premier millénaire av. J.-C., la côte semble donc avoir été tellement régularisée, par colmatage des estuaires et progression des barres d'avant-côte, que les ports de l'Âge du Bronze sont devenus inutilisables et se sont retrouvés enclavés à plusieurs kilomètres à l'intérieur des terres. De nouvelles cités littorales, comme Anthédon, ont alors été fondées et les ont remplacés.

Notre projet est de tester ce « modèle sédimentologique » d'abandon des sites estuariens et d'installation sur la ride dunaire littorale de cités portuaires à proximité immédiate des plages. Nous souhaitons, grâce à la technique des carottages, dater ces dynamiques géomorphologiques au radiocarbone et comparer, dans une optique pluridisciplinaire, l'histoire de l'environnement littoral aux logiques d'occupation du territoire sur la longue durée.

Références

BRÜCKNER H., 1997. Coastal changes in western Turkey; rapid progradation in historical times. « Transformations and evolution of the Mediterranean coastline ». *In* : BRIAND F. et MALDONADO A. (eds.), CIESM Science Series, *Bulletin de l'Institut Océanograhique*, Monaco, 63-74.

FLEMING K., JOHNSTON P., ZWARTZ D., YOKOHAMA Y., LAMBECK K. et CHAPPELL J., 1998. Refining the eustatic sea-level curve since the Last Glacial Maximum using far- and intermediate-field sites. *Earth and Planetary Science Letters*, 163, 327-342.

FROST H., 1995. Harbours and proto-harbours; early levantine engineering. *In* : KARAGEORGHIS V. et MICHAELIDES D. (eds.), *Proceedings of the International Symposium « Cyprus and the Sea »(Nicosia, 25-26/10/1993)*, Nicosia, 1-22.

GALILI E. et NIR Y., 1993. The submerged pre-pottery Neolithic water well of Atlit-Yam, northern Israel, and its palaeoenvironnemental implications. *The Holocene*, 3, 3, 265-270.

GOODFRIEND G.A. et STANLEY D.J., 1999. Rapid strand-plain accretion in the northeastern Nile Delta in the 9th century A.D. and the demise of the port of Pelusium. *Geology*, 27, 2, 147-150.

HUMBERT J.-B. (éd.), 2000. *Gaza méditerranéenne, histoire et archéologie en Palestine*, Paris, Errance, 135 p.

HUMBERT J.-B. et SADEQ M., 2000. Fouilles de Blakhiyah-Anthédon. *In* : HUMBERT J.-B. (éd.), *Gaza méditerranéenne, histoire et archéologie en Palestine*, Paris, Errance, 105-120.

KRAFT J.-C., RAPP G., KAYAN I. et LUCE J.-V., 2003. Harbors areas at ancient Troy: sedimentology and geomorphology complement Homer's Iliad. *Geology*, 31, 2, 163-166.

MARCUS E., 2002. Early seafaring and maritime activity in the Southern Levant from Prehistory through the Third millenium BCE. *In* : VAN DEN BRINK E.C.M. et LEVY T.E. (eds.), *Egypt and the Levant, interrelations from the 4th through the Early 3rd millenium BCE, New approaches to Anthropological Archaeology*, 403-417.

MIROSCHEDJI P. DE, 2000. Les Égyptiens au Sinaï du Nord et en Palestine au Bronze ancien. *In* : HUMBERT J.-B. (éd.), *Gaza méditerranéenne, histoire et archéologie en Palestine*, Paris, Errance, 20-32.

MIROSCHEDJI P. DE, SADEQ M., 2000. Tell Es-Sakan, un site du Bronze ancien, découvert dans la région de Gaza. *Comptes rendus de l'Académie des Inscriptions et Belles-Lettres*, Paris, 123-144.

MIROSCHEDJI P. DE, SADEQ M., 2001. Gaza et l'Égypte de l'époque prédynastique à l'Ancien Empire, premiers résultats des fouilles de Tell Es-Sakan. *Bulletin de la Société Française d'Egyptologie*, 152, 28-52.

MIROSCHEDJI P. DE, SADEQ M., FALTINGS D., BOULEZ V., NAGGIAR-MOLINER L., SYKES N. et TENGBERG M., 2001. Les fouilles de Tell Es-Sakan (Gaza) : nouvelles données sur les contacts égypto-cananéens aux IVe-IIIe millénaires. *Paléorient*, 27/2, 75-104.

NEEV D., BAKLER N. et EMERY K.O., 1987. *Mediterranean coasts of Israel and Sinai, Holocene tectonism from geology, geophysics and archaeology*, Taylor et Francis, 130 p.

RABAN A., 1987. Alternated river courses during the Bronze Age along the Israeli coastline. *In* : *Déplacements des lignes de rivage en Méditerranée d'après les données de l'archéologie*, Paris, Éd. CNRS, 173-199.

RABAN A., 1990. Man-instigated coastal changes along the Israeli shore of the Mediterranean in ancient times. *In* : ENTJES-NIEBORG et VAN ZEIST (eds.), *Man's role in the shaping of the Eastern mediterranean landscape*, Rotterdam, Balkema, 101-111.

RABAN A., 1995. The Heritage of ancient harbour engineering in Cyprus and the Levant. *In* : KARAGEORGHIS V. et MICHAELIDES D. (eds.), *Proceedings of the International Symposium « Cyprus and the Sea » (Nicosia, 25-26/10/1993)*, Nicosia, 139-189.

SANDLER A. et HERUT B., 2000. Composition of clays along the continental shelf of Israel: contribution to the Nile versus local sources. *Marine Geology*, 167, 339-354.

SIVAN D., WDOWINSKI S., LAMBECK K., GALILI E. et RABAN A., 2001. Holocene sea-level changes along the Mediterranean coast of Israel, based on archaeological observations and numerical model. *Palaeogeography, Palaeoclimatology, Palaeooecology*, 167, 101-117.

STANLEY D.J., 2002. Early seafaring and maritime activity in the Southern Levant from Prehistory through the Third millenium BCE. *In* : VAN DEN BRINK E.C.M. et LEVY T.E. (eds.), *Egypt and the Levant, interrelations from the 4th through the Early 3rd millenium BCE, New approaches to Anthropological Archaeology*, 98-117.

STANLEY D.J. et WARNE A.G., 1994. Worldwide initiation of Holocene marine deltas by deceleration of sea-level rise. *Science*, 265, 228-231.

STANLEY D.J., MART Y., et NIR Y., 1997. Clay mineral distributions to interpret Nile cell provenance and dispersal: II. Coastal plain from Nile delta to Northern Israel. *Journal of Coastal Research*, 13, 2, 506-533.

Atelier 3

Session posters

Le rôle du feu dans l'histoire des paysages méditerranéens sud-alpins de moyenne montagne. Exemple de la dépression de Lazer

CLÉMENT BOUTTERIN[1], CÉCILE MIRAMONT[1], SERGE D. MULLER[2], JEAN-LOUIS ÉDOUARD[1]

Introduction

Depuis une vingtaine d'années, les Alpes du Sud et la Provence font l'objet de recherches géomorphologiques visant à caractériser l'histoire du paysage depuis les 18 000 dernières années. Une grande phase de sédimentation entre 12 000 et 6 000 BP a été définie par les chercheurs de l'Institut de Géographie d'Aix-en-Provence : le Remblaiement Postglaciaire Principal (Jorda *et al.*, 2001 ; Jorda et Provansal, 1996 ; Miramont, 1998).

Une grande partie de ces sédiments conservent les stigmates de feux de forêt qui se sont déroulés pendant leur dépôt.

La question des relations entre les feux et la morphogenèse doit être soulevée afin d'affiner la compréhension des modalités de mise en place du Remblaiement Postglaciaire Principal. En effet, les incendies peuvent avoir des conséquences majeures dans l'évolution des paysages. Ils sont responsables de la préparation de grandes quantités de matériel sédimentaire sur les versants calcinés.

1. Site et méthodes

Le secteur géographique étudié se situe dans la moyenne vallée de la Durance, en amont de la confluence avec le Buëch, sur la commune de Lazer, à quelques kilomètres au nord-ouest de Laragne-Montéglin (**fig. 1**). Une carotte sédimentaire a été prélevée au centre du profond remblaiement de la dépression de Lazer, aval de l'imposant versant adret de la montagne de Saint Genis.

---

1. IMEP, Faculté des Sciences de Saint-Jérôme, Service 451, UMR 6116-CNRS, 13397 Marseille (Clement.boutterin@univ.u-3mrs.fr).

2. ESEM, Équipe Paléoenvironnements, case 061, Université Montpellier 2, 34095 Montpellier.

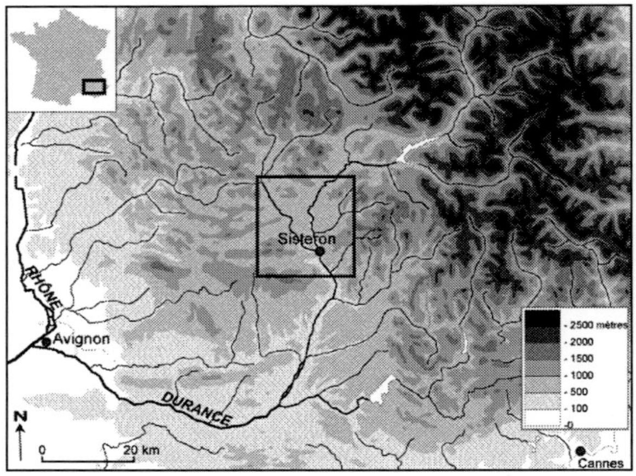

Fig. 1. Localisation.

Le contexte lithologique du site de carottage est constitué d'un épais binôme de marnes noires callovo-oxfordiennes et de calcaires jurassiques supérieurs sommitaux formant un synclinal perché. Les formations superficielles du versant sont formées par des dépôts glaciaires et périglaciaires datant du Riss et du Würm dans lesquels sont emboîtés les épais dépôts du Remblaiement Postglaciaire Principal. D'après des sondages effectués en 1980, le site apparaît comme étant surcreusé de plus de 90 m probablement dans une dynamique d'ombilic glaciaire. La dépression de Lazer est colmatée, sur 60 m par des dépôts morainiques à la base, enfouis sous les limons postglaciaires affleurant en surface d'une épaisseur de 30 m (**fig. 2**). Dans l'état actuel des recherches, les 20 m supérieurs ont été prélevés.

L'étude de la carotte sédimentaire a été réalisée par des analyses sédimentologiques, anthracologiques et l'observation des macrorestes. La chronologie de l'accumulation sédimentaire est basée sur cinq datations radiocarbone AMS, dont une incohérente.

1.1. Sédimento-stratigraphie et chimie des sols

L'analyse sédimento-stratigraphique est réalisée en deux temps. Tout d'abord, l'observation des faciès sédimentaires permet de déterminer la stratigraphie des dépôts. Elle détermine ensuite l'orientation du choix de prélèvement des échantillons pour toutes les analyses suivantes. En fonction de l'épaisseur des couches stratigraphiques, nous avons prélevé un échantillon de 5 cm d'épaisseur tous les 10 cm. Cependant, le pas peut varier en fonction de l'épaisseur des faciès. Afin de déterminer les dynamiques de mise en place des dépôts, les sédiments prélevés ont été tamisés à 2 mm (ballast), 500 µm (sables grossiers), 200 µm (sables moyens) et 50 µm (sables fins). Les résultats de cette analyse sont présentés sous forme de graphique mis en parallèle avec l'épaisseur des faciès. Ces mêmes échantillons ont subi la quantification chimique des carbonates et des matières organiques afin de mettre en évidence des pauses pédogéniques (**fig. 3**).

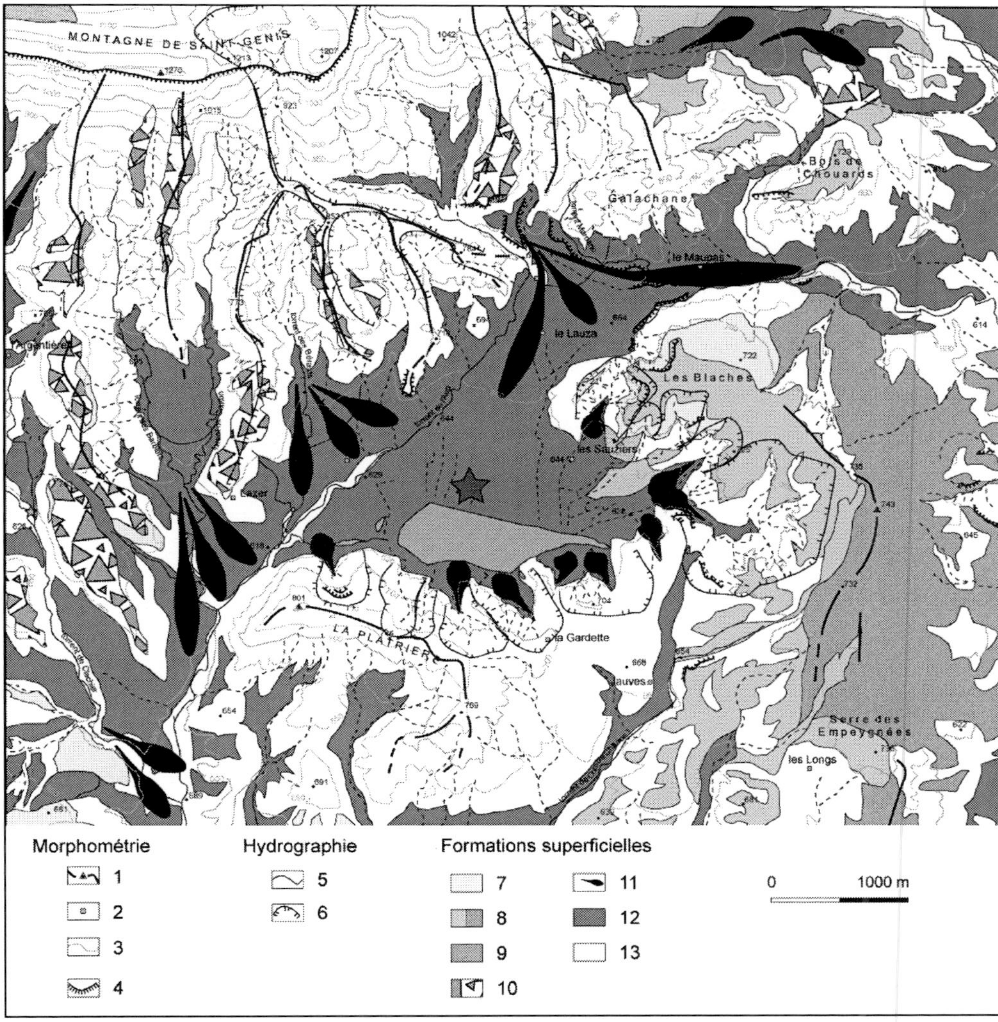

Fig. 2. Complexe morphosédimentaire.
(1) crête, sommet ; **(2)** village ; **(3)** courbe de niveau ; **(4)** escarpement subvertical ; **(5)** réseau hydrographique ; **(6)** bassin torrentiel dont les flux sont dirigés vers la dépression de Lazer et zones à ravinements généralisés ; **(7)** plaquage morainique rissien ; **(8)** moraines internes Würm, **8a** : stade du Poët, **8b** : stade du Grand-Bois ; **(9)** alluvions fluviatiles würmiennes ; **(10)** haut glacis d'épandage postglaciaire ; **(11)** glacis-cône d'épandage postglaciaire ; **(12)** colmatage holocène des fonds de vallons ; **(13)** substrat et couverture de versant polygénique.

1.2 Signal incendie

Le signal incendie est abordé ici en comptabilisant les débris charbonneux contenus dans les faciès sédimentaires. Nous avons comptabilisé les charbons de bois présents dans les refus de tamis des ballasts et des sables. Dans un souci de représentativité et de comparaison avec d'autres résultats, nous avons retenu le comptage des particules carbonisées du refus de tamis 125 µm, qui ne sont pas susceptibles de se déplacer à l'échelle régionale sous la forme d'aérosols (Carcaillet, 1998 ; Whitlock, 2001).

Les résultats sont exprimés en nombre de particules par volume de sédiment traité (charbons/cm^3).

1.3. Observation des macrorestes

Les études étant en cours actuellement, l'observation des macrorestes n'en est qu'au stade qualitatif. Les observations sont classées par type d'apparition. Nous sommes attentifs en particulier à la représentativité des concrétions calcaires (tubes, plaques et oncolithes) qui permettent de préciser les dynamiques sédimentaires et de collecter des informations sur la hauteur du plan d'eau (Magny, 1995).

La détermination des ostracodes et coquilles de gastéropodes permettront de mettre en évidence les variations de hauteur d'eau de la dépression de Lazer au moment de la mise en place des sédiments.

2. Résultats

2.1. Paléodynamiques de remblaiement

Les dépôts de la dépression de Lazer présentent une forte homogénéité d'ensemble limono-argileuse sur les 20 m prélevés. Cependant, cinq séquences sédimentaires peuvent être distinguées (**fig. 3**).

- La base de la carotte, datée entre 6640 ± 70 (7536 cal. BP) et 6320 ± 40 (7252 cal. BP), présente un milieu immergé au contexte palustre et à l'hydrodynamisme faible. Celui-ci connaît une phase d'exondation mineure au sommet, sans réelle pédogenèse.
- La séquence 2, aux faciès relativement plus sableux, traduit l'organisation des écoulements du milieu qui devient momentanément alluvial vers 3090 ± 70 BP (3279 cal. BP). Celui-ci semble subir un assèchement progressif et de courte durée.
- Le troisième ensemble témoigne une nouvelle fois de l'assèchement progressif du milieu. L'évolution est en tous points similaire à la séquence précédente. Cependant, il semble que l'exondation soit cette fois-ci plus longue et qu'elle permette une véritable pédogenèse.
- La séquence 4, datée à 2955 ± 40 BP (3127 cal. BP), montre le fonctionnement palustre du milieu, qui semble changer d'état en haut de la séquence, en témoignant de dynamiques sédimentaires plus grossières.
- À cet épisode succède le dernier ensemble qui montre un changement graduel dans la dynamique de sédimentation. Le milieu change d'état, et devient alluvial. Les cours d'eau semblent s'organiser puis s'éloigner du lieu de prélèvement. Nous pourrions voir ici la marque d'un déstockage massif des formations holocènes anciennes des affluents du collecteur (datation incohérente à 7190 ± 50 BP).

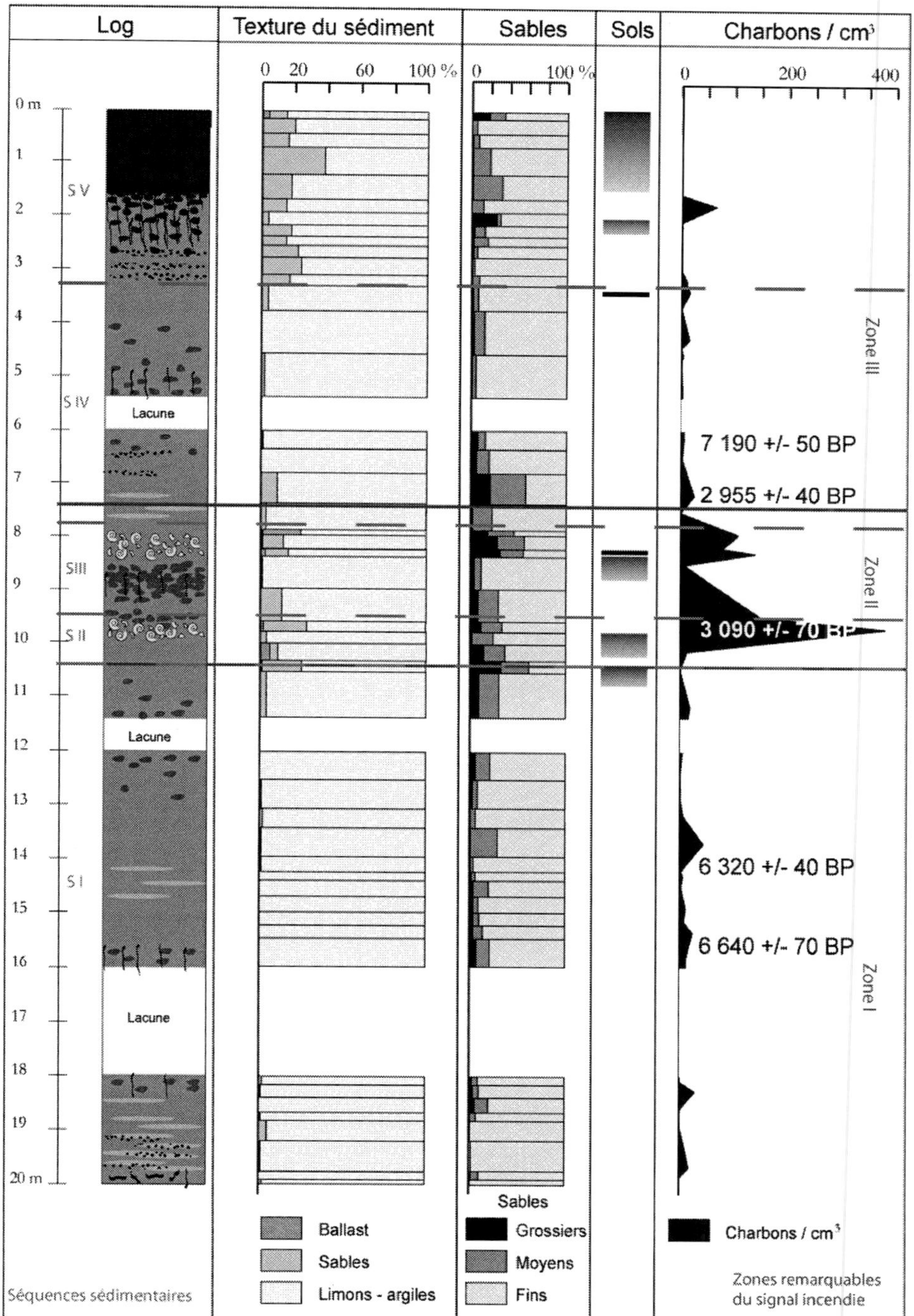

Fig. 3. Carotte de Lazer, synthèse et interprétation.

2.2. La persistance du signal incendie

Nous pouvons différencier trois zones dans le signal incendie (**fig. 3**).

La zone 1 est caractérisée par les faibles valeurs atteintes par le taux de particules charbonneuses. Cependant, nous voyons se différencier quatre pics de valeurs que nous attribuons à une série de quatre paléofeux ponctuels d'intensité réduite et/ou éloignés du milieu de sédimentation.

La zone 2 présente les trois plus fortes valeurs atteintes par la courbe. Le premier pic témoigne probablement d'un paléofeu étendu. Suite à cet événement remarquable, le signal montre une deuxième fois de fortes valeurs traduites en deux pics. Le second peut être « une résonance » du signal (Vannière, 2001 ; Whitlock, 2001).

La zone 3 montre deux tendances : la première se caractérise par le signal le plus faible. La seconde partie de la zone indique une récurrence des paléofeux.

3. Interprétation

À la suite des travaux effectués, il apparaît un lien étroit entre la texture des sédiments et les fluctuations du signal incendie. Ainsi, lorsque le signal incendie présente de fortes valeurs, la texture du sédiment et des sables est plus grossière, les grains détritiques sont plus nombreux, les concrétions calcaires et les coquilles sont brisées, le taux de sédimentation augmente.

Cette évolution témoignerait de réactions du paysage aux feux. Les écoulements de surface, à la suite d'un feu, sont plus compétents, et prennent en charge toutes les particules disponibles : charbons, coquilles, graviers. Ce transport s'effectue depuis la source (un versant calciné), et se répand à l'aval, non seulement dans les petits cours d'eau, ce qui est observé en coupe de terrain, mais aussi dans leur collecteur.

3.1. Premier temps : un hydrodynamisme faible

Les niveaux les plus bas témoigneraient d'un lac au taux de sédimentation très faible (0.47 cm/an) postérieurement à 7252 cal. BP. Les derniers niveaux, faiblement pédogénisés, montrent une tendance à l'assèchement qui s'accentue dans les niveaux supérieurs. Ce dernier phénomène pourrait être lié à l'ouverture de l'exutoire ou bien à une période de sécheresse. Le signal incendie accuse ici une récurrence dans ces niveaux de sédimentation. Cependant, il ne semble pas y avoir de relations fortes entre la texture du sédiment et les faibles pics du signal incendie. Nous avons pu seulement déterminer des réactions de faible ampleur et très ponctuelles qui ne perturbent pas le taux de sédimentation. Ces observations témoignent de l'éloignement et/ou de la faible intensité des paléofeux. Ces phénomènes ponctuels n'impliqueraient que de faibles variations d'activités hydrologiques et des arrivées sédimentaires relativement plus importantes.

3.2. Deuxième temps : un regain d'activité hydrodynamique

Nous avons regroupé les séquences 2 et 3, car elles témoignent d'évolutions similaires. Le découpage du signal incendie englobe les deux séquences stratigraphiques.

Le milieu connaît un regain d'activité hydrologique et détritique en passant d'un état palustre à un état plus sec à l'hydrodynamisme plus fort. Cette évolution pourrait indiquer que la dépression de Lazer s'assèche et que le réseau hydrographique s'organise et s'éloigne du site de forage. Parallèlement, le signal incendie montre un pic très important. Il se traduit dans la dynamique de sédimentation par une activité hydrodynamique renforcée qui fossilise le paléosol daté à 3279 cal. BP. Le taux de sédimentation est alors trois fois plus élevé, ce qui contribue à renforcer l'hypothèse d'un forçage effectué à la suite d'un ou de plusieurs paléofeux. Nous voyons que, suite à ce phénomène, la texture s'affine. Ceci est le reflet d'une activité hydrodynamique de plus en plus faible. Ce cas particulier est similaire aux observations effectuées dans le parc de Yellowstone (États-Unis) dans un cône de déjection holocène (Meyer *et al.*, 1992).

3.3. Troisième temps : le colmatage accéléré

Les séquences 4 et 5 témoignent à nouveau d'un milieu immergé au caractère palustre. Cependant, les concrétions calcaires sont peu différentiées et peu développées, ce qui témoigne d'un milieu turbide à fort taux de sédimentation. Il semblerait que les sédiments proviennent ici du démantèlement rapide des terrasses du Remblaiement Postglaciaire Principal sur les versants. Cet argument est corrélé par la datation ^{14}C à 6 m sous la surface (7993 cal. BP). Nous serions alors en présence d'un forçage de grande ampleur qui pourrait être lié à l'incision rapide de l'ensemble des cours d'eaux secondaires dans leurs dépôts holocènes anciens.

Le signal incendie de cette séquence ne peut pas, pour l'instant, être pris en compte. Il peut être mis en relation avec les charbons contenus dans les sédiments du remblaiement des cours d'eau du versant amont. Enfin, les niveaux proches de la surface témoignent du dernier changement de topographie de la dépression de Lazer.

Conclusion

En l'état actuel des recherches, la mise en place d'une méthodologie innovante dans ce type de dépôts permet de mettre en relation les données anthracologiques et sédimentologiques. Il apparaît qu'à chaque épisode de feu, la sédimentation témoignerait des crises détritiques dans la dynamique globale de comblement de la plaine, ce qui semble être également le cas dans les bassins versants de l'hydrosystème. L'ensemble des résultats obtenus tend à montrer que le paysage subit le passage de plusieurs feux d'une amplitude probablement forte dès l'Âge du Bronze. Les incendies, expressions climatiques et anthropiques, prennent alors la forme de véritables forçages dans l'évolution des environnements.

Références

CARCAILLET C., 1998. A spatially precise study of Holocene fire history, climate and human impact within the Mauriene valley, North French Alps. *Journal of Ecology*, 86, 384-396.

JORDA M., MIRAMONT C., ROSIQUE T., SIVAN O., 2001. Évolution du système durancien (Alpes du Sud, France) depuis la fin du Pléniglaciaire supérieur. *In* : *Variations paléohydrologiques en France depuis 15 000 ans*, s.p.

JORDA M. et PROVANSAL M., 1996. Impact de l'anthropisation et du climat sur le détritisme en France du Sud-Est (Alpes du Sud et Provence). *Bull. Soc. Géol. France*, 161, 1, 159-168.

MAGNY M., 1995. *Une histoire du climat*, Paris, Errance, coll. « Hespérides ».

MEYER G. *et al.*, 1992. Response of alluvial systems to fire and climate change in Yellowstone National Park. *Nature*, 357, 147-150.

MIRAMONT C., 1998. *Morphogenèse, activité érosive et détritisme alluvial dans le bassin de la moyenne Durance*, thèse de Géographie Physique, Université de Provence, Aix-Marseille I, 286 p.

VANNIÈRE B., 2001. *Feu, agro-pastoralisme et dynamiques environnementales en France durant l'Holocène*, thèse d'Agronomie, Paris-Grignon, 2 vol., 362 et 85 p.

WHITLOCK C., 2001. Variations in Holocene fire frequency: a view from the Western United States. *In* : *Biology and Environment proceedings of the royal Irish academy*, 101b, 1-2.

Accidents aléatoires ou crises morphogéniques : l'interprétation risquée des dynamiques fluvio-torrentielles holocènes et historiques en Méditerranée

MARC CALVET[1]

L'approche verticaliste, à partir des coupes, est pour le géologue ou l'archéologue un réflexe de métier. Pourtant elle peut s'avérer doublement illusoire. Le temps fossilisé n'est qu'une petite fraction du temps réel. D'autre part cela conduit assez naturellement à une vision gradualiste de l'évolution géodynamique et peut faire mésestimer le poids des événements brutaux et aléatoires. Si cette démarche trouve encore sa logique dans des milieux sédimentaires calmes, ce n'est plus le cas en contexte fluviatile ou colluvial, où le temps enregistré ne représente qu'une fraction infime de la durée totale, même si l'on en effectue aussi une lecture horizontale. Or la plupart des travaux sur l'érosion historique et holocène s'inscrivent dans la perspective, plutôt gradualiste, d'une périodisation mettant en exergue stases et crises, corrélées en général aux déterminants anthropiques et climatiques et prenant plus rarement en compte les rétroactions internes au système, le poids des héritages ou la tectonique. Outre les biais que ces trois paramètres introduisent dans les reconstitutions géodynamiques, en Méditerranée la recherche de rythmes sur ces périodes peut s'avérer totalement illusoire, en raison du poids énorme des événements catastrophiques, dont on ne sait s'ils s'inscrivent dans des séquences à valeur régionale, sinon globale, ou s'ils demeurent parfaitement aléatoires, dans le temps comme dans l'espace. Cette problématique est abordée dans le cadre des Pyrénées orientales, une région particulièrement sensible, où les catastrophes hydrologiques atteignent des intensités record pour la Méditerranée, assez proches des maxima mondiaux (Julian, 1993).

1. *Médi-Terra*, Université de Perpignan, 52 Av. Paul Alduy, 66860 Perpignan (calvet@univ-perp.fr).

1. La variabilité spatiale et temporelle de la morphogenèse : le poids des événements rares dans la métamorphose des géosystèmes fluviaux

La démarche actualiste est souvent éludée dans les études géoarchéologiques, or elle procure un éclairage déterminant, s'agissant de la dynamique des lits fluviaux. L'expérience montre que les crues exceptionnelles peuvent, en quelques heures, modifier radicalement les lits mineurs et majeurs, par sapement, dissection et remblaiement, concomitants ou successifs. Dans l'aire méditerranéenne *sensu lato* on rappellera les crues du Guil en juin 1957 (Tricart, 1959), de l'Ouvèze en septembre 1992 (Arnaud-Fassetta *et al.*, 1993), de Pakhyammos en Crète, en septembre 1986 (Grove et Rackham, 2001), du Levant espagnol en octobre 1879 et 1973 (Hérin et Trzpit, 1974). Dans les Pyrénées, le phénomène est évident sur des bassins de quelques km² soumis à des épicentres pluvieux intenses mais très localisés, comme les Albères en 1986, le Ressec dans le massif de Canigou-Carança en septembre 1992 ou, plus à l'ouest, l'orage de Biescas en août 1996 (García Ruiz *et al.*, 2000). Il peut aussi affecter inégalement une vaste région, comme en 1982 du Mont-Perdu au Canigou, ou en novembre 1999 de l'Agly au Minervois (Calvet, 2001 ; Fort *et al.*, 2001). En octobre 1940, parangon des catastrophes hydrologiques dans l'imaginaire régional, le fait a concerné l'ensemble des Pyrénées orientales, avec des remblais de 5 à 12 m dans les hautes et moyennes vallées (Pardé, 1941) et 15 à 20 cm de fines dans les plaines alluviales, avec des amas ponctuels de 2 à 3 m (Jacob, 1995). À Prats-de-Mollo sur le Tech, le vieux pont a été totalement enseveli et en aval, à la faveur d'un glissement barrant la vallée, le remblai a atteint 20 m et débordé sur la terrasse würmienne (Mussot, 1993).

L'hétérogénéité spatiale des réponses fluviales lors de ces événements est bien illustrée par les épisodes de 1982, 1992 et 1999. C'est le cas aux marges, étroitement cernées, des épicentres pluvieux, où l'on passe brutalement des lits intacts aux lits métamorphosés. En 1999, contraste saisissant à Padern entre Verdouble et Torgan, à Durban entre Barrou et Berre, à Saint-Martin-des-Puits entre Orbieu et Libre, enfin de part et d'autre d'Estagel sur l'Agly. En 1992, contraste plus brutal encore à Mantet, entre les deux bassins de 10 à 15 km² du Ressec et de l'Alemany, le premier balafré par un épandage torrentiel hérissé de blocs plurimétriques, le second à la ripisilve intacte jusqu'à la confluence du Ressec. Cette variabilité existe aussi au cœur des épicentres, où elle demeure une énigme, comme sur le Mont Tauch en 1999, avec des bassins élémentaires intacts imbriqués entre des bassins profondément ravinés.

À l'aune de ces bouleversements instantanés et de l'extrême variabilité spatiotemporelle qu'ils expriment, on peut douter de la réalité de crises morphogéniques invoquées à des échelles pluriséculaires, comme celle de l'Antiquité tardive ou du Petit Âge de Glace. Face à ces évidences que nous procurent les événements observables, on suspecte évidemment la légitimité des modèles régionaux ou globaux, et des corrélations spatiotemporelles qui les fondent.

2. De la recherche des rythmes à l'incertitude des périodisations

Sur les petits bassins, des remblais considérables peuvent effectivement exprimer une ou deux crues seulement, comme le montre le monastère de Sasabe (XIe) en Aragon, enfoui quasiment jusqu'au toit par une crue de la seconde moitié du XVIIIe siècle, précédée par un épisode plus modeste daté à 950 BP (García Ruiz *et al.*, 2000). À une autre échelle, les huit à dix crues comparables à celle de 1940, depuis le XIIIe siècle, justifient, et au-delà, l'ennoiement de 2 à 3 m des édifices romans dans les basses plaines du Roussillon, comme Sainte-Eugénie sur le Tech ou Juhègues et Saint-Pierre-de-Claira sur l'Agly, *a fortiori* si l'on y ajoute la part des crues ordinaires, dont on a montré par ailleurs le rôle déterminant en termes de dégradation spécifique (Calvet, 1993). Cela laisse suspecter des rythmes dans l'alluvionnement (Calvet *et al.*, 2002) que l'archéologie et l'histoire permettent de démontrer, illustrant les limites d'une extrapolation purement actualiste : après une phase de stabilité de l'époque romaine au XIIe siècle, l'essentiel du remblaiement est acquis du XIIIe au XVIIe siècle. Mais la logique de ces rythmes demeure obscure, puisque seul le premier Petit Âge Glaciaire paraît concerné et que les crues majeures et répétées du XVIIIe siècle n'ont que faiblement contribué à ce remblaiement.

La chronique des crues similaires ou plus fortes que 1940 (Bénech, 1993), auxquelles on ajoutera celle de 1999 qui s'en rapproche par son extension plus que par le cumul des pluies, ne révèle aucune logique climatique ou anthropique. Celles de 878 et 1264 relèvent plutôt des optimums climatiques médiévaux. Celles de 1421 et 1553 tombent dans ou à la fin d'une rémission du Petit Âge Glaciaire. La série 1632, 1763, 1766, 1772, 1777 coïncide avec le Petit Âge Glaciaire, mais pas forcément avec ses paroxysmes. Sauf à envisager un biais lié à la préservation des archives, elle pourrait bien marquer une recrudescence d'ordre climatique pour ces déluges, reconnue à l'échelle de la Méditerranée (Grove et Rackham, 2001) ; or elle ne se traduit guère dans la sédimentation des plaines. Enfin 1940 comme 1999 sont au cœur de périodes de réchauffement, tant à l'échelle du millénaire qu'à celle des fluctuations décennales du XXe siècle. Quant aux faits anthropiques, susceptibles de moduler les effets hydrologiques et érosifs de ces événements extrêmes, ils sont tout aussi contradictoires (synthèse *in* : Métailié *et al.*, 1999). Le Moyen Âge est déjà un monde plein, dès les IXe-Xe siècles dans ces montagnes, mais la véritable crise écologique liée aux dégradations anthropiques correspond plutôt au XVIIIe-début XIXe siècle. On invoque aussi d'intenses déboisements miniers dans l'Antiquité romaine. Le XIVe siècle est une période de forte déprise, mais aussi d'intensification du bûcheronnage liée à la généralisation de la forge hydraulique beaucoup plus productive. Si en 1940 les terroirs en pleine phase d'abandon sont encore largement déforestés, ce n'est plus le cas en 1999, où reforestation naturelle et reboisements ont radicalement modifié les paysages.

3. Les stigmates de quelques cataclysmes pyrénéens

Le poids des accidents extrêmes est confirmé par l'analyse de sites torrentiels d'échelle différente, situés en haute comme en basse montagne, pour lesquels on présente quelques résultats préliminaires.

Autour du Canigou, épicentre de la crue de 1940, aucun indice de formations holocènes n'a pu encore être mis en évidence en contrebas des dépôts pléistocènes. On ne relève qu'une génération de cônes historiques, plus exceptionnels encore que le remblai de 1940, et où les coupes ne révèlent qu'une seule séquence à méga-blocs. Mais, d'une vallée à l'autre, rien ne permet de dire qu'il s'agit du même épisode. On y a expérimenté la lichénométrie, à l'aide de la courbe de référence proposée pour le Midi méditerranéen (Jacob *et al.*, 2002). Sur le Cady, ce cône se dédouble à sa racine où un écroulement du XVIIe siècle le recouvre. À Vernet, sur le Saint-Vincent, ce cône est trois fois plus large (300 à 400 m) que celui de 1940 et épais de 20 m à sa racine. Dans la gorge il se dispose en deux lambeaux étagés au-dessus du remblai de 1940 ; le plus bas rapporté, d'après les *Rhizocarpon* de la paroi polie qui le domine, à la crue de 1763 ; le plus haut, épais de 30 m, à un épisode plus cataclysmique, antérieur à un éboulement placé par la lichénométrie entre les XVIe et XVIIe siècles. Sur le piémont, il n'y a qu'une seule unité morphologique, probablement postérieure à la chapelle romane de Saint-Vincent, partiellement enterrée sur la marge droite du cône. Sept stations échelonnées sur le cône indiquent des âges divers, sans logique spatiale ; l'âge médian est au XVIe, les extrêmes du XIVe au XVIIe ; les plus grands spécimens isolés indiquent des âges plus franchement médiévaux (XIIe à XIVe) et un exemplaire aberrant le Ier siècle av. J.-C. Cela laisse six à huit crues connues candidates, sauf à dater ainsi des remaniements de surface ou des chenaux isolés sur un cône polygénique. À Valmanya, sur la Lentilla, un cône identique semble plus jeune (XVIIe ou XVIIIe siècle), avec des extrêmes début XVe à fin XVIIIe ; en contrebas une étroite banquette peut signaler une grosse crue fin XIXe, mais *Rhizocarpon* y est trop rare pour une mesure fiable.

Dans les Corbières, aucun événement historique ne semble avoir atteint l'intensité de la crue de 1999 sur les petits torrents du Tauch. Les cônes du R. des Cazals à Padern et du R. de Gaillot à Tuchan, ont livré, outre un fragment de meule romaine usé en basalte, des âges ^{14}C post-XVIe siècle et ces matériaux colluviaux-torrentiels n'ont rien à voir avec la puissance du flot qui récura ces mêmes talwegs en 1999. Au R. de Gaillot (**fig. 1**), bassin d'ordre 3 et d'une quarantaine d'hectares, le cône caillouteux de 1999 (530 m^3 et 2 m d'épaisseur) recouvre à la racine du piémont un barrage de tufs. Ce dernier renferme à son toit quelques maigres récurrences détritiques riches en fines limoneuses et sans commune mesure avec celle de 1999. La plus haute doit correspondre aux dépôts datés post-XVIe en amont et les deux plus basses ont livré respectivement des âges ^{14}C de 2800 ± 40 BP (Lyon-2255[Poz]) et de

2450 ± 40 BP (Ly-11912). Ici il est donc probable qu'aucun événement comparable à 1999 n'a affecté ce petit bassin depuis l'Âge du Bronze au moins.

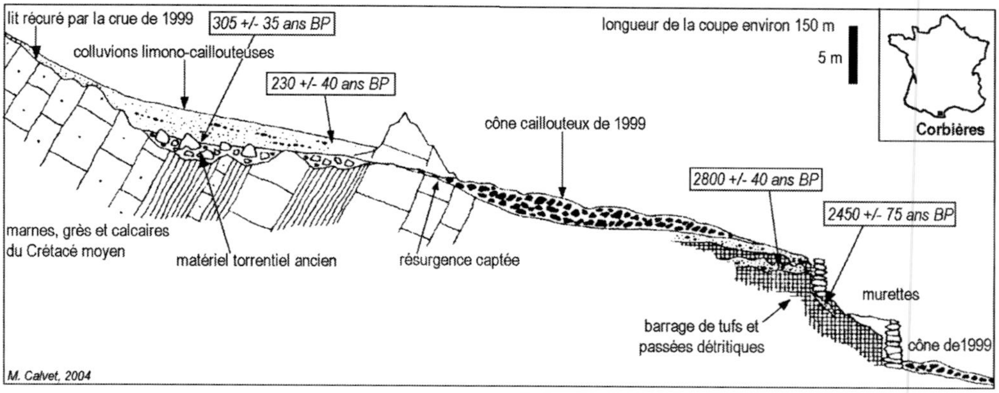

Fig. 1. Coupe schématique du ravin et du cône de la Borde de Gaillot, Tuchan.

Conclusions

On montre aisément, en Méditerranée et en contexte fluvio-torrentiel, le poids des phénomènes rares et aléatoires et les incertitudes sinon les illusions que recèle toute tentative de périodisation. Le premier constat concerne les mutations des lits et leurs conséquences paysagiques, mais non la quantification de l'ablation à l'échelle des bassins versants régionaux, pour laquelle on a montré le rôle déterminant des crues plus banales mais de haute fréquence (Calvet, 1993). La contradiction n'est qu'apparente et il faut bien distinguer deux ordres de faits. Le premier, qui fait l'objet de ce texte, met en exergue les discontinuités du transit, donc les relais et leur impact spatial ; l'approche est événementielle et historique. Le second relève d'une approche globale des bilans de matière à l'exutoire, qui ne peut qu'ignorer les discontinuités et l'hétérogénéité spatio-temporelle extrême de la morphogenèse.

Le poids des catastrophes est évident sur les bassins élémentaires, où il paraît même s'étendre aux échelles de temps pluri-millénaires ; mais c'est la logique banale des temps de retour statistiques des événements pluviométriques excessifs. Si à d'autres échelles spatiales, comme les grands bassins torrentiels montagnards, voire les fleuves côtiers et leur plaine alluviale, il n'est pas exclu d'envisager rythmes et tendances sur le long terme – qui ne sont peut-être qu'une approximation ou même une illusion due au recul dans le temps – l'impact des événements extrêmes semble encore déterminant sur des pas de temps historiques et pluri-séculaires.

Références

ARNAUD-FASSETTA G., BALLAIS J.-L., BEGHIN E. *et al.*, 1993. La crue de l'Ouvèze à Vaison-la-Romaine (22 septembre 1992). *Revue de Géomorphologie Dynamique*, XLII, 2, 34-48.

BENECH C., 1993. Estimation des périodes de retour de « l'Aiguat » d'octobre 1940 dans quelques vallées des Pyrénées-Orientales. *In* : *L'Aiguat del 40, Actes du colloque de Vernet, oct. 1990*, Generalitat de Catalunya ed., 297-313.

CALVET M., 1993. Crues catastrophiques et vitesse de l'érosion dans les Pyrénées orientales : montagnes fragiles, du mythe à la réalité. *In* : *L'Aiguat del 40, Actes du colloque de Vernet, oct. 1990*, Generalitat de Catalunya ed., 93-101.

CALVET M., 2001. La catastrophe exemplaire, premiers enseignements géomorphologiques de la crue de novembre 1999 dans les Corbières. *In* : *Au chevet d'une catastrophe, Actes du colloque* Médi-Terra, *juin 2000*, Presses Universitaires de Perpignan, 63-86.

CALVET M., SERRAT P., LEMARTINEL B., MARICHAL R., 2002. Les cours d'eau des Pyrénées orientales depuis 15 000 ans. État des connaissances et perspectives de recherche. *In* : BRAVARD J.-P. et MAGNY M., *Les fleuves ont une histoire*, Paris, Errance, 279-294.

FORT M., ARNAUD-FASSETTA G., BELTRANDO G. *et al.*, 2001. Impacts hydromorphologiques des fortes précipitations des 12-13 nov. 1999 sur la retombée méridionale de la Montagne Noire. *In* : *Au chevet d'une catastrophe, Actes du colloque* Médi-Terra, *juin 2000*, Presses Universitaires de Perpignan, 41-52.

GARCÍA RUIZ J.-M., BEGUERIA S., LORENTE A., 2000. Eventos hidrólogicos de baja frecuencia en el Pirineo central español y sus efectos geomorfológicos. *Serie Geográfica*, Universidad. de Alcalá, 9, 163-176.

GROVE A.T., RACKHAM O., 2001. *The Nature of Mediterranean Europe, An Ecological History*, Yale University Press, 384 p.

HÉRIN R., TRZPIT J.-P., 1974. Les crues dans le bassin du Segura. *Revue Géogr. des Pyr. et du S.O.*, 45 (4), 329-358.

JACOB N., 1995. *La basse vallée du Tech sous les eaux en octobre 1940*, Centre de Géogr. Phys. H. Elhaï, Université de Paris X, 206 p.

JACOB N., GOB F., PETIT F., BRAVARD J.-P., 2002. Croissance du lichen *Rhizocarpon geographicum l.s.* sur le pourtour nord-occidental de la Méditerranée : observations en vue d'une application à l'étude des lits fluviaux rocheux et caillouteux. *Géomorphologie, Relief, Processus, Environnement*, 4, 283-296.

JULIAN M., 1993. Problème du temps de retour des crues catastrophiques : concepts et prise en compte. *In* : *L'Aiguat del 40, Actes du colloque de Vernet, oct. 1990*, Generalitat de Catalunya ed., 327-338.

MÉTAILIÉ J.-P., BONHOTE J., DAVASSE B. *et al.*, 1999. La construction du paysage forestier dans les Pyrénées de l'Est, du Néolithique à nos jours. *In* : *IXe Congr. hist. agraria*, Bilbao, 399-412.

MUSSOT R., 1993. Crue d'octobre 1940 et lits fluviaux. *In* : *L'Aiguat del 40, Actes du colloque de Vernet, oct. 1990*, Generalitat de Catalunya ed., 103-114.

PARDÉ M., 1941. La formidable crue d'octobre 1940 dans les Pyrénées orientales. *Revue Géogr. des Pyr. et du S.O.*, 12, 237-279.

TRICART J., 1959. L'évolution du lit du Guil au cours de la crue de juin 1957. *Bull. Sect. Géogr., CTHS*, LXXII, 169-403.

Morphogenèse et détritisme holocène en milieu semi-aride : le bassin versant du Gialias (Chypre)

Benoît DEVILLERS[1], **Mireille PROVANSAL**[1], **Christophe MORHANGE**[1]

L'objectif de ce travail est de décrire, dans un continuum amont/aval, les variations détritiques ainsi que leurs conséquences sur la mobilité des paysages semi-arides chypriotes. Il prend place au sein du programme archéologique POTAMIA (dir. N. Lecuyer).

L'espace étudié est le deuxième bassin versant par la taille de l'île de Chypre (2 660 km²) où s'écoule la rivière Gialias. Ce terrain, encore vierge de toute étude sur l'Holocène, est caractérisé par un contexte morphoclimatique aux marges des bioclimats arides et tempérés (250 mm de précipitations annuelles). L'amont du bassin versant s'appuie sur les roches endogènes du Troodos, les altitudes maximales et moyennes sont respectivement de 1 423 et 517 m. Les pentes y sont relativement fortes (7° en moyenne), les formations superficielles sont quasiment absentes de ce secteur, les sols sont constitués de rendzines et de régosols peu évolués. La plaine alluviale holocène se développe dans le secteur médian (**fig. 1**) au profit de la diminution des pentes (pente moyenne : 2,7°). Jusqu'à l'embouchure du Gialias les roches sédimentaires carbonatées aclinales forment des reliefs tabulaires d'une hauteur comprise entre 10 et 50 m. Les sols sont composés de calcrètes ou de régosols. La partie aval du bassin versant est plane (pente moyenne 1,3°), la plaine littorale du Gialias s'étale ici sur plus de 6 km de large. Mis à part la forêt du Machairas à l'amont (**fig. 1**), aucune couverture forestière significative n'est présente sur le bassin versant.

Les données reposent sur 36 coupes (naturelles et mécaniques) pour la partie médiane du bassin versant et sur 5 carottages effectués dans la ria holocène de Famagouste, à l'aval (**fig. 1**). Les datations archéologiques et par la méthode du radiocarbone sont couplées à l'étude morphologique (cartographie, MNT),

1. CEREGE – Europôle de l'Arbois, BP 80, 13545 Aix-en-Provence (devillers@cerege.fr).

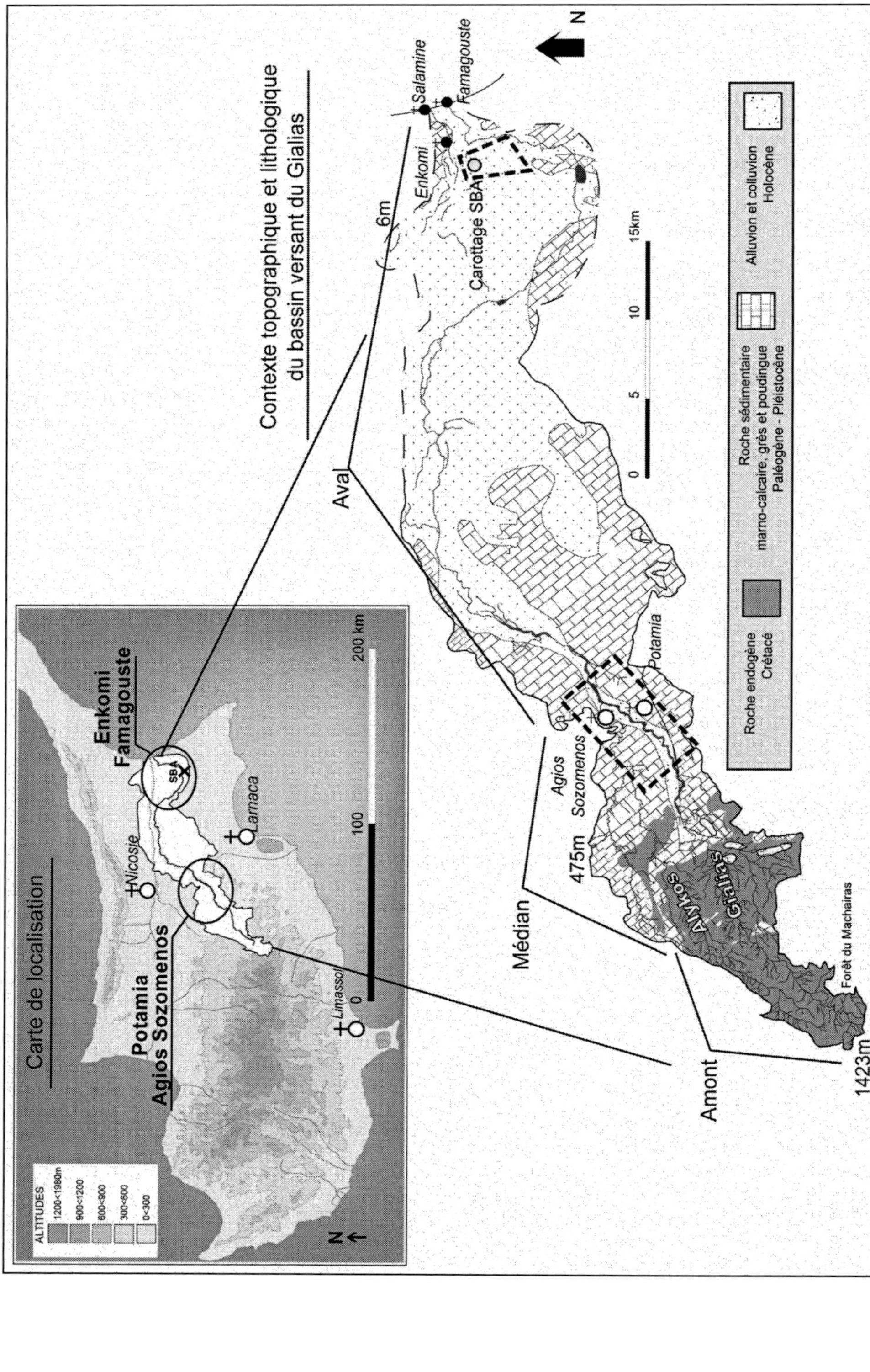

Fig. 1. Carte de localisation et bassin versant du Gialias.

sédimentologique (granulométrie, sédimentologie magnétique), biologique (pollens, ostracodes, mollusques marins) et pédologique (description, chimie et micromorphologie).

Dans l'état actuel de nos travaux nous pouvons classer les dynamiques de la morphogenèse selon trois niveaux hiérarchiques. Le plus important, à l'échelle de la formation, s'exprime par des alternances d'incisions et de remblaiements qui structurent le paysage en trois terrasses emboîtées. Des variations sensibles plus rapides, à l'échelle de la série, s'expriment au travers de phases de pédogenèse à l'amont. À l'aval, une augmentation des taux de matière organique (TOC) et une moindre participation des sources détritiques situées à l'extrême amont du bassin versant sont mesurées (complexe métamorphique du Troodos reconnue par sédimentologie magnétique : χlf, χhf, ARA, ARI…). Un troisième niveau descriptif, proche de la séquence, peut être reconnu par la micromorphologie des dépôts (processus de brunification pouvant être associés à des processus d'hydromorphie ou de calcrètisation) et les analyses granulométriques.

Ces dépôts s'organisent en trois terrasses alluviales emboîtées d'une dizaine de mètres de hauteur chacune, elles couvrent la majeure partie de l'Holocène.

1. Terrasse alluviale « A », 11300-4000 cal. BP

Sur le secteur médian de Potamia-Agios Sozomenos, l'aggradation fluviale continue est observable par la présence de litages sableux ininterrompus au sein des remblaiements. L'exhaussement de la plaine alluviale de plus de 10 m est toutefois ponctué de paléosols datés de 11300, 9400, 6400, 5800 années cal. BP (**fig. 2**). Tous les sols présentent des caractéristiques d'hydromorphie prononcée au vu du contexte bioclimatique régional. La présence d'hyporevêtements et de nodules riches en manganèse (Bullock *et al.*, 1985) est la conséquence d'une saturation en eau annuelle durant plusieurs semaines consécutives (Stoops et Eswaran, 1985). À l'aval, des vases marines (**fig. 3**) comblent la basse vallée de Famagouste, alors ennoyée. Les taux de sédimentation sont là aussi très importants. L'influence de l'homme sur le détritisme pour cette période semble négligeable, seuls deux sites néolithiques de faible importance sont présents dans le bassin versant. Les données isotopiques proches (Bar-Matthews *et al.*, 1997) et polliniques (Rossignol-Strick, 1999) indiquent des précipitations importantes pour cette période. Entre 5500 et 4000 cal. BP, la phase d'incision δ1 (**fig. 2**) est identifiée sur plusieurs coupes naturelles sur la base de relations stratigraphiques discordantes et sur la chronologie ^{14}C. Néanmoins la dynamique d'incision n'est pas uniforme durant plus de 1 500 ans et des dépôts sont ponctuellement présents sur les secteurs médians et aval du bassin versant. Les alluvions sont affectées par des processus pédologiques d'encroûtement carbonaté embryonnaire. Les revêtements micritiques de carbonate qui affectent les parois des agrégats, observés à l'échelle microscopique, sont liés à la faiblesse des apports hydriques et/ou des températures relativement élevées (Becze-Deak *et al.*,

1997). À l'aval, la présence de sables coquilliers est le témoin de l'établissement d'un cordon littoral durant une longue période. La chute brutale des taux de sédimentation et la disparition des faciès d'envasement rapide suggèrent donc une uniformité relative des dynamiques détritiques au sein du bassin versant. La succession accumulation/incision a formé une terrasse alluviale bien marquée dans le bassin versant du Gialias, qui a aussi été étudiée dans d'autres paysages fluviaux chypriotes (Gomez, 1987).

2. *Terrasse alluviale « B », 4000-850 cal. BP*

À partir de 4000 et jusqu'à 1700 cal. BP une aggradation rapide affecte de nouveau la vallée du Gialias. Le remblaiement s'emboîte dans la terrasse alluviale précédemment formée (**fig. 2**). Deux phases de pédogenèse affectent les alluvions du secteur médian du bassin versant. La première phase n'a pas pu être précisément datée. Sa situation stratigraphique par rapport à des sites archéologiques et des éléments datés permet de la situer entre 6400 cal. BP et 3400 cal. BP (Devillers *et al.*, 2002). Plusieurs datations permettent de situer la deuxième phase autour de 2800 cal. BP. La présence d'hypo-revêtements de manganèse est relevée sur ces deux sols ce qui traduit, là encore, un engorgement saisonnier des sols (Stoops et Eswaran, 1985). Les relations strati-

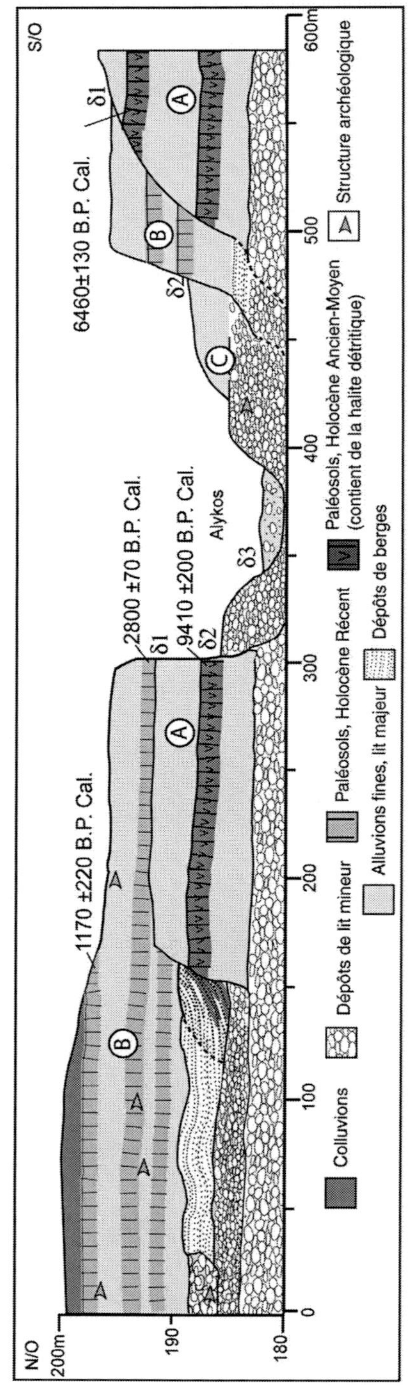

Fig. 2. Un exemple de chronostratigraphie de l'Alykos à Ekaton-Skales (région de Potamia).

graphiques des structures archéologiques avec ce paléosol indiquent une période d'activité de 600 ans maximum (Devillers *et al.*, 2002). L'importance des précipitations et/ou la faiblesse des températures sont avérées dans les enregistrements paléoclimatiques locaux (Bar-Mathews *et al.*, 1997). Ainsi, un synchronisme entre les faits pédosédimentaires et les données paléoclimatiques est observable. Sur le temps long, les textes et les données archéologiques vont dans le sens d'un développement des activités agropastorales pour cette période (Rowe, 1995). Dans le détail, les phases de pédogenèse coïncident aussi avec des périodes de déclin démographique à Chypre (Devillers *et al.*, 2002). Durant le Moyen Âge (1700-850 cal. BP) une nouvelle incision fluviale (δ2) donne lieu à la terrasse alluviale « B ». Des dépôts sont toutefois reconnus pour cette période, ces sédiments sont affectés par des processus pédologiques de brunification et de calcrètisation partiels. Le bon état de conservation des traits pédologiques (revêtement micritique carbonaté, agrégation…) et des microfigures de dépôts tend à prouver la faible perturbation anthropique des sols durant cette période et confirme ainsi partiellement le retrait momentané de la mise en valeur des zones basses évoqué dans les textes (Grivaud, 1998).

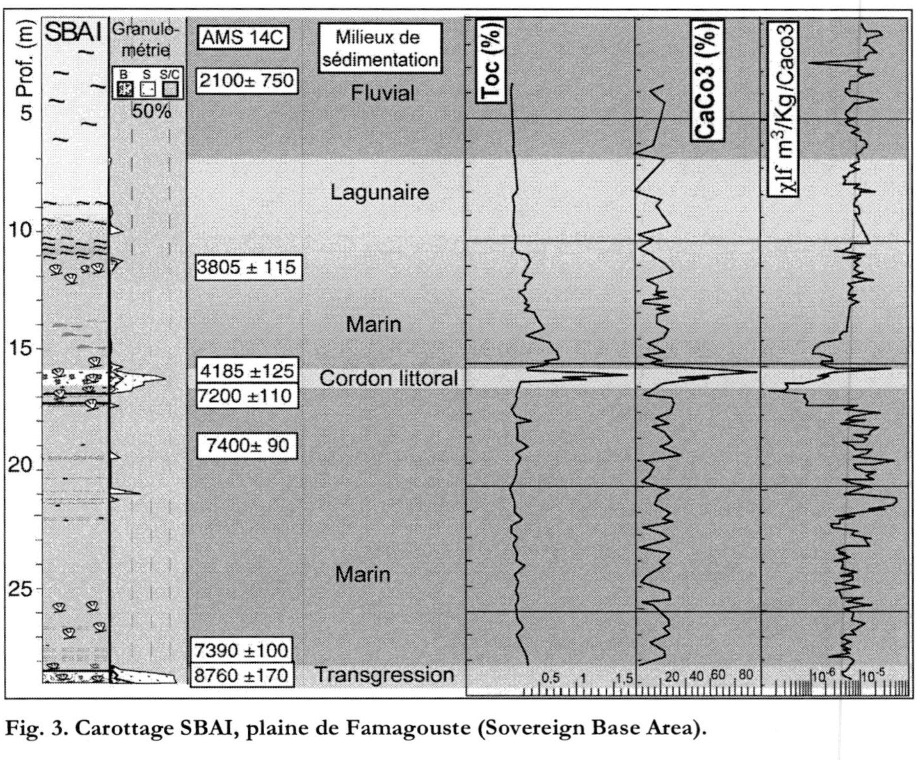

Fig. 3. Carottage SBAI, plaine de Famagouste (Sovereign Base Area).

3. Terrasse alluviale « C », 850-0 BP

D'un point de vue lithologique, les dépôts sédimentaires des périodes franque, mais surtout vénitienne et ottomane (850-100 cal. BP) se caractérisent par la présence de sables lités sur la plaine alluviale et de lentilles de galets sur la bande active. Les taux de sédimentation sont plus importants durant cette période et les indices de pédogenèse deviennent ténus. Cette phase de sédimentation rapide entraîne des modifications importantes de la morphologie de la plaine alluviale. L'exhaussement du plancher alluvial est mesuré entre 4 et 5 m, les aménagements en rapport avec le réseau fluviatile (moulins, ponts, barrages...) deviennent alors inadaptés et sont rapidement enfouis. L'incision δ3, correspondant à l'établissement du flanc de terrasse, n'a pas pu être précisément datée. Toutefois, le creusement du lit mineur entaille des barrages submersibles construits durant la première moitié du XXe siècle et est encore actif. Les modifications hydrologiques, détritiques et paléotopographiques correspondent chronologiquement aux variations climatiques du Petit Âge Glaciaire (Shilman *et al.*, 2003) et aux fluctuations démographiques connues par les sources manuscrites (Grivaud, 1998).

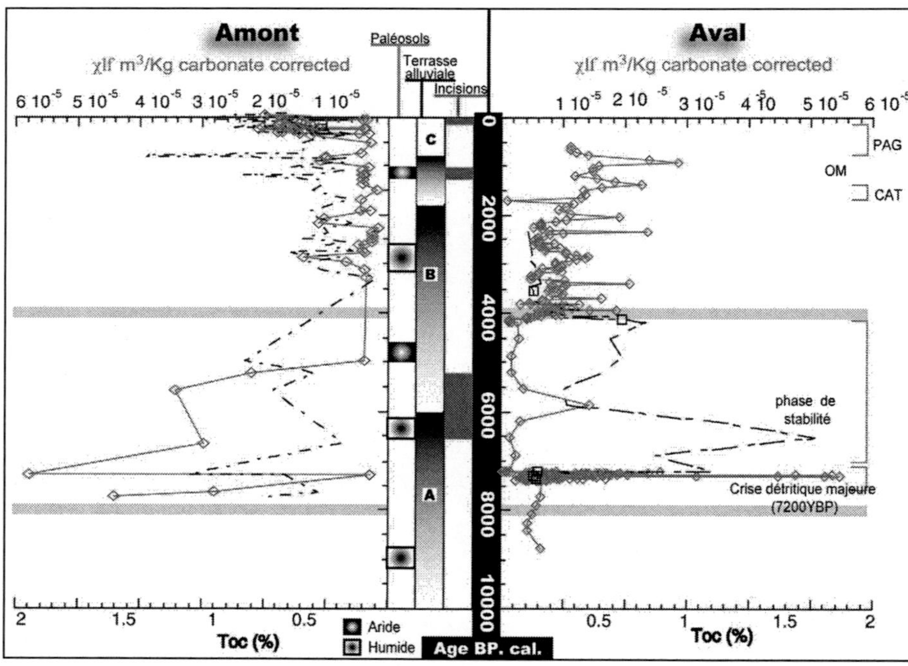

Fig. 4. Phases détritiques holocènes : Gialias amont et aval.

Conclusion

Plusieurs points de réflexion émergent des chronostratigraphies chypriotes. Une relative uniformité de l'activité détritique au sein du bassin versant, qui s'exprime néanmoins de façon variable selon la topographie et les milieux de sédimentation, est constatée. Les analogies détritiques amont/aval posent la question des temps de propagation des alluvions et du synchronisme des terrasses alluviales. Plusieurs auteurs décrivent des temps de propagation longs pour la charge de fond ; d'autres soulignent l'hétérogénéité chronologique des terrasses alluviales constituées de galets (Bull, 1990 ; Lespez, 1999). Ce diachronisme ne semble pas être aussi prononcé à Chypre où les formes fluviales fossiles sont principalement limono-sableuses (**fig. 4**). Les périodes de forte activité détritique s'expriment par une prépondérance minéralogique des sources amonts, les apports latéraux ne sont relativement plus importants qu'en période de calme morphogénique relatif. Ceci souligne l'importance des apports liquides et donc du climat sur l'érosion dans ce contexte bioclimatique aux marges des zones arides. Sur le long terme, les occurrences de l'incision en période sèche et de l'accumulation en période humide sont conformes aux liens dynamiques énoncés par Vita Finzi (1969). Toutefois, le constat d'une crise des environnements de causalité climato-anthropique, telle qu'elle a été définie en Provence (Jorda et Provansal, 1996), doit être envisagé à Chypre pour les périodes plus récentes. Enfin, si ces crises s'expriment par des tendances à l'accumulation et par l'évolution des milieux de sédimentation, il n'est pas encore possible de comprendre leurs influences sur les volumes de sédiment mis en jeux, ceux-ci étant aussi dépendants des espaces d'accommodation toujours mobiles durant l'Holocène (**fig. 2**). Cette remarque est particulièrement sensible pour le Petit Âge Glaciaire où les héritages morphologiques des terrasses « A » et « B » circonscrivent l'alluvionnement de cette période sur des surfaces réduites.

Références

ALONSO P., DORRONSORO C. et Egido J.A., 2004. Carbonatation in palaeosols formed on terraces of the Thormes river basin (Salamanca, Spain). *Geoderma*, 118, 261-276.

BAR-MATTHEWS M., AYALON A. et KAUFMAN A., 1997. Late Quaternary Palaeoclimate in the eastern mediterranean region from stable isotope analysis of speleothems at Soreq Cave, Israel. *Quaternary Research*, 47, 155-168.

BECZE-DEAK J., LANGOHR R. et VERRECCHIA E.P., 1997. Small scale secondary $CaCO_3$ accumulations in selected sections of the European loess belt. Morphological forms and potential for palaeoenvironmental reconstruction. *Geoderma*, 76, 221-252.

BULL W.B., 1990. Stream-terrace genesis: implication for soil development. *Geomorphology*, 3, 351-367.

BULLOCK P., FEDOROFF N., JONGERIUS A., STOOPS G. et TURSINA T., 1985. *Handbook for soil thin section description*, Waine Research Publication, 152 p.

DEVILLERS B., MORHANGE C., BUFFIÈRE DE L'AIR M., BOURCIER M. et PROVANSAL M., 2002. Détritisme, potentialités et aménagements du territoire à l'Âge du Bronze sur les secteurs amont (Potamia-Agios Sozomenos) et aval (Messarée orientale, secteur d'Enkomi-

Acheritou du bassin versant du Gialias) (Chypre). Résultats du programme POTAMIA. *Cahiers du Centre d'Études Chypriotes*, diffusion De Boccard, 32, 33-52.

GOMEZ B., 1987. The alluvial terraces and fills of the lower Vasilikos valley, in the vicinity of Kalavasos, Cyprus. *Transaction of the institute of British geographers*, 12, 345-359.

GRIVAUD G., 1998. Villages désertés à Chypre (fin XIIe-fin XIXe siècles). *Melatai kai ypomnhmata III*, Litho, Zavallis, Nicosie, 536 p.

LESPEZ L., 1999. *L'évolution des modelés et des paysages de la plaine de Drama et de ses bordures au cours de l'Holocène. (Macédoine orientale, Grèce)*, thèse de Doctorat, Université de Clermont II, 539 p.

ROSSIGNOL-STRICK M., 1999. The Holocene climatic optimum and pollen records of sapropel 1 in the eastern Mediterranean, 9000-6000 BP. *Quaternary Science Reviews*, 18, 515-530.

ROWE A.H., 1995. *The Ayios Sozomenos region: A Bronze Age Landscape in Cyprus*, University of Sydney, Sydney, 106 p.

STOOPS G. et ESWARAN H., 1985. Morphological characteristics of wet soils. *In* : KOKWE M. (ed.), *Wetland Soils: Characterisation, Classification and Utilisation*. International Rice Research Institute, Manila Philippines, 177-189.

Les travertins du Mirail (sud Luberon, Vaucluse), témoins des fluctuations morphosédimentaires holocènes

VINCENT OLLIVIER[1 et 2], JEAN-LOUIS GUENDON[1],
ANDRÉ MÜLLER[3], SOPHIE MARTIN[2]

Introduction

Le Grand Luberon est un anticlinal (calcaires crétacés et marnes jurassiques) évidé en combe de flanc qui culmine à 1 125 m d'altitude au Mourre-Nègre (**fig. 1**). Sur son piémont sud, emboîtés ou étagés par rapport aux glacis pléistocènes, d'épais remplissages postglaciaires ont colmatés les fonds des vallons. De petites exsurgences karstiques aux eaux chargées en carbonates ont donné naissance à de puissantes formations travertineuses dans les ravins du Loup (commune de Cabrières-d'Aigues), du Mirail et des Hermitans (Peypin-d'Aigues). Ces dépôts n'ont jamais fait l'objet de recherches paléoenvironnementales malgré leurs importantes potentialités. L'analyse séquentielle des formations carbonatées du Mirail argumentée et appuyée par

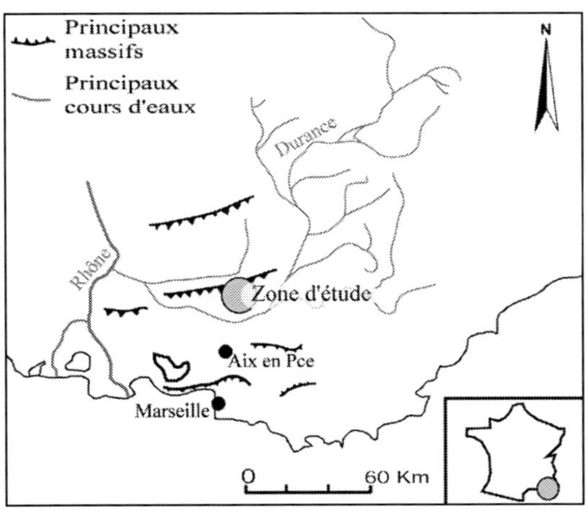

Fig. 1. Carte de localisation.

1. Économies, Sociétés et Environnements Préhistoriques, UMR 6636, Maison Méditerranéenne des Sciences de l'Homme, BP 647, 5 rue du Château de l'Horloge, 13094 Aix-en-Provence cedex 2.
2. Institut Méditerranéen d'Écologie et de Paléoécologie, UMR 6116, Bât. Villemin, Domaine du Petit Arbois, Av. Philibert, BP 80 CEREGE, 13545 Aix-en-Provence cedex 04.
3. Service Régional de l'Archéologie, 21-23 Boulevard du Roi René, 13100 Aix-en-Provence.

des études paléoécologiques (malacologie et anthracologie) et archéologiques ont permis de mieux cerner les modalités de développement des systèmes travertineux au sein de la morphogenèse postglaciaire *s.l.* (au sens de Borel *et al.*, 1984) du Luberon en relation avec l'occupation humaine.

2. Situation des formations travertineuses par rapport au complexe morphosédimentaire postglaciaire du piémont méridional du Grand Luberon

Les remblaiements qui colmatent les vallons se sont mis en place du Tardiglaciaire à l'Antiquité tardive *s.l.* (12100 ± 140 BP, 12434 à 11854 cal. BC, 1570 ± 50 BP, 394 à 603 AD ; Ollivier *et al.*, 2004). Cette sédimentation est détritique dans la plupart des ravins, sauf dans ceux du Loup, du Mirail et des Hermitans où celle-ci est bipartite avec, en amont des sources karstiques, des formations détritiques et à l'aval, des ensembles travertineux. Les dépôts détritiques du premier Postglaciaire sont plutôt limoneux à limono-sableux, ponctués de lentilles caillouteuses tandis que ceux du second ont souvent des faciès détritiques plus grossiers, en contact ravinant sur les formations antérieures ou directement emboîtés dedans à la suite d'une incision latérale (Ollivier *et al.*, 2004). Dans le cas des formations travertineuses (**photos 1** et **2**, **fig. 2**), les premières parties de dépôt (du Boréal/Atlantique, 7775 ± 65 BP, 6630 à 6457 cal. BC, à la fin de l'Atlantique/début du Subboréal, 4737 ± 47 BP, 3638 à 3498 cal. BC) adoptent des faciès majoritairement crayeux entrecoupés de passées caillouteuses, ce qui leur confère une certaine connotation détritique d'ensemble. Dans les secondes moitiés des séquences (Subboréal à l'Antiquité tardive, 4536 ± 56 BP, 3372 à 3082 cal. BC, aux IVe-VIIe siècles ap. J.-C. d'après

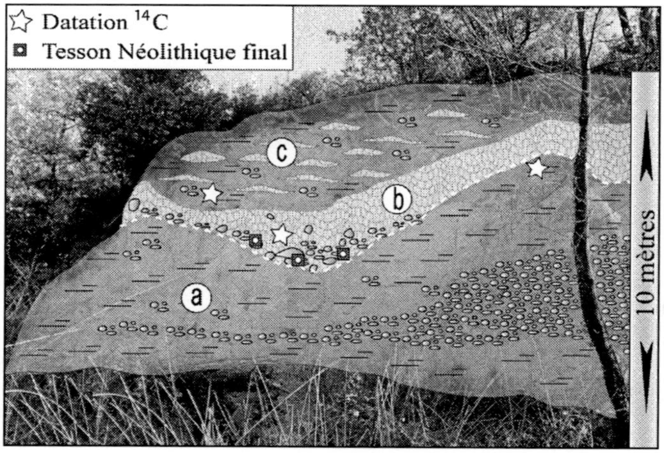

Photo 1. Séquence travertineuse amont dans le ravin du Mirail
(a) craies calcaires et détritique grossier ; **(b)** incision, détritique grossier et travertin construit ; **(c)** craies calcaires et travertin détritique.

Photo 2. Coupe du Verger, ravin du Mirail

le mobilier archéologique) des faciès travertineux construits apparaissent au sein des niveaux crayeux, associés à des décharges détritiques grossières et des incisions dans les dépôts sous-jacents. Cette évolution sédimentaire verticale s'observe dans les différentes formations travertineuses de ce secteur mais est particulièrement bien conservé en amont du Verger au Mirail (**photo 1**).

3. *Analyse séquentielle de la coupe du Verger, premières données archéologiques et paléo-écologiques*

Les séquences sédimentaires de la coupe du Verger (**photo 2** et **fig. 2**) débutent par une sédimentation carbonatée, sous forme majoritairement crayeuse, quasi continue, évoquant une période humide assez stable sur le plan dynamique et un environnement palustre ayant permis le développement de sols hydromorphes plus ou moins évolués. Seules quelques nappes caillouteuses (crues ?) viennent se déposer dans ce contexte sans modifier le type de sédimentation travertineuses ni inciser les dépôts crayeux. Dans un deuxième temps, la travertinisation montre des épisodes construits. Conjointement, on note l'installation marquée des populations du Néolithique final dans le secteur. Le mode de travertinisation semble de plus en plus perturbé en variant de façon discontinue entre des phases construites, des phases crayeuses, et une période de pédogenèse marquée (où l'on reconnaît vraisemblablement plusieurs niveaux d'occupation humaine). Sur plusieurs coupes (comme dans la **photo 1**) on observe notamment que les faciès travertineux construits se développent à la suite d'une phase d'incision de 2 à 3 m de profondeur dans les dépôts sous-jacents, accompagnée d'une décharge détritique grossière remaniant du mobilier archéologique attribué au Néolithique final (mollette, céramique, os, corne de bovidé). Au sommet de ces dépôts construits, une fois que le vallon résultant de ces incisions est colmaté, la sédimentation crayeuse se développe à nouveau.

Les derniers niveaux de la coupe du Verger correspondent au dépôt ravinant d'une nappe de l'Antiquité tardive remaniant des craies détritiques et du mobilier archéologique, surmonté d'un travertin construit de faible puissance. Le troisième et dernier temps est celui du démantèlement des édifices travertineux et de l'encaissement du réseau hydrographique dans les formations postglaciaires qui comblent les vallons du sud Luberon, selon la tendance récente (historique ou moderne) à l'incision linéaire des cours d'eau. Actuellement encore, des dépôts construits aux morphologies variées (vasques, ressauts, banquettes, etc.) s'effectuent en période printanière dans les cours d'eau du Mirail et des Hermitans dans ce contexte d'incision, sans toutefois rétablir le bilan vers l'accumulation. Les édifices sont ensuite démantelés dès les premières crues d'automne.

Les analyses malacologiques (Martin., 2004) permettent de mettre en évidence les différents changements environnementaux du Boréal/Atlantique au Subboréal (**fig. 2** et **3**). L'information concernant l'environnement palustre local, lié au contexte travertineux, est largement dominante. Cependant, la lecture des courbes de fréquences (**fig. 3**) évoque au préalable une forêt ouverte, suivie d'un environnement palustre, de reconquêtes forestières puis de fortes ouvertures du milieu sous l'influence probable des occupations néolithiques. Les données provenant de la malacologie sont corroborées par l'étude anthracologique (Beauvais et Cazorla, 2002), encore succincte, de plusieurs niveaux de la coupe du Verger (**fig. 4**). À un environnement forestier ouvert de départ succèdent dans un environnement palustre des périodes d'ouverture et de fermeture du couvert végétal associées à des formations xérophiles ou mésophiles. On assiste ensuite à un assèchement du domaine marécageux et à l'ouverture du milieu végétal. Ces ouvertures du milieu végétal, confirmées par la malacologie et l'anthracologie, précèdent-elles les phases d'incision et/ou accompagnent-elles les périodes de construction travertineuse ?

L'étude de nombreuses coupes dans le Mirail et les autres systèmes travertineux du sud Luberon (Ollivier *et al.*, 2004) indique que le mode de travertinisation semble dépendre des conditions hydrodynamiques de dépôt. La forme crayeuse représenterait une période de calme hydrologique relatif en milieux palustres, le travertin construit qui suit les périodes de brève incision traduirait un hydrodynamisme maximum. Ces changements de faciès apparaissent donc liés au passage entre des périodes d'accumulation et des phases d'incision ou de creusement. Les moteurs de ces fluctuations de tendance morphogénique, encore difficiles à déterminer, seraient à rechercher dans les interactions entre modes d'occupation humaine et variations climatiques.

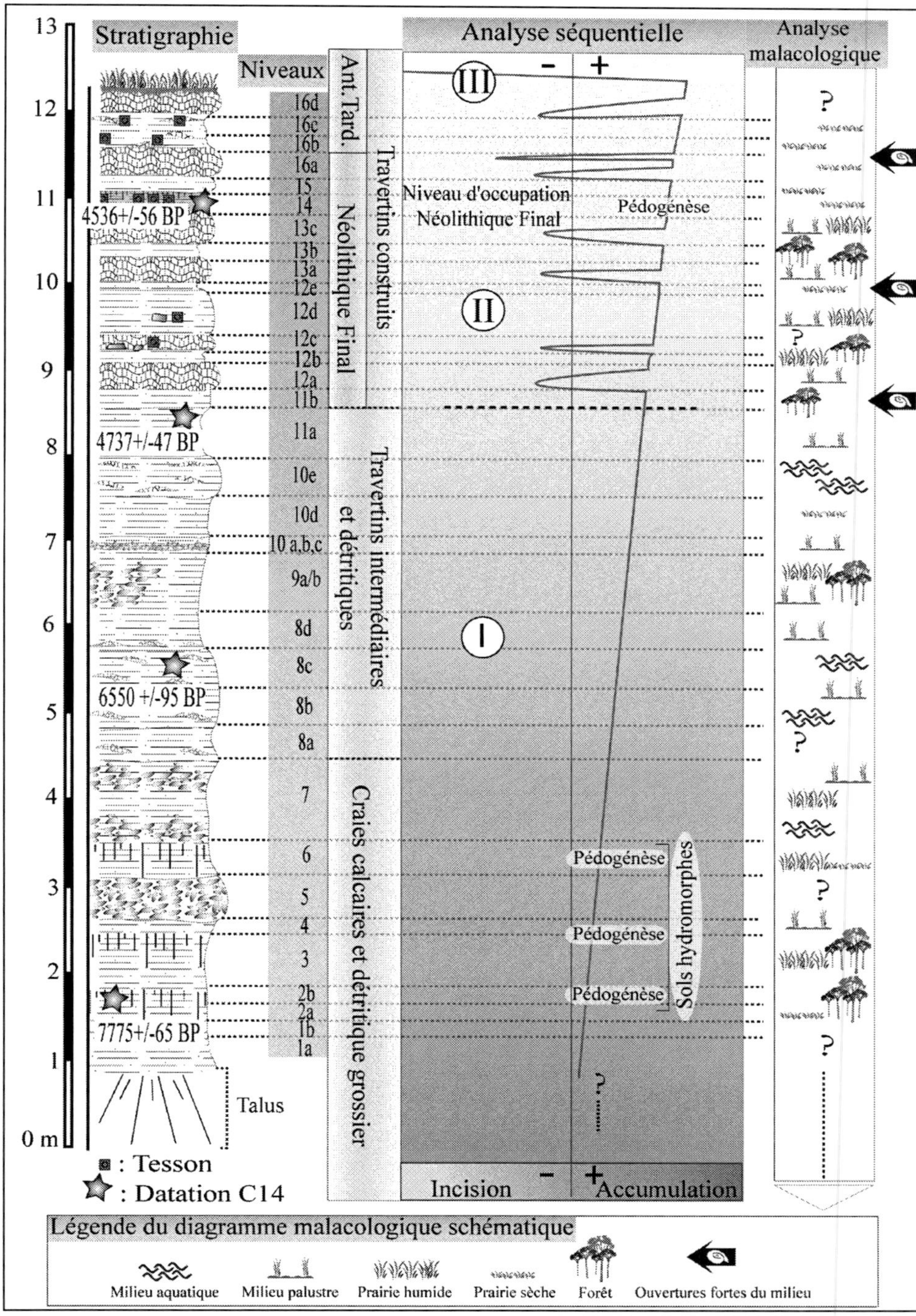

Fig. 2. Analyse séquentielle de la coupe du Verger.

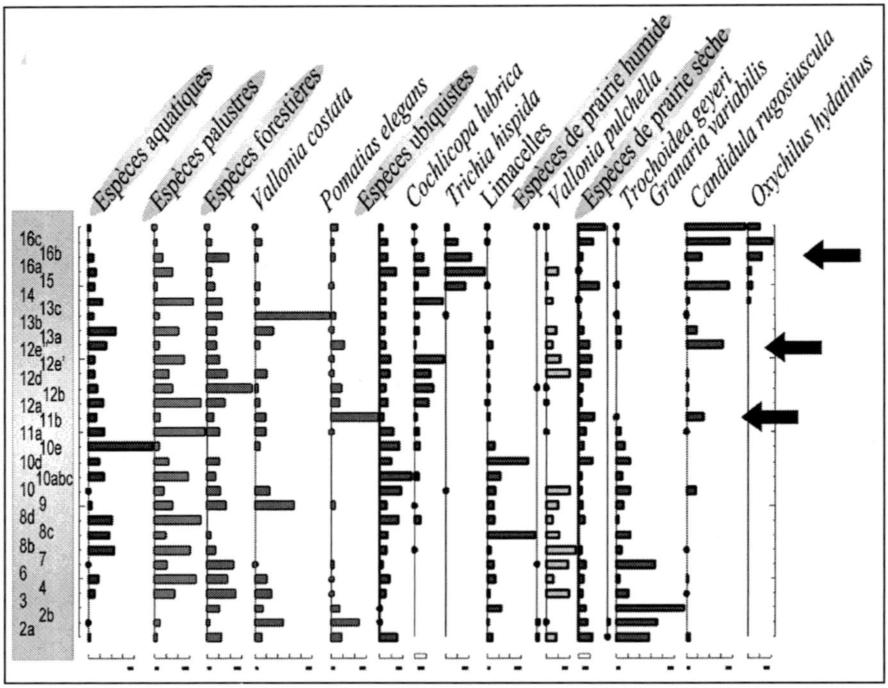

Fig. 3. Diagramme malacologique de la coupe du Verger.

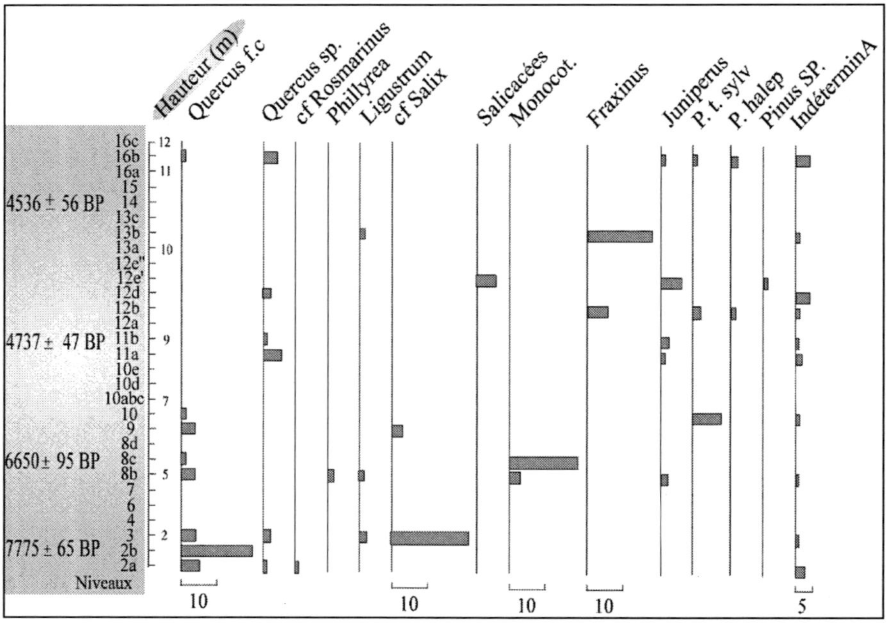

Fig. 4. Diagramme anthracologique de la coupe du Verger.

Discussion et conclusion

Cette conjoncture permettra une recherche comparative sur l'impact des forçages endogènes (fonctionnements autocycliques des systèmes, configurations morphologiques, modes d'occupation des sociétés préhistoriques, etc.) ou exogènes (variations climatiques) sur deux types de formations et de milieux (strictement alluviaux en amont, à caractères palustres travertineux en aval). En outre, ces coupes permettent de faire quelques constatations sur la dynamique sédimentaire des travertins : les apports détritiques n'entravent pas la construction travertineuse (à l'exemple de Saint-Antonin ; Guendon *et al.*, 2003). La présence de l'homme à proximité ou dans les sites à travertins au Néolithique n'est pas suffisante pour empêcher la travertinisation. De la même façon, on observe que les phénomènes de carbonatation perdurent malgré les occupations plus marquées de l'Antiquité tardive. Les incisions importantes se produisent postérieurement à l'Antiquité alors que celles du Néolithique, enregistrées en stratigraphie dans les différentes formations travertineuses du Luberon, sont peu durables et de moindre ampleur. Les faciès travertineux rencontrés (construits ou crayeux) sont dépendants du profil de pente et de l'hydrodynamisme qui y est associé. Ce profil est modifié par des ruptures dans le rythme de sédimentation (phases d'incisions/périodes de remblaiement) probablement dues à des contraintes climato-anthropiques. L'aspect durable de la carbonatation dans le secteur permet d'envisager qu'il n'y a pas de modification fondamentale du chimisme des sources depuis au moins l'Atlantique jusqu'à nos jours, l'accumulation travertineuse se trouvant alors régie par l'antagonisme permanent entre l'intensité du dépôt du $CaCO_3$ et l'intensité de l'érosion (Bakalowicz, 1988), comme nous pouvons l'observer actuellement dans les cours d'eau du Mirail et des Hermitans.

L'étude de la dynamique des systèmes sédimentaires travertineux du Luberon pose également de nombreuses questions sur la représentativité des archives sédimentaires *l.s.* et plus particulièrement pour celles qui s'organisent dans le fond des vallons. L'intégralité des séquences, comprenant le talweg et ses marges, n'est pas toujours disponible car recoupée dans le temps par l'organisme qui en est à l'origine. L'essentiel des enregistrements nous échappe dans ce cas précis. Certaines formations, alors lacunaires, sont difficilement interprétables. La discontinuité des enregistrements sédimentaires et leur signification deviennent une question fondamentale. Le caractère exceptionnel des héritages sédimentaires postglaciaires du Luberon, particulièrement bien conservés, s'en trouve renforcé.

Références

BAKALOWICZ M., 1988. La formation des travertins : aspects géochimiques, essai de synthèse et discussion, *Travaux U.A.*, n° 903 du CNRS, n° XVII, Aix-en-Provence, 261-268.

BEAUVAIS R., CAZORLA A., 2002. *Analyse anthracologique préliminaire d'une séquence holocène dans le Grand Luberon (ravin du Mirail, Peypin d'Aigues, Vaucluse)*, maîtrise de Biologie des Populations et des Écosystèmes (dir. B. TALON), Université Aix-Marseille III, 34 p.

BOREL J.-L., JORDA M., MONJUVENT G., 1984. *Variations climatiques, morphogenèse et évolution de la végétation post-würmienne dans les Alpes françaises. In* : *Les Alpes*, ouvrage collectif, 25e Congrès International de Géographie, Paris, 43-53.

GUENDON J.-L., ALI A.A., ROIRON P., TERRAL J.-F., D'ANNA A., DIAZ DEL OMO F., BAENA ESCUDERO R., 2003. Les travertins de Saint-Antonin : séquence géobotanique et climato-anthropique holocène, *Karstologia*, 41, 1-14.

MARTIN S., 2004. *Caractérisation de l'anthropisation à l'Holocène en Provence et en Languedoc oriental, par les mollusques terrestres*, thèse d'Archéologie, Paris I, 428 p.

OLLIVIER V., MIRAMONT C., MÜLLER A., 2004. Le piémont méridional du Grand Luberon : de nouvelles données sur la morphogenèse postglaciaire en Basse Provence. *Méditerranée*, 1-2, 109-118.

Rythmes de la sédimentation et interprétations paléoclimatiques lors du Postglaciaire (Alpes du Sud)

^{14}C et dendro-géomorphologie, deux chronomètres complémentaires

OLIVIER SIVAN[1 et 2], CÉCILE MIRAMONT[1], JEAN-LOUIS ÉDOUARD[1]

État des connaissances et problématique

Dans les Alpes du Sud, les complexes morphosédimentaires de fond de vallon de cours d'eau de rang 3-4 font l'objet, depuis plusieurs dizaines d'années, d'analyses géomorphologiques et sédimento-stratigraphiques (Jorda, 1985). Ces recherches ont mis en évidence des fluctuations morphogéniques de basse fréquence (échelle plurimillénaire) témoignant d'une bipartition du Postglaciaire (*s.l.*).

- Le premier Postglaciaire, globalement humide, aboutit à la construction de puissants dépôts de fond de vallon (*Remblaiement Postglaciaire Principal*).
- À partir de 6500 BP, le second Postglaciaire, plus sec, se caractérise par une phase d'incision interrompue, localement et temporairement, par le dépôt de nappes alluviales historiques.

Les principales tendances morphogéniques désormais bien connues, il devenait nécessaire d'en préciser les modalités de fonctionnement. Les recherches en cours ont donc pour objectif de décrypter les rythmes de moyenne (échelle centennale) et de haute fréquence (échelle décennale ou annuelle) de la sédimentation alluviale.

1. Matériels et méthodes

Nos travaux s'appuient sur l'analyse du contenu paléo-écologique de 11 remblaiements de fond de vallon répartis entre les Préalpes du Buëch, celles de Digne, la zone interne de l'Ubaye et la vallée du Drac (Sivan, 2002). Plusieurs

1. IMEP – UMR 6116, Bât. Villemin, Europôle Méditerranéen de l'Arbois, BP 80, 13545 Aix-en-Provence cedex 04 – France (oliviersivan@yahoo.fr).
2. Institut National de Recherches Archéologiques Préventives.

sieurs centaines de troncs subfossiles (*Pinus silvestris sp.*) enracinés sur différents niveaux dans les stratigraphies alluviales permettent de dresser le cadre chronologique précis de la morphogenèse postglaciaire.

- L'identification des rythmes de moyenne fréquence de la sédimentation est fondée sur l'obtention d'un grand nombre de datations ^{14}C et sur l'interdatation des chronologies de cernes. L'objectif est ici d'identifier les périodes riches en bois subfossiles et de discuter de leur signification aussi bien morphodynamique que paléoclimatique.
- Les rythmes de haute fréquence peuvent être appréhendés grâce à l'étude détaillée des patrons de croissance. Ce travail, permis par le parfait état de conservation des bois subfossiles, a pour but de recenser l'ensemble des perturbations de croissance (cicatrices, développement dissymétrique) traduisant une réactivation de l'activité sédimentaire.

2. Résultats et discussion

2.1. Les rythmes de la morphogenèse aux moyennes fréquences

La **fig. 1a** regroupe 90 datations ^{14}C calibrées, dont 30 intègrent des séquences dendrochronologiques. S'ajoutent à ce corpus de données 41 séquences dendrochronologiques interdatées. Les variations de l'histogramme (**fig. 1a**) doivent être considérées comme des périodes plus ou moins propices à la fossilisation des bois. Les pics matérialisent des périodes riches en troncs subfossiles dont la signification morphodynamique doit être associée à une augmentation de l'activité détritique et de l'hydromorphie permettant une fossilisation optimale. À l'inverse, les creux traduisent une réduction des flux hydrosédimentaires et donc une diminution corrélative des conditions de fossilisation.

Le synchronisme entre la fin des principaux pics et les dates de mort des arbres (**fig. 1b** et **1c**) suggère une recrudescence du détritisme aboutissant parfois à la disparition des peuplements forestiers. La rythmicité de l'activité sédimentaire est ainsi clairement mise en évidence.

Six phases principales de fossilisation des bois ont été identifiées. Nous proposons, pour chacune d'entre elles, quelques pistes de réflexion au sujet de leur interprétation paléoclimatique.

- **15350-13000 cal. BP** : intervalle dans lequel il est possible de distinguer deux sous-périodes : 13750-13650 et 13140-13000 cal. BP. Ces dernières apparaissent synchrones des pics de faibles valeurs de $\delta^{18}O$ identifiés dans les glaces du Groenland. La seconde sous-période est synchrone d'un haut niveau dans le lac de Morat en Suisse (Magny *et al.*, 2000) et pourrait correspondre à l'épisode froid intra-Allerød (IACP). L'ampleur des intervalles de calibration lors de cette période ne permet pas de dépasser le stade de l'hypothèse ;
- **11150-10380 cal. BP** : cet épisode pourrait être l'expression de l'oscillation froide du Préboréal enregistrée dans les fluctuations des niveaux lacustres (marais des Baux, lacs du Jura) ;

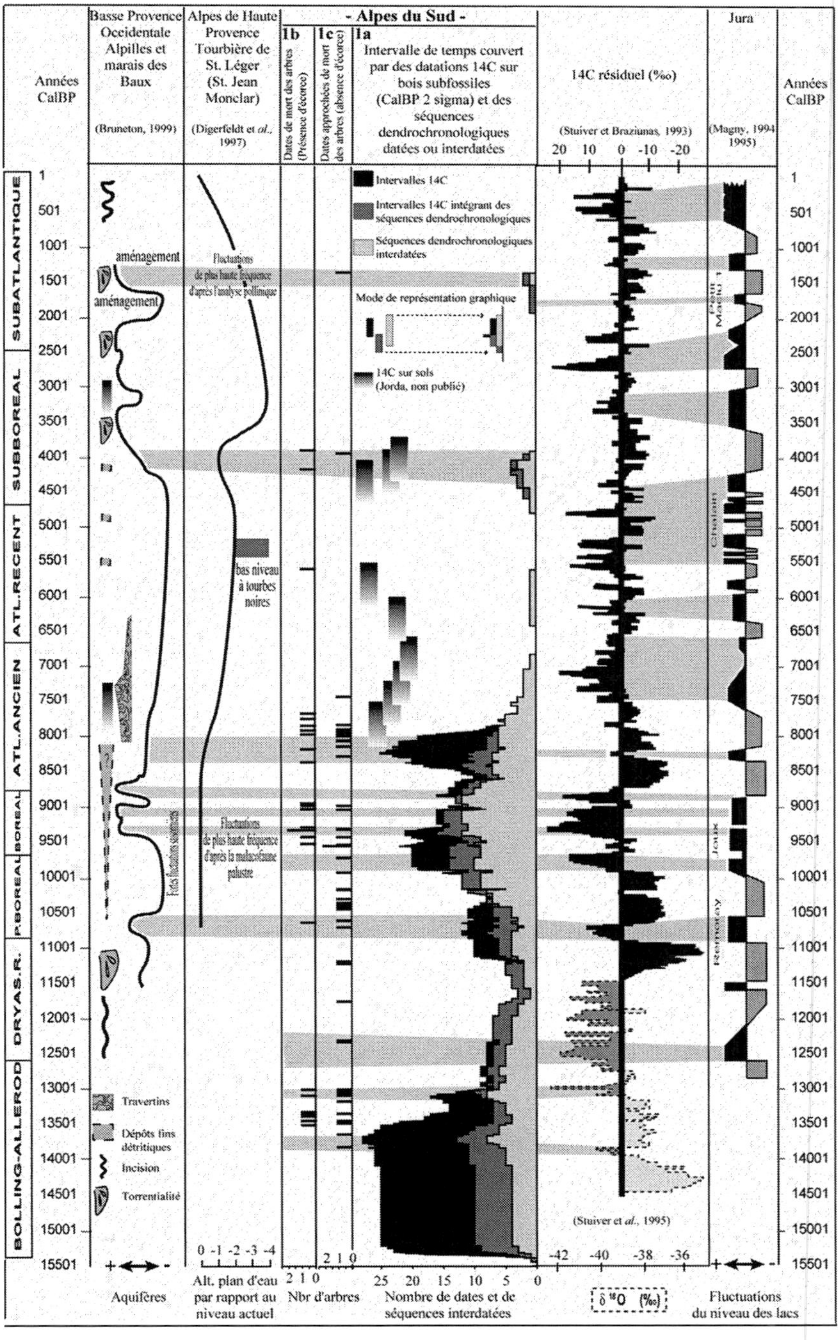

Fig. 1. Les périodes de fossilisation des bois et les indicateurs paléoclimatiques régionaux et extra-régionaux.

- **9900-9000 cal. BP** : phase contemporaine de hauts niveaux lacustres dans les Alpes de Haute-Provence, en Provence et dans le Jura.
- **8500-7900 cal. BP** : cette oscillation positive est parfaitement synchrone de la péjoration climatique qui s'est développée entre 8400 et 8000 cal. BP (événement de 8200 cal. BP) ;
- **4500-3900 cal. BP** : cette recrudescence du détritisme se retrouve à l'échelle régionale sur les versants en Basse-Provence. Elle est synchrone de hauts niveaux lacustres dans les Alpes de Haute-Provence et dans le marais des Baux.
- **1550-1350 cal. BP** : cet événement pourrait annoncer la récurrence torrentielle de l'Antiquité tardive identifiée par ailleurs dans les Alpes du Sud (Jorda, 1992).

2.2. Les rythmes de la morphogenèse aux hautes fréquences : le gisement de bois du torrent de Couton

L'étude des patrons de croissance révèle l'existence de fluctuations morphogéniques de hautes fréquences lors des périodes de fossilisation précédemment identifiées.

L'étude morpho-stratigraphique du gisement de bois du torrent de Couton (Laragnais ; Hautes-Alpes) permet la distinction de deux niveaux stratigraphiques sur lesquels se sont développés les arbres (**fig. 2**).

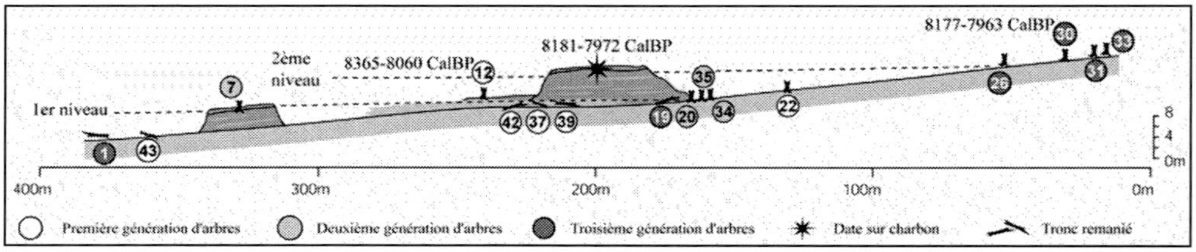

Fig. 2. Gisement de bois subfossiles et dispositif morpho-sédimentaire du torrent de Couton.

À ce stade, il est impossible de préciser les conditions de dépôt des 7 m de sédiments qui séparent les deux niveaux de bois. La synchronisation des séquences de cernes et les datations ^{14}C montrent que les deux niveaux d'arbres font en fait partie d'un seul et même boisement composé de trois générations d'arbres qui se succèdent sur plusieurs centaines d'années (**fig. 3**).

Ainsi, ce travail révèle, pour la première fois, un synchronisme entre le développement d'un boisement de fond de vallon et le dépôt de plusieurs mètres de sédiments. Dés lors, il devient possible de préciser les rythmes de haute fréquence de la morphogenèse en identifiant, au sein des chronologies de cernes, les chutes de croissance brutales induites par des stress d'origine géomorphologique (**fig. 3**).

Les rythmes identifiés jusqu'alors sont classés selon leur intensité : un événement de faible intensité tous les 5 à 10 ans, un événement d'intensité moyenne tous les 20 à 50 ans et un événement de forte intensité tous les 200 ans environ.

Les événements de faible intensité perturbent le développement de jeunes arbres, ceux de moyenne intensité ralentissent la croissance d'individus adultes sans pour autant les faire disparaître et ceux de forte intensité détruisent et fossilisent des boisements pluriséculaires.

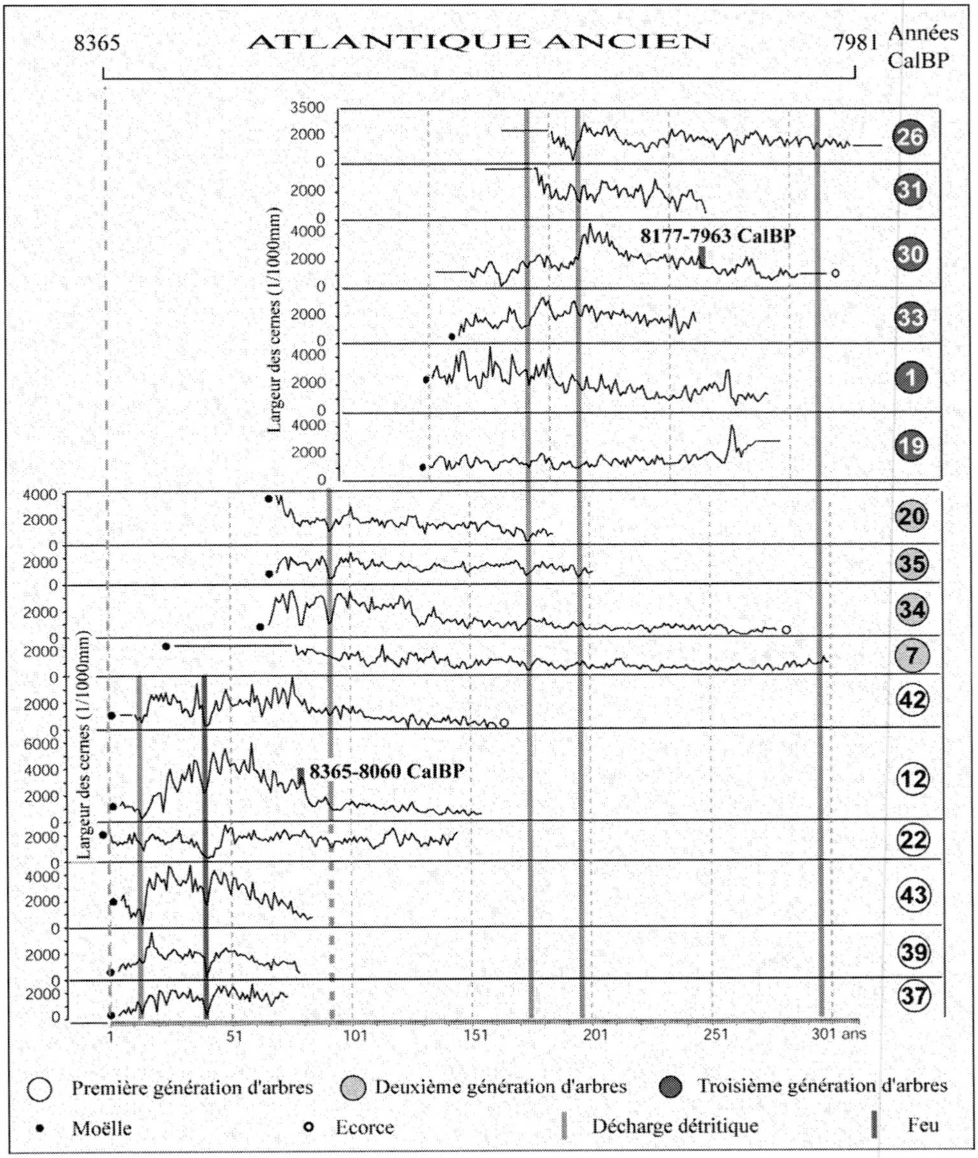

Fig. 3. Identification des chutes brutales de croissance d'origine géomorphologique (gisement du torrent de Couton).

Ainsi, des générations successives d'arbres perturbés régulièrement par des décharges détritiques s'installent sur les sédiments abandonnés par les dernières crues. Ceci se reproduit jusqu'à ce qu'un événement paroxysmal ensevelisse définitivement un boisement clôturant ainsi une phase de fossilisation. Ces oscillations de hautes fréquences reflètent vraisemblablement la variabilité des précipitations méditerranéennes.

Ces travaux démontrent l'intérêt et la complémentarité des deux chronomètres que sont le ^{14}C et la dendro-géomorphologie dans l'étude des rythmes de la sédimentation alluviale. Ils confirment le rôle déterminant du climat sur l'évolution de la morphogenèse postglaciaire et évoquent la complexité des processus en jeu en soulignant les nombreuses imbrications d'échelles temporelles et spatiales. Ainsi, les variations de la morphogenèse de basse et de moyenne fréquence s'expliqueraient par des fluctuations climatiques reconnues à l'échelle extra-régionale, alors que les événements de haute fréquence s'expliqueraient par des fluctuations météorologiques à l'échelle locale (épisodes orageux).

Ceci souligne, notamment, toute la prudence dont il faut faire preuve avant de confronter des enregistrements issus de disciplines et de milieux de sédimentation variés.

Références

BRUNETON H., 1999. *Évolution holocène d'un hydrosystème nord-méditerranéen et de son environnement géomorphologique ; les plaines d'Arles à l'interface entre le massif des Alpilles et le Rhône*, thèse de Géographie, Université d'Aix-Marseille I, 363 p.

DIGERFELDT G., BEAULIEU J.-L. DE, GUIOT J. et MOUTHON J., 1997. Reconstruction and palaeoclimatic interpretation of Holocene lake-level changes in Lac de Saint-Léger, Haute Provence, southeast France. *Palaeogeography Palaeoclimatology Palaeoecology*, 136, 231-258.

JORDA M., 1985. La torrentialité holocène des Alpes françaises du Sud. Facteurs anthropiques et paramètres naturels de son évolution. Toulouse, *Cahiers Ligures de la Préhistoire,* H.S., n° 2, 49-70.

JORDA M., 1992. Morphogenèse et fluctuations climatiques de l'Âge du Bronze au haut Moyen Age. *Les Nouvelles de l'archéologie*, 50, 14-20.

MAGNY M., 1995. *Une histoire du climat. Des derniers mammouths au siècle de l'automobile*, Paris, Errance, 176 p.

MAGNY M., MARGUET A., RICHOZ I., SCHOELLAMER P., 2000. Variations du niveau des lacs et oscillations du climat dans le Jura et sur le Plateau suisse de 14500 à 6500 cal. BP. *In* : *Les derniers chasseurs cueilleurs d'Europe occidentale, actes du colloque international de Besançon (octobre 1998)*, Besançon, Presses Universitaires Franc-Comtoises, 19-28.

SIVAN O., 2002. *Activité érosive et évolution des paléoenvironnements alpins postglaciaires. Étude dendro-géomorphologique des gisements de troncs subfossiles dans les Alpes du Sud*, thèse de Géographie, Université d'Aix-Marseille I, 241 p.

STUIVER M., GROOTES, P.M. et BRAZIUNAS T.F., 1995. The GISP2 $\delta^{18}O$ climate record of the past 16500 years and the role of the sun, ocean and volcanoes. *Quaternary Research*, 44, 341-354.

Sur l'ampleur de la morphogenèse historique dans les bassins versants du Sahel tunisien (Tunisie orientale)

AHMED BOUJARRA[1], ABDELKARIM BOUJELBEN[1], MOHAMED TAABNI[2]

Les bassins versants du Sahel étudiés se situent en Tunisie du Centre-Est, à l'intérieur du domaine semi-aride. Ils font partie sur le plan structural de la plate-forme ondulée de la Tunisie orientale. Leur morphologie est commandée par la phase tectonique majeure du Mio-plio-quaternaire. Elle est marquée par des formes topographiques épousant les traits de la structure. Les crêtes collinaires coïncident avec les dômes des anticlinaux ou de petits horsts (Ammari et Bedir, 1989). Elles sont constituées de sables, d'argiles gypseuses et/ou de croûtes calcaires. Les dépressions occupent les fonds des synclinaux et des grabens. Elles sont remplies de sables, de limons à nodules et à concrétions calcaires et de croûtes calcaires.

Les espaces examinés représentent les différents milieux du Sahel tunisien. Les premiers s'inscrivent dans les vallées endoréiques des oueds Zrata et Salah Bou Jdaida, petits cours d'eau drainant les marges orientales de Sabkhit Sidi el Heni au sud, et Sabkhit al Kalbiyya au nord. Les seconds se situent dans des bassins côtiers. Ils occupent les vallées des oueds Laya et al Manfas as-Sod, principaux cours d'eau du Sahel septentrional Les derniers sites se situent dans la bande littorale. Ils se prolongent sur deux tronçons de la côte sahélienne. Le premier est compris entre les graus de Halq al Minjil et Jriba, au nord du Sahel. Le second se trouve au Sahel méridional, sur la côte comprise entre Salacta et Chebba (**fig. 1**).

1. Ampleur et variété des héritages géomorphologiques d'âge historique

La variété de formes et de dépôts historiques est un trait marquant des paysages du Sahel tunisien (**fig. 2**). Les particularités géologiques et la diversité des agents

1. Faculté des Lettres et Sciences Humaines de Sousse ; Université de Sousse, Tunisie.
2. ICOTEM, Université de Poitiers, France.

de façonnement ont été à l'origine de la multiplicité des caractères morphométriques et formationnels des divers modelés mis en place. Les dépôts des niveaux alluviaux, des constructions hydro-éoliennes et des cordons littoraux présentent ainsi des traits bien différenciés.

1.1. Dans les bassins versants endoréiques

Deux niveaux alluviaux sont construits dans les vallées des oueds Zrata et Salah Bou Jdaida. Les tessons de poterie relevés dans le niveau supérieur ont permis de lui attribuer un âge compris entre le IIIe et le Ve siècle ap. J.-C. Ceux prélevés dans les basses terrasses s'échelonnent du Moyen Âge à l'époque moderne (communication orale de A. Mrabet). Plusieurs similitudes sont constatées en matière d'évolution morphologique historique autour de ces systèmes, le même nombre de niveaux (deux niveaux emboîtés) et les mêmes caractères sédimentologiques (une structure litée à entre croisée des dépôts, l'alternance des lits sableux et des lits argileux ainsi que la forte épaisseur des accumulations alluviales de 6 à 12 m).

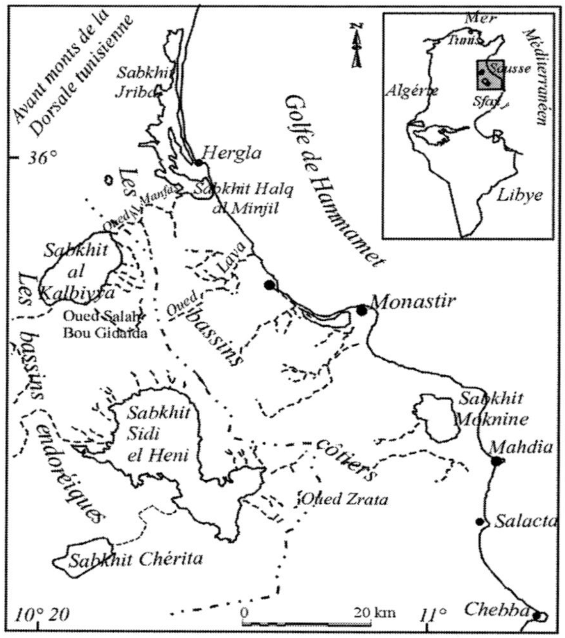

Fig. 1. Croquis de localisation de la région d'étude.

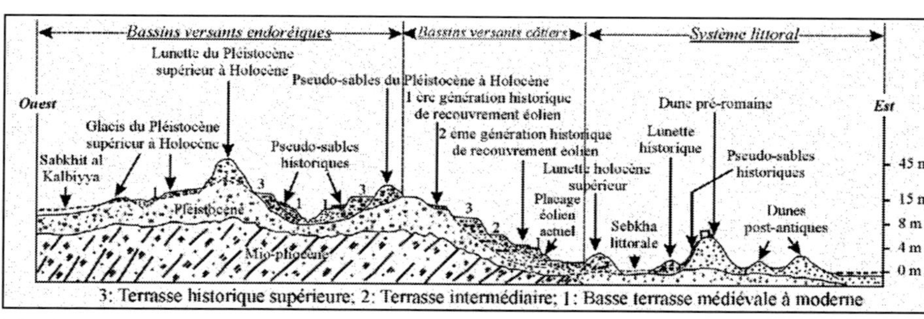

Fig. 2. Coupe schématique de synthèse montrant l'ampleur des héritages géomorphologiques historiques.

1.2 Dans les bassins versants côtiers

Les formes et les dépôts sont plus diversifiés. Le nombre de terrasses alluviales emboîtées dans les lits (oueds Laya et Kharroub) s'élève à trois. L'accumulation de la terrasse supérieure est tantôt massive, tantôt stratifiée. Les sédiments qui la composent sont alternativement grossiers et fins. Les sédiments qui la composent sont alternativement grossiers et fins. Les termes supérieurs présentent souvent une nature argileuse. Leur épaisseur est de l'ordre de 4 à 6 m. À la différence des terrasses supérieures, les basses terrasses sont similaires dans les différentes vallées. Elles se composent de sables, de galets et de graviers disposés dans des structures litées ou entrecroisées. Elles dominent les fonds des lits actuels de 1.5 à 2 m.

Les constructions éoliennes ne sont développées que dans les vallées moyennes des bassins côtiers et sont d'âges différents. Elles se présentent sous forme de placages et de couvertures sableuses. Les plus récentes, appelées Trab es-Seffi, sont d'âge médiéval à moderne. Elles fossilisent les berges exposées aux vents de nord-ouest et le sommet des basses terrasses. Les autres couvertures sont plus anciennes et plus épaisses. Elles sont composées de sables Hmari (rouge jaunâtre et brun foncé) et sont d'âge post-antique. Elles recouvrent les interfluves et les plaines d'épandages des oueds Msid, es-Souriyya (Boujelben, 2002) et Kharroub.

1.3 En milieu littoral

Deux cordons de dunes post-antiques ont été distingués. Le premier présente un développement notable au nord de la localité de Hergla, à l'aval des cours d'eau prenant naissance sur les avants monts de la Dorsale tunisienne. Au site d'el Medfoun (**fig. 3**), ce cordon est constitué de sables jaune gris. Il recouvre une voie romaine et remonte probablement au début de l'Antiquité.

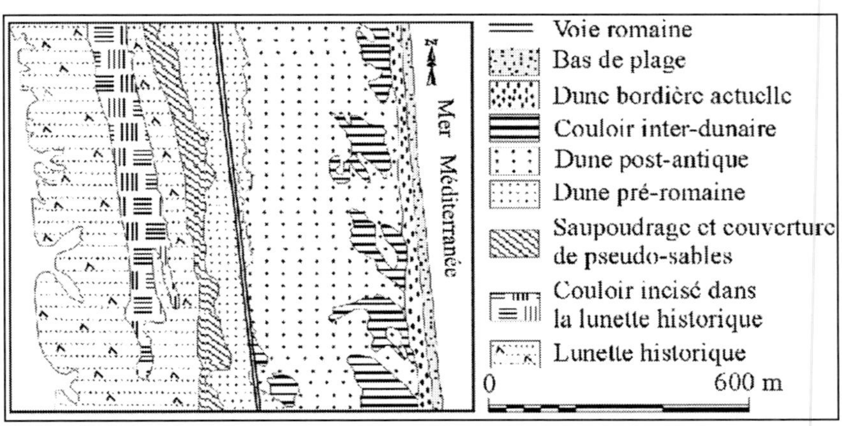

Fig. 3. Croquis des unités géomorphologiques littorales d'el Medfoun (Sahel septentrional).

Le second longe le rivage actuel. Il est constitué de sables jaune vif et fossilise des vestiges de citernes antiques. Il est postérieur au Ve siècle ap. J.-C. (Mrabet et Boujarra, 1999).

Sur les côtes à falaises, des installations en dur (citernes, habitat, bretelle de la route romaine littorale à Hergla…) sont taillées en falaises vives par les eaux marines. À l'arrière des côtes rocheuses et sableuses du Sahel, nous relevons une tendance à la fermeture des lagunes holocènes et leur passage à des sebkhas littorales. Deux indices témoignent de cette évolution. Le premier est lié à la découverte de placages de pseudo-sables, postérieur au Ve siècle ap. J.-C. Le second est attesté par la présence de champs de nebkhas, recouvrant des structures archéologiques (Mrabet et Boujarra, 1999).

2. Essai de datation et d'analyse des facteurs commandant l'évolution morphologique historique

2.1. Traits et étapes de l'évolution

Les données géomorphologiques et archéologiques nous ont permis de distinguer trois étapes dans l'évolution morphologique historique de la région. La première étape s'est échelonnée du Ier au Ve siècle ap. J.-C. Elle est marquée par un alluvionnement intense dans les fonds des vallées et les plaines d'épandage. En milieu continental, une première génération de terrasses et de cônes d'épandage a été mise en place. Plusieurs cordons et constructions hydro-éoliennes ont été édifiés dans les zones littorales. La seconde étape s'est prolongée du Ve au XIe siècle. Elle s'est caractérisée par le creusement de vallées profondes de 4 à 6 m et l'incision de talwegs empruntés par les cours d'eau durant les époques médiévale et moderne. La troisième étape, la plus longue, s'est prolongée du XIe au XVIIIe siècle. Elle montre deux types d'évolution. La première a été caractérisée par une morphogenèse active liée aux écoulements concentrés. Elle est attestée par la réactivation du système ravinant et son amplification sur les impluviums, l'important transit de la matière détritique dans les lits des oueds et par la forte activité de défluviation à l'aval. La seconde évolution souligne l'ampleur des actions éoliennes. Les remaniements par le vent des matériaux éolisables (sables et argiles riches en gypse des fonds endoréiques, sable des lits des oueds et de leurs zones d'épandage) sont responsables de la mise en place des différentes générations de dépôts éoliens.

2.2 Les facteurs de la morphogenèse historique

En matière de signal climatique, les éléments recueillis nous permettent de conforter les hypothèses suivantes.

- L'existence d'une pulsation marquée par une occurrence forte des épisodes pluvieux. Elle remonte au début de l'époque antique. Plusieurs indices l'attestent, l'importante sédimentation argileuse dans les membres de la terrasse supérieure, sa couleur noirâtre et la présence de lits d'hélicidés. Le développement des travertins dans les aqueducs dégagés par l'érosion actuelle sur les marges du système endoréique d'al Kalbiyya implique, selon M.R. Karray (1993), une alimentation en eau continue et laisse supposer l'extension d'un lac d'eau pérenne.

- Une pulsation caractérisée par une occurrence des années sèches débutant à la fin de l'époque antique et s'accentuant ensuite. Les éléments qui confortent cette hypothèse sont de plusieurs ordres, le développement après le Vᵉ siècle de plusieurs générations de dépôts éoliens, la diminution de la surface des lagunes et leur fonctionnement comme sebkhas littorales. Le relèvement du niveau de la mer est un autre signe de cette pulsation sèche. Il est attesté par la présence de vestiges archéologiques exhumés sur le bas des plages ou taillés en falaises sur les côtes d'érosion. Ces différents indices paraissent en effet conforter les constats effectués par Ch. Bois (1944). Sur les 36 famines inventoriées par l'auteur, entre le VIIIᵉ et le XIXᵉ siècle en Tunisie, 20 sont dues à des sècheresses enregistrées entre le IXᵉ et le XIVᵉ siècle, dont 14 se sont produites entre le Xᵉ et le XIIIᵉ siècle.

Les manifestations directes de l'activité néotectonique, en raison de la nature meuble de la matière affectée, ne sont clairement exprimées que localement (structure perturbée des dépôts du membre moyen de la terrasse supérieure de l'oued Zrata, (**fig. 4**). Y. Kammoun (1981) a révélé au Sahel central des indices d'une tectonique active pendant la période historique. Il a mis en évidence des failles décrochantes dirigées SO-NE décalant de 15 cm la mosaïque du plancher d'une maison romaine au lieu-dit Henchir Tennour, à l'ouest du plateau de Monastir.

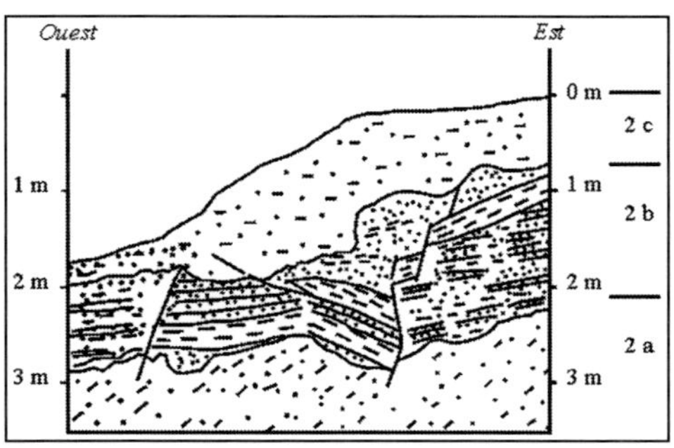

Fig. 4. Caractère chahuté du terme 2b de l'accumulation alluviale historique sur la rive gauche du cours moyen de l'oued Zrata (Boujarra *et al.*, 2001)
(a) épandages alluvionnaires sableux ; **(b)** dépôt alluvial stratifié alternant sables et argiles d'âge historique ; **(c)** accumulation fine sablo-argileuse d'âge historique.

Les manifestations indirectes, de nature hydro-géomorphologique, sont nombreuses :

- la coïncidence entre les surfaces affectées par les formes de ravinement généralisé et les secteurs soumis à une tectonique compressive ou à une tectonique cassante distensive ;
- la trajectoire parallèle de nombreux cours aux linéaments tectoniques ;
- l'ampleur de la sédimentation historique (6 à 12 m d'épaisseur totale), et le nombre élevé de terrasses et de niveaux historiques (2 à 3).

La pression humaine sur le milieu a été souvent forte, elle est attestée par l'importance des centuriations romaines, le nombre élevé d'huileries, et l'étendue des sites ruraux (1 à 2 ha pour chacun des sites ; Ben Baaziz, 1999). Ch. Picard, cité par A. Hamza (1988), a évalué la densité de la population de la Tunisie orientale à environ 75 hab/km^2 pour la période comprise entre le IIe et le Ve siècle ap. J.- C. À la fin du XVIe siècle, le Sahel est redevenu « la région la plus peuplée et la plus active de la Régence de Tunis » (Despois, 1955).

Conclusion

Les héritages géomorphologiques historiques répertoriés marquent profondément les traits du paysage sahélien. Ils ont une extension importante particulièrement dans les fonds des vallées et les plaines situées à leur aval. Ils apparaissent comme la résultante de l'activité de systèmes morphogéniques semi-arides, marqués tantôt par une occurrence forte des épisodes pluvieux, tantôt par un allongement des périodes sèches. Le contrôle exercé par la néotectonique et les hommes sur ces systèmes est prégnant. Il serait à l'origine de l'accélération des rythmes d'évolution constatés et de l'importance des paysages d'âge historique relevés.

Références

AMARI A., BÉDIR M., 1989. Les bassins quaternaires du Sahel central de la Tunisie. Genèse et évolution des sabkhas en contexte décrochant compressif et distensif. *Géodynamique*, 4, 49-65.

BEN BAAZIZ S., 1999. Les établissements ruraux du Sahel antique. *In* : *Actes du colloque « Du Byzacuim au Sahel : itinéraire historique d'une région tunisienne »*. Série « Histoire », 1, 31-47.

BOIS C., 1944. Années de disette, années d'abondance, sécheresses et pluies en Tunisie de 648 à 1881. *Revue pour l'étude des calamités*, 3, 26 p.

BOUJARRA A., MELKI F., MRABET A., 2001. Formes et dépôts d'âge historique du bassin versant de l'oued Zrata. *In* : *2èmes journées géologiques du Sahel tunisien*, Sousse, juin 2001, 4 p.

BOUJELBEN A., 2002. *Le bassin de l'oued al Manfas as-Sod et ses abords côtiers : aspects morphologiques et évolution des paysages de l'Holocène à nos jours*, mémoire de DEA, Faculté des Sciences Humaines et Sociales de Tunis, 117 p.

DESPOIS J., 1955. *La Tunisie orientale. Sahel et Basses steppes : étude géographique*, Publications de l'Institut des Hautes Études de Tunis, Section Lettres, 1, 554 p.

HAMZA A., 1988. *Érosion et lutte anti-érosive dans le bassin versant de l'oued Zeroud (Tunisie centrale) : de l'approche exogène à la stratégie technico-paysanne*, ULP, CEREG, Strasbourg, 3 t., 1 191 p.

KARRAY M.R., 1993. Sebkhet el Kelbia (Tunisie orientale) : dynamique récente et changements actuels 1892-1992. *In* : *Actes du 2e Congrès des Géographes Africains. Rabat - Agadir 19-24 avril*, 141-166.

KAMOUN Y., 1981. *Étude néotectonique de la région de Monastir-Mahdia (Tunisie orientale)*, thèse de 3e cycle, Paris, 185 p.

MRABET A., BOUJARRA A., 1999. Archéologie et géomorphologie : contribution à l'étude d'évolution des paysages du Sahel nord depuis l'antiquité. *In* : *Actes du colloque « Du Byzacuim au Sahel : itinéraire historique d'une région tunisienne »*. Série « Histoire », 1, 83-96.

La signification paléo-impluviométrique des sédiments de la Sebkha Mhabeul (Sud-Est de la Tunisie)

SIMON POMEL[1], ABDELHAKIM ABICHOU[2], ERHARD SCHULZ[3]

Introduction

La Tunisie du Sud-Est est une région de climat subaride, située sur la marge Nord du Sahara, proche des « limes » romains, au contact entre les cultures berbères et arabes. La sebkha Mhabeul creusée dans les sables et argiles rouges gypseuses du Mio-Pliocène est un exemple de bassin limnique sans connexion avec l'eau de mer et à impluviomètre limité, alimenté par des apports fluviatiles locaux. Les paysages actuels montrent une végétation de semi-désert avec des plantations d'oliviers où dominent *dry farming* et érosion éolienne. Les sondages dans la sebkha montrent durant l'Holocène supérieur la prédominance des remplissages laminaires (Schulz *et al.*, 1995b ; Abichou, 2002). L'étude a été réalisée sur plusieurs carottes et des lames minces (format 45 x 60 mm) ont été réalisées et étudiées en continu.

1. Fonctionnement des lamines

La sebkha enregistre des cycles d'inondation et d'assèchement (**fig. 1**). La croûte de sel (gypse et halite) se forme après inondation de la sebkha et évaporation. Son épaisseur est fonction de la quantité d'eau mobilisée durant l'inondation. Les croûtes sulfato-organiques au contraire, extrêmement fragiles, ne peuvent se former que durant des périodes sans pluie car elles sont facilement détruites par les gouttes. Elles se forment grâce à l'humidité atmosphérique et la rosée, la matière organique étant produite par les bactéries sulfatogènes.

1. Directeur de Recherches CNRS, Équipe DyMSET - UMR 5185 ADES – Université Michel de Montaigne, Bordeaux III (spomel@ades.CNRS.fr).
2. Département de Géographie, Université de Tunie (Tunisie).
3. Geographisches Institut, Arn Hubland, D-97074 Würzburg (Allemagne).

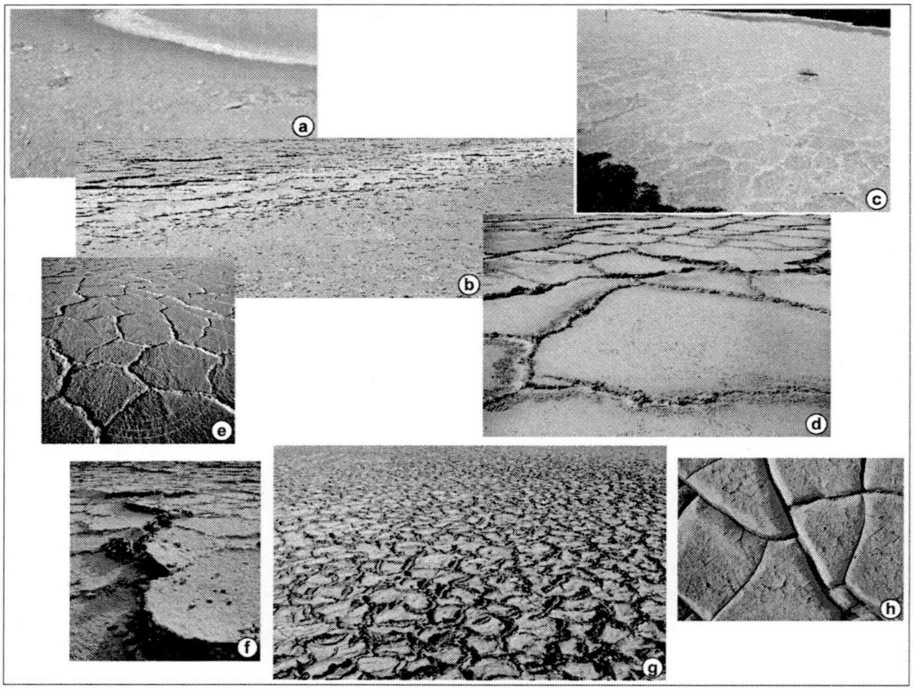

Fig. 1. La genèse des croûtes de sel et des croûtes organo-plasmiques.
(a) inondation de la sebkha ; **(b)** évaporation ; **(c)** formation des croûtes de sel (gypse et halite) ; **(d)** formation des polygones ; **(e)** formation des Cracks ; **(f)** soulèvement des polygones ; **(g)** assèchement total et genèse des croûtes organo-plasmiques ; **(h)** érosion éolienne au niveau des cracks.

Les lamines sont organisées en trois types principaux : des lamines détritiques, gypseuses et sulfato-organiques. Les lamines détritiques correspondent à des épisodes de crues lors d'événements pluviométriques exceptionnels. Les apports fluviatiles nécessitent un écoulement laminaire où les eaux restent peu chargées en matériaux sur les glacis. L'inondation de la sebkha se produit lorsque la nappe déborde durant une saison particulièrement humide. L'assèchement de la surface de la sebkha après inondation favorise la précipitation de gypse, puis la cristallisation d'halite. Les lamines sulfato-organiques enregistrent des épisodes favorables à la prolifération d'un tapis cyano-bactérien. La succession de ces lamines ne se réalise bien que dans des conditions où les bactéries ne sont pas perturbées par des crues, des inondations ou l'impact des gouttes de pluie et où la biominéralisation est possible.

L'étude micropétrographique des lamines confirme leur signification :

- les lamines n'enregistrent pas une cyclicité annuelle, mais des événements climatiques ;

- les lamines de sels (gypse, halite) enregistrent des épisodes d'inondation suivies de l'assèchement du plan d'eau ;
- les lamines détritiques enregistrent les périodes d'apports des oueds par les crues, lors de pluies exceptionnelles ;
- les lamines sulfato-organiques enregistrent des séquences sans pluie, mais avec une humidité et de la rosée.

2. Séquences minérales et impluviométrie

Les séquences de gypse matérialisent donc les phases d'inondations, les séquences de quartz, les apports des oueds et les crues. L'étude intensitométrique des lamines permet donc de caractériser les séquences d'inondation et de sécheresse. Les épisodes impluviométriques enregistrés dans les lamines sont corrélés à la pluviométrie enregistrée depuis 1909 à la station de Zarzis (**fig. 2**). Les enregistrements mettent en évidence : une pluviométrie moyenne de 225 mm/an, un maximum pluviométrique de 683,8 mm/an et de 590 mm/mois, un minimum pluviométrique de 11,7 mm/an, des sécheresses d'une durée maximum de 450 jours. On peut calibrer les lamines des carottes depuis 2 000 ans en fonction de la pluviométrie enregistrée à Zarzis : maximum pluviométrique de 800 à 900 mm/an et de 600 mm/mois, sécheresses d'une durée maximum de 15 mois (**fig. 3**).

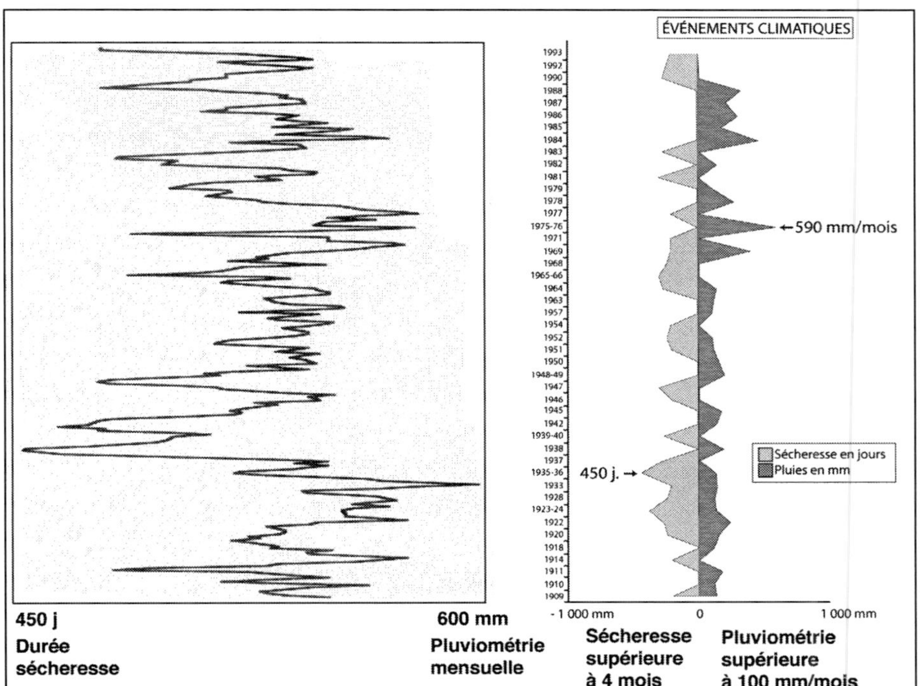

Fig. 2. Intensitométrie des lamines comparée à la pluviométrie enregistrée à Zarzis (1909-1993).

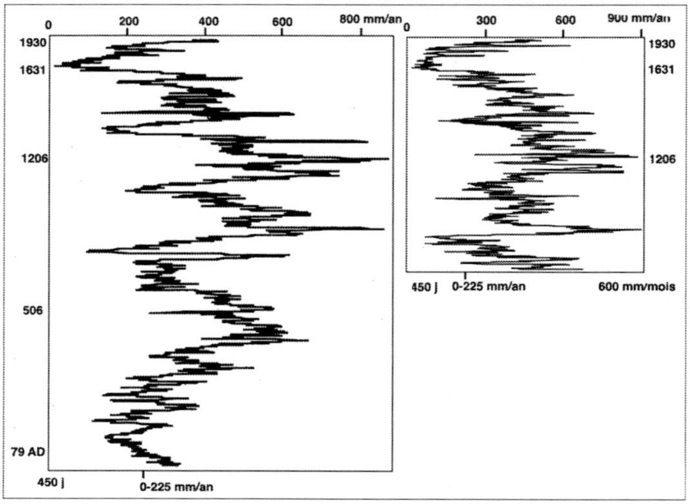

Fig. 3. Calibrage des carottes en fonction de la pluviométrie.

Les lamines sulfato-organiques marquent des sécheresses de plus de 7 mois, celles de gypse ou d'halite indiquent un système évaporitique après inondation et des mois à pluviométrie supérieure à 100 mm (**fig. 2**). Elles marquent les fluctuations de la nappe alors que les lamines détritiques sont indicatrices de l'intensité des pluies. Ces événements pluviométriques sont calés par les éruptions distales des volcans italiens. Les épaisseurs des lamines détritiques ou gypsitiques et des lamines sulfato-organiques représentent respectivement l'intensité des pluies et des inondations et la durée des périodes sèches.

La chimie des sels est fonction de la dilution et de la saturation des eaux. La position du gypse, de la kieserite et de la carnallite dans les diagrammes K-Mg-SO_4 (M'Nil et Rokbani, 2004) indique des minéraux indicateurs d'une forte dilution comme la carnalite et des minéraux indicateurs d'une hyper-saturation (sécheresse) comme la kieserite. Les périodes d'inondation sont ainsi caractérisées par la présence de carnallite, de carbone organique et de Mg (smectites transportées par les crues). Les périodes de sécheresse sont marquées par la présence de kieserite, de sulfates et de carbonates (**fig. 4**).

3. Téphrochronologie, palynologie et histoire des feux

L'étude téphrochronologique précise les épisodes impluviométriques caractéristiques en relation avec les éruptions distales des volcans de la mer Tyrhénienne :

- tephra de Stromboli de 1930 ;
- sécheresses de janvier 1935 à avril 1936 et de juin 1939 à août 1940 ;
- tephra de l'éruption plinienne du Vésuve du 17 décembre 1631 ;
- période sans pluie et famines du règne du Dey Osta Mourad (1637-1640) ;
- tephra d'une éruption de 1206 à Vulcano ;

- tephra de Monte Pilato et de Rocce Rosso à Lipari daté 1220 ± 100 ans BP ^{14}C (506 ?) ;
- tephra du Vésuve du 24-26 octobre 79 ap. J.C.

Les analyses palynologiques (Schulz *et al.*, 2002 ; 2004) indiquent, durant l'Holocène supérieur, l'installation d'une végétation typique des semi-déserts, dominée par *Artemisia*, *Rhantherium*, *Gymnocarpos,* les graminées et la colonisation des chotts par les *Chenopodiaceae.* On observe la croissance d'*Olea* vers - 6 cm qui correspond à l'extension des plantations coloniales françaises entre 1860 et 1900. Deux périodes d'ouverture des paysages sont marquées dans les diagrammes polliniques par une augmentation des graminées, suivies d'une reconquête par *Artemisia* vers - 60 et - 35 cm. La première période est postérieure à l'éruption plinienne du Vésuve et serait romaine ou byzantine : elle est jalonnée par des retombées de Monte Pilato à Lipari datées du VIe siècle. La seconde correspondrait à l'après-conquête arabe : elle est antérieure à des retombées de Vulcano.

Les charbons de bois ont été analysés sur lame mince. Les flux de charbons de bois indiquent des séquences calées sur les grandes périodes historiques (romaine, byzantine, arabe, ottomane et coloniale française). La taille des charbons est un indicateur de feux locaux, liés à l'érosion des sols, principalement durant la conquête arabe.

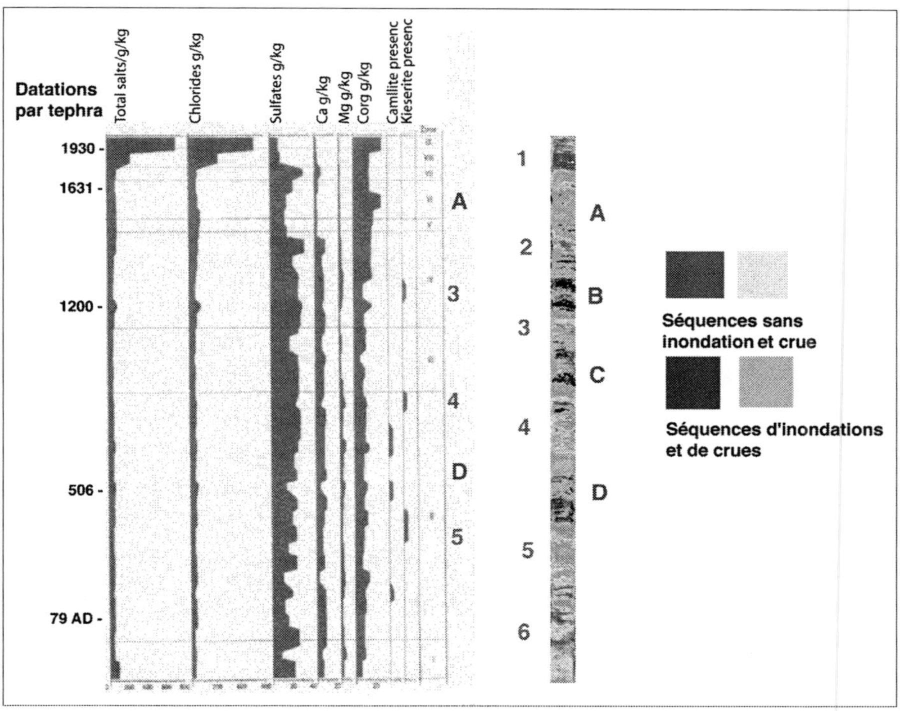

Fig. 4. Séquences minérales et séquences impluviométriques à Mhabeul.

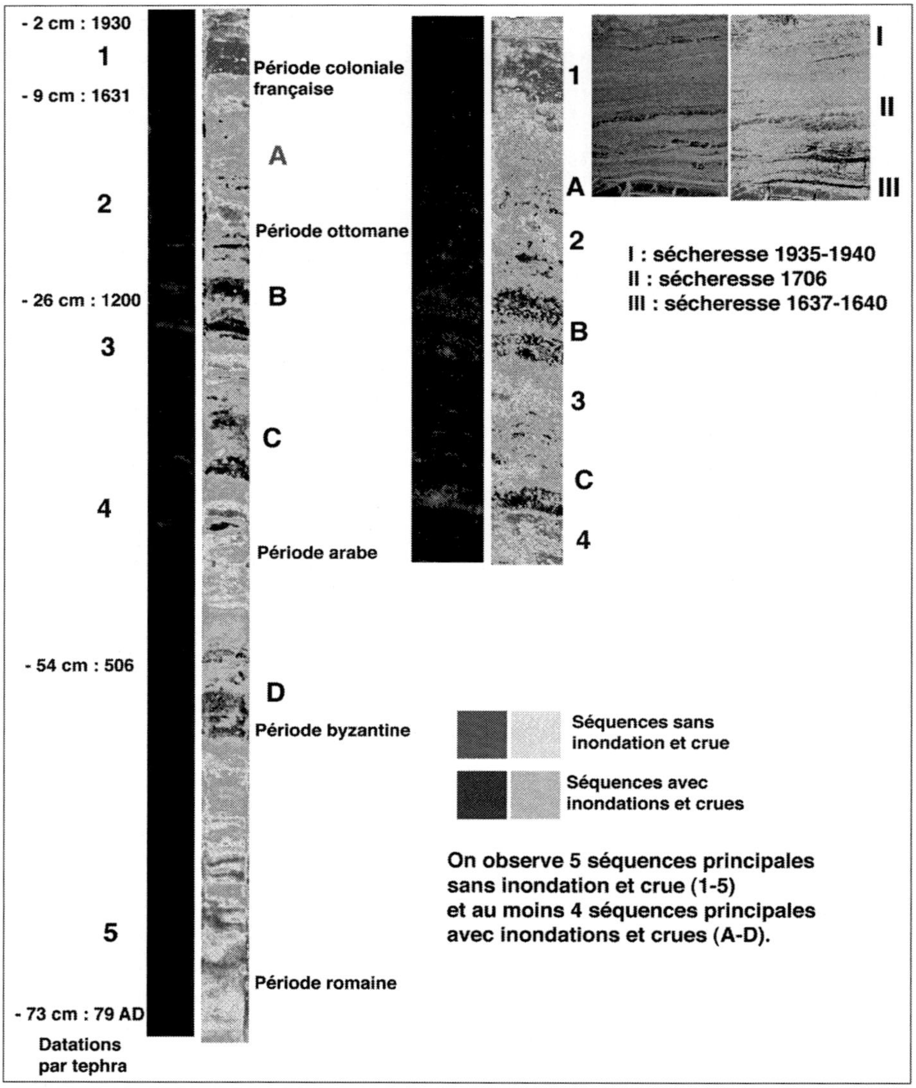

Fig. 5. Les séquences impluviométriques enregistrées dans les carottes.

Conclusion : impacts climatiques et coloniaux

Les séquences impluviométriques de Mhabeul sont comparées à celles enregistrées dans les carottes de glaces, les spéléothèmes et les sédiments marins de la Méditerranée, avec une bonne corrélation (Schliman *et al.*, 2001). On observe quatre séquences impluviométriques principales à inondations et crues dans les carottes (**fig. 5** et **6**). Deux sont rapportées à des changements climatiques (une à la période chaude du Moyen Âge). Sur les sept séquences sans inondations et crues, deux sont rapportées à des changements climatiques (une au Petit Âge Glaciaire). Les cinq autres séquences sans inondations et crues et sans doute sèches coïncideraient avec des impacts coloniaux (périodes romaine, arabe, ottomane et coloniale française). Les séquences minérales, palynologiques et de charbons de bois sont calées sur les principales périodes historiques grâce aux tephra des volcans italiens. Les séquences de Mhabeul sont intéressantes pour caractériser le fonctionnement de la marge nord du Sahara durant l'Holocène et comparer aux séquences enregistrées dans les sebkhas de la marge sud (Schulz *et al.*, 1995a ; Baumhauer *et al.*, 2004).

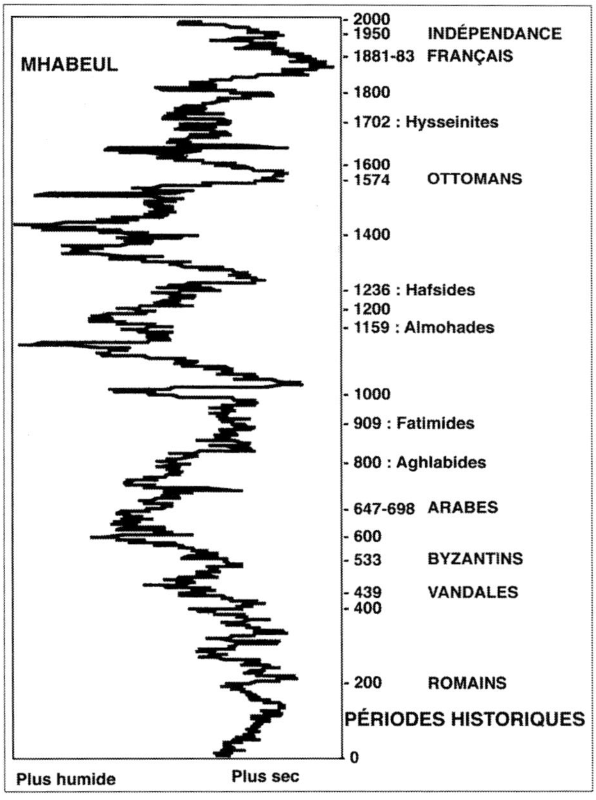

Fig. 6. Impluviométrie et périodes historiques depuis 2 000 ans.

Les analyses d'images sur lames minces permettent d'étudier l'organisation des lamines des sebkhas. Le signal optique est un indicateur des minéralisations à gypse et à anhydrite et un indicateur impluviométrique de la sédimentation rythmée des sebkhas. Cette méthode d'analyse non destructive permet de séparer les séquences de lamines et de caractériser les unités micro-pétrographiques. Cette méthode permet des corrélations stratigraphiques entre de nombreuses carottes.

Références

ABICHOU A., 2002. *Les changements de paysages du bassin versant de l'oued-Tataouine-Fessi (Sud-Est tunisien). Étude multiscalaire et micromorphologie des remplissages des sebkhas et des états de surface des sols*, thèse de Géographie, Université Michel de Montaigne 3, 410 p.

BAUMHAUER R., SCHULZ E., POMEL S., 2004. Environmental changes in the Central Sahara during the Holocene – The Mid-Holocene transition from freshwater lake into sebkha in the Segedim depression, NE Niger. *Lecture Notes in Earth Sciences, Springer Verlag, Berlin,* 102, 31-45.

M'NIL A., ROKBANI R., 2004. Minerals successions crytallisation related to tunisian naturel brines. *Cryst. Res. technol.,* 39, 1, 40-49.

SCHILMAN B., BAR-MATTHEWS M., ALMOGI-LABIN A., LUZ B., 2001. Global climate instability reflected by Eastern Mediterranean marine records during the late Holocene. *Palaeogeography, Palaeoclimatology, Palaeoecology,* 176, 157-176.

SCHULZ E., POMEL S., ABICHOU A., SALZMANN U., 1995a. Climate and Man. Questions and answers from both sides of the Sahara. *2nd Symposium on African Palynology Tervuren (Belgium) 1993. Publ. CIFEG, Orleans,* 31, 35-47.

SCHULZ E., SMYKATZ-KLOSS W., ABICHOU H., FROMM R., POMEL S., SALZMANN U., SPONOLZ B., STENGELE F., BEN TIBA B., HACHICHA T., 1995b. Zaderg-Umweltgeschichte im Halbwüstengebiet Süd-Tunesiens. *Zbl. Geol. Paläont,* 1 (3-4), 423-440.

SCHULZ E., ABICHOU A., HACHICHA T., POMEL S., SALZMANN U, ZOUARI K., 2002. Sebkhas as ecological archives and the vegetation and landscape history of the southeastern Tunisia during the last two mellennia. *Journal of African Earth Sciences,* 34, 223-229.

SCHULZ E., ABICHOU H., HACHICHA T., POMEL S., SALZMANN U., ZOUARI K., 2005. The Mid-Holocene vegetation and landscape history of Southeastern Tunisia. *Archaeobotany and Vegetation History. Springer Verlag Berlin, sous presse.*

Paléoenvironnements et occupation humaine en milieu volcanique : la plaine du Vésuve (Italie méridionale)

BRUNO COMENTALE[1]

À l'échelle de la péninsule italienne, les petits fossés tectoniques qui s'ouvrent le long de la bordure tyrrhénienne, abritant un ensemble de plaines littorales du Latium à la Campanie, constituent autant de lieux favorables à la permanence de l'occupation humaine, tels la *Campania felix* des Anciens. À plus grande échelle, dans la plaine du Sarno, entre le Vésuve et l'amphithéâtre de l'Apennin calcaire (**fig. 1**), le fait volcanique est omniprésent. La longue et multiforme activité du Vésuve interfère, dans ses dernières manifestations, avec la présence de civilisations qui en ont enregistré, entre autres, les deux dernières éruptions pliniennes de 3800 BP, dite des « Ponces d'Avellino », et de 79 ap. J.-C. (Santacroce, 1987).

La problématique d'ensemble, telle qu'elle ressort de l'examen de sites archéologiques de l'Âge du Bronze ancien (cf. *infra*), conduit à placer l'histoire de l'humanisation de la plaine sous contrôle étroit des éruptions du Vésuve. Cependant la récente mise au jour du site de Longola, apport essentiel dans le cadre d'une recherche qui en est à ses débuts, amène à reconsidérer cette problématique.

Les sites archéologiques de l'Âge du Bronze ancien, aux environs des villes de Nola et de Sarno au nord et à l'est de la plaine, rapportés à la culture dite de Palma Campania, témoignent d'une occupation humaine fondée sur l'agriculture, en position de piémont à proximité des exsurgences karstiques du pied de l'Apennin calcaire, et sur l'élevage, sans doute en lien avec des voies de transhumance entre plaine et Apennin (Albore Livadie, 1994). La présence d'andosols fertiles sur les pyroclastites issues d'un volcanisme à prédominance potassique, alliée à l'utilisation de l'eau, autorisait la pratique d'une agriculture irriguée dont la trace est restée sous forme de labours et d'un canal, que fossilisent les produits de l'éruption des « Ponces d'Avellino ».

1. Institut de Géographie et d'Aménagement Régional, Univ. de Nantes et UMR 6554 LETG Géolittomer, rue de la Censive du Tertre, 44312 Nantes cedex 3 (bruno.comentale@univ-nantes.fr).

Dans la campagne de Nola, à 12 km du volcan, certains sites fouillés comportent des fondations de cabanes, d'autres des squelettes d'habitants tués dans leur fuite au moment de l'éruption (Albore Livadie *et al.*, 1998). À Nola ont été mis au jour des cabanes, un four et un enclos à bétail conservés sous le matériel de cendres et de coulée boueuse rapportés à cette même éruption plinienne (Albore Livadie, 2002).

Ces découvertes accréditent l'idée d'un contrôle volcanique sur l'implantation humaine : celle-ci est tantôt conditionnée, tantôt contrariée par l'activité du Vésuve. Il en est de même pour l'occupation protohistorique tardive de la plaine : les nécropoles de la rive gauche du fleuve Sarno, qui s'étendent du IXe au VIe s. av. J.-C. (De' Spagnolis, 2001), sont jalonnées par les produits de plusieurs éruptions protohistoriques. À San Marzano par exemple, certaines des tombes sont creusées dans le niveau de l'éruption dite « A » attribuée aux XIe-Xe s. av. J.-C. (Manfredonia, communication orale).

Toutefois le site de Longola à Poggiomarino, en rive droite du fleuve, face à San Marzano, tranche par sa singularité. Celle-ci provient à la fois de l'extension chronologique de son occupation, du XVIe (Âge du Bronze moyen) au VIIe s. av. J.-C. (Albore Livadie, communication orale) – ce qui permet *pro parte* de combler un hiatus chronologique entre les sites de l'Âge du Bronze ancien et ceux de la fin de la Protohistoire –, et de son implantation au bord du fleuve Sarno. Il s'agit d'un site villageois formé d'îlots artificiels délimités par des canaux dont les berges ont été renforcées de troncs d'arbres. Le Sarno, navigable jusqu'à son embouchure, permettait les relations avec le littoral proche.

L'abandon du site pose deux séries d'interrogations. Il ne fait pas suite à une éruption volcanique majeure. Cela conduit à s'interroger sur d'éventuels tropismes littoraux qui auraient amené les populations à se rapprocher d'un littoral le long duquel la fréquentation grecque se renforçait, notamment à partir de la fondation de Cumes au cours du VIIIe s. av. J.-C. En outre, l'hypothèse d'un mauvais entretien du site gêné par un recrû de l'écoulement est à envisager sans pour autant exclure l'interprétation précédente.

En premier lieu, l'abandon du site de Longola coïncide *grosso modo* avec une époque d'ouverture accrue vers le littoral ; on a pu avancer l'hypothèse d'un déplacement de population qui serait aux origines de Pompei, sur un site favorable au contrôle de l'embouchure marécageuse du Sarno – une position dominante, sur une colline, en arrière du cordon littoral protohistorique (**fig. 1**) (Cinque, 1991 ; Cinque *et al.*, 1987). Certes, l'âge des plus anciens édifices en dur retrouvés à Pompei, du VIe s. av. J.-C., ne contredit pas cette hypothèse. Mais il existe des présomptions d'une occupation généralisée de la plaine aux alentours des VIIe-VIe s. Les nécropoles de San Marzano en témoignent, tout comme la création de l'*emporium* pompéien qui ferait pièce aux implantations de l'intérieur de la plaine, à une époque que certains auteurs estiment postérieure à la fin du VIIe s. (Carafa, 1999). Cependant, il reste à déterminer le rôle que jouait Longola, centre métallurgique et commercial, dans le maillage territorial. Mais au total, ces présomptions s'accordent mal avec l'idée d'une transplantation radicale de l'habitat de Longola à Pompei, à une dizaine de kilomètres à l'aval, et création *ex nihilo* d'un nouvel habitat.

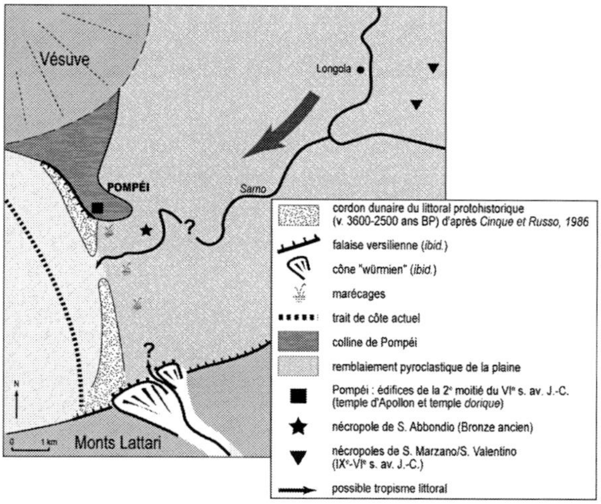

Fig. 1. La basse vallée du Sarno.

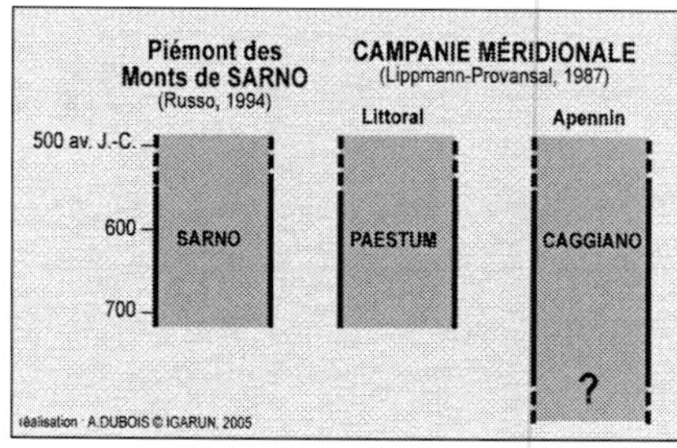

Fig. 2. Phases d'alluvionnement en Campanie.

En second lieu, un abandon du site de Longola faute d'entretien de l'hydraulique locale, au moment où les avantages d'une implantation près du littoral apparaissent prédominants pour les populations de l'intérieur, peut être envisagé au moins à titre d'hypothèse de travail. Dans cette perspective, l'entretien du site aurait été gêné par un recrû de l'écoulement aboutissant à des difficultés de drainage sur très faible pente, ce que l'observation *in situ* ne permet cependant pas de mettre en évidence. En l'état du dégagement de la fouille, nous avons pu observer une succession palustre recouvrant les derniers niveaux d'occupation protohistorique, sur 6 à 7 m d'épaisseur. Elle se compose d'une alternance de niveaux alluviaux, et de niveaux à ponces se rapportant successivement aux éruptions de 79 ap. J.-C. et de 472 ap. J.-C. (dite Pollena), ce qui confirme la permanence des conditions marécageuses du secteur jusqu'à l'époque historique (Di Maio, communication orale).

Rien à ce stade de l'étude ne permet de trancher entre l'interprétation d'une phase d'alluvionnement et celle d'une subsidence continue de ce secteur de la plaine, dont les causes seraient par ailleurs à déterminer. Il n'existe pas de niveau caillouteux en faveur de la première interprétation, toutefois cette phase d'alluvionnement est identifiée en Campanie : elle débute à la fin de la Protohistoire et se poursuit dans l'Antiquité (**fig. 2**). Dans la partie amont de la plaine du Sarno, au pied des monts éponymes, le début de l'alluvionnement est antérieur au VIIe s. av. J.-C. : il s'intercale entre le paléosol formé aux dépens des produits de l'éruption « A » (cf. *supra*), et les produits de l'éruption « B » attribuée au VIIe s. av. J.-C. (Russo, 1994). Plus au sud, M. Lippmann-Provansal (1987) a mis en évidence un épisode de remblaiement de la plaine du Sele (site de Paestum notamment) à partir des VIIe-VIe s. av. J.-C.

Dans ce contexte, l'absence de nappe caillouteuse scellant le site archéologique de Longola s'explique non par absence d'alluvionnement, mais par brutale diminution de compétence de l'écoulement 3 km à l'amont, au pied des monts de Sarno où existe une brusque rupture de pente. De nos jours d'ailleurs, alors que l'escarpement bordier est incisé par des entailles torrentielles sans drainage, le fleuve Sarno n'est alimenté que par les exsurgences karstiques qui prennent naissance à la base de l'escarpement, et ne transporte pas de charge grossière.

L'exploitation des données de Longola en est à ses débuts, ce qui n'autorise pas à aller au-delà des hypothèses. Celle d'une conjugaison de la péjoration des conditions environnementales et de nouveaux tropismes littoraux amène d'autres questions : sur les modes de l'emprise territoriale protohistorique ; sur le caractère prégnant, mais non exclusif, du fait volcanique ; sur l'ampleur et la signification de l'alluvionnement dans la plaine du Sarno, au regard des travaux fondateurs de R. Neboit (1984) en Italie du sud.

Remerciements

À A. Cinque (Università degli Studi Federico II, Naples), à C. Albore Livadie (Istituto Suor Orsola Benincasa, Naples et CNRS – Centre Camille-Jullian, Aix-en Provence), à M. Manfredonia (Soprintendenza Archeologica di Salerno) et à G. Di Maio (Geomed, Scafati) qui m'ont amicalement fait bénéficier de leur connaissance du terrain.

Références

ALBORE LIVADIE C., 2002. La Pompei de la Préhistoire. *Le Journal du CNRS*, février, 26-27.

ALBORE LIVADIE C., 1994. Territorio e insediamenti nell'agro Nolano durante il Bronzo antico (facies di Palma Campania): nota preliminare. *In* : *Actes du Colloque « L'eruzione vesuviana delle "Pomici di Avellino" e la facies di Palma Campania (Bronzo antico) », 15-17 juillet 1994*, Napoli, Edipuglia, 203-245.

ALBORE LIVADIE C., MASTROLORENZO G., VECCHIO G., 1998. Eruzioni pliniane del Somma-Vesuvio e siti archeologici dell'area nolana. *Archeologia e Vulcanologia in Campania*, Napoli, Arte tipografica, 39-86.

CARAFA P., 1999. *Cercando la storia dei monumenti di Pompei.* Le ricerche dell'Università di Roma.

« La Sapienza » nelle Regioni VII e VIII. *In* : SENATORE F. (ed.), *Pompei, il Vesuvio e la Penisola Sorrentina*, Roma, Bardi Editore, 17-33.

CINQUE A., 1991. La trasgressione versiliana nella piana del Sarno (Campania). *Geogr. Fis. Dinam. Quat.*, 14, 63-71.

CINQUE A., ALINAGHI H.H., LAURETI L., RUSSO F., 1987. Osservazioni preliminari sull'evoluzione geomorfologica della piana del Sarno (Campania, Appennino meridionale). *Geogr. Fis. Dinam. Quat.*, 10, 161-174.

DE' SPAGNOLIS M., 2001. *Pompei e la valle del Sarno in epoca preromana: la cultura delle tombe a fossa.* Roma, L'Erma di Bretschneider, 187 p.

LIPPMANN-PROVANSAL M., 1987. *L'Apennin Campanien méridional (Italie). Étude géomorphologique*, thèse d'État Lettres, Université d'Aix-Marseille II, 770 p.

NEBOIT R., 1984. Érosion des sols et colonisation grecque en Sicile et en Grande-Grèce. *Bull. Assoc. Géogr. Franç.*, 499, 5-13.

RUSSO F., 1994. I siti archeologici del Bronzo antico in Campania interessati dall'eruzione vesuviana delle « Pomici di Avellino »: elementi geomorfologici e stratigrafici. *In* : *Actes du Colloque « L'eruzione vesuviana delle "Pomici di Avellino" e la facies di Palma Campania (Bronzo antico) », 15-17 juillet 1994*, Napoli, Edipuglia, 93-118.

SANTACROCE R. (ed.), 1987. Somma-Vesuvius. *Quaderni de « La Ricerca sientifica »*, 114 (8), Roma, CNR, 251 p.

Évolution géomorphologique du bassin de Skopje (FYROM)
Conséquences sur les choix d'implantation des premiers villages néolithiques

Céline COUSSOT[1], **Éric FOUACHE**[2], **Kosmas PAVLOPOULOS**[3], **Milorad JOVANOSVKI**[4], **Catherine COMMENGE**[5], **Eni HUTH**

Introduction

Les Balkans, au seuil de l'Europe et de l'Orient, sont une voie privilégiée de la propagation d'une économie de type néolithique au cœur de l'Europe, dès le VIIe millénaire BC. Les abords des lacs ou des marécages ont été des zones attractives pour les villages néolithiques de la région, comme, par exemple, dans le bassin albanais de Korçë (Touchais, comm. pers.) ou en Grèce septentrionale dans la plaine de Drama (Lespez, 2003), où la colonisation des milieux aquatiques semblent s'opérer dès le début du VIe millénaire BC (fin du Néolithique ancien, début du Néolithique moyen) (Commenge, 1985). Actuellement, les fonds de plaines des bassins néogènes nécessitent un drainage artificiel pour la mise en culture des terres. C'est le cas du bassin de Skopje, qui, bien que traversé par le Vardar, connaît des difficultés pour l'évacuation naturelle de ses eaux de crue. On peut se demander si cette situation prévalait au Néolithique et de quelle manière elle a pu avoir guidé l'occupation spatiale du bassin ou bien si elle est la conséquence récente d'une longue évolution.

La reconstitution géomorphologique et environnementale du début de l'Holocène de cette région est donc indispensable pour comprendre les choix topo-

---

1. EA 43 GEONAT, Université de Paris XII, Créteil ; Laboratoire de Géographie Physique UMR 8591-CNRS, 1, Place A. Briand, F-92195 Meudon cedex.

2. Université de Paris XII, 61 Avenue du Général de Gaulle, 94010 Créteil cedex. EA 435 et UMR 8591 Universités de Paris I et Paris XII, CNRS (eric.G.fouache@wanadoo.fr).

3. Université d'Harokopio, Athènes, Grèce.

4. Université Saints-Cyril-et-Méthode, Skopje, FYROM.

5. Centre d'Anthropologie, EHESS, UMR 8555-CNRS.

graphiques qui ont guidé l'implantation des villages néolithiques. La fouille de Madzhari, site de type tell, occupé entre 5800 BC et 5300 BC, offre l'opportunité de documenter l'environnement du site à cette période (mission franco-macédonienne de Madzhari, CNRS et ministère des Affaires Étrangères). La mise en évidence des dynamiques néotectoniques et la compréhension du rôle des mécanismes de la morphogenèse sont ici des éléments-clés pour restituer le paysage holocène du bassin de Skopje, et notamment l'évolution du cours du Vardar et de sa plaine alluviale.

1. Un cadre morphostructural contrôlé par la tectonique

Le bassin de Skopje se situe au nord de la République de Macédoine (**fig. 1**). Il est drainé principalement par le Vardar qui prend sa source dans la partie ouest du pays, et se jette dans le Golfe Thermaïque (Grèce). Deux massifs cristallins encadrent la plaine de Skopje. Les Monts Vodno, composés de schistes et de marbres précambriens, forment la partie occidentale de la bordure méridionale. La Skopska Crna Gora, constituée de schistes, de marbres paléozoïques et de roches volcaniques tertiaires et plio-quaternaires, marque la frontière nord du bassin. Le bassin de Skopje est un fossé d'effondrement d'orientation NNO-SSE. Sa formation s'inscrit dans le cadre des phénomènes d'extension régionale du domaine égéen au cours du Miocène (Grubic, 1980). Un lac s'installe alors dans la dépression, qui devient le siège d'une importante sédimentation caractérisée par des formations carbonatées enrichies des produits d'érosion des reliefs adjacents (Dumurdzanov *et al.*, 2004). L'épaisseur totale des sédiments déposés depuis le Miocène est supérieure à 2 500 m (Petkovski, 1997).

Le bassin de Skopje est morcelé en plusieurs compartiments, chacun ayant des mouvements verticaux et horizontaux par rapport aux autres. Les directions de failles principales sont NNO-SSE, NE-SO, N-S (Arsovski, 1964). Le bassin présente une forme dissymétrique, la bordure méridionale étant nettement plus subsidente que la bordure septentrionale. Des mesures effectuées par le département de géodésie de l'université de Skopje témoignent de taux de subsidence annuelle, compris entre 0.7 et 2-3 mm/an en moyenne, bien qu'en certains endroits, ils peuvent atteindre 7 mm/an (Paunovski et Dimov, 1997).

2. Mise en place du réseau hydrographique et comblement du bassin

La transition entre le Pliocène et le Pléistocène se distingue des périodes précédentes par un changement dans le régime des contraintes tectoniques (Grubic, 1980). Des phénomènes de compression NE-SO affectent le centre de la péninsule balkanique. Le soulèvement général entraîne le drainage du lac installé dans le bassin de Skopje par le Vardar (Petkovski, 1997). Avec le Pléistocène débutent également les cycles glaciaires-interglaciaires, qui, associés à la tectonique, sont responsables d'une intense érosion des reliefs. Tous les sédiments ainsi

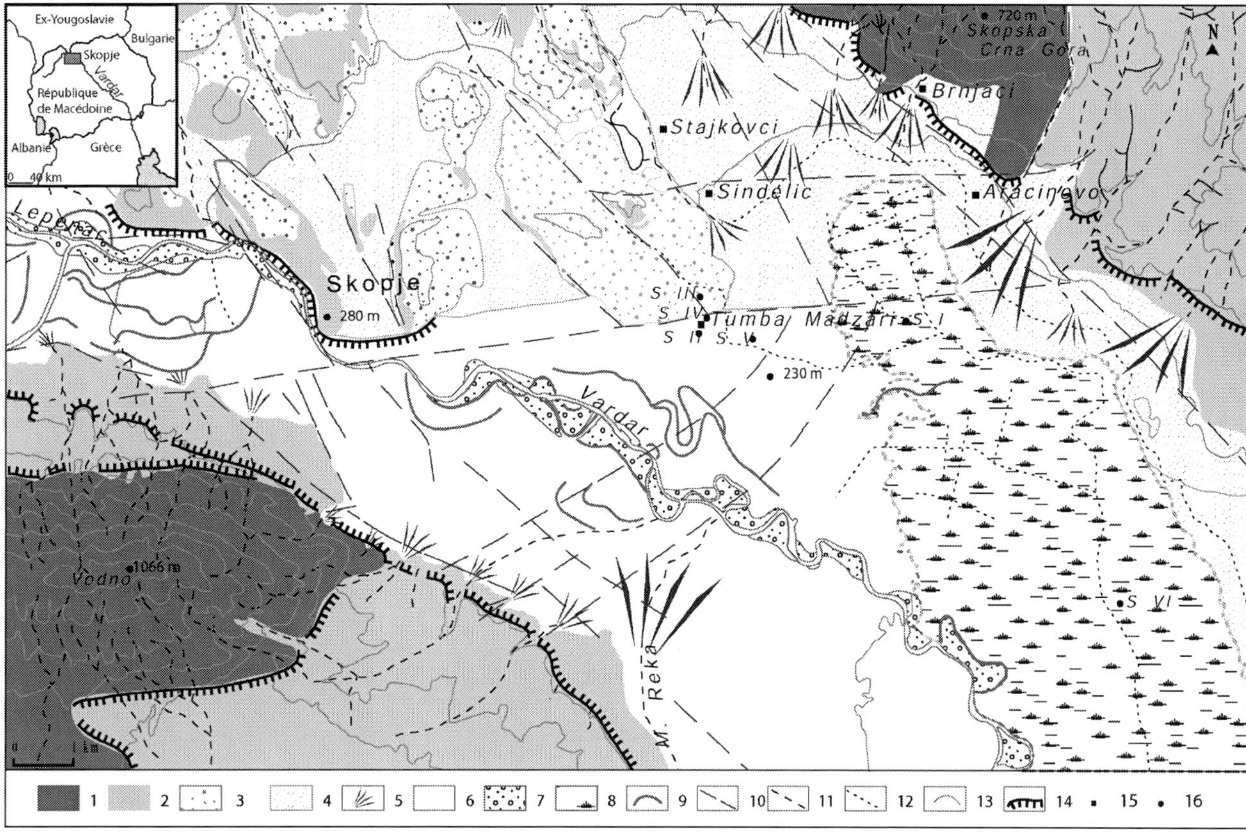

Fig. 1. Carte géomorphologique du bassin de Skopje (République de Macédoine)
(1) Massifs cristallins (Précambrien et Paléozoïque) ; **(2)** Calcaires marneux ou conglomératiques (Miocène et Pliocène) ; **(3)** Glacis d'épandage (Pléistocène moyen) ; **(4)** Dépôts alluviaux mélangés à des colluvions (Pléistocène supérieur-Holocène) ; **(5)** Cône de déjection (Pléistocène supérieur-Holocène) ; **(6)** Plaine alluviale (Pléistocène supérieur-Holocène) ; **(7)** Bande active avant 1960 ; **(8)** ancien marécage drainé en 1960 ; **(9)** Anciens méandres ; **(10)** Faille supposée d'après données géophysiques ; **(11)** Cours d'eau intermittent ; **(12)** Canal ; **(13)** Courbe de niveau ; **(14)** Escarpement de faille ; **(15)** Site archéologique néolithique ; **(16)** Sondage.

libérés sont transportés par les différents cours d'eau et collectés dans le centre du bassin qu'ils comblent progressivement au fur et à mesure de son enfoncement. Des reliques de ces dépôts sont visibles sur les marges moins subsidentes du bassin. Leur répartition spatiale et leur position topographique nous permet de suggérer une datation Pléistocène moyen. D'après les hypothèses de Dumurdzanov *et al.* (2004), la mise en place du réseau hydrographique daterait également de cette période. Les formations les plus récentes correspondent à des cônes de déjection situés au pied des massifs cristallins (Gapkovski, 1965). Elles peuvent être attribuées au Pléistocène supérieur-Holocène (**fig. 1**). Après la disparition totale du lac, le Vardar s'est écoulé au centre du bassin de Skopje et a progressivement exhaussé son lit. Les carottages réalisés dans le bassin ont montré que l'épaisseur des sédiments accumulés depuis le Pléistocène moyen atteint 60 à 80 m (Gojgic, 1964). Avant le début des travaux d'aménagement de son cours vers 1900, le Vardar était constitué de plusieurs chenaux fluviaux, de relative faible profondeur, et dont le principal avait une largeur trois fois plus importante qu'actuellement (Škoklevski, 2000). La présence de ces chenaux récents suggère une possible métamorphose fluviale du Vardar, caractérisée par une extension notable de sa bande active, au cours du Petit Âge de Glace.

3. Environnement du bassin au Néolithique : résultats préliminaires

Les populations néolithiques semblent avoir colonisé préférentiellement la rive gauche du Vardar. Les villages se répartissent de manière circulaire en bordure d'une aire déprimée de la plaine alluviale, anciennement marécageuse (Gojgic *et al.*, 1965) et drainée en 1960 (**fig. 1**). Des problèmes de taphonomie des sites, notamment d'enfouissement sous les alluvions, comme cela a été observé à Drama (Lespez, 2003), peuvent bien évidemment altérer la vision actuelle que nous avons de la distribution géographique des sites au Néolithique. Des sondages, réalisés au cœur de l'ancien marécage, sur et à proximité du site de Madzari (**fig. 1**), avaient pour objectifs de connaître l'environnement des sites archéologiques ainsi que de préciser l'évolution générale de la plaine alluviale du Vardar au cours de l'Holocène. Les sondages I (9,35 m de profondeur), II (6,6 m), V (3,3 m) et VI (5,5 m) montrent plusieurs phases caractérisées chacune par des sables, parfois des graviers à la base, transportés par roulement dans un environnement de chenal, surmontés de limons plus ou moins argileux, transportés par suspension, typiques d'une plaine d'inondation (image CM, Passega, 1963). De manière irrégulière, on observe un développement pédogénétique, mis en évidence par des taux de matière organique compris entre 3 et 11 % et des restes de radicelles. La charge de fond du lit actuel du Vardar est grossière, ce qui est corroboré par l'observation de deux coupes de 5-6 m de profondeur faites dans des alluvions récentes, majoritairement caillouteuses. Ces observations, associées aux résultats des analyses sédimentologiques, nous renvoie l'image d'une plaine alluviale occupée par un Vardar aux multiples chenaux, à forte mobilité latérale, certains chenaux étant temporairement abandonnés (limons faiblement pédogénétisés), puis réactivés (sables et graviers). L'absence de cailloux dans les séquences étudiées suppose que le lit principal du Vardar a peu migré vers le nord. L'accrétion latérale a dominé, au cours de l'Holocène sur l'accumulation sédimentaire verticale. Des datations en cours permettront de caler les séquences stratigraphiques.

Aucune passée tourbeuse n'a été mise en évidence. En conséquence, la zone drainée en 1960 correspond certainement davantage à un piégeage des eaux de crue ou à une remontée saisonnière du niveau de la nappe phréatique qu'à un véritable marécage.

Les sédiments des sondages III et IV correspondent en majorité à des dépôts de versants.

Conclusions

Comme d'autres bassins d'effondrement de la péninsule balkanique (Drama, Korçë), le bassin de Skopje est soumis à une néotectonique active. Bien qu'elle ne soit pas l'unique facteur de la morphogenèse, elle conditionne depuis le Plio-Pléistocène, la structure générale du bassin, la répartition des formations superficielles et les directions d'écoulement du réseau hydrographique. Le comblement du bassin et l'évolution de la plaine alluviale du Vardar s'inscrivent dans ce fort contexte tectonique.

L'originalité du bassin de Skopje est marquée par la présence du Vardar qui constitue un drain puissant du bassin, malgré des difficultés temporaires d'évacuation des eaux de crues. Cette particularité est certainement à mettre en relation avec l'absence de formation de tourbe dans le bassin au cours de l'Holocène, à l'inverse des bassins de Drama et de Korçë, qui ne possèdent pas de cours d'eau aussi puissant et où la présence de tourbe est attestée dès le début de l'Holocène (Lespez, 2003 ; Fouache, 2002).

En l'état actuel de nos connaissances, les hommes du Néolithique semblent donc avoir choisi de s'implanter préférentiellement au contact des premiers reliefs (sur la terminaison d'un glacis d'épandage pour le site de Madzari, à proximité des cônes de déjection pour les autres) et de la plaine alluviale, ce qui leur offrait une position protégée des crues du Vardar, et un accès à une mosaïque de terroirs exploitables.

Références

ARSOVSKI M. *et al.*, 1964. *Carte sismotectonique de la vallée de Skopje*, Université Saints-Cyril-et-Méthode, Skopje.

COMMENGE C., 1985. *Le Néolithique moyen en Grèce du Nord*, thèse de Doctorat, Université de Paris 1, 3 vol., 874 p.

DUMURDZANOV N., SERAFIMOVSKI T., BURCHFIEL B.C., 2004. Evolution of the neogene-pleistocene basins of Macedonia. *Geological Society of America, Digital Maps and Chart*, Serie I, 1-20.

FOUACHE É., 2002. Dynamiques paléoenvironnementales en Albanie à l'Holocène. *In* : TOUCHAIS G., RENARD J. (éds.), *Actes du colloque de Lorient « L'Albanie dans l'Europe Préhistorique »*. *BCH*, suppl. 42.

GAPKOVSKI N., 1965. *Carte géologique de la zone urbaine de Skopje au 1/10 000e*, Université Saints-Cyril-et-Méthode, Skopje.

GOJGIC D., 1964. *Profils géologiques de la vallée de Skopje*, Université Saints-Cyril-et-Méthode, Skopje.

GOJGIC D. *et al.,* 1965. *Carte de la vallée de Skopje (géologie, hydrogéologie)*, Université Saints-Cyril-et-Méthode, Skopje.

GRUBIC A., 1980. Histoire géologique de la Yougoslavie. *In* : *Géologie des pays européens, Actes du 26e Congrès Géologique International*, Dunod, 315-342.

LESPEZ L., 2003. Geomorphic response to long-term land-use changes in Eastern Macedonia (Greece). *Catena*, 51, 180-208.

PASSEGA R., 1963. Analyses granulométriques, outil géologique pratique. *Revue de l'Institut français du pétrole*, XVIII, 11, 1489-1499.

PAUNOVSKI B., DIMOV L., 1997. Definition of ground displacement by geodetic methods. *Second working group meeting*, Skopje.

PETKOVSKI R., 1997. Geological processes and phenomena occurring in the Skopje Valley and their consequences. *Second working group meeting*, Skopje.

ŠKOKLEVSKI G., 2000. *Vardar river through Skopje*, Skopje, 203 p.

Gestion de l'eau dans la ville antique de Délos (Cyclades, Grèce)
Ressources et contraintes

Stéphane DESRUELLES[1], **Claude COSANDEY**[2], **Michèle BRUNET**[3], **Éric FOUACHE**[4], **Jean-Pierre PEULVAST**[5], **Rémi DALONGEVILLE**[6]

Introduction

L'île de Délos, au centre des Cyclades (**fig. 1**), connaît des conditions climatiques, une structure géologique et un relief peu favorables à la constitution de réserves hydrologiques abondantes. Cette faiblesse des ressources en eau n'a pourtant pas empêché le développement d'une ville prospère à l'époque hellénistique : on estime que la population vivant sur l'île à la charnière des IIe et Ier siècles av. J.-C. pouvait dépasser les 10 000 habitants (Bruneau et Ducat, 2005).

L'objectif de cette recherche est de montrer comment les risques de pénuries en eau, résultant de la conjonction des aléas climatiques et de l'importance des prélèvements, ont été gérés par les Déliens dans l'Antiquité, au moyen d'aménagements hydrauliques. Ce travail s'appuie sur l'étude du milieu physique délien actuel et de son évolution depuis l'Antiquité ; les aménagements hydrauliques et la gestion de l'eau ont été étudiés en collaboration avec les archéologues du programme *L'Eau à Délos* de l'École française d'Athènes.

---

1. EA 435 GEONAT, Créteil – UMR 8591 Laboratoire de Géographie physique « Pierre Birot », Meudon ; EA 2579 DEPAM, Paris et FRE 2545 Biogéo, Fontainebleau (stephane_desruelles@yahoo.fr).

2. UMR 8591 Laboratoire de Géographie physique « Pierre Birot », Meudon, France (cosandey@CNRS-bellevue.fr).

3. École française d'Athènes, Athènes, Grèce (michele.brunet@efa.gr).

4. EA 435 GEONAT, Créteil, France (eric.G.Fouache@wanadoo.fr).

5. EA 2579 DEPAM, Paris et UMR 8148 IDES, Orsay, France (jean-pierre.peulvast@wanadoo.fr).

6. UMR 5133 Archéorient, Lyon, France (remi.dalongeville@mom.fr).

1. Des ressources en eau actuellement limitées

À Délos, les réserves hydrologiques sont uniquement alimentées par des précipitations assez faibles et irrégulières. Sur la période 1955-1997, il est tombé en moyenne 350 mm/an sur l'île voisine de Naxos, dont le climat est comparable à celui de Délos. Les précipitations tombent presque toutes d'octobre à avril. Au cours des six mois les plus chauds de l'année, l'évaporation, favorisée par des vents forts et des températures élevées, reprend la quasi-totalité des apports pluviaux. L'irrégularité pluviométrique interannuelle est, également, très importante. La pluviosité a varié de 683 mm en 1981-1982 à 139 mm en 1989-1990 à Naxos.

Des calculs de bilans ont montré que l'alimentation des nappes est très limitée en été et en année sèche (Desruelles, 2004). Cependant, l'abondance et l'intensité des précipitations hivernales peuvent favoriser cette recharge : les prélèvements de l'évaporation sont faibles pendant cette période de l'année. La recharge est, par ailleurs, peu contrariée par la pauvreté du couvert végétal.

Délos est essentiellement constituée de gneiss et surtout de granite (**fig. 1** – Lucas, 1999). Ce substrat est intensément fracturé et a subi une érosion importante depuis sa mise à l'affleurement au Miocène moyen. Ces paramètres sont propices à la constitution de petites nappes.

Les modelés d'érosion différentielle qui composent le relief délien se caractérisent généralement par la présence d'un manteau meuble mince (1 m d'épaisseur en moyenne) constitué de sols et d'arènes en place ou colluvionnée. Une partie de l'eau pluviale alimente la réserve hydrique des sols avant de recharger la réserve hydrologique (Cosandey et Robinson, 2000). Cette rétention de l'eau, estimée à environ 50 mm, tend à accentuer les effets de l'irrégularité pluviométrique saisonnière et interannuelle. En revanche, les pertes sont presque nulles sur les surfaces rocheuses à tors et à pseudo-tors, qui occupent 28 % du territoire délien : l'eau s'infiltre directement dans le dense réseau de diaclases et de failles.

L'eau d'infiltration alimente des écoulements qui se localisent dans les fissures de la roche et dans le manteau meuble. Les nappes qui se constituent sur les versants s'écoulent vers la mer et, plus souvent, alimentent des nappes de fond d'alvéole. La disposition des modelés cristallins dans le relief délien favorise la concentration de l'eau dans les alvéoles. Les nappes tendent à être retenues dans ces dépressions, en raison de la présence d'une couche enrichie en argile au contact avec le socle et de celle d'un seuil rocheux peu perméable à l'exutoire de l'alvéole.

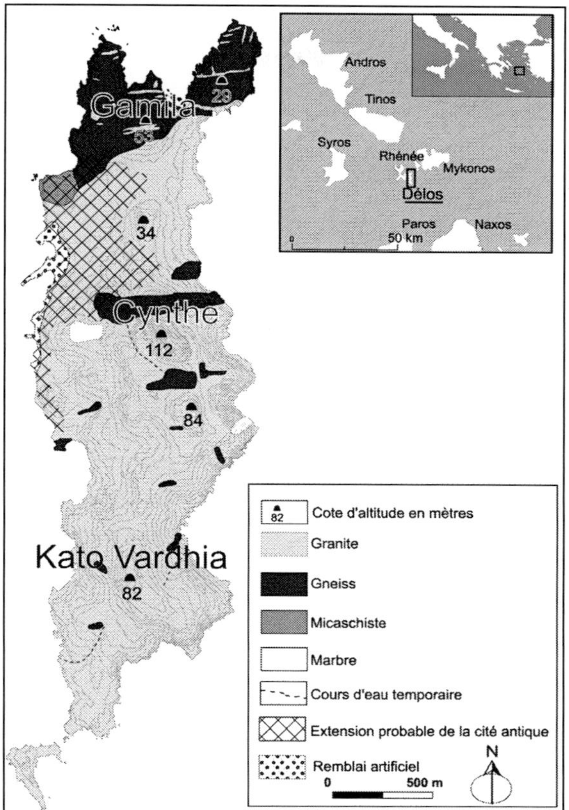

Fond topographique numérisé par L. Fabre ; carte géologique d'après Lucas (1999)

Fig. 1. Délos : une île cristalline.

Les nappes de versants et de fond d'alvéole sont généralement de volume limité à cause de la faible taille de leurs bassins d'alimentation, de leur fractionnement et de la minceur du manteau d'altérites. Par conséquent, leur rythme d'épuisement et de recharge est quasi annuel, d'autant plus que l'été est long (4 mois au moins). Les réserves en eau stockées d'une année sur l'autre sont trop faibles pour atténuer les effets d'une année sèche sur le niveau des nappes. Des mesures de piézométrie dans les puits antiques sur la période 1999-2003 ont permis de confirmer cette variabilité du niveau des nappes (Brunet *et al.*, à paraître).

2. *La gestion des ressources en eau dans la cité antique de Délos*

Au Ier siècle av. J.-C., le climat délien était probablement comparable au climat actuel. Cette hypothèse, généralement admise au moins pour l'ensemble des Cyclades, est corroborée par différentes études portant sur l'agriculture dans la Grèce antique (voir notamment Mariolopoulos, 1925 ; Maheras, 1979).

Si les ressources hydriques étaient aussi limitées et si leur variabilité était probablement aussi forte qu'aujourd'hui, les prélèvements humains étaient certainement plus importants lors de la période de plus fort peuplement de l'agglomération. Les risques d'assèchements précoces des nappes étaient donc élevés. Ils ont été gérés grâce à la mise en place d'un système complexe associant notamment trois types d'ouvrages hydrauliques : les puits, les citernes et les réservoirs à alimentation mixte. Ces aménagements permettaient la récupération et l'utilisation de la quasi-totalité des ressources en eau pour l'alimentation de la ville de Délos (Brunet *et al.*, à paraître).

L'eau souterraine était prélevée par l'intermédiaire de puits dont l'architecture et la profondeur étaient adaptées à la localisation et aux caractéristiques des nappes (Desruelles *et al.*, 2003). Ces prélèvements limitaient les pertes par écoulements souterrains vers la mer, notamment en hiver. L'alimentation en eau à partir des puits était particulièrement aléatoire en fin d'été, à cause de la baisse de niveau des nappes.

Les réservoirs à alimentation mixte recevaient à la fois les eaux souterraines et les eaux superficielles. Par exemple, la Citerne du théâtre, dotée d'une capacité de 1 150 m^3 (Brunet *et al.*, à paraître), recueillait l'eau qui ruisselait sur les gradins du théâtre et, très certainement, les eaux souterraines et superficielles qui provenaient d'un alvéole situé au sud. La récupération des eaux superficielles et leur infiltration dans la nappe, par l'intermédiaire de cet ouvrage, avaient deux avantages. D'une part, étant situé dans la partie haute d'un des plus importants quartiers d'habitations, le réservoir protégeait le quartier des risques de ruissellement. Par ailleurs, il facilitait l'infiltration des eaux qui auraient pu se perdre dans la mer par écoulement de surface sur le versant. Les nappes qui bénéficiaient de cette recharge artificielle étaient exploitées par les puits situés en contrebas (Desruelles, 2004).

Dans le territoire cultivé, l'aménagement de réservoirs recueillant les eaux de ruissellement concourait, avec les terrasses de culture, à la préservation des terroirs et à une bonne pénétration des pluies sur les surfaces en culture tout en permettant la pratique d'une irrigation améliorante (Brunet, 1999).

Les citernes permettaient de recueillir la pluie tombant sur les toits et les terrasses des maisons. L'eau ainsi captée était stockée et protégée de l'évaporation dans ces ouvrages étanches (**photo 1**). Contrairement au volume des recharges de nappe, qui amplifiait l'irrégularité pluviométrique, celui qui alimentait les citernes était directement proportionnel aux pluies. Ainsi, même en année de faible pluviosité, un certain remplissage des citernes était assuré.

Il est intéressant de noter que le volume de la citerne était parfois supérieur à la quantité d'eau provenant des surfaces imperméables, en année moyenne (Desruelles *et al.*, 2003). On est tenté d'en déduire que la nappe pouvait être prélevée à partir des puits pour remplir les citernes, lorsque des volumes d'eau souterraine risquaient de se perdre dans la mer. En revanche, certaines citernes, trop petites pour stocker la totalité des apports par les pluies, avaient un trop-plein. L'eau de la citerne était alors guidée vers la nappe, favorisant sa recharge (**photo 1**).

Photo 1. Citernes dans les quartiers du théâtre et de Skardhana de Délos
(a) parois et dispositifs d'adduction d'eau d'une citerne du Quartier du théâtre. Les parois sont recouvertes d'un enduit qui tend à se dégrader. Une bouche rectangulaire (au centre de la photographie) permettait l'adduction d'eau provenant de gouttières et de canalisations.
(b) citerne dans le Quartier de Skardhana. Les parois de cet ouvrage étaient entièrement recouvertes d'enduit hydraulique. La dégradation de ce revêtement laisse apparaître la maçonnerie de la citerne, constituée de fragments de gneiss. Un autre ouvrage, en arrière-plan, est associé à la citerne. Le fond de cet aménagement ne serait pas étanche, contrairement à ses parois. Il s'agirait donc d'un puits. Des communications hydrologiques devaient exister entre les deux ouvrages, grâce à une ou plusieurs ouvertures dans le mur qui les sépare.

Il y aurait eu ainsi une gestion de l'eau des citernes qui, contrairement à celle de la nappe, ne se perd pas avec le temps par écoulements vers la mer. Une gestion optimale consisterait à maintenir pleines le plus longtemps possible les citernes, pour pallier d'éventuels risques d'assèchement des puits. Toutefois, ce raisonnement ne prend pas en compte, par exemple, le nécessaire curage des citernes, ni le rôle de réglementations et de préférences éventuelles concernant chacun de ces types de réserves en eau (Brunet *et al.*, à paraître).

La présence de ressources en eau peu profondes à Délos permettait l'alimentation de la ville par des puits, mais leur volume limité nécessitait aussi la récolte des eaux pluviales dans des citernes. Ces aménagements ont été mis en place dans de nombreuses villes hellénistiques du pourtour méditerranéen (Bonnin, 1984).

Conclusion

L'irrégularité comme la faiblesse des pluies à Délos étaient gérées grâce à une utilisation optimisée de l'eau au moyen d'aménagements hydrauliques complémentaires. Cette gestion devait limiter les écoulements vers la mer. La présence, dans la plupart des habitations, de citernes adaptées aux surfaces des toits et des terrasses, et par conséquent au nombre de personnes qui les occupaient, permettait certainement le complément d'alimentation en eau, lorsque les puits se tarissaient. Ce risque n'était probablement pas rare dans la cité hellénistique de Délos. Les citernes offraient donc une possibilité de stockage pluri-mensuel des pluies, que les modelés cristallins n'assuraient pas suffisamment pour permettre une alimentation en eau pérenne.

Références

BONNIN J., 1984. *L'eau dans l'Antiquité. L'hydraulique avant notre ère*, Paris, Eyrolles, 450 p.

BRUNEAU P., DUCAT J., 2005. *Guide de Délos : sites et monuments I*, Athènes, École française d'Athènes, 350 p.

BRUNET M., 1999. Le paysage agraire de Délos dans l'Antiquité. *Journal des Savants*, Janvier-Juin, 1-50.

BRUNET M. *et al.*, à paraître. *L'eau à Délos*, ouvrage à paraître dans la collection *Exploration Archéologique de Délos*, Athènes, École française d'Athènes.

COSANDEY C., ROBINSON M., 2000. *Hydrologie continentale*, Paris, Armand Colin, 360 p.

DESRUELLES S., 2004. *L'eau dans l'ensemble insulaire cristallin méditerranéen Mykonos-Délos-Rhénée (Cyclades, Grèce) et sa gestion dans la ville antique de Délos*, thèse de Géographie, Université de Paris IV-Sorbonne, 457 p.

DESRUELLES S., CHEVALIER L., COSANDEY C., KARVONIS P., MORETTI J.-C., 2003. The mastery of drainage and water management at Delos's « Theater Quarter » (Cyclades, Greece). *In* : FOUACHE É. (ed.), *The Mediterranean world environment and history*, Paris, Elsevier, 253-262.

LUCAS I., 1999. *Le pluton de Mykonos-Délos-Rhénée (Cyclades, Grèce) : un exemple de mise en place synchrone de l'extension crustale*, thèse de Doctorat, Université d'Orléans, 491 p.

MAHERAS P., 1979. *Climatologie de la mer Égée et de ses marges continentales*, thèse de Doctorat, Université de Dijon, 784 p.

MARIOLOPOULOS E.G., 1925. Étude sur le climat de la Grèce : précipitation, stabilité du climat depuis les temps historiques, thèse, Université de Paris ; Paris, PUF, 66 p.

Protéger les sols en apprivoisant la pente depuis 5 000 ans : les aménagements de la montagne méditerranéenne (Délos, Grèce et El Mogheïri, Liban)

ROMANA HARFOUCHE[1]

1. Une île dans les Cyclades et une vallée du Mont-Liban

L'île de Délos et la vallée du Nahr Ibrahim sont toutes deux situées dans le bassin oriental de la Méditerranée. Nichée parmi les Cyclades, en mer Égée, Délos est une minuscule île grecque, allongée sur 5 km du nord au sud, pour seulement 1,3 km dans sa plus grande largeur. Cette taille a l'avantage d'offrir un terrain de recherche à dimension humaine, qui peut être intensément exploré, puisque la surface de l'île avoisine 360 ha. Le territoire du village d'El Mogheïri (circonscription de Qartaba, caza de Jbaïl, Mouhâfaza du Mont-Liban) est situé dans la haute vallée du Nahr Ibrahim qui prend sa source à Afqa, dans la montagne libanaise. Il se trouve dans l'arrière-pays de Jbaïl, l'antique *Byblos*, à 20 km à vol d'oiseau de la ville côtière. Ces deux espaces participent de la montagne méditerranéenne définie dans son sens le plus large, celui d'un volume saillant, fait de pentes et de dénivellations (Demangeot, 1984 rééd. 1996 : 173 ; Pech et Regnauld, 1992 : 396). Ils ont en commun des reliefs vifs soumis à un régime de précipitations souvent violentes et espacées dans le temps. Combiné à l'érodibilité des sols, qui est aggravée par un couvert végétal peu protecteur, et à ce que R. Neboit a nommé la « tyrannie de la pente » qui constitue une contrainte permanente en montagne, le régime pluviométrique pose aux agriculteurs le problème de la gestion des ressources en sol et en eau (Neboit, 1985). Ces deux paysages ont aussi en commun une histoire de l'occupation humaine très ancienne, qui remonte au IIIe millénaire av. J.-C. et le souci des agriculteurs qui les ont transformés de maîtriser les sols et l'eau au moyen d'un procédé ingénieux commun à bien des régions méditerranéennes :

1. Docteur, Archéologie des paysages ruraux, UMR 5608-CNRS, Toulouse. 10 Avenue des Gardians, F-30132 Caissargues.

la culture en terrasses. Une étude interdisciplinaire associant plus particulièrement archéologie et sciences de la Terre et du sol (Poupet, 1988) a été engagée en 1996 dans l'île de Délos et en 2000 dans la vallée du Nahr Ibrahim (Harfouche, 2002 ; 2004). Ces travaux se poursuivent aujourd'hui dans le cadre de l'ACI du réseau des MSH sur l'anthropisation et l'histoire de l'environnement des montagnes.

Il importe de souligner que les réserves émises concernant la datation des terrasses à partir de données relatives à l'histoire du peuplement, à la typologie des murs de soutènement et à la prospection, sont justifiées. De même, les datations ^{14}C effectuées sur des charbons de bois prélevés dans le sol contenu derrière le mur de soutènement ne permettent pas de donner un âge à la création de la terrasse si le sol a été remanié jusqu'à la roche-mère, comme cela est souvent le cas lors de l'édification du mur de contention des terres, notamment à Délos. Par ailleurs, en présence d'une stratification archéologique et d'une horizonation pédologique surimposée de toute l'épaisseur sédimentaire contenue derière le mur, cette disposition est incompatible avec des sondages palynologiques carottés ou des fosses destinées à l'anthraco-analyse, puisque le matériau constitutif du champ n'est pas issu d'une accrétion sédimentaire continue, mais de l'addition de processus pédologiques à une accumulation colluviale complexe (qui a parfois aussi subi des troncatures) et à des remaniements anthropiques. Cette configuration a été rencontrée dans la haute vallée du Nahr Ibrahim et dans les Pyrénées orientales françaises (Harfouche, à paraître ; Harfouche *et al.*, à paraître). Les datations ^{14}C ne peuvent alors être réalisées que sur des charbons de bois qui se trouvent dans la stratification au sein de structure de combustion (foyer, charbonnière, résidus d'essartage-écobuage) comme, par exemple, dans les Pyrénées où, dans un sondage archéo-pédologique, a été mise au jour une lentille de charbons de bois située à la surface du paléosol d'une ancienne terrasse emboîtée dans la terrasse actuelle. Le croisement des données pédologiques et des datations ^{14}C réalisées sur la lentille a permis de situer la période de fonctionnement du champ au IIe millénaire av. J.-C. À ce jour, trois approches de terrain (souvent croisées) permettent de dater les champs en terrasse : la stratigraphie archéologique, l'analyse des rapports stratigraphiques entretenus par un bâtiment dûment daté et des murs de champs encore visibles dans le paysage actuel, et le degré d'évolution du sol.

2. L'île de Délos (Grèce)

2.1. Un conservatoire rural antique

Hormis la plaine septentrionale occupée par la ville antique et les sanctuaires, le paysage de l'île de Délos est une succession de reliefs granitiques présentant de nombreux affleurements en forme de chaos d'énormes boules (tors) ou de dalles rocheuses. Les sols de l'île forment une mosaïque où se côtoient le meilleur et le pire au plan agronomique (lithosols, régosols, fersialsols, brunisols, luvisols...). Comme dans la plupart des petites Cyclades à climat semi-aride, les ressources en eau posent un problème pour l'agriculture. Les précipitations annuelles sont aujourd'hui comprises entre 140 et 656 mm d'eau (précipitations annuelles enregistrées sur l'île voisine de Naxos, située à environ 30 km au sud de Délos, entre 1955 et 1997). Elles sont très irrégulières d'une année à l'autre et concentrées sur de courtes périodes en automne et en hiver. Il faut y ajouter, dans une moindre mesure, les « précipitations occultes » et la capacité de rétention en eau du socle granitique très fracturé et celle des sols, parfois épais. L'île est actuellement dépourvue de cours d'eau permanent, mais elle est parcourue de nombreux petits ruisseaux et recèle beaucoup de sources. Le couvert végétal actuel est très dégradé, ce qui a valu à l'île décrite par les commentateurs la réputation d'un caillou aride et stérile perdu dans la mer, globalement impropre à l'agriculture.

Pourtant, dans ce paysage très minéral, des aménagements ruraux antiques ont été reconnus depuis le début du XXe siècle. Des fermes et leurs installations agricoles se répartissent au sein de systèmes de champs en terrasses. Toute la surface de l'île, à l'exclusion de l'espace occupé par la ville et les sanctuaires, forme un véritable conservatoire rural antique, non protégé. Les champs appartiennent pour la majeure partie à la dizaine de domaines nommés dans les inscriptions gravées dans le marbre, entre la fin du Ve siècle et le milieu du IIe siècle av. J.-C., par les administrateurs du sanctuaire d'Apollon. Ils fournissent des informations sur les fermes, les cultures pratiquées et les conditions des baux. La fouille et l'étude d'un bassin-réservoir antique et de son système d'irrigation indiquent que des cultures irriguées étaient pratiquées sur l'île dans l'Antiquité (Poupet, 2000). Les eaux météoriques étaient collectées dans un bassin construit contre un vaste affleurement rocheux faisant fonction d'impluvium, à la manière des systèmes de *flood water farming* des zones pré-désertiques en Orient et en Afrique du Nord. La capacité de stockage de ce bassin s'élève à 2 000 m^3 d'eau.

2.2. Des rapports Homme-environnement inexistants pendant douze siècles...

Délos est occupée depuis la seconde moitié du IIIe millénaire av. J.-C. jusqu'au VIIe siècle de l'ère chrétienne, puis totalement dépeuplée. Au XXe siècle, fuyant la guerre civile, quelques familles de Myconos s'installeront dans le sud de l'île, à l'emplacement des fermes antiques. Les sondages archéo-pédologiques réalisés dans des champs en terrasses ont fourni la preuve tangible de la très grande ancienneté de ce paysage agricole construit. Les caractères du sol mis au jour derrière un mur de terrasse sont ceux d'un sol très évolué (fersialsol éluvique), plurimillénaire, dont le début de l'évolution est contemporain de la construction du mur de soutènement du champ, comme le montre la stratification archéologique (**fig. 1**). L'édification du mur de la terrasse a nécessité le remaniement du sol préexistant sur toute sa hauteur, pour mettre en place la base du parement et un amas de mœllons, pour assurer le drainage, vers l'intérieur du mur. Ainsi, l'horloge pédologique a été « remise à zéro », au moment de la construction de la terrasse. Outre les quelques tessons de céramique antique mal connue et parfois quelques fragments d'obsidienne totalement allochtone, la preuve irréfutable de la très grande ancienneté de la terrasse est démontrée par le degré d'évolution du sol, plus sûrement que ne pouvait le faire n'importe quelle méthode de datation, notamment celle qui se serait appuyée sur des charbons de bois « égarés » dans un sédiment largement remanié. Des résultats très comparables ont été obtenus à la faveur des investigations pluridisciplinaires conduites dans la péninsule de Methana, en Argolide. Outre la pratique de l'irrigation démontrée par l'archéologie, on cultivait sur les terrasses déliennes la vigne et des arbres fruitiers cités par les baux lapidaires entre la fin du Ve siècle et le milieu du IIe siècle av. J.-C. Les analyses anthracologiques et carpologiques (Terral *in* : Brun et Brunet, 1997) tendent à montrer que l'oléiculture était pratiquée sur l'île entre les IIIe-Ier siècles av. J.-C. et les aires de dépiquage antiques repérées et parfois fouillées témoignent indirectement de la part non négligeable des céréales et et des légumineuses (Harfouche et Poupet, 2003). Le sol très évolué trouvé derrière la terrasse s'est développé dans une ambiance climatique méditerranéenne très proche de l'actuelle. Les études géomorphologiques concluent également que les conditions climatiques d'aujourd'hui étaient proches de celles de l'Antiquité (Desruelles *et al.*, 2003). Ce sol témoigne aussi d'une longue histoire marquée par un équilibre dans les rapports Homme/milieu jusqu'au VIIe siècle, rapports ensuite inexistants pendant douze siècles…

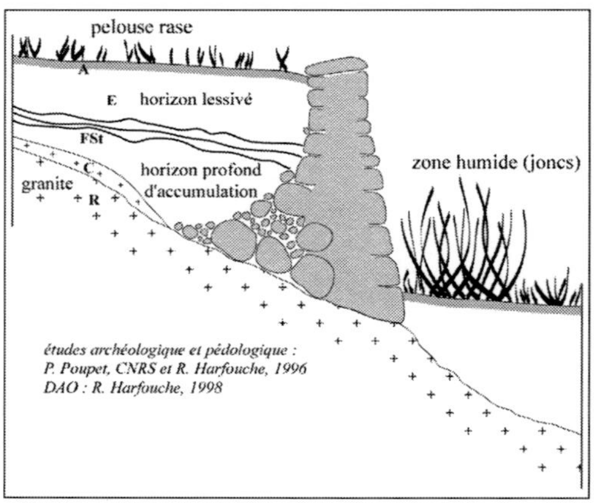

Fig. 1. Sondage archéo-pédologique dans une terrasse de culture à Délos (Cyclades, Grèce).

3. La haute vallée du Nahr Ibrahim (Liban)

3.1. Des sols maîtrisés et érodés

La haute vallée du Nahr Ibrahim, également appelé Nahr Adonis, est une incision profonde dans des terrains essentiellement calcaires et gréseux. L'histoire structurale et les cycles d'érosion ont dégagé des replats, légèrement inclinés vers la vallée, sur lesquels se sont installés les villages d'agriculteurs. Le reste du versant est une succession d'à-pic comme l'emblématique « Falaise de Blanche » et de pentes ponctuées d'affleurements rocheux. La couverture pédologique est majoritairement composée de fersialsols voisinant avec des sols beaucoup moins intéressants au plan agricole (peyrosols et lithosols). À la différence de l'île de Délos, les ressources en eau ne manquent pas. Sous un aspect plutôt sec en été, le Mont-Liban est le massif le plus arrosé du Proche-Orient. Il reçoit en moyenne entre 1 000 et 1 500 mm de pluie par an. De nombreuses et puissantes sources jaillissent à la base des hauts-plateaux nourrissant des cours d'eau permanents. Les sommets enneigés contribuent également aux ressources hydrauliques. De plus, le versant occidental de la montagne est ouvert aux influences maritimes. Hormis les pentes cultivées autour des habitations selon un étagement des cultures en terrasses, le paysage actuel, souvent minéral, est couvert d'une maigre végétation arbustive. Entre 1 500 m et 2 000 m d'altitude apparaissent le sapin et les lambeaux du peuplement primitif de la Cédraie.

L'histoire de l'anthropisation de la montagne est encore largement méconnue. On y a recueilli du mobilier de l'Âge du Bronze et les versants sont parsemés de temples romains et de tombes. Des sondages archéo-pédologiques ont été réalisés dans les systèmes de terrasses agricoles à proximité immédiate d'un temple romain et d'une basilique paléochrétienne (Harfouche et Poupet, 2004). L'un des sondages a été conduit en aval d'une éminence qui domine la vallée, sur laquelle se trouvent les ruines d'un village (el Khrayeb = « les ruines » en arabe), probablement ceint d'un rempart et occupés depuis l'Âge du Bronze ancien (2500-2000) jusqu'à l'époque médiévale. Quatre phases d'aménagement des pentes ont été mises en évidence (**fig. 2**). Les datations s'appuient sur l'analyse

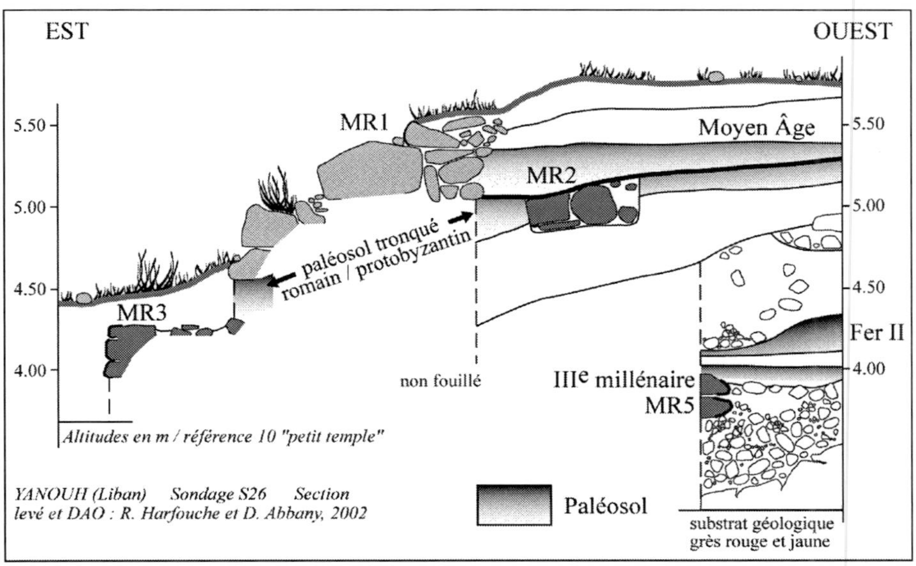

Fig. 2. Sondage archéo-pédologique dans une terrasse de culture de la haute vallée du Nahr Ibrahim près du village d'El Mogheïri (Caza de Qartaba, Mouhâfaza du Mont-Liban, Liban).

croisée des données stratigraphiques, du stade de développement des sols et de la chronotypologie des fragments de céramiques recueillis dans la stratification. Le résultat le plus inattendu est la découverte de niveaux d'occupation permanente et d'aménagements du paysage très antérieurs à l'époque hellénistique, l'un datant des Xe-VIe siècles av. J.-C., l'autre du IIe et/ou du IIIe millénaire av. J.-C. (MR5). Un système de murs de soutènement de terrasses agricoles, antérieur aux champs actuels, a également été reconnu. Deux murs parallèles (MR2 et MR3) étagés sur la pente correspondent à une mise en culture datable de l'époque romaine/proto-byzantine. L'analyse stratigraphique a démontré un hiatus dans la stratification correspondant à un réaménagement de la pente, postérieur aux murs de terrasses, qui a consisté en un décapage d'une épaisseur de sédiments difficilement appréciable. Le mur de contention des terres actuellement visible (MR1) est en relation avec deux phases de mise en culture post-byzantines.

3.2. Un paysage en constante transformation

Un autre sondage a mis en évidence deux phases d'aménagement du versant en terrasses agricoles au Moyen Âge, la plus ancienne remontant aux XIIe-XIIIe siècles. La mise en convergence de ces données avec les résultats de sondages archéologiques réalisés sur le sanctuaire et avec les observations de terrain dévoile peu à peu l'histoire des pentes de la vallée (**fig. 3**). La construction de terrasses nécessitant la mise en œuvre de techniques élaborées et de gros moyens humains coordonnés, en raison de la nature du terrain, pour préserver les sols sur les pentes et

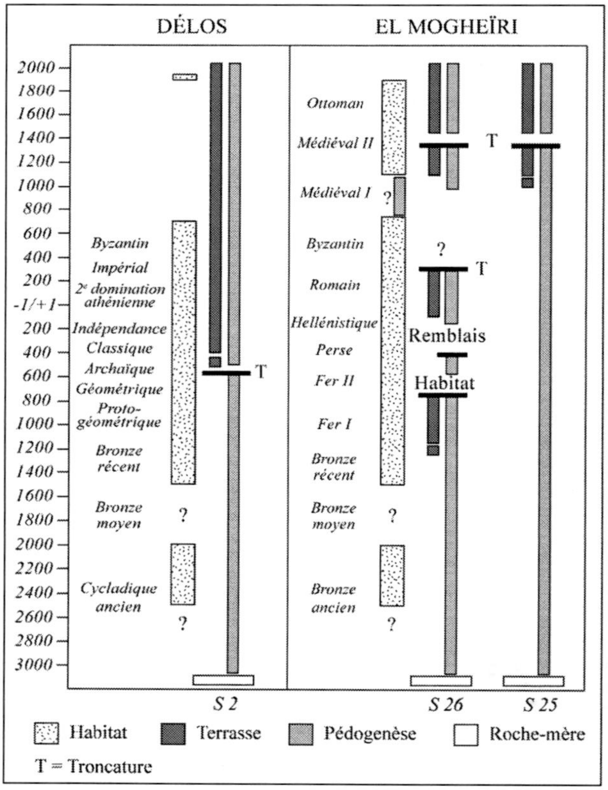

Fig. 3. Tableau synthétique de l'évolution des versants sur l'île de Délos (Cyclades, Grèce) et à El Mogheïri, dans la haute vallée du Nahr Ibrahim (Mont-Liban, Liban).

maîtriser les écoulements hydriques superficiels, il est marquant de constater que ces travaux sont probablement déjà effectués dès le milieu du IIIe millénaire av. J.-C. À partir du Ier millénaire av. J.-C., l'occupation humaine des versants paraît plus prégnante. Elle durera, sans interruption significative, jusqu'à la fin du VIIe siècle de l'ère chrétienne. À l'époque romaine, la pression des pratiques agricoles et sylvicoles sur le milieu est sensible. L'empereur Hadrien (117-138) tente de réglementer l'exploitation de la forêt par des inscriptions rupestres, gravées le long de la vallée entre 270 et 2 000 m d'altitude. Après le VIIe siècle, la reprise de la pédogenèse, y compris dans la zone du sanctuaire, indiquerait alors une réduction de la pression anthropique sur l'écosystème ou un mode de gestion de l'espace différent. Peut-être faut-il attribuer à cette période l'abandon des terrasses pré-médiévales en aval de l'habitat groupé ? Les XIIe-XIIIe siècles signent un nouvel élan d'aménagement (et de réaménagement) durable du paysage agricole. Toutefois, bien des murs de terrasses actuels sont beaucoup plus récents. Cette agriculture protectrice des sols et de l'eau est en net recul aujourd'hui. Les photographies du début du XXe siècle montrent des systèmes de terrasses partiellement abandonnés dont les sols (peyrosols et lithosols) sont livrés à l'érosion et sur lesquels une maigre végétation tente de se faire une place, quand elle ne disparaît pas sous la dent des ovins et surtout des caprins (Harfouche, 2003).

4. Deux paysages, deux destinées...

Les histoires des paysages de l'île grecque de Délos et de la haute vallée du Nahr Ibrahim illustrent la diversité des évolutions des versants méditerranéens, en fonction des variables naturelles (en particulier climatiques, géomorphologiques et pédologiques), mais aussi de choix sociaux, culturels et économiques qui sous-tendent les pratiques de protection et d'amélioration des sols et d'utilisation de l'eau. Les campagnes déliennes construites depuis 2 500 ans ont longtemps résisté aux assauts de l'érosion. Aujourd'hui, ce paysage est abandonné par l'agriculture. L'érosion est activée par les animaux (ovins, caprins et équidés) qui paissent en liberté sur l'île, ainsi que par les brûlis pastoraux qui favorisent les pyrophytes. La montagne libanaise, que l'on a souvent considérée comme anhistorique, est au contraire le lieu de changements dans l'aménagement des versants au moins depuis le IIIe millénaire av. J.-C. Elle est marquée par de brutales accélérations (érosion et sédimentation) et des ruptures consciemment provoquées par l'homme (arasement et remblaiement), ainsi que par des phases d'équilibre où les processus pédologiques prennent le dessus. Aujourd'hui, les incendies destructeurs du couvert végétal et l'abandon des terrasses ont permis aux eaux de ruissellement de creuser de multiples ravins non contrôlés. Les apports terrigènes en aval encombrent les réseaux hydrographiques maîtrisés et menacent parfois les zones en terrasses de culture. Le paysage délien et celui de la haute vallée du Nahr Ibrahim partagent cette accélération très récente dans l'érosion des sols et la modification de paysages construits pluri-millénaires. Par endroits seulement, la reconquête végétale contribue à fixer les sols sur les terrasses abandonnées par les activités agropastorales. Localement, par des réajustements, les versants tendent, très lentement, à retrouver leurs profils d'équilibre.

Références

BRUN J.-P., BRUNET M., 1997. Une huilerie du Ier siècle av. J.-C. dans le quartier du théâtre à Délos. *Bulletin de Correspondance Hellénique*, 121, 2, 573-615.

DEMANGEOT J., 1984, rééd.1996. *Les milieux « naturels » du globe*, Paris, Armand Colin, 337 p.

DESRUELLES S. *et al.*, 2003. The mastery of drainage and water management at Delos's « Theater Quarter » (Cyclades, Greece). *In* : FOUACHE É. (ed.), *The Mediterranean World Environment and History*, Paris, Elsevier, 253-262.

HARFOUCHE R., 2002. Les paysages de terrasses agricoles dans le domaine méditerranéen antique. *In* : *« Autour d'Olivier de Serres » : Pratiques agricoles et pensée agronomique, du Néolithique aux enjeux actuels*, Bibliothèque d'Histoire Rurale, 6, 57-68.

HARFOUCHE R., 2003. Le Père Joseph Delore, un observateur attentif de la nature et de la vie rurale. *In* : *Les « petites écoles » du Mont-Liban. Joseph Delore s. j. (1873-1944)*, Beyrouth, Presses de l'Université Saint-Joseph, 66-85.

HARFOUCHE R., 2004. Le milieu naturel domestiqué : les paysages de terrasses agricoles antiques. *In* : CURSENTE B. (dir.), *Habitats et territoires du Sud*, Éd. du CTHS, 361-376.

HARFOUCHE R., à paraître. Soil care and water management on mediterranean slopes: an archaeopedological approach. *Arqueología Espacial*, 2005.

HARFOUCHE R. et POUPET P., 2003. Cultiver et battre la récolte en Grèce cycladique dans l'Antiquité. *In* : ANDERSON P. *et al.* (dir.), *Le traitement des récoltes. Un regard sur la diversité du Néolithique au présent*, Antibes, Éd. APDCA, 269-294.

HARFOUCHE R. et POUPET P., 2004. Les sondages dans les terrasses agricoles. *In* : GATIER P.-L. *et al.*, *Mission de Yanouh et de la haute vallée du Nahr Ibrahim. Rapport préliminaire 2002*, *BAAL*, 6-2002, 230-234.

HARFOUCHE R. *et al.*, à paraître. Aux marges de l'*ager* : forêt, pâturages et... agriculture dans la montagne pyrénéenne. *In* : Sylva *et* Saltus *en Gaule romaine : dynamique et gestion des forêts et des zones rurales marginales (friches, landes, marais...), actes du VIIe colloque AGER, Rennes, octobre 2004*, Presses Universitaires de Rennes.

NEBOIT R., 1985. Le poids du déterminisme physique dans le fonctionnement des géosystèmes méditerranéens. *In* : *La mobilité des paysages méditerranéens. Hommage à Pierre Birot. Rev. Géogr. des Pyrénées et du Sud-Ouest*, travaux II-1984, 317-322.

PECH P. et REGNAUD H., 1992. *Géographie physique*. Paris, PUF, 434 p.

POUPET P., 1988. Fixité et mobilité des paysages. *La Pensée*, 262, 43-55.

POUPET P., 2000. Science du sol et archéologie. À propos d'un exemple délien. *Études Rurales*, 153-154, janvier-juin, 91-114.

Palaeoenvironmental evolution of Tyre's ancient northern harbour AIST and UNESCO CPM projects

NICK MARRINER[1], CHRISTOPHE MORHANGE[1]

1. Context

Tyre lies on the Phoenician coast, in present day southern Lebanon and has a long history of human occupation, beginning in the Bronze Age (Bikai, 1979; Katzenstein, 1997). Between the 10th and 7th centuries BC Tyre was the capital of the Phoenician thallasocracy and continued to prosper through the Hellenistic, Roman and Byzantine periods, as attest the city's many impressive archaeological remains (**fig. 1**; Chehab, 1983-1986; Bikai et Bikai, 1987). Originally an island, Alexander the Great exploited Tyre's proto-tombolo to link, by means of a causeway, the city to the continent in 332 BC (Nir, 1996).

Under the auspices of the AIST, UNESCO CPM and CEDRE, this paper presents current geoarchaeological work on the palaeoenvironments and spatial organisation of Tyre's northern harbour during Antiquity. Today an insignificant fishing harbour is all that remains of the ancient anchorage havens. Given this, many scholars have long questioned whether such a small harbour would have been sufficient in antiquity (Renan, 1864; Poidebard, 1939; Frost, 1971).

2. Results and discussion

A total of five cores have been extracted along the landward edge of the modern fishing harbour (**fig. 1**). These consistently show four stratigraphic units which overly the Ypresian clay substratum.

2.1. Shallow marine environment between 8000 and 6000 years BP

Between *ca.* 8000 years BP and 6000 years BP the litho and biostratigraphical indicators show a relatively shallow, low energy marine environment, newly

1. CEREGE UMR 6635-CNRS, Europôle du Petit Arbois, F-13550 Aix-en-Provence (nick.marriner@wanadoo.fr ; morhange@cerege.fr).

transgressed by the post-glacial sea-level rise. The lithology is marked by a high proportion of fine sands and silts, consistent with reworking of the underlying clay substratum.

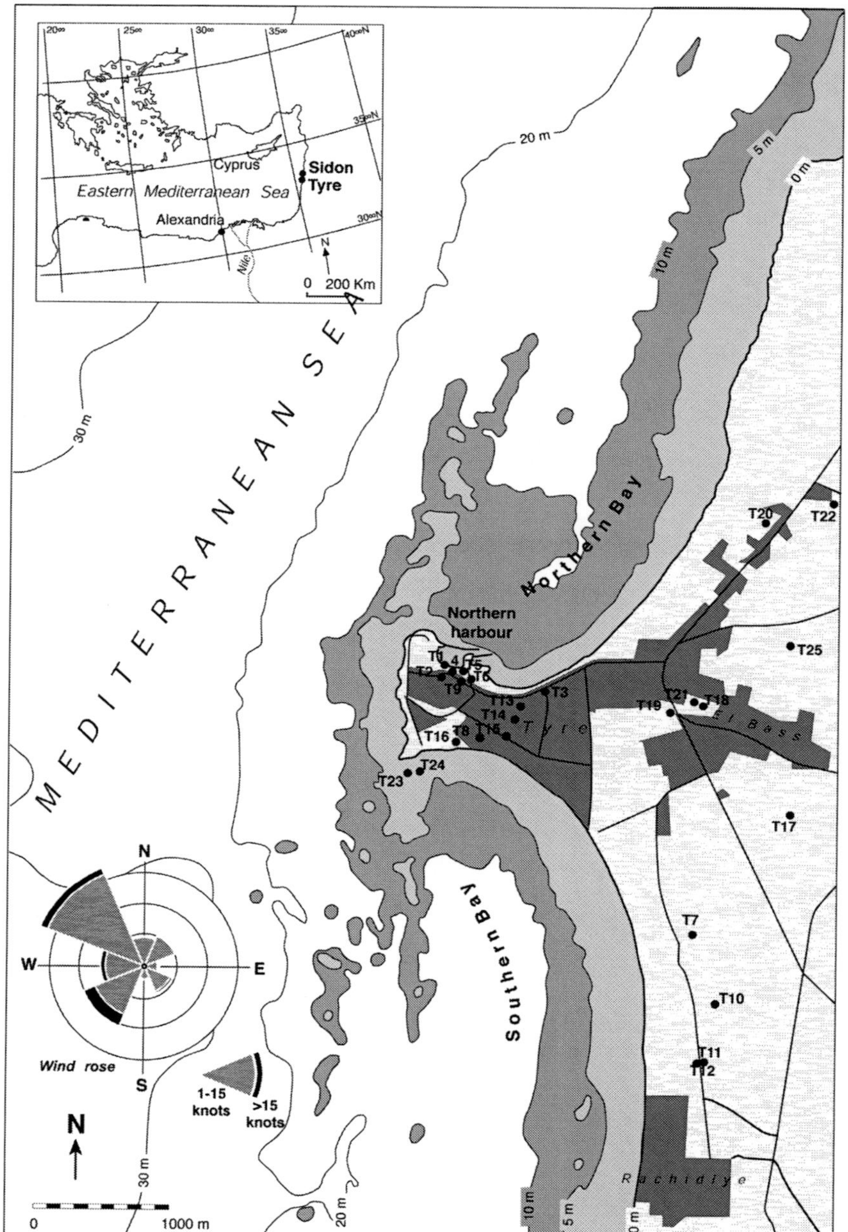

Fig. 1. Cores sites and bathymetry.

The biostratigraphy of this unit is concomitant with a protected lagoon-type environment (**fig. 2**). Such an environment resulted from the presence of a protecting Pleistocene aeolianite ridge, yet to be completely submerged by the transgressing waterbody. With contemporary sea level approximately 8-12 m below present (Fleming *et al.*, 1998), the bathymetry indicates that the sub-aerial extension of the sandstone ridge (forming Tyre island) had a greater northerly and southerly extent, sheltering the northern harbour area from the dominant onshore south-westerly winds and swell.

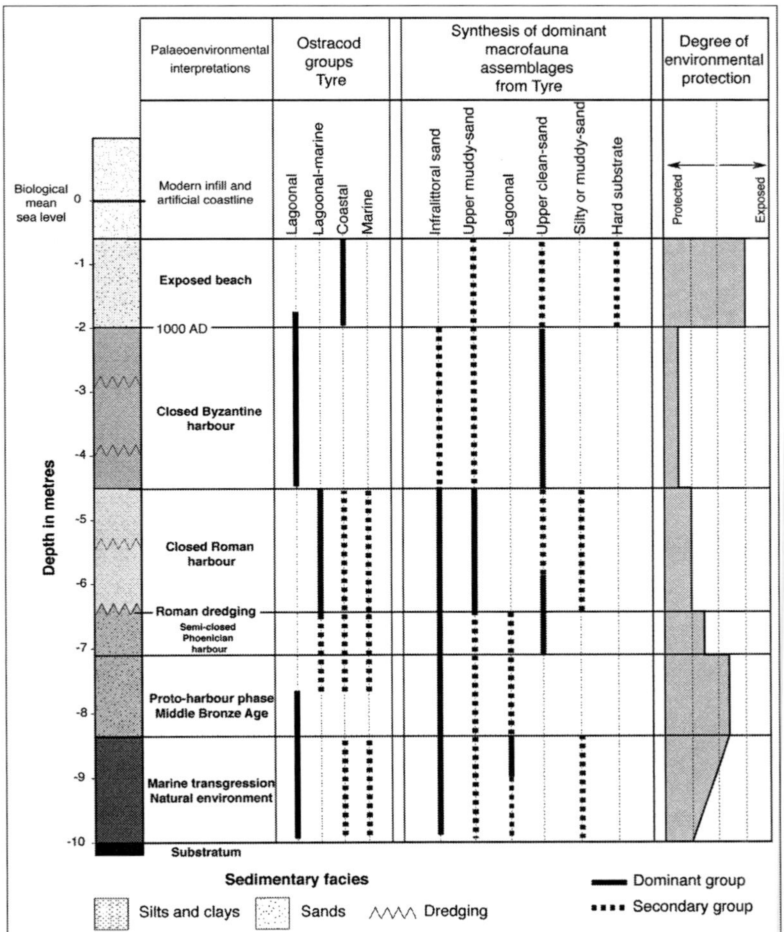

Fig. 2. Synthesis of Holocene facies from Tyre ancient northern harbour.

2.2. Pocket beach unit/natural harbour cove ca. *6000 years BP*

The beginning of the pocket beach phase is dated to around 6000 BP, and is predominated by the sand fraction at between 40 % to 90 %. The granulometry of this unit is typical of a medium energy beach environment. Referential sea-level curves indicate that the sea was approximately two metres below present by this time (Fleming *et al.*, 1998). In Tyre, the continued transgression of the sandstone ridge led to the exposure of the northern harbour to the influence of the marine swell. Despite increased marine influence, this semi-protected pocket beach would have been the most logical anchorage haven for early Bronze Age settlers on the island, relatively protected from the dominant south-westerly swell (Carmel *et al.*, 1985a and b). Small vessels would have been pulled up onto the beach shore-face, although no archaeological evidence has yet been found to corroborate this.

2.3. Artificial ancient harbour unit post-5000 years BP

The litho- and biostratigraphies indicate two distinct phases of harbour confinement, B1 and B2, represented by a fine-muddy sand facies and concomitant with the beginning of a strong anthropogenic modification of the natural environment. In unit B2, silts and clays comprise 2 % to 22 % of the total dry weight, sands constituting 59 % to 92 % and the gravels 2 % to 30 %. Despite the increasingly sheltered nature of the environment, marine currents persist in importing *extra situ* marine macrofauna and ostracod taxa.

Unlike other ancient harbours along the Lebanese and Israeli coasts, our radiocarbon dates have not yet yielded ages around 1000 BC, the most logical period for the onset of harbour sedimentation at Tyre. At Sidon, the beginning of artificial protection is dated *ca.* 1700 to 1400 cal. years BC (Morhange *et al.*, 2003a) and at Atlit one of the Phoenician moles is attributed to *ca.* 1000 years BC (Haggi, personal communication).

Fig. 3 plots the entire radiocarbon dataset by age and depth. A jump in ages is observed from *ca.* 6000 years BP to *ca.* 2000 years BP. These data suggest very rapid rates of sedimentation during the Roman period. Absence of dates from the Phoenician, Persian and Hellenistic periods indicates dredging during the Roman era, reinforced by radiocarbon age inversions throughout unit B2. There is extensive evidence for dredging in the Graeco-Roman harbour of Marseille, and in Naples from the 2nd century BC onwards (Morhange *et al.*, 2003b; Giampaola, unpublished data).

The onset of unit B1 corresponds to the Byzantine period. The unit is marked by a low energy, fine muddy-sand facies, indicative of a sheltered harbour environment existing up until *ca.* 1000 AD. Increased confinement relative to unit B2 is indicated by a fall in macrofauna and microfauna species diversities, suggesting a sheltered restricted to leaky lagoon, concomitant with a very well-protected harbour. This litho- and biostratigraphical evidence appears consistent with the harbour's apogee, as with other Phoenician harbours, including Sidon and Beirut, during the Byzantine period.

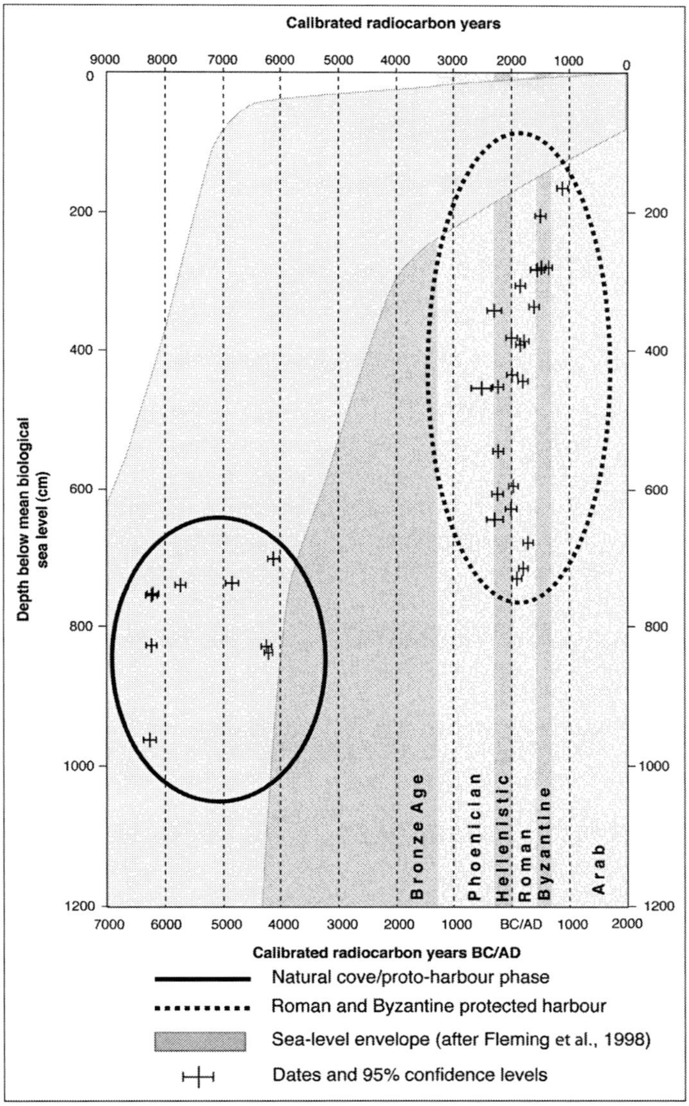

Fig. 3. Age-depth plot of all radiocarbon dates from the northern harbour.

2.4. Exposed beach unit post 1000 years AD

Unit A is characterised by a coarse shelly sand unit, dated to after 1000 AD. The increase in coastal ostracod taxa such as *Aurila woodwardii* and *Aurila convexa* is to the detriment of the formerly abundant lagoonal taxa. This facies translates a re-exposure of the coast to the open sea and corresponds to the economic decline of Tyre as a commercial centre. After this period, we observe a rapid progradation of the harbour coastline, diminishing the size of the basin by up to half.

Tyre's ancient northern harbour was approximately twice as large relative to present, with around half of the former basin lying beneath the modern market. The stratigraphy indicates four units of Holocene age. (1) A basal lithodependent unit is indicative of a shallow, low-energy marine environment which existed between 8000 years BP and 6000 years BP. This environment was protected from the marine swell by an extensive sandstone ridge. (2) Rising sea level eventually breached and finally submerged large areas of the protective ridge, and we observe the transition to a semi-protected pocket beach unit, open to the influence of the marine swell. (3) Unit B marks the onset of anthropogenic modification of the environment, beginning in the Phoenician period and continuing through to the Byzantine period. (4) The decline of Tyre is represented by an exposed beach unit, open to the influence of the marine swell. Progradation after the 10th century AD reduced the harbour basin by up to half. Rapid siltation of the ancient basin has preserved this unique historical archives and holds strong potential for future archaeological research.

References

BIKAI P., 1979. *The pottery of Tyre (ancient Near East)*, Aris et Phillips, 208.

BIKAI P. et BIKAI P., 1987. Tyre at the end of the twentieth century. *Berytus*, 35, 67-96.

CARMEL Z., INMAN D.L. et GOLIK A., 1985a. Characteristics of storm waves off the Mediterranean coast of Israel. *Coastal Engineering*, 9, 1-19.

CARMEL Z., INMAN D.L. et GOLIK A., 1985b. Directional wave measurement at Haifa, Israel, and sediment transport along the Nile littoral cell. *Coastal Engineering*, 9, 21-36.

CHEHAB M., 1983-1986. Fouilles de Tyr. *Bulletin du Musée de Beyrouth*, 33-36.

FLEMING K., JOHNSTON P., ZWARTZ D., YOKOYAMA Y., LAMBECK K. et CHAPPELL J., 1998. Refining the eustatic sea-level curve since the Last Glacial Maximum using far- and intermediate-field sites. *Earth and Planetary Letters*, 163, 327-342.

FROST H., 1971. Recent observations on the submerged harbourworks at Tyre. *Bulletin du Musée de Beyrouth*, XXIV, 103-111.

KATZENSTEIN H.J., 1997. *The History of Tyre*. Jerusalem, Goldberg Press, 373.

KATZENSTEIN H.J., 1979. Tyre in the early Persian period (539-486 BCE). *Biblical Archaeologist 42*, 1, 23-34.

MORHANGE C., ESPIC K., DOUMET-SERHAL C., BOURCIER M. et CARBONEL P., 2003a. The ancient harbours of Sidon, attempt at a synthesis (1998-2002). The ancient harbours of Sidon, attempt at a synthesis (1998-2002). *Archaeology and History in Lebanon*, Autumn 2003, 71-81.

MORHANGE C., BLANC F., BOURCIER M., CARBONEL P., PRONE A., SCHMITT-MERCURY S., VIVENT D. et HESNARD A., 2003b. Bio-sedimentology of the late Holocene deposits of the ancient harbor of Marseilles (Southern France, Mediterranean sea). *The Holocene*, 13, 593-604.

NIR Y., 1996. The city of Tyre, Lebanon and its semi-artificial tombolo. *Geoarchaeology*, 11, 235-250.

POIDEBARD A., 1939. *Un grand port disparu, Tyr. Recherches aériennes et sous-marines, 1934-1936*. Paris: Librairie Orientaliste Paul Geuthner.

RENAN E., 1864. *La Mission de Phénicie*, Paris, Impr. Nat.

Mobilité du littoral domitien (Cumes, Campanie, Italie) et dynamiques anthropiques depuis 4 000 ans

LISE STEFANIUK[1], PRISCILLA MUNZI[2],
JEAN-PIERRE BRUN[2], CHRISTOPHE MORHANGE[1]

Le territoire domitien se partage entre le monde étrusque, les populations autochtones et les colonies de la Grande-Grèce. Cumes, fondée en 730 av. J.-C., une des doyennes des colonies de Méditerranée occidentale, a joui d'un important rayonnement jusqu'au début de notre ère avant d'être supplantée par le développement de Naples, Pouzzoles et Misène. Si l'histoire de la cité était relativement bien connue grâce aux sources littéraires et aux fouilles archéologiques, on ne possédait jusqu'à présent aucune information sur le contexte environnemental de la cité. En effet, au cours de l'Holocène, le littoral domitien va subir des modifications d'origine anthropique mais également liées à des facteurs naturels variés (progradation deltaïque, volcanisme...).

La région présente un paysage singulier où se juxtaposent une plaine alluviale deltaïque au nord, une plage sableuse avec des cordons dunaires et un chapelet de lagunes rétro-dunaires à l'ouest et, dans le secteur méridional, une zone volcanique à multiples bouches éruptives : les Champs Phlégréens (**fig. 1**). Depuis 40000 ans BP, trois périodes d'activité volcanique (Rosi *et al.*, 1996) ont créé les principaux reliefs que la mer, le ruissellement et le fleuve Volturno vont façonner. Le ralentissement de la montée du niveau marin vers 6000 ans BP (Fleming *et al.*, 1998) et les importants apports sédimentaires du Volturno ont entraîné la régularisation du trait de côte (Barra *et al.*, 1996). La dérive littorale N-S a transporté le matériel fin qui s'est déposé, entravé par les pointements rocheux volcaniques de Cumes et de Torre Gaveta. Cette accumulation littorale associée à des petits fonds (isobathes - 5 m vers 450 m de la côte et - 10 m entre 850 m et 1,25 km de la côte [Penneta *et al.*, 1998]) aboutit à la mise en

1. CEREGE – UMR 6635-CNRS, Europôle de l'Arbois BP 80, 13545 Aix-en-Provence cedex 4 (stefaniuk@cerege.fr).
2. Centre Jean Bérard UMS 1797-CNRS/EfR, Via F. Crispi 86, 80121 Napoli.

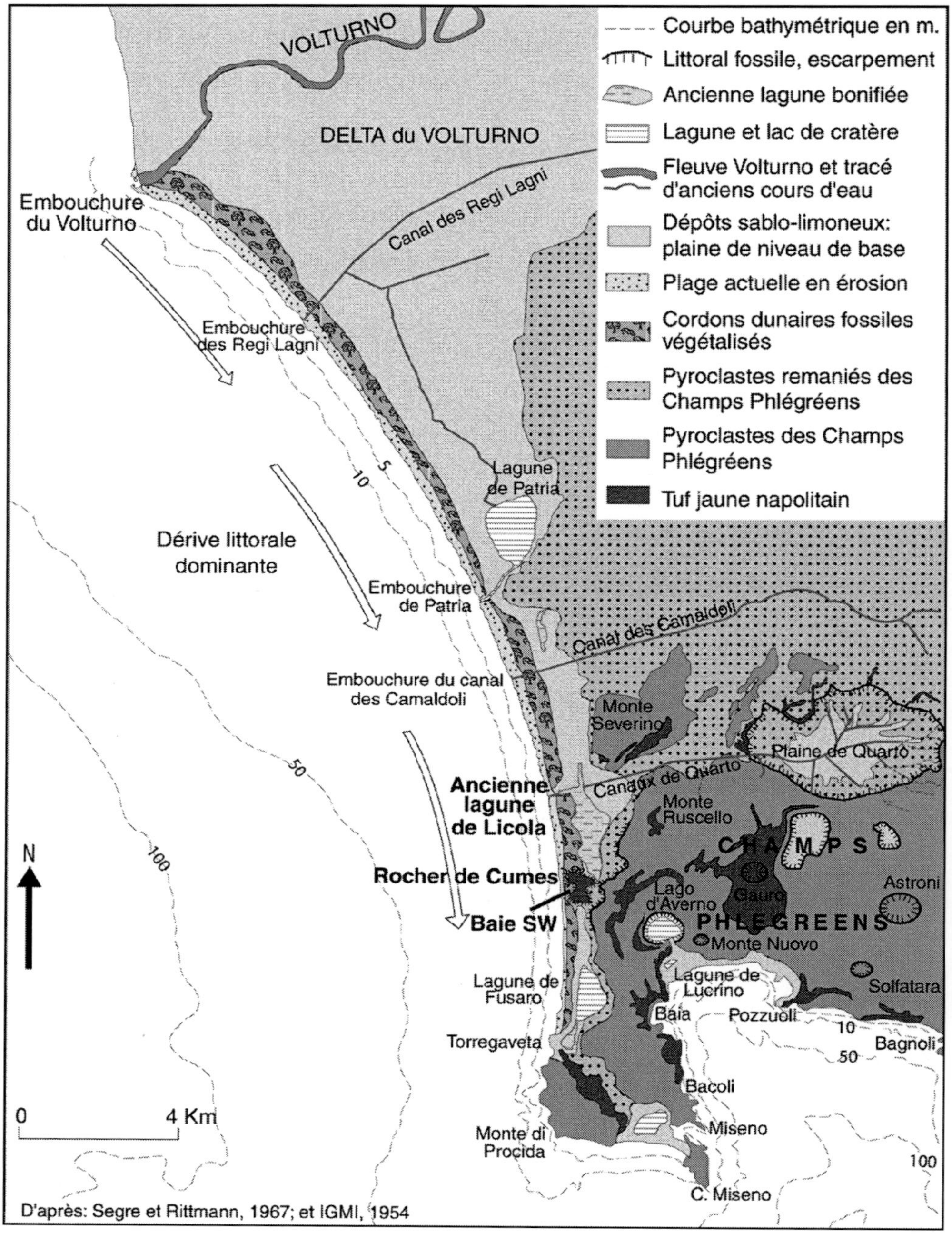

Fig. 1. Croquis géomorphologique de la région de Cumes (Campanie, Italie).

place d'un premier cordon dunaire vers 5000 BP (Barra *et al.*, 1996) auxquels se sont ensuite juxtaposés d'autres cordons. Cette barrière littorale entravant l'écoulement des eaux vers la mer a permis l'installation d'un chapelet de lagunes dont celle de Licola au pied nord du rocher de Cumes.

Nous nous sommes intéressés à l'évolution des paléopaysages de part et d'autre du rocher de Cumes et avons tenté de restituer leurs chronologies. Les principaux objectifs visaient tout d'abord à reconstituer la géométrie des lignes de rivage et les vitesses de colmatage de l'hypothétique port antique sud (Paget, 1968) et de l'ancienne lagune de Licola au nord de l'acropole. Il s'agissait de préciser par la suite, les relations entre la morphologie du littoral et son utilisation à des fins portuaires (type de mouillage, organisation des bassins, aménagement des berges). Ces recherches pluridisciplinaires ont été effectuées depuis 1996 par le Centre Jean Bérard, le CEREGE et la Surintendance Archéologique de Naples.

1. Au sud du rocher

Dans la dépression sud-ouest (**fig. 1**), les carottages effectués présentent des faciès sableux, grossiers, mal triés qui témoignent de l'existence de plages de fond de baie vers 3200 ans BP. La ligne de rivage prograde pour dépasser le rocher de Cumes entre 2300 ans BP et 2000 ans BP (Stefaniuk et Morhange, 2005). Lors de l'installation grecque, le site offrait donc une plage permettant le halage des navires. À l'époque romaine, la dépression est en grande partie colmatée et exploitée puisque de nombreux vestiges de villas maritimes datées vers le Ier siècle ap. J.-C. ont été mis au jour dans un contexte de milieu émergé et dunaire. La plus importante progradation du trait de côte, le colmatage final de la dépression et la mise en place des formes actuelles du littoral sont attribués par Bellotti (2000) aux XVIe à XIXe siècles en relation avec les changements climatiques du Petit Âge Glaciaire.

2. Au nord du rocher

L'ancienne lagune de Licola (**fig. 1**), encore en eau au XIXe siècle, présente un milieu plus propice à une utilisation portuaire. Les données sédimentologiques (granulométrie, morphoscopie), les bio-indicateurs (macrobenthos, ostracodes, diatomées, pollens) et les méthodes géophysiques (résistivité et magnétisme) témoignent d'un milieu lagunaire en connexion avec la mer depuis 3700 ans BP ainsi que d'une forte anthropisation du milieu dès les IVe et IIIe siècles av. J.-C. Nous distinguons quatre phases principales (**fig. 2** et **3**).

2.1. Phase A

À l'époque archaïque, Licola est une lagune d'eau saumâtre moyennement végétalisée, communiquant probablement avec la mer par l'intermédiaire d'un ou plusieurs graus (**fig. 1**). Les rives méridionales se situent à une centaine de mètres des remparts à proximité d'une nécropole (secteur A, **fig. 2**). D'autre part, un faciès de sables fins comprenant du matériel archaïque (secteur C) permet de positionner le cordon dunaire et esquisse la limite occidentale de la lagune.

2.2. Phase B (B1 à B5)

Sur la rive méridionale, une unité vaseuse (B1) atteste d'importantes modifications du milieu. Les tombes étaient recouvertes d'une épaisse couche de limons stériles en matériel archéologique qui traduirait une montée du plan d'eau. Les limites de la lagune semblent avoir un tracé assez sinueux, comme en témoignent les sédiments grossiers et en vrac de certains carottages (**fig. 3**) et les profils de résistivité effectués dans le secteur. Parallèlement, les bio-indicateurs traduisent un changement du milieu avec une forte augmentation des apports d'eau douce et une importante végétalisation du plan d'eau qui devient de plus en plus eutrophe (unité B2). On pourrait attribuer ces manifestations au Volturno chargé en sédiments qui aurait engraissé le cordon, réduisant les connexions avec le milieu marin. Le caractère ponctuel de ce changement écologique et l'accroissement des carbonates en fin d'unité pourraient également être mis en relation avec une arrivée d'eau douce d'origine fluviale ou liée à un réseau de drainage. Le cadre chronologique entre l'époque archaïque et 2000 ans BP, l'important taux de pollens d'espèces cultivées (Stefaniuk *et al.*, 2003) et la présence au nord de la lagune de murs (canal ?), attribués à la fin du VIe siècle av. J.-C. ou peu après, précisent une occupation dense de l'espace à proximité de la lagune et de la cité.

À partir de 2000 ans BP, la lagune (C VIII et C XIX) retrouve des caractéristiques de plan d'eau saumâtre (unité B5) en connexion avec la mer et fortement euryhalin. Les apports d'eau douce sont dilués par une « réouverture » de la lagune sur la mer. Les sédiments sableux coquilliers à galets mous de la carotte C XIX indiquent des apports marins et un hydrodynamisme relativement élevé. Cela suggère la création d'un nouveau grau. Les carottes situées à proximité des remparts (unité B3) enregistrent de nombreuses crises détritiques liées à la mise en valeur des versants, des plaines marécageuses et des pourtours de la lagune. La majorité des constructions se concentrent entre le début du Ier siècle av. J.-C. et le Ve siècle ap. J.-C. À la fin du Ier siècle av. J.-C. un canal d'évacuation des eaux de la cité est construit. Les carottages montrent que les sédiments apportés par ce canal (unité B4) se rencontrent jusqu'à environ 150 m en aval du canal qui finit par se colmater à la fin du Ier siècle ap. J.-C. Vers 95 ap. J.-C., à proximité des remparts, un réseau de voirie en dalles de basalte, bordé de mausolées, est aménagé. Au niveau du secteur A, la voie se superpose à un ancien tracé. Dans le secteur B, elle forme un coude vers le nord, délimitant ainsi les lignes de rivage à la fin du Ier siècle ap. J.-C. (**fig. 2**).

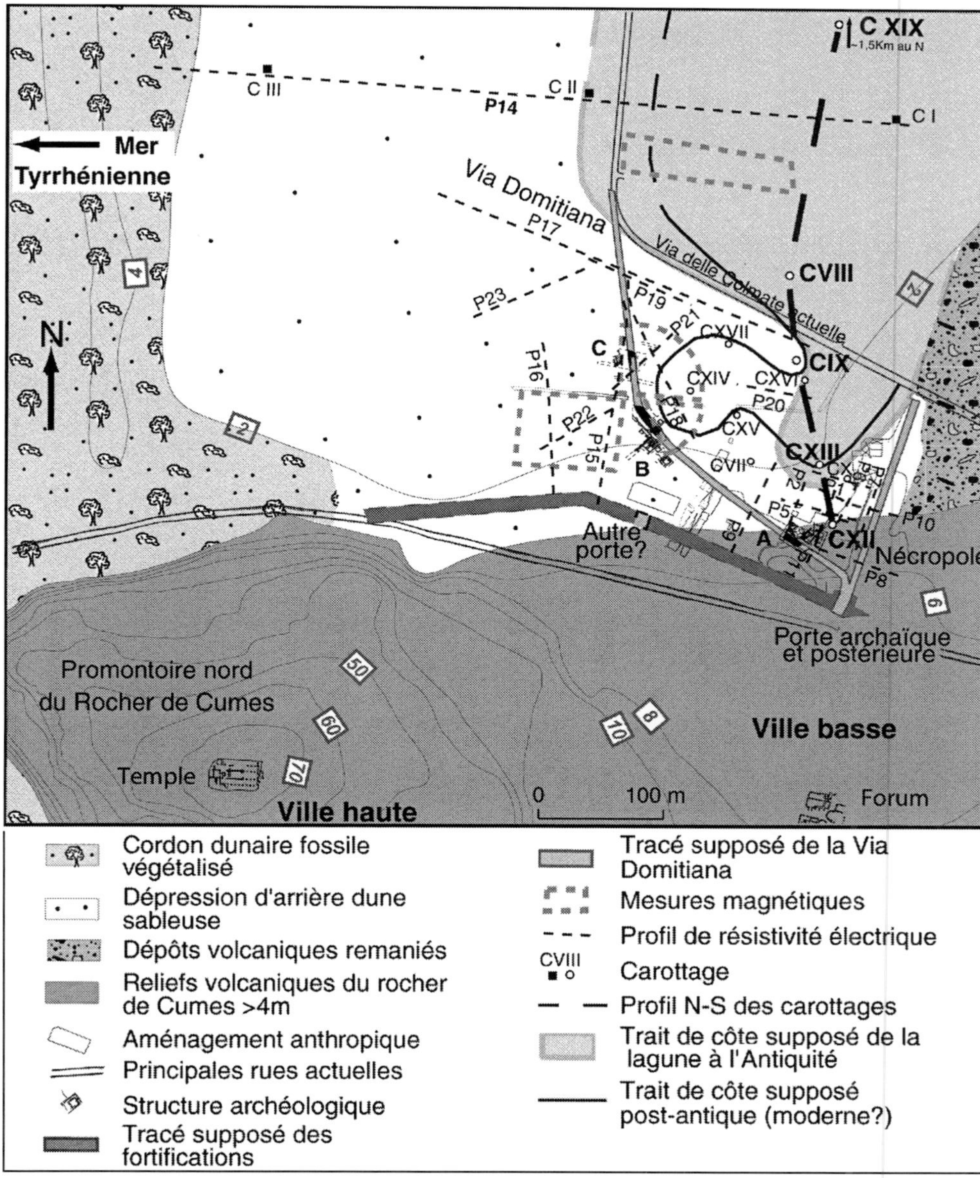

Fig. 2. Localisation des différentes prospections et premières reconstitutions des paléolignes de rivages de la lagune de Licola.

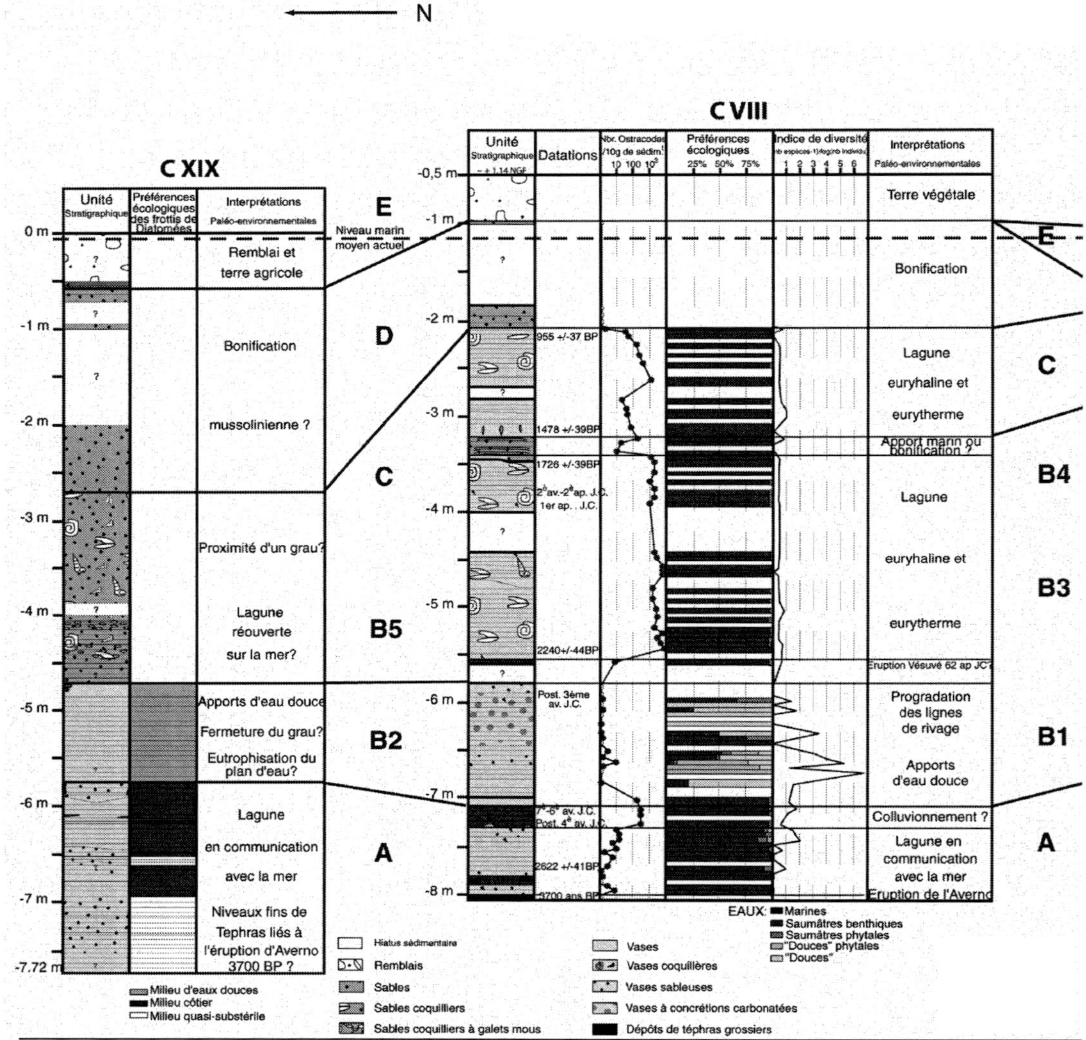

Fig. 3. Transect Nord-Sud de 5 carottages dans l'ancienne lagune de Licola, Cumes Nord.

2.3. Phase C

À la période post-antique ou moderne (1700 ans BP à post 1000 ans BP), la lagune semble occuper une superficie plus importante que dans l'Antiquité. Certaines structures archéologiques sont recouvertes de sédiments sablo-vaseux et sont partiellement affaissées. Les carottages C XIV, C XV, C XVI (**fig. 2**) et un sondage contiennent également entre 1,50 m et 3 m sous la surface topographique des niveaux de sédiments sablo-vaseux avec présence de faune lagunaire

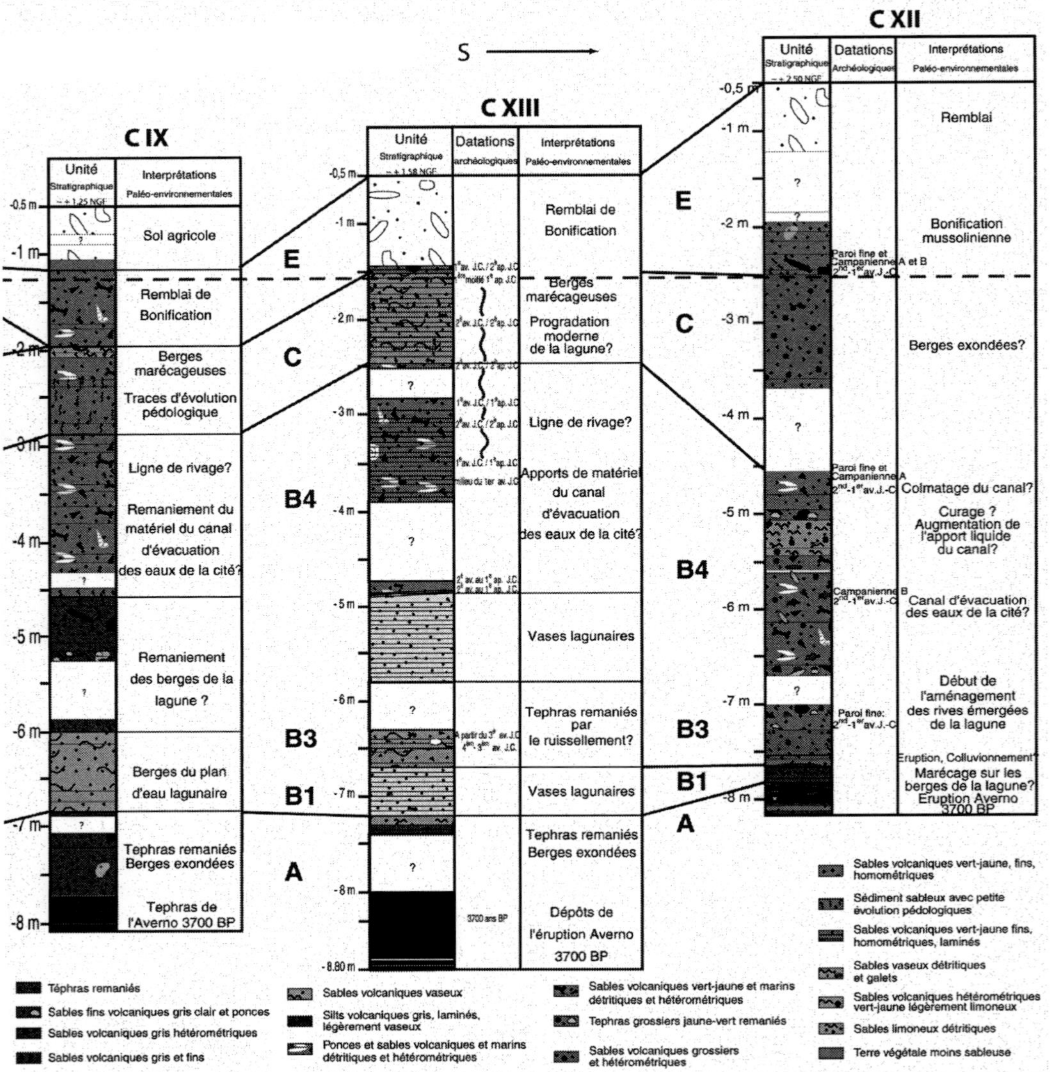

De nombreuses gravures témoignent d'ailleurs d'un plan d'eau relativement étendu et mobile à peu de distance des remparts jusqu'à la première moitié du XXe siècle.

2.4. *Phases D et E*

En 1922 de grands travaux de bonification sont entrepris. Bertarelli (1922) confirme qu'après avoir creusé des drains, les habitants ont assaini et colmaté

l'ancienne lagune avec des sédiments sableux. Le sol cultivable est généralement constitué de sédiments remaniés des versants et des anciennes fouilles archéologiques.

La mobilité du littoral domitien depuis 4 000 ans a conditionné l'occupation du paysage par les habitants. À l'époque archaïque, les Grecs pouvaient utiliser une plage de poche au sud pour hisser leurs barques et, au nord, un plan d'eau lagunaire, abrité, en communication avec la mer. Mais la régularisation du trait de côte et les fluctuations de la lagune pourraient expliquer le transfert rapide des activités portuaires de Cumes vers Pouzzoles et Misène. La part des impacts anthropiques dans ce contexte de mobilité deltaïque et lagunaire s'est cependant révélée non négligeable.

Références

BARRA D., ROMANO P., SANTO A., CAMPAJOLA L., ROCA V., TUNIZ C., 1996. The Versilian transgression in the Volturno river plain (Campania, southern Italy): Palaeoenvironnemental history and chronological data. *Il Quaternario, Italian Journal of Quaternary Sciences*, 9 (2), 445-458.

BELLOTTI P., 2000. Il modello morfo-sedimentario dei maggiori delta tirrenici italiani. *Bollettino della Società Geologica Italiana*, 119, 777-792.

BERTARELLI L.V., 1922a. *« Terra promessa ». Le bonifiche di Coltano, Licola e Varcaturco dell'opera nazionale dei combattenti*, Milano, 161 p.

FLEMING K., JOHNSTON P., ZWARTZ D., YOKOYAMA Y., LAMBECK K. et CHAPPELL J., 1998. Refining the eustatic sea-level curve since the last Glacial Maximum using far-and intermediat-fields sites. *Earth and Planetary Science Letters*, 163, 327-342.

PAGET R.F., 1968. The ancient port of Cumae. *The journal of Roman Studies*, 58 (1-2), 148-169.

PENNETA M., VALENTE A., ABATE D., BOUDILLON G., DE PIPPO T., LEONE M., TERLIZZI F., 1998. Influenza della morfologia costiera sulla circolazione e sedimentazione sulla piattaforma continentale campano-laziale tra Gaeta e Cuma (Italia meridionale). *Bollettino della Società Geologica Italiana*, 117, 281-295.

ROSI M., VEZZOLI L., ALEOTTI P. et DE CENSI M., 1996. Interaction between caldera collapse and eruptive dynamics during the Campanian Ignimbrite eruption, Phlegrean Fields, Italy. *Bull. Volcanol.*, 57, 541-554.

STEFANIUK L., BRUN J.-P., MUNZI P. et MORHANGE C., 2003. L'evoluzione dell'ambiente nei Campi Flegrei e le sue implicazioni storiche: il caso di Cuma e le ricerche del Centre Jean Bérard nella laguna di Licola. *In* : C.D.S.S.M. GRECIA (ed.), *Ambiente e Paesaggio nella Magna Grecia.* Istituto per la storia e l'archeologia della Magna Grecia, Tarento, 5-8 ottobre 2002, 397-435.

STEFANIUK L., MORHANGE C., 2005. Évolution des paysages littoraux dans la dépression sud-ouest de Cumes depuis 4 000 ans. La question du port antique. *Méditerranée*, 1-2, 49-59.

Achever d'imprimer sur les presses de la SA **DIAZO *1***
Avril 2006